"十三五"国家重点出版物出版规划项目

名校名家基础学科系列
Textbooks of Base Disciplines from Top Universities and Experts

山东省普通高等教育一流教材

理论力学

冯维明 主编
冯维明 刘广荣 李文娟 编著

机 械 工 业 出 版 社

本教材是为适应新世纪科学技术的发展和教学改革的需要，吸收国内外教材的优点，结合近几年的教学实践和教学改革成果而编写的。为适应目前教学课时数大幅减少的现状，在不降低基本要求的前提下，编者对课程体系进行了较大幅度的改革与创新，将教材由传统的三篇改为运动学、动力学两篇，静力学内容作为动力学的基础和特例放在动力学相应的章节中讲授，从而提高了起点、节省了授课学时，提高了教学效率。

运动学部分共分四章，主要内容为点的运动学、刚体的简单运动、点的合成运动及刚体的平面运动。动力学部分为九章，主要内容为刚体动力学的基本概念、力系的简化与平衡、质点动力学、动量定理、动量矩定理、动能定理、达朗贝尔原理、虚位移原理及动力学普遍方程、机械振动基础。本教材在内容上力求达到重点突出、条理清晰、结构紧凑、叙述严谨，对较深的提高性的内容，则抓住实质和特点做精炼的陈述。本教材还精选了例题和习题，注重启发式教学，给学生留有充足的思考空间。

本教材可作为工科高等院校本科各专业及高职高专各专业的理论力学中学时教科书，也可供职业大学和成人教育学院师生及有关工程技术人员参考。

图书在版编目（CIP）数据

理论力学/冯维明主编. —北京：机械工业出版社，2017.12（2023.12重印）

“十三五”国家重点出版物出版规划项目. 名校名家基础学科系列

ISBN 978-7-111-58663-0

Ⅰ.①理… Ⅱ.①冯… Ⅲ.①理论力学-高等学校-教材 Ⅳ.①O31

中国版本图书馆CIP数据核字（2017）第300895号

机械工业出版社（北京市百万庄大街22号 邮政编码100037）

策划编辑：姜 风 责任编辑：姜 风 李 乐 责任校对：陈 越

封面设计：鞠 杨 责任印制：邓 博

北京盛通数码印刷有限公司印刷

2023年12月第1版第3次印刷

184mm×260mm · 18.75印张 · 452千字

标准书号：ISBN 978-7-111-58663-0

定价：49.80元

电话服务

客服电话：010-88361066

010-88379833

010-68326294

网络服务

机 工 官 网：www.cmpbook.com

机 工 官 博：weibo.com/cmp1952

金 书 网：www.golden-book.com

机工教育服务网：www.cmpedu.com

前　言

为适应新世纪科学技术的发展和教学改革的需要，落实立德树人根本任务，增强学生创新意识，提升学生科学素养，编者在近几年取得的教学改革成果的基础上，结合各位同仁多年教学的实践经验，参照最新的《理论力学课程教学基本要求》，编写了本教材。编者一方面考虑到学生的入学水平逐年提高及前期课程扎实的理论基础；另一方面兼顾在我国高等教育的发展与改革中，学校的数量与类型增多，对课程提出了不同层次的要求；同时结合理论力学课程的学时不断压缩的实际情况，本着“提高起点，降低重心”的原则，对原有经典内容进行了改革，在课程内容的取舍和构造方式上，具有针对性、应用性和综合性。编者积极引入面向 21 世纪的新内容，并在一定程度上消除了大学物理中力学部分与理论力学之间的重叠内容。在不降低基本要求的前提下，对课程体系进行了较大幅度的改革与创新，把教材由传统的三篇改为运动学、动力学两篇，静力学内容放在动力学相应的章节中讲授。此前，按这种体系改革的教材编者已使用多届，取得了良好的教学效果，明显节省了学时，提高了教学效率，得到了各高校众多师生的认同。

本教材第 1 篇为运动学部分。该篇分为四章，其主要内容为：点的运动学、刚体的简单运动、点的合成运动及刚体的平面运动。本教材以矢量数学作为工具，使理论力学基本概念的数学描述更为简洁，点的速度、加速度在直角坐标轴上的投影已在物理学中涉及，可作复习性讲授，重点讲授自然轴系的生成、点的加速度在自然轴上的投影；以矢量表示角速度、角加速度，以矢量积表示定轴转动刚体上任一点的速度、加速度；用矢量直接推导动系为转动时点的加速度合成定理，与从传统教材静力学导入相比，显然提高了起点。让学生一开始就涉及高等数学中的微积分知识，容易引起他们的兴趣和学习的主动性，为学好后续内容奠定了基础。考虑到矢量运算的重要性，编者在附录中新增“矢量分析”一节，叙述了矢量的概念和基本运算，可供对矢量分析知识薄弱的读者选学。其次，运动学研究物体运动的几何性质，而不考虑物体运动的原因，因此将静力学问题放到其后的动力学中讲授，对运动学的讲授没有任何影响。

第 2 篇为动力学部分。该篇分为九章，其主要内容为：刚体动力学的基本概念、力系的简化与平衡、质点动力学、动量定理、动量矩定理、动能定理、达朗贝尔原理、虚位移原理及动力学普遍方程和机械振动基础。

静力学问题原本就是动力学问题的一个特例，它的分析方法（如力的投影、合成、分解及平衡）也是动力学分析的基础，将原静力学问题回归到动力学中，并作为其基础叙述，使此部分知识更容易融会贯通、易教易学。静力学内容在动力学中是这样处理的：力、力偶的概念和性质、力的投影与分解、约束和约束力、受力分析等，作为动力学基本概念放在第5章中讲授。力系的简化与平衡在第6章讲授，为强化基本概念，让学生对问题有一个全局的认识，编者采取了从特殊到一般再到特殊的方法引入基本概念。首先介绍了空间汇交力系和力偶系的简化与平衡这一特殊问题，而后引入的空间任意力系的简化结果即为前两个问题的简化，其平衡方程也为前两个问题平衡方程的综合。对特殊情形下的力系，如平面任意力系、平行力系等，可根据其限制条件方便地得出相应的平衡方程。本章还讨论了系统的平衡、摩擦平衡及重心问题。

第7章至第10章分别对质点动力学、动量定理、动量矩定理和动能定理进行了讨论。上述内容应作为中低学时所应涉及的主要内容。

第11章至第13章介绍了达朗贝尔原理、虚位移原理及动力学普遍方程和机械振动基础，对此类较深的、提高性的内容，则抓住实质和特点做精炼的陈述。教师可根据授课学时掌握讲授内容。

本教材在每一章结尾增加了小结，小结内容分为本章基本要求、本章重点、本章难点和学习建议四个部分，目的是为了读者在学习本章的过程中，能对该章的主要内容有一个系统的认识和梳理，为按教学大纲的要求迅速掌握该章知识要点提供了方便。每章后都附有难易不等的大量习题，读者可根据自身情况选做。

本教材力求做到重点突出，条理清晰，结构紧凑，叙述严谨。此前，本教材作为自编教材曾在山东大学和国内部分高校使用多年，取得了满意的效果。今编者对部分内容进行了调整，使之更趋于合理，对教材中的符号均按国家最新标准处理。

参加本教材编写工作的有：刘广荣（第1章至第4章）、冯维明（第5章至第7章、第12章、第13章和附录A至附录C）、李文娟（第8章至第11章、附录D）。书中插图全部由冯维明绘制。总体框架、前言和全书的统稿由冯维明负责。

山东大学工程力学系部分教师对本书的构思、编辑提出了宝贵的意见，本教材作为省级和校级教学改革项目的一部分得到了相关部门的支持与资助，编者在此谨表深深的谢意。

由于编者水平有限，欠妥之处在所难免，恳请同行及读者指正。

编　者

2018年于山东大学

主要符号表

$\boldsymbol{a}$	加速度
$\boldsymbol{a}_{\mathrm{n}}$	法向加速度
$\boldsymbol{a}_{\mathrm{t}}$	切向加速度
$\boldsymbol{a}_{\mathrm{a}}$	绝对加速度
$\boldsymbol{a}_{\mathrm{r}}$	相对加速度
$\boldsymbol{a}_{\mathrm{e}}$	牵连加速度
$\boldsymbol{a}_{\mathrm{C}}$	科氏加速度
A	面积
c	阻尼系数
C	质心，重心，截面形心
f	动摩擦因数，频率
f_{s}	静摩擦因数
$\boldsymbol{F}$	力
$\boldsymbol{F}_{\mathrm{R}}$	主矢，合力
$\boldsymbol{F}_{\mathrm{s}}$	静滑动摩擦力
$\boldsymbol{F}_{\mathrm{T}}$	柔性约束力
$\boldsymbol{F}_{\mathrm{N}}$	法向约束力
$\boldsymbol{F}_{\mathrm{Ie}}$	牵连惯性力
$\boldsymbol{F}_{\mathrm{IC}}$	科氏惯性力
$\boldsymbol{F}_{\mathrm{I}}$	惯性力
$\boldsymbol{g}$	重力加速度
h	高度
$\boldsymbol{i}$	x 轴的单位矢量
$\boldsymbol{I}$	冲量
$\boldsymbol{j}$	y 轴的单位矢量
J_z	刚体对 z 轴的转动惯量
J_C	刚体对质心 C 的转动惯量
k	弹簧刚度系数
$\boldsymbol{k}$	z 轴的单位矢量
l	长度
$\boldsymbol{L}_O$	刚体对点 O 的动量矩
$\boldsymbol{L}_C$	刚体对质心 C 的动量矩
m	质量
M_z	对 z 轴的矩
$\boldsymbol{M}$	力偶矩，主矩
$\boldsymbol{M}_O(\boldsymbol{F})$	力 $\boldsymbol{F}$ 对点 O 的矩
$\boldsymbol{M}_{\mathrm{I}}$	惯性力的主矩
n	质点数，转数
O	参考坐标系的原点
$\boldsymbol{p}$	动量
P	功率
q	载荷集度，广义坐标
R，r	半径
$\boldsymbol{r}$	矢径
$\boldsymbol{r}_O$	点 O 的矢径
$\boldsymbol{r}_C$	质心的矢径
s	弧坐标
t	时间
T	动能，周期
$\boldsymbol{v}$	速度
$\boldsymbol{v}_{\mathrm{a}}$	绝对速度
$\boldsymbol{v}_{\mathrm{r}}$	相对速度
$\boldsymbol{v}_{\mathrm{e}}$	牵连速度
$\boldsymbol{v}_C$	质心速度
V	势能，体积
W	重量，力的功
α	角加速度
β	角度坐标
δ	对数减缩
$\mathrm{\delta}$	变分符号
ζ	阻尼比
η	减缩因数

λ	本征值，频率比	ω_n	固有频率
ρ	密度，曲率半径，回转半径	ω	角速度
φ	角度坐标	ω_a	绝对角速度
φ_m	摩擦角	ω_r	相对角速度
ψ	角度坐标	ω_e	牵连角速度
γ	角度坐标		

目 录

绪论

理论力学是研究物体的机械运动一般规律的科学。

机械运动是指物体的空间位置随时间的变化。物体的平衡是机械运动的特殊形式，也是理论力学研究的内容。理论力学以伽利略、牛顿基本定律为基础，属于古典力学的范畴。本课程研究的是速度远小于光速的宏观物体的机械运动，至于速度接近于光速或微观粒子的运动，则必须用相应的相对论力学或量子力学进行分析研究。古典力学虽然有一定的局限，但在现代科学技术中仍被广泛应用，其计算精度能够满足工程实际的需要。

根据循序渐进的认识规律，本书将理论力学的内容分为运动学和动力学两部分。

运动学研究物体运动的几何性质，如运动方程、运动轨迹、速度和加速度等，而不考虑引起物体运动的原因。

动力学研究物体的受力分析，作用于刚体上的力系的简化及物体的运动与所受作用力之间的关系，也研究物体的平衡规律，即物体平衡时力系所应满足的条件。

理论力学的研究，应遵循**实践—理论—实践**的认识规律。对工程实践中的具体问题，在观察、分析的基础上，透过表象抓住本质，经过抽象建立力学模型。根据掌握的基本理论，经过逻辑推理和数学演绎，建立起相应的运动微分方程或方程组，然后将已知数据代入数学方程，得出计算结果。**实践是检验真理的唯一标准**。若结果在实践中证明正确，就直接证明了理论的正确性。如证明错误，除反复验证外，应考虑采用其他理论或发展形成其他新的学科理论。

从实践中总结、归纳、创造理论，再把理论应用到实践中，只有当理论符合客观实际时，才能证明理论是正确的，只有这样的理论才有实际意义。

理论力学是一门理论性较强的技术基础课。通过对该课程的学习，既可以应用所学理论解决工程实际问题，又可以为材料力学、结构力学、弹性力学、流体力学、机械原理、机械零件等后续课程及有关的专业课程提供重要的理论基础。另外，通过理论力学的学习还有助于树立辩证唯物主义世界观，培养逻辑思维，提高分析问题和解决问题的能力。

第1篇　运　动　学

引　言

运动学不考虑被研究物体的质量和所受的作用力，只研究物体运动的几何性质。因此，**运动学是研究物体机械运动的几何性质的科学**。当物体的尺寸与它的运动范围相比微不足道时，如地球在太阳系中的运动或人造地球卫星相对地球的运动，可作为一个几何点来研究。**在力的作用下，物体内任意两点之间的距离始终保持不变**，这种物体称为刚体。刚体可看作无数个点的组合。点与不计质量的刚体是运动学的两个力学模型，因此运动学又分为点的运动学和刚体的运动学两部分。

物体在空间的位置随时间的改变称为机械运动。世界上的一切物质都是运动的，即运动是绝对的。为了观察或描述物体的运动，观察者必须依附于某一物体上，如人既可以站在岸上观察或描述在海面上行驶中的轮船的运动，也可以坐在另一艘行驶的轮船上观察或描述其运动，观察者所依附的物体称为**参考体**，固结于其上的坐标系称为**参考系**。如果物体相对所选参考体的位置发生改变，该物体就处于运动状态；在相反情况下，物体则处于静止状态。实质上，物体的运动或静止是对所选参考体的一个相对概念。由于在运动学里不考虑物体的质量和力的作用，可以任选参考体和参考坐标系。

机械运动是在空间伴随时间而发生的，空间和时间在理论力学中被认为是绝对的，即空间是欧几里得三维空间；而时间在任何参考坐标系中均是相同的，与坐标系的运动无关，它是连续变化、均匀增长的自变量 t。绝对空间和绝对时间并不反映真实的空间和时间，当研究对象是宏观物体且它的运动速度远小于光速时，计算所产生的误差很小，足以满足工程实际的要求。

运动学不仅为研究动力学提供必要的基础，而且又有独立的意义，能够为分析机构的运动打好基础。例如，在机床设计中，首先要进行机构的运动分析，再考虑零部件的受力、强度和刚度问题等。而对一些零部件受力较小的仪表机构等，往往只进行运动分析就可以了。

在运动学中研究两个基本问题：①介绍点和刚体相对于参考坐标系的运动方程的建立方法，即确定点和刚体的空间位置随时间变化的规律的方法；②研究点和刚体的运动学几何特征，即点或刚体上点的运动方程、运动轨迹、速度、加速度和刚体转动的角速度、角加速度等。

第 1 章 点的运动学

点的运动学是研究一般物体运动的基础，又具有独立的应用意义。本章将研究点相对某一个参考系的位置随时间变化的规律，包括点的运动方程、运动轨迹、速度和加速度等。

1.1 矢量法

1. 点的运动方程

在空间中运动的点简称为**动点**，用 M 表示。动点 M 的位置可用由固定点 O 指向点 M 的矢量 $\boldsymbol{r}$ 表示，该矢量称为**动点 M 相对于定点 O 的矢径**（见图 1.1）。当动点 M 运动时，矢径 $\boldsymbol{r}$ 随时间变化，而且是时间 t 的单值连续函数，即

$$\boldsymbol{r}=\boldsymbol{r}(t) \tag{1.1}$$

式（1.1）被称为**矢量形式的运动方程**。

动点 M 即矢径端点，它在空间描绘的曲线称为**矢端曲线**，矢端曲线即为动点 M 的**运动轨迹**，如图 1.2 所示。

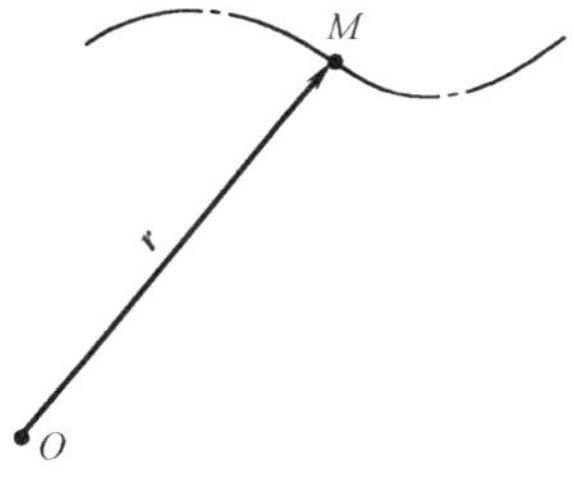

图 1.1

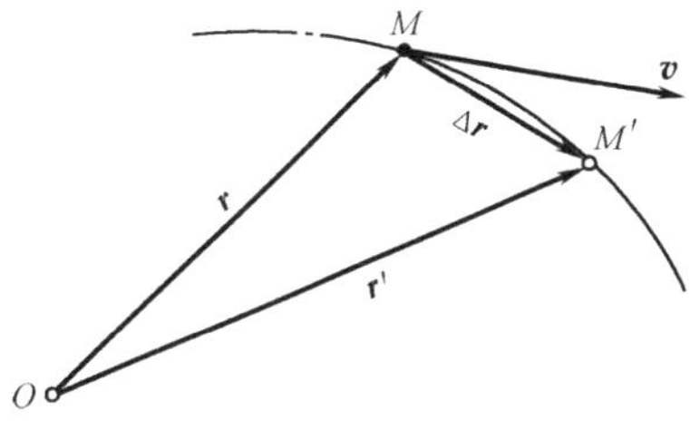

图 1.2

2. 点的运动速度

设瞬时 t 动点在 M 点，矢径为 $\boldsymbol{r}$，瞬时 $t+\Delta t$ 动点运动到 M'点，矢径为$\boldsymbol{r}'$，如图 1.2 所示。矢径在 Δt 内的增量 $\Delta\boldsymbol{r}=\boldsymbol{r}'-\boldsymbol{r}$ 称为动点在 Δt 时间间隔内的位移。$\Delta\boldsymbol{r}$ 与其对应的时间间隔 Δt 的比值，称为动点 M 在 Δt 时间间隔内的**平均速度**。当 Δt 趋近于零时，平均速度的极限就是动点在瞬时 t 的**速度**，用 $\boldsymbol{v}$ 表示，即

$$\boldsymbol{v}=\lim_{\Delta t\to 0}\frac{\Delta\boldsymbol{r}}{\Delta t}=\frac{\mathrm{d}\boldsymbol{r}}{\mathrm{d}t} \tag{1.2}$$

因此**动点的速度等于动点的矢径对时间的一阶导数**。它的方向沿轨迹上 M 点的切线方

向，其指向与运动的方向一致。在国际单位制中，速度的单位为 m/s（米每秒），也常用 km/h（千米每小时）、cm/s（厘米每秒）等。

3. 点的加速度

如图 1.3a、b 所示，将动点在不同瞬时的速度$\boldsymbol{v}_1$、$\boldsymbol{v}_2$、…平行移动到同一起点 O_1（任选），以光滑曲线连接各速度端点 P_1、P_2、…，此曲线称为**速度矢端曲线**，简称**速度矢端图**，如图 1.3b 所示。从 t 时刻到 $t+\Delta t$ 时刻，动点由 M 点运动到 M'点，速度由$\boldsymbol{v}$ 变为$\boldsymbol{v}'$，速度的变化量是 $\Delta\boldsymbol{v}=\boldsymbol{v}'-\boldsymbol{v}$，如图 1.3c 所示。$\Delta\boldsymbol{v}$ 与其对应的时间间隔 Δt 的比值称为动点 M 在 Δt 时间间隔内的**平均加速度**。当 Δt 趋近于零时，平均加速度的极限就是动点在瞬时 t 的**加速度**，用 $\boldsymbol{a}$ 表示，即

$$\boldsymbol{a}=\lim_{\Delta t\to 0}\frac{\Delta\boldsymbol{v}}{\Delta t}=\frac{\mathrm{d}\boldsymbol{v}}{\mathrm{d}t}=\frac{\mathrm{d}^2\boldsymbol{r}}{\mathrm{d}t^2}\tag{1.3}$$

方向沿速度矢端图的切线方向，如图 1.3b 所示。因此，**点的加速度等于点的速度对时间的一阶导数，或等于点的矢径对时间的二阶导数**。国际单位制中，加速度的单位为 m/s²（米每二次方秒）。

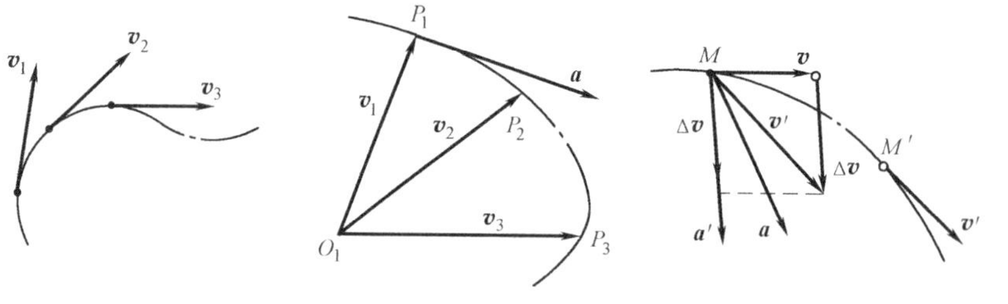

图 1.3

a）点沿轨迹的速度　b）速度矢端图　c）加速度分析

有时为了方便，在字母上方加上“·”表示该量对时间的一阶导数，加“··”表示该量对时间的二阶导数。因此式（1.2）和式（1.3）可表示为

$$\boldsymbol{v}=\dot{\boldsymbol{r}},\quad \boldsymbol{a}=\dot{\boldsymbol{v}}=\ddot{\boldsymbol{r}}\tag{1.4}$$

1.2 直角坐标法

1. 点的运动方程和轨迹

如图 1.4 所示，以定点 O 为坐标原点，建立直角坐标系 $Oxyz$，动点 M 相对于点 O 的矢径在三个坐标轴上的投影就等于 M 点相应的坐标 x、y、z，设 $\boldsymbol{i}$、$\boldsymbol{j}$、$\boldsymbol{k}$ 为相应坐标轴的单位矢量，矢径 $\boldsymbol{r}$ 可以表示为

$$\boldsymbol{r}=x\boldsymbol{i}+y\boldsymbol{j}+z\boldsymbol{k}\tag{1.5}$$

动点 M 在直角坐标系中运动时，相应坐标 x、y、z 可唯一确定它在空间的位置，并且是时间 t 的单值连续函数。利用式（1.5），可以将运动方程（1.1）写为

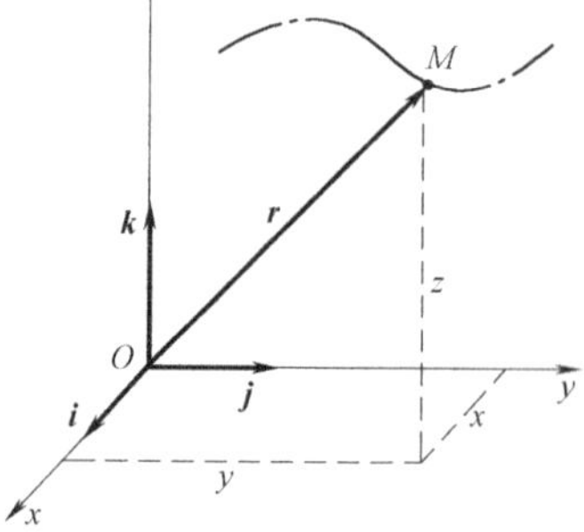

图 1.4

$$\left.\begin{aligned} x &= f_1(t) \\ y &= f_2(t) \\ z &= f_3(t) \end{aligned}\right\} \tag{1.6}$$

以上三式就是**直角坐标形式的运动方程**，也是以 t 为参数的点的轨迹方程。消去时间参数 t，可得动点 M 的轨迹方程。

2. 点的速度

将式（1.5）代入到式（1.2）中，由于 $\boldsymbol{i}$、$\boldsymbol{j}$、$\boldsymbol{k}$ 为大小和方向都不变的恒矢量，因此得动点 M 的速度

$$\boldsymbol{v} = \frac{\mathrm{d}\boldsymbol{r}}{\mathrm{d}t} = \frac{\mathrm{d}x}{\mathrm{d}t}\boldsymbol{i} + \frac{\mathrm{d}y}{\mathrm{d}t}\boldsymbol{j} + \frac{\mathrm{d}z}{\mathrm{d}t}\boldsymbol{k} \tag{1.7}$$

设动点 M 的速度在直角坐标轴上的投影分别为 v_x、v_y、v_z，则速度又可表示为

$$\boldsymbol{v} = v_x\boldsymbol{i} + v_y\boldsymbol{j} + v_z\boldsymbol{k} \tag{1.8}$$

显然

$$\left.\begin{aligned} v_x &= \frac{\mathrm{d}x}{\mathrm{d}t} = \dot{x} \\ v_y &= \frac{\mathrm{d}y}{\mathrm{d}t} = \dot{y} \\ v_z &= \frac{\mathrm{d}z}{\mathrm{d}t} = \dot{z} \end{aligned}\right\} \tag{1.9}$$

因此可得结论，**点的速度在直角坐标轴上的投影分别等于其相应坐标对时间的一阶导数**。由此可得速度的大小为

$$v = \sqrt{v_x^2 + v_y^2 + v_z^2} \tag{1.10}$$

速度的方向余弦为

$$\left.\begin{aligned} \cos\langle \boldsymbol{v}, \boldsymbol{i}\rangle &= \frac{v_x}{v} \\ \cos\langle \boldsymbol{v}, \boldsymbol{j}\rangle &= \frac{v_y}{v} \\ \cos\langle \boldsymbol{v}, \boldsymbol{k}\rangle &= \frac{v_z}{v} \end{aligned}\right\} \tag{1.11}$$

3. 点的加速度

同理，式（1.7）对时间求一阶导数，得到点的加速度在直角坐标系中的表达式

$$\boldsymbol{a} = \frac{\mathrm{d}\boldsymbol{v}}{\mathrm{d}t} = \frac{\mathrm{d}^2\boldsymbol{r}}{\mathrm{d}t^2} = \frac{\mathrm{d}^2x}{\mathrm{d}t^2}\boldsymbol{i} + \frac{\mathrm{d}^2y}{\mathrm{d}t^2}\boldsymbol{j} + \frac{\mathrm{d}^2z}{\mathrm{d}t^2}\boldsymbol{k} \tag{1.12}$$

设动点 M 的加速度在直角坐标轴上的投影分别为 a_x、a_y、a_z，则加速度又可表示为

$$\boldsymbol{a} = a_x\boldsymbol{i} + a_y\boldsymbol{j} + a_z\boldsymbol{k} \tag{1.13}$$

显然，

$$\left.\begin{aligned} a_x &= \frac{d^2x}{dt^2} = \ddot{x} = \dot{v}_x \\ a_y &= \frac{d^2y}{dt^2} = \ddot{y} = \dot{v}_y \\ a_z &= \frac{d^2z}{dt^2} = \ddot{z} = \dot{v}_z \end{aligned}\right\} \tag{1.14}$$

因此可得结论：**点的加速度在直角坐标轴上的投影等于其相应的坐标对时间的二阶导数**。加速度的大小为

$$a = \sqrt{a_x^2 + a_y^2 + a_z^2} \tag{1.15}$$

加速度的方向余弦为

$$\left.\begin{aligned} \cos\langle \boldsymbol{a}, \boldsymbol{i}\rangle &= \frac{a_x}{a} \\ \cos\langle \boldsymbol{a}, \boldsymbol{j}\rangle &= \frac{a_y}{a} \\ \cos\langle \boldsymbol{a}, \boldsymbol{k}\rangle &= \frac{a_z}{a} \end{aligned}\right\} \tag{1.16}$$

例 1.1 如图 1.5 所示，椭圆规的曲柄 OC 可绕定轴 O 转动，其端点 C 与规尺 AB 的中点以铰链相连接，规尺 AB 两端分别在相互垂直的滑槽中运动。已知：$OC=AC=BC=l$，$MC=a$，$\varphi=\omega t$。试求规尺上点 M 的运动方程、运动轨迹、速度和加速度。

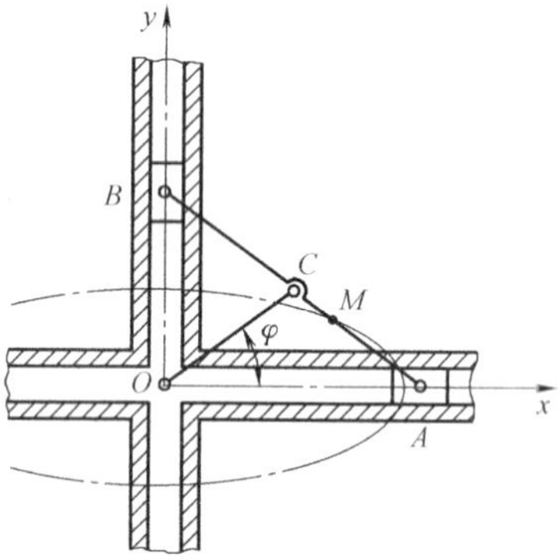

图 1.5 例 1.1 图

解：建立坐标系 Oxy 如图所示，点 M 的运动方程为

$$x = (OC+CM)\cos\varphi = (l+a)\cos\omega t$$

$$y = AM\sin\varphi = (l-a)\sin\omega t$$

消去时间 t，得轨迹方程

$$\frac{x^2}{(l+a)^2} + \frac{y^2}{(l-a)^2} = 1$$

由此可见，点 M 的轨迹是一个椭圆，长轴与 x 轴重合，短轴与 y 轴重合。动点 M 的速度在直角坐标轴上的投影为

$$v_x = \frac{dx}{dt} = -\omega(l+a)\sin\omega t$$

$$v_y = \frac{dy}{dt} = \omega(l-a)\cos\omega t$$

故点 M 的速度大小为

$$\begin{aligned} v &= \sqrt{v_x^2 + v_y^2} \\ &= \sqrt{\omega^2 (l+a)^2 \sin^2\omega t + \omega^2 (l-a)^2 \cos^2\omega t} \\ &= \omega\sqrt{l^2 + a^2 - 2al\cos 2\omega t} \end{aligned}$$

其方向余弦为

$$\cos\langle \boldsymbol{v},\ \boldsymbol{i}\rangle=\frac{v_x}{v}=\frac{-(l+a)\sin\omega t}{\sqrt{l^2+a^2-2al\cos2\omega t}}$$

$$\cos\langle \boldsymbol{v},\ \boldsymbol{j}\rangle=\frac{v_y}{v}=\frac{(l-a)\cos\omega t}{\sqrt{l^2+a^2-2al\cos2\omega t}}$$

动点 M 的加速度在直角坐标轴上的投影为

$$a_x=\frac{\mathrm{d}v_x}{\mathrm{d}t}=\frac{\mathrm{d}^2x}{\mathrm{d}t^2}=-\omega^2(l+a)\cos\omega t$$

$$a_y=\frac{\mathrm{d}v_y}{\mathrm{d}t}=\frac{\mathrm{d}^2y}{\mathrm{d}t^2}=-\omega^2(l-a)\sin\omega t$$

故点 M 的加速度大小为

$$\begin{aligned}a&=\sqrt{a_x^2+a_y^2}\\&=\sqrt{\omega^4(l+a)^2\cos^2\omega t+\omega^4(l-a)^2\sin^2\omega t}\\&=\omega^2\sqrt{l^2+a^2+2al\cos2\omega t}\end{aligned}$$

其方向余弦为

$$\cos\langle \boldsymbol{a},\boldsymbol{i}\rangle=\frac{a_x}{a}=\frac{-(l+a)\cos\omega t}{\sqrt{l^2+a^2+2al\cos2\omega t}}$$

$$\cos\langle \boldsymbol{a},\boldsymbol{j}\rangle=\frac{a_y}{a}=\frac{-(l-a)\sin\omega t}{\sqrt{l^2+a^2+2al\cos2\omega t}}$$

例 1.2　动点的运动方程为

$$\left.\begin{aligned}x&=r\cos\omega t\\y&=r\sin\omega t\\z&=h\frac{\omega t}{2\pi}\end{aligned}\right\}$$

式中，r、ω、h 都是常数，试分析动点的运动轨迹、速度和加速度。

解： 为了求出动点的轨迹，将运动方程中的前两式平方后相加，则得

$$x^2+y^2=r^2$$

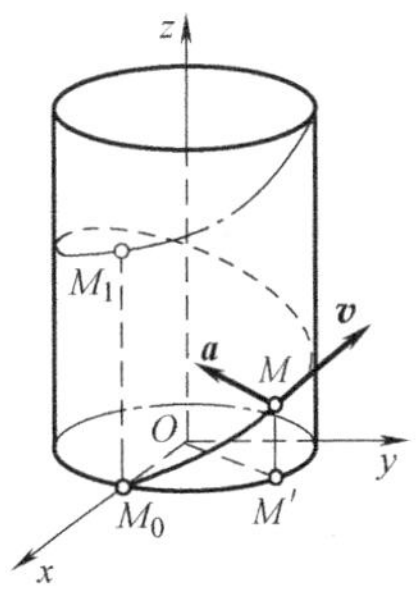

图 1.6　例 1.2 图

这就说明，动点是在半径为 r 的圆柱面上运动，如图 1.6 所示。由运动方程得知：当$t=0$时，$x=r$，$y=z=0$，可见动点初瞬时是位于 Ox 轴与圆柱面的交点 M_0。当时间从零开始增加时，x 的值逐渐减小，y 的值及 z 的值逐渐增大，当 $\omega t=\frac{\pi}{2}$时，$x=0$，$y=r$，$z=\frac{h}{4}$。时间再增加，x 的绝对值又开始增加，y 的值又逐渐减小，当 $\omega t=\pi$ 时，动点的坐标变为 $x=-r$，$y=0$，$z=\frac{h}{2}$。当 $\omega t=2\pi$ 时，动点的坐标变为 $x=r$，$y=0$，$z=h$，这时动点回到经过起点 M_0的圆柱面母线上一点 M_1，且 $M_0M_1=h$。此后动点每转一周即沿母线增高 h。由此可见，动点的轨迹是一条半径为 r、螺距为 h 的

螺旋线。

动点的速度在坐标轴上的投影为

$$v_x=\frac{\mathrm{d}x}{\mathrm{d}t}=-\omega r\sin\omega t$$

$$v_y=\frac{\mathrm{d}y}{\mathrm{d}t}=\omega r\cos\omega t$$

$$v_z=\frac{\mathrm{d}z}{\mathrm{d}t}=h\ \frac{\omega}{2\pi}$$

因此速度的大小为

$$v=\sqrt{v_x^2+v_y^2+v_z^2}=\omega r\sqrt{1+\left(\frac{h}{2\pi r}\right)^2}$$

可见动点速度的大小是常数。速度$\boldsymbol{v}$与 z 轴夹角的方向余弦为

$$\cos\langle \boldsymbol{v},\boldsymbol{k}\rangle=\frac{v_z}{v}=\frac{h}{\sqrt{h^2+(2\pi r)^2}}$$

这个夹角 $\langle \boldsymbol{v},\boldsymbol{k}\rangle$ 就是螺线与圆柱面的母线所成的角。

动点的加速度在直角坐标轴上的投影为

$$a_x=\frac{\mathrm{d}^2x}{\mathrm{d}t^2}=-\omega^2r\cos\omega t=-\omega^2x$$

$$a_y=\frac{\mathrm{d}^2y}{\mathrm{d}t^2}=-\omega^2r\sin\omega t=-\omega^2y$$

$$a_z=\frac{\mathrm{d}^2z}{\mathrm{d}t^2}=0$$

因此加速度的大小为

$$a=\sqrt{a_x^2+a_y^2+a_z^2}=\omega^2r$$

加速度的矢量表达式为

$$\begin{aligned}\boldsymbol{a}&=a_x\boldsymbol{i}+a_y\boldsymbol{j}+a_z\boldsymbol{k}=-\omega^2x\boldsymbol{i}-\omega^2y\boldsymbol{j}\\&=-\omega^2(x\boldsymbol{i}+y\boldsymbol{j})\end{aligned}$$

这就是说，加速度的大小是常量，其方向指向 z 轴，并与 z 轴垂直相交，如图 1.6 所示。

1.3 自然法

当点的轨迹为已知的曲线时，用自然法描述点的运动，更能反映点沿其轨迹运动的实际情况，各个运动量的物理意义也更明确。

1. 弧坐标

设动点 M 的轨迹为如图 1.7 所示的曲线，选轨迹上的点 O 为参考点，并设点 O 的某一侧为正向，动点 M 在轨迹上的位置可由弧长确定，视弧长 s 为代数量，称它为动点 M 在轨迹上的**弧坐标**。当动点 M 运动时，s 随时间变化，它是时间 t 的单值连续函数，即

$$s=f(t) \tag{1.17}$$

式（1.17）称为点沿轨迹的运动方程，或**弧坐标形式的运动方程**。如果已知点的运动方程（1.17），可以确定任一瞬时点的弧坐标 s 的值，也就确定了该瞬时动点在轨迹上的位置。这种建立运动方程的方法称为**自然法**。

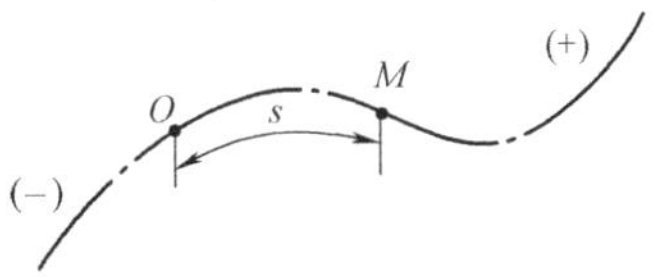

图 1.7

2. 自然轴系

在点的运动轨迹曲线上取极为接近的点 M 和点 M_1，其间的弧长为 Δs，这两点处曲线切线的单位矢量分别为$\boldsymbol{\tau}$和$\boldsymbol{\tau}_1$，其指向与弧坐标的正向一致，如图 1.8 所示。将$\boldsymbol{\tau}_1$平移至点 M，则$\boldsymbol{\tau}$和$\boldsymbol{\tau}_1$确定一平面。令点 M_1 无限趋近于点 M，则此平面趋近于某一极限位置，此极限平面称为曲线在 M 点的**密切面**。过点 M 与切线垂直的平面称为**法平面**，法平面与密切面的交线称为**主法线**。令主法线的单位矢量为 $\boldsymbol{n}$，指向曲线内凹的一侧。过点 M 且垂直于切线及主法线的直线称为**副法线**，其单位矢量为 $\boldsymbol{b}$，指向由下式确定：

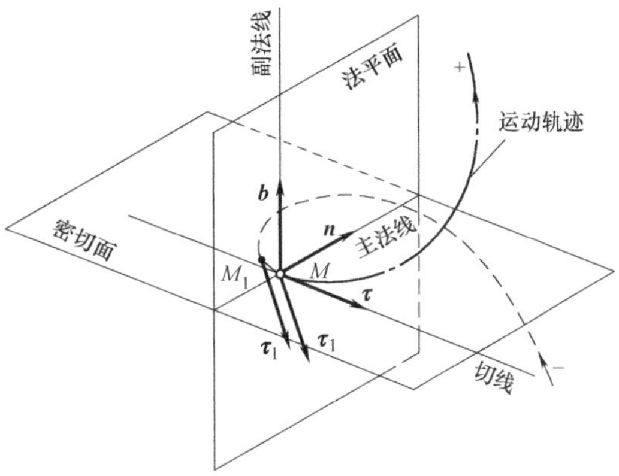

图 1.8

$$\boldsymbol{b}=\boldsymbol{\tau}\times\boldsymbol{n} \tag{1.18}$$

以动点 M 为原点，以切线、主法线和副法线为坐标轴组成的正交坐标系称为曲线在点 M 的**自然轴系**。动点沿轨迹曲线运动时，自然轴系中三个坐标轴的方向不断变化，因此，自然轴系是沿曲线变动的游动坐标系，其三个坐标轴的单位矢量是变矢量。

3. 曲率和曲率半径

在曲线运动中，曲线的弯曲程度由轨迹的曲率或曲率半径表示。如图 1.9 所示，若点 M 沿轨迹经过弧长 Δs 到达点 M'，设点 M 和点 M'处曲线的切线单位矢量分别为$\boldsymbol{\tau}$和$\boldsymbol{\tau}'$，二者的夹角为 $\Delta\varphi$，则比值$\left|\dfrac{\Delta\varphi}{\Delta s}\right|$能反映$\widehat{MM'}$的弯曲程度。当 $\Delta s\to 0$ 时，$\left|\dfrac{\Delta\varphi}{\Delta s}\right|$的极限值反映了曲线在 M 点的弯曲程度，将此定义为曲线在点 M 的**曲率**，曲率的倒数称为**曲率半径**，用 ρ 表示，即

$$\frac{1}{\rho}=\lim_{\Delta s\to 0}\left|\frac{\Delta\varphi}{\Delta s}\right|=\left|\frac{\mathrm{d}\varphi}{\mathrm{d}s}\right| \tag{1.19}$$

因此，曲率是曲线切线的转角对弧长的一阶导数的绝对值。沿 M 点的主法线方向，距离 M 点为曲率半径 ρ 的点称为曲线在 M 点的曲率中心。由图 1.9 可知

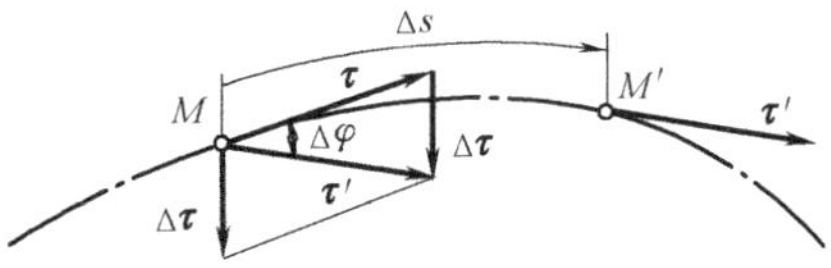

图 1.9

$$|\Delta\boldsymbol{\tau}|=2|\boldsymbol{\tau}|\sin\frac{\Delta\varphi}{2}$$

当 $\Delta s\to 0$ 时，$\Delta\varphi\to 0$，$\Delta\boldsymbol{\tau}$与$\boldsymbol{\tau}$垂直，即与主法线单位矢量 $\boldsymbol{n}$ 同向，又有

$$|\boldsymbol{\tau}|=1,\quad \Delta s=\rho\cdot\Delta\varphi$$

于是可得

$$\frac{\mathrm{d}\boldsymbol{\tau}}{\mathrm{d}s}=\lim_{\Delta s\to 0}\frac{\Delta\boldsymbol{\tau}}{\Delta s}=\boldsymbol{n}\lim_{\Delta s\to 0}\frac{|\Delta\tau|}{\Delta s}=\boldsymbol{n}\lim_{\Delta s\to 0}\frac{2|\tau|\sin\dfrac{\Delta\varphi}{2}}{\rho\cdot\Delta\varphi}=\frac{1}{\rho}\boldsymbol{n} \tag{1.20}$$

4. 点的速度

设动点沿轨迹由点 M 运动到点 M'，经过 Δt 时间间隔，其矢径的增量为 $\Delta\boldsymbol{r}$，弧坐标的增量为 Δs，如图 1.10 所示。当 $\Delta t\to 0$ 时，$|\Delta\boldsymbol{r}|=|\Delta s|$，因此

$$|\boldsymbol{v}|=\lim_{\Delta t\to 0}\left|\frac{\Delta\boldsymbol{r}}{\Delta t}\right|=\lim_{\Delta t\to 0}\left|\frac{\Delta s}{\Delta t}\right|=\left|\frac{\mathrm{d}s}{\mathrm{d}t}\right|$$

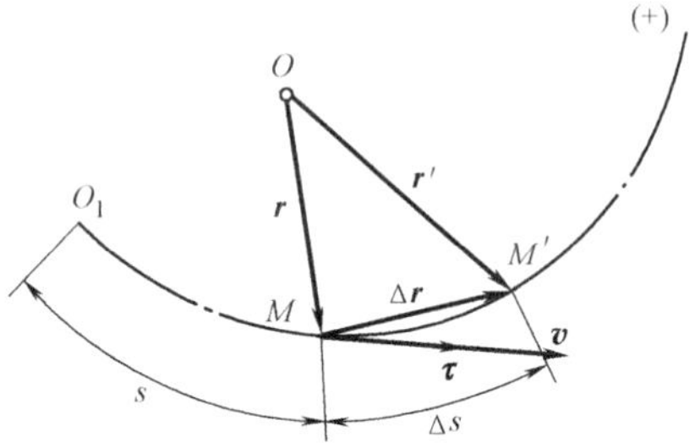

图 1.10

即速度的大小等于动点的弧坐标对时间的一阶导数的绝对值。若 $\frac{\mathrm{d}s}{\mathrm{d}t}>0$，则弧坐标 s 值随时间增加而增大，点沿轨迹的正向运动，$\boldsymbol{v}$ 与 $\boldsymbol{\tau}$ 同向；若 $\frac{\mathrm{d}s}{\mathrm{d}t}<0$，则 s 随时间增加而减小，点沿轨迹的负向运动，$\boldsymbol{v}$ 与 $\boldsymbol{\tau}$ 反向。因此点的速度可表示为

$$\boldsymbol{v}=\frac{\mathrm{d}s}{\mathrm{d}t}\boldsymbol{\tau}=v\,\boldsymbol{\tau} \tag{1.21}$$

式中，

$$v=\frac{\mathrm{d}s}{\mathrm{d}t}=\dot{s} \tag{1.22}$$

速度矢量在三个自然轴上的投影分别为

$$v_{\mathrm{t}}=v=\frac{\mathrm{d}s}{\mathrm{d}t},\quad v_{\mathrm{n}}=0,\quad v_{\mathrm{b}}=0 \tag{1.23}$$

5. 点的加速度

将式（1.21）对时间 t 求导数，可得

$$\boldsymbol{a}=\frac{\mathrm{d}\boldsymbol{v}}{\mathrm{d}t}=\frac{d}{\mathrm{d}t}(v\,\boldsymbol{\tau})=\frac{\mathrm{d}v}{\mathrm{d}t}\boldsymbol{\tau}+v\frac{\mathrm{d}\,\boldsymbol{\tau}}{\mathrm{d}t} \tag{1.24}$$

上式右端两项都是矢量，第一项加速度分量反映速度大小变化的快慢，记为 $\boldsymbol{a}_{\mathrm{t}}$；第二项加速度分量反映速度方向变化的快慢，记为 $\boldsymbol{a}_{\mathrm{n}}$。下面分别求这两项分量。

（1）反映速度**大小变化的加速度分量 $\boldsymbol{a}_{\mathrm{t}}$**

由于

$$\boldsymbol{a}_{\mathrm{t}}=\frac{\mathrm{d}v}{\mathrm{d}t}\boldsymbol{\tau}=\dot{v}\,\boldsymbol{\tau}=\ddot{s}\,\boldsymbol{\tau} \tag{1.25}$$

显然 $\boldsymbol{a}_{\mathrm{t}}$ 的方向沿轨迹的切线，若 $\frac{\mathrm{d}v}{\mathrm{d}t}>0$，$\boldsymbol{a}_{\mathrm{t}}$ 指向轨迹的正向，若 $\frac{\mathrm{d}v}{\mathrm{d}t}<0$，$\boldsymbol{a}_{\mathrm{t}}$ 指向轨迹的负向，因此 $\boldsymbol{a}_{\mathrm{t}}$ 称为**切向加速度**。其大小等于 $\left|\frac{\mathrm{d}v}{\mathrm{d}t}\right|$ 或者 $\left|\frac{\mathrm{d}^2 s}{\mathrm{d}t^2}\right|$。$\boldsymbol{a}_{\mathrm{t}}$ 的意义应与 $\boldsymbol{v}$ 联系起来看，当 $\boldsymbol{a}$ 与 $\boldsymbol{v}$ 同向，即 $\frac{\mathrm{d}^2 s}{\mathrm{d}t^2}$ 与 $\frac{\mathrm{d}s}{\mathrm{d}t}$ 同符号时，速度的绝对值增大，点做加速运动，如图 1.11a 所示；反之，

点做减速运动，如图 1.11b 所示。$\boldsymbol{a}_t$ 反映速度大小变化的快慢程度。

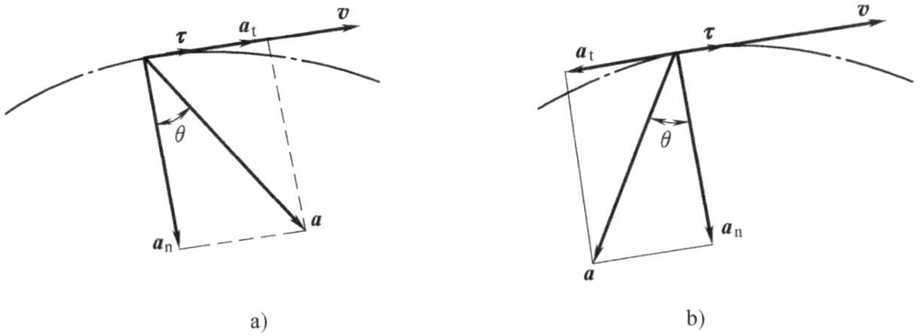

图 1.11

(2) 反映速度**方向变化的加速度分量 $\boldsymbol{a}_n$**

由于

$$\boldsymbol{a}_n = v\frac{d\boldsymbol{\tau}}{dt} \tag{1.26}$$

结合式（1.20）及式（1.22），上式可写为

$$\boldsymbol{a}_n = v\frac{d\boldsymbol{\tau}}{dt} = v\cdot\frac{d\boldsymbol{\tau}}{ds}\cdot\frac{ds}{dt} = \frac{v^2}{\rho}\boldsymbol{n} \tag{1.27}$$

由此可见，$\boldsymbol{a}_n$ 的方向恒沿主法线的方向，即沿着主法线指向曲率中心，大小等于$\frac{v^2}{\rho}$，故称为**法向加速度**。由于 $\boldsymbol{a}_n$ 与速度$\boldsymbol{v}$ 方向垂直，因此它反映速度方向变化的快慢程度。

将式（1.25）~式（1.27）代入式（1.24），得

$$\boldsymbol{a} = \boldsymbol{a}_t + \boldsymbol{a}_n = \frac{dv}{dt}\boldsymbol{\tau} + \frac{v^2}{\rho}\boldsymbol{n} \tag{1.28}$$

于是得到加速度在自然轴上的投影

$$\left.\begin{aligned} a_t &= \frac{dv}{dt} = \frac{d^2 s}{dt^2} \\ a_n &= \frac{v^2}{\rho} \\ a_b &= 0 \end{aligned}\right\} \tag{1.29}$$

由于式（1.28）反映加速度的本质，$\boldsymbol{a}$ 可称为**全加速度**，由式（1.28）和式（1.29）得

$$\boldsymbol{a} = \boldsymbol{a}_t + \boldsymbol{a}_n = a_t\boldsymbol{\tau} + a_n\boldsymbol{n} \tag{1.30}$$

式（1.29）说明加速度沿副法线的分量恒为零，因此全加速度 $\boldsymbol{a}$ 必在密切面内，如图 1.11 所示。全加速度 $\boldsymbol{a}$ 的大小和方向可由下式确定：

$$\left.\begin{aligned} a &= \sqrt{a_t^2 + a_n^2} \\ \tan\theta &= \frac{|a_t|}{a_n} \end{aligned}\right\} \tag{1.31}$$

例 1.3　一炮弹以初速$\boldsymbol{v}_0$和仰角 θ 射出。在如图 1.12 所示的直角坐标系中的运动方程为

$$x=v_0\cos\theta\cdot t$$

$$y=v_0\sin\theta\cdot t-\frac{1}{2}gt^2$$

求 $t=0$ 时炮弹的切向加速度和法向加速度，以及此时轨迹的曲率半径。

解：炮弹的运动方程以直角坐标形式给出，因此它的速度和加速度在 x、y 轴上的投影分别为

$$v_x=\frac{\mathrm{d}x}{\mathrm{d}t}=v_0\cos\theta$$

$$v_y=\frac{\mathrm{d}y}{\mathrm{d}t}=v_0\sin\theta-gt$$

$$v=\sqrt{v_x^2+v_y^2}=\sqrt{v_0^2\cos^2\theta+(v_0\sin\theta-gt)^2}$$

$$a_x=\frac{\mathrm{d}v_x}{\mathrm{d}t}=0$$

$$a_y=\frac{\mathrm{d}v_y}{\mathrm{d}t}=-g$$

$$a=\sqrt{a_x^2+a_y^2}=g$$

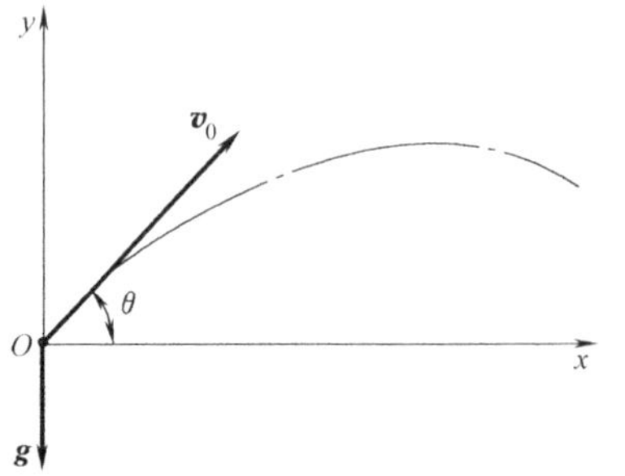

图 1.12　例 1.3 图

当 $t=0$ 时，炮弹的速度和全加速度的大小分别为

$$v=v_0$$

$$a=g$$

若将加速度在切线和法线方向分解，则有

$$a=\sqrt{a_t^2+a_n^2}$$

其中，

$$a_t=\frac{\mathrm{d}v}{\mathrm{d}t}=-\frac{g}{v}(v_0\sin\theta-gt)$$

当 $t=0$ 时，$v=v_0$，由上式得

$$a_t=-g\sin\theta$$

于是

$$a_n=\sqrt{a^2-a_t^2}=g\cos\theta$$

由 $a_n=\dfrac{v^2}{\rho}$求得 $t=0$ 时轨迹的曲率半径为

$$\rho=\frac{v_0^2}{a_n}=\frac{v_0^2}{g\cos\theta}$$

例 1.4　如图 1.13 所示，半径为 r 的轮子沿直线轨道无滑动地滚动（称为纯滚动），设轮子转角 $\varphi=\omega t$（ω 为常值）。求用直角坐标和弧坐标表示的轮缘上任一点 M 的运动方程，并求该点的速度、切向加速度及法向加速度。

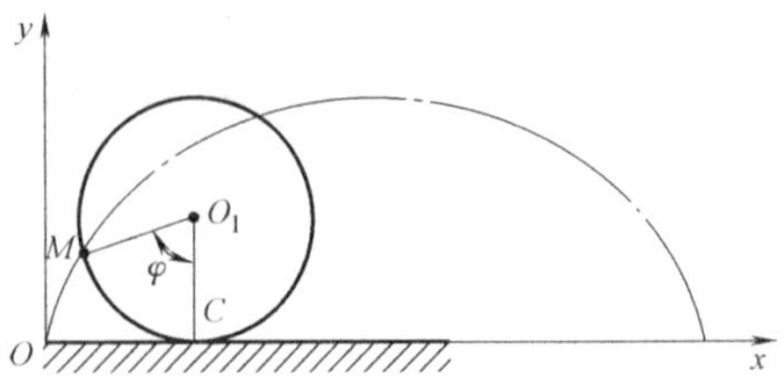

图 1.13　例 1.4 图

解：取点 M 与直线轨道的接触点 O 为原点，建立如图所示的直角坐标系 Oxy。当轮子转过 φ 角时，轮子与直线轨道的接触点为 C。由于是纯滚动，有

$$OC=\widehat{MC}=r\varphi=r\omega t$$

M 点的直角坐标运动方程为

$$\left.\begin{aligned}x&=OC-O_1M\sin\varphi=r(\omega t-\sin\omega t)\\y&=O_1C-O_1M\cos\varphi=r(1-\cos\omega t)\end{aligned}\right\}\tag{a}$$

上式对时间求导，即得点 M 的速度沿坐标轴的投影为

$$\left.\begin{aligned}v_x&=\dot{x}=r\omega(1-\cos\omega t)\\v_y&=\dot{y}=r\omega\sin\omega t\end{aligned}\right\}\tag{b}$$

M 点的速度大小为

$$v=\sqrt{v_x^2+v_y^2}=r\omega\sqrt{2-2\cos\omega t}=2r\omega\sin\frac{\omega t}{2}\quad(0\leqslant\omega t\leqslant2\pi)\tag{c}$$

运动方程（a）实际上也是点 M 运动轨迹的参数方程（以 t 为参变量）。这是一个摆线（或称旋轮线）方程，这表明点 M 的运动轨迹是摆线，如图1.13所示。

取点 M 的起始点 O 作为弧坐标原点，将式（c）的速度 v 积分，即得用弧坐标表示的运动方程为

$$s=\int_0^t 2r\omega\sin\frac{\omega t}{2}\mathrm{d}t=4r\left(1-\cos\frac{\omega t}{2}\right)\quad(0\leqslant\omega t\leqslant2\pi)$$

将式（b）再对时间求导，即得加速度在直角坐标系上的投影为

$$\left.\begin{aligned}a_x&=\ddot{x}=r\omega^2\sin\omega t\\a_y&=\ddot{y}=r\omega^2\cos\omega t\end{aligned}\right\}\tag{d}$$

由此得到全加速度的大小为

$$a=\sqrt{a_x^2+a_y^2}=r\omega^2$$

将式（c）对时间 t 求导，即得点 M 的切向加速度为

$$a_{\mathrm{t}}=\dot{v}=r\omega^2\cos\frac{\omega t}{2}$$

法向加速度为

$$a_{\mathrm{n}}=\sqrt{a^2-a_{\mathrm{t}}^2}=r\omega^2\sin\frac{\omega t}{2}\tag{e}$$

由于 $a_{\mathrm{n}}=\dfrac{v^2}{\rho}$，于是还可由式（c）及式（e）求得轨迹的曲率半径

$$\rho=\frac{v^2}{a_{\mathrm{n}}}=\frac{4r^2\omega^2\sin^2\dfrac{\omega t}{2}}{r\omega^2\sin\dfrac{\omega t}{2}}=4r\sin\frac{\omega t}{2}$$

再讨论一个特殊情况。当 $t=\dfrac{2\pi}{\omega}$ 时，即 $\varphi=2\pi$，这时点 M 运动到与地面相接触的位置。

由式（c）知，此时点 M 的速度为零，这表明沿地面做纯滚动的轮子与地面接触点的速度为零。另一方面，由于点 M 全加速度的大小恒为 $r\omega^2$，因此纯滚动的轮子与地面接触点的速度虽然为零，但加速度却不为零。将 $t=\dfrac{2\pi}{\omega}$ 代入式（d），得

$$a_x=0, a_y=r\omega^2$$

即接触点的加速度方向向上。

本章小结

1. 本章基本要求

1）掌握应用矢量法建立点的运动方程，并求点的速度和加速度。

2）熟练掌握应用直角坐标法建立点的运动方程，并求点的轨迹、速度和加速度。

3）熟练掌握应用自然法求点在平面上做曲线运动时的运动方程、速度和加速度，并正确理解切向加速度和法向加速度的物理意义。

2. 本章重点

1）应用直角坐标法求点的运动方程、速度和加速度。

2）应用自然法求点沿已知轨迹的弧坐标形式的运动方程、点的速度、点的切向加速度、点的法向加速度和全加速度。

3. 本章难点

自然轴系的几何概念，用自然法推导点的速度与加速度。

4. 学习建议

1）本章内容是运动学的重要基础，要注意理解描述点的运动的三种方法的特点、应用及其运动参数之间的联系。矢量法给出了运动参数的矢量之间的关系，常用于理论推导。自然法表示的运动参数的物理概念清晰，常用来计算点沿已知曲线轨迹的运动。直角坐标法便于数学表达，当不易找出点沿轨迹的运动规律时，常用此法进行计算。要注意的是，当用三种方法描述同一个点的运动时，其结果应该是一样的。

2）注意区分点的路程和位移、平均速度和瞬时速度、平均加速度和瞬时加速度、$\dfrac{\mathrm{d}\boldsymbol{r}}{\mathrm{d}t}$与$\dfrac{\mathrm{d}r}{\mathrm{d}t}$、$\dfrac{\mathrm{d}\boldsymbol{v}}{\mathrm{d}t}$与$\dfrac{\mathrm{d}v}{\mathrm{d}t}$等概念。

习题

1.1 $\dfrac{\mathrm{d}\boldsymbol{v}}{\mathrm{d}t}$和$\dfrac{\mathrm{d}v}{\mathrm{d}t}$各代表什么意义？当$\dfrac{\mathrm{d}v}{\mathrm{d}t}=0$时，$\dfrac{\mathrm{d}\boldsymbol{v}}{\mathrm{d}t}$是否也一定等于零？

1.2 点的切向加速度和法向加速度各代表什么意义？什么情况下切向加速度等于零？什么情况下法向加速度等于零？什么情况下二者皆为零？

1.3 如图 1.14 所示，动点沿螺旋形轨迹自外向内运动，已知其弧坐标 $s=kt$（k=常量），问动点 M 在运动过程中：

（1）加速度大小如何变化？

（2）运动快慢如何变化？

1.4　当点 M 沿如图 1.15 所示轨迹运动时，点的加速度 $\boldsymbol{a}$ 是恒矢量。问点是否做匀速运动？

1.5　如图 1.16 所示，绳子上 A、B 两点的速度和加速度是否分别等于两轮子上的 A'、B'两点的速度和加速度？为什么？

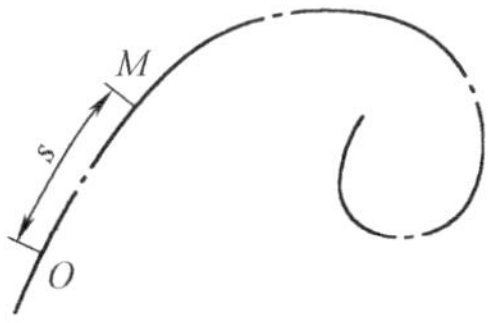

图 1.14　题 1.3 图

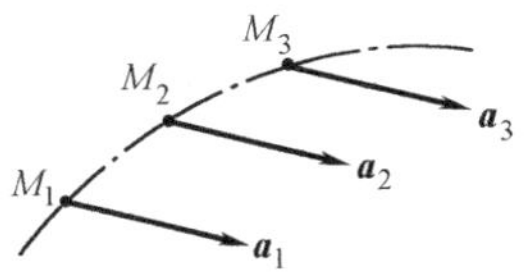

图 1.15　题 1.4 图

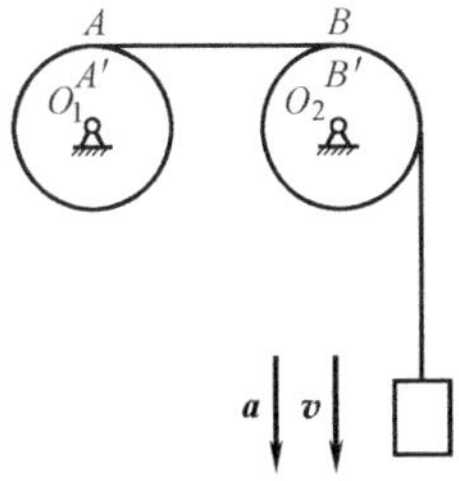

图 1.16　题 1.5 图

1.6　已知点的运动方程为

$$x=4t-2t^2$$
$$y=3t-1.5t^2$$

试求：

（1）轨迹方程。

（2）自起始位置计算弧长时，点的运动规律。

（3）当 $t=1\text{s}$、2s 时点的位移、经过的路程、速度和加速度。

1.7　如图 1.17 所示，杆 AB 长为 l，以等角速度 ω 绕点 B 转动，其转动方程为 $\varphi=\omega t$。而与杆铰接的滑块 B 按规律 $s=a+b\sin\omega t$ 沿水平线做谐振动。式中 a 和 b 均为常数。求点 A 的轨迹。

1.8　如图 1.18 所示，曲柄 OB 以匀角速度 $\omega=2\text{rad/s}$ 绕 O 轴顺时针转动，并带动杆 AD 上点 A 在水平槽内运动。已知 $AB=OB=BC=CD=12\text{cm}$，求点 D 的运动方程和轨迹方程，以及当 $\varphi=45°$时点 D 的速度和加速度。

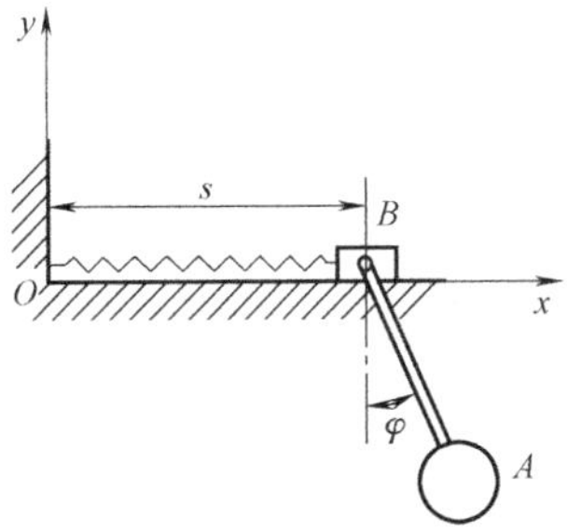

图 1.17　题 1.7 图

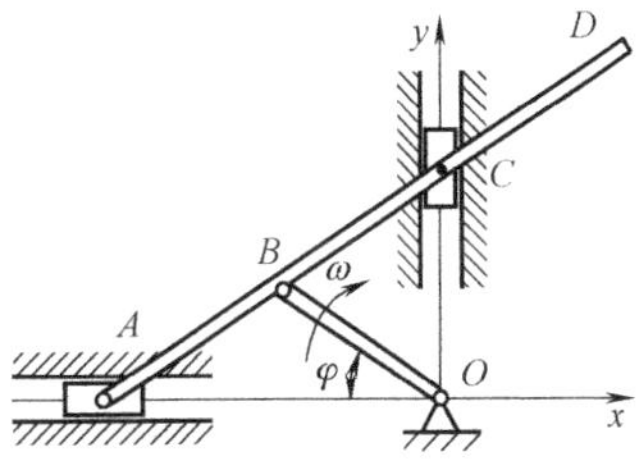

图 1.18　题 1.8 图

1.9　如图 1.19 所示，摇杆机构的滑杆 AB 以等速 $\boldsymbol{u}$ 向上运动，试建立摇杆 OC 上 C 点的运动方程，并求此点在 $\varphi=\dfrac{\pi}{4}$时的速度大小。假定初瞬时 $\varphi=0$，摇杆长 $OC=a$，距离 $OD=l$。

1.10　如图 1.20 所示，曲柄摇杆机构的曲柄 OA 长为 r，摇杆 AB 长为 l。曲柄绕 O 轴转动，$\varphi=\omega t$，$\omega=$常量，套筒 C 可绕 C 轴转动，$OC=r$，摇杆 AB 可沿套筒 C 滑动。试求摇杆端点 B 的运动方程、速度和加速度。

1.11　如图 1.21 所示，摇杆滑道机构中的滑块 M 同时在固定的圆弧槽 BC 和摇杆 OA 的滑道中滑动。BC 的半径为 R，摇杆 OA 的轴 O 在通过 BC 弧的圆周上。摇杆绕 O 轴以等角速度 ω 转动，运动开始时，摇杆在水平位置上。试分别用直角坐标法和自然法给出点 M 的运动方程，并求其速度和加速度。

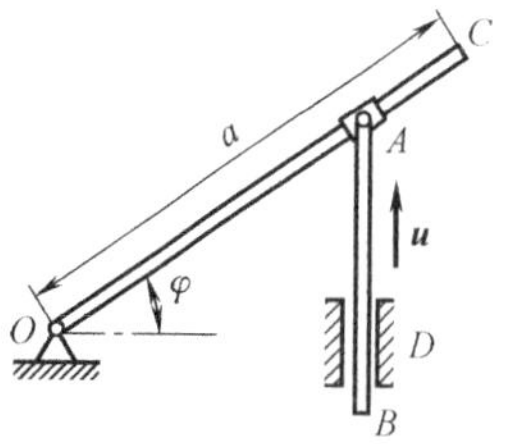

图 1.19　题 1.9 图

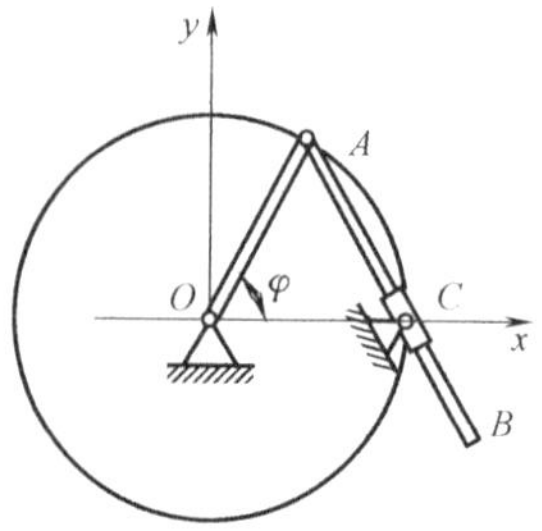

图 1.20　题 1.10 图

1.12　如图 1.22 所示，在曲柄摇杆机构中，曲柄 $O_1A=r=10\text{cm}$，摇杆 $O_2B=l=24\text{cm}$，$O_1O_2=10\text{cm}$，若曲柄以 $\varphi=\frac{\pi}{4}t$ rad 绕 O_1 轴转动，当 $t=0$ 时 $\varphi=0$，求点 B 的运动方程、速度和加速度。

1.13　已知点的运动方程为 $x=2\sin4t$，$y=2\cos4t$，$z=4t$，其中 x、y、z 均以 m 计。求点运动轨迹的曲率半径。

1.14　如图 1.23 所示，点沿半径为 R 的圆周做等加速运动，初速度为零。如点的全加速度与切线间的夹角 θ，并以 β 表示走过的弧长 s 所对的圆心角，求证：$\tan\theta=2\beta$。

1.15　如图 1.24 所示，点 M 沿空间曲线运动。某瞬时速度 $\boldsymbol{v}=3\boldsymbol{i}+4\boldsymbol{j}$（m/s），加速度为 $a=10\text{m/s}^2$，两者的夹角为 30°。试求该瞬时点 M 的轨迹在密切面内的曲率半径 ρ 和切向加速度 a_t。

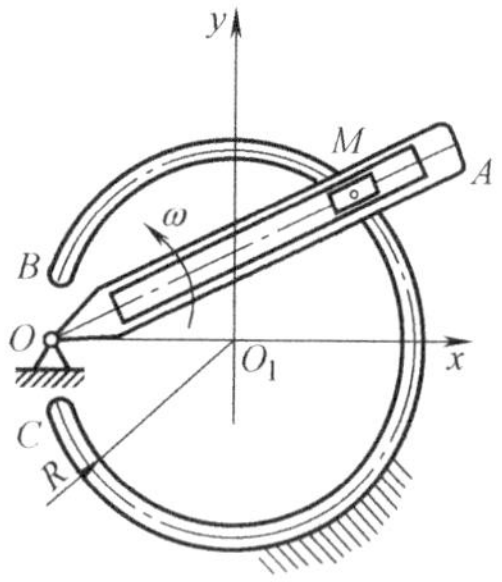

图 1.21　题 1.11 图

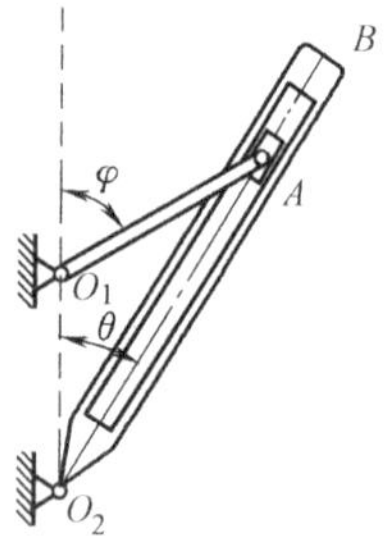

图 1.22　题 1.12 图

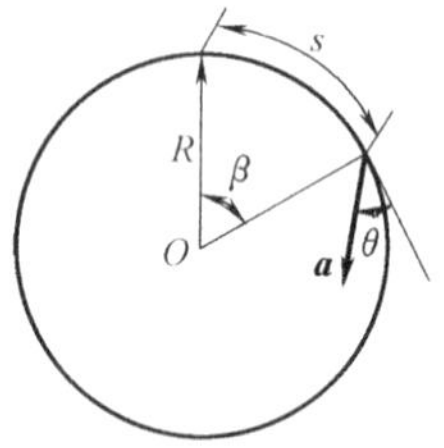

图 1.23　题 1.14 图

1.16　如图 1.25 所示，光源 A 以等速 $\boldsymbol{v}$ 沿直线下降。桌上有一高为 h 的立柱，它与上述铅直线的距离为 b。试求该柱上端的影子 M 沿桌面移动的速度和加速度的大小（将它们表示为光源高度 y 的函数）。

1.17　如图 1.26 所示，小环 M 由做平动的 T 字形杆 ABC 带动，沿着图示曲线轨道运动。设杆 ABC 的速度 v 为常数，曲线方程为 $y^2=2px$。试求环 M 的速度和加速度的大小（写成杆的位移 x 的函数）。

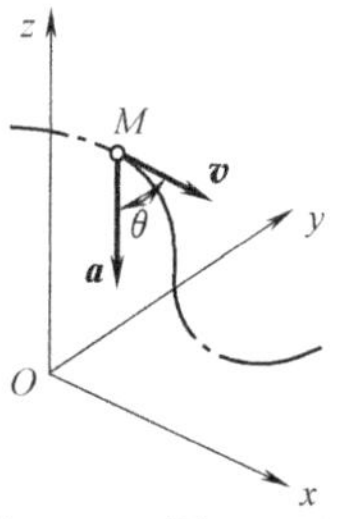

图 1.24　题 1.15 图

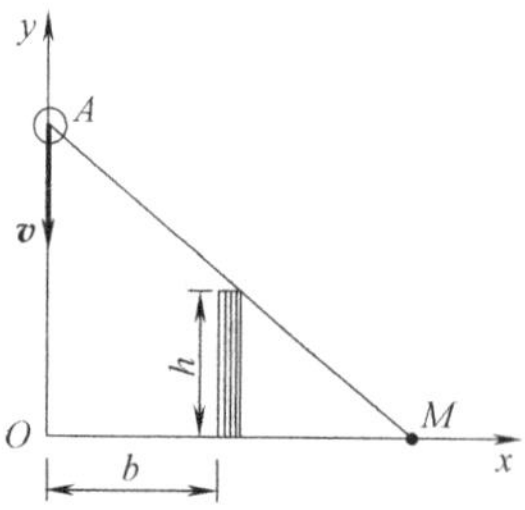

图 1.25　题 1.16 图

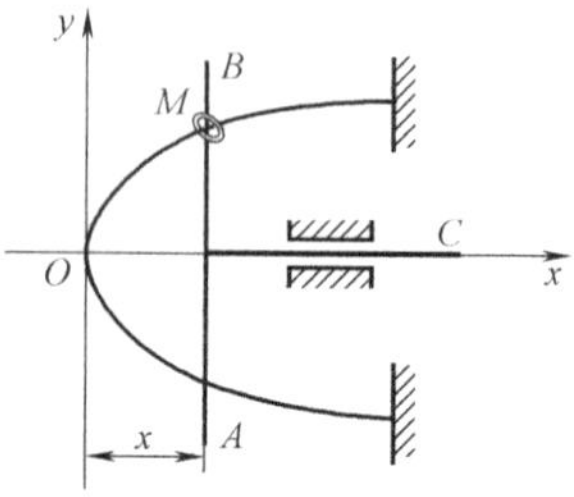

图 1.26　题 1.17 图

第2章 刚体的简单运动

刚体是由无数点组成的，运动过程中各点的轨迹、速度和加速度一般是不相同的，但相互之间有联系，因此有必要研究刚体的整体运动及各点运动之间的关系。

本章将在点的运动学基础上，研究刚体的两种简单运动——平移和绕定轴转动，这是工程中常见的运动，许多复杂的刚体运动都是由这两种简单的运动组合而成的。

2.1 刚体的平行移动

刚体在运动过程中，若其上任意直线始终与其初始方向平行，刚体的这种运动称为平行移动，简称为**平移**。如内燃机气缸内活塞的运动、送料机构中送料槽的运动、车床走刀架的运动以及荡木的运动（见图2.1）等，都属于这种运动。

现在来研究刚体平移时各点的轨迹、速度和加速度之间的关系。

如图2.2所示，在刚体内任选两点 A 和 B，A 点的矢径为 $\boldsymbol{r}_A$，B 点的矢径为 $\boldsymbol{r}_B$，它们的矢端曲线分别是两点的轨迹。由图2.2可知

$$\boldsymbol{r}_A=\boldsymbol{r}_B+\overrightarrow{BA} \tag{2.1}$$

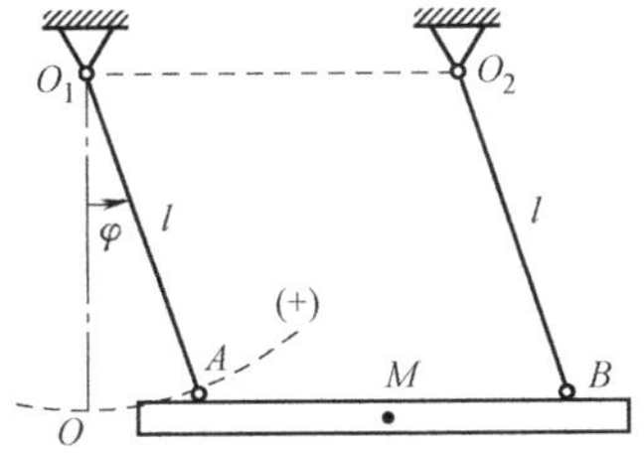

图2.1

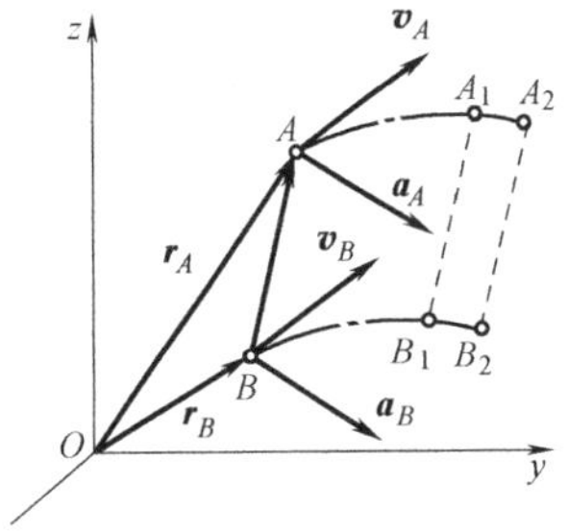

图2.2

由于刚体平移时，线段 AB 的长度和方向都不变，$\overrightarrow{BA}$是常矢量。因此，只要把点 B 的轨迹沿$\overrightarrow{BA}$方向平行搬移一段相应的距离 BA，就能与点 A 的轨迹完全重合，两点的轨迹形状是完全相同的。刚体平移时，其上各点的轨迹可能是直线或曲线。例如，气缸内活塞运动时，它内部各点都相对气缸做直线运动，轨迹都是直线；荡木摆动时，其内部各点都在半径相同的圆弧上运动，轨迹是半径相同的圆弧。

把式（2.1）对时间 t 连续求两次导数，因为常矢量 $\overrightarrow{BA}$ 对时间的导数等于零，于是得

$$\boldsymbol{v}_A=\boldsymbol{v}_B \tag{2.2}$$

$$\boldsymbol{a}_A=\boldsymbol{a}_B \tag{2.3}$$

式中，$\boldsymbol{v}_A$ 和 $\boldsymbol{v}_B$ 分别表示点 A 和点 B 的速度；$\boldsymbol{a}_A$ 和 $\boldsymbol{a}_B$ 分别表示点 A 和点 B 的加速度。点 A 和点 B 是任取的，从而可得结论：**当刚体平行移动时，其上各点的轨迹形状相同；任一瞬时各点的速度和加速度相等**。

因此，研究刚体的平移，可以归结为研究刚体内任一点的运动，即点的运动学问题。

例 2.1 如图 2.1 所示，荡木用两条等长的钢索平行吊起。钢索长度为 l，摆动规律为 $\varphi=\varphi_0\sin\dfrac{\pi}{4}t$，长度单位为 cm，角度单位为 rad，时间单位为 s。试求当 $t=0\text{s}$ 和 $t=2\text{s}$ 时，荡木中点 M 的速度和加速度。

解： 因 O_1A 与 O_2B、AB 与 O_1O_2 平行并且相等，故荡木做平移。M 点的速度和加速度与点 A、B 或荡木中任一点的速度和加速度相同。取图示弧坐标。A 点的运动方程为

$$s=l\varphi_0\sin\frac{\pi}{4}t$$

速度为

$$v=\frac{\mathrm{d}s}{\mathrm{d}t}=\frac{\pi}{4}l\varphi_0\cos\frac{\pi}{4}t$$

切向加速度为

$$a_{\mathrm{t}}=\frac{\mathrm{d}v}{\mathrm{d}t}=-\frac{\pi^2}{16}l\varphi_0\sin\frac{\pi}{4}t$$

法向加速度为

$$a_{\mathrm{n}}=\frac{v^2}{l}=\frac{\pi^2}{16}l\varphi_0^2\cos^2\frac{\pi}{4}t$$

代入 $t=0\text{s}$ 和 $t=2\text{s}$，求得 A 点亦即 M 点的速度和加速度，见下表：

t/s	φ/rad	v/(cm/s)	a_{t}/(cm/s^2)	a_{n}/(cm/s^2)
0	0	$\dfrac{\pi}{4}l\varphi_0$	0	$\dfrac{\pi^2}{16}l\varphi_0^2$
2	φ_0	0	$-\dfrac{\pi^2}{16}l\varphi_0$	0

2.2 刚体绕定轴的转动

工程实际中常见的飞轮、机床主轴或电动机的转子等，都有一条固定的轴线，物体绕此定轴转动。**刚体在运动时，刚体内或其延拓部分始终有一条直线保持静止，则这种运动称为刚体绕定轴的转动，简称刚体的转动**。这条保持静止的直线称为刚体的**转轴或轴线**。

现在我们研究绕定轴转动的刚体在空间的位置随时间的变化规律。设刚体绕 z 轴转动，

如图 2.3 所示。过 z 轴作一固定平面 A，同时作一固结于刚体的动平面 B 与刚体一起转动。经过时间间隔 Δt，动平面 B 相对于固定平面 A 转过的角度 φ 称为刚体的**转角**。转角 φ 是一个代数量，用右手螺旋法则确定其正负：右手四指与刚体转向一致，若拇指的指向与 z 轴正向一致，则 φ 角为正，反之为负。转角 φ 的单位是 rad（弧度）。刚体转动时，转角 φ 是时间 t 的单值连续函数。即

$$\varphi = f(t) \tag{2.4}$$

上式称为**刚体的转动方程**。确定了 φ 值，就唯一地确定了刚体在空间的位置，因此，绕定轴转动的刚体具有一个自由度。

转角 φ 对时间的一阶导数，称为**刚体的瞬时角速度**，用 ω 表示，即

$$\omega = \frac{\mathrm{d}\varphi}{\mathrm{d}t} \tag{2.5}$$

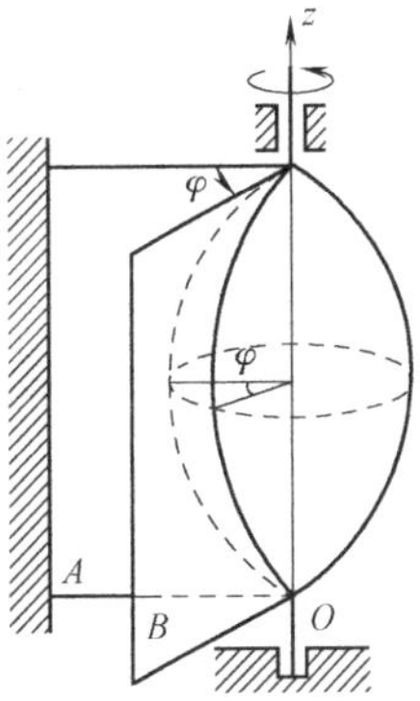

图 2.3

角速度 ω 表征刚体转动的快慢和转向，单位为 rad/s（弧度每秒）。它是一个代数量，若刚体向 φ 角的正向转动，则 $\omega>0$，反之 $\omega<0$。

角速度对时间的一阶导数，称为**刚体的瞬时角加速度**，用 α 表示，即

$$\alpha = \frac{\mathrm{d}\omega}{\mathrm{d}t} = \frac{\mathrm{d}^2\varphi}{\mathrm{d}t^2} \tag{2.6}$$

它表示角速度随时间变化的快慢，单位为 rad/s^2（弧度每二次方秒），也是一个代数量，正负号规定与转角 φ 相同。当 ω 与 α 同号，刚体加速转动；当 ω 与 α 异号，刚体减速转动。

现在讨论两种特殊情形。

1）匀速转动时，ω = 常量，则

$$\varphi = \varphi_0 + \omega t \tag{2.7}$$

2）匀变速转动时，α = 常量，则

$$\omega = \omega_0 + \alpha t \tag{2.8}$$

$$\varphi = \varphi_0 + \omega_0 t + \frac{1}{2}\alpha t^2 \tag{2.9}$$

式中，ω_0 和 φ_0 分别是 $t=0$ 时的角速度和转角。

另外，在工程实际中，转动的快慢常用每分钟的转数表示，其单位为 r/min（转每分），称为**转速**，转速 n 与角速度 ω 的换算公式为

$$\omega = \frac{2\pi n}{60} = \frac{n\pi}{30} \tag{2.10}$$

2.3　转动刚体内各点的速度和加速度

当刚体做定轴转动时，刚体内任一点都做圆周运动（转轴上的点除外），圆周所在平面与轴线垂直，圆心在轴线上，圆周的半径 R 等于该点到轴线的垂直距离。

如图 2.4 所示，刚体转动时，其上距转轴为 R 的点 M 在垂直于轴线的平面内做圆周运

动，圆心 O 为轴线上的点，点 M_0 为圆周曲线与固定平面的交点。取点 M_0 为弧坐标 s 的原点，按 φ 角的正方向规定弧坐标 s 的正向，当刚体转角为 φ 时，M 点的弧坐标为

$$s=\widehat{M_0M}=R\varphi$$

这就是 M 点的运动方程。M 点的速度大小为

$$v=\frac{\mathrm{d}s}{\mathrm{d}t}=R\frac{\mathrm{d}\varphi}{\mathrm{d}t}=R\omega \tag{2.11}$$

其方向沿圆周的切线，指向由 ω 的转向确定。因此，**绕定轴转动的刚体内任一点的速度的大小等于刚体的角速度与该点到转轴的距离的乘积，它的方向沿圆周的切线指向转动的方向。**在刚体内垂直于转轴的截面上，各点的速度分布，如图 2.5a、b 所示。

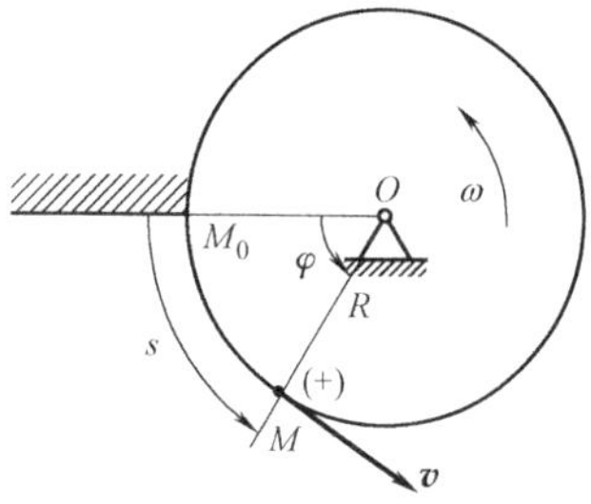

图 2.4

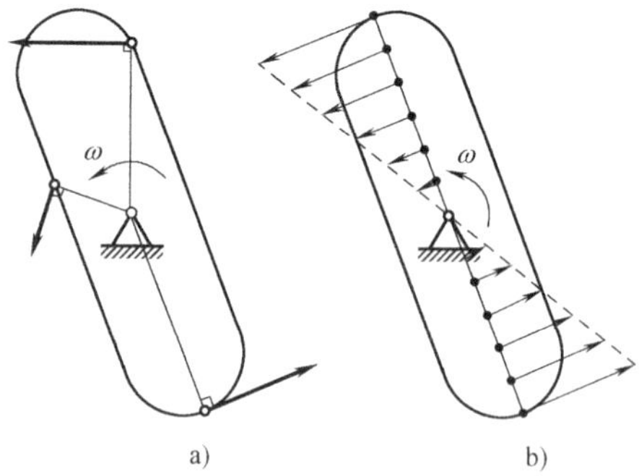

图 2.5

动点 M 的切向加速度大小为

$$a_t=\frac{\mathrm{d}v}{\mathrm{d}t}=R\frac{\mathrm{d}\omega}{\mathrm{d}t}=R\alpha \tag{2.12}$$

即：**转动刚体内任一点的切向加速度的大小等于刚体的角加速度与该点到转轴的距离的乘积，它的方向由角加速度决定。**当 α 为正值时，它沿圆周的切线指向角 φ 的正向，否则相反。当 α 与 ω 同号时，$\boldsymbol{a}_t$ 与 $\boldsymbol{v}$ 同向；当 α 与 ω 异号时，$\boldsymbol{a}_t$ 与 $\boldsymbol{v}$ 反向，如图 2.6a、b 所示。

动点 M 的法向加速度大小为

$$a_n=\frac{v^2}{\rho}=\frac{(R\omega)^2}{R}=R\omega^2 \tag{2.13}$$

即：**转动刚体内任一点的法向加速度的大小等于刚体角速度的平方与该点到转轴的距离的乘积，它的方向始终指向轴线且与速度垂直。**

动点 M 的全加速度的大小和方向为

$$a=\sqrt{a_t^2+a_n^2}=R\sqrt{\alpha^2+\omega^4} \tag{2.14}$$

$$\theta=\arctan\frac{|a_t|}{a_n}=\arctan\frac{|\alpha|}{\omega^2} \tag{2.15}$$

式中，θ 角为全加速度与点所在半径的夹角，如图 2.6 所示。

在刚体的垂直于转轴的截面内，各点的加速度分布如图 2.7 所示。由于在每一瞬时，刚体的 ω 和 α 都只有一个确定的数值，根据以上各式可得到结论：转动刚体内任一点的速度和加速度的大小与该点至转轴的距离成正比；在同一瞬时刚体内各点的加速度与半径都有相

同的夹角，如图 2.7 所示。

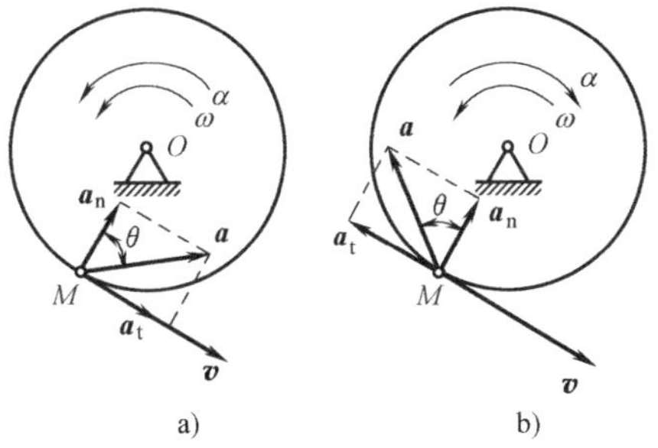

图 2.6

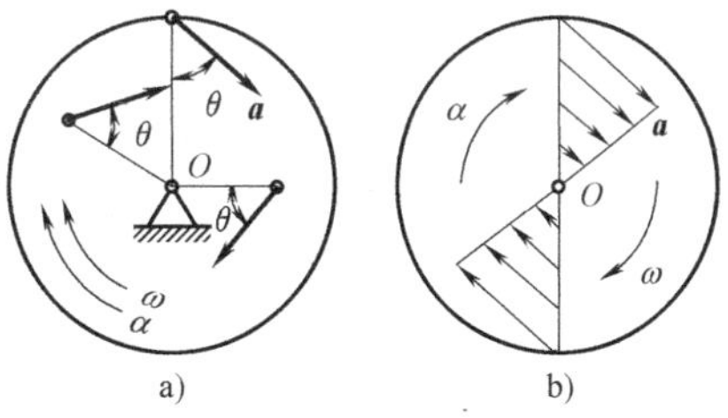

图 2.7

2.4 轮系的传动比

工程实际中，常用轮系改变机械的转速和转动方向，如变速箱中的齿轮组、带轮组等就是常见的轮系。

1. 齿轮传动

现以一对相互啮合的圆柱齿轮为例推导传动比公式。圆柱齿轮的传动有外啮合（见图 2.8）和内啮合（见图 2.9）之分，外啮合齿轮的角速度方向相反，内啮合齿轮的角速度方向则相同。

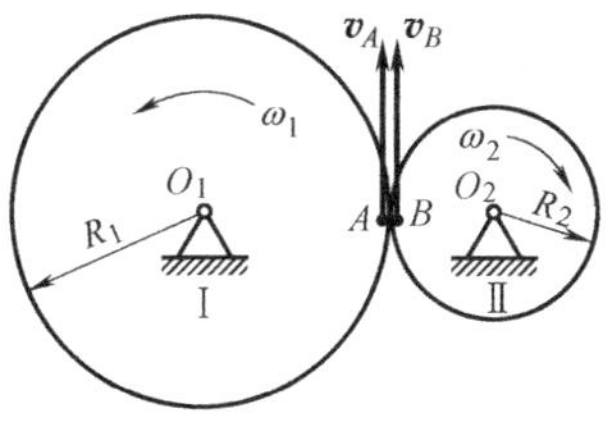

图 2.8

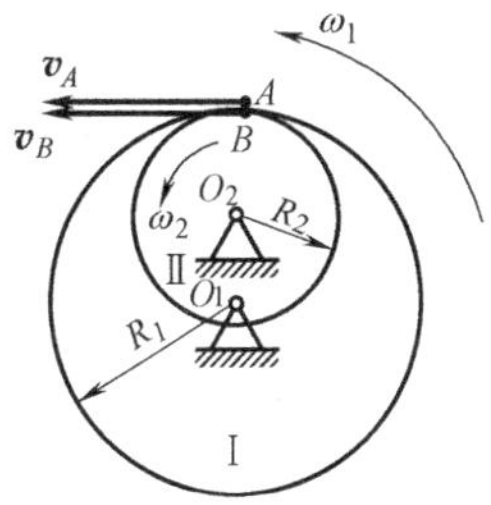

图 2.9

设 ω_1、α_1 和 R_1为齿轮 I 的角速度、角加速度和节圆半径，ω_2、α_2 和 R_2为齿轮 II 的角速度、角加速度和节圆半径，因为两齿轮节圆的切点 AB 没有相对滑动，它们的速度和切向加速度的大小必须相等，即

$$v_1=v_2,\quad a_{1t}=a_{2t}$$

因为

$$v_1=R_1\omega_1,\quad v_2=R_2\omega_2$$
$$a_{1t}=R_1\alpha_1,\quad a_{2t}=R_2\alpha_2$$

代入上式得

$$R_1\omega_1=R_2\omega_2,\quad R_1\alpha_1=R_2\alpha_2$$

或

$$\frac{\omega_1}{\omega_2}=\frac{\alpha_1}{\alpha_2}=\frac{R_2}{R_1} \tag{2.16}$$

这说明：**相啮合的两个齿轮，其角速度和角加速度与其节圆半径成反比**。考虑到转向，用代数量 i_{12} 表示Ⅰ轮与Ⅱ轮、即主动轮与从动轮的**传动比**，则

$$i_{12}=\frac{\omega_1}{\omega_2}=\pm\frac{R_2}{R_1} \tag{2.17}$$

式中，正号表示两轮的转向相同（内啮合）；负号表示两轮的转向相反（外啮合）。考虑到在工程实际中，转动的快慢用转速表示。另外，相啮合的两齿轮的齿数与其半径成正比，用 z_1、z_2 分别表示Ⅰ轮、Ⅱ轮的齿数，传动比公式可用下式表示：

$$i_{12}=\frac{\omega_1}{\omega_2}=\frac{n_1}{n_2}=\pm\frac{R_2}{R_1}=\pm\frac{z_2}{z_1} \tag{2.18}$$

2. 带轮传动

在机器设备中，常用带传动改变轴的转速和转动方向。如图 2.10 所示的带轮装置中，主动轮和从动轮的半径分别为 r_1 和 r_2，角速度分别为 ω_1 和 ω_2。不考虑带厚，并且假定带与带轮间无滑动，可得关系式

$$r_1\omega_1=r_2\omega_2$$

于是带轮的传动比公式为

$$i_{12}=\frac{\omega_1}{\omega_2}=\frac{n_1}{n_2}=\pm\frac{r_2}{r_1} \tag{2.19}$$

即**带传动中两轮的角速度与其半径成反比**。

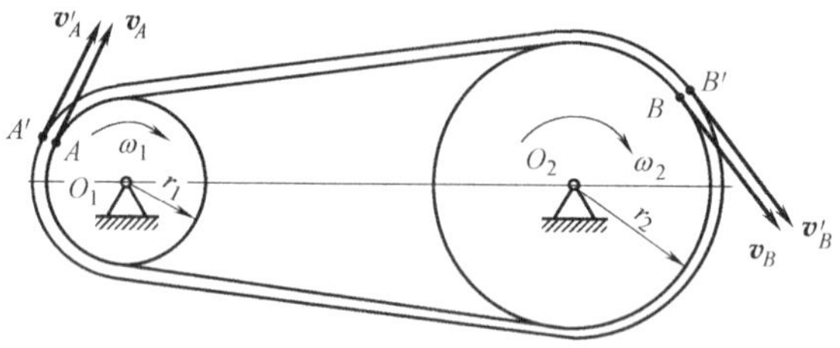

图 2.10

例 2.2 如图 2.11 所示的减速箱由四个齿轮构成。齿轮Ⅱ和Ⅲ固定在同一轴上，与轴一起转动。各齿轮的齿数分别为 $z_1=36$，$z_2=112$，$z_3=32$，$z_4=128$。如主动轴Ⅰ的转速 $n_1=1450\text{r/min}$，试求从动轴Ⅳ的转速。

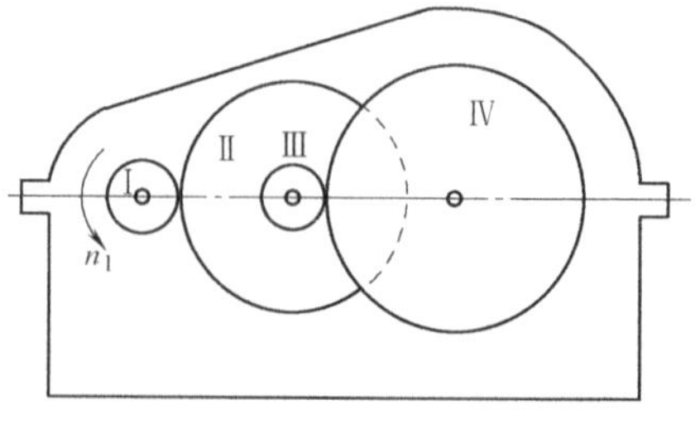

图 2.11 例 2.2 图

解：用 n_1、n_2、n_3 和 n_4 分别表示相应齿轮的转速，且 $n_2=n_3$。应用外啮合齿轮传动比公式可得

$$i_{12}=\frac{n_1}{n_2}=-\frac{z_2}{z_1}$$

$$i_{34}=\frac{n_3}{n_4}=-\frac{z_4}{z_3}$$

两式相乘

$$\frac{n_1 \cdot n_3}{n_2 \cdot n_4}=\frac{z_2 \cdot z_4}{z_1 \cdot z_3}$$

因 $n_2=n_3$，则

$$i_{14}=\frac{n_1}{n_4}=\frac{z_2 \cdot z_4}{z_1 \cdot z_3}=\frac{112\times128}{36\times32}=12.4$$

传动比为正值，说明从动轮Ⅳ和主动轮Ⅰ的转向相同，Ⅳ轮的转速为

$$n_4=\frac{n_1}{i_{14}}=\frac{1450}{12.4}\mathrm{r/min}=117\mathrm{r/min}$$

2.5 以矢量表示角速度和角加速度·以矢量积表示点的速度和加速度

绕定轴转动刚体的角速度可以用矢量表示。角速度矢的模等于角速度的绝对值，即

$$|\boldsymbol{\omega}|=|\omega|=\left|\frac{\mathrm{d}\varphi}{\mathrm{d}t}\right| \tag{2.20}$$

其方向由右手螺旋定则确定，即右手四指与刚体的转向一致，拇指的指向就是角速度矢 $\boldsymbol{\omega}$ 的指向，如图 2.12 所示。角速度矢的起点可在轴线上任意选取，因此角速度矢是滑动矢量。

令转轴 z 的单位矢量为 $\boldsymbol{k}$（见图 2.11），角速度矢可写成

$$\boldsymbol{\omega}=\omega\boldsymbol{k} \tag{2.21}$$

式中，ω 是角速度的代数值，它等于$\frac{\mathrm{d}\varphi}{\mathrm{d}t}$。

绕定轴转动刚体的角加速度同样可以用一个沿轴线的滑动矢量来表示，即

$$\boldsymbol{\alpha}=\alpha\boldsymbol{k} \tag{2.22}$$

式中，α 为角加速度的代数值，它等于$\frac{\mathrm{d}\omega}{\mathrm{d}t}$或$\frac{\mathrm{d}^2\varphi}{\mathrm{d}t^2}$，于是

$$\boldsymbol{\alpha}=\frac{\mathrm{d}\omega}{\mathrm{d}t}\boldsymbol{k}=\frac{\mathrm{d}}{\mathrm{d}t}(\omega\boldsymbol{k})=\frac{\mathrm{d}\boldsymbol{\omega}}{\mathrm{d}t} \tag{2.23}$$

即**角加速度矢等于角速度矢对时间 t 的一阶导数**。

刚体内任一点 M 的速度可以用矢量积表示。如图 2.13 所示，在轴线上任选一点 O 为原点，动点 M 的矢径为 $\boldsymbol{r}$，则点 M 的速度可以表示为

$$\boldsymbol{v}=\boldsymbol{\omega}\times\boldsymbol{r} \tag{2.24}$$

下面对上式进行证明。由矢量积的定义可知，$\boldsymbol{\omega}\times\boldsymbol{r}$ 仍是矢量，大小为

$$|\boldsymbol{\omega}\times\boldsymbol{r}|=|\boldsymbol{\omega}|\cdot|\boldsymbol{r}|\sin\theta=|\boldsymbol{\omega}|\cdot R=|\boldsymbol{v}|$$

式中，θ 为矢径 $\boldsymbol{r}$ 与角速度矢 $\boldsymbol{\omega}$ 的夹角。矢量积 $\boldsymbol{\omega}\times\boldsymbol{r}$ 的方向由右手螺旋定则确定，其垂直于 $\boldsymbol{\omega}$ 和 $\boldsymbol{r}$ 组成的平面，由图容易看出，其与速度矢 $\boldsymbol{v}$ 的方向一致。由于矢量积 $\boldsymbol{\omega}\times\boldsymbol{r}$ 与速度矢 $\boldsymbol{v}$ 的大小和方向均相同，因而二者是相等的。可得结论：**绕定轴转动刚体内任一点的速度等于刚体的角速度矢与该点矢径的矢量积**。

点 M 的加速度为

$$a=\frac{\mathrm{d}\boldsymbol{v}}{\mathrm{d}t}=\frac{d}{\mathrm{d}t}(\boldsymbol{\omega}\times\boldsymbol{r})=\frac{\mathrm{d}\boldsymbol{\omega}}{\mathrm{d}t}\times\boldsymbol{r}+\boldsymbol{\omega}\times\frac{\mathrm{d}\boldsymbol{r}}{\mathrm{d}t}$$

由于

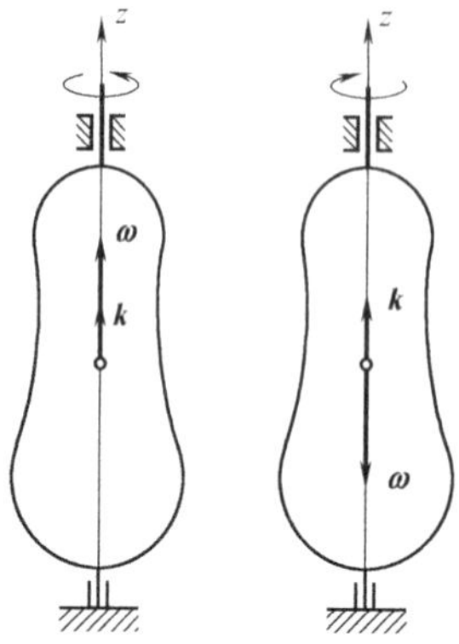

图 2.12

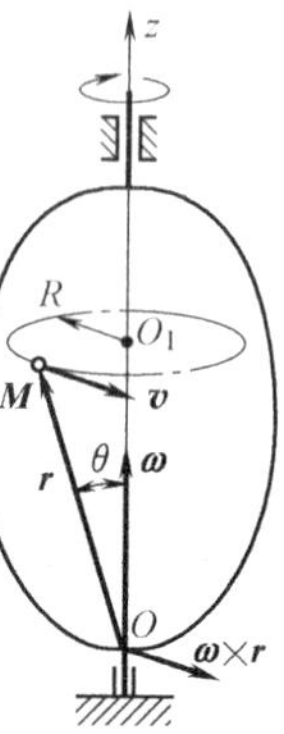

图 2.13

$$\frac{\mathrm{d}\boldsymbol{\omega}}{\mathrm{d}t}=\boldsymbol{\alpha},\quad \frac{\mathrm{d}\boldsymbol{r}}{\mathrm{d}t}=\boldsymbol{v}$$

故

$$\boldsymbol{a}=\boldsymbol{\alpha}\times\boldsymbol{r}+\boldsymbol{\omega}\times\boldsymbol{v} \tag{2.25}$$

上式右端第一项的大小为

$$|\boldsymbol{\alpha}\times\boldsymbol{r}|=|\boldsymbol{\alpha}|\cdot|\boldsymbol{r}|\sin\theta=\alpha R$$

方向则垂直于由矢径 $\boldsymbol{r}$ 和角加速度矢 $\boldsymbol{\alpha}$ 构成的平面，如图 2.14 所示，恰与点 M 的切向加速度 $\boldsymbol{a}_{\mathrm{t}}$的方向一致，又由于其大小与 $\boldsymbol{a}_{\mathrm{t}}$大小相等，因此矢量积 $\boldsymbol{\alpha}\times\boldsymbol{r}$ 等于切向加速度 $\boldsymbol{a}_{\mathrm{t}}$，即

$$\boldsymbol{a}_{\mathrm{t}}=\boldsymbol{\alpha}\times\boldsymbol{r} \tag{2.26}$$

同理，由图 2.15 可知，式（2.25）右端第二项为点 M 的法向加速度，即

$$\boldsymbol{a}_{\mathrm{n}}=\boldsymbol{\omega}\times\boldsymbol{v} \tag{2.27}$$

于是可得结论：**转动刚体内任一点的切向加速度等于刚体的角加速度矢与该点矢径的矢量积，法向加速度等于刚体的角速度矢与该点速度矢的矢量积。**

最后介绍一下著名的**泊桑公式**，以后将要用到它。设刚体绕 Oz 轴转动的角速度矢为 $\boldsymbol{\omega}$。$O'x'y'z'$为固结在刚体上的动坐标系，$\boldsymbol{i}'$、$\boldsymbol{j}'$和 $\boldsymbol{k}'$分别为各动坐标轴的单位矢量，$\boldsymbol{k}'$的端点为 A，如图 2.16 所示。由图可知

$$\boldsymbol{k}'=\boldsymbol{r}_A-\boldsymbol{r}_{O'} \tag{a}$$

于是

$$\frac{\mathrm{d}\boldsymbol{k}'}{\mathrm{d}t}=\frac{\mathrm{d}\boldsymbol{r}_A}{\mathrm{d}t}-\frac{\mathrm{d}\boldsymbol{r}_{O'}}{\mathrm{d}t}=\boldsymbol{v}_A-\boldsymbol{v}_{O'} \tag{b}$$

根据式（2.24）有

$$\boldsymbol{v}_A=\boldsymbol{\omega}\times\boldsymbol{r}_A,\quad \boldsymbol{v}_{O'}=\boldsymbol{\omega}\times\boldsymbol{r}_{O'} \tag{c}$$

将式（c）代入式（b），并利用式（a）可得

$$\frac{\mathrm{d}\boldsymbol{k}'}{\mathrm{d}t}=\boldsymbol{\omega}\times\boldsymbol{r}_A-\boldsymbol{\omega}\times\boldsymbol{r}_{O'}=\boldsymbol{\omega}\times(\boldsymbol{r}_A-\boldsymbol{r}_{O'})=\boldsymbol{\omega}\times\boldsymbol{k}'$$

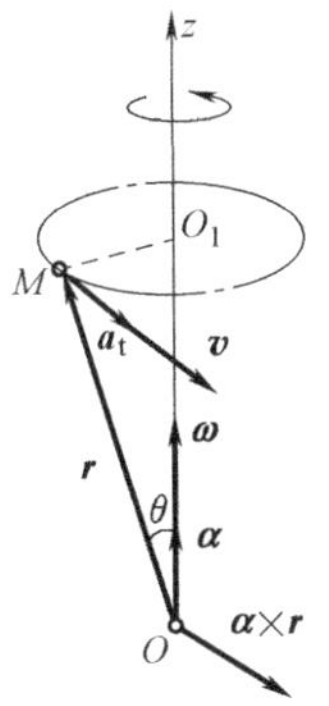

图 2.14

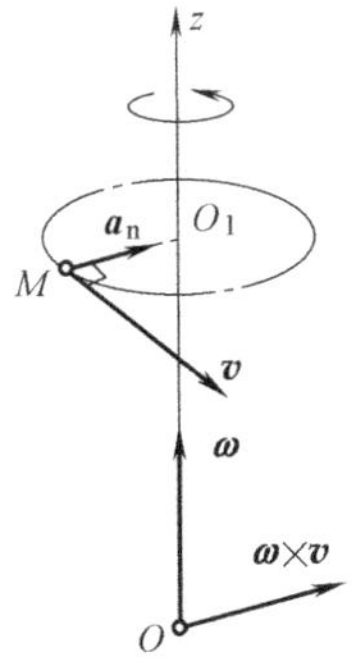

图 2.15

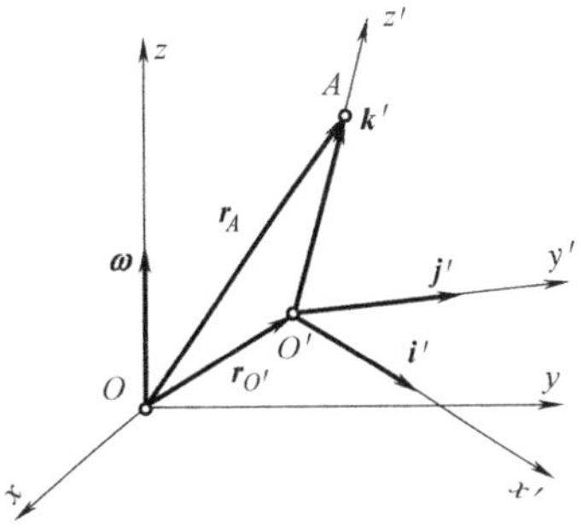

图 2.16

同理，对 $\boldsymbol{i}'$、$\boldsymbol{j}'$ 也有类似的公式，故有

$$\left.\begin{aligned}\frac{\mathrm{d}\boldsymbol{i}'}{\mathrm{d}t}&=\boldsymbol{\omega}\times\boldsymbol{i}'\\\frac{\mathrm{d}\boldsymbol{j}'}{\mathrm{d}t}&=\boldsymbol{\omega}\times\boldsymbol{j}'\\\frac{\mathrm{d}\boldsymbol{k}'}{\mathrm{d}t}&=\boldsymbol{\omega}\times\boldsymbol{k}'\end{aligned}\right\}\tag{2.28}$$

该组公式称为**泊桑公式**。

本 章 小 结

1. 本章基本要求

1）熟悉刚体的平移和绕定轴转动的特征，能正确地判断机构中做平移和绕定轴转动的刚体。

2）熟悉刚体定轴转动时的转动方程、角速度和角加速度及它们之间的关系，熟知匀速和匀变速转动的定义与公式。

3）熟练掌握定轴转动刚体上任一点的速度和加速度的计算，理解刚体内垂直于转轴的平面上点的速度和加速度的分布规律。

4）掌握传动比的概念及其公式的应用。

5）了解角速度矢、角加速度矢及绕定轴转动刚体内各点的速度和加速度的矢量表示法。

2. 本章重点

1）刚体平移的定义及其运动特征。

2）刚体的定轴转动定义，建立转动方程，角速度与角加速度的计算，转动刚体内各点的速度与加速度的计算。

3. 本章难点

1）理解直线平移和曲线平移。

2）用矢量积表示刚体上任一点的速度与加速度。

4. 学习建议

对刚体定轴转动的特征及转动刚体上点的速度、加速度分布规律要分析清楚，熟练掌握已知刚体转动规律求其上一点的运动规律，反之，已知转动刚体上一点的运动规律求其上各点的运动规律及整体转动规律。理解转角、角速度和角加速度之间的微积分关系。

习　题

2.1　下列说法是否正确，为什么？

（1）平移刚体上各点的轨迹一定是直线或平面曲线。

（2）刚体绕定轴转动时，角加速度为正表示加速转动，角加速度为负表示减速转动。

2.2　试画出如图 2.17 所示的刚体上的 M 点的轨迹以及在图示位置时的速度和加速度。

2.3　如图 2.18 所示，一高速列车沿直线轨道行驶，其速度为 50m/s，摄影师的镜头位于离铁轨 10m 处的 O 点，并使镜头始终对准车头。试求镜头转动的角速度和角加速度（用关于 φ 的函数表示）。

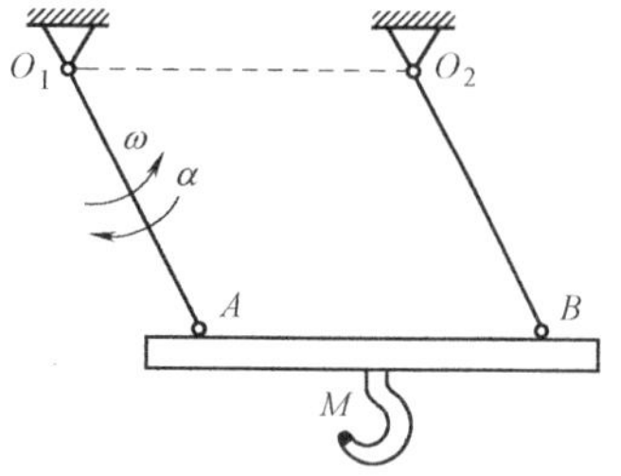

图 2.17　题 2.2 图

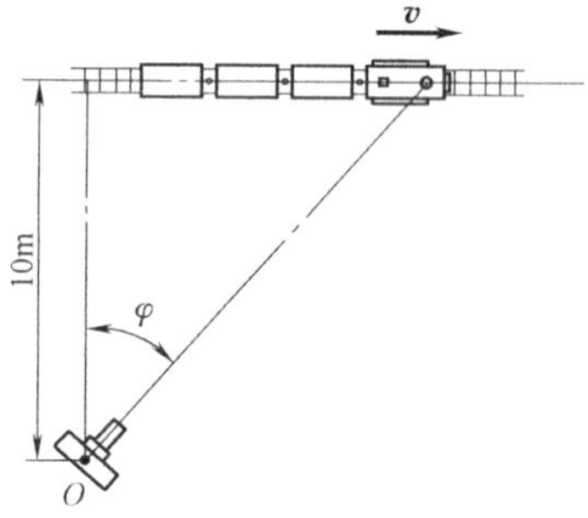

图 2.18　题 2.3 图

2.4　如图 2.19 所示，两等长且平行的曲柄 AB、CD，分别绕固定水平轴 A、C 摆动，带动托架 DBE 运动，从而可以提升重物 G。曲柄长 $r=200\text{mm}$，在图示位置时其角速度 $\omega=4\text{rad/s}$，角加速度 $\alpha=2\text{rad/s}^2$，试求重物 G 的速度和加速度（设重物与托架间无相对滑动）。

2.5　如图 2.20 所示，已知搅拌机的主动齿轮 O_1 以 $n=950\text{r/min}$ 的转速转动。搅杆 ABC 用销钉 A、B 与齿轮 O_3、O_2 相连。且 $AB=O_2O_3$，$O_3A=O_2B=25\text{cm}$，各轮齿数为 $z_1=20$，$z_2=50$，$z_3=50$，求搅杆端点 C 的速度和轨迹。

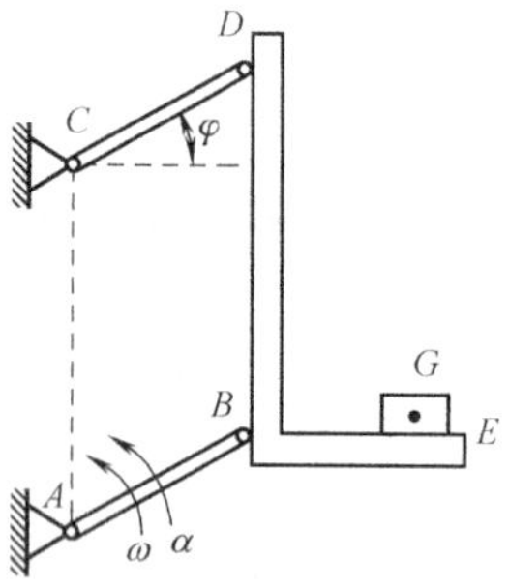

图 2.19　题 2.4 图

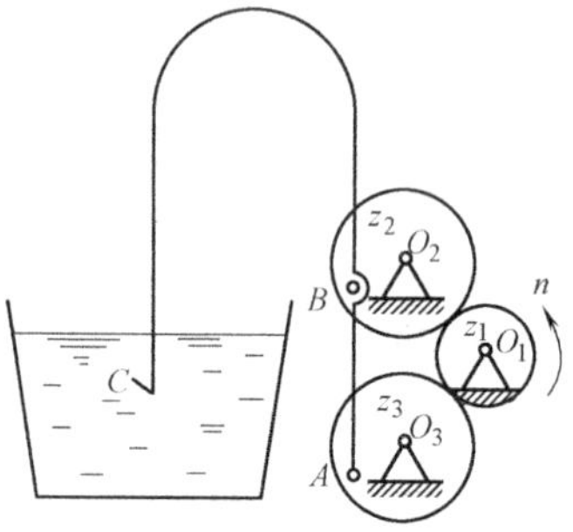

图 2.20　题 2.5 图

2.6　如图 2.21 所示，升降机装置由半径为 $R=50\text{cm}$ 的鼓轮带动。被升降物体的运动方程为 $x=5t^2$（t 的单位用 s 表示，x 的单位用 m 表示）。求鼓轮的角速度和角加速度，并求在任意瞬时，鼓轮轮缘上一点的全加速度的大小。

2.7　如图 2.22 所示，某飞轮半径 $R=1\text{m}$，边缘上一点的全加速度与半径的夹角为 60°，在该瞬时切向加速度 $a_t=10\sqrt{3}\,\text{m/s}^2$。试求距转轴 0.5m 处一点的法向加速度。

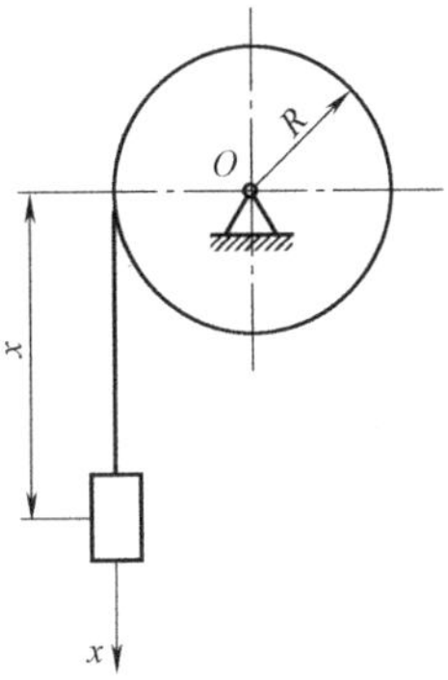

图 2.21　题 2.6 图

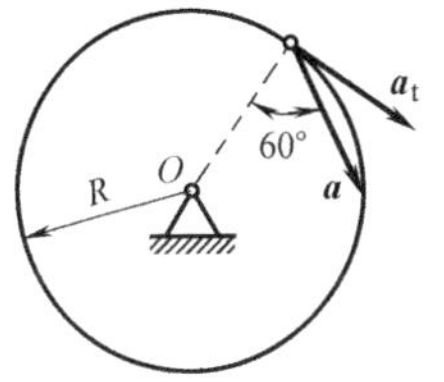

图 2.22　题 2.7 图

2.8　如图 2.23 所示，电动绞车由带轮 Ⅰ 和 Ⅱ 以及鼓轮 Ⅲ 组成，鼓轮 Ⅲ 和带轮 Ⅱ 刚性地固定在同一轴上。各轮的半径分别为 $r_1=30\text{cm}$，$r_2=75\text{cm}$，$r_3=40\text{cm}$。轮 Ⅰ 的转速为 $n_1=100\text{r/min}$。设带轮与带之间无滑动，求重物 W 上升的速度和带各段上点的加速度。

2.9　如图 2.24 所示，摩擦轮传动机构的主动轴 Ⅰ 的转速为 $n=600\text{r/min}$。轴 Ⅰ 的轮盘与轴的轮盘接触，接触点按箭头 A 所示的方向移动。距离 d 的变化规律为 $d=10-0.5t$，其中 d 的单位用 cm 表示，t 的单位用 s 表示。已知 $r=5\text{cm}$，$R=15\text{cm}$。

求：(1) 以距离 d 表示轴 Ⅱ 的角加速度。

(2) 当 $d=r$ 时，轮 B 边缘上一点的全加速度。

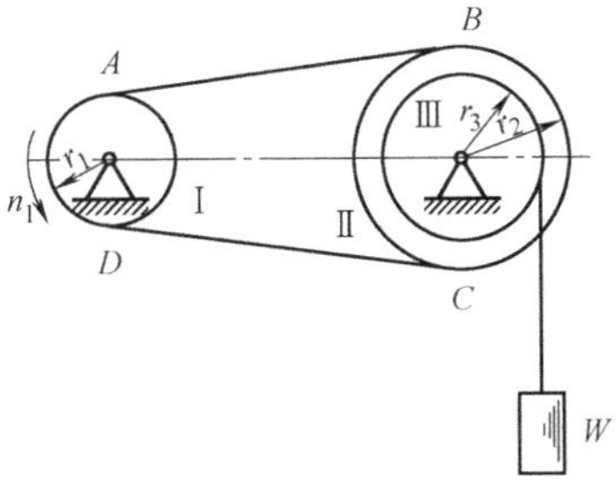

图 2.23　题 2.8 图

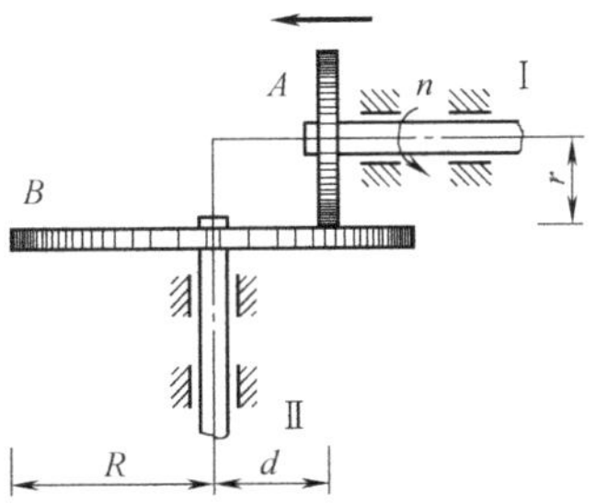

图 2.24　题 2.9 图

2.10　如图 2.25 所示，车床的走刀架机构的各齿轮的齿数为 $z_1=40$，$z_2=84$，$z_3=28$，$z_4=80$，主轴转速 $n_1=120\text{r/min}$，丝杠螺距 $t=12\text{mm}$。试求走刀速度 v_2。

*2.11　如图 2.26 所示，纸盘由厚度为 a 的纸条卷成，令纸盘的中心不动，而以等速 $\boldsymbol{v}$ 拉纸条。求纸盘的角加速度（以半径 r 的函数表示）。

*2.12　如图 2.27 所示，磁带录音机的驱动轮 A 以角速度 ω_A 做匀速转动，磁带的厚度为 a。当两个轮子上的磁带半径分别为 r_A、r_B 时，试求轮 B 的角加速度。

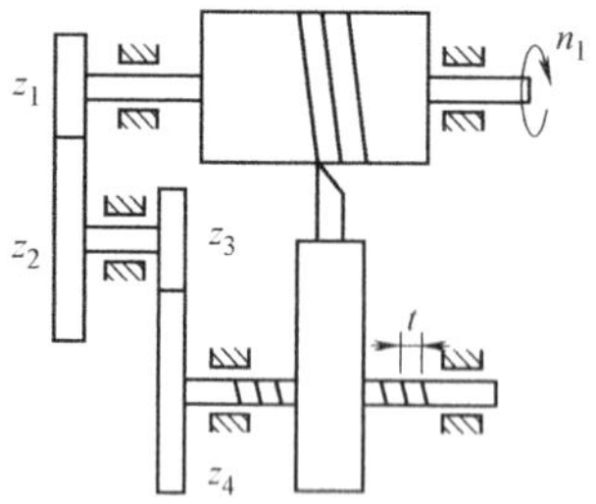

图 2.25　题 2.10 图

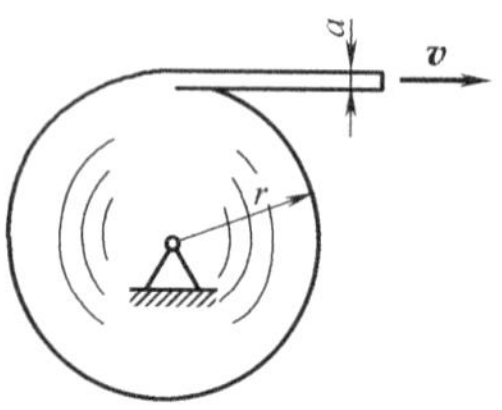

图 2.26　题 2.11 图

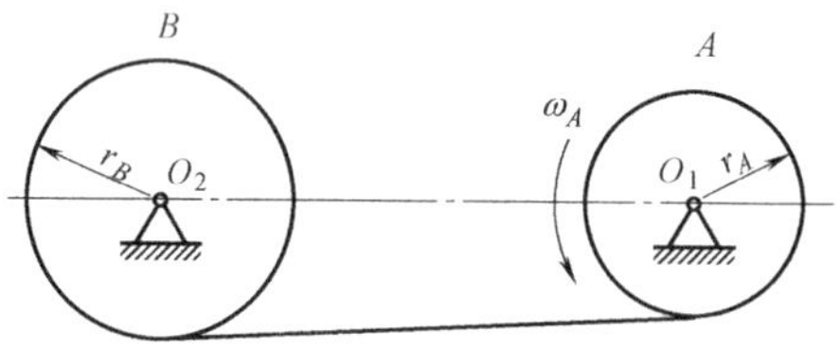

图 2.27　题 2.12 图

第3章 点的合成运动

在观察一个点或刚体的运动时，若选取不同的参考系，对其运动状况的描述是不一样的。研究点或刚体相对于不同参考系的运动，分析点或刚体相对于不同参考系的运动之间的关系，称为**点或刚体的合成运动或复合运动**。本章研究点的合成运动。

3.1 绝对运动·相对运动·牵连运动

物体的运动对于不同的参考体来说是不同的。如图 3.1 所示，沿直线轨道滚动的车轮边缘上一点 M 的运动，对于地面上的观察者来说，点的轨迹是旋轮线，但是对于车上的观察者来说，点的轨迹则是一个圆。如图 3.2 所示，杆 AB 绕轴 A 以角速度 ω 匀速转动，同时套在杆上的小环 M 沿杆以速度$\boldsymbol{v}_r$ 匀速滑动。点 M 相对于地面是较复杂的螺线运动，而相对于杆 AB 则是简单的直线运动。显然，上述两例中点 M 相对于两种参考体的速度和加速度也是不相同的。

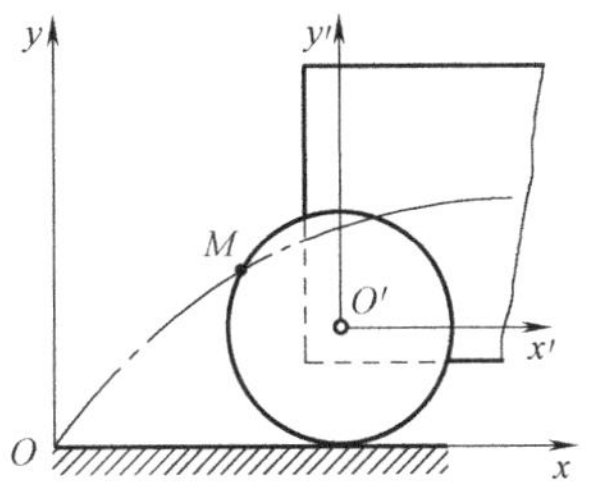

图 3.1

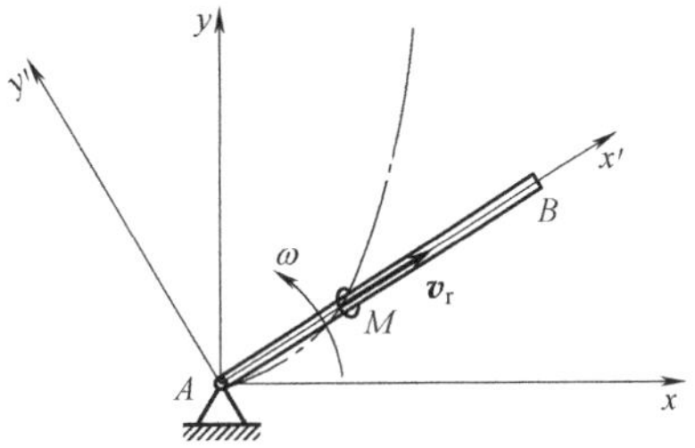

图 3.2

在上述的例子中，如果以地面为参考体，车轮上的点 M 沿旋轮线运动，如果以车厢作为参考体，则点 M 对于车厢的运动是简单的圆周运动，车厢对于地面的运动是简单的平移。这样，轮缘上一点的运动就可以看成两个简单运动的合成，即点 M 相对于车厢做圆周运动，同时车厢相对于地面做平移。于是，点相对于某一参考体的运动可由相对于其他参考体的几个运动组合而成，称这种运动为**点的合成运动**。

通常把固定在地球上的坐标系称为**定参考系**，简称为**定系**，以 $Oxyz$ 表示；固定在相对于地球运动的参考体上的坐标系称为**动参考系**，简称为**动系**，以 $O'x'y'z'$表示。在上述的前一例中，动参考系固定在车厢上；在后一例中，动参考系则固定在 AB 杆上。

用点的合成运动理论分析点的运动时，必须选定两个参考系，区分三种运动：①**动点相**

对于定参考系的运动，称为绝对运动。②动点相对于动参考系的运动，称为相对运动。③动参考系相对于定参考系的运动，称为**牵连运动**。以滚动的车轮为例：取轮缘上的一点 M 为动点，固结于车厢的坐标系为动参考系，则车厢相对于地面的平移是牵连运动；在车厢上看到点做圆周运动，这是相对运动；在地面上看到点沿旋轮线运动，这是绝对运动。注意，在分析上述三种运动时，必须明确：①站在什么地方看物体的运动？②看什么物体的运动？

应该指出，动点的绝对运动和相对运动都是指点的运动，它可能做直线运动或曲线运动；而牵连运动则是指参考系的运动，实际上是刚体的运动，它可能做平移、转动或其他较复杂的运动。

动点在绝对运动中的轨迹、速度和加速度，称为**绝对轨迹、绝对速度**和**绝对加速度**。动点在相对运动中的轨迹、速度和加速度，称为**相对轨迹、相对速度**和**相对加速度**。至于动点的牵连速度和牵连加速度的定义，必须特别注意。由于动参考系的运动是刚体的运动，各点的运动一般不同。因为动参考系与动点直接相关的是动参考系上与动点相重合的那一点，因此定义：**在动参考系上与动点相重合的那一点（牵连点）的速度和加速度称为动点的牵连速度和牵连加速度。**

今后，用$\boldsymbol{v}_a$ 和 $\boldsymbol{a}_a$ 分别表示绝对速度和绝对加速度，用$\boldsymbol{v}_r$ 和 $\boldsymbol{a}_r$ 分别表示相对速度和相对加速度，用$\boldsymbol{v}_e$ 和 $\boldsymbol{a}_e$ 分别表示牵连速度和牵连加速度。

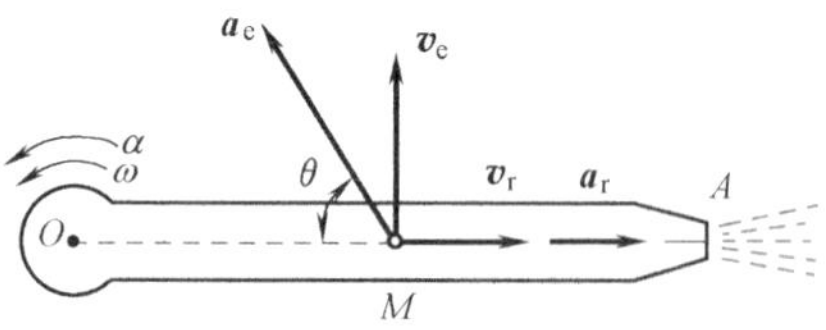

图 3.3

如图 3.3 所示，水流从喷管射出，喷管又绕 O 轴转动，转动角速度为 ω，角加速度为 α。将动参考系固连在喷管上，取水滴 M 为动点。动点相对于喷管的运动为直线运动，相对轨迹为直线 OA，相对速度$\boldsymbol{v}_r$ 和相对加速度 $\boldsymbol{a}_r$ 都沿喷管 OA 方向。至于牵连速度$\boldsymbol{v}_e$ 和牵连加速度 $\boldsymbol{a}_e$，则是喷管上与动点 M 重合的那一点的速度和加速度。喷管绕 O 轴转动，因此，牵连速度$\boldsymbol{v}_e$ 的大小为

$$v_e = OM \cdot \omega$$

方向垂直于喷管，指向转动的一方。牵连加速度 $\boldsymbol{a}_e$的大小为

$$a_e = OM \cdot \sqrt{\alpha^2 + \omega^4}$$

它的方向与喷管成夹角为

$$\theta = \arctan \frac{\alpha}{\omega^2}$$

偏向 α 所指的一边。

3.2 点的速度合成定理

下面研究点的绝对速度、牵连速度和相对速度三者之间的关系。

如图 3.4 所示，设 $Oxyz$ 为定系，$O'x'y'z'$为动系。动系原点 O'在定系中的矢径为 $\boldsymbol{r}_{O'}$，动系坐标轴的三个单位矢量分别为 $\boldsymbol{i}'$、$\boldsymbol{j}'$、$\boldsymbol{k}'$，动点 M 在定系中的矢径为 $\boldsymbol{r}_M$，在动系中的矢径为 $\boldsymbol{r}'$。牵连点为 M'，它在定系中的矢径为 $\boldsymbol{r}_{M'}$。由图中的几何关系，有

$$\boldsymbol{r}_M = \boldsymbol{r}_{O'} + \boldsymbol{r}' \tag{3.1}$$

$$\boldsymbol{r}' = x'\boldsymbol{i}' + y'\boldsymbol{j}' + z'\boldsymbol{k}' \tag{3.2}$$

在图示瞬时，有

$$\boldsymbol{r}_M=\boldsymbol{r}_{M'}$$

动点的相对速度 $\boldsymbol{v}_{\mathrm{r}}$ 为

$$\boldsymbol{v}_{\mathrm{r}}=\frac{\tilde{\mathrm{d}}\boldsymbol{r}'}{\mathrm{d}t}=\frac{\mathrm{d}x'}{\mathrm{d}t}\boldsymbol{i}'+\frac{\mathrm{d}y'}{\mathrm{d}t}\boldsymbol{j}'+\frac{\mathrm{d}z'}{\mathrm{d}t}\boldsymbol{k}' \tag{3.3}$$

由于相对速度 $\boldsymbol{v}_{\mathrm{r}}$ 是动点相对于动系的速度，因此在求导时将动系的三个单位矢量 $\boldsymbol{i}'$、$\boldsymbol{j}'$、$\boldsymbol{k}'$ 视为常矢量，这种导数称为相对导数，在导数符号上加"~"表示，今后凡是导数符号加这一符号均表示相对导数。

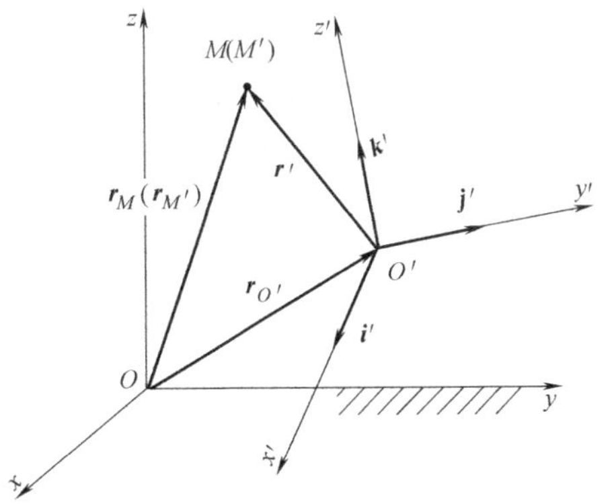

图 3.4

动点的牵连速度 $\boldsymbol{v}_{\mathrm{e}}$ 为

$$\boldsymbol{v}_{\mathrm{e}}=\frac{\mathrm{d}\boldsymbol{r}_{M'}}{\mathrm{d}t}=\frac{\mathrm{d}}{\mathrm{d}t}(\boldsymbol{r}_{O'}+\boldsymbol{r}')=\frac{\mathrm{d}\boldsymbol{r}_{O'}}{\mathrm{d}t}+x'\frac{\mathrm{d}\boldsymbol{i}'}{\mathrm{d}t}+y'\frac{\mathrm{d}\boldsymbol{j}'}{\mathrm{d}t}+z'\frac{\mathrm{d}\boldsymbol{k}'}{\mathrm{d}t} \tag{3.4}$$

牵连速度 $\boldsymbol{v}_{\mathrm{e}}$ 为牵连点 M' 的速度，该点是动系上的点，在求导时其在动系上的位置坐标 x'、y'、z' 是常量。

将式 (3.1) 对时间 t 求导可得动点的绝对速度 $\boldsymbol{v}_{\mathrm{a}}$ 为

$$\boldsymbol{v}_{\mathrm{a}}=\frac{\mathrm{d}\boldsymbol{r}_M}{\mathrm{d}t}=\frac{\mathrm{d}}{\mathrm{d}t}(\boldsymbol{r}_{O'}+\boldsymbol{r}')=\frac{\mathrm{d}\boldsymbol{r}_{O'}}{\mathrm{d}t}+\frac{\mathrm{d}x'}{\mathrm{d}t}\boldsymbol{i}'+\frac{\mathrm{d}y'}{\mathrm{d}t}\boldsymbol{j}'+\frac{\mathrm{d}z'}{\mathrm{d}t}\boldsymbol{k}'+x'\frac{\mathrm{d}\boldsymbol{i}'}{\mathrm{d}t}+y'\frac{\mathrm{d}\boldsymbol{j}'}{\mathrm{d}t}+z'\frac{\mathrm{d}\boldsymbol{k}'}{\mathrm{d}t} \tag{3.5}$$

此处求导过程中，x'、y'、z'、$\boldsymbol{i}'$、$\boldsymbol{j}'$、$\boldsymbol{k}'$ 都是时间 t 的函数。

综合以上三式可得

$$\boldsymbol{v}_{\mathrm{a}}=\boldsymbol{v}_{\mathrm{e}}+\boldsymbol{v}_{\mathrm{r}} \tag{3.6}$$

上式即是点的速度合成定理：**动点在某瞬时的绝对速度等于它在该瞬时的牵连速度与相对速度的矢量和**。即动点的绝对速度可以由牵连速度与相对速度所构成的平行四边形的对角线来确定。这个平行四边形称为**速度平行四边形**。

应该指出，在推导点的速度合成定理时，并未限制动参考系做什么样的运动。因此这个定理适用于牵连运动是任何运动的情况，即动参考系可以是平移、转动或者其他任何较复杂的运动。

下面举例说明点的速度合成定理的应用。

例 3.1　凸轮机构中的凸轮外形为半圆形，顶杆 AB 沿垂直槽滑动，设凸轮以匀速度 $\boldsymbol{v}$ 沿水平面向左移动，当在如图 3.5 所示位置，$\theta=30°$ 时，求顶杆 B 端的速度 $\boldsymbol{v}_B$。

解：由于顶杆 AB 沿垂直方向做平移，因此只需求顶杆端点 A 的速度。

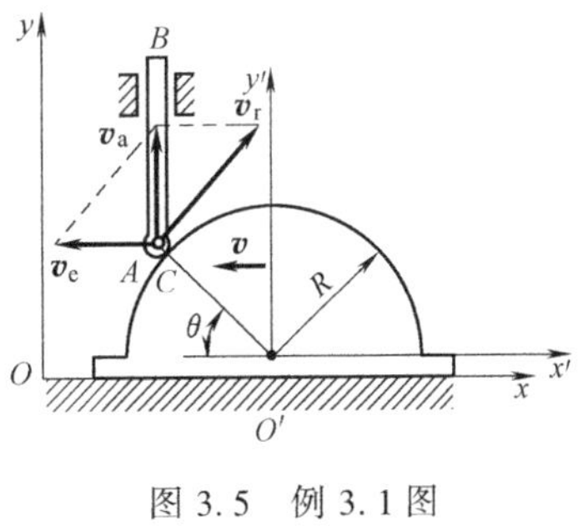

图 3.5　例 3.1 图

由于端点 A 对凸轮有相对运动，因此选取顶杆的端点 A 为动点，动系 $O'x'y'$ 固结在凸轮上，定系 Oxy 固结在机架上。于是三种运动分别为：

绝对运动：直线运动。

相对运动：沿凸轮轮廓的圆周运动。

牵连运动：凸轮的平移。

三种速度分析如下表：

	$\boldsymbol{v}_a$	$\boldsymbol{v}_e$	$\boldsymbol{v}_r$
方　向	铅直	水平向左	沿凸轮在 A 点的切线
大　小	未知	v	未知

由速度合成定理式（3.6）

$$\boldsymbol{v}_a=\boldsymbol{v}_e+\boldsymbol{v}_r$$

式中三个矢量具有六个要素，已知四个，可作速度平行四边形，如图所示，则求得

$$v_A=v_a=v_e\cot\theta=v\cot\theta=\sqrt{3}v$$

其方向铅直向上。

例 3.2　如图 3.6 所示的刨床的急回机构中，曲柄 OA 的端点 A 与滑块用铰链连接。当曲柄 OA 以匀角速度 ω 绕固定轴 O 转动时，滑块在摇杆 O_1B 上滑动，并带动摇杆 O_1B 绕固定轴 O_1 摆动。设曲柄长 $OA=r$，两轴间距离 $OO_1=l$，求当曲柄在水平位置时摇杆的角速度 ω_1。

解：选取曲柄端点 A 作为研究的动点，把动参考系 $O_1x'y'$ 固定在摇杆 O_1B 上，并与 O_1B 一起绕 O_1 轴摆动。

已知绝对速度 $\boldsymbol{v}_a$ 的大小等于 $r\omega$，而方向垂直于曲柄 OA；相对速度 $\boldsymbol{v}_r$ 的方向是已知的，即沿 O_1B；而牵连速度 $\boldsymbol{v}_e$ 是杆 O_1B 上牵连点的速度，它的方向垂直于 O_1B，也是已知的。共计有 4 个要素已知。由于 $\boldsymbol{v}_a$ 的大小和方向都已知，因此，这是一个速度分解的问题。由速度合成定理式（3.6）

$$\boldsymbol{v}_a=\boldsymbol{v}_e+\boldsymbol{v}_r$$

做出速度平行四边形，如图所示。由其中的直角三角形可求得

$$v_e=v_a\sin\varphi$$

又 $\sin\varphi=\dfrac{r}{\sqrt{l^2+r^2}}$，且 $v_a=r\omega$，所以

$$v_e=\frac{r^2\omega}{\sqrt{l^2+r^2}}$$

设摇杆在该瞬时的角速度为 ω_1，则

$$v_e=O_1A\cdot\omega_1=\frac{r^2\omega}{\sqrt{l^2+r^2}}$$

式中，$O_1A=\sqrt{l^2+r^2}$。

由此得出该瞬时摇杆的角速度为

$$\omega_1=\frac{r^2\omega}{l^2+r^2}$$

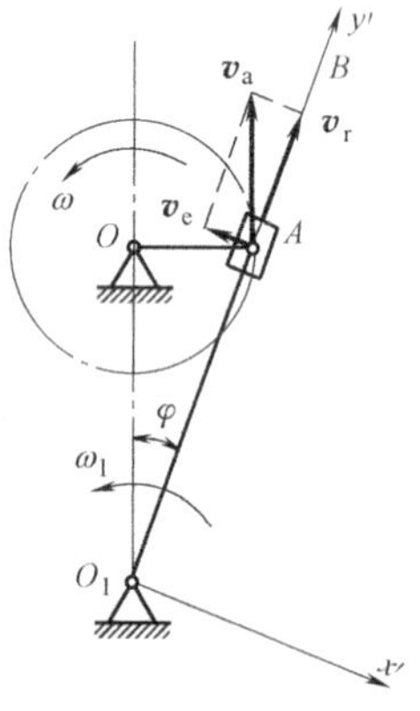

图 3.6　例 3.2 图

转向如图所示。

例 3.3　如图 3.7a 所示矿砂从传送带 A 落到另一传送带 B 上。站在地面上观察矿砂下

落的速度为 $v_1=4\ \text{m/s}$，方向与铅直线成30°角。已知传送带 B 水平传动速度 $v_2=3\text{m/s}$。求矿砂相对于传送带 B 的速度。

解： 以矿砂 M 为动点，动参考系固定在传送带 B 上。矿砂相对地面的速度 $\boldsymbol{v}_1$ 为绝对速度；牵连速度应为动参考系上牵连点的速度。可设想动参考系为无限大，由于它做平移，各点速度都等于 v_2。于是动点 M 的牵连速度等于 v_2。

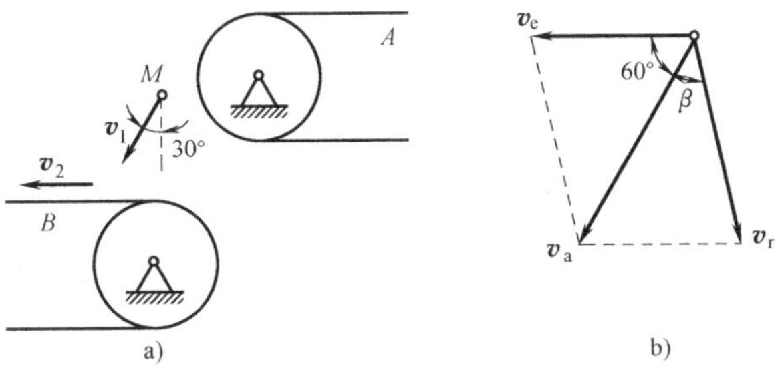

图 3.7　例 3.3 图

由速度合成定理知

$$\boldsymbol{v}_a=\boldsymbol{v}_e+\boldsymbol{v}_r$$

三种速度形成平行四边形，绝对速度必须是对角线，因此做出的速度平行四边形，如图 3.7b 所示。根据几何关系求得

$$v_r=\sqrt{v_e^2+v_a^2-2v_e v_a\cos 60^\circ}=3.6\text{m/s}$$

$\boldsymbol{v}_r$ 与 $\boldsymbol{v}_a$ 间的夹角为

$$\beta=\arcsin\left(\frac{v_e}{v_r}\sin 60^\circ\right)=46^\circ 12'$$

总结以上各例的解题步骤如下：

1）选取动点、动参考系和定参考系。所选的参考系应能将动点的运动分解成为相对运动和牵连运动。因此，动点和动参考系不能选在同一个物体上；一般应使相对运动易于看清。

2）分析三种运动和三种速度。相对运动是怎样的一种运动（直线运动、圆周运动或其他某一种曲线运动）？牵连运动是怎样的一种运动（平移、转动或其他某一种刚体运动）？绝对运动是怎样的一种运动（直线运动、圆周运动或其他某一种曲线运动）？各种运动的速度都有大小和方向两个要素，只有已知四个要素时才能画出速度平行四边形。

3）应用速度合成定理，做出速度平行四边形。必须注意，作图时要使绝对速度成为平行四边形的对角线。

4）利用速度平行四边形中的几何关系解出未知量。

3.3　牵连运动为平移时点的加速度合成定理

由于点的合成运动中各加速度之间的关系比较复杂，且与牵连运动的形式有关，因此，先从牵连运动为平移时的简单情况开始研究。

如图 3.8 所示，因动参考系 $O'x'y'z'$ 做平移，则各轴的单位矢量 $\boldsymbol{i}'$、$\boldsymbol{j}'$、$\boldsymbol{k}'$ 的方向始终不变，为恒矢量，动点对动系原点的矢径为

$$\boldsymbol{r}'=x'\boldsymbol{i}'+y'\boldsymbol{j}'+z'\boldsymbol{k}'$$

相对速度为

$$\boldsymbol{v}_{\mathrm{r}}=\frac{\widetilde{\mathrm{d}}\boldsymbol{r}'}{\mathrm{d}t}=\frac{\mathrm{d}x'}{\mathrm{d}t}\boldsymbol{i}'+\frac{\mathrm{d}y'}{\mathrm{d}t}\boldsymbol{j}'+\frac{\mathrm{d}z'}{\mathrm{d}t}\boldsymbol{k}'$$

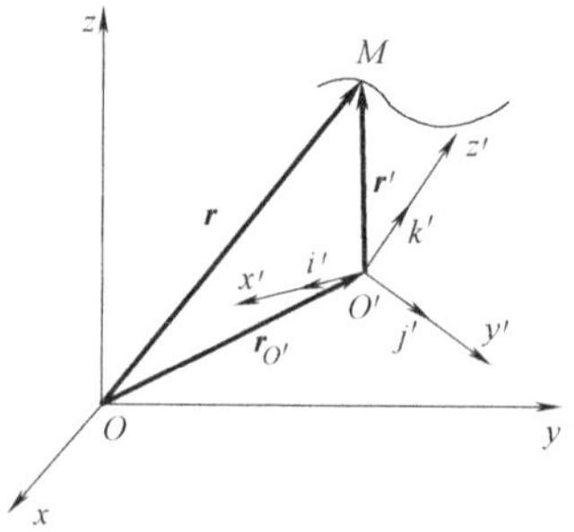

图 3.8

则相对加速度为

$$\boldsymbol{a}_{\mathrm{r}}=\frac{\mathrm{d}\boldsymbol{v}_{\mathrm{r}}}{\mathrm{d}t}=\frac{\mathrm{d}^2x'}{\mathrm{d}t^2}\boldsymbol{i}'+\frac{\mathrm{d}^2y'}{\mathrm{d}t^2}\boldsymbol{j}'+\frac{\mathrm{d}^2z'}{\mathrm{d}t^2}\boldsymbol{k}' \qquad (3.7)$$

因为动参考系为平移，动参考系上各点的速度或加速度在任一瞬时都是相同的。因此，动参考系原点 O' 的速度 $\boldsymbol{v}_{O'}$、加速度 $\boldsymbol{a}_{O'}$ 就等于牵连速度 $\boldsymbol{v}_{\mathrm{e}}$、牵连加速度 $\boldsymbol{a}_{\mathrm{e}}$。$O'$ 点的矢径为 $\boldsymbol{r}_{O'}$，则有

$$\boldsymbol{v}_{\mathrm{e}}=\boldsymbol{v}_{O'}=\frac{\mathrm{d}\boldsymbol{r}_{O'}}{\mathrm{d}t} \qquad (3.8)$$

$$\boldsymbol{a}_{\mathrm{e}}=\boldsymbol{a}_{O'}=\frac{\mathrm{d}\boldsymbol{v}_{O'}}{\mathrm{d}t}=\frac{\mathrm{d}\boldsymbol{v}_{\mathrm{e}}}{\mathrm{d}t} \qquad (3.9)$$

由点的速度合成定理

$$\boldsymbol{v}_{\mathrm{a}}=\boldsymbol{v}_{\mathrm{e}}+\boldsymbol{v}_{\mathrm{r}}$$

结合式（3.7）和式（3.9），点 M 的绝对加速度为

$$\boldsymbol{a}_{\mathrm{a}}=\frac{\mathrm{d}\boldsymbol{v}_{\mathrm{a}}}{\mathrm{d}t}=\frac{\mathrm{d}\boldsymbol{v}_{\mathrm{e}}}{\mathrm{d}t}+\frac{\mathrm{d}\boldsymbol{v}_{\mathrm{r}}}{\mathrm{d}t}=\boldsymbol{a}_{\mathrm{e}}+\boldsymbol{a}_{\mathrm{r}}$$

即

$$\boldsymbol{a}_{\mathrm{a}}=\boldsymbol{a}_{\mathrm{e}}+\boldsymbol{a}_{\mathrm{r}} \qquad (3.10)$$

上式就是**牵连运动为平移时点的加速度合成定理：当牵连运动为平移时，动点在某瞬时的绝对加速度等于该瞬时它的牵连加速度与相对加速度的矢量和**。

现在举例说明牵连运动为平移时点的加速度合成定理的应用。

例 3.4 如图 3.9a 所示的曲柄滑道机构中，曲柄长 $OA=10$ cm，绕 O 轴转动。当 $\varphi=30°$ 时，其角速度 $\omega=1\mathrm{rad/s}$，角加速度 $\alpha=1\mathrm{rad/s^2}$，求导杆 BC 的加速度和滑块 A 在滑道中的相对加速度。

解： 取滑块 A 为动点，动参考系固连于导杆上，定参考系固连于地面。这样，动点 A 的绝对运动是圆周运动，绝对加速度分为切向加速度 $\boldsymbol{a}_{\mathrm{a}}^{\mathrm{t}}$ 和法向加速度 $\boldsymbol{a}_{\mathrm{a}}^{\mathrm{n}}$，其大小为

$$a_{\mathrm{a}}^{\mathrm{t}}=OA\cdot\alpha=10\mathrm{cm/s^2}$$

$$a_{\mathrm{a}}^{\mathrm{n}}=OA\cdot\omega^2=10\mathrm{cm/s^2}$$

方向如图 3.9b 所示。相对运动为沿滑道的往复直线运动，故相对加速度 $\boldsymbol{a}_{\mathrm{r}}$ 的方向为水平，大小待求；牵连运动为导杆的直线平移，故牵连加速度 $\boldsymbol{a}_{\mathrm{e}}$ 为铅垂方向，大小待求。在这种

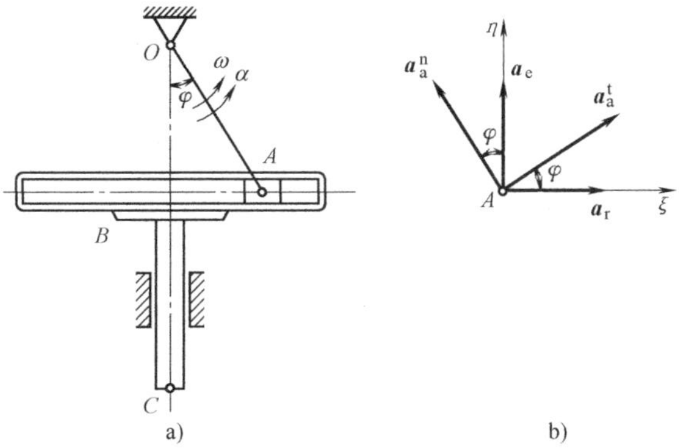

a) b)

图 3.9 例 3.4 图

情况下，牵连运动为平移的加速度合成定理为

$$\boldsymbol{a}_a=\boldsymbol{a}_a^t+\boldsymbol{a}_a^n=\boldsymbol{a}_e+\boldsymbol{a}_r$$

为计算方便，利用解析法，即假设 $\boldsymbol{a}_e$与 $\boldsymbol{a}_r$指向如图 3.9b 所示，选相互垂直的投影轴 $A\xi$ 和 $A\eta$，将上式各矢量分别投影在 ξ 轴和 η 轴上得

$$a_a^t\cos30°-a_a^n\sin30°=a_r$$

$$a_a^t\sin30°+a_a^n\cos30°=a_e$$

解得

$$a_r=10\text{cm/s}^2\ \cos30°-10\text{cm/s}^2\ \sin30°=3.66\text{cm/s}^2$$

$$a_e=10\text{cm/s}^2\ \sin30°+10\text{cm/s}^2\ \cos30°=13.66\text{cm/s}^2$$

求出的 a_e 和 a_r 为正值，说明假设的指向是正确的，而 $\boldsymbol{a}_e$ 即为导杆在此瞬时的平移加速度。

例 3.5 如图 3.10a 所示，凸轮在水平面上向右做减速运动。设凸轮半径为 R，图示瞬时的速度和加速度分别为$\boldsymbol{v}$ 和 $\boldsymbol{a}$。求杆 AB 在图示位置时的加速度。

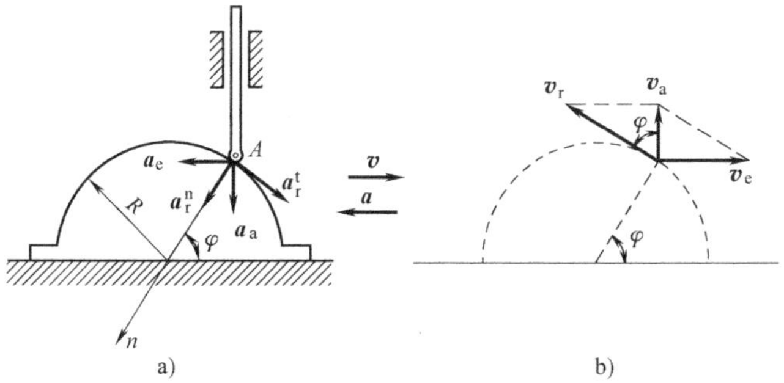

a) b)

图 3.10 例 3.5 图

解： 以杆 AB 上的点 A 为动点，动系固连于凸轮上，则点 A 的绝对运动轨迹为直线，相对运动轨迹为凸轮轮廓曲线，由于牵连运动为平移，点的加速度合成定理为

$$\boldsymbol{a}_a=\boldsymbol{a}_e+\boldsymbol{a}_r$$

式中，$\boldsymbol{a}_a$为所求的加速度，已知它的方向沿直线 AB，但指向和大小待求。

点 A 的牵连加速度为凸轮上与动点相重合的那一点的加速度，即

$$\boldsymbol{a}_e=\boldsymbol{a}$$

点 A 的相对轨迹为曲线，于是相对加速度分为两个分量：切线分量 $\boldsymbol{a}_r^t$ 的大小是未知的，法向分量 $\boldsymbol{a}_r^n$ 的方向如图 3.10a 所示，大小为

$$a_r^n=\frac{v_r^2}{R}$$

式中，相对速度 v_r 可根据速度合成定理求出，它的方向如图 3.10b 所示大小为

$$v_r=\frac{v_e}{\sin\varphi}=\frac{v}{\sin\varphi}$$

于是

$$a_r^n=\frac{v^2}{R\sin^2\varphi}$$

加速度合成定理可写成如下形式：

$$\boldsymbol{a}_a=\boldsymbol{a}_e+\boldsymbol{a}_r^t+\boldsymbol{a}_r^n$$

假设 $\boldsymbol{a}_a$和 $\boldsymbol{a}_r^t$ 的指向如图 3.10a 所示。为计算 $\boldsymbol{a}_a$的大小，将上式投影到法线 n 上，得

$$a_a\sin\varphi=a_e\cos\varphi+a_r^n$$

解得

$$a_a=\frac{1}{\sin\varphi}\left(a\cos\varphi+\frac{v^2}{R\sin^2\varphi}\right)=a\cot\varphi+\frac{v^2}{R\sin^3\varphi}$$

当 $\varphi<90°$时，$a_a>0$，说明假设的 $\boldsymbol{a}_a$的指向与真实指向相同。

3.4 牵连运动为转动时点的加速度合成定理

我们先以下面的简例说明动坐标系做绕定轴转动时点的加速度合成定理与动坐标系平移时是不同的。

如图 3.11 所示，圆盘以角速度 ω 绕 O 轴匀速转动，在半径为 R 的圆槽内小球 M 以 $v_r=R\omega$ 的相对速度做匀速圆周运动，小球的牵连速度 $v_e=R\omega$；相对加速度 $a_r=R\omega^2$，牵连加速度 $a_e=R\omega^2$，方向如图 3.6 所示。小球 M 的绝对速度 $v_a=v_e+v_r=2R\omega$，方向与 v_e、v_r 相同，显然，小球 M 的绝对运动是沿半径为 R 的圆周，以速度为 $2R\omega$ 做匀速圆周运动，其绝对加速度为

$$a_a=\frac{v_a^2}{R}=4R\omega^2$$

其方向与 $\boldsymbol{a}_e$、$\boldsymbol{a}_r$ 指向相同。因此

$$\boldsymbol{a}_a\neq\boldsymbol{a}_e+\boldsymbol{a}_r$$

从而说明了式（3.10）对牵连运动为转动时是不成立的。

下面推导牵连运动是定轴转动时点的加速度合成定理。

设 $Oxyz$ 为定参考系，$O'x'y'z'$为动参考系，如图 3.12 所示。动参考系绕定轴 Oz 转动，

其角速度矢和角加速度矢分别为 $\boldsymbol{\omega}_e$ 和 $\boldsymbol{\alpha}_e$，动点 M 的相对速度和相对加速度分别为

$$\boldsymbol{v}_r=\frac{dx'}{dt}\boldsymbol{i}'+\frac{dy'}{dt}\boldsymbol{j}'+\frac{dz'}{dt}\boldsymbol{k}' \tag{3.11}$$

$$\boldsymbol{a}_r=\frac{d^2x'}{dt^2}\boldsymbol{i}'+\frac{d^2y'}{dt^2}\boldsymbol{j}'+\frac{d^2z'}{dt^2}\boldsymbol{k}' \tag{3.12}$$

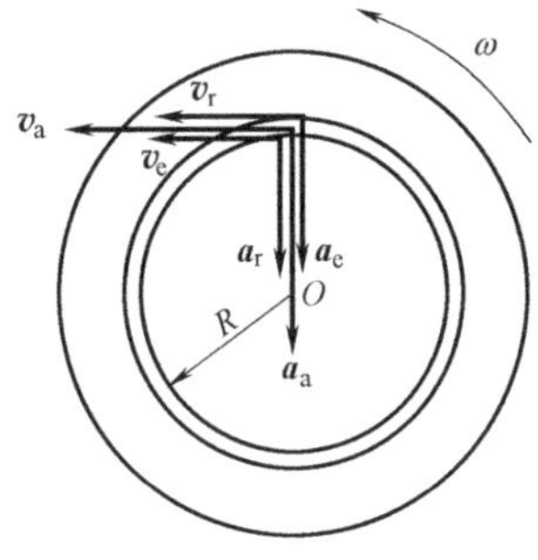

图 3.11

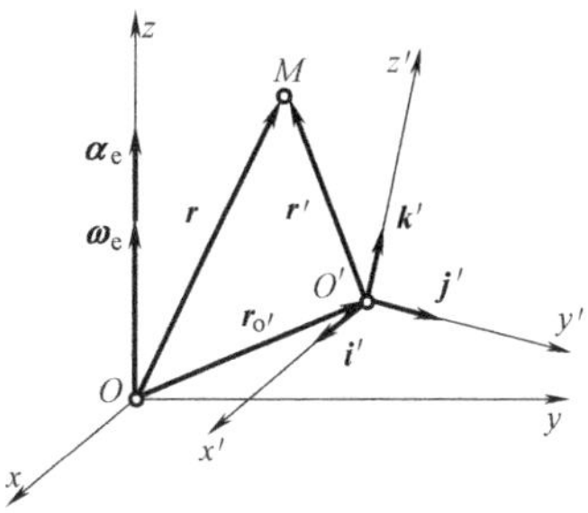

图 3.12

点 M 的牵连速度和牵连加速度分别为动参考系上与动点 M 相重合的那一点的速度和加速度，它们分别是

$$\boldsymbol{v}_e=\boldsymbol{\omega}_e\times\boldsymbol{r} \tag{3.13}$$

$$\boldsymbol{a}_e=\boldsymbol{\alpha}_e\times\boldsymbol{r}+\boldsymbol{\omega}_e\times\boldsymbol{v}_e \tag{3.14}$$

因为动点在某瞬时的绝对加速度等于它的绝对速度对时间的一阶导数，而绝对速度等于牵连速度与相对速度的矢量和，于是有

$$\boldsymbol{a}_a=\frac{d\boldsymbol{v}_a}{dt}=\frac{d\boldsymbol{v}_e}{dt}+\frac{d\boldsymbol{v}_r}{dt} \tag{3.15}$$

先分析式（3.15）右端的第一项。将式（3.13）代入，得

$$\frac{d\boldsymbol{v}_e}{dt}=\frac{d}{dt}(\boldsymbol{\omega}_e\times\boldsymbol{r})=\frac{d\boldsymbol{\omega}_e}{dt}\times\boldsymbol{r}+\boldsymbol{\omega}_e\times\frac{d\boldsymbol{r}}{dt}$$

由于动参考系的角速度矢 $\boldsymbol{\omega}_e$ 对时间的一阶导数等于它的角加速度矢 $\boldsymbol{\alpha}_e$，动点矢径 $\boldsymbol{r}$ 对时间的一阶导数等于它的绝对速度 $\boldsymbol{v}_a$，由点的速度合成定理 $\boldsymbol{v}_a=\boldsymbol{v}_e+\boldsymbol{v}_r$，于是上式可改写为

$$\frac{d\boldsymbol{v}_e}{dt}=\boldsymbol{\alpha}_e\times\boldsymbol{r}+\boldsymbol{\omega}_e\times\boldsymbol{v}_a=\boldsymbol{\alpha}_e\times\boldsymbol{r}+\boldsymbol{\omega}_e\times\boldsymbol{v}_e+\boldsymbol{\omega}_e\times\boldsymbol{v}_r$$

对照式（3.14）可知，上式右端的前两项之和就是牵连加速度 $\boldsymbol{a}_e$，于是得

$$\frac{d\boldsymbol{v}_e}{dt}=\boldsymbol{a}_e+\boldsymbol{\omega}_e\times\boldsymbol{v}_r \tag{3.16}$$

由此可知，当牵连运动为转动时，牵连速度 $\boldsymbol{v}_e$ 对时间的一阶导数等于牵连加速度 $\boldsymbol{a}_e$ 和一附加项。

下面分析式（3.15）右端的第二项，将式（3.11）代入，整理得

$$\frac{d\boldsymbol{v}_r}{dt}=\left(\frac{d^2x'}{dt^2}\boldsymbol{i}'+\frac{d^2y'}{dt^2}\boldsymbol{j}'+\frac{d^2z'}{dt^2}\boldsymbol{k}'\right)+\left(\frac{dx'}{dt}\frac{d\boldsymbol{i}'}{dt}+\frac{dy'}{dt}\frac{d\boldsymbol{j}'}{dt}+\frac{dz'}{dt}\frac{d\boldsymbol{k}'}{dt}\right) \tag{3.17}$$

上式右端第一个括弧内所包含的各项之和等于相对加速度 $\boldsymbol{a}_r$（见式（3.12））。第二项

根据式（2.28）所示的泊桑公式可得

$$\frac{\mathrm{d}x'}{\mathrm{d}t}\frac{\mathrm{d}\boldsymbol{i}'}{\mathrm{d}t}+\frac{\mathrm{d}y'}{\mathrm{d}t}\frac{\mathrm{d}\boldsymbol{j}'}{\mathrm{d}t}+\frac{\mathrm{d}z'}{\mathrm{d}t}\frac{\mathrm{d}\boldsymbol{k}'}{\mathrm{d}t}=\boldsymbol{\omega}_e\times\left(\frac{\mathrm{d}x'}{\mathrm{d}t}\boldsymbol{i}'+\frac{\mathrm{d}y'}{\mathrm{d}t}\boldsymbol{j}'+\frac{\mathrm{d}z'}{\mathrm{d}t}\boldsymbol{k}'\right)=\boldsymbol{\omega}_e\times\boldsymbol{v}_r$$

于是式（3.17）为

$$\frac{\mathrm{d}\boldsymbol{v}_r}{\mathrm{d}t}=\boldsymbol{a}_r+\boldsymbol{\omega}_e\times\boldsymbol{v}_r \tag{3.18}$$

因此，当牵连运动为转动时，相对速度对时间的一阶导数等于相对加速度 $\boldsymbol{a}_r$ 和一附加项。

将式（3.16）和式（3.18）代入式（3.15），得

$$\boldsymbol{a}_a=\boldsymbol{a}_e+\boldsymbol{a}_r+2\boldsymbol{\omega}_e\times\boldsymbol{v}_r$$

令

$$\boldsymbol{a}_C=2\boldsymbol{\omega}_e\times\boldsymbol{v}_r \tag{3.19}$$

于是

$$\boldsymbol{a}_a=\boldsymbol{a}_e+\boldsymbol{a}_r+\boldsymbol{a}_C \tag{3.20}$$

式中，$\boldsymbol{a}_C$ 称为科氏加速度。于是**当牵连运动为转动时点的加速度合成定理为：某瞬时点的绝对加速度等于该瞬时它的牵连加速度、相对加速度和科氏加速度三项的矢量和；科氏加速度等于动参考系的角速度矢和点的相对速度的矢量积的两倍**。

根据运算规则，$\boldsymbol{a}_C$ 的大小为

$$a_C=2\omega_e v_r\sin\theta \tag{3.21}$$

式中，θ 为 $\boldsymbol{\omega}_e$ 与 $\boldsymbol{v}_r$ 两矢量间的最小夹角。矢量 $\boldsymbol{a}_C$ 垂直于 $\boldsymbol{\omega}_e$ 与 $\boldsymbol{v}_r$ 所确定的平面，指向由右手法则判断，如从 $\boldsymbol{a}_C$ 的矢端看去，将 $\boldsymbol{\omega}_e$ 按逆时针转向 $\boldsymbol{v}_r$ 的角度应为最小，如图 3.13 所示。

科氏加速度是 1832 年由科里奥利发现的，因而命名为科里奥利加速度，简称为科氏加速度。

现在用科氏加速度来说明自然现象中的一些实例。

地球上的物体相对于地球运动，而地球又绕地轴自转，因而组成合成运动。在一般问题中，地球自转的影响可略去不计，但是在某些情况下，却必须加以考虑。

1. 北半球河流的右岸易被冲刷

这种现象可用科氏加速度来解释。如河流沿经线在北半球往北流，则河水的科氏加速度 $\boldsymbol{a}_C$ 指向左侧，如图 3.14 所示，由动力学可知，这是由于河的右岸对水作用了向左的力。根据作用与反作用定律，河水对右岸必作用反作用力。由于这个力成年累月地作用，致使右岸不断被冲刷；对于沿纬线或其他方向的河流，与河岸垂直的惯性力比沿经线走向的河流相应惯性力要小，更不易觉察。而在南半球，则与此相反。

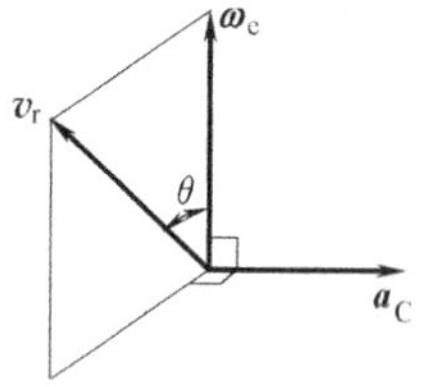

图 3.13

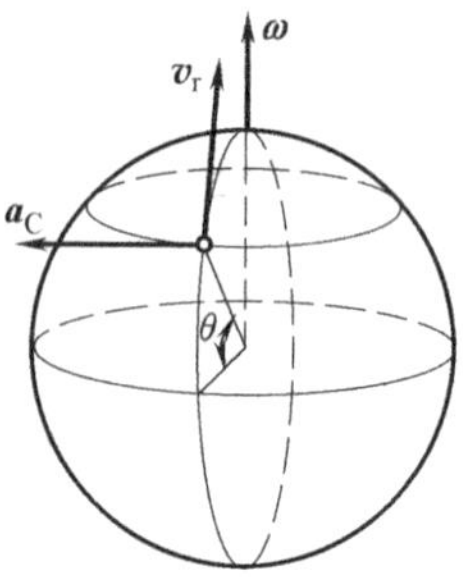

图 3.14

2. 贸易风

地球上热带地区空气因热上升，并在上空向两极推动，在两极又因受冷下降，并在地面向赤道推进而形成对流。由于地球的自转，北半球形成东北贸易风，而南半球则为东南贸易风。

3. 落体偏东

我们计算自由落体时，一般不考虑地球的自转，若计算自转影响，在北半球从高处自由落下的物体并不沿指向地球中心的直线运动，而略微向东倾斜，因偏差很小不易觉察。

例 3.6　求例 3.2 中摇杆 O_1B 在图 3.15 所示位置时的角加速度。

解： 动点和动参考系选择同例 3.2。因为动参考系做转动，因此加速度合成定理为

$$\boldsymbol{a}_a=\boldsymbol{a}_e+\boldsymbol{a}_r+\boldsymbol{a}_C$$

由于 $a_e^t=\alpha_1\cdot O_1A$，欲求摇杆 O_1B 的角加速度 α_1，只需求出 a_e^t 即可。

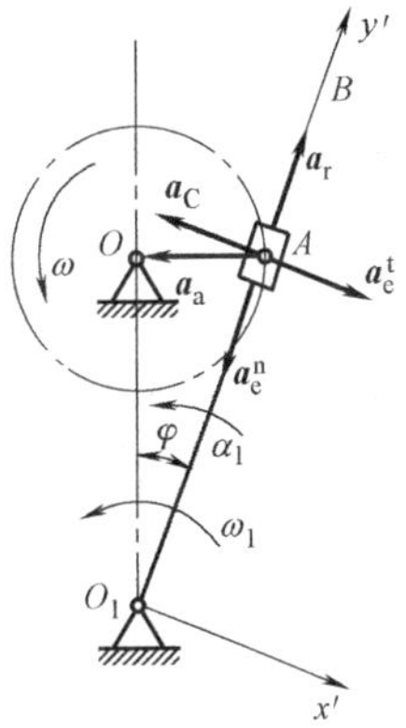

图 3.15　例 3.6 图

现在分别分析上式中的各项：

$\boldsymbol{a}_a$：因为动点的绝对运动是以 O 为圆心的匀速圆周运动，故只有法向加速度，方向如图所示，大小为

$$a_a=\omega^2r$$

$\boldsymbol{a}_e$：摇杆上牵连点的加速度。摇杆摆动，其上与点 A 重合的点的切向加速度 $\boldsymbol{a}_e^t$ 垂直于 O_1A，假设指向如图所示；法向加速度 $\boldsymbol{a}_e^n$，它的大小为

$$a_e^n=\omega_1^2\cdot O_1A$$

方向如图所示。在例 3.2 中已求得 $\omega_1=\dfrac{r^2\omega}{l^2+r^2}$，且 $O_1A=\sqrt{l^2+r^2}$，故有

$$a_e^n=\frac{r^4\omega^2}{(l^2+r^2)^{3/2}}$$

$\boldsymbol{a}_r$：因相对轨迹为直线，故 $\boldsymbol{a}_r$ 沿 O_1A，大小未知。

$\boldsymbol{a}_C$：由 $\boldsymbol{a}_C=2\boldsymbol{\omega}_e\times\boldsymbol{v}_r$ 知

$$a_C=2\omega_1v_r\sin 90°$$

由例 3.2 知

$$v_r=v_a\cos\varphi=\frac{r\omega l}{\sqrt{l^2+r^2}}$$

于是有

$$a_e=\frac{2\omega^2r^3l}{(l^2+r^2)^{3/2}}$$

方向如图所示。

为了求得 $\boldsymbol{a}_e^t$，应将加速度合成定理的表达式向 O_1x'轴投影，即

$$-a_a\cos\varphi=a_e^t-a_C$$

解得

$$a_{e}^{t}=-\frac{rl(l^{2}-r^{2})}{(l^{2}+r^{2})^{3/2}}\omega^{2}$$

式中，$l^2-r^2>0$，故 a_e^t 为负值。负号表示真实方向与图中假设的方向相反。

摇杆 O_1A 的角加速度

$$\alpha_{1}=\frac{a_{e}^{t}}{O_{1}A}=-\frac{rl(l^{2}-r^{2})}{(l^{2}+r^{2})^{2}}\omega^{2}$$

式中，负号表示与图示转向相反，α_1 的真实转向应为逆时针转向。

例 3.7 图 3.16a 所示为一气阀的凸轮机构，设图示瞬时 $OA=r$，凸轮轮廓线在 A 点的曲率半径为 ρ，其法线 $n—n$ 与 OA 的夹角为 θ，凸轮绕 O 轴转动的角速度为 ω_0。试求该瞬时顶杆的加速度。

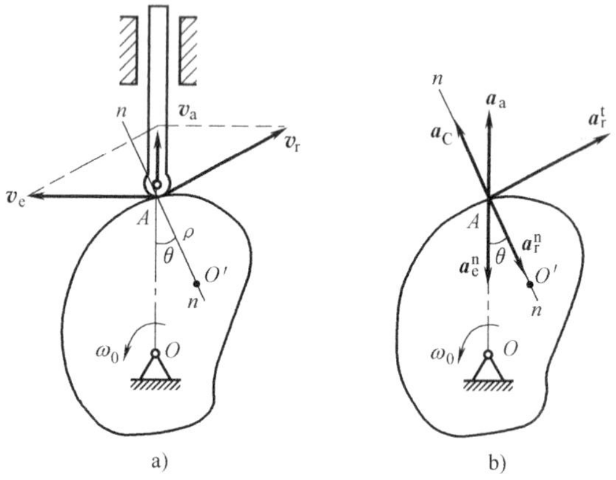

图 3.16 例 3.7 图

解：选顶杆的端点 A 为动点，它对凸轮有相对运动，故动参考系固结在凸轮上，定参考系固结在机架上，于是三种运动为：绝对运动是沿铅直方向的直线运动；相对运动是沿凸轮边缘的曲线运动；牵连运动是绕 O 轴的转动。动点 A 的加速度分析如图 3.16b 所示，也可见下表。

	$\boldsymbol{a}_a$	$\boldsymbol{a}_e^t$	$\boldsymbol{a}_e^n$	$\boldsymbol{a}_r^t$	$\boldsymbol{a}_r^n$	$\boldsymbol{a}_C$
方向	铅直		指向 O 点	$\perp AO'$	指向 O'点	沿 $O'A$
大小	?	0	$r\omega_0^2$	?	v_r^2/ρ	$2\omega_0 v_r$

由速度分析可得

$$v_{e}=r\omega_{0},\quad v_{r}=\frac{v_{e}}{\cos\theta}=\frac{r\omega_{0}}{\cos\theta}$$

于是

$$a_{r}^{n}=\frac{r^{2}\omega_{0}^{2}}{\rho\cos^{2}\theta},\quad a_{C}=\frac{2r\omega_{0}^{2}}{\cos\theta}$$

根据牵连运动为转动时点的加速度合成定理式（3.20），有

$$\boldsymbol{a}_{a}=\boldsymbol{a}_{e}^{n}+\boldsymbol{a}_{r}^{t}+\boldsymbol{a}_{r}^{n}+\boldsymbol{a}_{C}$$

将上式向法线 n-n 投影，得

$$-a_{a}\cos\theta=a_{e}^{n}\cos\theta+a_{r}^{n}-a_{C}$$

解得

$$a_{a}=r\omega_{0}^{2}\left(\frac{2}{\cos^{2}\theta}-\frac{r}{\rho\cos^{3}\theta}-1\right)$$

这就是顶杆的加速度。

总结以上各例的解题步骤，应用加速度合成定理解题的步骤基本上与应用速度合成定理

求解点的速度相同，但要注意以下几点：

1）选取动点和动参考系后，应根据动参考系有无转动，确定是否有科氏加速度。

2）因为点的绝对运动轨迹、相对运动轨迹和牵连运动轨迹可能都是曲线，因此点的加速度合成定理一般可写成如下形式：

$$\boldsymbol{a}_a^t+\boldsymbol{a}_a^n=\boldsymbol{a}_e^t+\boldsymbol{a}_e^n+\boldsymbol{a}_r^t+\boldsymbol{a}_r^n+\boldsymbol{a}_C$$

其中，每项都有大小和方向两个要素，必须认真分析每一项，才可能正确地解决问题。在平面问题中，一个矢量方程相当于两个代数方程，因而可求解两个未知量。上式中各项法向加速度的方向总是指向相应曲线的曲率中心，它们的大小一般可以根据相应的速度大小和曲率半径求出。因此在应用加速度合成定理时，一般应先进行速度分析，这样各项法向加速度都是已知量。科氏加速度 $\boldsymbol{a}_C$ 的大小和方向由牵连角速度 $\boldsymbol{\omega}_e$ 和相对速度 $\boldsymbol{v}_r$ 确定，它们完全可通过速度分析求出，因此 $\boldsymbol{a}_C$ 的大小和方向两个要素也是已知的。这样，在加速度合成定理中只有三项切向加速度的六个要素可能是待求量，若知其中的四个要素，则余下的两个要素就完全可求了。

在应用加速度合成定理时，正确地选取动点和动参考系是很重要的。动点相对于动参考系是运动的，因此它们不能处于同一刚体上。选择动点、动参考系时还要注意相对运动轨迹是否明显。

本　章　小　结

1. 本章基本要求

1）深刻理解运动相对性的概念、一点、两系、三种运动、三种速度和三种加速度的定义、运动的合成与分解。

2）对具体问题能够恰当地选择动点、动系和定系进行运动轨迹、速度和加速度分析，能正确计算科氏加速度的大小并确定它的方向。

3）会推导速度合成定理、牵连运动为平移时点的加速度合成定理，理解并掌握牵连运动为转动时点的加速度合成定理，并能熟练地应用上述三个定理。

2. 本章重点

1）对一点、两系、三种运动的分析，动点和动系的选择。

2）运动的合成与分解关系。

3）点的速度合成定理与加速度合成定理的应用。

3. 本章难点

1）动点和动系的选择。

2）牵连点、牵连速度、牵连加速度、科氏加速度的概念。

3）加速度合成定理的应用与计算，应用投影法求解未知的加速度。

4. 学习建议

1）理解动点和动系的选取原则，尤其是相对运动一定要简单明确。归纳常见动点、动系的选取方法。

2）深刻理解牵连点的概念。动系是一个无限大的平面或空间，其运动形式与所固结的物体相同。牵连点是这个无限大的平面或空间上与动点重合的点，要根据动系的运动形式确定牵连速度、牵连加速度。

3）由于三种运动的轨迹都有可能是曲线，所以三种加速度都可能有切向和法向两个分量，在解题时要特别注意。

4）用投影法求解未知加速度分量时，一定要按照矢量表达式投影。

习题

3.1 在点的合成运动中，当牵连运动为转动时，就一定产生科氏加速度 $\boldsymbol{a}_C$，这种说法对吗？为什么？

3.2 由速度合成定理 $\boldsymbol{v}_a=\boldsymbol{v}_e+\boldsymbol{v}_r$，试分析下列等式是否成立？

（1）$\boldsymbol{a}_a=\dfrac{d\boldsymbol{v}_e}{dt}+\dfrac{d\boldsymbol{v}_r}{dt}$

（2）$\boldsymbol{a}_e=\dfrac{d\boldsymbol{v}_e}{dt}$，$\boldsymbol{a}_r=\dfrac{d\boldsymbol{v}_r}{dt}$

（3）$\boldsymbol{a}_a^t=\dfrac{d\boldsymbol{v}_a}{dt}$，$\boldsymbol{a}_e^t=\dfrac{d\boldsymbol{v}_e}{dt}$，$\boldsymbol{a}_r^t=\dfrac{d\boldsymbol{v}_r}{dt}$

（4）$\boldsymbol{a}_a^n=\dfrac{\boldsymbol{v}_a^2}{\rho_a}$，$\boldsymbol{a}_e^n=\dfrac{\boldsymbol{v}_e^2}{\rho_e}$，$\boldsymbol{a}_r^n=\dfrac{\boldsymbol{v}_r^2}{\rho_r}$

3.3 已知各系统，如下表所示。试用点的合成运动的研究方法，对每一系统做如下分析：

（1）选取动点、动系。

（2）指出动点的相对轨迹的形状。

（3）说明三种运动的形式。

	系统	已知	求
1	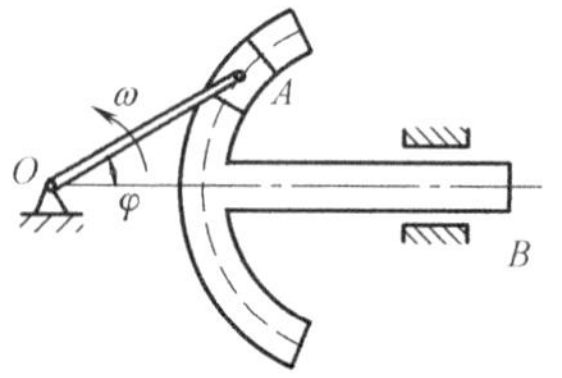	ω = 常量	$\boldsymbol{v}_B$ $\boldsymbol{a}_B$
2	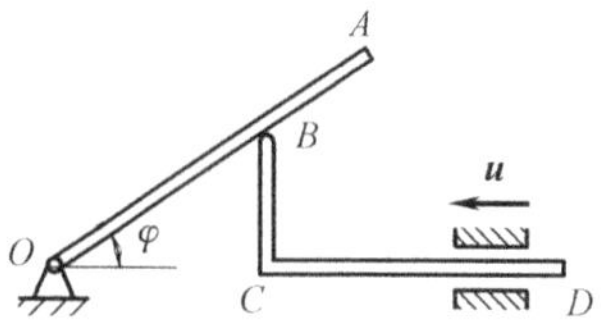	u = 常量	$\boldsymbol{v}_A$ $\boldsymbol{\alpha}_{OA}$
3	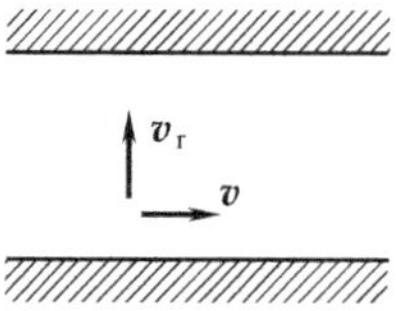	水流速度 $\boldsymbol{v}$ 船相对水的速度 $\boldsymbol{v}_r$	船的绝对速度 $\boldsymbol{v}_a$

（续）

	系统	已知	求
4	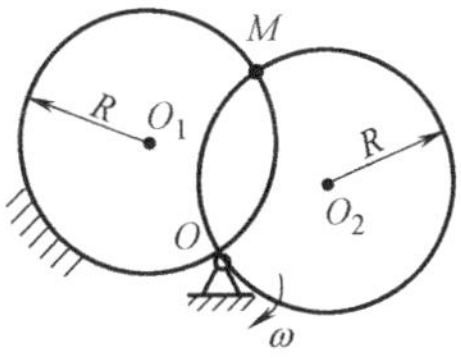	ω = 常量	$\boldsymbol{v}_M$ $\boldsymbol{a}_M$
5	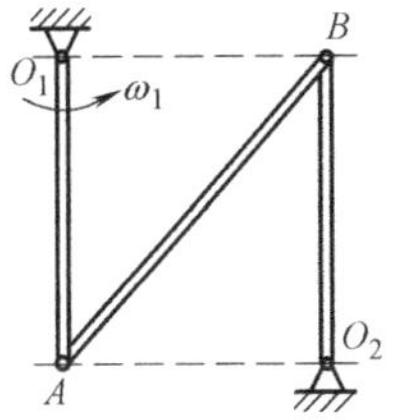	$O_1A=O_2B=R$ $AB=l$ ω_1 = 常量	ω_{BO_2} α_{BO_2}

3.4　试对题 3.3 第 5 栏的 B 点进行速度、加速度分析，并分别说明各量的方向和大小，画出矢量图。

3.5　如图 3.17 所示的两种机构中，已知 $O_1O_2=a=20\text{cm}$，$\omega_1=3\text{rad/s}$。试求如图所示位置 O_2A 的角速度。

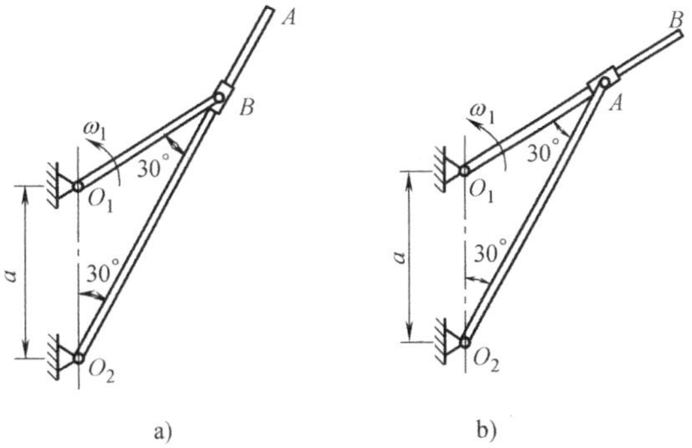

图 3.17　题 3.5 图

3.6　如图 3.18 所示，水流在水轮机的入口处的绝对速度 $v_a=15\text{m/s}$，并且与铅直线成60°角。工作轮半径 $R=2\text{m}$，转速 $n=30\text{r/min}$，为避免水流与工作轮叶片相冲击，叶片应恰当地安装，以使水流对工作轮的相对速度与叶片相切。求在工作轮外缘处水流对工作轮的相对速度的大小和方向。

3.7　如图 3.19 所示。摇杆 OC 绕 O 轴转动，通过固定在齿条 AB 上的销子 K 带动齿条平移，而齿条又带动半径为 $R=10\text{cm}$ 的齿轮 D 绕固定轴 O_1 转动，如 $L=40\text{cm}$，摇杆角速度 $\omega=0.5\text{rad/s}$，求当 $\varphi=30°$ 时齿轮的角速度。

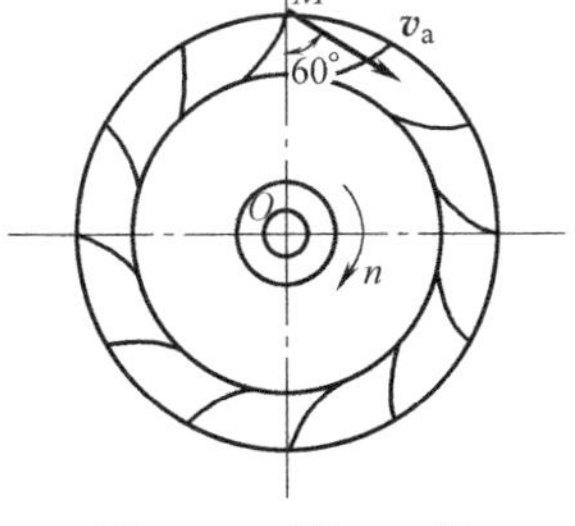

图 3.18　题 3.6 图

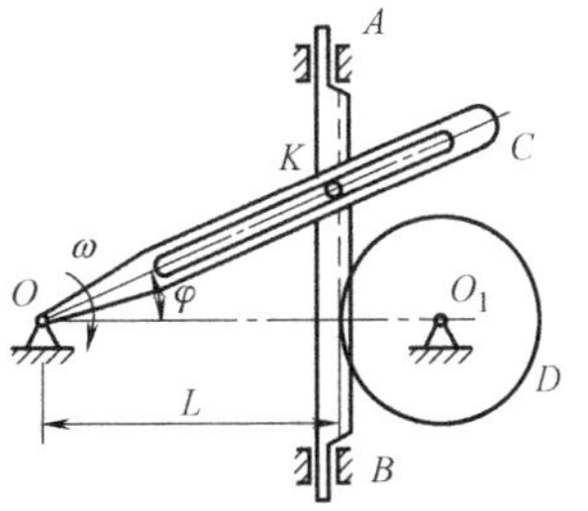

图 3.19　题 3.7 图

3.8　如图 3.20 所示，杆 OA 长为 l，由推杆 BC 推动而在图平面内绕 O 轴转动。试求杆端 A 的速度大小（表示为由推杆至 O 点距离的函数）。假定推杆的速度为 $\boldsymbol{u}$，其弯头长为 a。

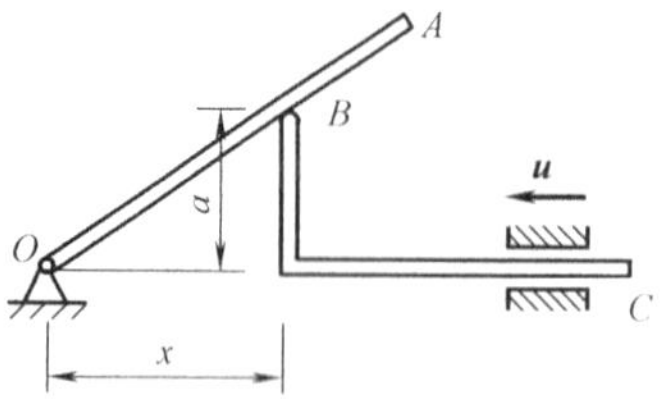

图 3.20　题 3.8 图

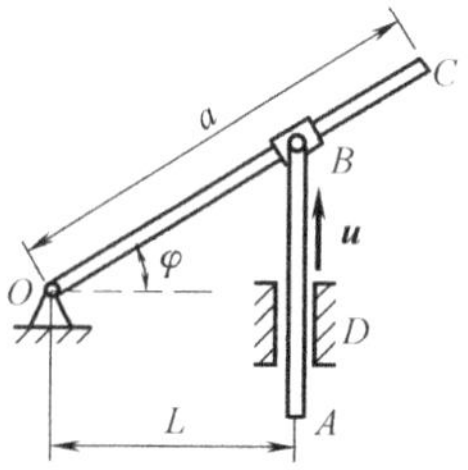

图 3.21　题 3.9 图

3.9　如图 3.21 所示，摇杆机构的滑杆 AB 以等速 $\boldsymbol{u}$ 向上运动，初瞬时摇杆 OC 处水平位置。摇杆长 $OC=a$，距离 $OD=L$。求当 $\varphi=\dfrac{\pi}{4}$ 时 C 点的速度大小。

3.10　如图 3.22 所示的曲柄滑道机构中，杆 BC 水平，而杆 DE 保持铅直。曲柄长 $OA=r=10\text{cm}$，并以角速度 $\omega=20\text{rad/s}$ 绕 O 轴匀速转动，通过滑块 A 带动 BC 杆做往复运动。试求当曲柄与水平线夹角 $\varphi=30^\circ$ 时，杆 BC 的速度和加速度。

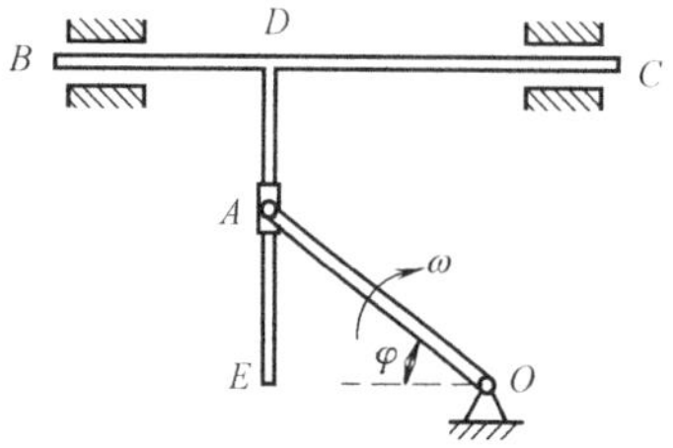

图 3.22　题 3.10 图

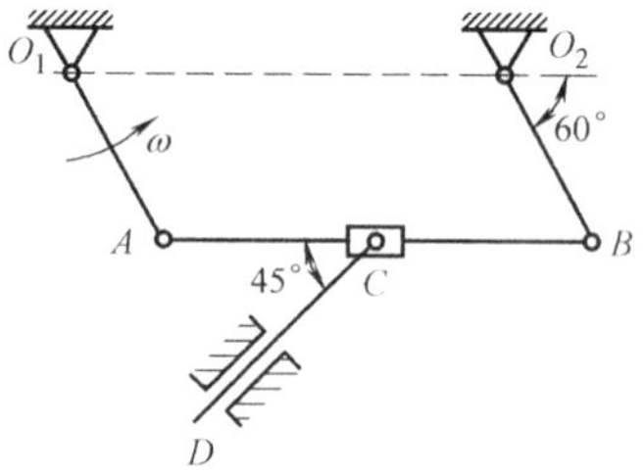

图 3.23　题 3.11 图

3.11　图 3.23 所示铰接四连杆机构中，$O_1A=O_2B=100\text{mm}$，$O_1O_2=AB$，杆 O_1A 以等角速度 $\omega=2\text{rad/s}$ 绕 O_1 轴转动。杆 AB 上有一套筒 C，此套筒与杆 CD 相铰接。机构各部分都在同一平面内。求图示位置时，杆 CD 的速度和加速度。

3.12　如图 3.24 所示，曲柄长 $OA=r=40\text{cm}$，以匀角速 $\omega=0.5\text{rad/s}$ 绕 O 轴转动。由曲柄 A 端推动水平板 D 而使滑杆 BC 沿铅直方向上升。求当曲柄与水平线夹角 $\varphi=30^\circ$ 时，滑杆 BC 的速度和加速度。

3.13　如图 3.25 所示，小车沿水平方向向右做加速运动，其加速度 $a=49.2\text{cm/s}^2$，在小车上有一轮绕 O 转动，转动规律 $\varphi=t^2$（t 的单位为 s，φ 的单位为 rad。当 $t=1\text{s}$ 时轮缘上点 A 的位置如图所示。若轮半径 $R=20\text{cm}$，求此时点 A 的绝对加速度。

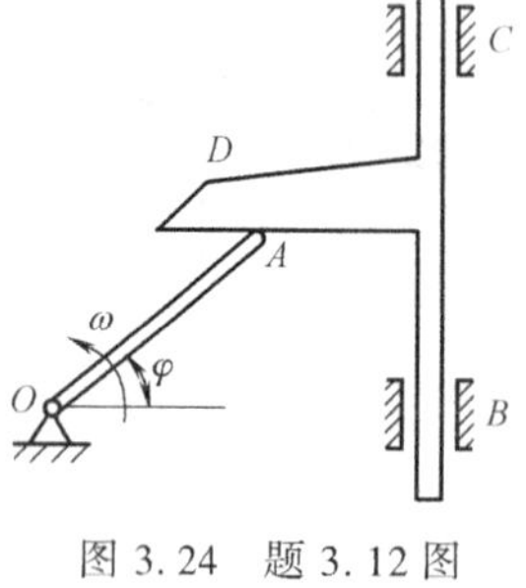

图 3.24　题 3.12 图

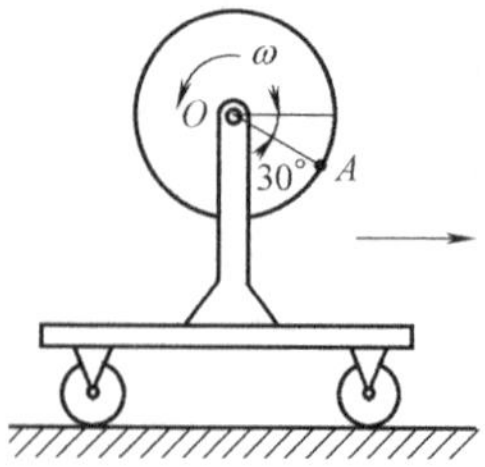

图 3.25　题 3.13 图

3.14　如图 3.26 所示的凸轮平底顶杆机构。偏心轮绕 O 轴转动，推动顶杆 AB 沿铅直导槽运动。设凸轮半径为 R，偏心距 $OC=e$，角速度 $\omega=$常量。试求 $\varphi=30^{\circ}$ 时顶杆的速度和加速度。

3.15　如图 3.27 所示，三角块 M 以速度 $u=100\mathrm{mm/s}$ 向右做匀速运动，并通过圆轮轴 A 带动 AB 杆沿铅直方向运动。试求 AB 杆的速度和加速度。

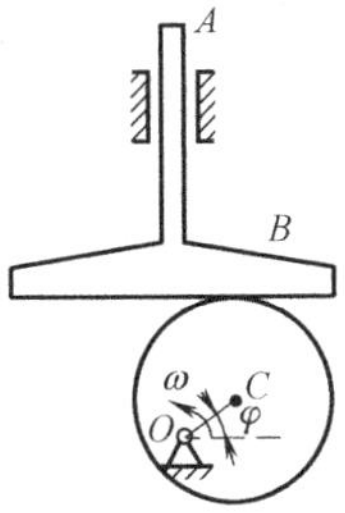

图 3.26　题 3.14 图

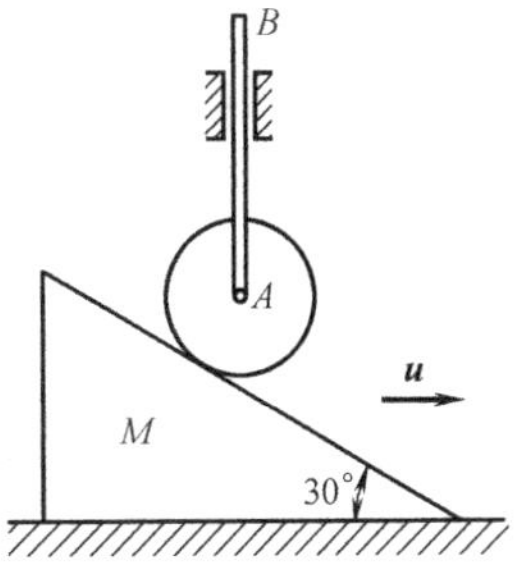

图 3.27　题 3.15 图

3.16　如图 3.28 所示，带有滑槽的摇杆 OA 绕 O 轴摆动，并通过销钉 B 带动构件 BCD 运动。试在下列条件下求构件 BCD 上 M 点的速度和加速度。

（1）$\dot{\varphi}=\omega$，$\ddot{\varphi}=0$；

（2）$\dot{\varphi}=\omega$，$\ddot{\varphi}=\alpha$。

3.17　如图 3.29 所示，BC 杆以速度 $\boldsymbol{v}$ 沿水平导槽运动，并通过套筒 C 带动 OA 杆绕 O 轴转动。开始时 $v=v_0$，$\varphi=\varphi_0$。试求：

（1）使 OA 杆的角速度为常量的速度 $\boldsymbol{v}$ 的大小。

（2）若 BC 杆的速度 $v=$常量，OA 杆的角加速度为多少。

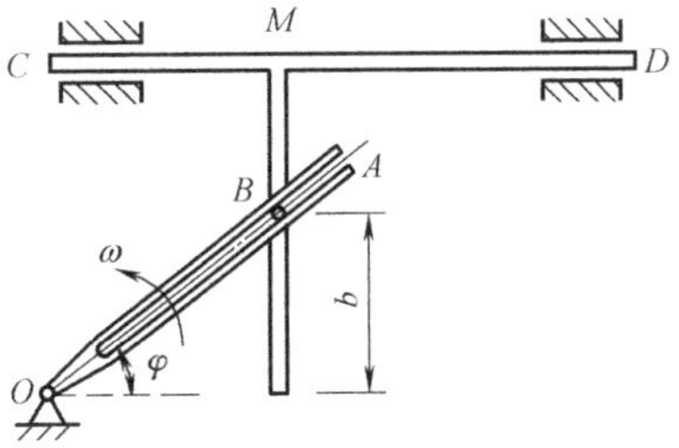

图 3.28　题 3.16 图

3.18　如图 3.30 所示，在半径为 r 的圆环内充满液体，液体按箭头方向以相对速度 $\boldsymbol{u}$ 在圆环内做匀速运动。若圆环以匀角速度 ω 绕 O 轴转动，求在圆环内 1 和 2 点处液体的绝对加速度大小。

3.19　如图 3.31 所示，半径为 r 的空心圆环内充满液体，并与轴线在同一水平面内。圆环内的液体按箭头方向以相对速度 $\boldsymbol{u}$ 在圆环内匀速运动，如从点 A 向 B 看去，AB 轴做逆时针转动，且转动角速度保持不变。求在 1、2、3 和 4 处液体的绝对加速度。

3.20　如图 3.32 所示，曲柄以角速度 ω 绕 O 轴匀速转动，并带动小环 M 沿固定水平杆 OA 滑动。设 $\omega=0.5\mathrm{rad/s}$，$OB=100\mathrm{mm}$，且 $OB\perp BC$，试求 $\varphi=60^{\circ}$时小环 M 的速度和加速度。

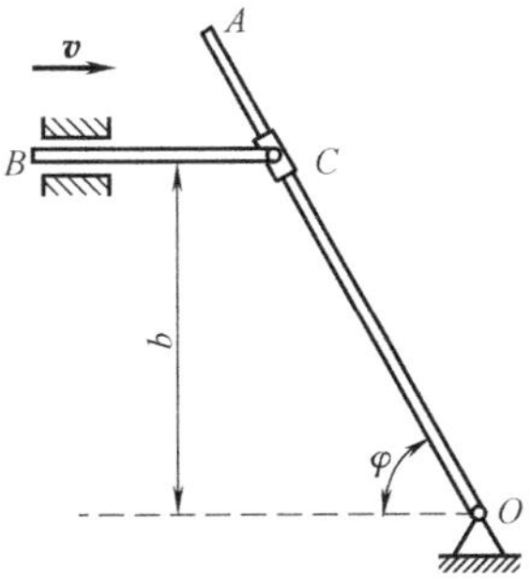

图 3.29　题 3.17 图

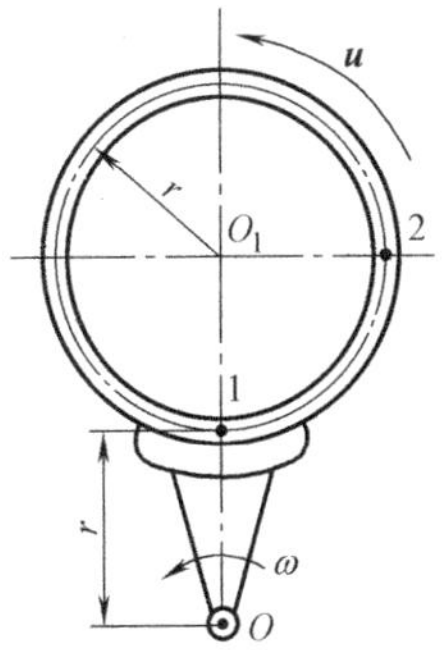

图 3.30　题 3.18 图

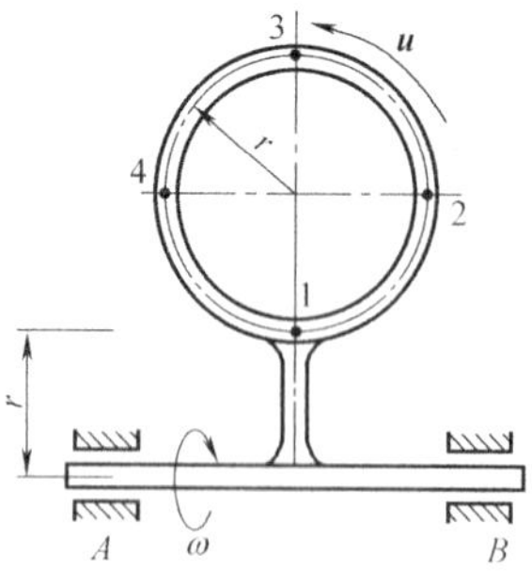

图 3.31　题 3.19 图

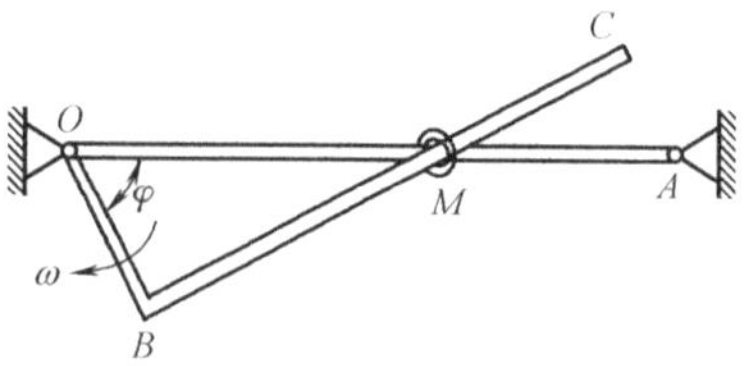

图 3.32　题 3.20 图

3.21　如图 3.33 所示，OA 杆以角速度 ω 绕 O_1 轴转动，并带动小环 M 沿半径为 R 的固定圆环运动，试求任一瞬时小环 M 的速度和加速度。

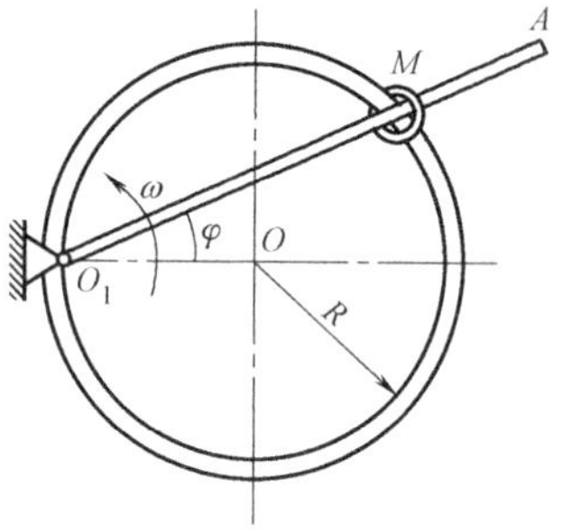

图 3.33　题 3.21 图

3.22　如图 3.34 所示，滑块 A 在圆盘上的直槽内运动，圆盘又绕中心 O 轴逆时针转动。已知某瞬时 $\omega = 5\text{rad/s}$，$\alpha = -10\text{rad/s}$，此瞬时 $x = 40\text{mm}$，$\dot{x} = 60\text{mm/s}$，$\ddot{x} = 200\ \text{mm/s}^2$。试求该瞬时滑块的加速度在 x、y 方向上的分量。

3.23　如图 3.35 所示的车床的急回机构。曲柄 OA 以转速 $n = 90\text{r/min}$ 绕 O 轴匀速转动，通过滑块 A 带动扇形齿轮的导杆 O_1C 绕 O_1 轴摆动，从而带动齿条 B 做上下往复运动。设 O、O_1 在同一水平线上，曲柄 $OA = 76\text{mm}$，其他尺寸如图所示。试求 $\varphi = 30°$ 时齿条 B 的速度和加速度。

3.24　如图 3.36 所示，杆 OA 绕定轴 O 转动，圆盘绕动轴 A 转动，已知杆长 $l = 20\ \text{cm}$，圆盘半径 $R = 10\ \text{cm}$，在图示位置时，杆的角速度 $\omega = 4\text{rad/s}$，角加速度 $\alpha = 3\text{rad/s}^2$；圆盘相对于杆 OA 的角速度 $\omega_r = 6\text{rad/s}$，角加速度 $\alpha_r = 4\text{rad/s}^2$。求圆盘上 M 和 M_1 点的绝对速度和绝对加速度。

3.25　如图 3.37 所示的裁纸机构。纸由传送带以速度 $\boldsymbol{v}_1$ 输送，裁刀固定在刀架 K 上，以速度 $\boldsymbol{v}_2$ 沿固定杆 AB 移动。设 $v_1 = 0.05\text{m/s}$，$v_2 = 0.13\text{m/s}$，欲使裁出的纸成为矩形，试求杆 AB 的安装角 φ 应为多少。

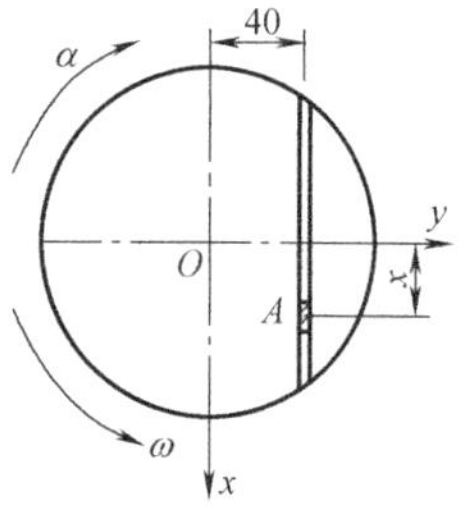

图 3.34　题 3.22 图

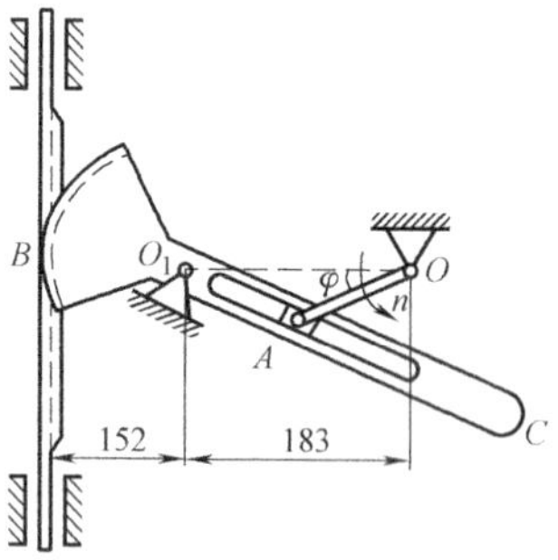

图 3.35　题 3.23 图

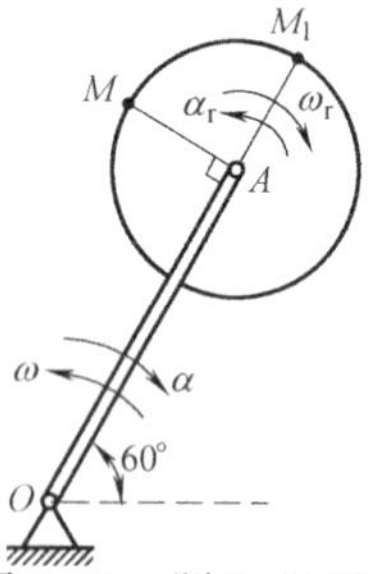

图 3.36　题 3.24 图

3.26　如图 3.38 所示，直线 AB 以大小为 v_1 的速度沿垂直于 AB 的方向向上移动，而直线 CD 以大小为 v_2 的速度沿垂直于 CD 的方向移动。设两直线间夹角为 φ，试求两直线交点的速度。

3.27　如图 3.39 所示，偏心轮半径为 R，以角速度 ω 绕 O_1 轴匀速转动，推动摆杆 O_2A 绕 O_2 轴摆动。若偏心轮的偏心距 $O_1C = e = \dfrac{R}{2}$，两轴距离 $O_1O_2 = \dfrac{5}{2}R$，试求如图所示位置摆杆的角速度 ω_2 和角加速

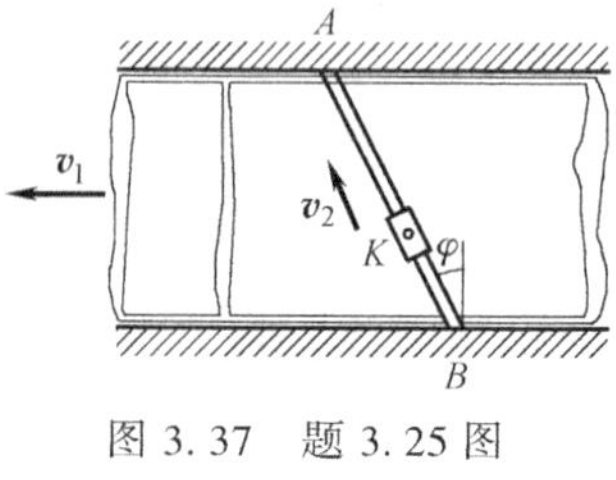

图 3.37　题 3.25 图

度 α_2。

3.28　牛头刨床机构如图 3.40 所示。已知 $O_1A=200\text{mm}$，匀角速度 $\omega_1=2\text{rad/s}$，求图示位置滑枕 CD 的速度和加速度。

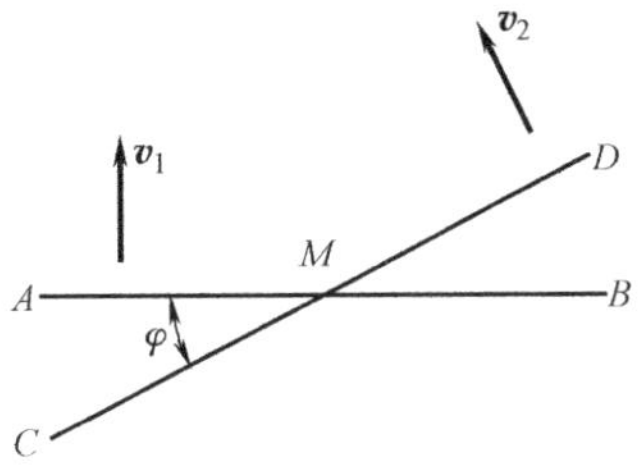

图 3.38　题 3.26 图

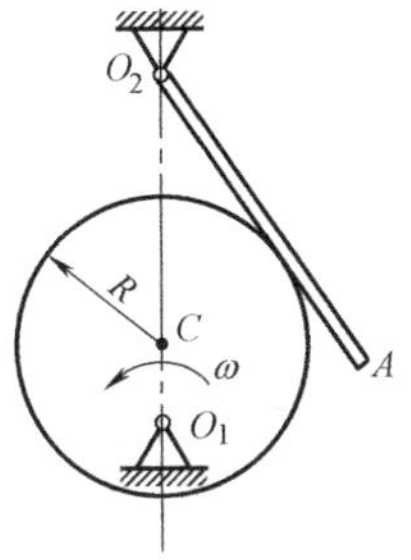

图 3.39　题 3.27 图

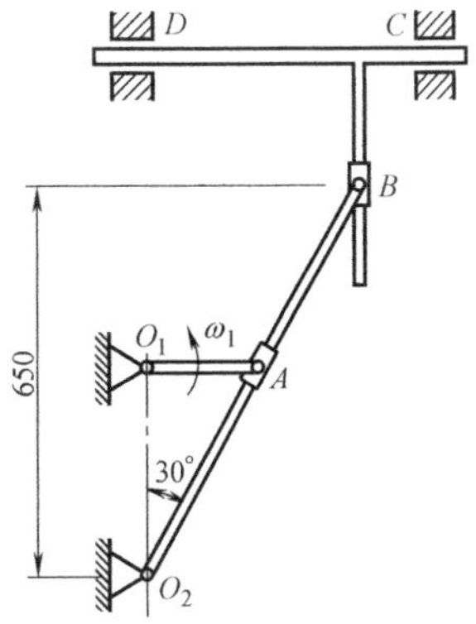

图 3.40　题 3.28 图

第4章 刚体的平面运动

在第2章中讨论了刚体的平移和绕定轴转动，这是最简单的刚体运动，由这两种运动可以组合成更为复杂的刚体运动，其中，刚体的平面运动是工程机械中较为常见的一种刚体运动。本章将分析刚体平面运动的分解、平面运动刚体的角速度和角加速度及平面运动刚体上各点的速度和加速度。

4.1 刚体的平面运动概述和运动分解

工程实际中很多部件的运动，既不是平移，也不是绕定轴转动，例如，图4.1所示的行星齿轮中动齿轮 A 的运动，图4.2所示的曲柄连杆机构中连杆 AB 的运动。但这些刚体的运动有一个共同的特点，即**在运动过程中，刚体上任意一点与某一固定平面始终保持相等的距离，刚体的这种运动称为平面运动**。

图4.1

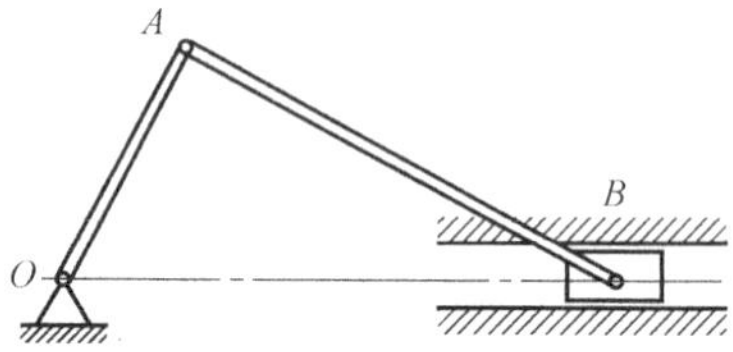

图4.2

可以看出，刚体做平面运动时，刚体上任意一点都在平行于某一固定平面的平面内运动，因此，可考虑将平面运动进行简化。如图4.3所示，刚体做平面运动，刚体内各点到固定平面Ⅰ的距离保持不变，作平行于固定平面Ⅰ的平面Ⅱ，其与刚体相交而截得平面图形 S。刚体运动时，平面图形 S 始终处在平面Ⅱ内。在刚体内作平面图形 S 的垂线 A_1A_2，显然 A_1A_2 作平移，因此，A_1A_2 与平面图形 S 的交点 A 的运动即可以代表线段 A_1A_2 的运动，平面图形的运动则可以代表整个刚体的运动，由此得到结论：**刚体的平面运动，可简化为平面图形在其自身平面内的运动**。

平面图形在其自身平面内的位置，可由图形内任意线段 $O'M$ 唯一地确定，如图4.4所示。而要确定线段 $O'M$ 的位置，只要确定其上 O' 点的位置和线段 $O'M$ 与固定坐标轴 Ox 的夹角 φ 即可。点 O' 的坐标和 φ 角都是时间的函数，即

$$\left.\begin{aligned} x_{O'} &= f_1(t) \\ y_{O'} &= f_2(t) \\ \varphi &= f_3(t) \end{aligned}\right\} \tag{4.1}$$

式（4.1）就是平面图形的运动方程。

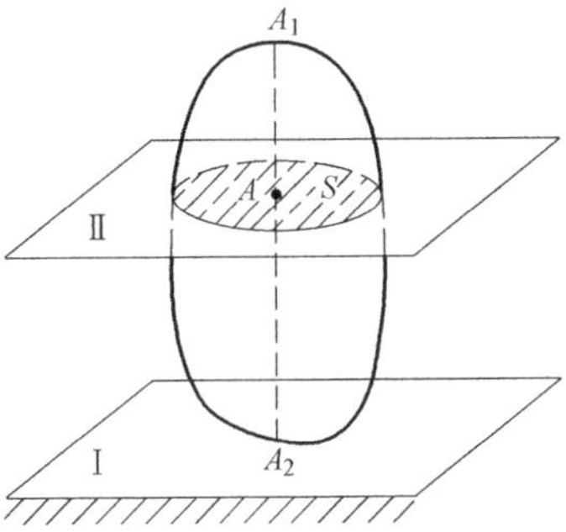

图 4.3

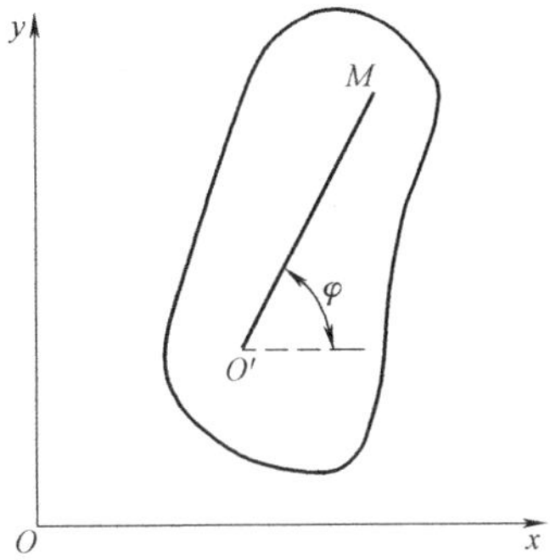

图 4.4

现在来分析平面图形的运动过程。如图 4.5 所示，在平面图形上任取线段 $O'M$，经过一段时间间隔，平面图形运动到一个新的位置，线段 $O'M$ 随之运动到 $O''M''$位置，这一运动可以看作是分两步来完成的：先使线段 $O'M$ 平行移动到 $O''M'$位置，然后再绕 O''转过一个夹角 $\angle M'O''M''$，最后达到 $O''M''$位置。因此，平面图形的运动可分解为平移和转动。即平面运动可视为平面图形的平移与绕某点转动的合成运动。

如图 4.6 所示，为了描述平面图形的运动，在图形所在平面内建立定参考系 Oxy，并在平面图形上任取一点 O'，称为**基点**，以基点 O'为坐标原点建立一平移坐标系 $O'x'y'$，即在运动过程中，x'轴和 y'轴的方向始终保持不变，于是，平面图形的运动可看作随基点的平移和绕基点的转动这两部分运动的合成。如图 4.7 所示的曲柄连杆机构中，滑块做平移，曲柄 OA 绕定轴 O 转动，连杆 AB 做平面运动。若选点 A 为基点，在点 A 上建立一个平移参考系 $Ax'y'$，则杆 AB 的平面运动可以看作随基点 A 的平移与绕基点 A 的转动的合成。同样，可以选 B 点为基点，在滑块 B 上固结一个平移参考系 $Bx_1'y_1'$，杆 AB 的平面运动可以分解为随基点 B 的平移和绕基点 B 的转动。

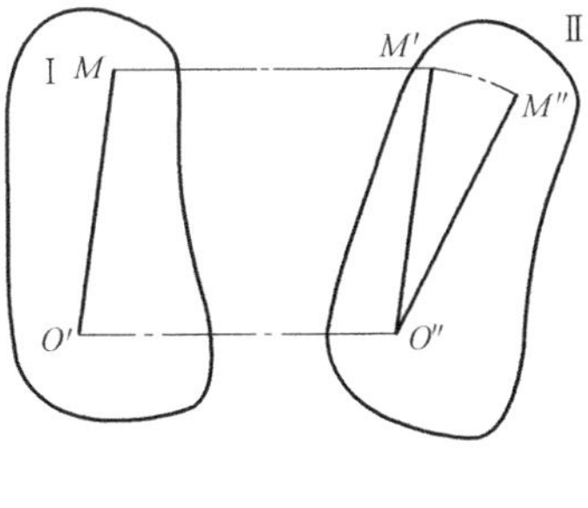

图 4.5

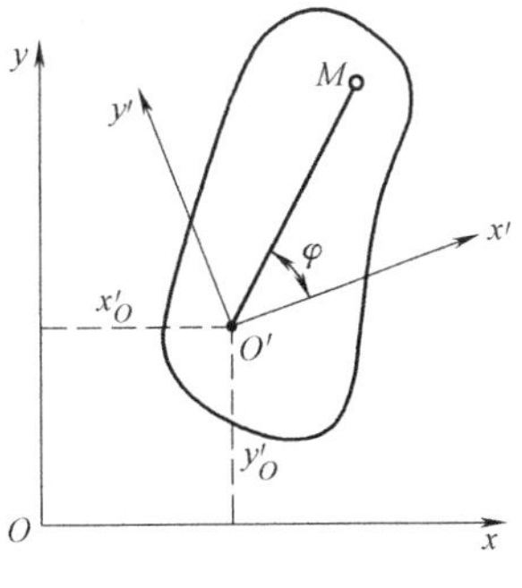

图 4.6

基点是平面图形上任选的一点，一般情况下，平面图形上各点的运动是不同的，图4.7中点A的运动是圆周运动，点B的运动是直线运动。因此，在平面图形上选取不同的基点，其动参考系的平移规律是不一样的，即平面图形随基点的平移与基点的选取是有关的。

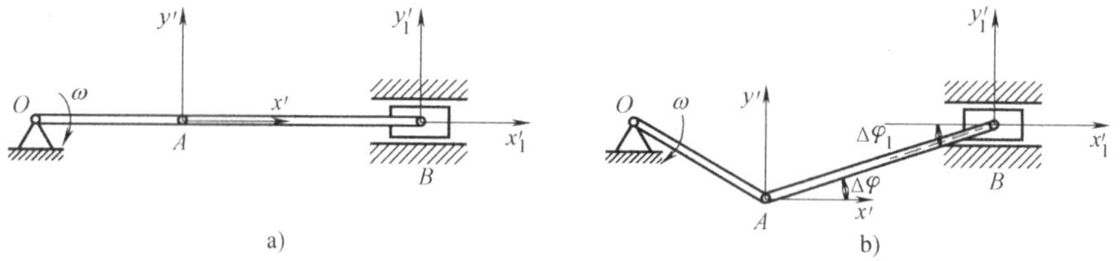

图 4.7

而平面图形绕基点的转动则是另外的情形，连杆AB由图4.7a所示的位置经过时间间隔Δt运动到图4.7b所示的位置，无论是选A点还是选B点为基点，都向同一转向（逆时针）转过相同的转角，即

$$\Delta\varphi=\Delta\varphi_1$$

而

$$\omega=\frac{\mathrm{d}\varphi}{\mathrm{d}t},\quad \omega_1=\frac{\mathrm{d}\varphi_1}{\mathrm{d}t}$$

$$\alpha=\frac{\mathrm{d}\omega}{\mathrm{d}t},\quad \alpha_1=\frac{\mathrm{d}\omega_1}{\mathrm{d}t}$$

故

$$\omega=\omega_1,\quad \alpha=\alpha_1$$

所以，**在任一瞬时，平面图形绕任选基点转动的角速度和角加速度都相同，即平面图形的转动与基点的选取无关**。这个与基点位置无关的角速度和角加速度，也称为**刚体平面运动的角速度和角加速度**。

4.2 求平面图形内各点速度的基点法

任何平面图形的运动既然可分解为两种运动：①牵连运动，即平面图形随同基点O'的平移。②相对运动，即图形绕基点O'的转动。则平面图形内任一点的运动都可视为点的合成运动，其牵连运动即随同基点的平移，相对运动为绕基点的圆周运动。

如图4.8所示，若某瞬时平面图形上O'点的速度$\boldsymbol{v}_{O'}$和角速度ω为已知，现在来求平面图形上任一点M的速度。选O'点为基点，因动系做平移，动系上各点的速度都等于基点O'的速度$\boldsymbol{v}_{O'}$。根据牵连速度的定义，动点M的牵连速度就等于基点的速度$\boldsymbol{v}_{O'}$。在动系上看，平面图形绕基点O'以瞬时角速度ω转动，动点M的相对运动轨迹为半径等于$O'M$的圆周，M点相对速度的大小为

$$v_{MO'}=O'M\cdot\omega$$

其方向垂直于$O'M$，指向与ω的转向一致。根据第3章点的速度合成定理，则M点的速度为

$$\boldsymbol{v}_M = \boldsymbol{v}_{O'} + \boldsymbol{v}_{MO'} \tag{4.2}$$

于是得出结论：**平面图形内任一点的速度等于基点的速度与该点随同平面图形绕基点转动的速度的矢量和**。这种求速度的方法称为**基点法**，基点可以任意选取，在求解实际问题时，常选取刚体内运动已知的点作为基点。

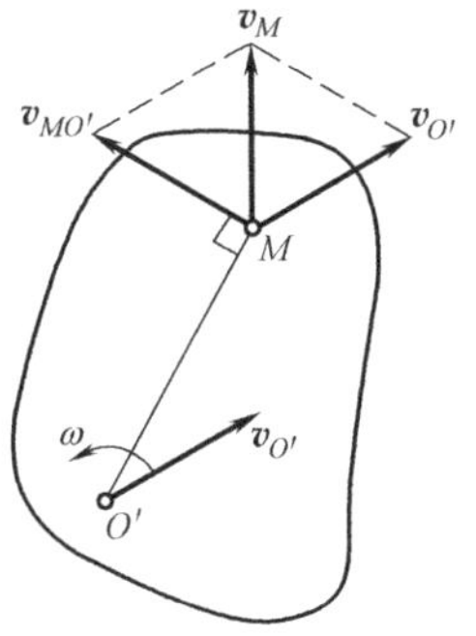

图 4.8

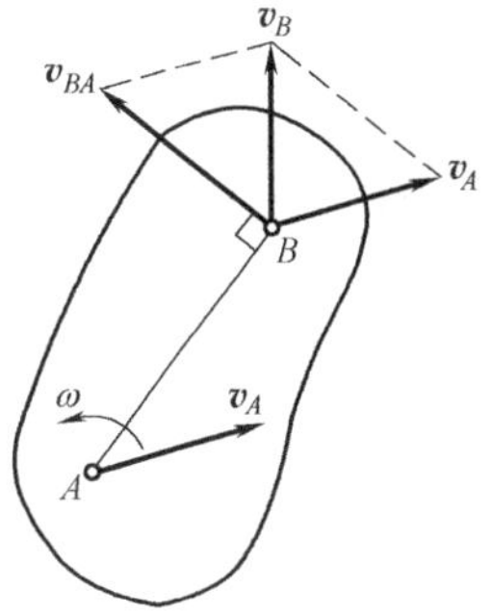

图 4.9

如图 4.9 所示，A、B 为平面图形上的任意两点，如果以 A 点为基点，B 点的速度可写成如下形式：

$$\boldsymbol{v}_B = \boldsymbol{v}_A + \boldsymbol{v}_{BA}$$

式中，$\boldsymbol{v}_{BA}$表示 B 点相对于 A 点的速度，方向垂直于 AB。如将上式向 A、B 两点连线 AB 方向上投影，因$[\boldsymbol{v}_{BA}]_{AB}=0$，则得

$$[\boldsymbol{v}_B]_{AB} = [\boldsymbol{v}_A]_{AB} \tag{4.3}$$

这就是**速度投影定理：平面图形上任意两点的速度，在这两点连线上的投影相等**。它的物理解释是：因 A、B 是刚体上的两点，它们之间的距离应始终保持不变，两点的速度在 AB 方向上的分量必须相等，它反映了刚体上任意两点间距离保持不变的特性，因此，这个定理不仅适用于刚体做平面运动，也适用于刚体的其他运动。

如果已知图形内一点 A 的速度$\boldsymbol{v}_A$的大小和方向，又知道另一点 B 的速度$\boldsymbol{v}_B$的方向，利用速度投影定理即可求出$\boldsymbol{v}_B$的大小。这种求速度的方法称为**速度投影法**。

例 4.1　如图 4.10 所示的曲柄连杆机构中，已知曲柄 OA 长 $r=30\text{cm}$，并以 $n=50\text{r/min}$ 做逆时针转动，试求曲柄与连杆垂直时滑块 B 的速度。

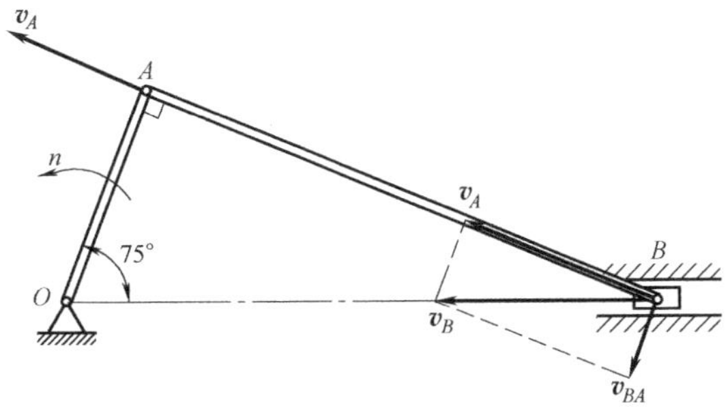

图 4.10　例 4.1 图

解：（1）基点法

连杆 AB 做平面运动，A 点的速度为

$$v_A = r\times\frac{n\pi}{30}=\left(30\times\frac{50\pi}{30}\right)\text{cm/s}=157.1\text{cm/s}$$

方向如图所示。以 A 为基点，B 点的速度为

$$\boldsymbol{v}_B=\boldsymbol{v}_A+\boldsymbol{v}_{BA}$$

式中，$\boldsymbol{v}_A$是已知的，$\boldsymbol{v}_{BA}$垂直于杆 AB，又$\boldsymbol{v}_B$是沿水平方向的，以$\boldsymbol{v}_A$和$\boldsymbol{v}_{BA}$为边在 B 点处作平行四边形，$\boldsymbol{v}_B$必须在其对角线上，方向如图所示。$\boldsymbol{v}_B$的大小为

$$v_B=\frac{v_A}{\cos 15^\circ}=\frac{157.1}{0.966}\text{cm/s}=162.6\text{cm/s}$$

（2）速度投影法

已知 A 点的速度$\boldsymbol{v}_A$的大小和方向，又知 B 点的速度$\boldsymbol{v}_B$的方向，由速度投影定理

$$[\boldsymbol{v}_B]_{AB}=[\boldsymbol{v}_A]_{AB}$$

$$v_A=v_B\cdot\cos 15^\circ$$

$$v_B=\frac{v_A}{\cos 15^\circ}=162.6\text{cm/s}$$

所得结果相同。

例 4.2 如图 4.11 所示四连杆机构中，已知曲柄 AB 长 0.2 m，转速 $n=50\text{r/min}$，摆杆 CD 长为 0.4m。试求 $\theta=60^\circ$，$\beta=30^\circ$时摆杆 CD 和杆 BC 的角速度。

解：曲柄 AB 做定轴转动，B 点的速度为

$$v_B=AB\cdot\omega=\left(0.2\times\frac{50\pi}{30}\right)\text{m/s}=1.05\text{m/s}$$

方向如图所示。

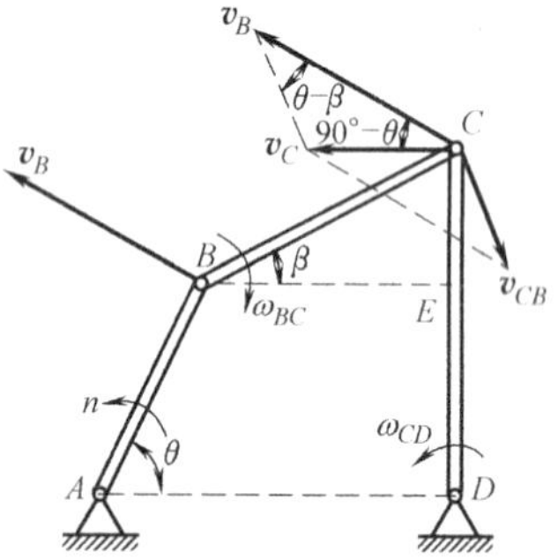

图 4.11 例 4.2 图

连杆 BC 做平面运动，取 B 为基点，则 C 点的速度由公式可得

$$\boldsymbol{v}_C=\boldsymbol{v}_B+\boldsymbol{v}_{CB}$$

其中，$\boldsymbol{v}_{CB}$为 C 点绕基点转动的速度，大小为 $BC\cdot\omega_{BC}$，方向垂直于 BC；而 C 又是 CD 杆上的一点，C 点的绝对速度 $v_C=CD\cdot\omega_{CD}$，方向垂直于 CD 杆。作 C 点的速度平行四边形，如图所示。只要求出$\boldsymbol{v}_{CB}$和$\boldsymbol{v}_C$的大小，即可求得 ω_{BC} 和 ω_{CD}。由速度投影定理

$$v_C\cos\beta=v_B\sin(\theta-\beta)$$

$$v_C=\frac{\sin(\theta-\beta)}{\cos\beta}\cdot v_B=\frac{\sqrt{3}}{3}v_B=0.606\text{m/s}$$

$$\omega_{CD}=\frac{v_C}{CD}=\frac{0.606}{0.4}\text{rad/s}=1.515\text{rad/s}$$

由$\boldsymbol{v}_C$的指向可知，ω_{CD}为逆时针转向。

因为 $\theta-\beta=90°-\theta=30°$，所以

$$v_{CB}=v_C=0.606\text{m/s}$$

又因

$$BC=2CE=2(CD-AB\sin 60°)=0.454\text{m}$$

因此

$$\omega_{CB}=\frac{v_{CB}}{BC}=\frac{0.606}{0.454}\text{rad/s}=1.335\text{rad/s}$$

BC 杆绕基点 B 转动，由 $\boldsymbol{v}_{CB}$ 指向可知 ω_{CB} 是顺时针转向。

例 4.3　如图 4.12 所示机构中，摆杆 OC 在铅直面内绕 O 轴转动，其上套一可沿之滑动的套筒 AB。在套筒 AB 上用铰链连接滑块 A，滑块可沿铅直槽 DE 滑动。已知 $\omega=2\text{rad/s}$，$h=10\text{cm}$，$AB=20\ \text{cm}$。求当 $\varphi=30°$ 时套筒上 B 点的速度。

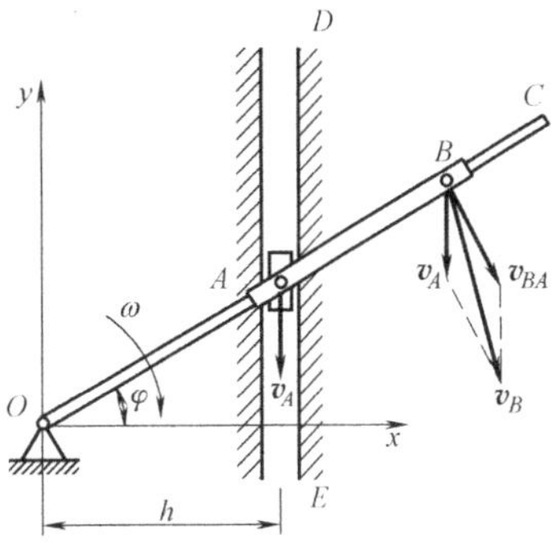

图 4.12　例 4.3 图

解： 套筒 AB 做平面运动，其角速度与杆 OC 的角速度相同，即为 ω。只要知道 A 点的速度，以 A 为基点即可求出 B 点的速度。取如图 4.12 所示坐标系，A 点的坐标为

$$x_A=h=\text{常量}$$
$$y_A=h\cdot\tan\varphi$$

点 A 的速度为

$$v_A=\frac{\mathrm{d}y_A}{\mathrm{d}t}=h\frac{\mathrm{d}\varphi}{\mathrm{d}t}\cdot\frac{1}{\cos^2\varphi}$$

因 $\frac{\mathrm{d}\varphi}{\mathrm{d}t}=\omega$，所以当 $\varphi=30°$ 时，

$$v_A=\omega\cdot\frac{h}{\cos^2\varphi}=\left(10\times2\times\frac{4}{3}\right)\text{cm/s}=26.7\text{cm/s}$$

当然，也可用点的合成运动的方法求 A 点的速度，能否用本题的已知条件应用基点法求 A 点的速度呢？请读者自己考虑。

现在求套筒上 B 点的速度，根据公式

$$\boldsymbol{v}_B=\boldsymbol{v}_A+\boldsymbol{v}_{BA}$$

而 $v_{BA}=\omega\cdot AB=40\text{cm/s}$，作 B 点的速度平行四边形，如图所示。解得

$$v_B=\sqrt{v_A^2+v_{BA}^2+2v_A\cdot v_{BA}\cos\varphi}=64.5\text{cm/s}$$

4.3　求平面图形内各点速度的瞬心法

用基点法求平面图形内任一点的速度时，如果所选基点的速度为零，则将带来很大的方便。这样的一个点是否存在呢？回答是肯定的。下面进行证明。

定理：**一般情况下，在任一瞬时，平面图形内都唯一地存在一个速度为零的点。**

证明：设平面图形 S 在某瞬时以角速度 ω 转动，已知 A 点的速度为$\boldsymbol{v}_A$，如图 4.13 所示。若 A 点为基点，$\boldsymbol{v}_A$的垂线 AN 上任一点 M 的速度为

$$\boldsymbol{v}_M=\boldsymbol{v}_A+\boldsymbol{v}_{MA}$$

由图中看出，$\boldsymbol{v}_A$与$\boldsymbol{v}_{MA}$在同一直线上，且方向相反，如果在 AN 上取一点 P，且使 $AP=\dfrac{v_A}{\omega}$，那么 P 点的速度大小为

$$v_P=v_A-AP\cdot\omega=0$$

即：**在任一瞬时，只要 $\omega\neq0$，则平面图形内必定唯一地存在着速度为零的点**（请读者自行证明唯一性）。这个速度为零的点称为**瞬时速度中心**，或简称为**瞬心**。定理得证。

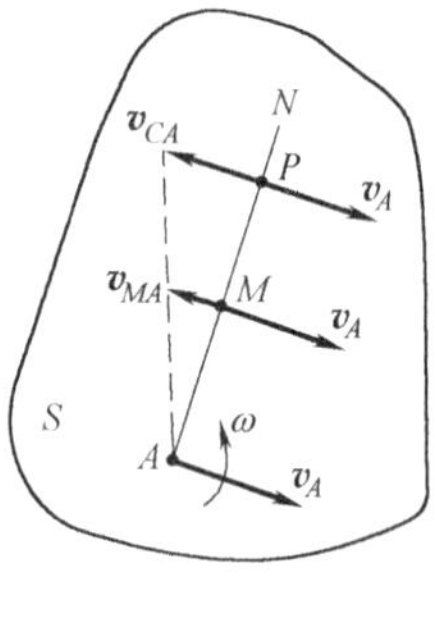

图 4.13

若以瞬心为基点，则平面图形如图 4.14a 所示内各点的速度为

$$\boldsymbol{v}_A=\boldsymbol{v}_{AP}$$

$$\boldsymbol{v}_B=\boldsymbol{v}_{BP}$$

$$\boldsymbol{v}_D=\boldsymbol{v}_{DP}$$

而各点速度的大小为

$$v_A=v_{AP}=\omega\cdot AP$$

$$v_B=v_{BP}=\omega\cdot BP$$

$$v_D=v_{DP}=\omega\cdot DP$$

与绕定轴转动刚体上各点的速度分布是相似的，如图 4.14b 所示。于是平面图形的运动可以看作绕速度瞬心的瞬时转动。

由此得出结论：**平面图形内任一点的速度等于该点随图形绕瞬心转动的速度**。这种求速度的方法称为**瞬心法**。

确定瞬心位置是应用瞬心法求平面图形各点速度的前提，下面介绍几种求瞬心的方法。

1）当平面图形沿一固定表面做无滑动的滚动时，如图 4.15 所示，图形与固定面的接触点 P 的速度为零，则该点就是图形的瞬心。

2）已知平面图形内任意两点 A、B 的速度的方向，如图 4.14a 所示，瞬心 P 必在两点速度矢垂线的交点上。

3）已知平面图形内两点 A、B 的速度$\boldsymbol{v}_A$、$\boldsymbol{v}_B$相互平行，且垂直于两点的连线 AB，瞬心必定在直线 AB 与速度$\boldsymbol{v}_A$、$\boldsymbol{v}_B$矢端连线的交点 P 上，如图 4.16a、b 所示。

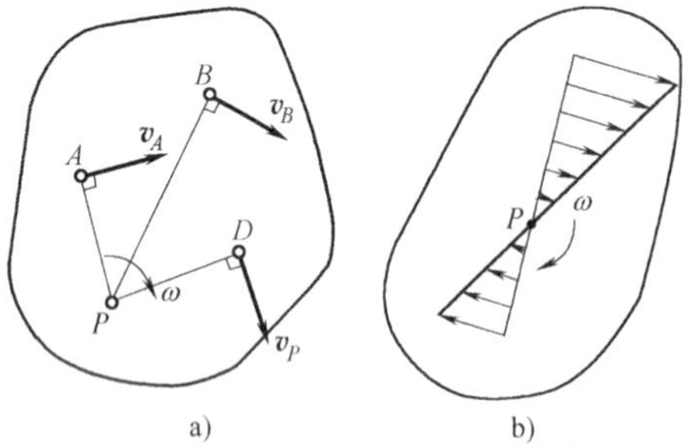

图 4.14

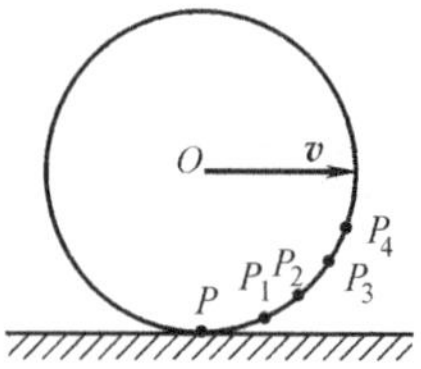

图 4.15

4）某瞬时，平面图形上 A、B 两点的速度方向相同，且不垂直于两点的连线 AB，如图 4.17 所示，则平面图形的瞬心在无穷远处。根据速度投影定理，该瞬时图形内各点的速度相等，即$\boldsymbol{v}_A=\boldsymbol{v}_B$，且平面图形的角速度为零。图形上各点的速度分布如同图形做平移时一样，故称其为**瞬时平移**。特别注意，虽然该瞬时图形内各点的速度相同，但加速度不同。

必须指出，瞬心在平面图形内的位置不是固定的，而是随时改变的，在不同瞬时，平面图形的瞬心位置不同。如图 4.15 所示，当车轮沿车轨做纯滚动时，接触点 P 就是瞬心，随着车轮的向前滚动，车轮上与固定面的接触点沿轮缘不断地变动着。另外，瞬心只是在这一瞬时的速度为零，而它的加速度一般不为零，在例 1.4 中已经证明，在该瞬时车轮的瞬心具有铅直向上的加速度。

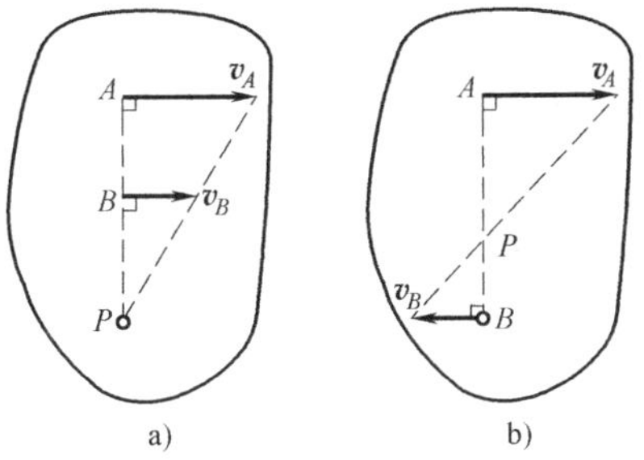

图 4.16

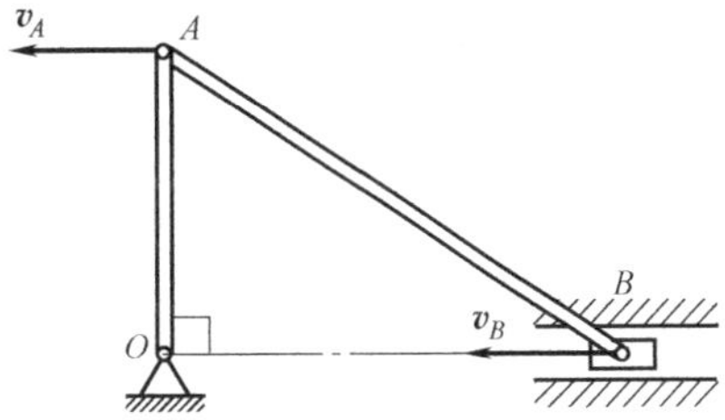

图 4.17

例 4.4　如图 4.18 所示，椭圆规尺的 A 端以速度$\boldsymbol{v}_A$沿 x 轴的负方向运动，$AB=l$，试求图示位置杆 AB 的角速度及 B 点的速度。

解： 机构中只有杆 AB 做平面运动，B 点的速度$\boldsymbol{v}_B$沿 y 轴的正向，过 A、B 两点分别作$\boldsymbol{v}_A$、$\boldsymbol{v}_B$的垂线交于 P 点，则 P 点为该瞬时杆 AB 的瞬心。因为 $v_A=\omega_{AB}\cdot AP$，求得

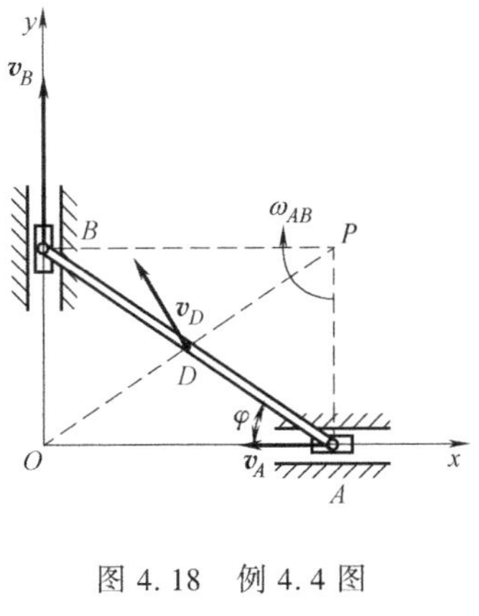

图 4.18　例 4.4 图

$$\omega_{AB}=\frac{v_A}{AP}=\frac{v_A}{l\sin\varphi}$$

由 v_A 的指向断定 ω_{AB}是顺时针转向。

B 点的速度为

$$v_A=\omega_{AB}\cdot BP=\frac{v_A}{l\sin\varphi}\cdot l\cos\varphi=v_A\cot\varphi$$

用瞬心法可求杆 AB 上任一点的速度，如杆中点 D 的速度为

$$v_D=\omega_{AB}\cdot DP=\frac{v_A}{l\sin\varphi}\cdot\frac{l}{2}=\frac{v_A}{2\sin\varphi}$$

它的方向垂直于 PD，指向与杆 AB 的转向一致。

例 4.5 如图 4.19 所示，火车车厢的轮子沿直线轨道滚动而无滑动。已知轮心 O 的速度为 $\boldsymbol{v}_O$ 及车轮的半径 R、r，求 A_1、A_2、A_3、A_4 各点的速度。其中，A_2、O、A_4 三点在同一水平线上，A_1、O、A_3 三点在同一铅直线上。

解： 因车轮只滚不滑，车轮与轨道的接触点 P 即为车轮的瞬心。设车轮的角速度为 ω，因 $v_O=r\omega$，从而求得车轮的角速度为

$$\omega=\frac{v_O}{r}$$

求得各点的速度为

$$v_1=A_1P\cdot\omega=\frac{R-r}{r}v_O$$

$$v_2=A_2P\cdot\omega=\frac{\sqrt{R^2+r^2}}{r}v_O$$

$$v_3=A_3P\cdot\omega=\frac{R+r}{r}v_O$$

$$v_4=A_4P\cdot\omega=\frac{\sqrt{R^2+r^2}}{r}v_O$$

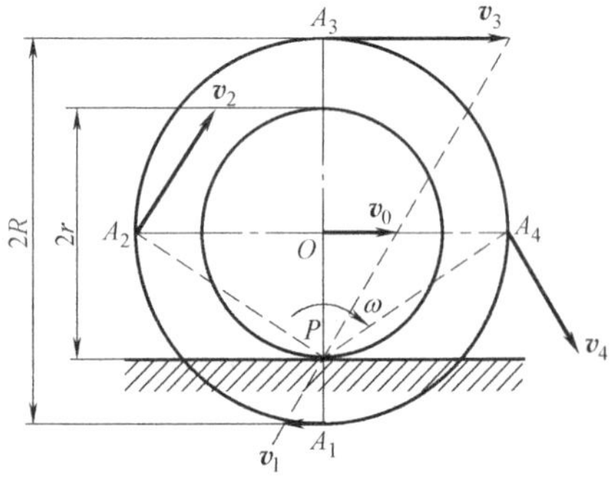

图 4.19 例 4.5 图

它们的方向分别垂直于相应的线段 A_1P、A_2P、A_3P、A_4P，指向与 ω 的转向一致，如图所示。

4.2 节中的例 4.2 也可用瞬心法完成，且更加简洁方便，读者可尝试解之。

4.4 平面图形内各点的加速度·运动学综合问题

因为平面图形的运动可以分解为随同基点 A 的平移（牵连运动）和绕基点 A 的转动（相对运动），如图 4.20 所示，平面图形内任一点 B 的加速度可以应用牵连运动为平移时点的加速度合成定理求出，故 B 点的加速度等于牵连加速度与相对加速度的矢量和。即

$$\boldsymbol{a}_B=\boldsymbol{a}_e+\boldsymbol{a}_r$$

由于牵连运动为平移，B 点的牵连加速度就等于基点 A 的加速度，即 $\boldsymbol{a}_e=\boldsymbol{a}_A$，$B$ 点的相对加速度 $\boldsymbol{a}_r$ 是它绕基点做圆周运动的加速度，可用 $\boldsymbol{a}_{BA}$ 表示，设已知图形的角速度 ω 和角加速度 α 的大小和转向，则 $\boldsymbol{a}_{BA}$ 可分解为切向加速度 $\boldsymbol{a}_{BA}^{t}$ 和法向加速度 $\boldsymbol{a}_{BA}^{n}$，它们的大小分别为

$$\left.\begin{aligned}a_{BA}^{t}&=AB\cdot\alpha\\a_{BA}^{n}&=AB\cdot\omega^2\end{aligned}\right\}\qquad(4.4)$$

$\boldsymbol{a}_{BA}^{\mathrm{t}}$的方向垂直于 AB 并与 α 的转向一致，而 $\boldsymbol{a}_{BA}^{\mathrm{n}}$的方向总是指向基点 A。于是，可得平面图形内任一点 B 的加速度公式为

$$\boldsymbol{a}_B=\boldsymbol{a}_A+\boldsymbol{a}_{BA}^{\mathrm{t}}+\boldsymbol{a}_{BA}^{\mathrm{n}} \tag{4.5}$$

即：**平面图形内任一点的加速度等于基点的加速度与该点随图形绕基点转动的切向加速度和法向加速度的矢量和**。

式（4.5）为一平面矢量方程，通常可以向两个正交的坐标轴投影，得到两个代数方程，用以求解两个未知量。

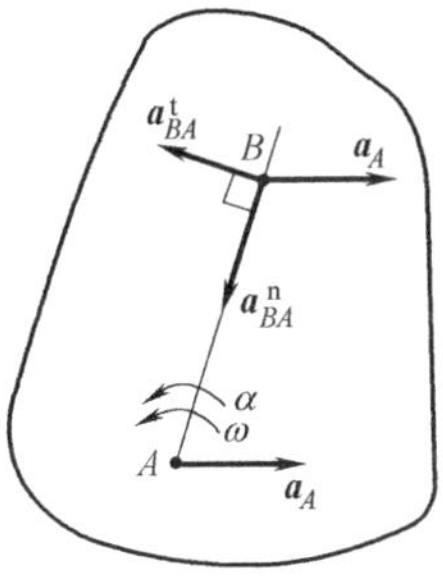

图 4.20

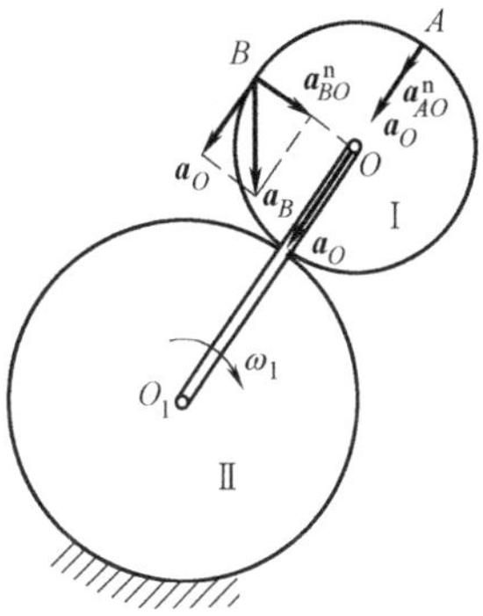

图 4.21　例 4.6 图

例 4.6　如图 4.21 所示的行星齿轮机构中。系杆 $O_1O=l$，以匀角速度 ω_1 绕固定轴 O_1 转动，在系杆销 O 上装一可自由转动的齿轮Ⅰ，其节圆半径为 r，并沿固定齿轮Ⅱ滚动而无滑动。求图示位置轮缘上 A、B 两点的加速度。A 点在 O_1O 的延长线上，而 B 点在垂直于 O_1O 的半径上。

解：轮Ⅰ做平面运动，其轮心 O 的速度、加速度分别为

$$v_O=l\omega_1$$

$$a_O=l\omega_1^2$$

轮Ⅰ与轮Ⅱ的接触点是轮Ⅰ的瞬心，设轮Ⅰ的角速度为 ω，则

$$v_O=r\omega$$

$$\omega=\frac{v_O}{r}=\frac{l}{r}\omega_1$$

式中，ω_1 为常量，因此 ω 也是常量，故轮Ⅰ的角加速度 $\alpha=0$。取 O 为基点，于是有

$$a_{AO}^{\mathrm{t}}=a_{BO}^{\mathrm{t}}=0$$

A、B 两点相对于基点 O 的法向加速度分别沿半径 OA 和 OB 指向轮心 O，它们的大小为

$$a_{AO}^{\mathrm{n}}=a_{BO}^{\mathrm{n}}=r\omega^2=\frac{l^2}{r}\omega_1^2$$

如图所示，画出点 A 和点 B 各自的加速度矢量图，再结合加速度合成公式，求得点 A 的加速度的大小为

$$a_A=a_O+a_{AO}^{\mathrm{n}}=l\omega_1^2+\frac{l^2}{r}\omega_1^2=l\omega_1^2\left(1+\frac{l}{r}\right)$$

它的方向沿 OA 并指向 O 点。点 B 的加速度大小为

$$a_B=\sqrt{a_O^2+(a_{BO}^{\mathrm{n}})^2}=l\omega_1^2\sqrt{1+\left(\frac{l}{r}\right)^2}$$

它与半径 OB 的夹角为

$$\varphi=\arctan\frac{a_O}{a_{BO}^{\mathrm{n}}}=\arctan\frac{r}{l}$$

例 4.7 如图 4.22 所示的四连杆机构中，曲柄 $OA=O_1B=r$，连杆 AB 长为 $2r$。曲柄 OA 以角速度 ω 逆时针转动，当 OA 与摆杆 O_1B 垂直时，O 在 O_1B 的延长线上，且 $\angle ABO_1=30°$。试求该瞬时连杆 AB 和摆杆 O_1B 的角加速度。

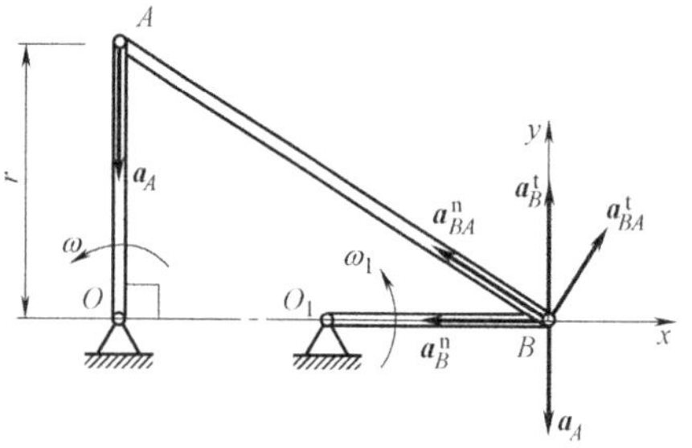

图 4.22 例 4.7 图

解：连杆 AB 做平面运动，为求杆 AB 与杆 O_1B 的角加速度，必须先求出杆 AB 和杆 O_1B 的角速度，由结构特点可知，$\boldsymbol{v}_A\perp OA$，$\boldsymbol{v}_B\perp OB$，图示瞬时 AB 的瞬心在 OA 与 O_1B 的交点上，恰与 O 点重合。于是杆 AB 的角速度为

$$\omega_{AB}=\frac{v_A}{OA}=\omega$$

B 点是 AB 上的一点，其速度为

$$v_B=OB\cdot\omega_{AB}=\sqrt{3}\,r\omega$$

而 B 点也是 O_1B 上的一点，所以 O_1B 杆的角速度为

$$\omega_1=\frac{v_B}{O_1B}=\frac{\sqrt{3}\,r\omega}{r}=\sqrt{3}\,\omega$$

取 A 点作基点，分析 B 点的加速度。B 点的轨迹是以 O_1B 为半径的圆周。它的加速度有切向和法向两个分量。应用式（4.5），B 点的加速度为

$$\boldsymbol{a}_B^{\mathrm{t}}+\boldsymbol{a}_B^{\mathrm{n}}=\boldsymbol{a}_A+\boldsymbol{a}_{BA}^{\mathrm{t}}+\boldsymbol{a}_{BA}^{\mathrm{n}}$$

式中各分量情况列表说明如下：

	$\boldsymbol{a}_B^{\mathrm{t}}$	$\boldsymbol{a}_B^{\mathrm{n}}$	$\boldsymbol{a}_A$	$\boldsymbol{a}_{BA}^{\mathrm{t}}$	$\boldsymbol{a}_{BA}^{\mathrm{n}}$
方向	$\perp O_1B$	指向 O_1 点	铅直向下	$\perp AB$	指向基点 A
大小	?	$r\omega_1^2=3r\omega^2$	$r\omega^2$	?	$AB\cdot\omega_{AB}^2=2r\omega^2$

在 B 点作加速度矢量图，其中指向未知的按图所示方向假设，将上式向 x 轴投影，得到

$$-a_B^{\mathrm{n}}=a_{BA}^{\mathrm{t}}\cos 60°-a_{BA}^{\mathrm{n}}\cos 30°$$

解得

$$a_{BA}^{t}=\frac{1}{\cos 60^\circ}(2r\omega^2\cos 30^\circ-3r\omega^2)=-2.536r\omega^2$$

于是

$$\alpha_{BA}=\frac{a_{BA}^{t}}{BA}=-1.268\omega^2$$

a_{BA}^{t}为负值，说明相对切向加速度的方向与图示指向相反，AB 杆的角加速度应为顺时针转向。

为求杆 O_1B 的角加速度 α_1，将加速度公式再向 y 轴投影，得到

$$a_{B}^{t}=-a_A+a_{BA}^{t}\cos 30^\circ+a_{BA}^{n}\cos 60^\circ$$

解得

$$a_{B}^{t}=-r\omega^2-2.536\times\frac{\sqrt{3}}{2}r\omega^2+2r\omega^2\times\frac{1}{2}=-2.196r\omega^2$$

于是

$$\alpha_1=\frac{a_{B}^{t}}{O_1B}=-2.196\omega^2$$

式中，负号说明 a_{B}^{t} 的指向与如图所示假设相反，所以 O_1B 杆的角加速度也应为顺时针转向。

例 4.8　如图 4.23a 所示，车轮沿直线轨道滚动。已知车轮的半径为 R，轮心 O 的速度为$\boldsymbol{v}_O$，加速度为 $\boldsymbol{a}_O$。设车轮与地面接触无相对滑动。求在图示瞬时车轮上瞬心 C 的加速度。

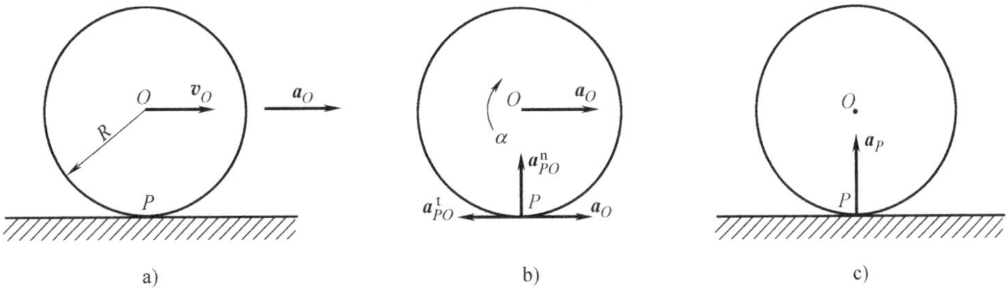

图 4.23　例 4.8 图

解： 因 P 点是瞬心，车轮的角速度为

$$\omega=\frac{v_O}{R}$$

车轮的角加速度等于角速度对时间的一阶导数，即

$$\alpha=\frac{\mathrm{d}\omega}{\mathrm{d}t}=\frac{d}{\mathrm{d}t}\left(\frac{v_O}{R}\right)=\frac{1}{R}\frac{\mathrm{d}v_O}{\mathrm{d}t}$$

式中，R 为常量，轮心 O 做直线运动，所以它的速度对时间的一阶导数等于这一点的加速度，即

$$\frac{\mathrm{d}v_O}{\mathrm{d}t}=a_O$$

于是

$$\alpha=\frac{a_O}{R}$$

ω 和 α 的转向应由$\boldsymbol{v}_O$和 $\boldsymbol{a}_O$ 的指向决定，都是顺时针转向。车轮做平面运动，取轮心 O 为基点，则 P 点的加速度为

$$\boldsymbol{a}_P=\boldsymbol{a}_O+\boldsymbol{a}_{PO}^{\mathrm{t}}+\boldsymbol{a}_{PO}^{\mathrm{n}}$$

式中，

$$a_{PO}^{\mathrm{t}}=R\alpha=a_O$$

$$a_{PO}^{\mathrm{n}}=R\omega^2=\frac{v_O^2}{R}$$

它们的指向如图 4.23b 所示。由于 $\boldsymbol{a}_O$ 和 $\boldsymbol{a}_{PO}^{\mathrm{t}}$大小相等、方向相反，于是

$$\boldsymbol{a}_P=\boldsymbol{a}_{PO}^{\mathrm{n}}$$

由此可知，速度瞬心 P 的加速度不为零。当车轮中心做直线运动时，瞬心 P 的加速度始终指向轮心 O，如图 4.23c 所示，必须注意，既然速度瞬心的加速度不为零，切不可将瞬心作为定轴转动中心来求图形内其他各点的加速度。

从 4.2 节和 4.3 节可知，刚体的平面运动理论可以分析做平面运动的某个刚体上的不同点的速度和加速度之间的关系。当两个刚体相接触，并且有相对滑动或有重合点时，就需要用点的合成运动理论来分析两个不同刚体上重合点之间的速度和加速度的关系，因此，在许多复杂的运动机构中，可能同时有平面运动和点的合成运动问题。在解决这类复杂的综合问题时，要分清楚各刚体做什么运动，根据刚体的运动形式求解该刚体上某个点的速度和加速度，还要分清楚点的合成运动中的一点、两系、三种运动及速度、加速度之间的关系。下面通过例题来说明运动学理论的综合应用。

例 4.9 如图 4.24 所示平面机构中，套管的铰链 C 和杆 CD 连接并套在杆 AB 上，已知 $OA=20\mathrm{cm}$，$AB=40\mathrm{cm}$，在图示瞬时，杆 OA 垂直于 OB，套管 C 恰在 AB 的中点，曲柄 OA 的角速度 $\omega=4\mathrm{rad/s}$。求此瞬时 CD 杆的速度大小和方向。

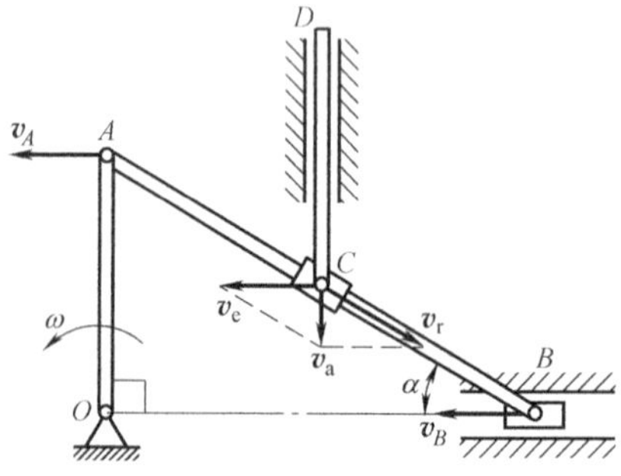

图 4.24 例 4.9 图

解：CD 杆做平移，欲求 CD 杆的速度，只要求出 C 点的绝对速度即可，而滑块 C 在 AB 杆上滑动，可以用点的合成运动方法求解 C 点的绝对速度。

因为杆 OA 绕 O 轴转动，有

$$v_A=\omega\cdot OA=(4\times0.2)\mathrm{m/s}=0.8\mathrm{m/s}$$

杆 AB 做平面运动，此瞬时 A 点和 B 点的速度互相平行，且不垂直于 AB 杆，故杆 AB 为瞬时平动，该瞬时杆中各点速度相同，可知杆中点的速度

与$\boldsymbol{v}_A$相等。

取滑块 C 为动点，动系固连在杆 AB 上，由点的速度合成定理

$$\boldsymbol{v}_a=\boldsymbol{v}_e+\boldsymbol{v}_r$$

式中，牵连速度为杆 AB 中点（牵连点）的速度。

做出速度平行四边形，由图中的几何关系及已知条件可得 CD 杆的速度大小为

$$v_{CD}=v_a=v_e\tan 30°=0.8\text{m/s}\times\frac{\sqrt{3}}{3}=0.462\text{m/s}$$

该瞬时 CD 杆速度方向向下。

例 4.10　如图 4.25a 所示平面机构，滑块 B 可沿杆 OA 滑动。杆 BE 与 BD 分别与滑块 B 铰接，BD 杆可沿水平导轨运动。滑块 E 以匀速$\boldsymbol{v}$沿铅直导轨向上运动。图示瞬时杆 OA 铅直。求该瞬时杆 OA 的角速度与角加速度。

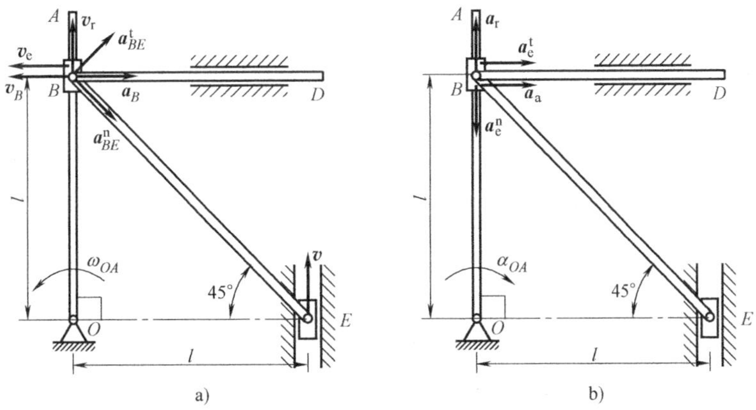

图 4.25　例 4.10 图

解：滑块 B 在 OA 杆上滑动，可用点的合成运动方法求解杆 OA 的角速度和角加速度，滑块 B 及点 B 的速度和加速度，则可由 BE 杆的平面运动求解。

杆 BE 做平面运动，其速度瞬心为点 O，因此

$$\omega_{BE}=\frac{v}{OE}=\frac{v}{l},\quad v_B=\omega_{BE}\cdot OB=v$$

选取 E 点为基点，则点 B 的加速度为

$$\boldsymbol{a}_B=\boldsymbol{a}_E+\boldsymbol{a}_{BE}^t+\boldsymbol{a}_{BE}^n \tag{a}$$

各加速度方向如图 4.25a 所示。由于点 E 做匀速运动，$a_E=0$，又有

$$a_{BE}^n=\omega_{BE}^2\cdot BE=\frac{\sqrt{2}v^2}{l}$$

将式（a）沿 BE 方向投影，得

$$a_B\cos 45°=a_{BE}^n$$

因此

$$a_B=\frac{a_{BE}^{n}}{\cos 45^\circ}=\frac{2v^2}{l}$$

取滑块 B 为动点，动系固连在杆 OA 上，由点的速度合成定理

$$\boldsymbol{v}_a=\boldsymbol{v}_e+\boldsymbol{v}_r$$

式中，$\boldsymbol{v}_a=\boldsymbol{v}_B$；牵连速度$\boldsymbol{v}_e$的方向与杆 OA 垂直，与$\boldsymbol{v}_a$同向；相对速度 v_r 沿着杆 OA，显然有 $v_r=0$，因此

$$v_a=v_e=v_B,\quad \omega_{OA}=\frac{v_e}{l}=\frac{v}{l}$$

ω_{OA}方向为逆时针转向，如图 4.25a 所示。

滑块 B 的加速度为

$$\boldsymbol{a}_a=\boldsymbol{a}_e^n+\boldsymbol{a}_e^t+\boldsymbol{a}_r+\boldsymbol{a}_C \tag{b}$$

各加速度方向如图 4.25b 所示。由于 $v_r=0$，可知 $a_C=0$。将式（b）向 BD 方向投影，得

$$a_B=a_e^t,\quad \alpha_{OA}=\frac{a_e^t}{l}=\frac{2v^2}{l^2}$$

α_{OA}方向为顺时针转向，如图 4.25b 所示。

4.5 刚体绕平行轴转动的合成

前面研究刚体的平面运动时，把其视为刚体的平移与转动的合成运动，但在分析某些问题如行星轮系的传动问题时，将做平面运动的行星齿轮看作转动与转动的合成则更为方便。下面以行星轮的运动为例说明这个问题。

如图 4.26a 所示，系杆 H 绕定轴 O_1 转动，装在系杆上的行星轮既绕 O_2 轴做自转，又随同系杆 H 绕定轴 O_1 做公转，轴 O_2 与轴 O_1 相互平行，显然行星轮做平面运动。若将动坐标系 $O_1x'y'$固连于系杆上，则行星轮随同动系的转动为牵连运动，相对动系绕 O_2 轴的转动为相对运动，而对定参考系 O_1xy 的平面运动为绝对运动，如图 4.26b 所示。这样，就把行星轮的平面运动看成了绕两个平行轴转动的合成运动，牵连运动是转动，相对运动也是转动。

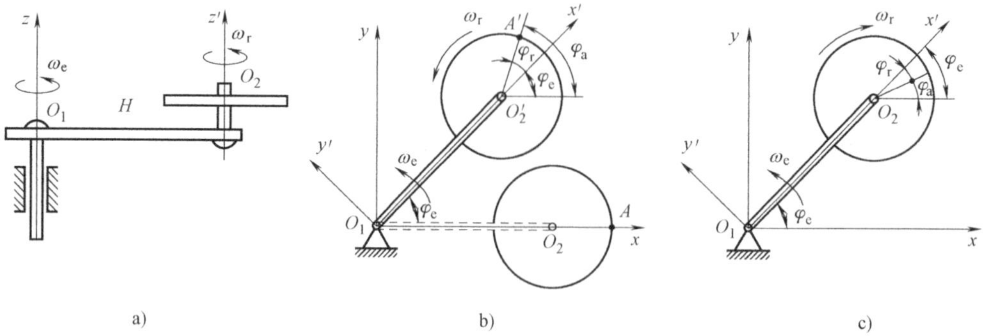

图 4.26

设初瞬时，系杆在水平位置，在行星轮上取代表其位置的线段 O_2A，如图 4.26b 所示，在某瞬时 t，行星轮中心转到 O_2'位置，而线段 O_2A 转到 $O_2'A'$位置。行星轮随同动坐标系转过 φ_e 角，相对动坐标系转过 φ_r 角，相对定参考系转过 φ_a 角，由图中的几何关系可得

$$\varphi_a=\varphi_e+\varphi_r$$

将上式对时间 t 取一阶导数，则得到角速度之间的关系

$$\omega_a=\omega_e+\omega_r \tag{4.6}$$

因此可得出结论：**刚体绕两平行轴转动时，其合成运动的绝对角速度 ω_a 等于牵连角速度 ω_e 与相对角速度 ω_r 的代数和。**

若 ω_e 与 ω_r 的转向相同时，称为同向平行轴转动的合成，绝对角速度等于牵连角速度与相对角速度的和，且转向相同，如图 4.26b 所示；若 ω_e 与 ω_r 的转向相反，如图 4.26c 所示，称为反向平行轴转动的合成，其绝对角速度等于牵连角速度与相对角速度的差，而转向与其中较大的角速度相同。

行星轮做平面运动，图形内必有一个速度等于零的点，即瞬心。显然，通过瞬心且与 O_1、O_2两平行轴平行的轴线上各点的速度都等于零，该轴线就称为瞬时转动轴。其位置由瞬心 P 确定。

图 4.27a、b 表示同向与反向平行轴转动合成的两种情况，行星轮平面图形与两轴心连线 O_1O_2重合的点，当其牵连速度与相对速度的方向相反时，其中必有一点的速度为零，该点即为瞬心 P。于是得出

$$v_P=v_{Pe}-v_{Pr}=O_1P\cdot\omega_e-O_2P\cdot\omega_r=0$$

即

$$\frac{O_1P}{O_2P}=\frac{\omega_r}{\omega_e} \tag{4.7}$$

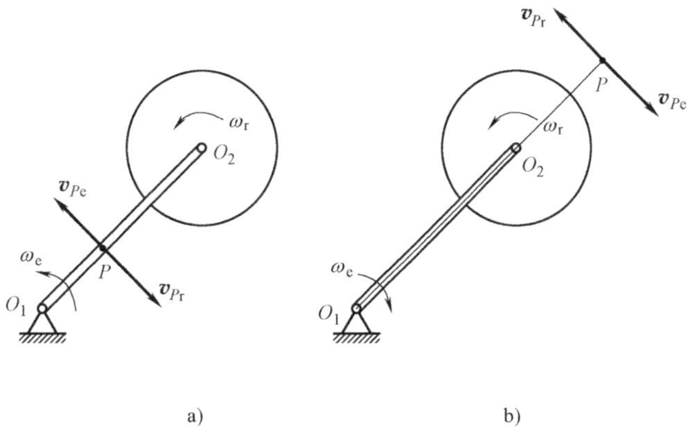

图 4.27

可以看出，刚体绕两平行轴转动时，其合成运动的瞬心 P 在两轴心的连线上。若 ω_e 与 ω_r 的转向相同，则内分两轴间的距离，内分比与两相应的角速度成反比；若转向相反，瞬心 P 则在较大角速度轴的外侧，外分比与两相应的角速度成反比。

如沿各轴做出各角速度矢 $\boldsymbol{\omega}_e$、$\boldsymbol{\omega}_a$ 和 $\boldsymbol{\omega}_r$，可得角速度矢的合成图。同向平行轴转动的合成类似于同向平行力的合成，如图 4.28a 所示；反向平行轴转动的合成类似于反向平行力的

合成，如图 4.28b 所示。

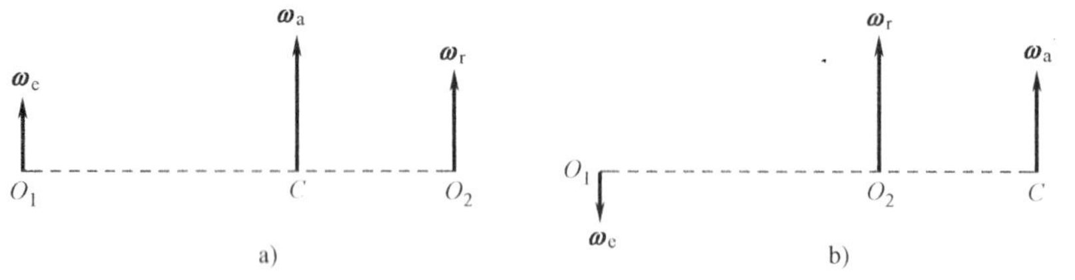

图 4.28

现在讨论一种特殊情况。如图 4.29 所示，设系杆 O_1O_2 的角速度 ω_e 与圆轮相对于系杆的角速度 ω_r 在任何瞬时都大小相等，即

$$\omega_e=\omega_r$$

但转向相反，在运动过程中则有

$$\Delta\varphi_e=\Delta\varphi_r$$

那么轮上的线段 O_2A 在运动过程中始终与初始位置保持平行，显然圆轮在做平移。于是可得结论：**当刚体以同样大小的角速度同时绕两平行轴反向转动时，刚体的合成运动为平移**。这种运动称为**转动偶**。

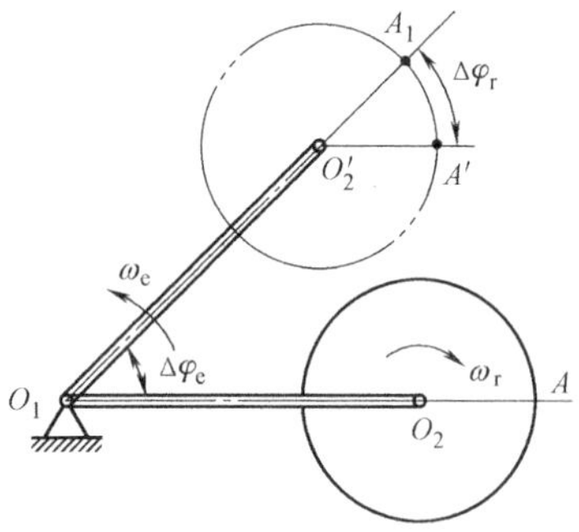

图 4.29

例 4.11 如图 4.30a 所示，系杆 O_1O_2 以角速度 ω_e 绕 O_1 轴转动，半径为 r_2 的行星齿轮活套在系杆一端的 O_2 轴上，并与半径为 r_1 的固定齿轮相啮合。求行星轮的绝对角速度 ω_2 及它相对于系杆的相对角速度 ω_r。

解：由于行星轮与固定轮相啮合，所以行星轮的啮合点 P 的绝对速度等于零，该点为行星轮的速度瞬心，按照式（4.7）有

$$\frac{\omega_r}{\omega_e}=\frac{r_1}{r_2}$$

于是行星轮相对系杆的角速度为

$$\omega_r=\frac{r_1}{r_2}\omega_e$$

行星轮的绝对角速度为

$$\omega_2=\omega_e+\omega_r=\left(1+\frac{r_1}{r_2}\right)\omega_e$$

本题也可用另一种方法求解。假想站在系杆上观察轮系的运动，两轮分别以 ω_{1r} 和 ω_{2r} 绕通过 O_1 和 O_2 的两定轴转动，如图 4.30b 所示。根据定轴轮系的传动比，则

$$\frac{\omega_{2r}}{\omega_{1r}}=-\frac{r_1}{r_2}$$

因为固定轮的角速度等于零，即

$$0=\omega_e+\omega_{1r}$$

所以

$$\omega_{1r}=-\omega_e$$

代入上式得

$$\omega_{2r}=\frac{r_1}{r_2}\omega_e$$

而

$$\omega_2=\omega_e+\omega_{2r}=\left(1+\frac{r_1}{r_2}\right)\omega_e$$

这种求传动比的方法，称为**威利斯法**，在工程中被普遍应用。

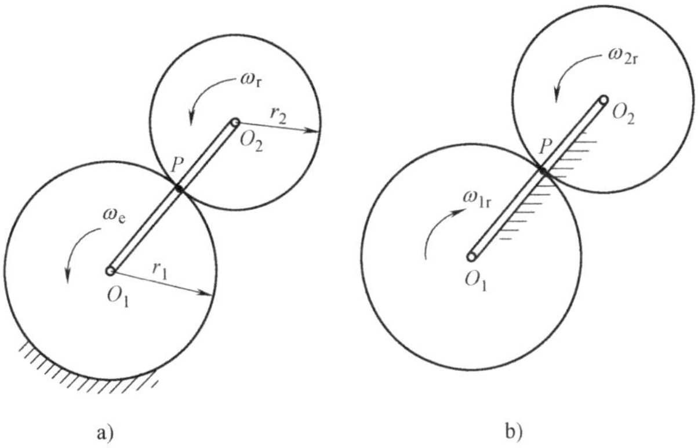

图 4.30　例 4.11 图

例 4.12　如图 4.31a 所示行星轮减速器中，太阳轮 Ⅰ 绕 O_1 固定轴转动，并带动行星轮 Ⅱ 沿固定齿圈 Ⅲ 滚动，行星轮 Ⅱ 又带动轴架（系杆）H 绕 O_H 轴转动。已知各轮节圆半径为 r_1、r_2 和 r_3，求传动比 i_{1H}。

解：如图所示的机构中，太阳轮 Ⅰ 和系杆 H 做定轴转动，行星轮 Ⅱ 做平面运动，而齿圈 Ⅲ 静止。设齿轮 Ⅰ 和系杆 H 相对定系的角速度分别为 ω_1 和 ω_H。动系固连于系杆上，假想在动系上观察轮系的运动，齿轮 Ⅰ、Ⅱ 和 Ⅲ 相对于动系做定轴转动，如图 4.31b 所示，以 ω_{1r}、ω_{2r} 和 ω_{3r} 表示各齿轮的相对角速度，根据定轴轮系传动比的公式则有

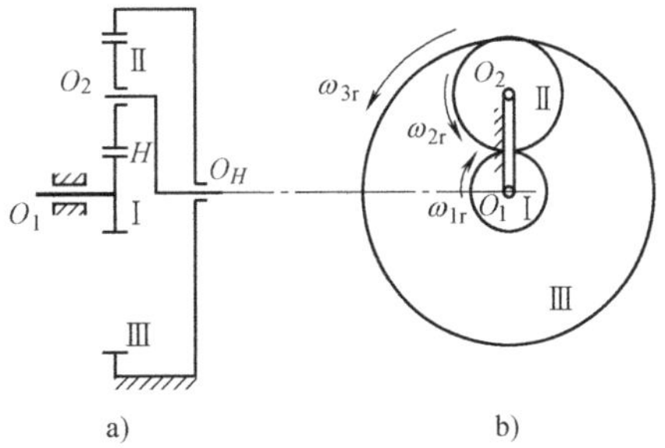

图 4.31　例 4.12 图

$$\frac{\omega_{1r}}{\omega_{2r}}=-\frac{r_2}{r_1}$$

$$\frac{\omega_{2r}}{\omega_{3r}}=-\frac{r_3}{r_2}$$

等式两边分别相乘得

$$\frac{\omega_{1r}}{\omega_{3r}}=-\frac{r_2}{r_1}\cdot\frac{r_3}{r_2}=-\frac{r_3}{r_1}$$

式中，负号表示二者的转向相反。

由平行轴转动合成理论知

$$\omega_1=\omega_e+\omega_{1r}=\omega_H+\omega_{1r}$$

$$\omega_3=\omega_e+\omega_{3r}=\omega_H+\omega_{3r}=0$$

从而求得

$$\omega_{1r}=\omega_1-\omega_H$$

$$\omega_{3r}=-\omega_H$$

代入上式得

$$\frac{\omega_{1r}}{\omega_{3r}}=\frac{\omega_1-\omega_H}{-\omega_H}=-\frac{\omega_1}{\omega_H}+1=-\frac{r_3}{r_1}$$

所以行星轮系的传动比为

$$i_{1H}=\frac{\omega_1}{\omega_H}=1+\frac{r_3}{r_1}$$

从轮系结构可看出

$$r_3=2r_2+r_1$$

因此

$$i_{1H}=2+\frac{2r_2}{r_1}=2\left(1+\frac{r_2}{r_1}\right)$$

如用 z_1、z_2分别表示齿轮Ⅰ和齿轮Ⅱ的齿数，上述结果又可写成

$$i_{1H}=2\left(1+\frac{z_2}{z_1}\right)$$

由于齿轮Ⅱ做平面运动，其与固定齿圈Ⅲ的啮合点为其速度瞬心，该题也可用瞬心法求解，请读者自行完成。

本章小结

1. 本章基本要求

1）理解刚体平面运动的概念，能够正确地判断机构中做平面运动的刚体。理解平面运动的简化与分解。

2）熟练应用基点法、瞬心法和速度投影法求平面图形上任一点的速度和平面图形的角速度。

3）熟练应用基点法求平面图形上任一点的加速度和平面图形的角加速度。

4）掌握运动学综合问题中的速度计算，了解综合问题中的加速度计算。

2. 本章重点

1）以运动的分解与合成为出发点，求解平面图形上各点的速度和加速度的基点法，明确速度投影定理和瞬心法是从基点法推导而来的。

2）灵活运用基点法、速度瞬心法和速度投影法求解平面图形上任一点的速度问题。

3. 本章难点

1）速度瞬心的概念及确定其位置。

2）平面图形的角速度、平面图形的角加速度的概念。

3）应用基点法分析平面运动图形上一点的加速度。

4）运动学综合问题求解。

4. 学习建议

1）采用对比的方法，将平面运动的分解与点的运动分解对比，瞬时平移与平移对比，瞬时转动与定轴转动对比，加深对基本概念的理解。

2）对于平面运动刚体任一点的速度求解，要清楚三种方法的特点和联系以及适合求解的问题，重点为瞬心法。

3）对于平面运动刚体上任一点的加速度求解，要明确各项加速度的物理意义，正确判断其大小、方向，并采用投影法进行求解。

4）分析运动学综合问题时，可以通过找出动点的位置与时间的函数关系，直接建立运动方程，用解析方法求运动全过程的速度和加速度（第 1 章方法）；当难以建立点的运动方程，或者只对机构某瞬时的运动参数有兴趣时，可通过研究刚体做不同运动时其上任一点的速度、加速度，采用合成运动和平面运动理论来求解（第 2、3、4 章）。采用后者的方法往往使计算过程更简洁方便。

习 题

4.1 如图 4.32 所示，椭圆规尺 AB 由曲柄 OC 带动，曲柄以角速度 ω_0 绕 O 轴匀速转动。如 $OC=BC=AC=r$，并取 C 为基点，求椭圆规尺 AB 的平面运动方程。

4.2 如图 4.33 所示，半径为 r 的齿轮由曲柄 OA 带动，沿半径为 R 的固定轮滚动。如曲柄 OA 以等角加速度 α 绕 O 轴转动，当运动开始时，角速度 $\omega_0=0$，转角 $\varphi=0$，求动齿轮以中心 A 为基点的平面运动方程。

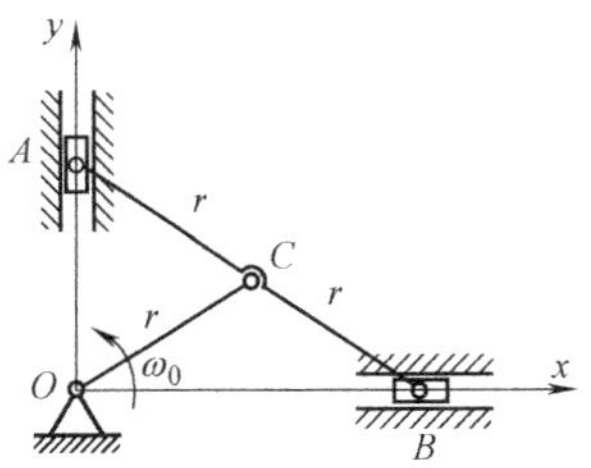

图 4.32 题 4.1 图

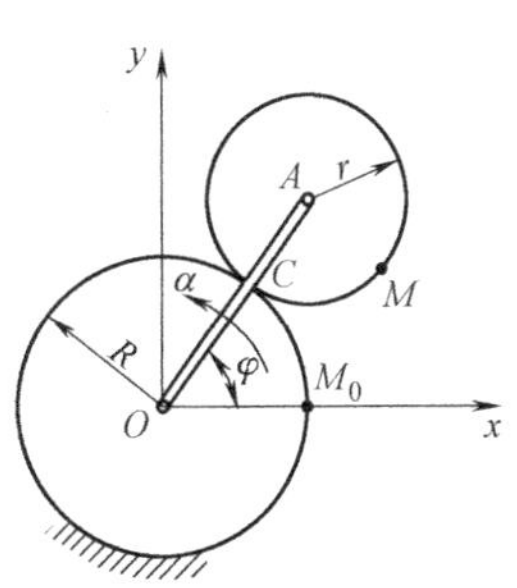

图 4.33 题 4.2 图

4.3 如图 4.34 所示，圆柱 A 缠以细绳，绳端 B 固定在天花板上。圆柱自静止落下，轴心速度为 $v=\frac{2}{3}\sqrt{3gh}$，式中，g 为常量；h 为轴心下落的高度。如圆柱半径为 r，求圆柱的平面运动方程。

4.4 如图 4.35 所示，杆 AB 的 A 端沿水平线以等速 $\boldsymbol{v}$ 运动，在运动时杆恒与一半圆周相切，半圆周半径为 R。如杆与水平线的夹角为 θ，试以角 θ 表示杆的角速度。

4.5 如图 4.36 所示，相互平行的两齿条以速度 $\boldsymbol{v}_1$、$\boldsymbol{v}_2$ 做同方向运动，两齿条间夹一半径为 r 的匹配齿轮，求齿轮的角速度及其中心 O 的速度。

4.6 如图 4.37 所示的四连杆机构中，在连杆 AB 上固连一块三角板 ABD，机构由曲柄 O_1A 带动。已知 $\omega_{O_1A}=2\text{rad/s}$，$O_1A=10\text{cm}$，$O_1O_2=AD=5\text{cm}$；当 O_1A 铅直时，$AB/\!/O_1O_2$，AD 与 AO_1 共线；$\varphi=30°$。求三角板 ABD 的角速度和点 D 的速度。

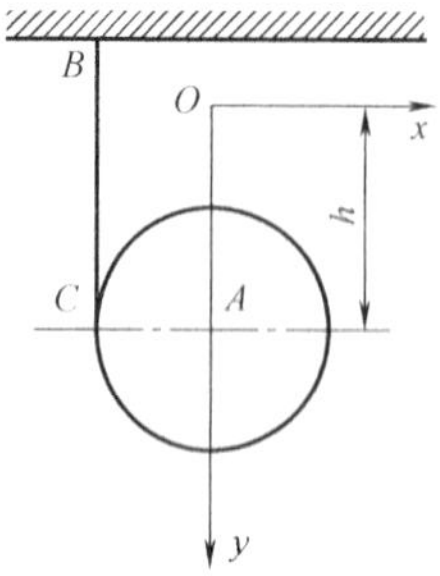

图 4.34 题 4.3 图

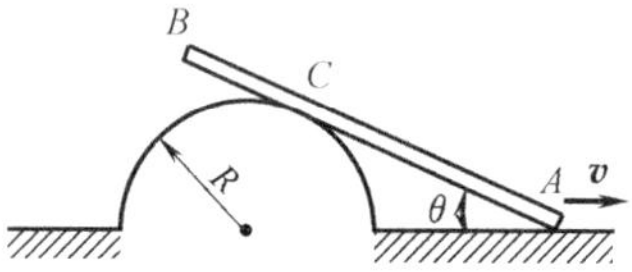

图 4.35 题 4.4 图

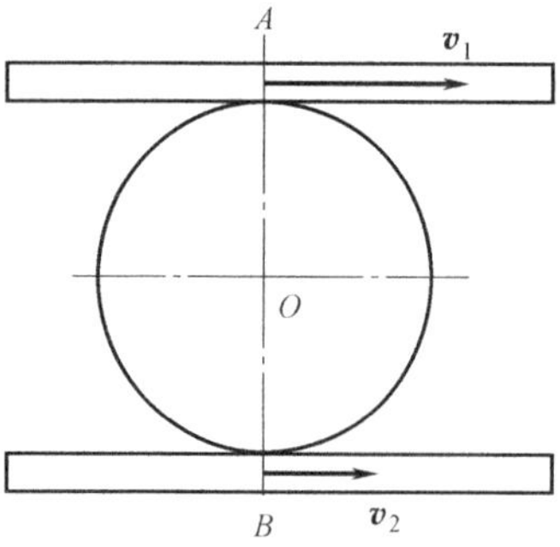

图 4.36 题 4.5 图

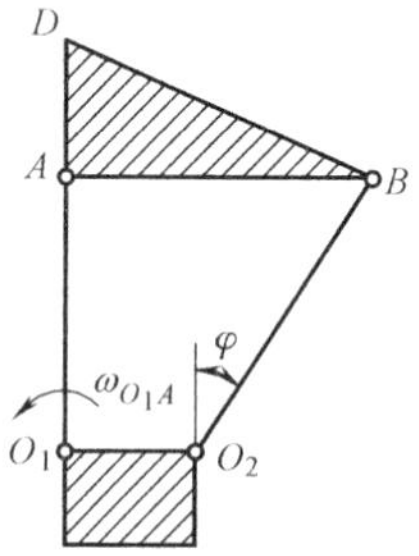

图 4.37 题 4.6 图

4.7 如图 4.38 所示的双曲柄连杆机构中，主动曲柄 OA 与从动曲柄 OD 绕同轴 O 转动。已知 $\omega_0=12\text{rad/s}$，$OA=10\text{cm}$，$OD=BE=12\text{cm}$，$AB=26\text{cm}$，$DE=12\sqrt{3}\text{cm}$。求曲柄 OA 铅直向上时从动曲柄 OD 和连杆 DE 的角速度。

4.8 如图 4.39 所示的机构中，已知 $OA=10\text{ cm}$，$BD=10\text{cm}$，$DE=10\text{cm}$，$EF=10\sqrt{3}\text{cm}$，$\omega_{OA}=4\text{rad/s}$。图示瞬时，$OA\perp OB$，$DE\perp EF$，且 B、D、F 三点在同一铅直线上。求杆 EF 的角速度和点 F 的速度。

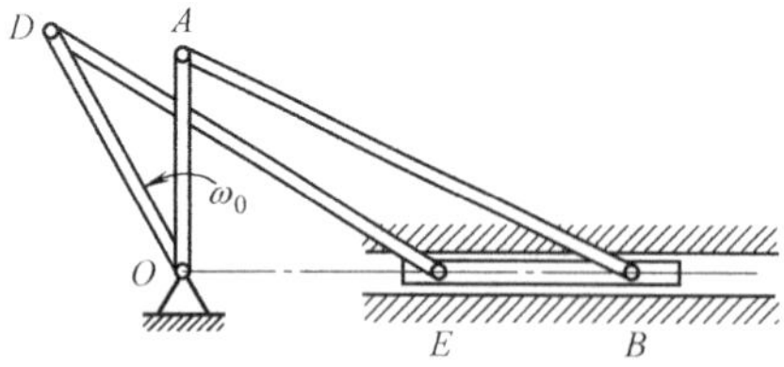

图 4.38 题 4.7 图

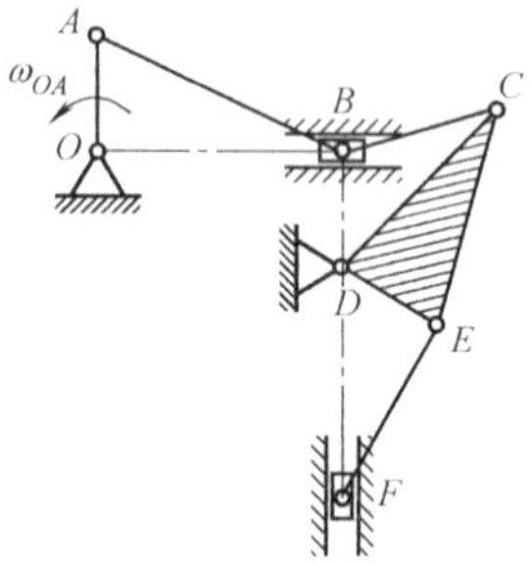

图 4.39 题 4.8 图

4.9 如图 4.40 所示的平面机构中，曲柄 OC 绕 O 轴转动时，带动滑块 A、B 在同一水平槽内滑动。如 $AC=CB$，试证：$v_A:v_B=OA:OB$。

4.10 如图 4.41 所示的瓦特行星传动机构中，平衡杆 O_1A 绕 O_1 轴转动，并借助连杆 AB 带动曲柄 OB。

而曲柄 OB 可绕 O 轴转动。在 O 轴上装有齿轮Ⅰ，齿轮Ⅱ的轴安装在连杆 AB 的另一端。已知：$r_1=r_2=30\sqrt{3}\,\text{cm}$，$O_1A=75\text{cm}$，$AB=150\text{cm}$；$O_1A$ 的角速度 $\omega_{O_1}=6\text{rad/s}$。求当 $\varphi=60°$，$\beta=90°$时，曲柄 OB 和齿轮Ⅰ的角速度。

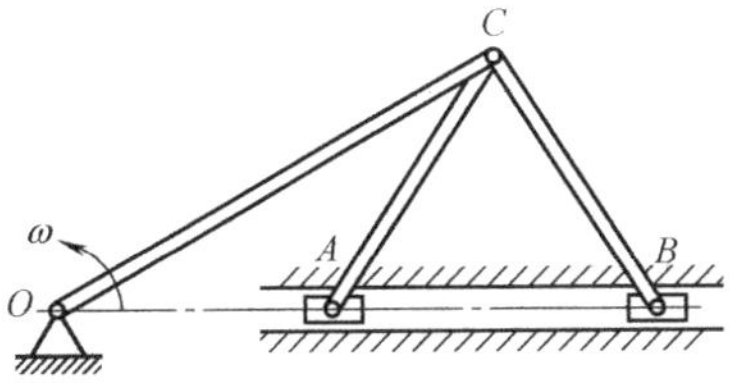

图 4.40　题 4.9 图

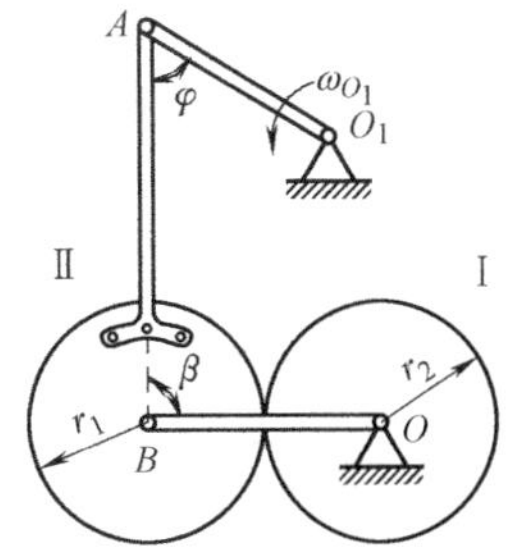

图 4.41　题 4.10 图

4.11　如图 4.42 所示，两轮半径均为 r，轮心分别为 A、B，两轮用连杆 BC 连接。设 A 轮中心的速度为 $\boldsymbol{v}_A$，方向水平向右，并且两轮与地面间均无相对滑动。求当 $\beta=0°$ 及 $\beta=90°$时，B 轮中心的速度 $\boldsymbol{v}_B$ 的大小。

4.12　如图 4.43 所示机构，半径为 r 的轮子以匀角速度 ω 在水平面上做纯滚动，连杆 $AB=2r$，其一端与轮缘铰接，另一端 B 与 OB 杆铰接，摇杆 $OB=2r$，滑块 E 可在 OB 杆上滑动，并铰接在水平杆 ED 上。该瞬时 AC 和 OB 皆为铅直方向，且 $OE=r$，A、E、D 三点在同一水平线上。求此瞬时 ED 杆的速度和加速度。

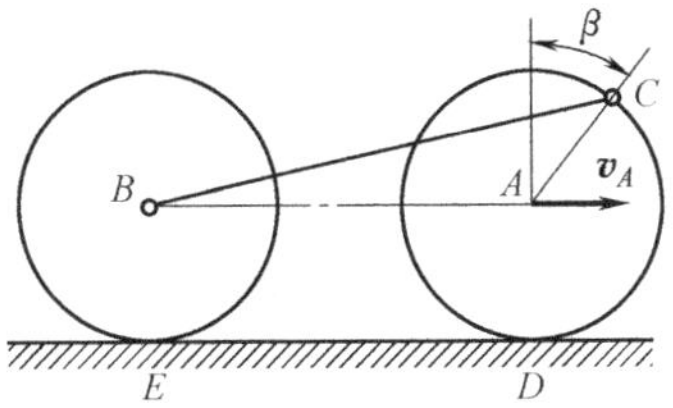

图 4.42　题 4.11 图

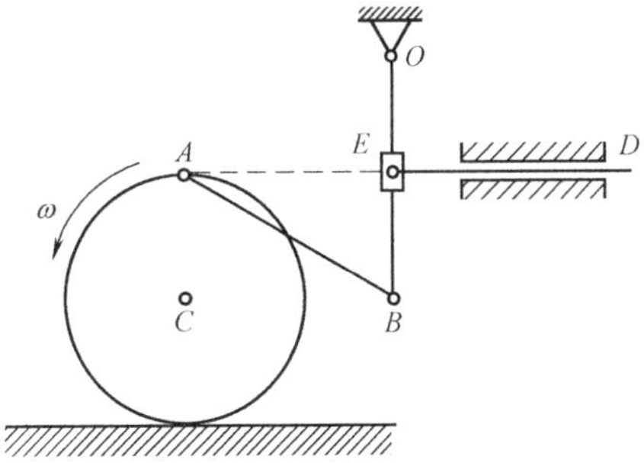

图 4.43　题 4.12 图

4.13　如图 4.44 所示，平面机构的曲柄 OA 长为 $2a$，以角速度 ω_O 绕 O 轴转动。在图示位置，$AB=BO$，并且 $\angle OAD=90°$，求此时套筒 D 相对于杆 BC 的速度。

4.14　如图 4.45 所示的机构中，滑块 A 的速度 $v_A=20\text{cm/s}$，$AB=40\text{cm}$。求当 $AC=BC$，$\varphi=30°$时杆 CD 的速度。

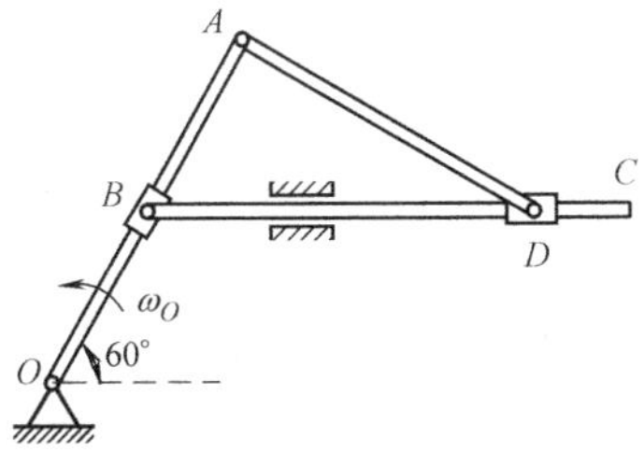

图 4.44　题 4.13 图

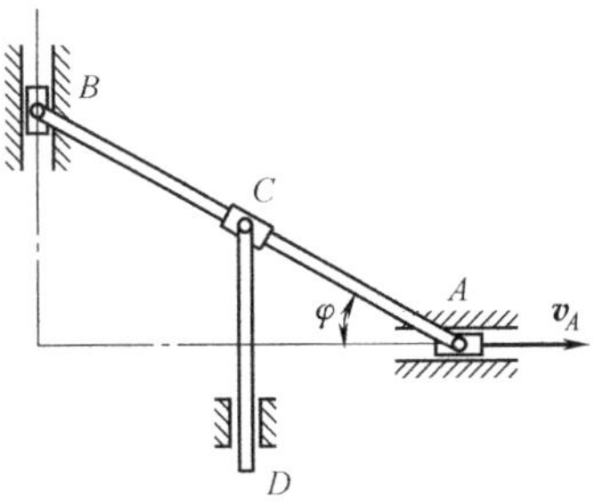

图 4.45　题 4.14 图

4.15 如图 4.46 所示，为使货车车厢减速，在轨道上装有液压减速顶。车轮滚过时将压下减速顶的顶帽 AB 而消耗能量，降低速度。如轮心速度为$\boldsymbol{v}$，试求 AB 下降速度和 A 点相对于轮子的滑动速度与 φ 的关系（设轮与轨道之间无滑动）。

4.16 如图 4.47 所示，曲柄连杆机构带动摇杆 O_1C 绕 O_1 轴转动。在连杆 AB 上装有两个滑块，滑块 B 在水平槽内滑动，而 D 则在摇杆 O_1C 的槽内滑动。已知：曲柄 $OA=5\text{cm}$，$\omega=10\text{rad/s}$；图示瞬时 OA 与水平线成直角，O_1C 与水平夹角为 60°；$O_1D=7\text{cm}$，求摇杆的角速度。

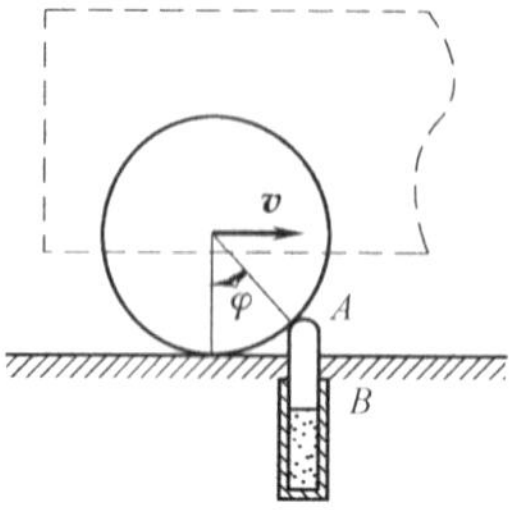

图 4.46 题 4.15 图

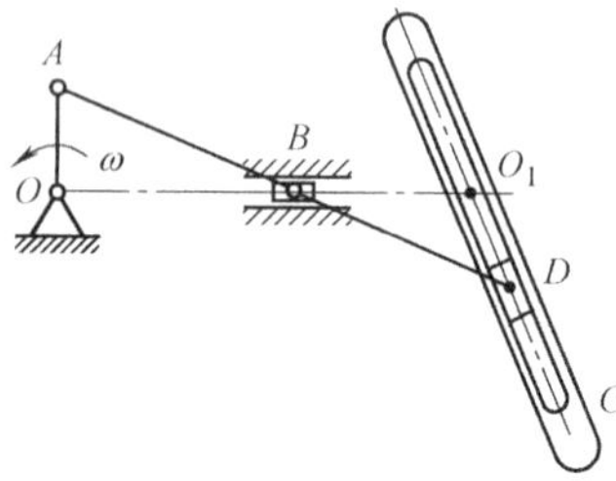

图 4.47 题 4.16 图

4.17 如图 4.48 所示的机构中，$DCEA$ 为 T 形摇杆，且 $CA\perp DE$。已知：$OA=20\text{cm}$，$CD=CE=25\text{cm}$，$CO=20\sqrt{3}\text{m}$；曲柄 OA 的转速 $n=70\text{r/min}$。在图示位置 DF 和 EG 处于水平，$\varphi=90°$，$\theta=30°$，求 F、G 两点的速度。

4.18 如图 4.49 所示，曲柄 $OA=20\text{cm}$，绕 O 轴以匀角速度 $\omega_O=10\text{rad/s}$ 转动，带动连杆 AB 使滑块 B 沿铅直方向运动。如 $AB=100\text{cm}$，且 $AO\perp AB$，$\theta=\beta=45°$时，求该瞬时连杆 AB 的角速度、角加速度和滑块 B 的加速度。

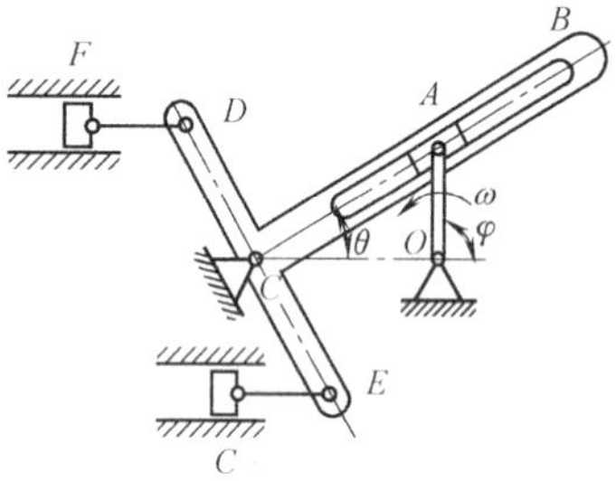

图 4.48 题 4.17 图

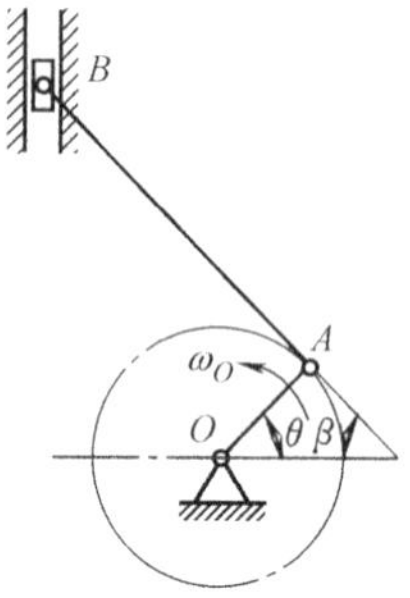

图 4.49 题 4.18 图

4.19 如图 4.50 所示，等边三角形 ABC 每边边长 60cm，做平面运动。已知 C 点相对于 B 点的加速度 $a_{CB}=6\text{m/s}^2$，方向如图所示。如 G 为三角形的形心，试求线段 AG 的角速度 ω 和角加速度 α。

4.20 四连杆机构 $ABCD$ 的尺寸和位置如图 4.51 所示。如 AB 杆以等角速度 $\omega=1\text{rad/s}$ 绕 A 轴转动，求 C 点的加速度。

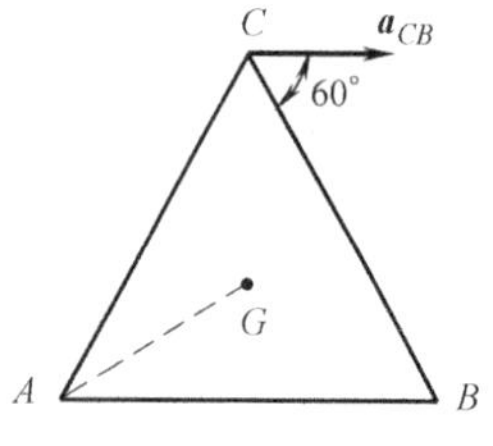

图 4.50 题 4.19 图

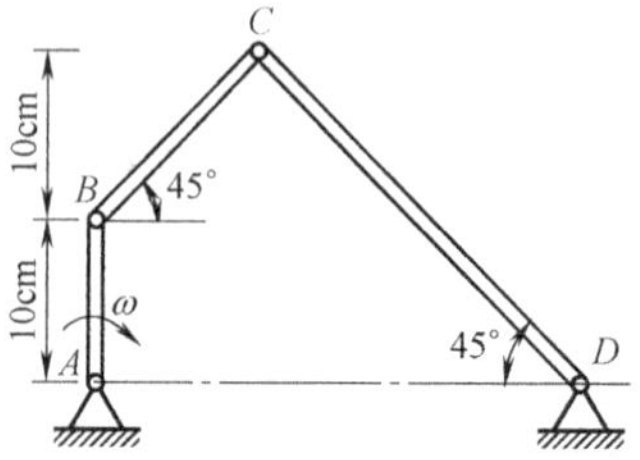

图 4.51 题 4.20 图

4.21　如图 4.52 所示，杆 AB 以速度 $u=480\text{mm/s}$ 沿水平导槽匀速运动，并通过连杆 BC 带动摇杆 OC 绕 O 轴摆动。设 $BC=OC=l=800\text{mm}$，设求 $\varphi=60°$时摇杆的角速度和角加速度。

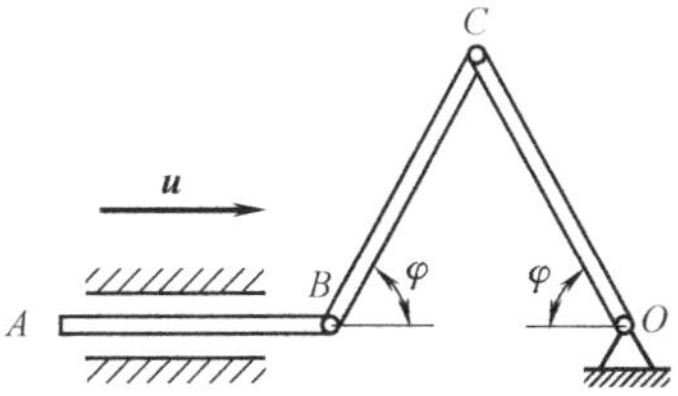

图 4.52　题 4.21 图

4.22　如图 4.53 所示，滚压机构的滚子沿水平面滚动而不滑动。曲柄 OA 长为 $r=10\text{cm}$，以等转速 $n=30\text{r/min}$ 绕 O 轴转动。如滚子的半径 $R=10\text{cm}$，连杆 AB 长为 $10\sqrt{3}\,\text{cm}$，求当曲柄与水平面夹角为60°时，滚子的角速度和角加速度。

4.23　如图 4.54 所示的配气机构中，曲柄 OA 长为 r，绕 O 轴以等角速度 ω_O 转动，$AB=6r$，$BC=3\sqrt{3}r$。求机构在如图所示位置时，滑块 C 的速度和加速度。

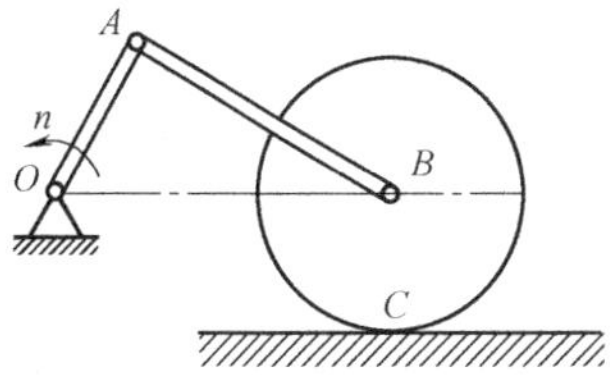

图 4.53　题 4.22 图

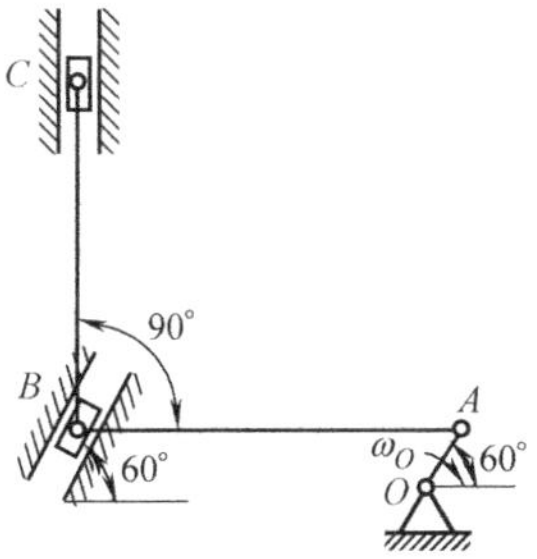

图 4.54　题 4.23 图

4.24　如图 4.55 所示，齿轮 Ⅰ 在齿轮 Ⅱ 内滚动，其半径分别为 r 和 $R=2r$。曲柄 OO_1绕 O 轴以等角速度 ω_O 转动，并带动行星齿轮 Ⅰ 。求该瞬时轮 Ⅰ 上瞬时速度中心 C 的加速度。

4.25　如图 4.56 所示，轮 O 在水平面上做纯滚动，轮缘上固连销钉 B，此销钉在摇杆 O_1A 的导槽内滑动，并带动摇杆绕 O_1轴转动。已知：轮心的半径 $R=0.5\text{m}$；如图所示瞬时，AO_1是轮的切线；轮心以匀速 $v_0=20\text{cm/s}$ 运动；摇杆与水平面夹角为60°。求摇杆在该瞬时的角速度和角加速度。

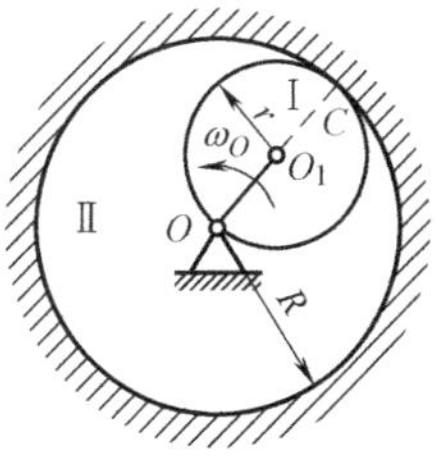

图 4.55　题 4.24 图

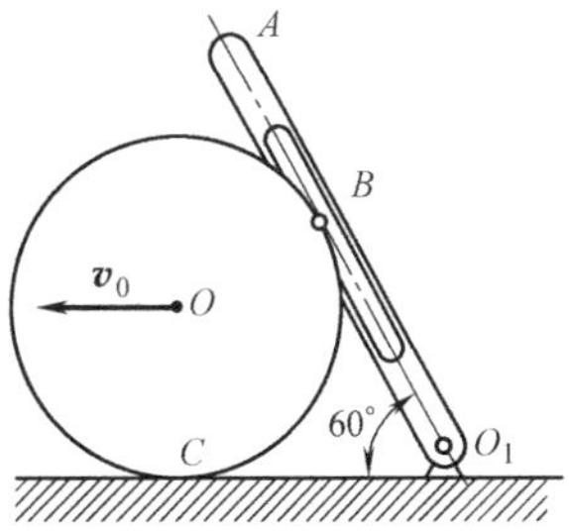

图 4.56　题 4.25 图

4.26　如图 4.57 所示平面机构，摇杆 OC 以匀角速度 ω 绕轴 O 转动，滑块 A 可沿摇杆 OC 的滑槽滑动，杆 AB 长为 l，滑块 B 以匀速 $v=l\omega$ 沿水平导轨滑动。图示瞬时 OC 铅直，求此瞬时 AB 杆的角速度和角加速度。

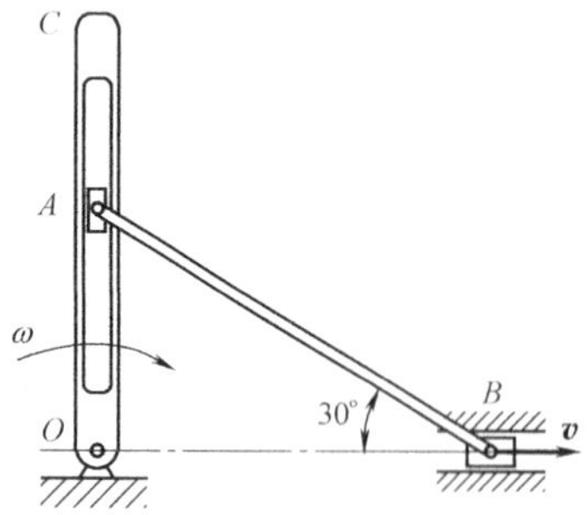

图 4.57　题 4.26 图

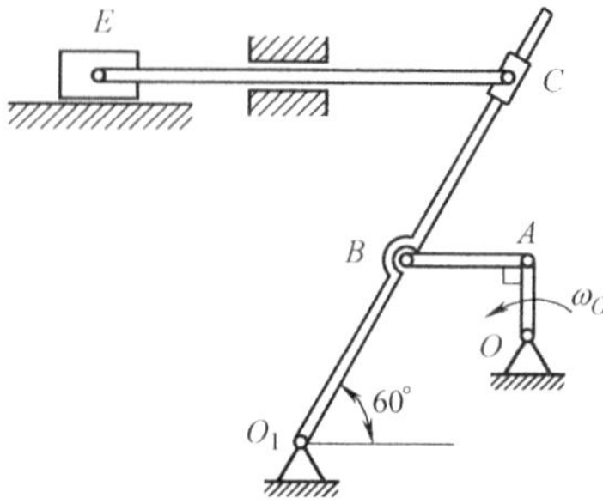

图 4.58　题 4.27 图

4.27　如图 4.58 所示轻型杠杆式推钢机，曲柄 OA 借由连杆 AB 带动摇杆 O_1B 绕 O_1 轴摆动，杆 EC 以铰链与滑块 C 相连，滑块 C 可沿杆 O_1B 滑动，摇杆摆动时带动杆 EC 推动钢材。已知 $OA=r=0.2\text{m}$，$AB=\sqrt{3}r$，$O_1B=l=\dfrac{2}{3}\text{m}$，$\omega_{OA}=0.5\text{rad/s}$ 且为常量，图示瞬时 $BC=2l$。求此时滑块 C 的绝对速度、绝对加速度和相对于摇杆 O_1B 的速度、加速度。

4.28　如图 4.59 所示，曲柄 OA 以恒定的角速度 $\omega=2\text{rad/s}$ 绕轴 O 转动，并借助连杆 AB 驱动半径为 r 的轮子在半径为 R 的圆弧槽中做无滑动的滚动。设 $OA=AB=R=2r=1\text{m}$，求如图所示瞬时点 B 和点 C 的速度与加速度。

*4.29　如图 4.60 所示的曲柄齿轮椭圆规中，齿轮 A 和曲柄 O_1A 固结为一体，齿轮 C 和齿轮 A 半径均为 r 并互相啮合。图中 $AB=O_1O_2$，$O_1A=O_2B=0.4\text{m}$。O_1A 以恒定的角速度 ω 绕轴 O_1 转动，$\omega=0.2\text{rad/s}$。M 为轮 C 上一点，$CM=0.1\text{m}$。在如图所示瞬时，CM 为铅直，求此时 M 点的速度和加速度。

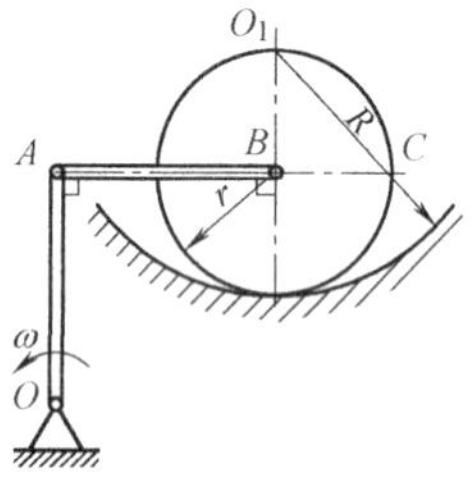

图 4.59　题 4.28 图

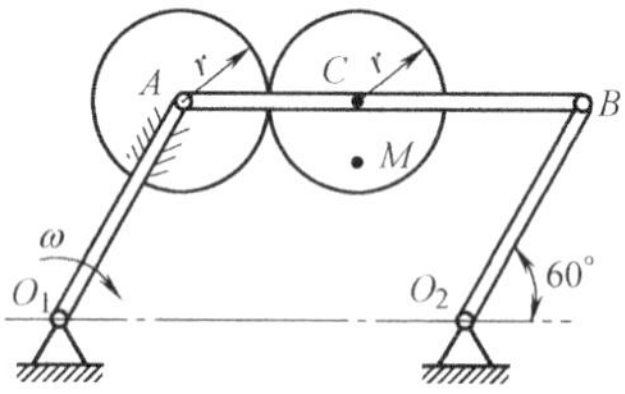

图 4.60　题 4.29 图

*4.30　如图 4.61 所示的周转传动装置中，半径为 R 的主动齿轮以角速度 ω_0 和角加速度 α_0 作反时针转向转动。而长为 $3R$ 的曲柄 OA 以同样的角速度和角加速度绕 O 轴作顺时针转向转动。点 M 位于半径为 R 的从动齿轮上，垂直于曲柄的末端。求点 M 的速度和加速度。

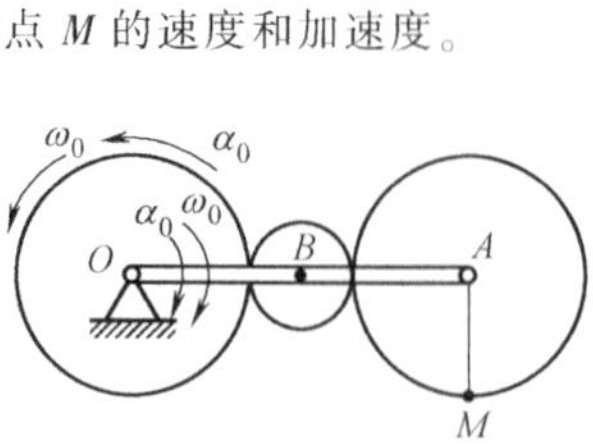

图 4.61　题 4.30 图

*4.31　如图 4.62 所示的齿轮传速器中，主动轴角速度为 ω_0，齿轮Ⅱ与定齿轮Ⅴ内啮合，齿轮Ⅱ和Ⅲ又分别与动齿轮Ⅰ和Ⅳ外啮合。如齿轮Ⅰ、Ⅱ和Ⅲ的半径分别为 r_1、r_2 和 r_3，求齿轮Ⅰ和Ⅳ的角加速度。

*4.32　如图 4.63 所示，自动多功能钻床采用的送进机构为行星减速轮系。齿轮Ⅰ固定在机架外壳上，齿轮Ⅳ是中心轮，做定轴转动，行星轮Ⅱ和Ⅲ固结一体，可绕系杆 H 上的轴 O_2 转动，系杆 H 又绕固定轴转动。设 $z_1=20$，$z_2=22$，$z_3=21$，$z_4=21$。试求传动比 $i_{4H}=\dfrac{\omega_4}{\omega_H}$ 的值。

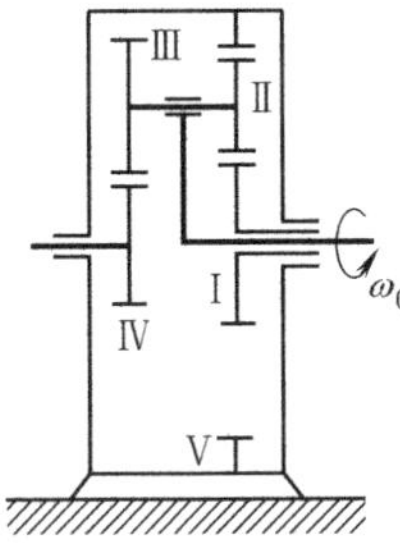

图 4.62　题 4.31 图

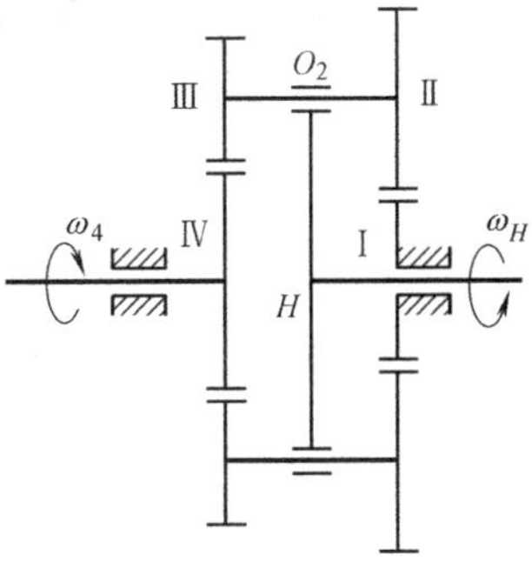

图 4.63　题 4.32 图

第2篇　动　力　学

引　言

动力学研究物体的机械运动与作用力之间的关系。

在运动学中，我们仅从几何方面分析了物体的运动，而不涉及力的作用。动力学则对物体的机械运动进行全面的分析，研究作用于物体上的力与其运动之间的关系，并建立物体机械运动的普遍规律。当物体相对于地面静止或做匀速直线运动，即物体上每一点的加速度同时为零时，物体的这种运动状态称为**平衡**。平衡是物体运动的一种特殊形式。

动力学的形成和发展与生产的发展有着密切联系。特别是在现代工业和科学技术迅速发展的今天，对动力学提出了更复杂的课题，例如复杂的空间机械和机器人、高速车辆、运动生物力学，特别是航天、高铁等高科技的迅猛发展，都需要应用动力学的理论。

动力学研究的物体可抽象为质点和质点系两个力学模型。**质点**是具有一定的质量，而几何形状和尺寸大小可以忽略不计的物体。若干个或无限多个相互联系的质点所组成的系统称为**质点系**。任意两点之间的距离保持不变的质点系，称为**刚体**。而刚体是本书的主要研究对象。

根据由实际工程中简化抽象出的物理模型建立动力学方程及其他有关方程的过程称为**建立数学模型**，简称**建模**。动力学方程指物体运动与其受力之间的数学关系，又称**运动微分方程**。求解这些运动微分方程涉及**动力学的两类基本问题**：

1）已知物体的运动规律，求作用于此物体上的力。

2）已知作用于物体上的力，求此物体的运动规律。

第5章 刚体动力学的基本概念

5.1 力的概念与基本规律

1. 力的概念

力是物体间相互的机械作用，其效应使物体的运动状态发生改变或使物体产生变形。前者称为力的外效应或运动效应，后者称为力的内效应或变形效应。一般来讲，两种效应是同时存在的。理论力学的研究对象是刚体，所以，不考虑力的内效应，只研究力的外效应，以及由此引出的力作用于刚体时的一些特殊性质。至于力的内效应，将在材料力学、结构力学、弹性力学等后续课程中论述。

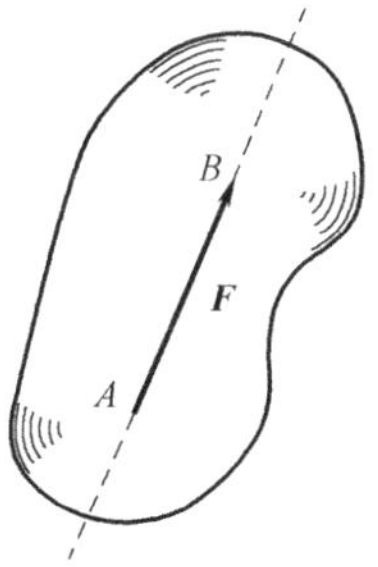

图 5.1

力对物体的作用效果与三个因素有关：力的大小、方向和作用点。这三个因素称为**力的三要素**。因此，力是矢量，可以用一个定位的有向线段来表示力，如图 5.1 所示。线段的长度代表力的大小（一般地定性表示即可），线段的方位和指向代表力的方向，线段的起点（或终点）表示力的作用点，线段所在的直线称为力的作用线。

在国际单位制（SI）中，力的单位为牛[顿](N)或千牛[顿](kN)。

2. 力的基本规律

力的基本规律是人们在生活和生产实践中长期积累的经验总结，又经过实践反复检验，并被公认为符合客观实际的最普遍、最一般的现象，因此又被称为公理。

公理 1　力的平行四边形法则

与一个力系相等效的力称为**该力系的合力**。作用在刚体上同一点的两个力的合力仍作用在该点，合力的大小与方向由这两个力为邻边构成的平行四边形对角线确定，即合力矢等于这两个力矢的矢量和，如图 5.2a 所示。以数学公式表示为

$$\boldsymbol{F}_{\mathrm{R}}=\boldsymbol{F}_1+\boldsymbol{F}_2$$

如果取该平行四边形的一半作为二力合成法则，则称为**力的三角形法则**，如图 5.2b、c 所示。

这一公理提供了一种最简力系合成或分解的方法。

公理 2　二力平衡公理

作用在刚体上的两个力平衡的必要与充分条件是：二力沿着同一作用线、大小相等、方

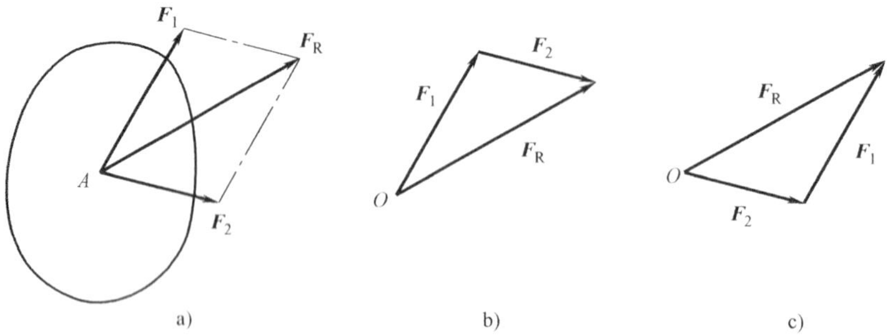

图 5.2

向相反，如图 5.3a、b 所示。

此公理揭示了最简单的力系平衡。

只受二力且平衡的刚体称为**二力构件或二力杆**。

公理 3　加减平衡力系公理

在作用于刚体上的已知力系中，加上或减去任意的平衡力系，不改变原力系对刚体的作用效应。

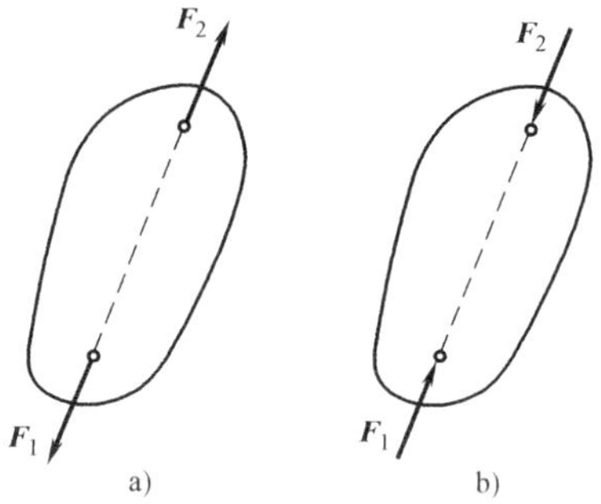

图 5.3

此公理是研究力系等效替换的重要依据和主要手段。

依据上述公理，可以导出下述推理。

推理 1　力的可传性原理

作用于刚体上某点的力，可以沿其作用线移动到刚体内任意点，而不改变该力对刚体的作用。

证明：设力 $\boldsymbol{F}$ 作用在刚体上的点 A，如图 5.4a 所示，根据加减平衡力系公理，在力的作用线上任取一点 B，并加上两个相互平衡的力 $\boldsymbol{F}_1$ 和 $\boldsymbol{F}_2$，且使三个力的大小相等，方向如图 5.4b 所示，则图 5.4a、b 中两个力系等效。由于力 $\boldsymbol{F}$ 和 $\boldsymbol{F}_1$ 也是一个平衡力系，减去此平衡力系，则图 5.4b、c 中两个力系等效，也即图 5.4a、c 中两个力系等效，即原来的力 $\boldsymbol{F}$ 沿作用线移动到 B 点。

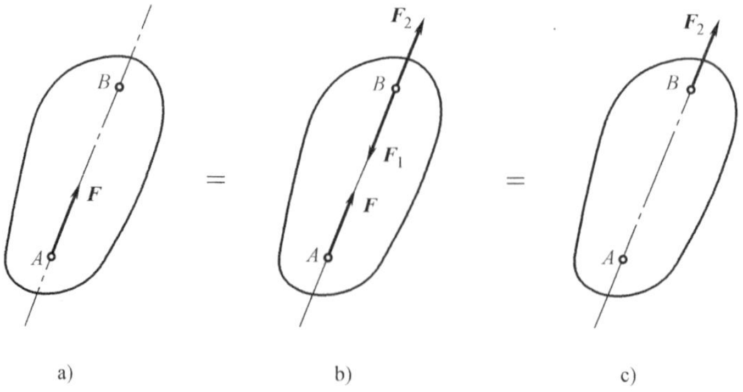

图 5.4

推论表明，对刚体而言，力的作用点已不是决定力的作用效应的一个要素，它应由力的作用线所取代。由此可见，对刚体而言，力的三要素变为：力的大小、方向和作用线。作用于刚体上的力矢可以沿着作用线移动，这种矢量称为滑动矢量。

推理 2　三力平衡汇交定理

如果刚体在三个力作用下平衡，其中两个力的作用线汇交于一点，则第三个力的作用线必通过此汇交点，且三个力共面。

证明：如图 5.5a 所示，在刚体的 A、B、C 三点上，分别作用三个相互平衡的力 $\boldsymbol{F}_1$，$\boldsymbol{F}_2$ 和 $\boldsymbol{F}_3$，其中 $\boldsymbol{F}_1$、$\boldsymbol{F}_2$ 两力的作用线汇交于 O 点，根据推理 1，将力 $\boldsymbol{F}_1$ 和 $\boldsymbol{F}_2$ 移到汇交点 O，然后根据力的平行四边形公理，得合力 $\boldsymbol{F}_{12}$，如图 5.5b 所示。由二力平衡公理，力 $\boldsymbol{F}_3$ 与力 $\boldsymbol{F}_{12}$ 平衡，且力 $\boldsymbol{F}_3$ 与力 $\boldsymbol{F}_{12}$ 共线，力 $\boldsymbol{F}_3$ 必通过汇交点 O，且 $\boldsymbol{F}_3$ 必位于 $\boldsymbol{F}_1$ 和 $\boldsymbol{F}_2$ 两力所在的平面内，三力共面。推理 2 得证。

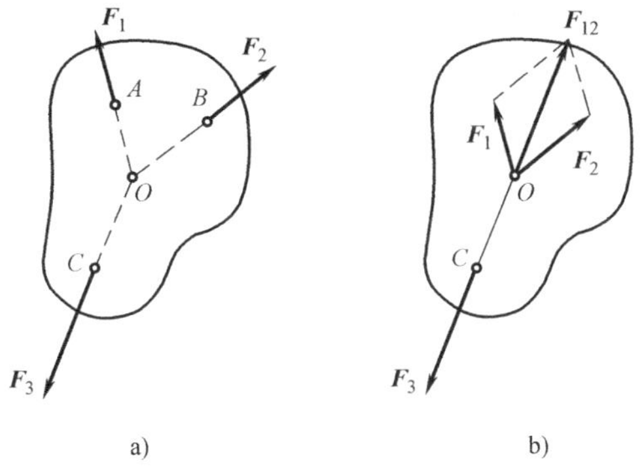

图 5.5

公理 4　作用与反作用公理（定律）

作用力与反作用力总是同时出现、同时消失，两力等值、反向、共线，分别作用在两个相互作用的物体上。

此公理概括了任何两个物体间相互作用力之间的关系。

公理 5　刚化公理

变形体在某一力系作用下处于平衡，如将此变形体看作（刚化）为刚体，其平衡状态不变。此公理说明了变形体平衡时，作用于其上的力系必须满足变形体刚化后刚体的平衡条件。从而建立了刚体的平衡条件和变形体平衡条件之间的联系，即刚体的平衡条件是变形体平衡的必要条件。这样，人们就能把刚体的平衡条件应用到变形体的平衡问题，扩大了刚体静力学的应用范围。

5.2 力矩与力偶

工程实际中，存在大量绕固定点或固定轴转动的问题。如汽车变速机构的操纵杆，可绕球形铰链转动；用扳手拧螺栓，螺栓可绕螺栓中心线转动等。当力作用在这些物体上时，物体可产生绕某点或某轴的转动效应。为了度量力对物体的转动效应，人们在实践中建立了力对点之矩、力对轴之矩的概念。力对点之矩、力对轴之矩统称为**力矩**。

1. 力对轴之矩

如图 5.6 所示，力 $\boldsymbol{F}$ 作用在刚体的 A 点上，z 轴与力 $\boldsymbol{F}$ 既不平行也不垂直。现在考察刚体在力 $\boldsymbol{F}$ 的作用下绕 z 轴的转动效应。将力 $\boldsymbol{F}$ 在 z 轴上投影和在 xOy 平面上投影，得到力 $\boldsymbol{F}$ 的两个正交分力 $\boldsymbol{F}_z$ 和 $\boldsymbol{F}_{xy}$，显见，$\boldsymbol{F}_z$ 不能使刚体绕 z 轴转动，转动效应只与 $\boldsymbol{F}_{xy}$ 和其作用线至 z 轴的距离 h 有关。从而可用二者的乘积来度量这个转动效应。于是，可以给出力对轴之矩的定义：力对轴之矩等于力在垂直于该轴的平面上的投影与此投影至该轴距离的乘积，它的正负号则由右手螺旋定则来确定，从 z 轴正向看，逆时针方向转动为正，顺时针方向转动为负。

$$M_z(\boldsymbol{F}) = \pm F_{xy} h \tag{5.1}$$

由此可知，当力与轴平行（$F_{xy}=0$）或相交（$h=0$）时，亦即力与轴共面时，力对轴之矩等于零。

在国际单位制（SI）中，力对轴之矩的单位为牛[顿]米（N·m）或千牛[顿]米（kN·m）。

2. 力对点之矩

如图 5.7 所示，力 $\boldsymbol{F}$ 作用在刚体的 A 点上，自空间任一点 O 向 A 点作一矢径，用 r 表示，O 点称为矩心，力 $\boldsymbol{F}$ 对 O 点之矩定义为矢径 $\boldsymbol{r}$ 与力 $\boldsymbol{F}$ 的矢量积，记为 $\boldsymbol{M}_O(\boldsymbol{F})$，即

$$\boldsymbol{M}_O(\boldsymbol{F}) = \boldsymbol{r}\times\boldsymbol{F} \tag{5.2}$$

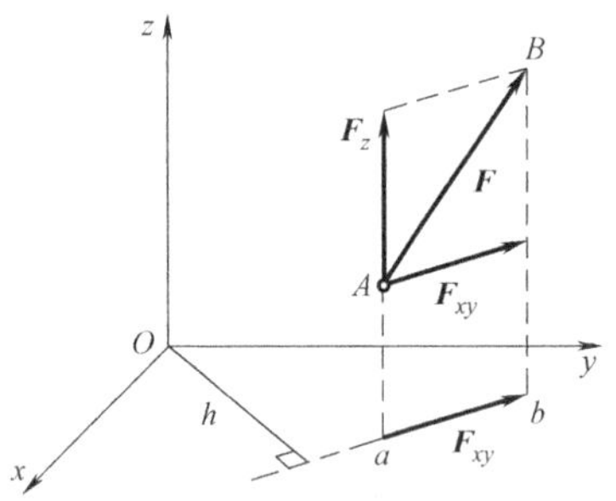

图 5.6

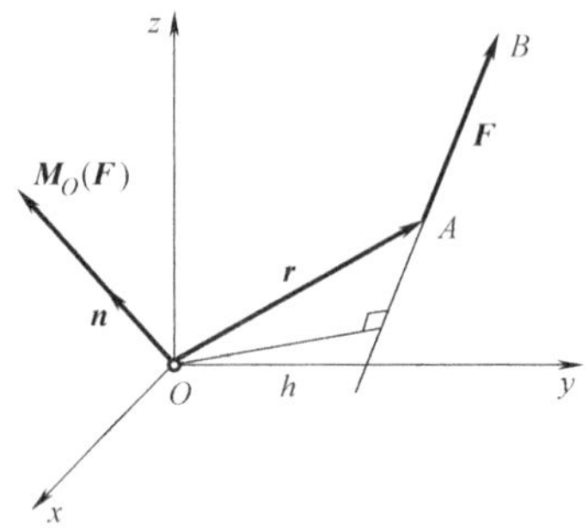

图 5.7

力对点之矩是矢量，且是定位矢量。其大小为

$$|\boldsymbol{M}_O(\boldsymbol{F})| = |\boldsymbol{r}\times\boldsymbol{F}| = Fh \tag{5.3}$$

式中，h 为矩心 O 至力 $\boldsymbol{F}$ 的垂直距离，称为**力臂**。力对点之矩的方向用右手螺旋定则确定，即 $\boldsymbol{r}\times\boldsymbol{F}$ 的方向 On 为此矢量的方向。

力的作用线通过矩心时，力对该点之矩为零。

力对点之矩的单位为牛[顿]米（N·m）或千牛[顿]米（kN·m）。

在直角坐标系 $Oxyz$ 中，力的作用点 $A(x, y, z)$ 的矢径 $\boldsymbol{r}=x\boldsymbol{i}+y\boldsymbol{j}+z\boldsymbol{k}$，$x$、$y$、$z$ 分别为矢径 $\boldsymbol{r}$ 在 Ox、Oy、Oz 轴上的投影，力矢 $\boldsymbol{F}=F_x\boldsymbol{i}+F_y\boldsymbol{j}+F_z\boldsymbol{k}$，$F_x$、$F_y$、$F_z$ 分别为力矢 $\boldsymbol{F}$ 在 Ox、Oy、Oz 轴上的投影。由式（5.3）和附录 A 中式（A.10）可得力对点之矩的解析表达式，即

$$\boldsymbol{M}_O(\boldsymbol{F}) = \boldsymbol{r}\times\boldsymbol{F} = \begin{vmatrix} \boldsymbol{i} & \boldsymbol{j} & \boldsymbol{k} \\ x & y & z \\ F_x & F_y & F_z \end{vmatrix} \tag{5.4}$$

它的展开式为

$$\boldsymbol{M}_O(\boldsymbol{F})=(yF_z-zF_y)\boldsymbol{i}+(zF_x-xF_z)\boldsymbol{j}+(xF_y-yF_x)\boldsymbol{k} \tag{5.5}$$

式中，单位矢量 $\boldsymbol{i}$、$\boldsymbol{j}$、$\boldsymbol{k}$ 前面的系数分别为力对点之矩矢量在三个坐标轴上的投影。

若力 $\boldsymbol{F}$ 作用在 xOy 平面内，即 $F_z\equiv 0$，$z\equiv 0$，如图 5.8 所示。力 $\boldsymbol{F}$ 对此平面内任一点 O 之矩，实际上是此力对通过 O 点垂直于 xOy 平面的 z 轴之矩

$$\boldsymbol{M}_O(\boldsymbol{F})=\boldsymbol{r}\times\boldsymbol{F}=(xF_y-yF_x)\boldsymbol{k}$$

此时，力 $\boldsymbol{F}$ 对 O 点之矩总是沿着 z 轴方向，可用代数量来表示，即

$$M_O(\boldsymbol{F})=M_z(\boldsymbol{F})=\pm Fh \tag{5.6}$$

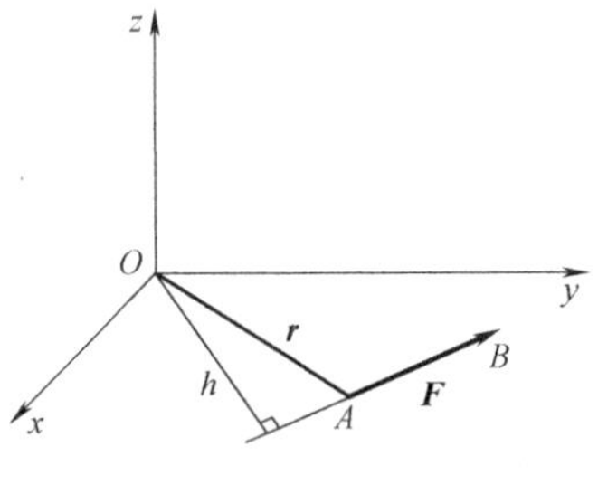

图 5.8

3. 合力矩定理

力 $\boldsymbol{F}_1$ 和 $\boldsymbol{F}_2$ 作用于刚体上 A 点，其合力为 $\boldsymbol{F}_{\mathrm{R}}$，如图 5.9 所示，即

$$\boldsymbol{F}_{\mathrm{R}}=\boldsymbol{F}_1+\boldsymbol{F}_2$$

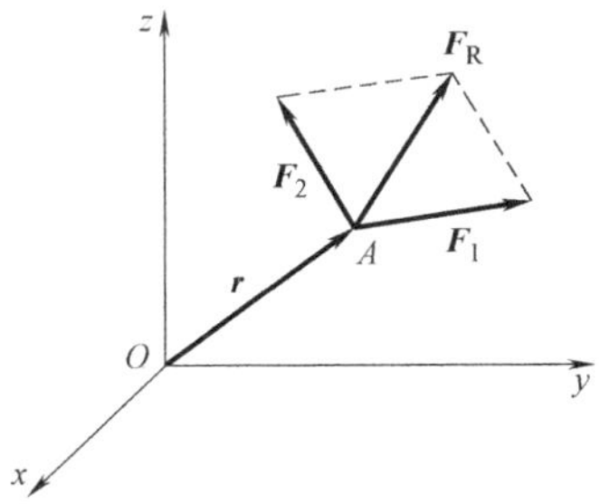

图 5.9

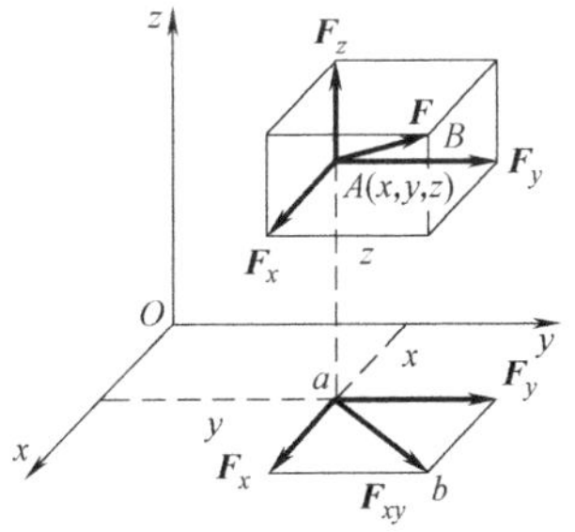

图 5.10

自矩心 O 作 A 点的矢径 $\boldsymbol{r}$，$\boldsymbol{r}$ 与上式的两端作矢量积

$$\boldsymbol{r}\times\boldsymbol{F}_{\mathrm{R}}=\boldsymbol{r}\times\boldsymbol{F}_1+\boldsymbol{r}\times\boldsymbol{F}_2$$

即

$$\boldsymbol{M}_O(\boldsymbol{F}_{\mathrm{R}})=\boldsymbol{M}_O(\boldsymbol{F}_1)+\boldsymbol{M}_O(\boldsymbol{F}_2) \tag{5.7}$$

由此可以推得，若作用于同一点的 n 个力 $\boldsymbol{F}_1$、$\boldsymbol{F}_2$、…、$\boldsymbol{F}_n$ 的合力为 $\boldsymbol{F}_{\mathrm{R}}$，则有

$$\boldsymbol{M}_O(\boldsymbol{F}_{\mathrm{R}})=\boldsymbol{M}_O(\boldsymbol{F}_1)+\boldsymbol{M}_O(\boldsymbol{F}_2)+\cdots+\boldsymbol{M}_O(\boldsymbol{F}_n)=\sum\boldsymbol{M}_O(\boldsymbol{F}) \tag{5.8}$$

式（5.8）表明，合力对一点之矩等于各分力对同一点之矩的矢量和。这就是**合力矩定理**。

4. 力对点之矩与力对过该点的轴之矩的关系

如图 5.10 所示，设力 $\boldsymbol{F}$ 在直角坐标系三个坐标轴上的投影分别为 F_x、F_y、F_z，力作用点坐标为 x、y、z，根据合力矩定理得

$$M_z(\boldsymbol{F})=M_O(\boldsymbol{F}_{xy})=M_O(F_x)+M_O(F_y)=xF_y-yF_x$$

同理可得 $M_x(\boldsymbol{F})$、$M_y(\boldsymbol{F})$，将此三式合写，得

$$\left.\begin{aligned}M_x(\boldsymbol{F}) &= yF_z - zF_y \\ M_y(\boldsymbol{F}) &= zF_x - xF_z \\ M_z(\boldsymbol{F}) &= xF_y - yF_x\end{aligned}\right\} \tag{5.9}$$

此即计算力对轴之矩的解析表达式。与式（5.5）比较可知，**力对点之矩在过该点任意轴上的投影等于力对该轴之矩**。

5. 力偶

大小相等、方向相反、作用线平行但不重合的两个力称为**力偶**。例如，汽车驾驶员转动方向盘，电动机转子所受的电磁力的作用等，如图 5.11 所示，力 $\boldsymbol{F}$、$\boldsymbol{F}'$组成一个力偶，记为（$\boldsymbol{F}$，$\boldsymbol{F}'$），这里 $\boldsymbol{F}=-\boldsymbol{F}'$。此二力作用线所决定的平面称为**力偶的作用面**，两作用线的垂直距离 d 称为**力偶臂**。

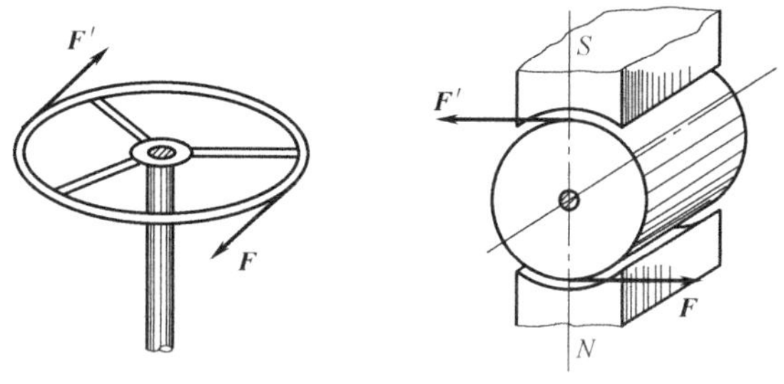

图 5.11

力偶是一种特殊的力系。虽然力偶中每个力具有一般力的性质，但是作为整体考虑时，则表现出与单个力不同的特殊性质。由于力偶中的两个力等值、相反、平行，但不共线，它们不是一对平衡力，也无合力。所以，力偶本身既不平衡，又不能与一个力等效。力偶是另一种最简单的力系，与力一样，力偶是一种基本力学量。力偶对刚体的作用，只有转动效应，没有平移效应。

设 $\boldsymbol{r}_{BA}$表示图 5.12 中自点 B 到点 A 的矢径，矢量

$$\boldsymbol{M}=\boldsymbol{r}_{BA}\times\boldsymbol{F} \tag{5.10}$$

称为力偶（$\boldsymbol{F}$，$\boldsymbol{F}'$）的**力偶矩矢量**，简称为**力偶矩矢**，记为 $\boldsymbol{M}$。下面考察力偶矩矢的力学特征。

图 5.12 中，在空间任取一点 O，并向 A、B 两点作矢径 $\boldsymbol{r}_A$、$\boldsymbol{r}_B$，显见，$\boldsymbol{r}_{BA}=\boldsymbol{r}_A-\boldsymbol{r}_B$。力

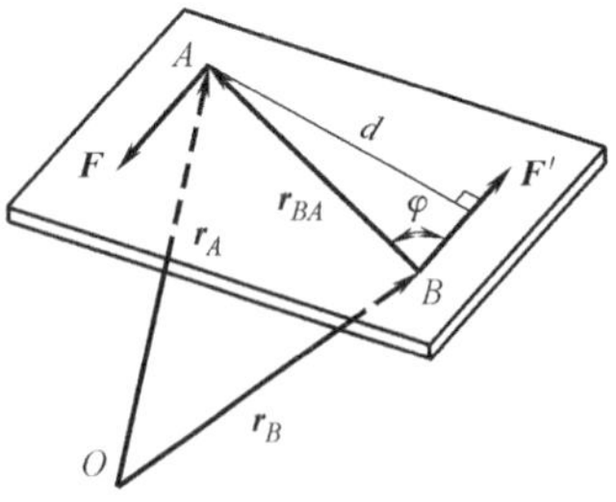

图 5.12

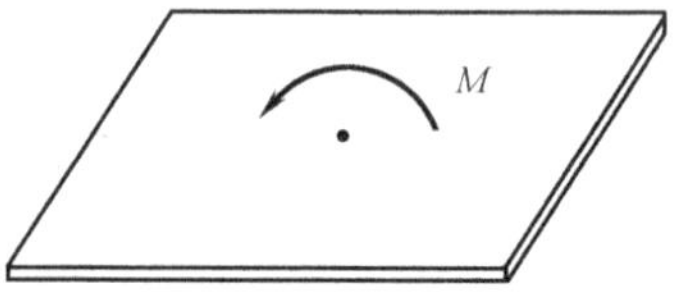

图 5.13

偶对 O 点之矩为

$$\boldsymbol{M}_O(\boldsymbol{F},\boldsymbol{F}')=\boldsymbol{M}_O(\boldsymbol{F})+\boldsymbol{M}_O(\boldsymbol{F}')=\boldsymbol{r}_A\times\boldsymbol{F}+\boldsymbol{r}_B\times\boldsymbol{F}'=(\boldsymbol{r}_A-\boldsymbol{r}_B)\times\boldsymbol{F}=r_{BA}\times\boldsymbol{F}$$

$$\boldsymbol{M}_O(\boldsymbol{F},\boldsymbol{F}')=\boldsymbol{M}$$

分析这一结果：①力偶矩矢量 $\boldsymbol{M}$ 与矩心的选择无关，因而是一个自由矢量。②力偶矩矢的大小 $M=r_{BA}F\sin\varphi=Fd$，单位也是牛［顿］米（N·m）或千牛［顿］米（kN·m），方向为力偶作用面的法线方向，由右手螺旋法则确定。因此，决定力偶矩的三要素为：力偶矩的大小、力偶作用面的方位及力偶的转向。③因为力偶矩矢是自由矢量，在保持这一矢量的大小和方向不变的条件下，可以在空间任意移动而不改变力偶对刚体的作用效果，称为力偶的等效性。力偶的等效性还可以更具体地表达如下：在保持力偶矩矢不变的条件下，力偶可以在其作用面内任意移动或转动，或同时改变力偶中力与力偶臂的大小，或将力偶作用面平行移动，都不影响力偶对刚体的作用效果。由于力偶矩矢的等效性，常将一个具体的力偶（$\boldsymbol{F}$，$\boldsymbol{F}'$）用其力偶矩矢 $\boldsymbol{M}$ 表示。

与力对点之矩相同，力偶矩在平面问题中视为代数量，记为 M，则

$$M=\pm Fd \tag{5.11}$$

式中，正负号分别由力偶的转向为逆时针或顺时针决定。根据力偶的等效性，平面力偶也常以其力偶矩 M 直接表示，并且在称呼上不加区分。平面力偶的画法如图 5.13 所示。

例 5.1　桅杆的顶端受绳索拉力如图 5.14a 所示。已知绳的张力 $F=10\text{kN}$，位置尺寸 $a=12\text{m}$，$b=15\text{m}$，$c=9\text{m}$。试求力 $\boldsymbol{F}$ 对 z 轴之矩 $M_z(\boldsymbol{F})$。

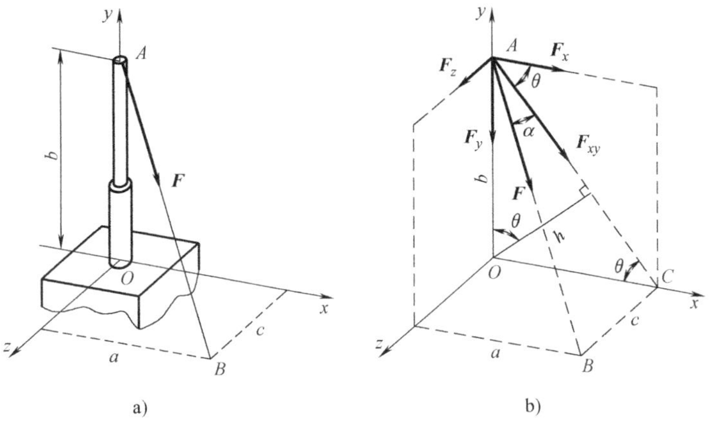

图 5.14　例 5.1 图

解法 1：由式（5.1），将力 $\boldsymbol{F}$ 在 A 处分解为 $\boldsymbol{F}_z$ 和 $\boldsymbol{F}_{xy}$ 两个分力（见图 5.14b），找出 $\boldsymbol{F}_{xy}$ 到 O 点的垂直距离，即可求出 $M_z(\boldsymbol{F})$。

$$AB=\sqrt{a^2+b^2+c^2}=\sqrt{12^2+15^2+9^2}\,\text{m}=21.21\text{m}$$

$$OB=\sqrt{a^2+c^2}=\sqrt{12^2+9^2}\,\text{m}=15\text{m}$$

$$AC=\sqrt{a^2+b^2}=\sqrt{12^2+15^2}\,\text{m}=19.21\text{m}$$

则力 F 在 xOy 平面上的投影为

$$F_{xy}=F\cos\alpha=F\cdot\frac{AC}{AB}=10\text{kN}\times\frac{19.21}{21.21}=9.06\text{kN}$$

其到 O 点的力臂 h 为

$$h=b\cos\theta=b\cdot\frac{a}{AC}=15\text{m}\times\frac{12}{19.21}=9.37\text{m}$$

因此，$\boldsymbol{F}$ 对 z 轴之矩为

$$M_z(\boldsymbol{F})=-F_{xy}h=-9.06\text{kN}\times9.37\text{m}=-84.9\text{kN}\cdot\text{m}$$

解法 2：利用式（5.9）中的第三式进行计算。力 $\boldsymbol{F}$ 作用点的坐标：$x=0$，$y=b$，力 $\boldsymbol{F}$ 在 x 轴上的投影为

$$F_x=F_{xy}\cos\theta=F_{xy}\cdot\frac{a}{AC}=9.06\text{kN}\times\frac{12}{19.21}=5.66\text{kN}$$

因 $x=0$，力 $\boldsymbol{F}$ 在 y 轴上的投影 F_y 不必求出，则力 $\boldsymbol{F}$ 对 z 轴之矩为

$$M_z(\boldsymbol{F})=xF_y-yF_x=(0-15\times5.66)\text{kN}\cdot\text{m}=-84.9\text{kN}\cdot\text{m}$$

解法 3：先求出力对 O 点之矩，再投影到 z 轴上即得，请读者试解之。

5.3 约束与约束力

位移不受限制的物体称为**自由体**，如天空中的飞机、火箭、飞鸟等。位移受到限制的物体称为**非自由体**，如火车、桥梁、屋架、机器的运动部件等。对非自由体的某些位移起限制作用的周围物体称为**约束**，如火车轨道、电动机转子的轴承、吊起重物的绳索等都是约束。约束对非自由体的作用力称为**约束力**。约束力的方向始终与约束限制的物体位移方向相反。与此相反，使物体运动或产生运动趋势的力称为**主动力**。

下面介绍几种工程中常见的约束类型和确定约束力的方法。

1. 柔性体约束

来自柔软、不可伸长的约束物体的约束称为**柔性体约束**，如绳索、链条、传动带等的约束。如不特别指明，这类约束的截面尺寸及重量一律不计。这类约束的特点是：只能限制物体沿柔性体约束拉伸方向的运动，即它只能承受拉力，不能承受压力。柔性体的约束力是沿其中心线的拉力，通常用 $\boldsymbol{F}_T$ 表示，如图 5.15 所示。

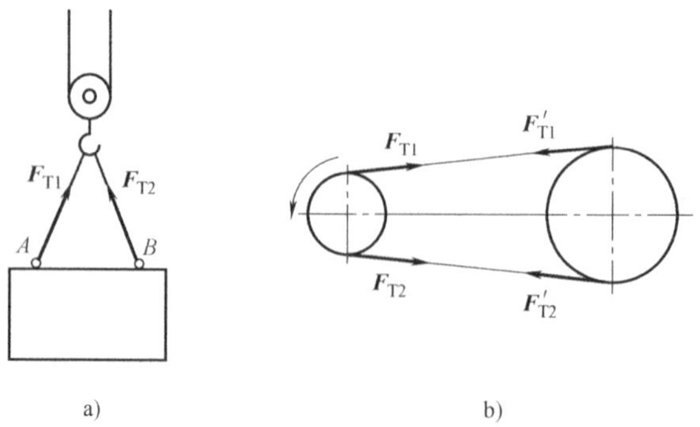

图 5.15

2. 光滑面约束

与被约束物体相接触的是另一物体的光滑面，称为**光滑面约束**。绝对光滑面是一种理想化的情形。事实上，两物体接触时，总有摩擦存在，当略去这种摩擦不会影响问题的基本性质时，就可以将这种接触表面视为光滑面约束。其特点是：不论支承面的形状如何，这类约束允许物体沿支承面的切线方向滑动，而不允许沿接触面公法线向支承面内部运动。所以，光滑接触面的约束力方向沿着公法线指向被约束物体，作用在接触点上。通常用字母 F_{NA} 表示，下标 A 用来说明接触部位，如图 5.16 所示。

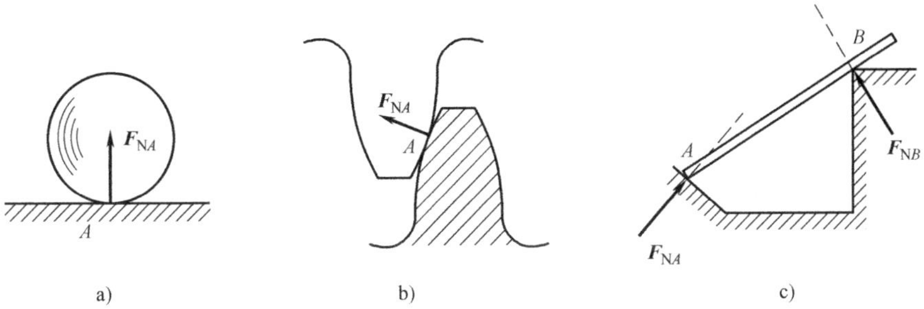

图 5.16

图 5.16 所讲光滑面约束仅能限制物体沿一个方向的运动，而不能限制相反方向的运动，这种约束称为**单面约束**。单面约束的约束力方向一般均能事先确定。另一种约束称为**双面约束**，如图 5.17 所示，限制滑块运动的滑道可以限制滑块向上或向下运动。因此，对于双面约束的约束力而言，其作用线的方位已知，但其指向事先难以确定。这时，画其约束力时，可以先假设它的指向。

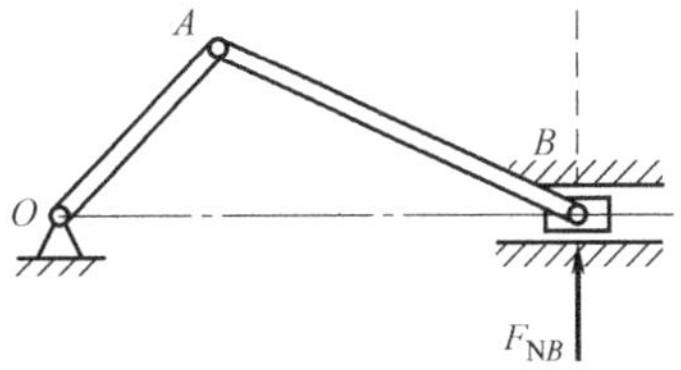

图 5.17

3. 光滑铰链约束

光滑铰链约束简称**铰链**，按结构形式可分为两种基本类型：**光滑球铰链**和**光滑柱铰链**，简称**球铰链**和**柱铰链**。球铰链一般用于空间问题，柱铰链可用于空间和平面情形，尤以平面问题常见。

（1）光滑球铰链

球铰链约束的结构（见图 5.18a）是将被约束物体上的圆球（如直杆一端上的圆球）装在支承物体的球窝里，并且假定球和球窝的接触面是绝对光滑的。这种约束只允许物体绕球心 A 点做定点转动，不允许被约束物体向任何方向移动。球形铰链的约束力作用于球与球窝的接触点上，沿着该点的法线方向，即通过球心，指向被约束物体，如图 5.18b 所示。实际上，接触点的位置与主动力有关，一般事先不能确定，故约束力 $\boldsymbol{F}_R$ 的方向不能确定，通常用它的未知大小的正交分力 $\boldsymbol{F}_{Ax}$、$\boldsymbol{F}_{Ay}$、$\boldsymbol{F}_{Az}$表示，下标 A 表示是铰链 A 的约束力。球铰链的简图如图 5.18c、d 所示。

（2）光滑圆柱铰链

在机械和结构物中，构件与构件或构件与基础之间，常用圆柱销钉插入两被连接构件的

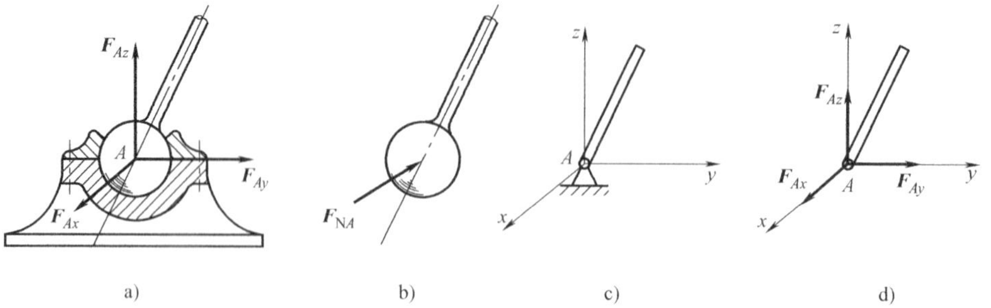

图 5.18

圆孔中进行连接，假定接触是绝对光滑，即构成了光滑圆柱铰链约束。根据被连接构件的具体情况，可有多种形式。

1）圆柱铰链约束。如图 5.19a、b 所示，用圆柱销钉 C 插入构件 A 和构件 B 接头处的圆孔中，这种连接形式称为圆柱铰链约束，简称**柱铰约束**，其简图如图 5.19c 所示。这种约束的特点是：被连接的两构件均可绕销钉轴线相对转动，在垂直于销钉轴线的平面内限制构件沿销钉的径向运动，销钉对被连接构件的约束力 $\boldsymbol{F}_{NC}$ 应沿着过接触点 D 的公法线方向，指向被连接构件（见图 5.19d）。但因接触点的位置不能预先确定，所以约束力的方向也不能预先确定，因而在进行受力分析时为便于计算，通常将约束力 $\boldsymbol{F}_{NC}$ 表示为通过孔中心的两正交分力 $\boldsymbol{F}_{Cx}$ 和 $\boldsymbol{F}_{Cy}$（见图 5.19e）。

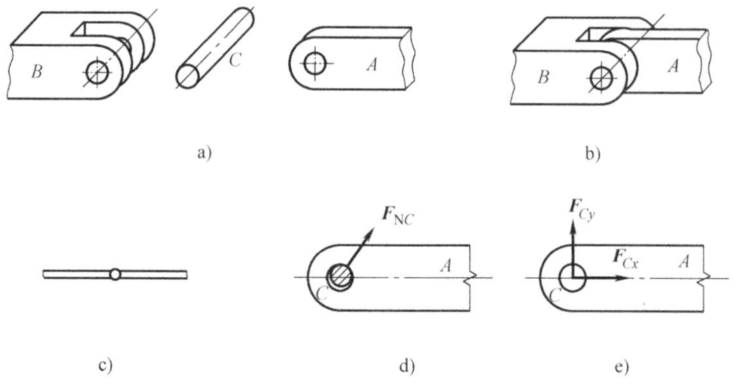

图 5.19

2）固定铰链支座。如上述用圆柱销钉连接的两构件中，有一个构件与基础（地面或机架）固结，即构成**固定铰链支座**，简称**固定铰支座**，如图 5.20a 所示。固定铰支座的简图及约束力的画法如图 5.20b 所示。

3）活动铰链支座。工程中有时要求构件不仅可绕某轴转动，还允许沿水平方向移动，由此设计出**活动铰链支座**，简称**活动铰支座**，如图 5.21a 所示。其简图及约束力的画法如图 5.21b 所示。

4）径向轴承。径向轴承（见图 5.22a、b）是工程上常见的一种轴承形式，其简图如图 5.22c 所示，它的约束特征与柱铰约束完全相同，也可用两个正交分力表示。

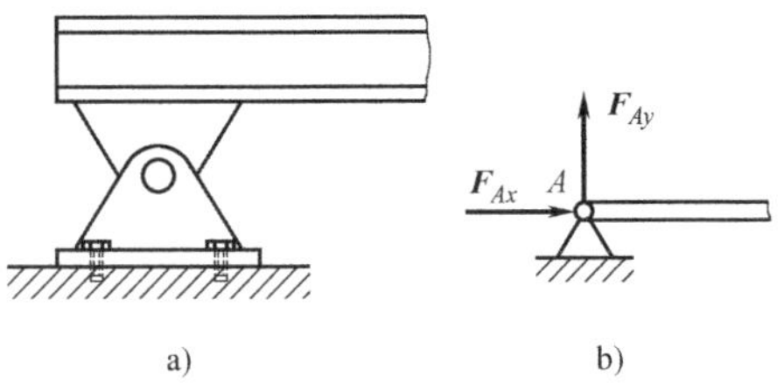

图 5.20

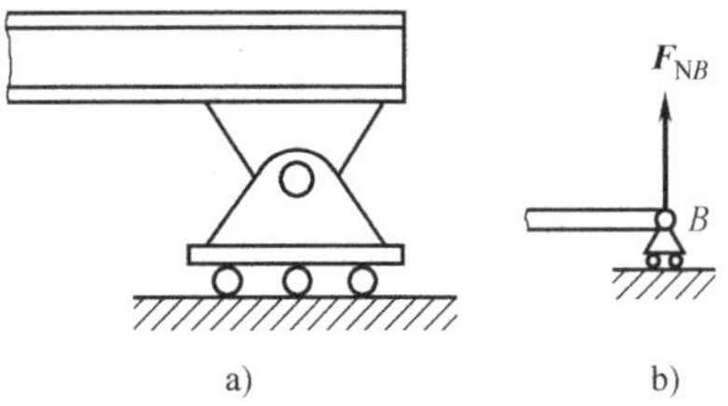

图 5.21

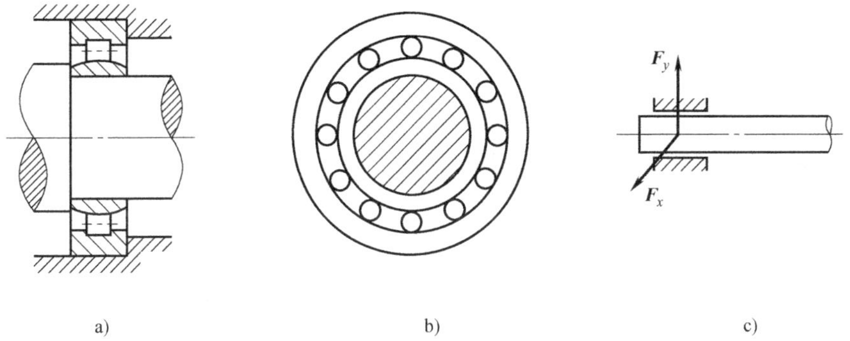

图 5.22

4. 固定端约束

上面介绍的三类约束均限制物体沿部分方向的运动，有时构件会受到完全固结的作用。如深埋在地里的电线杆、紧固在刀架上的车刀等，如图 5.23a、b 所示。物体在空间各个方向上的运动（包括平移和转动）都受到约束的限制，这类约束称为**固定端约束**。固定端约束的简图如图 5.23c 所示，其约束力可以这样理解，一方面，物体在受约束部位不能平移，因而受到一约束力 $\boldsymbol{F}_A$ 作用；另一方面，也不能转动，因而还受到一约束力偶 $\boldsymbol{M}_A$ 的作用，约束力和约束力偶统称为约束力。约束力 $\boldsymbol{F}_A$ 和约束力偶 $\boldsymbol{M}_A$ 的作用点在接触部位，而方位和指向均未知。所以，在画固定端约束的约束力和约束力偶时通常将其分别向直角坐标轴上分解，如图 5.23d 所示，符号为 $\boldsymbol{F}_{Ax}$、$\boldsymbol{F}_{Ay}$、$\boldsymbol{F}_{Az}$、$\boldsymbol{M}_{Ax}$、$\boldsymbol{M}_{Ay}$、$\boldsymbol{M}_{Az}$。可见，对空间情形，固定端约束的约束力有六个独立分量。

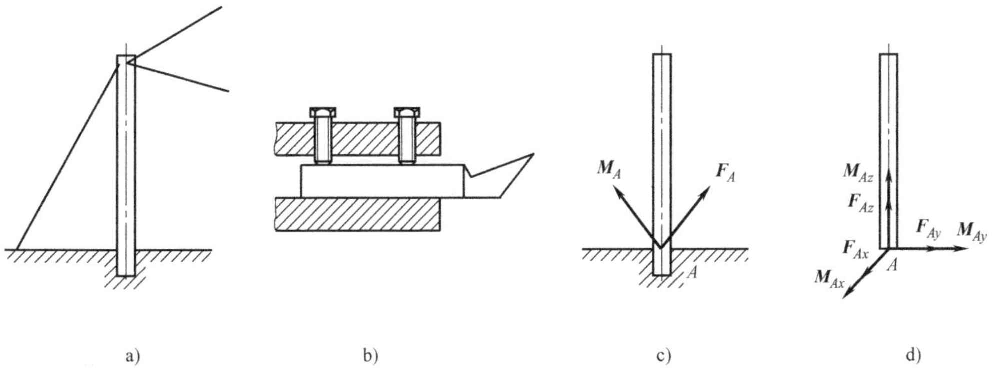

图 5.23

对平面情形，如图 5. 24a 所示，固定端约束的约束力只剩下三个分量，即两个约束力分量和一个约束力偶，如图 5. 24b 所示。

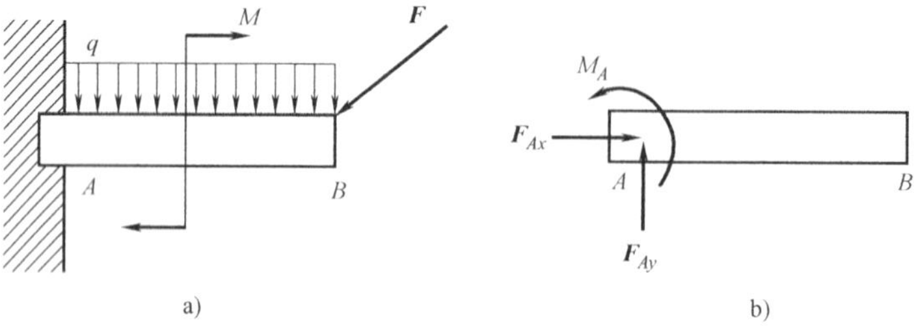

图 5. 24

5.4 物体的受力分析和受力图

工程中的机器和结构都是由许多零件或构件（一般统称为**物体**）组成的。在设计过程中，需要对某些重要零件或构件进行受力分析和承载能力的计算。所谓受力分析，就是分析物体上作用哪些外力，以及它们的位置和方向，为研究平衡物体上力的关系、运动物体上作用力和运动的关系以及构件承载能力的计算提供条件。

为清晰表达物体的受力情况，需要将一个物体从物体系统中分离出来，单独地画出简图，这一个步骤称为取分离体或取研究对象。选取某一个物体为研究对象时，需解除周围其他物体对它的约束，并以相应的约束力来代替约束对物体的作用，然后将作用在其上的主动力和约束力全部画在研究对象的简图上，这样的简图称为**受力图**。

受力分析是整个理论力学的基础，为了能够正确地画出研究对象的受力图，为此列出了画受力图的一般步骤和注意事项：

1）根据题意选取研究对象，并单独画出其简图，即取分离体。

2）画出研究对象上全部主动力和约束力。画约束力时，要根据约束的性质确定约束力的作用线和指向。

3）有时需根据基本公理（二力平衡公理、三力平衡汇交定理、作用力与反作用力定律）确定某些约束力的作用线和指向。

4）各力必有来源，既不能多画，也不能少画。如果选取物体系统为研究对象，系统中的内力均不应画出。

例 5. 2 如图 5. 25a 所示，绞车通过钢丝绳牵引重力为 $\boldsymbol{W}$ 的矿车沿斜面轨道匀速上升。试画出矿车的受力图。

解：(1) 取矿车为研究对象。将矿车从钢丝绳和轨道的约束中分离出来，画出其简图。

(2) 画出主动力。只有矿车的重力 $\boldsymbol{W}$。

(3) 画出约束力。钢丝绳的约束力为 $\boldsymbol{F}_{\mathrm{T}}$，沿绳的中心线背离矿车；斜面钢轨为光滑接触面约束，其约束力 $\boldsymbol{F}_{\mathrm{N}A}$、$\boldsymbol{F}_{\mathrm{N}B}$分别通过车轮与轨道的接触点 A 和 B，沿轨道面的法线方向指向矿车。

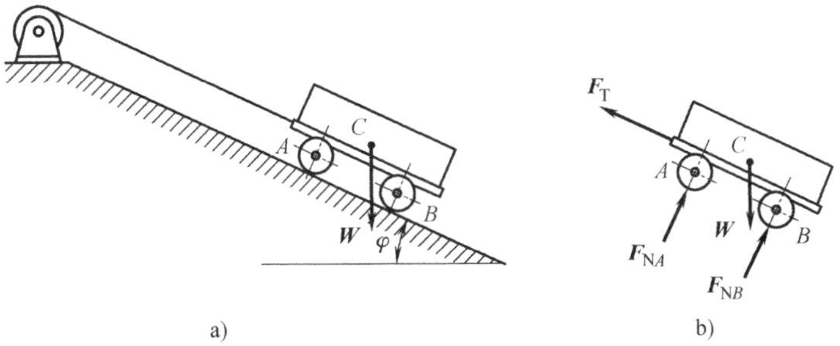

图 5.25　例 5.2 图

矿车的受力图如图 5.25b 所示。

例 5.3　如图 5.26a 所示的三铰拱桥，由左、右两拱铰接而成。设各拱自重不计，在拱 AC 上作用有载荷 $\boldsymbol{F}$，试分别画出拱 AC 和 BC 的受力图。

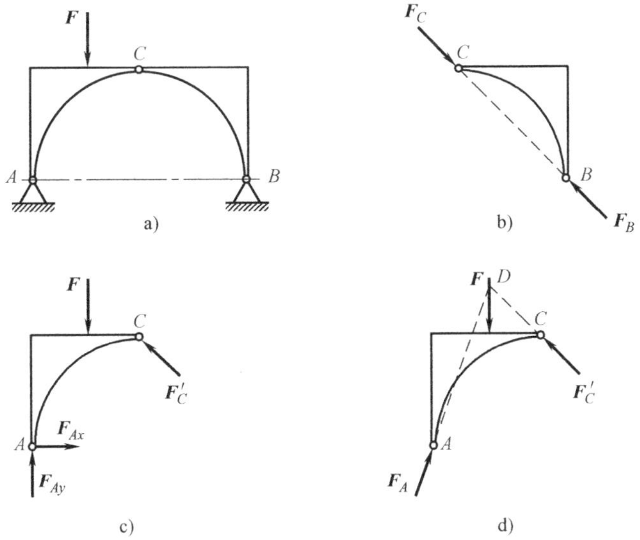

图 5.26　例 5.3 图

解：(1) 先分析拱 BC 的受力。由于拱 BC 自重不计，且只在 B、C 两处受到铰链约束，因此拱 BC 为二力构件。在铰链中心 B、C 分别受 $\boldsymbol{F}_B$、$\boldsymbol{F}_C$ 两力的作用，且 $\boldsymbol{F}_B=-\boldsymbol{F}_C$，这两个力的方向如图 5.26b 所示。

(2) 取拱 AC 为研究对象。由于自重不计，因此主动力只有载荷 $\boldsymbol{F}$。拱在铰链 C 处受有拱 BC 给它的约束力 $\boldsymbol{F}'_C$ 的作用，根据作用与反作用定律，$\boldsymbol{F}'_C=-\boldsymbol{F}_C$。拱在 A 处受有固定铰支给它的约束力 $\boldsymbol{F}_A$ 的作用，由于方向未定，可用两个大小未知的正交分力 $\boldsymbol{F}_{Ax}$ 和 $\boldsymbol{F}_{Ay}$ 代替。

拱 AC 的受力图如图 5.26c 所示。

再进一步分析可知，由于拱 AC 在 $\boldsymbol{F}$、$\boldsymbol{F}'_C$ 和 $\boldsymbol{F}_A$ 三个力作用下平衡，故可根据三力平衡汇交定理，确定铰链 A 处约束力 $\boldsymbol{F}_A$ 的方向。点 D 为力 $\boldsymbol{F}$ 和 $\boldsymbol{F}'_C$ 作用线的交点，当拱 AC 平衡时，约束力 $\boldsymbol{F}_A$ 的作用线必通过点 D，如图 5.26d 所示；至于 $\boldsymbol{F}_A$ 的指向暂且假定如图所示，

以后由平衡条件确定。

例 5.4 如图 5.27a 所示，水平梁 AB 在 A 端用铰链固定，B 端用斜杆 BC 支撑，斜杆两端 B 和 C 都用铰链固定。梁上放一电动机。设梁重力为 $\boldsymbol{W}_1$，电动机重力为 $\boldsymbol{W}_2$，杆重力不计。试分别画出杆 BC 和梁 AB 的受力图。

解： 取杆 BC 为研究对象。由于杆重力不计，只在两端受力而平衡，故为二力杆，其受力图如图 5.27b 所示。

再取梁 AB 和电动机为研究对象。主动力有梁的自重 $\boldsymbol{W}_1$ 和电动机的重力 $\boldsymbol{W}_2$。约束力有 $\boldsymbol{F}'_{BC}$，且 $\boldsymbol{F}'_{BC}=-\boldsymbol{F}_{BC}$。铰链 A 的约束力 $\boldsymbol{F}_A$ 方向未知，以正交分力 $\boldsymbol{F}_{Ax}$ 和 $\boldsymbol{F}_{Ay}$ 表示。梁和电动机系统的受力图如图 5.27c 所示。

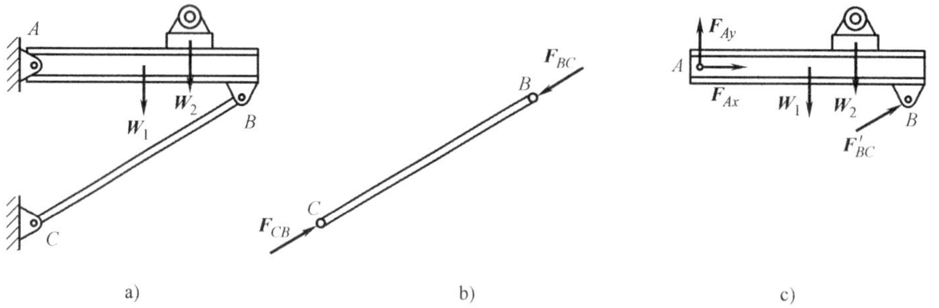

图 5.27 例 5.4 图

本章小结

1. 本章基本要求

1）理解力、刚体、平衡和约束等概念，掌握静力学公理及其推论。

2）理解力对点之矩和力对轴之矩的概念，掌握合力矩定理，熟练计算力对轴之矩。

3）理解力偶和力偶矩矢的概念，明确力偶的性质和力偶的等效条件。

4）熟悉约束的基本特征及约束力的画法，对简单的物体系统能熟练、正确地画出受力图。

2. 本章重点

1）力、刚体、平衡和约束等概念。

2）静力学公理及其推论。

3）力对轴之矩的计算、力偶矩的概念、力偶性质和力偶等效条件。

4）柔性体约束、光滑面约束、光滑铰链约束、固定端约束的特征及其约束力的画法。

5）单个物体及物体系统的受力分析。

3. 本章难点

1）力对点（轴）之矩与力偶矩矢的区别。

2）物体系统的受力分析。

4. 学习建议

1）本章讲述概念较多，要掌握这些概念的定义，并理解其意义。例如：

属于力的：合力、分力、主动力、约束力、作用力、反作用力、内力、外力等。

属于物体的：刚体、变形体、自由体、非自由体等。

属于数学的：代数量、矢量（向量）、滑动矢量、自由矢量、定位矢量等。

2）力学基本公理是最普遍、最基本的客观规律，是刚体动力学基础，要熟记理解。

3）力偶与力是力学的两个基本元素。明确力偶矩矢的性质，理解力偶的等效条件，清楚力偶矩矢与力矩的异同点。

4）通常，在计算力对轴之矩时，可以将力的投影和作用点的坐标代入力对轴之矩的解析表达式进行计算，也可以将力分解后，按照合力矩定理直接计算。

5）约束是对物体间实际连接方式的理想化和简化。如何把工程中实际的约束加以合理简化，是受力分析中的一个重要而困难的问题。在对具体情况进行分析时，应从约束所能限制的非自由体的运动来考虑，熟练掌握各类约束的特征和约束力的正确画法。

6）正确画出物体受力图是解决力学问题的首要前提。既不要多画力也不要漏画力，根据约束性质正确确定约束力的方向，特别要注意二力构件的判断。受力分析和受力图将贯穿动力学所有章节，应引起读者的足够重视。

习　题

5.1　如图 5.28 所示，V、H 两平面互相垂直，平面 ABC 与平面 H 成 45°角，$\triangle ABC$ 为直角三角形。求力 $\boldsymbol{F}$ 在平面 V、H 上的投影。

5.2　位于 xOy 平面内的力偶中的一力作用于（2，2）点，投影为 $F_x=1$，$F_y=-5$，另一力作用于（4，3）点。试求此力偶的力偶矩。

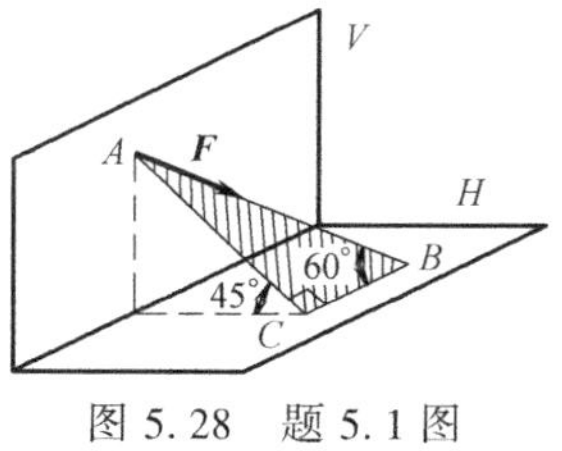

图 5.28　题 5.1 图

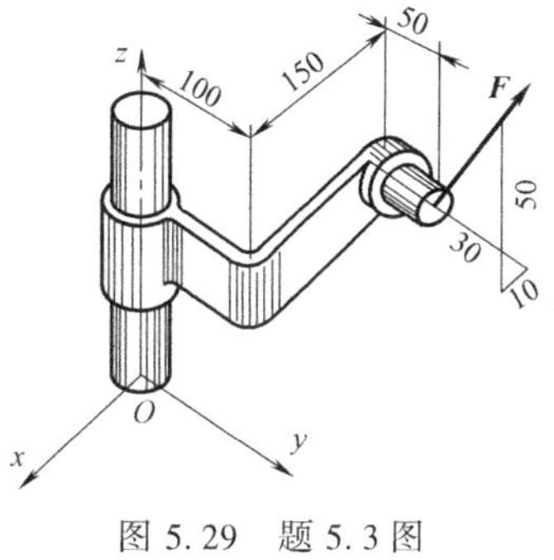

图 5.29　题 5.3 图

5.3　求如图 5.29 所示的力 $F=1000\text{N}$ 在三个坐标轴上的投影 F_x、F_y、F_z 及对于 z 轴的力矩 M_z。

5.4　如图 5.30 所示，力 $\boldsymbol{F}$ 作用在手柄的 A 点上，该力的大小和指向未知，其作用线与 xOz 平面平行。已知：$a=7\text{cm}$，$b=5\text{cm}$，$c=d=10\text{cm}$，$M_x(\boldsymbol{F})=-36\text{N}\cdot\text{m}$，$M_z(\boldsymbol{F})=22.5\text{N}\cdot\text{m}$。试求此力的大小以及对 y 轴的矩。

5.5　如图 5.31 所示，长方体三边长分别为 $a=16\text{cm}$、$b=15\text{cm}$、$c=12\text{cm}$。已知力 $F=100\text{N}$，方位角 $\theta=\arctan\dfrac{3}{4}$，$\beta=\arctan\dfrac{4}{3}$，试写出力 $\boldsymbol{F}$ 的矢量表达式。并求力 $\boldsymbol{F}$ 对 x、y、z 三轴，CD 轴，BC 轴及 D 点之矩。

5.6　如图 5.32 所示，轴 AB 与铅直线成 φ 角，悬臂 CD 与轴垂直并固定在轴上，其长为 a，并与铅直面 AzB 成 θ 角。如果在点 D 作用有铅直向下的力 $\boldsymbol{F}$，求此力对 AB 轴之矩。

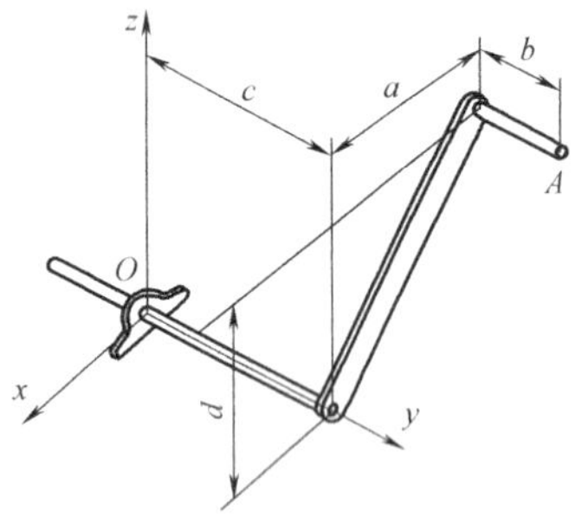

图 5.30　题 5.4 图

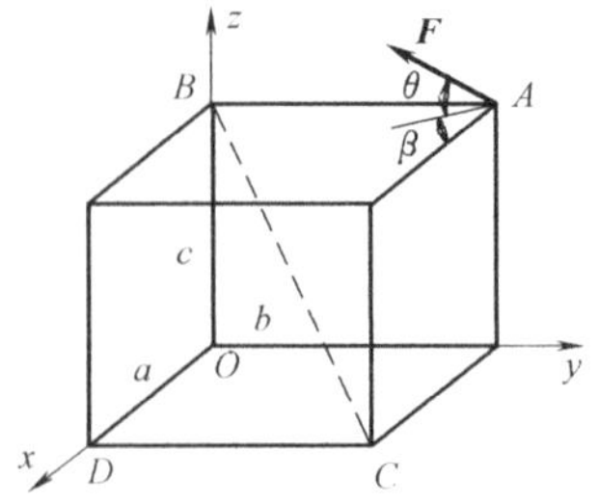

图 5.31　题 5.5 图

5.7　如图 5.33 所示，水平圆盘的半径为 r，外缘 C 处作用有已知力 $\boldsymbol{F}$，且力 $\boldsymbol{F}$ 与 C 处圆盘切线同位于铅直平面内，它们之间的夹角为60°，其他尺寸如图所示。求力 $\boldsymbol{F}$ 对 x、y、z 轴之矩。

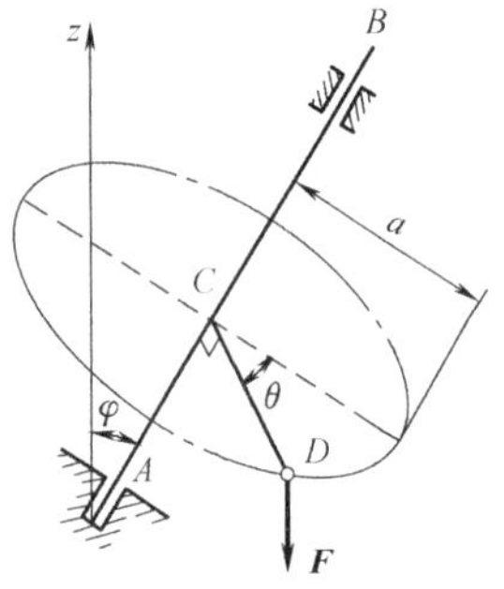

图 5.32　题 5.6 图

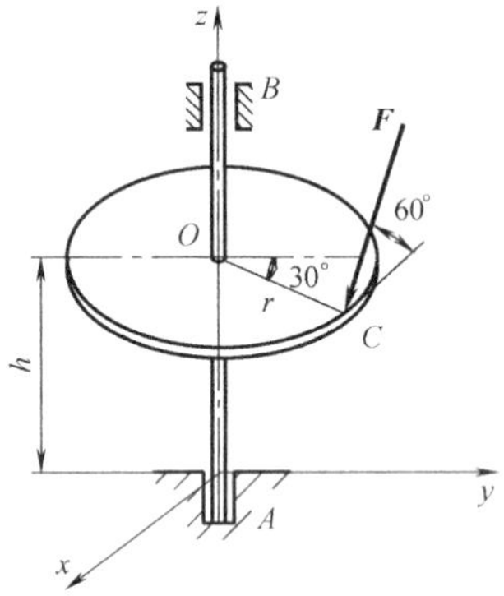

图 5.33　题 5.7 图

5.8　图 5.34 所示各物体的受力图是否有错误？如有错误，请改正。

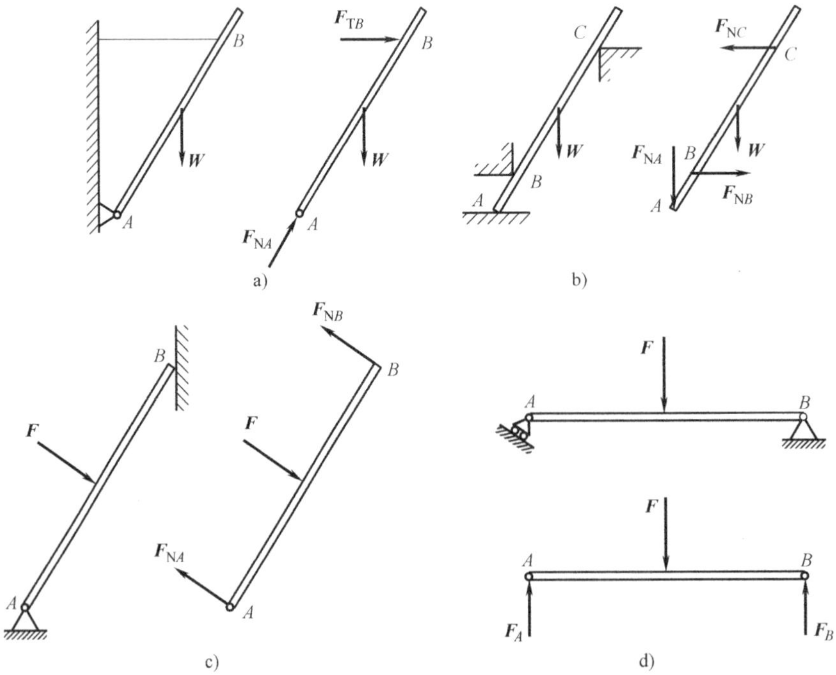

图 5.34　题 5.8 图

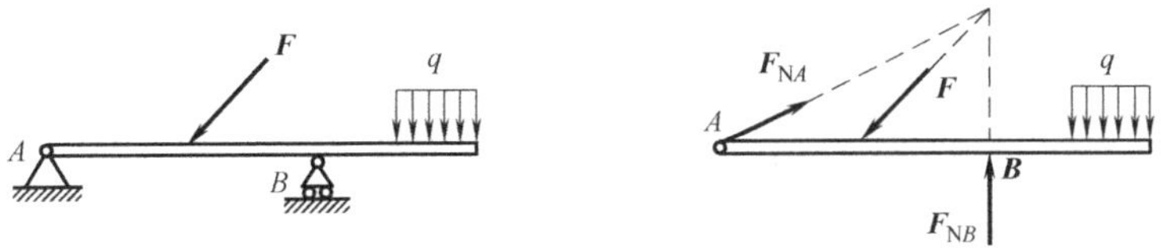

e)

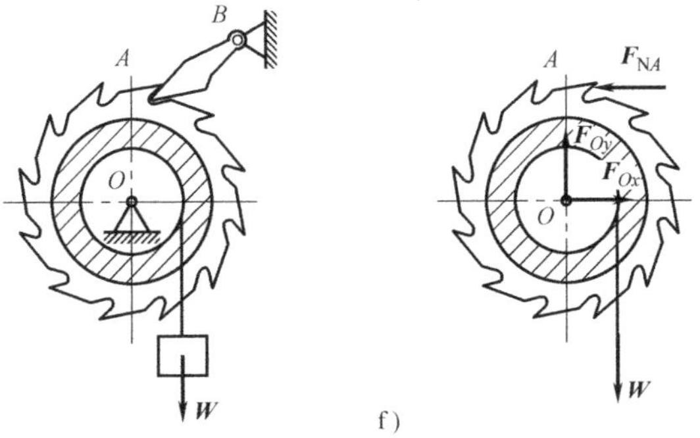

f)

图 5.34　题 5.8 图（续）

5.9　画出图 5.35 所示各构件 *AB* 或 *ACB* 的受力图。未画重力的构件的质量不计，所有接触处均为光滑接触。

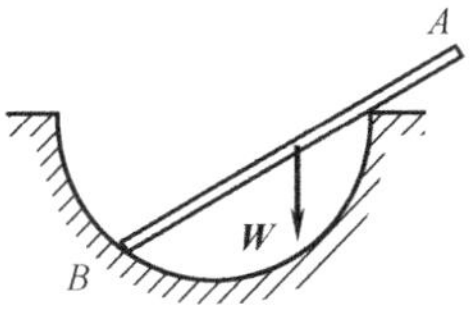

a)

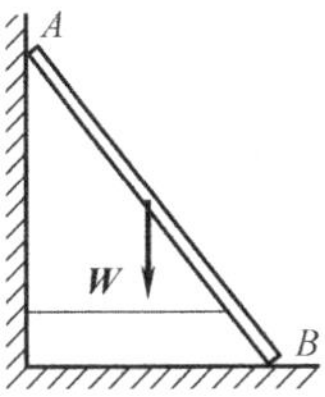

b)

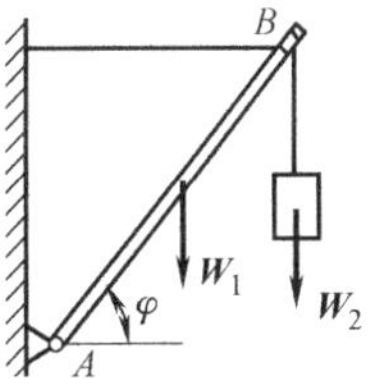

c)

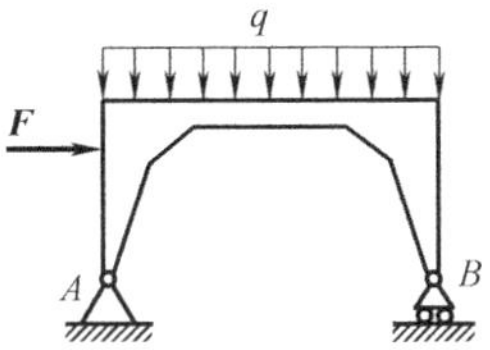

d)

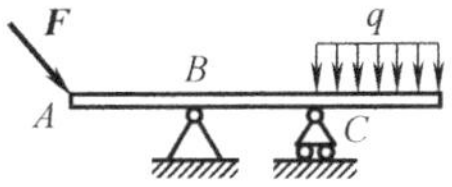

e)

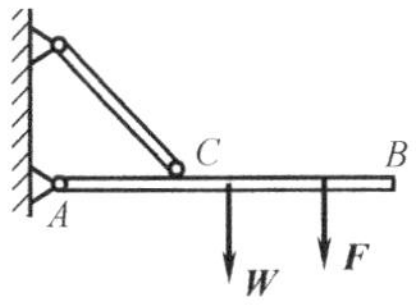

f)

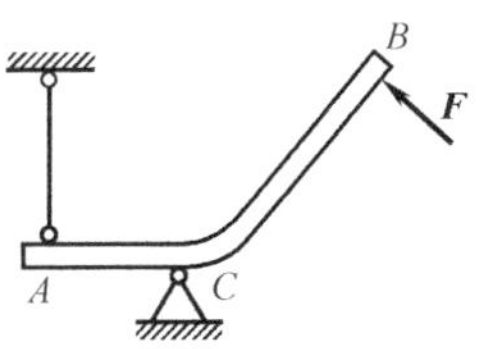

g)

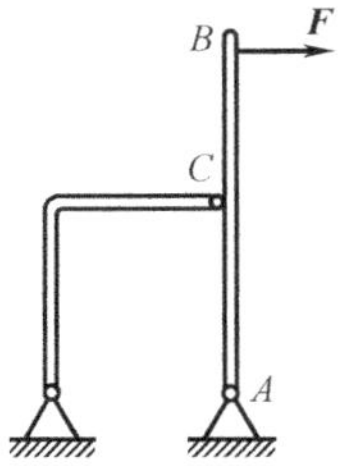

h)

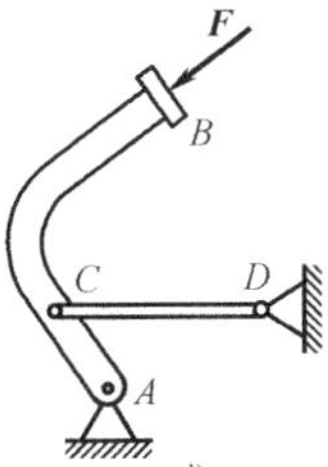

i)

图 5.35　题 5.9 图

5.10　画出图 5.36 中指定物体或物系的受力图。未画重力的构件的质量不计，所有接触处均为光滑接触。

5.11　画出图 5.37 所示各复杂物系中标注字符的构件的受力图。未画重力的构件的质量不计，所有接触处均为光滑接触。

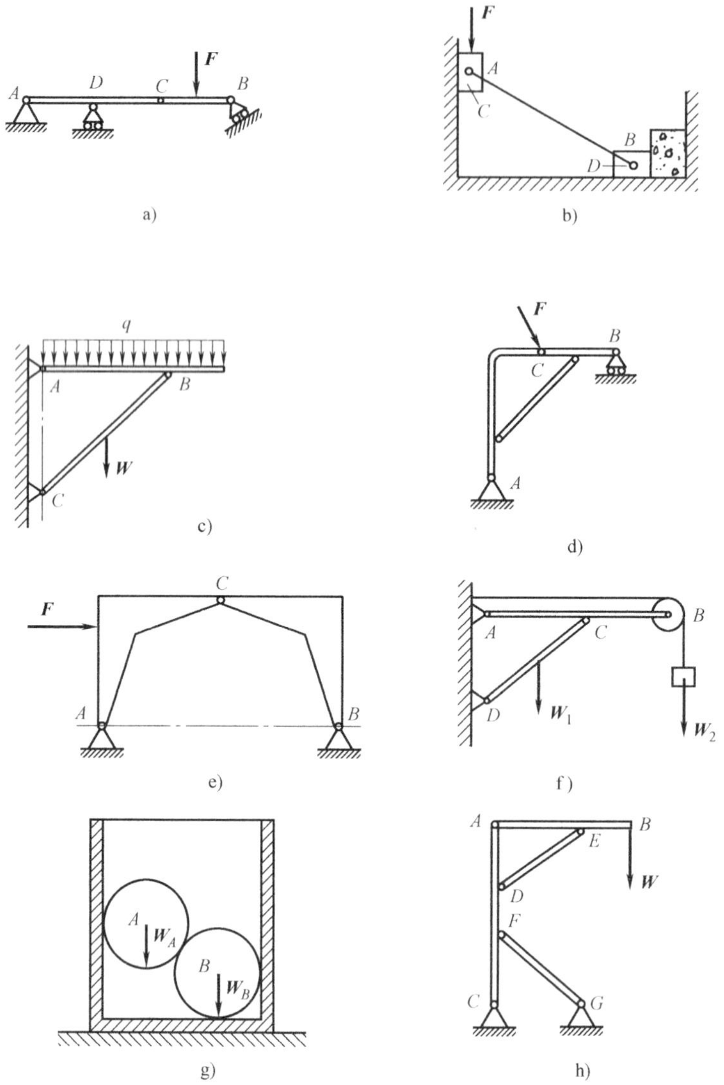

图 5.36 题 5.10 图

a）梁 AC、CB 及整体 b）物块 C、D

c）梁 AB 及杆 CB d）折杆 AC 及整体 e）左、右拱及整体 f）梁 AB（连同滑轮）、梁 AB（不带滑轮）、整体 g）球 A、B h）横梁 AB、立柱 AC 及整体

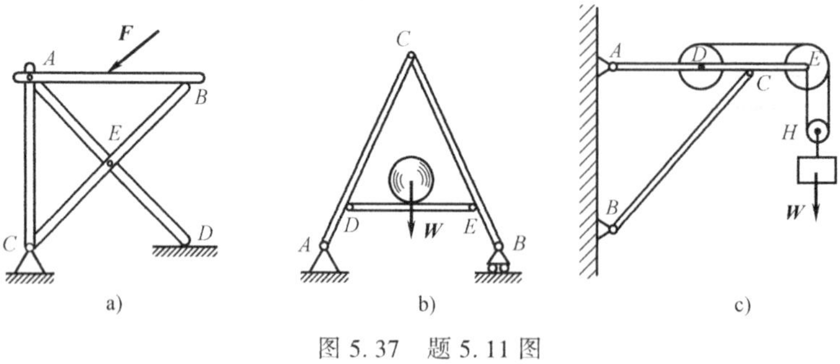

图 5.37 题 5.11 图

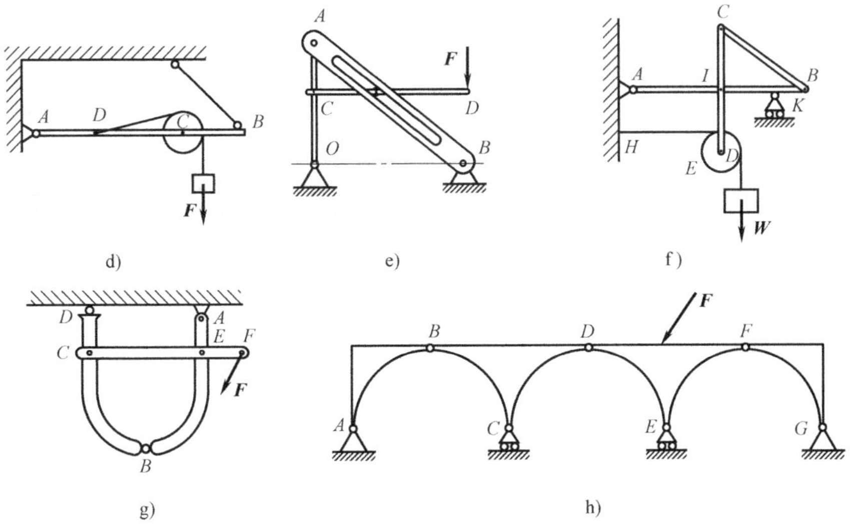

图 5.37　题 5.11 图（续）

第6章

力系的简化与平衡

作用于物体上的多个力称为**力系**。按照力在空间位置的分布情况，力系可分为两类：各力作用线在同一平面内的力系称为**平面力系**；各力作用线在空间分布的力系称为**空间力系**。按照各力作用线是否具有特殊关系，力系又分为汇交力系、平行力系和任意力系，另外力偶系是一种特殊的平行力系。这两种分类方法是独立的，相互交叉可得到各种力系，如空间汇交力系、平面任意力系等。

所谓力系的简化，就是把复杂的力系用与其等效的较简单的力系代替，是力系合成的重要方法，在力系研究中占有重要地位。对力系进行简化是为了根据力系的简化结果考察原力系的作用效果，并由力系的简化结果可导出力系的平衡条件，进而导出力系的平衡方程。本章首先研究空间汇交力系与空间力偶系的简化结果与平衡方程，在此基础上推导空间任意力系的简化结果与平衡方程。空间平行力系、平面任意力系等可作为空间任意力系的特例导出其相应的平衡方程。

6.1 汇交力系的简化与平衡

1. 汇交力系的简化

各力的作用线汇交于一点的力系称为**汇交力系**。根据刚体上力的可传性原理，可将各力的作用点移至作用线的汇交点而成为共点力系，如图 6.1a 所示。为合成此力系，可依次使用平行四边形法则求矢量；也可依次使用力的三角形法则求和，这时力系中各力的矢量首尾相连，构成开口的**力多边形**，合力矢量就是这个力多边形的封闭边，如图 6.1b、c 所示。用

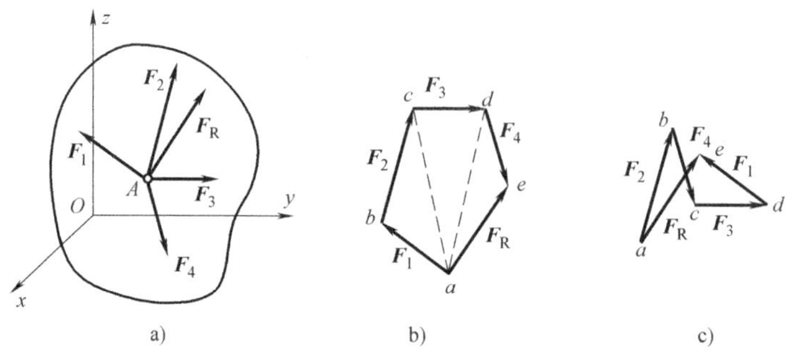

图 6.1

矢量方法表示为

$$F_R = F_1 + F_2 + \cdots + F_n = \sum_{i=1}^{n} F_i \tag{6.1}$$

即：汇交力系可简化为一个合力，合力的作用线通过各力作用线的汇交点，合力矢量为各力的矢量和。以上求汇交力系合力的方法称为**几何法**。

汇交力系各力 $\boldsymbol{F}_i$ 和合力 $\boldsymbol{F}_R$ 在直角坐标系中的解析表达式为

$$\boldsymbol{F}_i = F_{xi}\boldsymbol{i}+F_{yi}\boldsymbol{j}+F_{zi}\boldsymbol{k}$$

$$\boldsymbol{F}_R = F_{Rx}\boldsymbol{i}+F_{Ry}\boldsymbol{j}+F_{Rz}\boldsymbol{k}$$

利用合矢量的投影定理：合矢量在轴上的投影等于分矢量在同一轴上投影的代数和，式（6.1）可写为

$$F_{Rx} = \sum_{i=1}^{n} F_{xi},\quad F_{Ry} = \sum_{i=1}^{n} F_{yi},\quad F_{Rz} = \sum_{i=1}^{n} F_{zi} \tag{6.2}$$

汇交力系合力的大小和方向余弦分别为

$$\left.\begin{aligned} &F_R = \sqrt{F_{Rx}^2+F_{Ry}^2+F_{Rz}^2} \\ &\cos\langle \boldsymbol{F}_R, \boldsymbol{i}\rangle = \frac{F_{Rx}}{F_R},\quad \cos\langle \boldsymbol{F}_R, \boldsymbol{j}\rangle = \frac{F_{Ry}}{F_R},\quad \cos\langle \boldsymbol{F}_R, \boldsymbol{k}\rangle = \frac{F_{Rz}}{F_R} \end{aligned}\right\} \tag{6.3}$$

合力作用线过汇交点。上述求解汇交力系合力的方法，称为**解析法**。

2. 汇交力系的平衡条件和平衡方程

由于汇交力系对物体的作用可用其合力等效替代，故得结论：**汇交力系平衡的充分必要条件是：该力系的合力为零**。即

$$\boldsymbol{F}_R = \sum_{i=1}^{n} \boldsymbol{F}_i = \boldsymbol{0} \tag{6.4}$$

或

$$\sum F_x = 0,\quad \sum F_y = 0,\quad \sum F_z = 0 \tag{6.5}$$

也就是说，汇交力系平衡的充分必要条件是：**各力在三个坐标轴上的投影代数和分别等于零**。式（6.5）称为汇交力系的平衡方程，这是三个独立的方程，可以求解三个未知数。

对于工程中常见的平面汇交力系，其相应的平衡方程为（设力系作用平面平行于 xOy 平面）

$$\sum F_x = 0,\quad \sum F_y = 0 \tag{6.6}$$

平面汇交力系有两个独立的方程，则可解两个未知量。

例 6.1　如图 6.2a 所示，用三脚架 $ABCD$、绞车 E 和滑轮 D 从矿井中吊起重量为 30kN 的重物 W。如果 $\triangle ABC$ 为等边三角形，各杆和绳索 DE 与水平面都成 60°角，试求当重物被匀速吊起时各杆的内力。

解：（1）选取研究对象。3 个支杆均为连接滑轮 D 上的二力杆，假设受压，通过滑轮 D 的两段绳索只承受张力，因此取滑轮 D 为研究对象。

（2）画受力图。滑轮 D 上作用主动力 $\boldsymbol{W}$，绳索拉力 $\boldsymbol{F}_T$，三根杆 AB、BD 和 CD 的支撑力分别为 $\boldsymbol{F}_1$、$\boldsymbol{F}_2$ 和 $\boldsymbol{F}_3$，若不考虑滑轮的几何尺寸，则五个力组成空间汇交力系，图 6.2b

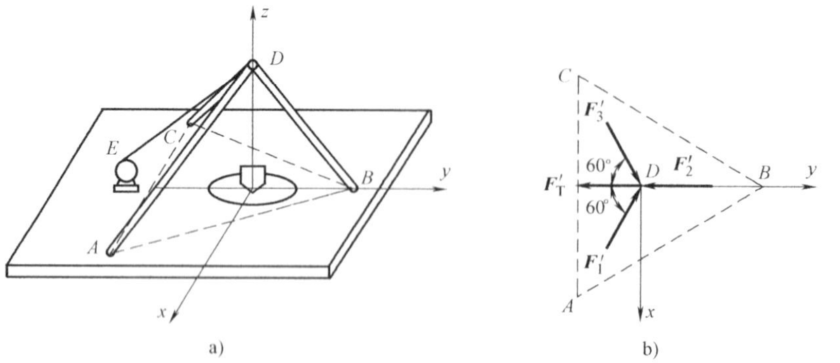

图 6.2　例 6.1 图

表示汇交力系在 x-y 平面内的投影。

（3）列平衡方程。

$$\sum F_z=0,\quad F_1\sin60^\circ+F_2\sin60^\circ+F_3\sin60^\circ-W-F_{\mathrm{T}}\sin60^\circ=0$$

$$\sum F_y=0,\quad F_1\cos60^\circ\cos60^\circ-F_2\cos60^\circ+F_3\cos60^\circ\cos60^\circ-F_{\mathrm{T}}\cos60^\circ=0$$

$$\sum F_x=0,\quad -F_1\cos60^\circ\sin60^\circ+F_3\cos60^\circ\sin60^\circ=0$$

求解上面三个平衡方程，得

$$F_1=F_3=\frac{2(1+\sqrt{3})}{3\sqrt{3}}W=31.55\mathrm{kN}$$

$$F_2=\frac{2-\sqrt{3}}{3\sqrt{3}}W=1.55\mathrm{kN}$$

例 6.2　如图 6.3a 所示，物体重 $W=20\mathrm{kN}$，用绳子挂在支架的滑轮 B 上，绳子的另一端接在绞车 D 上。转动绞车，物体便能升起。设滑轮的大小、AB 与 CB 杆自重及摩擦略去不计，A、B、C 三处均为铰链连接。当物体处于平衡状态时，试求拉杆 AB 和支杆 CB 所受的力。

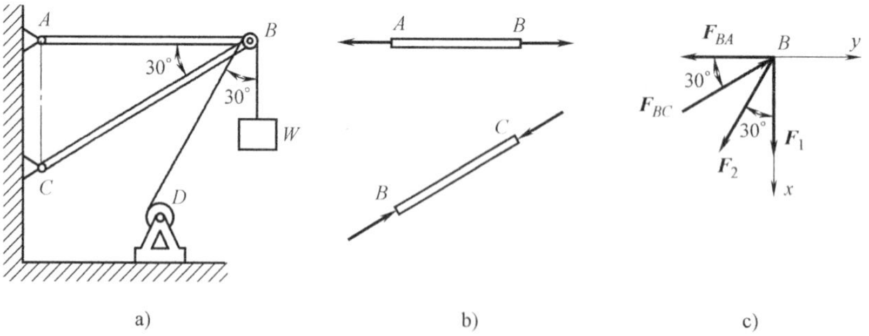

图 6.3　例 6.2 图

解：（1）选取研究对象。由于 AB、BC 两杆都是二力杆，假设 AB 杆受拉力、BC 杆受压力，如图 6.3b 所示。为求出这两个未知力，可通过求两杆对滑轮的约束力来解决。因此选取滑轮 B 为研究对象。

（2）画受力图。滑轮受到钢丝绳的拉力 $\boldsymbol{F}_1$ 和 $\boldsymbol{F}_2$（已知：$F_1=F_2=W$）。此外，杆 AB 和

BC 对滑轮的约束力分别为 $\boldsymbol{F}_{BA}$ 和 $\boldsymbol{F}_{BC}$。由于滑轮的大小可忽略不计，且上述力都位于同一平面内，故这些力可看作是平面汇交力系，如图 6.3c 所示。

（3）列平衡方程。

$$\sum F_x = 0,\quad F_1 + F_2\cos30° - F_{BC}\sin30° = 0$$
$$\sum F_y = 0,\quad F_{BC}\cos30° - F_{BA} - F_2\sin30° = 0$$

解得

$$F_{BA} = 54.64\text{kN},\ F_{BC} = 74.64\text{kN}$$

6.2 力偶系的简化与平衡

1. 力偶系的简化

由若干个力偶组成的力系称为**力偶系**，如图 6.4a 所示。根据力偶的等效性，保持每个力偶矩大小、方向不变，将各力偶矩矢平移至图 6.4b 中的任一点 A，则刚体所受的力偶系与上面介绍的汇交力系同属汇交矢量系，其合成与合成效果在数学上是等价的。由此可知，力偶系合成结果为一个合力偶，其力偶矩矢 $\boldsymbol{M}$ 等于各力偶矩矢的矢量和。

$$\boldsymbol{M} = \boldsymbol{M}_1 + \boldsymbol{M}_2 + \cdots + \boldsymbol{M}_n = \sum_{i=1}^{n} \boldsymbol{M}_i \tag{6.7}$$

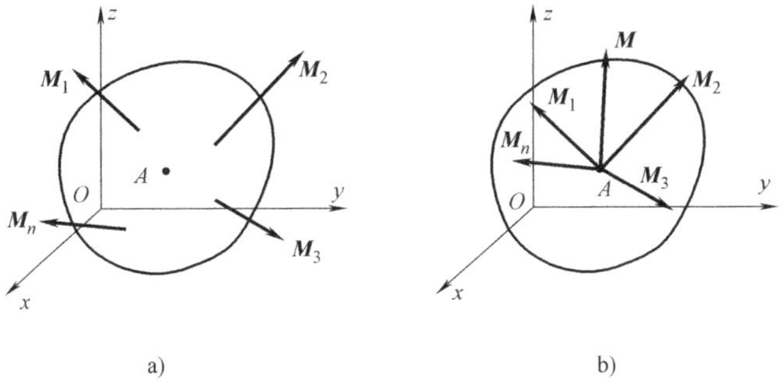

图 6.4

与汇交力系情形相同，合力偶矩矢在直角坐标系各坐标轴上的投影为

$$M_x = \sum_{i=1}^{n} M_{xi},\quad M_y = \sum_{i=1}^{n} M_{yi},\quad M_z = \sum_{i=1}^{n} M_{zi} \tag{6.8}$$

合力偶矩的大小和方向余弦分别为

$$\left.\begin{aligned} &M = \sqrt{M_x^2 + M_y^2 + M_z^2} \\ &\cos\langle \boldsymbol{M}, \boldsymbol{i}\rangle = \frac{M_x}{M},\quad \cos\langle \boldsymbol{M}, \boldsymbol{j}\rangle = \frac{M_y}{M},\quad \cos\langle \boldsymbol{M}, \boldsymbol{k}\rangle = \frac{M_z}{M} \end{aligned}\right\} \tag{6.9}$$

对于平面力偶系，合成结果为该力偶系所在平面内的一个力偶，合力偶矩为各力偶矩的代数和，即

$$M = \sum_{i=1}^{n} M_i \tag{6.10}$$

2. 力偶系的平衡条件和平衡方程

由于力偶系可以用一个合力偶来代替，因此，**力偶系平衡的充分必要条件是：该力偶系的合力偶矩等于零**，即

$$\sum_{i=1}^{n} \boldsymbol{M}_i = \mathbf{0} \tag{6.11}$$

或

$$\sum M_x = 0\ ,\ \sum M_y = 0,\ \sum M_z = 0 \tag{6.12}$$

上式称为力偶系的平衡方程。

对于平面力偶系，取力偶所在平面为 xOy 平面，则方程 $\sum M_x \equiv 0$ ，$\sum M_y \equiv 0$ 已失去求解价值，有

$$\sum M_z = \sum M_i = 0 \tag{6.13}$$

上式称为平面力偶系的平衡方程，即平面力偶系中所有各分力偶矩的代数和等于零。

例 6.3 如图 6.5 所示，圆盘 A、B 和 C 的直径分别为 150mm、100mm 和 50mm。轴 OA、OB 和 OC 在同一平面内，$OB \perp OA$。在这三个圆盘上分别作用力偶，组成各力偶的力作用在轮缘上，它们的大小分别等于 10N、20N 和 F。如这三个圆盘所构成的物系是自由的，不计物系质量，求能使此物系平衡的力 F 的大小和角 θ。

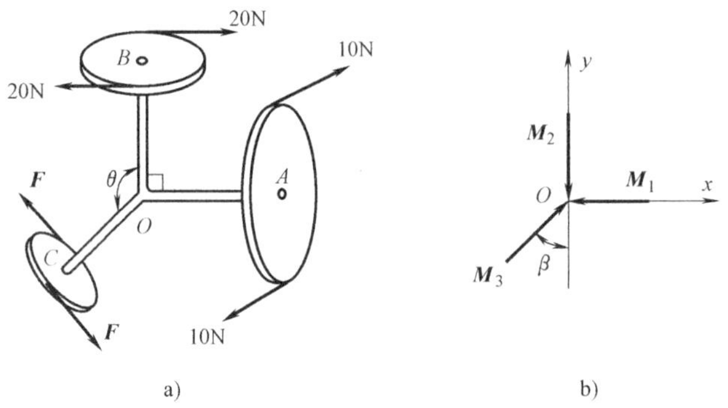

图 6.5　例 6.3 图

解：由右手螺旋定则可知，三个力偶矩矢量沿各自转轴并指向 O 点，如图 6.5b 所示。由平衡方程得

$$\sum M_x = 0,\quad M_3 \sin\beta - M_1 = 0$$
$$\sum M_y = 0,\quad M_3 \cos\beta - M_2 = 0$$

解得

$$\beta = 36.87°,\quad M_3 = 2.5\text{N}\cdot\text{m}$$
$$\theta = 180° - \beta = 143.13°$$
$$F = \frac{2.5}{0.05} = 50\text{N}$$

6.3 空间任意力系的简化

1. 力的平移定理

由力的可传性原理知，作用于刚体上的力，其作用点可以沿作用线移动而不改变它对刚体的作用效应。那么，将力平行于其作用线移动会怎么样呢？下面就来讨论这一问题。

设力 $\boldsymbol{F}$ 作用于刚体上的点 A，如图 6.6a 所示，该力的作用线与刚体上的任一点 B 所决定的平面为 S。今在点 B 加上两个等值反向的力 $\boldsymbol{F}'$ 和 $\boldsymbol{F}''$，使它们与力 $\boldsymbol{F}$ 平行，且 $\boldsymbol{F}'=-\boldsymbol{F}''=\boldsymbol{F}$，如图 6.6b 所示。由加减平衡力系公理知，$\boldsymbol{F}$、$\boldsymbol{F}'$ 和 $\boldsymbol{F}''$ 三力对刚体的作用与原力 $\boldsymbol{F}$ 对刚体的作用是等效的。因为 $\boldsymbol{F}'=\boldsymbol{F}$，$\boldsymbol{F}$ 和 $\boldsymbol{F}''$ 则组成力偶，这样一来，就把作用于点 A 的力 $\boldsymbol{F}$ 平行地移到了点 B，同时又附加了一个作用在平面 S 内的力偶（$\boldsymbol{F}$，$\boldsymbol{F}''$），这个力偶称为**附加力偶**，如图 6.6c 所示，其力偶矩为

$$\boldsymbol{M}_B=\boldsymbol{M}_B(\boldsymbol{F})=\boldsymbol{r}\times\boldsymbol{F}$$

将力 $\boldsymbol{F}$ 向点 B 平移的最后结果如图 6.6d 所示。由此可得如下结论：**作用于刚体上的力向刚体内任一点平移时，必须增加一个附加力偶。附加力偶的力偶矩等于原力对平移点之矩。**

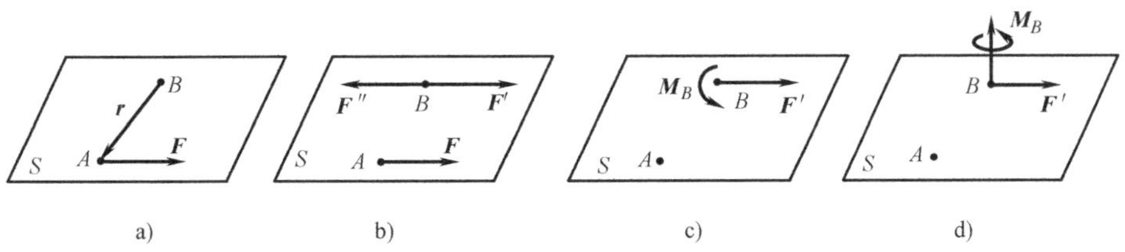

图 6.6

上述过程的逆过程也是成立的。当一个力与一个力偶矩矢量垂直时，该力与力偶可合成为一个力，力的大小和方向与原力相同，但其作用线平移，如从图 6.6d 到图 6.6a 的变化过程，力 $\boldsymbol{F}'$ 平移的距离为 $\dfrac{|\boldsymbol{M}_B|}{F'}$。

应用力的平移定理可分析力的作用效果。例如，图 6.7a 中，作用于厂房立柱上的偏心载荷 $\boldsymbol{F}$，等效于图 6.7b 中作用在立柱轴线上的力 $\boldsymbol{F}'$ 与力偶 $\boldsymbol{M}$，$\boldsymbol{F}'$ 使立柱受压，而 $\boldsymbol{M}$ 使立柱产生弯曲。又如，用丝锥攻制螺纹时，双手用力相等，形成一个力偶，使丝锥只有转动效应。如果单手用力，如图 6.8a 所示，丝锥除了受到一个力偶 $\boldsymbol{M}$ 的作用外，还受到一个横向力 $\boldsymbol{F}'$ 的作用，如图 6.8b 所示，这易导致攻丝不正，甚至丝锥折断。因此，在操作规程中，不允许用单手扳动丝锥的扳手。

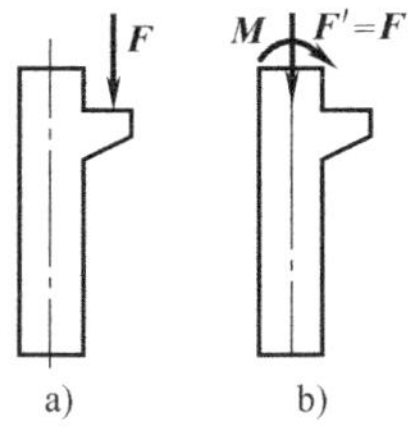

图 6.7

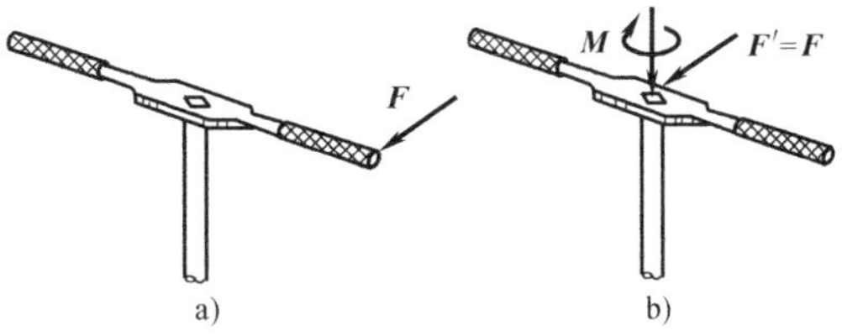

图 6.8

2. 空间任意力系向一点的简化

下面根据力的平移定理，将一任意的空间力系简化为与其等效的空间汇交力系和空间力偶系。

设空间力系 $\boldsymbol{F}_1$、$\boldsymbol{F}_2$、…、$\boldsymbol{F}_n$ 作用于一刚体上，如图 6.9a 所示。将力系中的各力分别向刚体上任选的点 O 平移，可得作用于点 O 的一个空间汇交力系 $\boldsymbol{F}'_1$、$\boldsymbol{F}'_2$、…、$\boldsymbol{F}'_n$和一个空间力偶系 $\boldsymbol{M}_1$、$\boldsymbol{M}_2$、…、$\boldsymbol{M}_n$，如图 6.9b 所示，点 O 称为**简化中心**。这里

$$\boldsymbol{F}_i=\boldsymbol{F}'_i,\quad \boldsymbol{M}_i=\boldsymbol{M}_O(\boldsymbol{F}_i)\quad (i=1,2,\cdots,n)$$

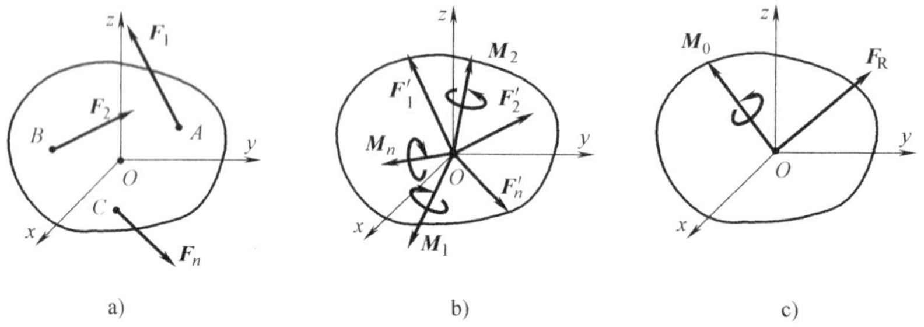

图 6.9

由式（6.1），将此空间汇交力系合成一个力，作用线通过简化中心 O，大小与方向用矢量 $\boldsymbol{F}_R$ 表示；由式（6.7），将此空间力偶系合成一个力偶，其力偶矩用矢量 $\boldsymbol{M}_O$ 表示（见图 6.9c），则有

$$\boldsymbol{F}_\mathrm{R}=\sum_{i=1}^{n}\boldsymbol{F}_i,\quad \boldsymbol{M}_O=\sum_{i=1}^{n}\boldsymbol{M}_O(\boldsymbol{F}_i) \tag{6.14}$$

上述空间力系各力的矢量和 $\boldsymbol{F}_\mathrm{R}$ 称为该空间力系的**主矢**，它与简化中心的位置无关；空间力系中各力对简化中心之矩的矢量和 $\boldsymbol{M}_O$ 称为该空间力系对简化中心 O 的**主矩**，它的大小和方向一般随简化中心的位置不同而不同。主矢和主矩在直角坐标系中三个坐标轴上的投影由式（6.2）和式（6.8）所示；主矢和主矩的大小和方向余弦由式（6.3）和式（6.9）所示。

3. 力系的简化结果分析

空间任意力系向一点简化后，得到主矢 $\boldsymbol{F}_\mathrm{R}$ 和主矩 $\boldsymbol{M}_O$，这还不是力系的最简单的结果，进一步分析如下

（1）$\boldsymbol{F}_\mathrm{R}\cdot\boldsymbol{M}_O=0$，分四种情形讨论。

1）$\boldsymbol{F}_\mathrm{R}=\boldsymbol{0}$，$\boldsymbol{M}_O=\boldsymbol{0}$，力系平衡，这种情况将在下一节详细讨论。

2）$\boldsymbol{F}_\mathrm{R}=\boldsymbol{0}$，$\boldsymbol{M}_O\neq\boldsymbol{0}$。力系简化为一合力偶 $\boldsymbol{M}_O$，此时，其大小、方向与简化中心无关。

3）$\boldsymbol{F}_\mathrm{R}\neq\boldsymbol{0}$，$\boldsymbol{M}_O=\boldsymbol{0}$。力系简化为作用线通过简化中心 O 的一合力 $\boldsymbol{F}_\mathrm{R}$。

4）$\boldsymbol{F}_\mathrm{R}\neq\boldsymbol{0}$，$\boldsymbol{M}_O\neq\boldsymbol{0}$，因 $\boldsymbol{F}_\mathrm{R}\cdot\boldsymbol{M}_O=0$，故 $\boldsymbol{F}_\mathrm{R}\perp\boldsymbol{M}_O$，如图 6.10a 所示。由前面介绍的平移定理的逆过程知，$\boldsymbol{F}_\mathrm{R}$ 与 $\boldsymbol{M}_O$ 可进一步合成为一合力 $\boldsymbol{F}'_\mathrm{R}$，$\boldsymbol{F}_\mathrm{R}=\boldsymbol{F}'_\mathrm{R}$，此时，合力作用线偏离简化中心 O 一段距离 $OO'=d=\dfrac{M_O}{F_\mathrm{R}}$，如图 6.10b 所示。

由于作用于 O'点的合力 $\boldsymbol{F}'_\mathrm{R}$与力系等效，今对点 O 取矩，$\boldsymbol{M}_O=\boldsymbol{M}_O(\boldsymbol{F}'_\mathrm{R})$。由式（6.14）

的第二式又有 $\boldsymbol{M}_O=\sum_{i=1}^{n}\boldsymbol{M}_O(\boldsymbol{F}_i)$，因此有

$$\boldsymbol{M}_O(\boldsymbol{F}'_R)=\sum_{i=1}^{n}\boldsymbol{M}_O(\boldsymbol{F}_i) \tag{6.15}$$

这便是任意力系的合力矩定理：**当力系有合力时，合力对任意点之矩等于各分力对同一点之矩的矢量和。**

(2) $\boldsymbol{F}_R\cdot\boldsymbol{M}_O\neq0$，分两种情形讨论。

1) $\boldsymbol{F}_R/\!/\boldsymbol{M}_O$，此时力系不能进一步简化，$\boldsymbol{F}_R$ 与 $\boldsymbol{M}_O$ 组成一个**力螺旋**，如图 6.11 所示，所谓力螺旋就是由一力和一力偶组成的力系，其中力垂直于力偶的作用面。例如，钻孔时的钻头和攻螺丝时的丝锥对工件的作用就是力螺旋。

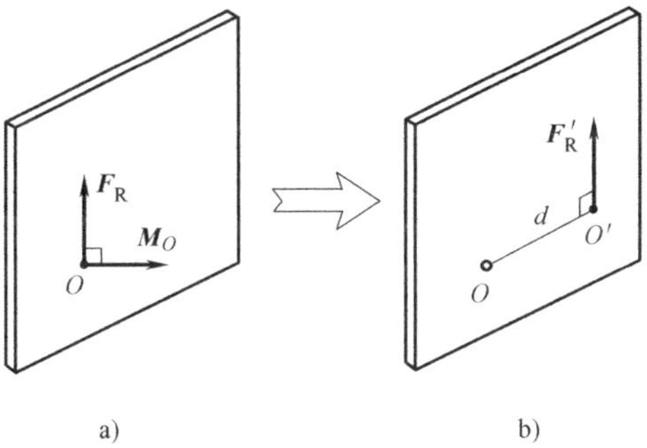

图 6.10

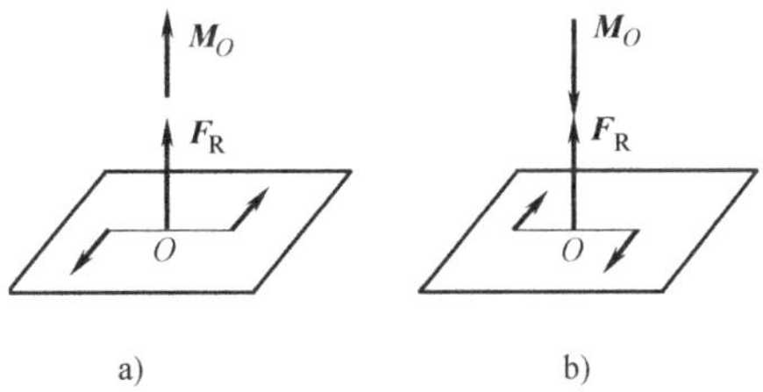

图 6.11

力螺旋也是一种最简单的力系。如果 $\boldsymbol{F}_R$ 与 $\boldsymbol{M}_O$ 同向，即 $\boldsymbol{F}_R\cdot\boldsymbol{M}_O>0$，称为右力螺旋，如图 6.11a 所示；反之 $\boldsymbol{F}_R$ 与 $\boldsymbol{M}_O$ 反向，即 $\boldsymbol{F}_R\cdot\boldsymbol{M}_O<0$ 时，称为左力螺旋，如图 6.11b 所示。力 $\boldsymbol{F}_R$ 的作用线称为力螺旋的中心轴。

2) $\boldsymbol{F}_R$ 与 $\boldsymbol{M}_O$ 成任意角 φ，如图 6.12a 所示。那么可将 $\boldsymbol{M}_O$ 分解为两个力偶 $\boldsymbol{M}'_O$ 和 $\boldsymbol{M}''_O$，它们分别平行于 $\boldsymbol{F}_R$ 和垂直于 $\boldsymbol{F}_R$，如图 6.12b 所示。$\boldsymbol{M}''_O$ 和 $\boldsymbol{F}_R$ 可进一步合成为 $\boldsymbol{F}'_R$，$\boldsymbol{F}_R=\boldsymbol{F}'_R$，作用线偏移距离为

$$d=\frac{|\boldsymbol{M}''_O|}{F_R}=\frac{M_O\sin\varphi}{F_R}$$

将 $\boldsymbol{M}'_O$ 平移至 $\boldsymbol{F}'_R$ 作用线上，得到 $\boldsymbol{F}'_R$ 与 $\boldsymbol{M}'_O$ 组成的力螺旋，其中心轴不在简化中心 O，而是通过另一点 O'，如图 6.12c 所示。可见，一般情形下，空间任意力系可合成为力螺旋。

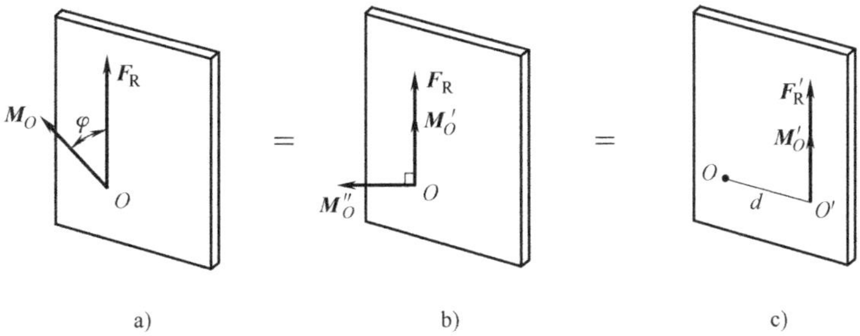

图 6.12

6.4 空间任意力系的平衡

空间任意力系平衡的充分必要条件是：力系的主矢及对任意一点主矩均为零。即

$$\sum \boldsymbol{F}_i=\boldsymbol{0},\quad \sum \boldsymbol{M}_O(\boldsymbol{F}_i)=\boldsymbol{0} \tag{6.16}$$

将上式在直角坐标系中投影，可得空间任意力系的六个独立的平衡方程

$$\left.\begin{aligned}&\sum F_x=0,\ \sum F_y=0,\ \sum F_z=0\\&\sum M_x(\boldsymbol{F})=0,\quad \sum M_y(\boldsymbol{F})=0,\quad \sum M_z(\boldsymbol{F})=0\end{aligned}\right\} \tag{6.17}$$

空间汇交力系与空间力偶系都是空间任意力系的特殊情况，它们的平衡方程（6.5）、式（6.12）均可由平衡方程（6.17）得出，这时独立的平衡方程是三个。如果是空间平行力系，建立直角坐标系 $Oxyz$ 且使 z 轴与各力平行，则各力在 x 轴和 y 轴上的投影恒等于零，各力对 z 轴之矩也恒等于零，由式（6.17）可得三个独立的平衡方程为

$$\sum F_z=0,\quad \sum M_x(F)=0,\quad \sum M_y(F)=0 \tag{6.18}$$

例 6.4 如图 6.13 所示，重为 $\boldsymbol{W}$ 的重物由电动机通过链条带动卷筒被匀速提升。链条与水平线（x 轴）成 30°角。已知 $r=0.1\text{m}$，$R=0.2\text{m}$，$W=10\text{kN}$，链条主动边的张力 $\boldsymbol{F}_{T1}$ 为从动边张力 $\boldsymbol{F}_{T2}$ 的 2 倍，即 $F_{T1}=2F_{T2}$。试求轴承 A、B 的约束力及链条的张力。

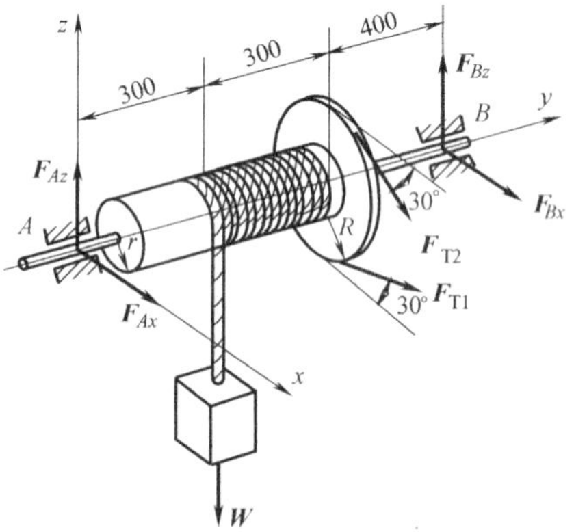

图 6.13 例 6.4 图

解：取转轴 AB（包括重物）为研究对象。转轴 AB 受重物重力 $\boldsymbol{W}$、链条拉力 $\boldsymbol{F}_{T1}$ 和 $\boldsymbol{F}_{T2}$ 以及轴承 AB 的约束力 $\boldsymbol{F}_{Ax}$、$\boldsymbol{F}_{Az}$、$\boldsymbol{F}_{Bx}$、$\boldsymbol{F}_{Bz}$ 作用，并组成一空间力系。

建立如图所示的坐标系 $Axyz$，可列平衡方程为

$$\begin{aligned}&\sum F_x=0, && F_{Ax}+F_{Bx}+F_{T1}\cos 30°+F_{T2}\cos 30°=0\\&\sum F_z=0, && F_{Az}+F_{Bz}-W+F_{T1}\sin 30°-F_{T2}\sin 30°=0\\&\sum M_x(F)=0, && -0.3W+0.6F_{T1}\sin 30°-0.6F_{T2}\sin 30°+1.0F_{Bz}=0\\&\sum M_y(F)=0, && W\cdot r-F_{T1}\cdot R+F_{T2}\cdot R=0\\&\sum M_z(F)=0, && -1.0F_{Bx}-0.6F_{T1}\cos 30°-0.6F_{T2}\cos 30°=0\end{aligned}$$

另有

$$F_{T1}=2F_{T2}$$

解上述六个方程可得

$$F_{T1}=10\text{kN},\quad F_{T2}=5(\text{kN}),\quad F_{Ax}=-5.2\text{kN}$$
$$F_{Az}=6\text{kN},\quad F_{Bx}=-7.79\text{kN},\quad F_{Bz}=1.5\text{kN}$$

上面介绍的空间任意力系是最一般的力系。当力系的组成及力系中各力的分布满足某些条件时，可得到各种相应的特殊力系及平衡方程，请详见附录 B，其相关问题将在下面的内

容中做详细介绍。

6.5 平面任意力系的平衡

取力系所在平面为 xOy 平面，因力系的主矢必在力系所在的平面内，其在 z 轴上的投影恒等于零，而向平面内任一点简化的主矩在 x 轴和 y 轴上的投影恒等于零，因此平面任意力系的平衡方程为

$$\sum F_x=0,\quad \sum F_y=0,\quad \sum M_O(\boldsymbol{F})=0 \tag{6.19}$$

例 6.5　如图 6.14 所示，起重机重 $W_1=10\text{kN}$，可绕铅直轴 AB 转动，起重机的挂钩上挂一重为 $W_2=40\text{kN}$ 的重物。起重机的重心 C 到转轴的距离为 1.5m，其他尺寸如图所示。求推力轴承 A 和轴承 B 的约束力。

解：以起重机为研究对象，建立坐标系 Axy。在推力轴承 A 处有两个约束力 $\boldsymbol{F}_{Ax}$ 和 $\boldsymbol{F}_{Ay}$，轴承 B 处只有一个与转轴垂直的约束力 $\boldsymbol{F}_B$，其受力如图所示。列出平面任意力系的平衡方程为

$$\sum F_x=0,\qquad F_{Ax}+F_B=0$$
$$\sum F_y=0,\qquad F_{Ay}-W_1-W_2=0$$
$$\sum M_A(F)=0,\quad -F_B\times 5\text{m}-W_1\times 1.5\text{m}-W_2\times 3.5\text{m}=0$$

解得

$$F_B=-31\text{kN},\quad F_{Ax}=31\text{kN},\quad F_{Ay}=50\text{kN}$$

F_B 为负值，说明它的方向与假设的方向相反，即应指向左。

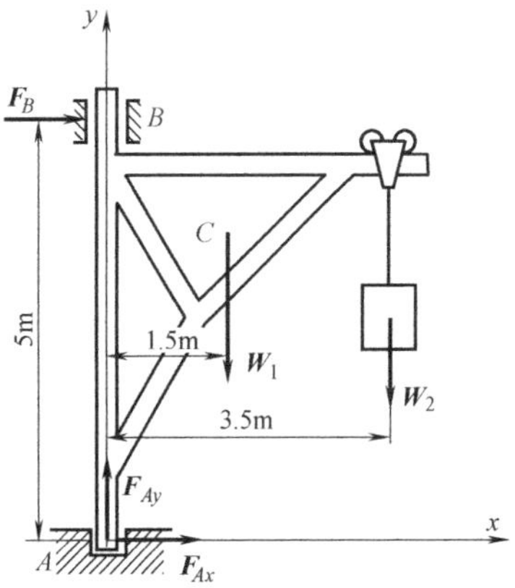

图 6.14　例 6.5 图

例 6.6　如图 6.15 所示水平横梁 AB，A 端为固定铰链，B 端为一活动铰支座。梁的长为 $4a$，梁重为 $\boldsymbol{W}$，重心在梁的中点 C。在梁的 AC 段上受均布载荷 q 作用，在梁的 BC 段上受力偶作用，力偶矩 $M=W\cdot a$。试求 A 和 B 处的支座约束力。

解：选梁 AB 为研究对象。它所受到的主动力有：均布载荷 q、重力 $\boldsymbol{W}$ 和矩为 M 的力偶。它所受到的约束力有：固定铰链的约束力 $\boldsymbol{F}_{Ax}$ 和 $\boldsymbol{F}_{Ay}$、活动铰支 B 处的约束力 $\boldsymbol{F}_B$。

取坐标系如图所示，列出平衡方程有

$$\sum M_A(\boldsymbol{F})=0,\quad F_B\times 4a-M-W\times 2a-q\times 2a\times a=0$$
$$\sum F_x=0,\qquad F_{Ax}=0$$
$$\sum F_y=0,\qquad F_{Ay}-q\times 2a-W+F_B=0$$

解上述方程得

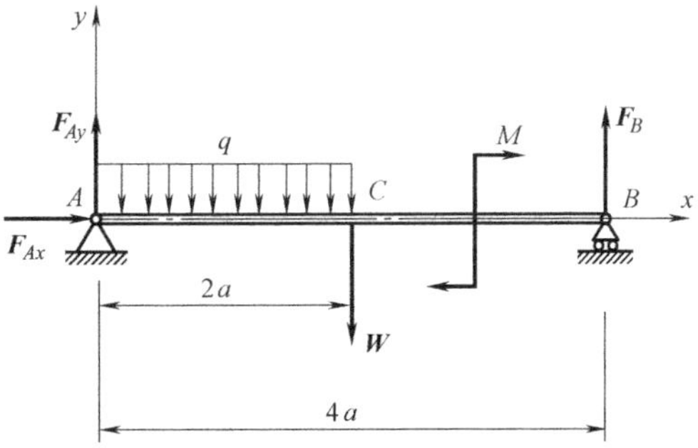

图 6.15　例 6.6 图

$$F_B=\frac{3}{4}W+\frac{1}{2}qa,\quad F_{Ax}=0,\quad F_{Ay}=\frac{W}{4}+\frac{3}{2}qa$$

从上述例题可见，选取适当的坐标轴和力矩中心，可以减少每个平衡方程中未知量的数目。在平面任意力系情形下，力矩应取在两未知力的交点上，而坐标轴应当与尽可能多的未知力相垂直。

在例 6.6 中，若以方程 $\sum M_B(\boldsymbol{F})=0$ 取代方程 $\sum F_y=0$，可以不解联立方程，直接求得 F_{Ay} 值。因此，计算某些问题时，采用力矩方程往往比投影方程简便。下面介绍平面任意力系平衡方程的其他两种形式。

三个平衡方程中有两个力矩方程和一个投影方程，即

$$\sum F_x=0,\quad \sum M_A(\boldsymbol{F})=0,\quad \sum M_B(\boldsymbol{F})=0 \tag{6.20}$$

式中，A、B 两点的连线 AB 不能与 x 轴垂直。

因为平面力系向已知点简化只可能有三种结果：合力、力偶或平衡。力满足平衡方程 $\sum M_A(\boldsymbol{F})=0$，则表明力系不可能简化为一个力偶，只可能是作用线通过 A 点的一合力或平衡。同理，力系如又满足方程 $\sum M_B(\boldsymbol{F})=0$，可以断定，该力系合成为经过 A、B 两点的一个合力或平衡。但当力系又满足方程 $\sum F_x=0$ 而连线 AB 不垂直于 x 轴，显然力系不可能有合力。这表明，只要适合以上三个方程及连线 AB 不垂直于投影轴的附加条件，则力系必平衡。

三个平衡方程皆为力矩方程，即

$$\sum M_A(\boldsymbol{F})=0,\quad \sum M_B(\boldsymbol{F})=0,\quad \sum M_C(\boldsymbol{F})=0 \tag{6.21}$$

式中，A、B、C 三点不能共线，这一结论请读者自行论证。

上述方程（6.19）~方程（6.21）都可用来解决平面任意力系的平衡问题。究竟选用哪一组方程，须根据具体条件确定。对于受平面任意力系作用的单个刚体的平衡问题，只可以写出三个独立的平衡方程，求解三个未知量。

对于平面平行力系，假设该力系在平面坐标系 xOy 中，且所有力都平行于 y 轴，则平面任意力系的平衡方程（6.19）中的 $\sum F_x=0$ 自然满足，从而得到平面平行力系的平衡方程为

$$\sum F_y=0,\quad \sum M_O(\boldsymbol{F})=0 \tag{6.22}$$

类似地，还可得到如下形式：

$$\sum M_A(\boldsymbol{F})=0,\quad \sum M_B(\boldsymbol{F})=0 \tag{6.23}$$

式中，A、B 两点的连线 AB 不能与 x 轴垂直。

例 6.7 如图 6.16 所示，起重机的自重（不包括平衡锤的重量）$W=500\text{kN}$，其重心在点 O，悬臂最大长度为 10m，最大起重重量 $P=250\text{kN}$，设平衡锤放置的位置距左轨 6m。为了使起重机在满载和空载时都不致翻倒，试确定平衡锤的重量 G。

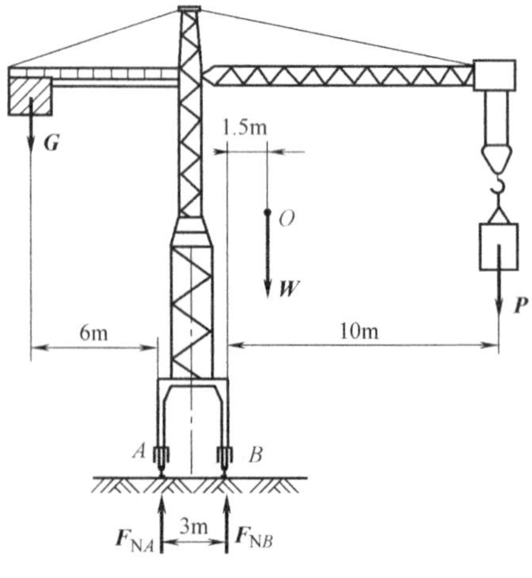

图 6.16　例 6.7 图

解：取整体为研究对象。起重机所受到的主动力有：起重机自重 $\boldsymbol{W}$、平衡锤的重力 $\boldsymbol{G}$、重物的重力 $\boldsymbol{P}$，轨道 A、B 两处的约束力 $\boldsymbol{F}_{\text{NA}}$ 和 $\boldsymbol{F}_{\text{NB}}$。以上各力组成平面平行力系。

先考虑满载时的情形。要保证机身满载时平

衡，则有

$$\sum M_B(\boldsymbol{F})=0,\quad G\times(6\text{m}+3\text{m})-W\times1.5\text{m}-P\times10\text{m}-F_{NA}\times3\text{m}=0$$

解得

$$F_{NA}=\frac{1}{3}\times(9G-1.5W-10P)$$

起重机不向右翻倒的条件是 $F_{NA}\geqslant0$，即

$$(9G-1.5W-10P)\geqslant0$$

解得

$$G\geqslant361\text{kN}$$

再考虑空载时的情形。要保证机身空载时平衡，则有

$$\sum M_A(\boldsymbol{F})=0,\quad G\times6\text{m}+F_{NB}\times3\text{m}-W\times4.5\text{m}=0$$

解得

$$F_{NB}=1.5W-2G$$

起重机不向左翻倒的条件是 $F_{NB}\geqslant0$，即

$$1.5W-2G\geqslant0$$

解得

$$G\leqslant375\text{kN}$$

结合上述两种情况，为使起重机满载和空载时都不致翻倒，平衡锤的重量必须满足

$$361\text{kN}\leqslant G\leqslant375\text{kN}$$

进一步思考，设计时考虑到风载等意外因素，要求任何情况下每个轨道的约束力不得小于 10kN，试重新设计平衡锤的重量。

6.6 刚体系统的平衡 · 静定与超静定概念

工程实际中的结构，多数是由若干个构件通过适当的约束相互连接起来的系统，这种系统称为**刚体系统**。研究刚体系统的平衡问题时，一般情况下，不仅要求出整个系统所受的外界约束力，而且还要求出系统内某些刚体（构件）之间的相互作用力。

当刚体系统处于平衡时，组成系统的每一个刚体也必处于平衡状态。因而，可以取整个系统为研究对象，也可以取组成该系统的某一刚体或某些刚体为研究对象。在刚体系统中，无论是整个刚体系统的力系还是分离体上的力系，它的独立方程的数目是一定的，可求解的未知数也是一定的。如果刚体系统中未知量的数目正好等于它的独立平衡方程的数目，通过平衡方程可完全确定这些未知量，这种平衡问题称为**静定问题**；如果未知量的数目多于独立平衡方程的数目，仅通过平衡方程不能完全确定这些未知量，这种问题称为**超静定问题**。这里说的静定与超静定问题，是对整个刚体系统而言的。若从该系统中取出一分离体，它的未知量的数目多于它的独立平衡方程的数目，并不能说明该系统就是超静定问题，要分析整个系统的未知量数目和独立方程数目。对于超静定问题，必须考虑物体因受力作用而产生的变形，由变形协调条件得到相应的补充方程，使方程的数目等于未知量的数目。超静定问题已

超出理论力学的范围，需在材料力学和结构力学中研究。

1. 求解刚体系统平衡问题的方法

例 6.8 如图 6.17a 所示的三铰拱桥由两部分组成，彼此用铰链 C 连接，并用铰链 A 和 B 固定在两岸的桥墩上。每一部分的重量均为 $P=40\text{kN}$，其重心分别在点 D 和点 E，桥上有载荷 $F=20\text{kN}$。试求桥的两部分在铰链 C 处相互作用的力及铰链 A 和 B 的约束力。

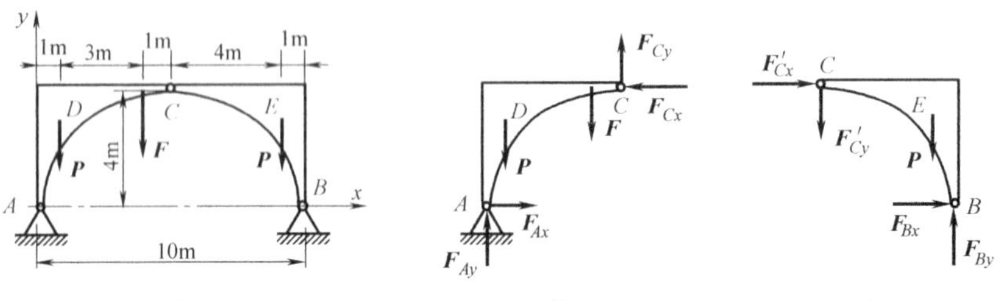

图 6.17 例 6.8 图

解： 本题是由两个刚体组成的刚体系统，其中每个刚体均受有平面任意力系的作用，共有六个独立的平衡方程，而在铰链 A、B 和 C 处共有六个未知力（注意，铰链 C 处，必须考虑作用与反作用定律），因而可全部求出。

（1）先取左半部分为研究对象。画出其受力图，并建立坐标系 Axy，如图 6.17b 所示。写出此平面任意力系的三个平衡方程，即

$$\sum F_x=0,\qquad F_{Ax}-F_{Cx}=0$$

$$\sum F_y=0,\qquad F_{Ay}-P-F+F_{Cy}=0$$

$$\sum M_A(\boldsymbol{F})=0,\quad F_{Cy}\times5\text{m}+F_{Cx}\times4\text{m}-F\times4\text{m}-P\times1\text{m}=0$$

（2）再取右半部分为研究对象。其受力图如图 6.17c 所示。写出此平面任意力系的三个平衡方程，即

$$\sum F_x=0,\qquad F'_{Cx}+F_{Bx}=0$$

$$\sum F_y=0,\qquad -F'_{Cy}+F_{By}-P=0$$

$$\sum M_B(\boldsymbol{F})=0,\quad P\times1\text{m}+F'_{Cy}\times5\text{m}-F'_{Cx}\times4\text{m}=0$$

解上述六个方程可得

$$F_{Ax}=20\text{kN};\qquad F_{Ay}=52\text{kN}$$

$$F_{Bx}=-20\text{kN};\qquad F_{By}=48\text{kN}$$

$$F_{Cx}=20\text{kN};\qquad F_{Cy}=8\text{kN}$$

上述解法需求解联立方程，较麻烦。为计算方便，最好使一个方程中只包含一个未知量，以避免解联立方程。例如，本题可先取整体为研究对象，此时铰链 C 的约束力为内力不必画出，因此在平衡方程中也不出现。通过平衡方程 $\sum M_A(\boldsymbol{F})=0$ 求得 F_{By}，再利用 $\sum F_y=0$ 求得 F_{Ay}，然后，再分别取桥的任一部分为研究对象，求出全部未知量（请读者自行完成）。

例 6.9 如图 6.18a 所示的组合梁由 AC 和 CD 在 C 处铰接而成。梁的 A 端插入墙内为固定约束，B 处为滚动支座。已知：$F=20\text{kN}$，均布载荷 $q=10\text{kN/m}$，$M=20\text{kN}\cdot\text{m}$，$l=1\text{m}$。

试求插入端 A 及滚动支座 B 的约束力。

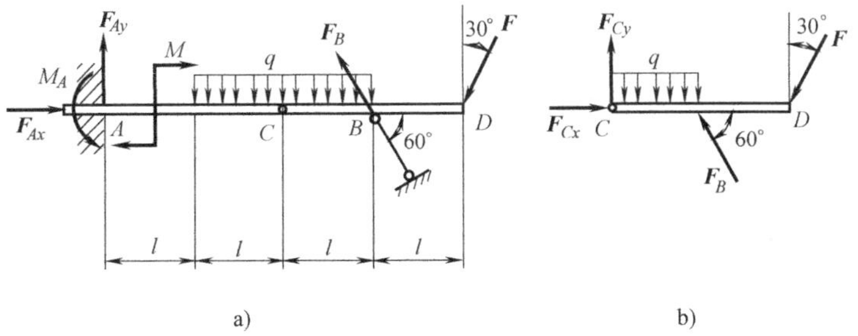

图 6.18 例 6.9 图

解：（1）先以整体为研究对象。组合梁在主动力 M、$\boldsymbol{F}$、q 和约束力 $\boldsymbol{F}_{Ax}$、$\boldsymbol{F}_{Ay}$、M_A 及 $\boldsymbol{F}_B$ 作用下平衡，受力图如图 6.18a 所示。其中，均布载荷的合力通过点 C，大小为 $2ql$。列平衡方程

$$\sum F_x=0,\qquad F_{Ax}-F_B\cos60°-F\sin30°=0 \tag{a}$$

$$\sum F_y=0,\qquad F_{Ay}+F_B\sin60°-2ql-F\cos30°=0 \tag{b}$$

$$\sum M_A(\boldsymbol{F})=0,\qquad M_A-M-2ql\times2l+F_B\sin60°\times3l-F\cos30°\times4l=0 \tag{c}$$

以上三个方程中包含有四个未知量，必须再补充方程才能求解。

（2）可取梁 CD 为研究对象。受力如图 6.18b 所示，列出对 C 点的力矩方程

$$\sum M_C(\boldsymbol{F})=0,\quad F_B\sin 60°\times l-ql\times\frac{l}{2}-F\cos 30°\times2l=0 \tag{d}$$

由式（d）可得

$$F_B=45.77\text{kN}$$

代入式（a）~式（c）求得

$$F_{Ax}=32.89\text{kN},\quad F_{Ay}=-2.32\text{kN},\quad M_A=10.37\text{kN}\cdot\text{m}$$

（3）如需求解铰链 C 处的约束力，则应以梁 CD 为研究对象。由平衡方程 $\sum F_x=0$ 和 $\sum F_y=0$ 求得。

此题也可先取 CD 梁为研究对象，求得 $\boldsymbol{F}_B$ 后，再以整体为研究对象，求出 $\boldsymbol{F}_{Ax}$、$\boldsymbol{F}_{Ay}$ 及 M_A。

例 6.10 图 6.19a 所示的结构由杆 AB、BC、CD，滑轮 O，软绳及重物 E 构成，B、C、O、D 处为光滑铰链连接，A 处为固定端。重物 E 重 $\boldsymbol{P}$，其他构件自重不计。滑轮半径 R 和杆长尺寸 l 为已知。求固定端 A 处的约束力。

解：若取整体为研究对象，其受力如图 6.19a 所示，共有五个未知力，求不出任何一个未知力。取 CD 杆与滑轮为研究对象，受力图如图 6.19c 所示，列平衡方程

$$\sum M_D(\boldsymbol{F})=0,\quad F_{CB}\times2l+F'_{\text{T}}\times(l+R)-PR=0$$

由 $F'_{\text{T}}=P$，解得

$$F_{CB}=-\frac{P}{2}$$

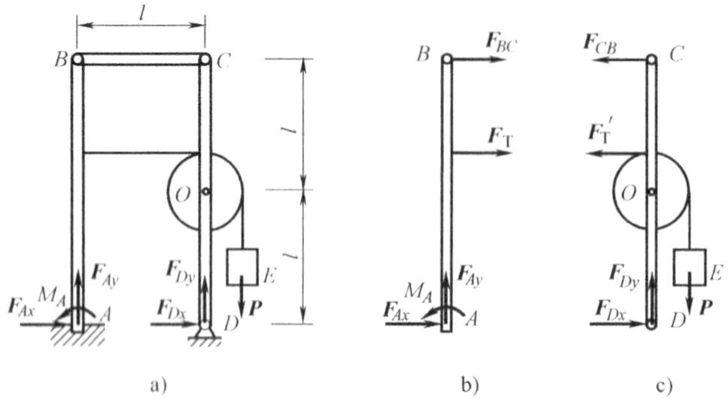

图 6.19 例 6.10 图

再取 AB 杆为研究对象，其受力如图 6.19b 所示，由平衡方程

$$\sum F_x = 0,\qquad F_{Ax}+F_{\mathrm{T}}+F_{BC}=0$$
$$\sum F_y = 0,\qquad F_{Ay}=0$$
$$\sum M_A = 0,\qquad M_A-F_{\mathrm{T}}\times(l+R)-F_{BC}\times 2l=0$$

注意：$F_{BC}=F_{CB}=-\dfrac{P}{2}$，$F_{\mathrm{T}}=P$，最后解得

$$F_{Ax}=-\frac{P}{2},\quad F_{Ay}=0,\quad M_A=PR$$

式中，负号表明力的实际方向与图中所设方向相反。

对此题，由整体求不出任何一个力，因此取分离体，列出四个一元一次方程，解出了要求的三个未知力。

---

2. 平面桁架及其内力的计算

在工程实际中，房架、桥梁、起重机、飞机、电视塔等常采用桁架结构。所谓桁架，是由若干杆件彼此在两端用铰链连接所构成的几何形状不变的结构。各杆件都位于同一平面内的桁架称为**平面桁架**。各杆件的连接点称为**节点**。

为了简化桁架的计算，工程实际中采用以下几个假设：

1）桁架的杆件都是直的。

2）杆件用光滑的铰链连接。

3）桁架所受到的力（载荷）都作用在节点上，而且在桁架的平面内。

4）桁架杆件的重量略去不计，或平均分配在杆件两端的节点上。

满足上述条件的桁架称为**理想桁架**。

实际的桁架，当然与上述假设有差别，如桁架节点不是铰接的，杆件的轴线也不可能是绝对直的。但在工程实际中，上述假设能够简化计算，而且所得的结果已符合工程实际的需要。根据这些假设，桁架的杆件都看成是两端受力作用的二力杆件，因此，各杆件所受的力必定沿着杆件的轴向，只受拉力和压力。

下面介绍两种计算桁架杆件内力的方法：节点法和截面法。

（1）节点法

桁架的每个节点都受一个汇交力系的作用。为了求每个杆件的内力，可以逐个地取节点为研究对象，由已知力求出全部未知力（杆件的内力），这就是**节点法**。

例 6.11　平面桁架的尺寸和支座如图 6.20a 所示。在节点 D 处受一集中载荷 $F=10\text{kN}$ 的作用。试求桁架各杆件所受的内力。

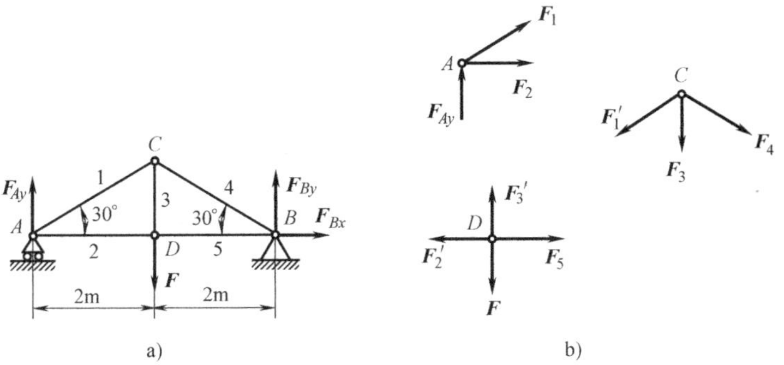

图 6.20　例 6.11 图

解：(1) 以桁架整体为研究对象，求支座约束力。在桁架上受力 $\boldsymbol{F}$、$\boldsymbol{F}_{Ay}$、$\boldsymbol{F}_{Bx}$、$\boldsymbol{F}_{By}$ 作用。列平衡方程

$$\sum F_x=0,\qquad F_{Bx}=0$$
$$\sum M_A(\boldsymbol{F})=0,\quad F_{By}\times 4\text{m}-F\times 2\text{m}=0$$
$$\sum M_B(\boldsymbol{F})=0,\quad F\times 2\text{m}-F_{Ay}\times 4\text{m}=0$$

解得

$$F_{Bx}=0,\qquad F_{Ay}=F_{By}=5\text{kN}$$

(2) 求各杆的内力。

为求各杆内力，应设想将杆件截断，取出每个节点来研究。桁架的每个节点都在外载荷、支座约束力和杆件内力的作用下平衡。因此，求桁架的内力就是求解平面汇交力系的平衡问题，可逐次对每个节点用两个平衡方程来求解。解题时可先假定各杆都受拉力，各节点的受力如图 6.20b 所示。

为计算方便，最好逐次列出只含两个未知力的节点的平衡方程。

在节点 A，杆的内力 F_1 和 F_2 未知。列平衡方程，得

$$\sum F_x=0,\ F_2+F_1\cos 30^\circ=0$$
$$\sum F_y=0,\ F_{Ay}+F_1\sin 30^\circ=0$$

代入 F_{Ay} 的值后，解得

$$F_1=-10\text{kN},\quad F_2=8.66\text{kN}$$

在节点 C，杆的内力 F_3 和 F_4 未知。列平衡方程，得

$$\sum F_x=0,\quad F_4\cos 30^\circ-F_1'\cos 30^\circ=0$$
$$\sum F_y=0,\quad -F_3-F_1'\sin 30^\circ-F_4\sin 30^\circ=0$$

代入 $F_1'=F_1$ 值后，解得

$$F_3=10\text{kN},\quad F_4=-10\text{kN}$$

在节点 D，只有一个杆的内力 F_5 未知。列平衡方程，得

$$\sum F_x=0,\quad F_5-F_2'=0$$

代入 $F_2'=F_2$ 值后，解得

$$F_5=8.66\text{kN}$$

计算结果内力 F_2、F_3 和 F_5 的值为正，表示杆受拉力。内力 F_1 和 F_4 的值为负，表示与假定相反，杆件受压。

（2）截面法

如只要求计算桁架内某几个杆件所受的内力，可以适当地选取一截面，假设把桁架截开，再考虑其中任一部分的平衡，求出这些被截杆件的内力，这就是截面法。

例 6.12 如图 6.21a 所示的平面桁架，各杆件的长度皆为 1m。在节点 E 上作用载荷 $F=10\text{kN}$，在节点 G 上作用载荷 $F'=7\text{kN}$。试计算杆 1、2 和 3 的内力。

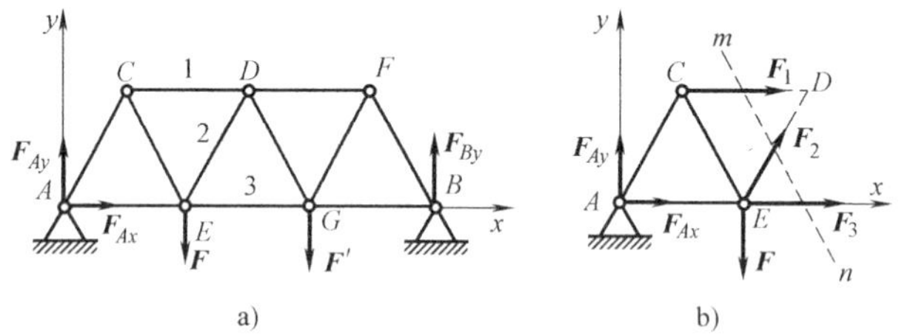

图 6.21 例 6.12 图

解：（1）求桁架的支座约束力。以桁架整体为研究对象。在桁架上受主动力 $\boldsymbol{F}$ 和 $\boldsymbol{F}'$ 以及约束力 $\boldsymbol{F}_{Ax}$、$\boldsymbol{F}_{Ay}$ 和 $\boldsymbol{F}_{By}$ 的作用。列出平衡方程，即

$$\sum F_x=0,\quad F_{Ax}=0$$

$$\sum F_y=0,\quad F_{Ay}+F_{By}-F-F'=0$$

$$\sum M_B(\boldsymbol{F})=0,\quad F\times 2\text{m}+F'\times 1\text{m}-F_{Ay}\times 3\text{m}=0$$

解之得

$$F_{Ax}=0,\quad F_{Ay}=9\text{kN},\quad F_{By}=8\text{kN}$$

（2）为求得杆 1、2 和 3 的内力，可作一截面 $m—n$ 将三杆截断。选取桁架左半部分为研究对象。假定所截断的三杆都受拉力，则这部分桁架的受力图如图 6.21b 所示。列平衡方程，得

$$\sum F_y=0,\quad F_{Ay}+F_2\times\frac{\sqrt{3}}{2}-F=0$$

$$\sum M_E(\boldsymbol{F})=0,\quad -F_1\times 1\text{m}\times\frac{\sqrt{3}}{2}-F_{Ay}\times 1\text{m}=0$$

$$\sum M_D(\boldsymbol{F})=0,\quad F\times 0.5\text{m}+F_3\times 1\text{m}\times\frac{\sqrt{3}}{2}-F_{Ay}\times 1.5\text{m}=0$$

解之得

$$F_1=-10.4\text{kN},\quad F_2=1.16\text{kN},\quad F_3=9.28\text{kN}$$

如选取桁架的右半部分为研究对象，可得同样的结果。

由上例可见，采用截面法时，选择适当的力矩方程，常可较快地求得某些指定杆件的内力。当然，应注意到，平面任意力系只有三个独立的平衡方程，因而，作截面时，每次最多只能截断三根杆件。如截断杆件多于三根时，它们的内力一般不能全部求出。

6.7 平行力系的简化·重心

若空间力系中各力的作用线相互平行，则此力系称为**空间平行力系**，其为空间任意力系的特殊情形，本节将通过对空间平行力系的简化，推出其在工程中的重要应用——物体重心位置的确定。

1. 平行力系的简化和平行力系的中心

在刚体上作用有空间平行力系，建立坐标系 $Oxyz$，如图 6.22 所示。平行力系向 O 点简化的主矢和主矩可表示为

$$\boldsymbol{F}'_{\mathrm{R}} = \sum_{i=1}^{n} \boldsymbol{F}_i,\quad \boldsymbol{M}_O = \sum_{i=1}^{n} \boldsymbol{M}_O(\boldsymbol{F}_i)$$

当平行力系的主矢 $\boldsymbol{F}'_{\mathrm{R}} \neq \boldsymbol{0}$ 时，平行力系有合力 $\boldsymbol{F}_{\mathrm{R}} = \boldsymbol{F}'_{\mathrm{R}}$，且与各力平行，在各力的作用点均已知的情形下，不仅可以确定合力作用线方程，还可以求出合力作用点的具体位置。平行力的合力作用点称为**平行力系的中心**。

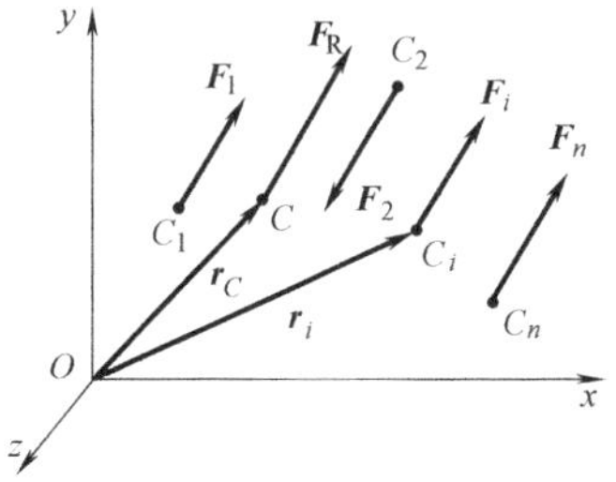

图 6.22

在图 6.22 所示平行力系中，任一力 $\boldsymbol{F}_i$ 作用点的矢径为 $\boldsymbol{r}_i$，合力作用点 C 的矢径为 $\boldsymbol{r}_C$。根据合力矩定理式 (6.15)，得

$$\boldsymbol{r}_C \times \boldsymbol{F}_{\mathrm{R}} = \sum_{i=1}^{n} (\boldsymbol{r}_i \times \boldsymbol{F}_i)$$

取力作用线的某一方向为正向，单位矢量为 $\boldsymbol{e}$，则 $\boldsymbol{F}_{\mathrm{R}} = F_{\mathrm{R}}\boldsymbol{e}$，$\boldsymbol{F}_i = F_i\boldsymbol{e}$，代入上式得

$$\left(F_{\mathrm{R}}\boldsymbol{r}_C - \sum_{i=1}^{n} F_i\boldsymbol{r}_i\right) \times \boldsymbol{e} = \boldsymbol{0}$$

注意：$\boldsymbol{e}$ 为非零的单位矢量，则

$$F_{\mathrm{R}}\boldsymbol{r}_C - \sum_{i=1}^{n} F_i\boldsymbol{r}_i = \boldsymbol{0}$$

可得

$$\boldsymbol{r}_C = \frac{\sum F_i\boldsymbol{r}_i}{F_{\mathrm{R}}} = \frac{\sum F_i\boldsymbol{r}_i}{\sum F_i} \tag{6.24}$$

在直角坐标轴上投影为

$$x_C = \frac{\sum F_i x_i}{\sum F_i},\quad y_C = \frac{\sum F_i y_i}{\sum F_i},\quad z_C = \frac{\sum F_i z_i}{\sum F_i} \tag{6.25}$$

同向分布载荷是工程中常见的另一种平行力系，求它的合力大小及合力作用线位置是平行力系简化的一个具体应用。

如图 6.23 所示，在线段 AB 上作用一垂直向上的分布载荷，以 A 端为坐标原点建立直角坐标系 Axy，若已知分布载荷的集度为 $q(x)$，在位置 x 处取微段 $\mathrm{d}x$，在此微段上的分布力可以近似看作均匀分布，其合力大小 $\mathrm{d}F_i=q(x)\mathrm{d}x$。此分布载荷可看作是由无数个微小集中力 $\mathrm{d}F_i$ 组成的平行力系，其合力大小为

$$F_R=\int_0^l \mathrm{d}F_i=\int_0^l q(x)\mathrm{d}x \tag{6.26}$$

合力作用点即平行力系中心的 x 坐标为

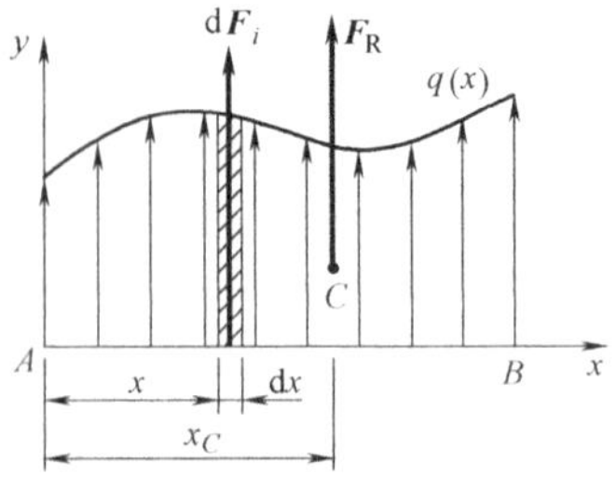

图 6.23

$$x_C=\frac{\sum x\mathrm{d}F_i}{F_R}=\frac{\int_0^l xq(x)\mathrm{d}x}{\int_0^l q(x)\mathrm{d}x} \tag{6.27}$$

由式（6.26）和式（6.27）可知，对于沿直线分布的垂直向分布载荷来说，其合力的大小等于分布载荷图形的面积，合力作用线则通过该图形的形心。对常见的简单图形，如矩形分布载荷、三角形分布载荷等，可不必通过积分，而是直接通过上述规律得到等效合力，如图 6.24a、b 所示。对载荷图形比较复杂的分布载荷，可以把它看成几个简单的载荷图形的叠加，如图 6.24c 所示。

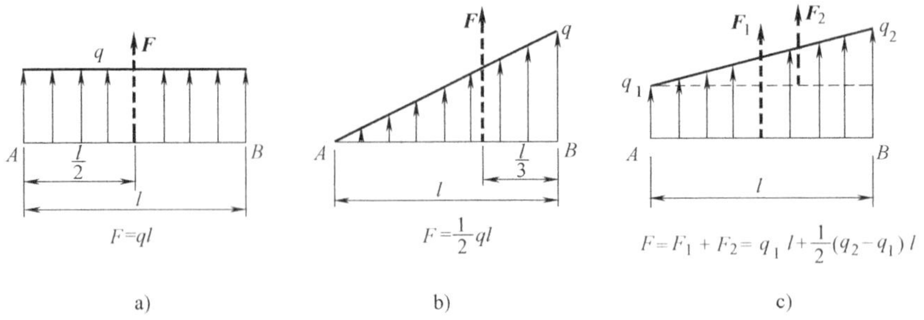

图 6.24

2. 物体的重心

重心在工程实际中具有重要的意义。如行走式起重机的重心必须控制在某一范围内，才能保证其正常、安全地工作；飞轮或转动轴的重心应位于转动轴的轴线上，否则会引起振动并对轴承产生巨大的附加动约束力；飞机的重心位置对操纵和飞行的稳定性有很大的影响。

在地球附近的物体都受到地球对它的作用力，即物体的重力；重力作用于物体内每一微小部分，是一个分布力系。对于工程中一般的物体，这种分布的重力可足够精确地视为空间平行力系，所谓物体的重力就是这个空间平行力系的合力。

如将图 6.25 中的物体分割成许多微小体积，每小块体积为 ΔV_i，所受重力为 $\boldsymbol{P}_i$，其作用点到坐标原点的矢径为 $\boldsymbol{r}_i=x_i\boldsymbol{i}+y_i\boldsymbol{j}+z_i\boldsymbol{k}$。这些重力组成平行力系，其合力 $\boldsymbol{P}$ 的大小即为整个物体的重量，即

$$P=\sum P_i$$

此平行力系的中心即物体的重心。由此可知，重心在物体中是一个确定的点，与物体放置的方位无关。根据平行力系中心公式（6.24），重心 C 的矢径为

$$\boldsymbol{r}_C=\frac{\sum P_i\boldsymbol{r}_i}{\sum P_i}=\frac{\sum P_i\boldsymbol{r}_i}{P} \tag{6.28}$$

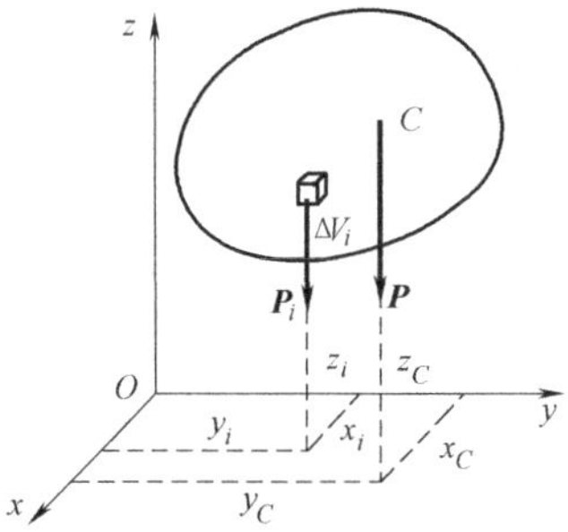

图 6.25

在地球表面，物体上任一微小体积的重力等于其质量 m_i 与重力加速度的乘积，即 $P_i=m_ig$；而整个物体的重力则等于物体的全部质量 m 与重力加速度的乘积，即 $P=mg$。代入上式并约去 g，则成为

$$\boldsymbol{r}_C=\frac{\sum m_i\boldsymbol{r}_i}{\sum m_i}=\frac{\sum m_i\boldsymbol{r}_i}{m} \tag{6.29}$$

在直角坐标轴上的投影为

$$x_C=\frac{\sum m_ix_i}{m},\quad y_C=\frac{\sum m_iy_i}{m},\quad z_C=\frac{\sum m_iz_i}{m} \tag{6.30}$$

式（6.29）和式（6.30）称为质心坐标公式。在地球表面附近，物体的重心和质心重合，是同一个点。

如果物体是均质的，单位体积的质量 γ 为常值，对连续分布的物体，$m_i=\gamma\Delta V_i$，而 $m=\gamma\cdot V$，$V=\sum\Delta V_i$ 为物体的总体积。将 m_i 和 m 代入式（6.30），消掉 γ 则有

$$x_C=\frac{\sum x_i\Delta V_i}{V},\quad y_C=\frac{\sum y_i\Delta V_i}{V},\quad z_C=\frac{\sum z_i\Delta V_i}{V} \tag{6.31}$$

由式（6.31）确定的坐标仅与物体的几何形状有关，因此称为物体的**形心**。显见，物体分割得越多，即每一小块体积越小，计算的形心位置越准确，在极限情况下可用积分计算如下：

$$x_C=\frac{\int_V x\mathrm{d}V}{V},\quad y_C=\frac{\int_V y\mathrm{d}V}{V},\quad z_C=\frac{\int_V z\mathrm{d}V}{V} \tag{6.32}$$

式（6.31）和式（6.32）为物体的形心公式。这表明，对均质物体，其质心与形心重合。

工程中常采用薄壳结构，例如体育馆的顶壳、薄壁容器、飞机机翼等，其厚度与其表面积相比是很小的，如图 6.26 所示。若薄壳是均质等厚的，则其重心（或形心）公式为

$$\left.\begin{aligned}x_C&=\frac{\sum x_i\Delta S_i}{S}=\frac{\int_S x\mathrm{d}S}{S}\\y_C&=\frac{\sum y_i\Delta S_i}{S}=\frac{\int_S y\mathrm{d}S}{S}\\z_C&=\frac{\sum z_i\Delta S_i}{S}=\frac{\int_S z\mathrm{d}S}{S}\end{aligned}\right\} \tag{6.33}$$

如果物体是均质等截面的细长曲杆，其截面尺寸与其长度相比是很小的，如图 6.27 所示。则其重心（或形心）坐标公式为

$$\left.\begin{aligned}x_C&=\frac{\sum x_i\Delta l_i}{l}=\frac{\int_l x\mathrm{d}l}{l}\\y_C&=\frac{\sum y_i\Delta l_i}{l}=\frac{\int_l y\mathrm{d}l}{l}\\z_C&=\frac{\sum z_i\Delta l_i}{l}=\frac{\int_l z\mathrm{d}l}{l}\end{aligned}\right\}\tag{6.34}$$

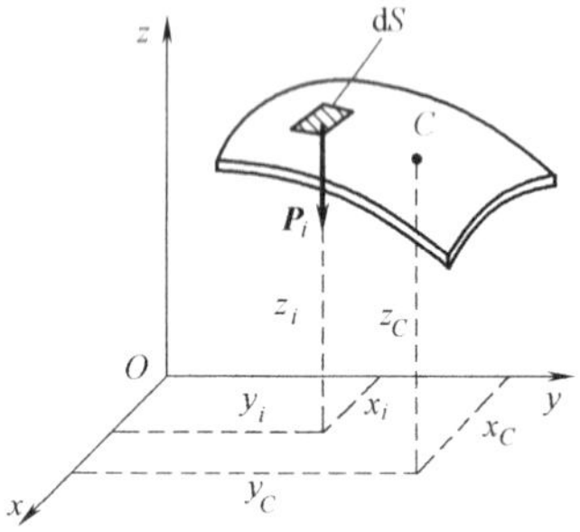

图 6.26

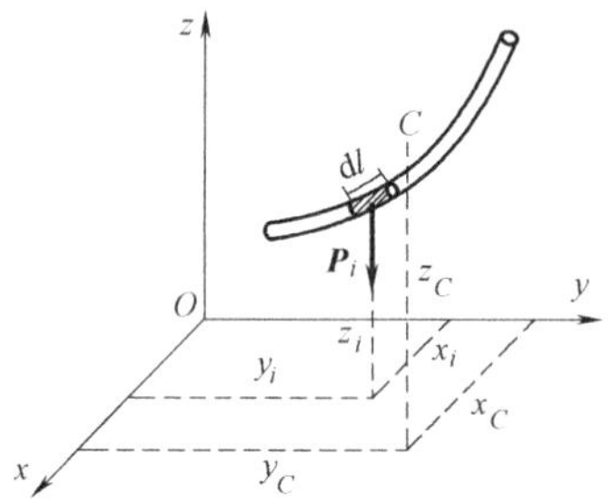

图 6.27

凡是具有对称面、对称轴或对称点的均质物体，其重心在对称面、对称轴或对称点上。对于简单形状物体的重心，可以由上述公式直接积分得到。在附录 D 中，列出了常见简单均质体的重心公式。对于形状比较复杂、但可分割成数个简单形体的组合体，可根据式(6.29)~式(6.31)、式(6.33)和式(6.34)用分割法求其重心（质心或形心）。为分割方便，简单形体也可以是空的部分，如孔、洞等，只要将其重量 P_i 或相应的几何形体量(面积或体积)视为负值，仍可应用分割法。如果物体的形状很复杂或质量非均匀分布，用上述计算方法求重心十分困难。这时，可用实验方法确定重心的位置。工程中确定重心的实验方法有悬挂法和称重法。悬挂法适于求平面薄板的重心。如图 6.28 所示，将薄板悬挂两次，如图 6.28a、b 所示，在薄板上画出每次悬挂点的铅直线，它们的交点即物体的重心。称重法可以确定一些大型三维物体的重心，如图 6.29 所示，但需通过求解平衡方程得到。

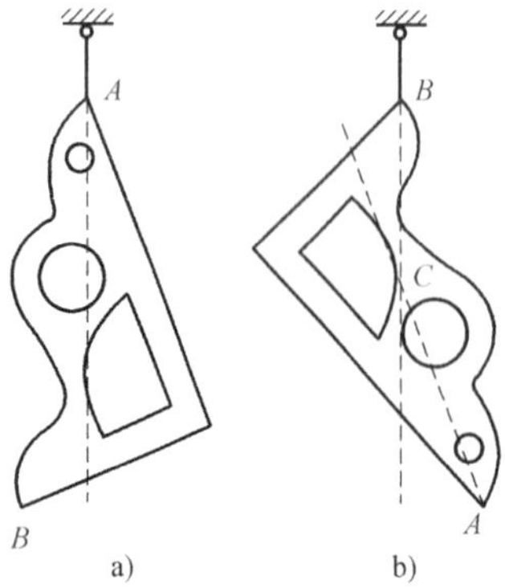

图 6.28

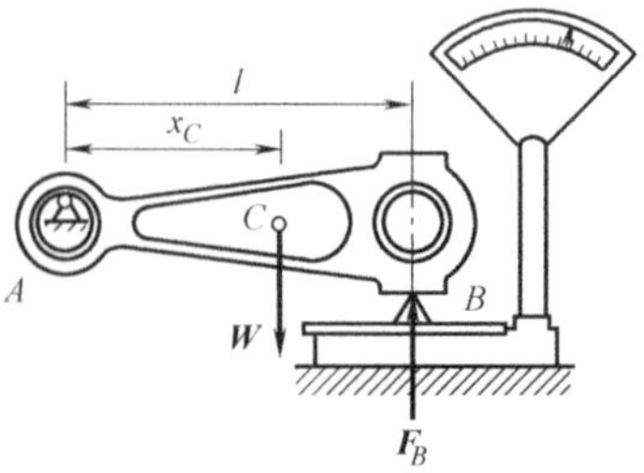

图 6.29

例 6.13　试求图 6.30a 所示角钢横截面的形心。已知：$B=160\text{mm}$，$b=100\text{mm}$，$d=16\text{mm}$。

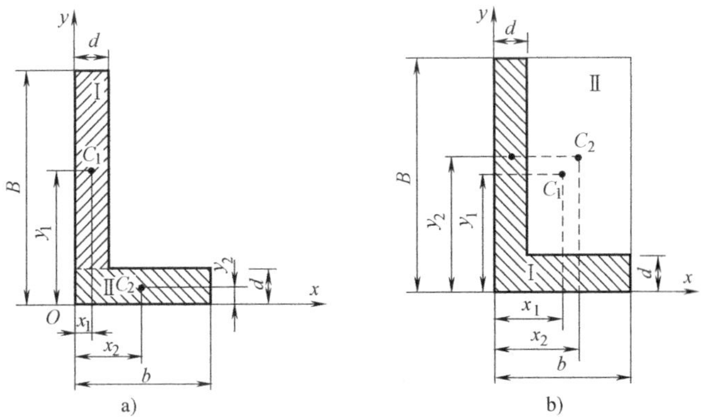

图 6.30　例 6.13 图

解：建立图 6.30a 所示坐标系 Oxy，将图形分割为图示两个矩形Ⅰ、Ⅱ，它们的形心分别在其对称点 $C_1(x_1,\ y_1)$、$C_2(x_2,\ y_2)$。两矩形的面积及形心的坐标为

$$S_1=(B-d)\cdot d=2304\text{mm}^2$$

$$x_1=\frac{d}{2}=8\text{mm},\quad y_1=d+\frac{B-d}{2}=88\text{mm}$$

$$S_2=b\cdot d=1600\text{mm}^2$$

$$x_2=\frac{b}{2}=50\text{mm},\quad y_2=\frac{d}{2}=8\text{mm}$$

代入式（6.33）得角钢横截面形心坐标为

$$x_C=\frac{\sum x_iS_i}{\sum S_i}=\frac{2304\times8+1600\times50}{2304+1600}\text{mm}=25.2\text{mm}$$

$$y_C=\frac{\sum y_iS_i}{\sum S_i}=\frac{2304\times88+1600\times8}{2304+1600}\text{mm}=55.2\text{mm}$$

显见，形心 C 坐标位于角钢横截面之外。

也可采用负面积法求解此题。如图 6.30b 所示，把角钢截面看作面积为 $B\times b$ 的矩形Ⅰ切去了 $(B-d)\times(b-d)$ 的矩形Ⅱ而形成的，这样一来，

$$S_1=B\times b=16000\text{mm}^2$$

$$x_1=\frac{b}{2}=50\text{mm},\quad y_1=\frac{B}{2}=80\text{mm}$$

$$S_2=-(B-d)\times(b-d)=-12096\text{mm}^2$$

$$x_2=\frac{b-d}{2}+d=58\text{mm},\quad y_2=\frac{B-d}{2}+d=88\text{mm}$$

其形心坐标为

$$x_C=\frac{\sum x_iS_i}{\sum S_i}=\frac{16000\times50-12096\times58}{16000-12096}\text{mm}=25.2\text{mm}$$

$$y_C = \frac{\sum y_i S_i}{\sum S_i} = \frac{16000 \times 80 - 12096 \times 88}{16000 - 12096}\text{mm} = 55.2\text{mm}$$

例 6.14 试求如图 6.31 所示半径为 R、顶角为 2φ 的扇形面积的形心。

解： 建立坐标如图所示。由对称性知，该扇形的形心 C 必在对称轴 y 轴上，即 $x_C = 0$。至于 y_C 则可应用式（6.33）来确定。

取三角形微面积如图所示，三角形的面积为 $\mathrm{d}S = \frac{1}{2}R\mathrm{d}L = \frac{1}{2}R^2\mathrm{d}\theta$，其形心在 $\frac{2}{3}R$ 处，代入式（6.33），得

$$y_C = \frac{\int_S y\mathrm{d}S}{\int_S \mathrm{d}S} = \frac{\int_{-\varphi}^{\varphi}\left(\frac{2}{3}R\cos\theta\right) \cdot \frac{1}{2}R^2\mathrm{d}\theta}{\int_{-\varphi}^{\varphi}\frac{1}{2}R^2\mathrm{d}\theta} = \frac{2R\sin\varphi}{3\varphi}$$

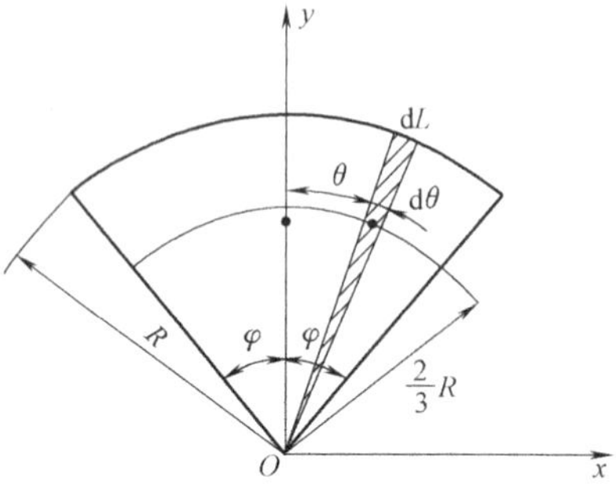

图 6.31 例 6.14 图

当 $\varphi = \frac{\pi}{2}$，得到半圆形面积的形心坐标为

$$y_C = \frac{4R}{3\pi}$$

6.8 考虑摩擦时的平衡

在前面叙述的约束中，认为两个物体的接触面是绝对光滑的，这与真实情况不符。实际上，两个物体的接触面之间始终存在着阻碍它们相对运动的作用。这种现象称为**摩擦**，这种阻碍作用力称为**摩擦阻力**。

摩擦现象比较复杂，按两物体相对运动的形式可分为**滑动摩擦**和**滚动摩擦**。本章节主要研究滑动摩擦。

1. 滑动摩擦

当物体间仅有相对滑动趋势时，沿公切线的阻力称为静摩擦力，以 $\boldsymbol{F}_s$ 表示；当物体间已发生相对滑动时，则沿公切线的阻力称为动摩擦力，以 $\boldsymbol{F}_d$ 表示。在许多问题中，摩擦的作用十分显著，甚至起主要作用。例如，梯子倚在墙边不倒，就是依靠了粗糙地面的摩擦力；汽车之所以能向前行驶，也是依靠了主动轮与地面间向前的摩擦力。

在粗糙的水平面上放置一静止不动的物体，该物体在重力 $\boldsymbol{W}$ 和法向约束力 $\boldsymbol{F}_N$ 的作用下处于静止状态，如图 6.32a 所示，摩擦力为零。用水平方向的主动力 $\boldsymbol{F}$ 去拉它，如图 6.32b 所示，如果主动力 $\boldsymbol{F}$ 较小，则物体保持静止，静摩擦力 $\boldsymbol{F}_s$ 与主动力 $\boldsymbol{F}$ 大小相等、方向相反，所以摩擦力是约束力。不断增大主动

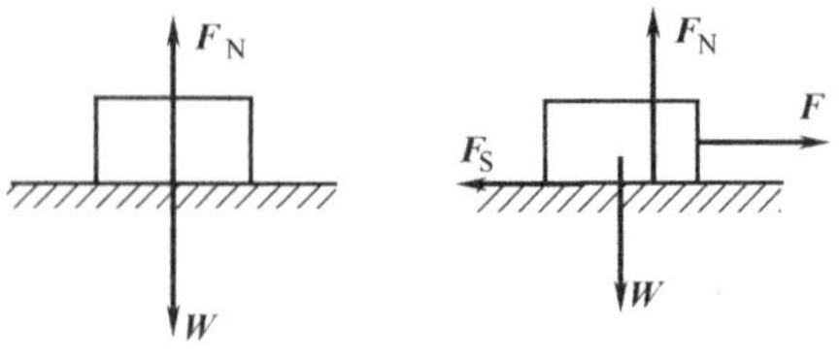

a)　　b)

图 6.32

力 $\boldsymbol{F}$，当到达某值时，物体开始滑动，说明静摩擦力有一极限值，这个极限值称之为最大静摩擦力，以 $\boldsymbol{F}_{s,max}$ 表示。摩擦力是一种特殊的约束力，其机制相当复杂。但通过大量实验证明，对于一般的工程问题，可归结为以下几个特点：

1）静摩擦力 $\boldsymbol{F}_s$ 的方向沿两物体接触面公切线，并与两物体相对滑动趋势方向相反。

2）静摩擦力 $\boldsymbol{F}_s$ 的大小可在一定范围内变化，最大静摩擦力 $\boldsymbol{F}_{s,max}$ 的大小与正压力 $\boldsymbol{F}_N$ 成正比，即

$$F_s \leqslant F_{s,max}, \quad F_{s,max}=f_s F_N \tag{6.35}$$

式中，f_s 称为**静摩擦因数**，其值取决于接触物体的材料及表面物理条件，由实验测定。

3）动摩擦力 $\boldsymbol{F}_d$ 的大小也与正压力 $\boldsymbol{F}_N$ 成正比，即

$$F_d=fF_N \tag{6.36}$$

式中，f 称为**动摩擦因数**，且有 $f<f_s$。

上述经验规律是法国物理学家库仑于 1781 年根据前人的研究结果总结出来的，通常称为**库仑摩擦定律**。

实际上动摩擦因数还与接触面间相对滑动的速度大小有关。对于不同材料的物体，动摩擦因数随相对滑动的速度变化规律也不同。多数情况下，动摩擦因数随相对滑动速度的增大而稍减小。但当相对滑动速度不大时，动摩擦因数可近似地认为是个常数，且 $f\approx f_s$。

在机械中，往往用降低接触表面的粗糙度或加入润滑剂等方法，使动摩擦因数 f 降低，以减少摩擦和磨损。

2. 摩擦角和自锁

存在摩擦时，支承面对平衡物体的约束力包含法向约束力 $\boldsymbol{F}_N$ 和切向约束力 $\boldsymbol{F}_s$（即静摩擦力）。这两个分力的矢量和 $\boldsymbol{F}_R=\boldsymbol{F}_N+\boldsymbol{F}_s$ 称为**全约束力**，其方向可用它与接触面公法线间的夹角 φ 来表示，$\tan\varphi=\dfrac{F_s}{F_N}$，如图 6.33a 所示。当 $\boldsymbol{F}_s$ 达到它的极限值 $\boldsymbol{F}_{s,max}$ 时，φ 角也达到它的极限值 φ_m，于是有下面的关系：

$$\tan\varphi_m=\frac{F_{s,max}}{F_N}=f_s \tag{6.37}$$

式中，φ_m 称为摩擦角，如图 6.33b 所示。

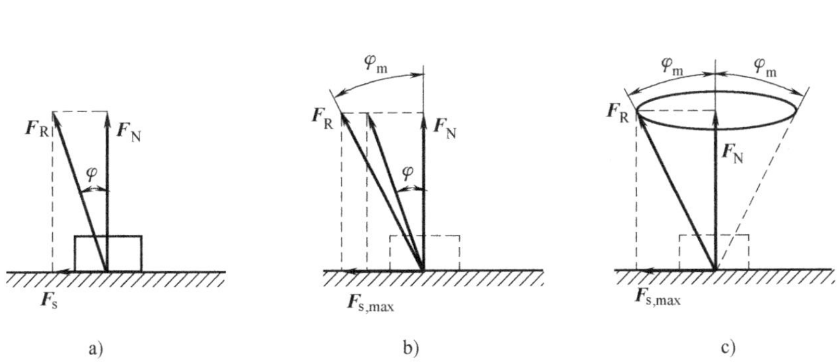

图 6.33

当物体滑动趋势方向改变时，全约束力作用线的方位也随之改变，而对应每一个方位，

都有一个 $\boldsymbol{F}_R$ 的极限位置，所有这些 $\boldsymbol{F}_R$ 的作用线组成一个锥面，称为**摩擦锥**。如果各个方向的静摩擦因数相同，则这个锥面就是一个顶角为 $2\varphi_m$ 的圆锥面，如图 6.33c 所示。

当物体平衡时，由于 $\boldsymbol{F}_s \leqslant \boldsymbol{F}_{s,max}$，则 $\varphi \leqslant \varphi_m$，也就是说，物体平衡时，全约束力 $\boldsymbol{F}_R$ 的作用线总是在摩擦锥以内或者正好位于锥面上，且此时主动力合力 $\boldsymbol{F}$ 与全约束力 $\boldsymbol{F}_R$ 等值、反向、共线。因此，当作用在物体上的主动力合力 $\boldsymbol{F}$ 的作用线落在摩擦锥内时，无论怎样增大主动力，都不可能破坏物体的平衡，这种现象称为**自锁**，如图 6.34a 所示。相反，当主动力的合力 $\boldsymbol{F}$ 的作用线在摩擦角之外时，无论 $\boldsymbol{F}$ 的值多么小，总不能使物体平衡。原因是全约束力 $\boldsymbol{F}_R$ 不能与主动力的合力 $\boldsymbol{F}$ 共线。这种现象称为**不自锁**，如图 6.34b 所示。

根据斜面的自锁条件，我们还可以通过实验的方法来测定静摩擦因数 f_s。用相同的材料制成物块和斜面，将物块置于斜面上，令斜面的倾角 φ 由零逐渐增大，当物块开始下滑时，测得的倾角 φ_m 即为摩擦角，如图 6.35 所示，则静摩擦因数为

$$f_s = \tan\varphi_m \tag{6.38}$$

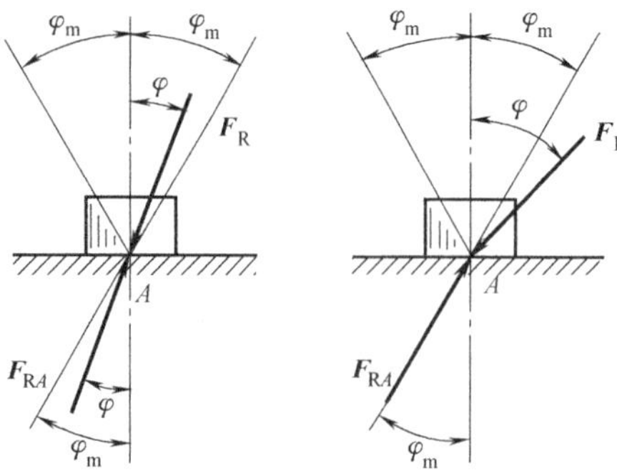

a)　　b)

图 6.34

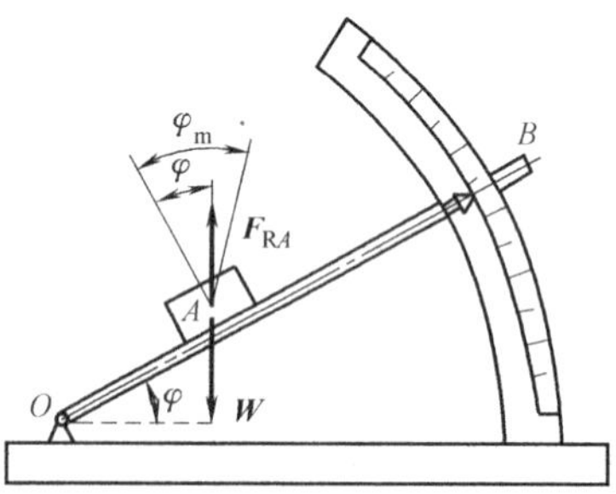

图 6.35

3. 考虑摩擦时的平衡问题

求解考虑摩擦时的平衡问题与以前所研究的平衡问题的方法、步骤并无原则区别，但需要特别注意以下两点：

1）分析受力（画受力图）时，需要考虑摩擦力 $\boldsymbol{F}_s$，它的大小应满足下列不等式：

$$\boldsymbol{F}_s \leqslant f_s \boldsymbol{F}_N$$

式中，等号仅在临界平衡状态下才成立，这时应正确地判断摩擦力的方向；在一般情形下摩擦力的大小必须由平衡方程求解。

2）因为静摩擦力 $\boldsymbol{F}_s$ 有一个变化范围，即

$$0 \leqslant F_s \leqslant f_s F_N$$

所以问题的解答往往是以不等式所表示的一个范围，称为**平衡范围**。

下面举例说明考虑摩擦的平衡问题的解法。

例 6.15　如图 6.36a 所示，重量为 W 的物块放于倾角为 θ 的斜面上。已知物块与斜面间的静摩擦因数为 f_s。试求能使物块在斜面上维持静止的水平力 $\boldsymbol{F}$ 的大小。

解：物块在重力 $\boldsymbol{W}$ 和水平力 $\boldsymbol{F}$ 的作用下，可能有两种滑动趋势：当力 $\boldsymbol{F}$ 较小时，物块

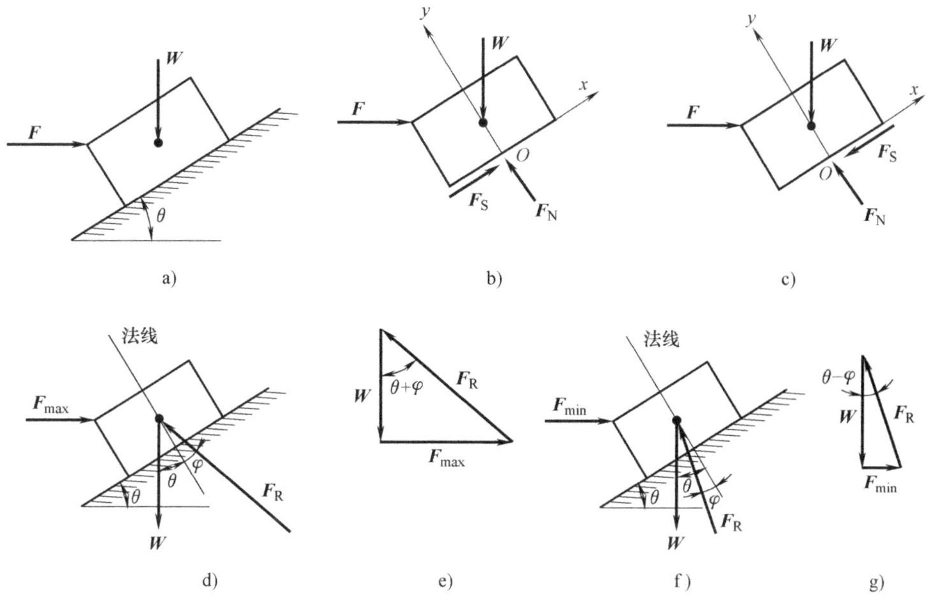

图 6.36　例 6.15 图

有向下滑动的趋势；当力 $\boldsymbol{F}$ 较大时，物块有向上滑动的趋势。对这两种情形分别讨论如下。

（1）先确定不使物块下滑所需力 $\boldsymbol{F}$ 的最小值。此时由于物块有下滑趋势，所以作用于物块的摩擦力方向沿斜面向上，物块受力图如图 6.36b 所示。建立坐标系 Oxy，列出平衡方程为

$$\sum F_x=0,\ F_s+F\cos\theta-W\sin\theta=0 \tag{a}$$

$$\sum F_y=0,\ F_N-F\sin\theta-W\cos\theta=0 \tag{b}$$

因物块处于静止状态，故式（a）中，摩擦力的大小 F_s 还应满足下列条件：

$$F_s\leqslant f_sF_N \tag{c}$$

联立式（a）~式（c）可求得

$$F_{min}\geqslant\frac{\sin\theta-f_s\cos\theta}{\cos\theta+f_s\sin\theta}W$$

（2）再确定不使物块上滑所需力 F 的最大值。此时由于物块有上滑趋势，所以作用于物块的摩擦力方向应沿斜面向下，物块受力图如图 6.36c 所示。建立坐标系 Oxy，列出平衡方程为

$$\sum F_x=0,\ -F_s+F\cos\theta-W\sin\theta=0 \tag{d}$$

$$\sum F_y=0,\ F_N-F\sin\theta-W\cos\theta=0 \tag{e}$$

式中，摩擦力的大小 F_s 仍满足式（c），联立式（c）~式（e）可得

$$F_{max}\leqslant\frac{\sin\theta+f_s\cos\theta}{\cos\theta-f_s\sin\theta}W$$

综合上述两种情形下的结果，分式上下同除以 $\cos\theta$，可知只有当力 F 满足如下条件时，物块才能维持静止：

$$\frac{\tan\theta-f_s}{1+f_s\tan\theta}W\leqslant F\leqslant\frac{\tan\theta+f_s}{1-f_s\tan\theta}W$$

如引用摩擦角的概念，即 $f_s=\tan\varphi_m$，上式可改写为

$$W\tan(\theta-\varphi_m)\leqslant F\leqslant W\tan(\theta+\varphi_m)$$

在此题中，如果斜面的倾角小于摩擦角，即 $\theta<\varphi_m$ 时，上式左端成为负值，即 F_{min} 为负值，这说明不需要 F 的支持，物块就能静止在斜面上，而且物块重量 W 多大，也不会破坏平衡状态，这就是自锁现象。

本题也可用摩擦角和全约束力的概念来求解。由图 6.36d 可见，物块在有向上滑动趋势的临界状态时，可将法向约束力和最大静摩擦力用全约束力 F_R 来代替，这时物块在 $\boldsymbol{W}$、$\boldsymbol{F}_R$ 和 $\boldsymbol{F}_{max}$ 三个力作用下平衡。根据汇交力系平衡的几何条件，可画得如图 6.36e 所示的封闭的力三角形。由三角函数解得

$$F_{max}=W\tan(\theta+\varphi_m)$$

同样可画得物块在有向下滑动趋势的临界状态时的受力图，如图 6.36f 所示。作封闭的三角形，如图 6.36g 所示。由三角函数解得

$$F_{min}=W\tan(\theta-\varphi_m)$$

综合上述两种情形下的结果，可得物块的平衡范围，即

$$W\tan(\theta-\varphi_m)\leqslant F\leqslant W\tan(\theta+\varphi_m)$$

可见用几何法解得的结果与用解析法的完全相同，在三力平衡的问题中，用几何法有时更为简便。

例 6.16 图 6.37 所示为攀登电线杆用的脚套钩。已知电线杆直径为 d，脚套钩上与电线杆的两接触点 A、B 间的铅直距离为 h，摩擦因数为 f_s。试求为使脚套钩不打滑，脚踏力 $\boldsymbol{F}$ 距电线杆中心线的距离 l 应为何值？

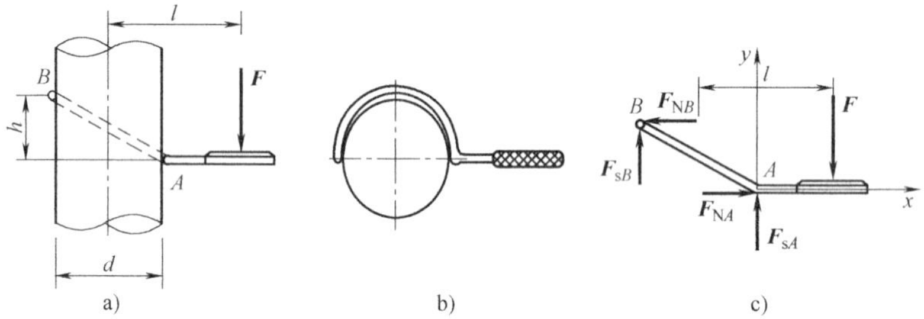

图 6.37 例 6.16 图

解： 取脚套钩为研究对象。其受力图如图 6.37c 所示。建立坐标系 Axy，列出其平面任意力系的平衡方程

$$\sum F_x=0,\qquad F_{NA}-F_{NB}=0 \tag{a}$$

$$\sum F_y=0,\qquad F_{sA}+F_{sB}-F=0 \tag{b}$$

$$\sum M_A(\boldsymbol{F})=0,\quad F_{NB}h-F_{sB}d-F\left(l-\frac{d}{2}\right)=0 \tag{c}$$

根据摩擦力的性质，有下列关系：

$$F_{sA}\leqslant f_s\cdot F_{NA},\quad F_{sB}\leqslant f_s\cdot F_{NB} \tag{d}$$

由式（c）、式（d）可得

$$F_{NB}(h-f_s d)\leqslant F\left(l-\frac{d}{2}\right) \tag{e}$$

由式（a）、式（b）及式（d）可得

$$F_{NB} \geqslant \frac{F}{2f_s} \tag{f}$$

由式（e）、式（f）可得

$$\frac{F}{2f_s}(h-f_s d) \leqslant F\left(l-\frac{d}{2}\right)$$

即

$$l \geqslant \frac{h}{2f_s}$$

本章小结

1. 本章基本要求

1）掌握各种类型力系的简化方法和简化结果，掌握力系的主矢和主矩的概念及其性质。能熟练地计算各类力系的主矢和主矩。

2）掌握各种类型力系的平衡条件。能熟练利用平衡方程求解单个刚体的平衡问题。

3）了解结构的静定和超静定概念。对刚体系统的平衡问题，能熟练地选取研究对象和应用平衡方程求解。

4）理解简单桁架的简化假设，熟练掌握计算杆件内力的方法：节点法和截面法。

5）理解平行力系中心和重心的概念，能熟练地应用坐标公式求物体的重心、质心和形心。

6）掌握滑动摩擦的性质，理解摩擦角、自锁等概念，熟练掌握考虑滑动摩擦时平衡问题的求解方法。

2. 本章重点

1）各种类型力系向任一点的简化及力系的简化结果。

2）平面任意力系平衡的解析条件及平衡方程的各种形式。

3）刚体系统平衡问题的求解。

4）重心（质心或形心）坐标公式的应用。

5）利用节点法、截面法求解平面静定桁架的内力。

6）考虑滑动摩擦时物体系统平衡问题的求解。

3. 本章难点

1）主矢与主矩的概念。

2）刚体系统的平衡问题中正确选取研究对象及平衡方程。

3）求组合体的形心坐标。

4）正确区分不同类型的含摩擦平衡问题，正确判断摩擦力的方向及正确应用库仑摩擦定律。

4. 学习建议

1）主矢和主矩是在对一个力系进行简化时，为了准确描述力系的特征而引入的重要概念。主矢不是合力，它只具有大小和方向两个特征，与简化中心的选取无关。一般而言，主矩的大小、转向与简化中心的选取有关，但是在主矢为零的情况下，主矩与简化中心无关。

2）求解刚体系统平衡问题时，需特别注意研究对象和平衡方程的选取：首先，选取研究对象时，分离体应包含待求未知力。可取单个刚体，亦可取部分刚体系统为研究对象。尽量以最少的研究对象求解系统的平衡问题。其次，列写平衡方程时，应包含尽可能少的未知力。适当选取平衡方程的投影式或取矩式便可做到。例如，投影轴选在与较多未知力的垂直方向，矩心选在较多未知力的交点上。

3）在计算重心坐标时要注意坐标选取原则，利用对称均质物体的对称性求重心。

4）注意摩擦力与运动状态之间的关系，通过实例掌握物体处于不同状态下摩擦力的大小和方向的确定方法。物体平衡时，既要满足平衡条件又要满足接触面的物理性质给出的限制条件。注意：只有物体处于临界平衡状态时才能使用关系式 $F_{s,max}=f_s F_N$。

习　题

6.1　如图 6.38 所示，铆接薄板在孔心 A、B 和 C 处受三力作用。$F_1=100\text{N}$，沿铅直方向；$F_3=50\text{N}$，沿水平方向，并通过 A 点；$F_2=50\text{N}$，力的作用线也通过 A 点。求力系的合力。

6.2　如图 6.39 所示，重力 $W=20\text{kN}$，用钢丝挂在绞车 D 及滑轮 B 上。A、B、C 处为光滑铰链连接，钢丝绳、杆和滑轮的自重不计。并忽略摩擦和滑轮 B 的大小，试求平衡时杆 AB 和 BC 所受的力。

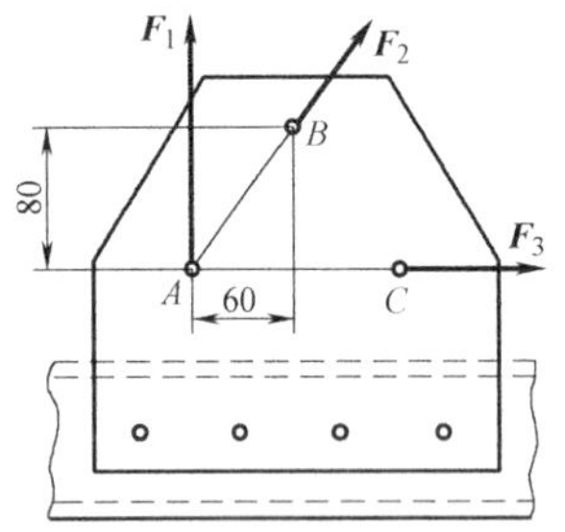

图 6.38　题 6.1 图

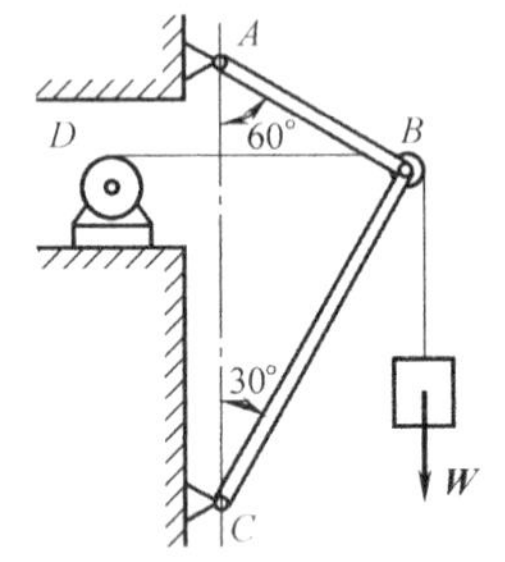

图 6.39　题 6.2 图

6.3　挂物架如图 6.40 所示，三杆的重量不计，用球铰连接于 O 点，B、O、C 三点在同一水平面内，且 $OB=OC$，角度如图。若在 O 点挂一重物 W，重为 1000N，求三杆所受的力。

6.4　如图 6.41 所示，曲柄连杆活塞机构的活塞上受力 $F=400\text{N}$，不计所有构件的重量，问在曲柄上应加多大的力偶矩 M 能使机构在如图所示位置平衡？

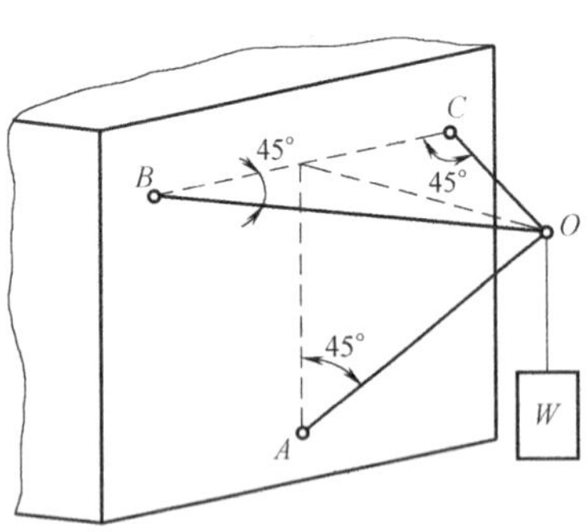

图 6.40　题 6.3 图

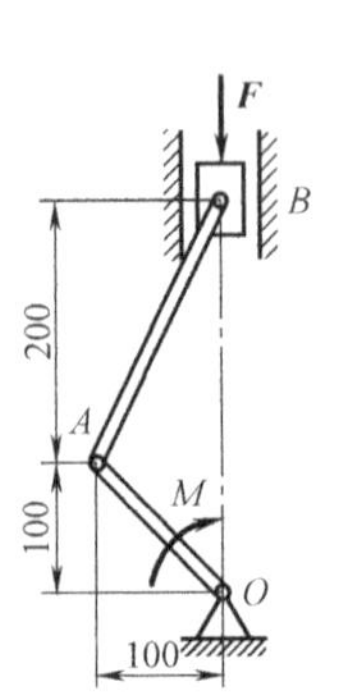

图 6.41　题 6.4 图

6.5 如图6.42所示的机构中，曲柄 OA 上作用一力偶，其矩为 M。另在滑块 D 上作用水平力 $\boldsymbol{F}$，机构尺寸如图所示，各杆质量不计。求当机构平衡时，力 F 与力偶矩 M 的关系。

6.6 如图6.43所示，三根轴连接在齿轮箱上，A 轴在水平位置，B、C 轴在铅直的 x-z 平面内，各轴上所受到的力偶矩大小分别为 $M_A=3.6\text{kN}\cdot\text{m}$，$M_B=6\text{kN}\cdot\text{m}$，$M_C=6\text{kN}\cdot\text{m}$，方向如图所示，求合力偶矩矢量在各坐标轴上的投影。

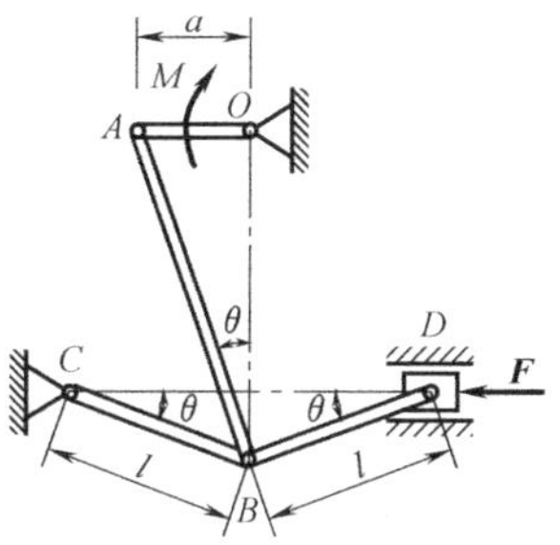

图6.42 题6.5图

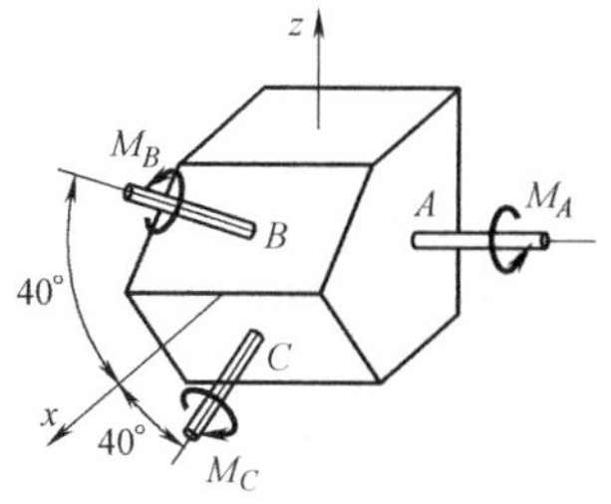

图6.43 题6.6图

6.7 如图6.44所示，工件上作用有三个力偶，其力偶矩分别为 $M_1=M_2=10\text{N}\cdot\text{m}$，$M_3=20\text{N}\cdot\text{m}$，固定螺柱 A 和 B 的距离 $l=200\text{mm}$。求两光滑螺柱所受的水平力。

6.8 如图6.45所示，为了测定飞机螺旋桨所受的空气阻力偶，可将飞机水平放置，其一轮搁置在地秤上。当螺旋桨未转动时，测得地秤所受的压力为4.6kN；当螺旋桨转动时，测得地秤所受的压力为6.4kN。已知两轮间距 $l=2.5\text{m}$，求螺旋桨所受的空气阻力偶矩 M。

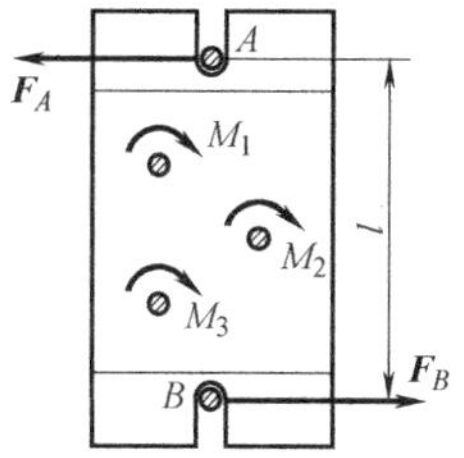

图6.44 题6.7图

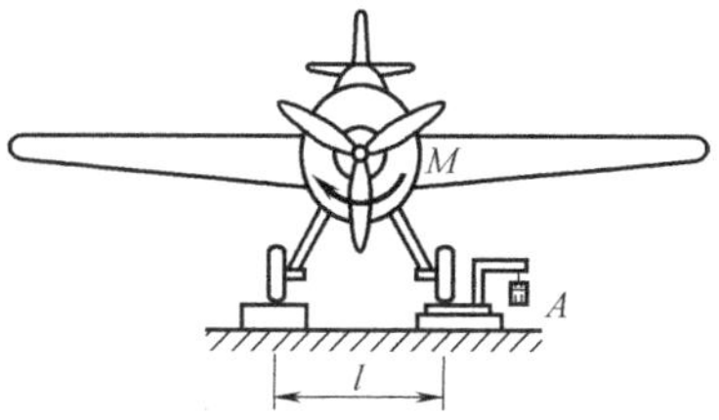

图6.45 题6.8图

6.9 如图6.46所示，A、B、C、D 均为滑轮，绕过 B、D 两滑轮的绳子两端的拉力 $F_1=F_2=400\text{N}$，过 A、C 两滑轮的绳子两端的拉力 $F_3=F_4=300\text{N}$，试求此两力偶的合力偶的大小和转向。滑轮大小忽略不计。

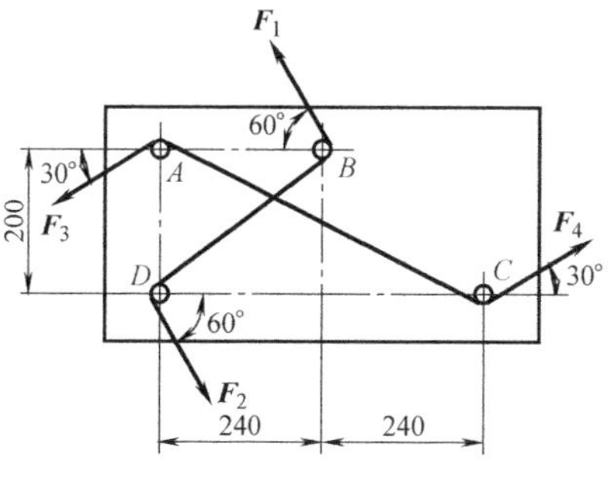

图6.46 题6.9图

6.10 如图 6.47 所示，O_1 和 O_2 圆盘与水平轴 AB 固连，O_1 盘面垂直于 z 轴，O_2 盘面垂直于 x 轴，盘面上分别作用有力偶（F_1，F_1'）、（F_2，F_2'）。如两盘半径均为 200mm，$F_1=3$N，$F_2=5$N，$AB=800$mm，不计构件自重。求轴承 A 和 B 处的约束力。

6.11 如图 6.48 所示的力系中 $F_1=100$N，$F_2=F_3=100\sqrt{2}$ N，$F_4=300$N，$a=2$m，试求此力系简化结果。

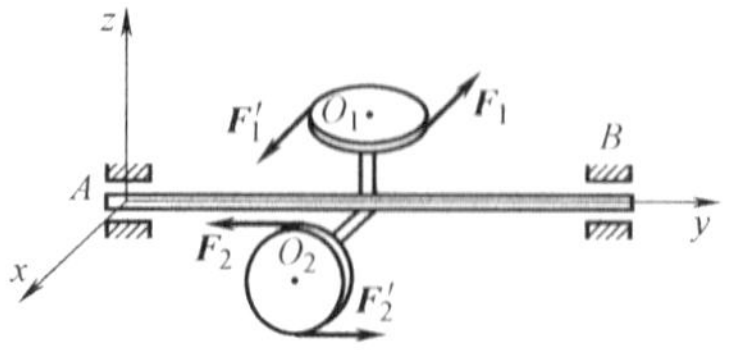

图 6.47 题 6.10 图

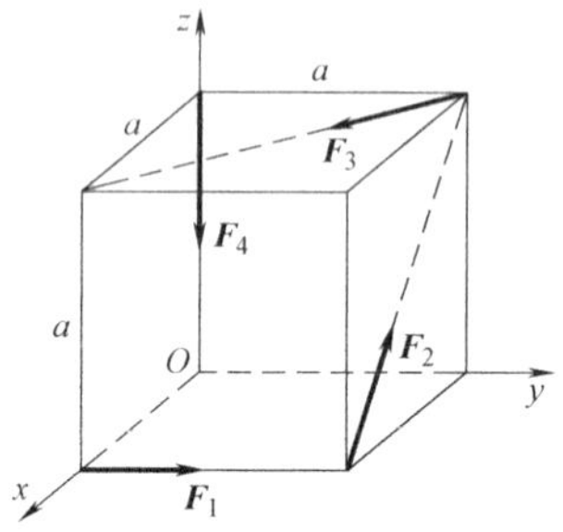

图 6.48 题 6.11 图

6.12 如图 6.49 所示的力系中，$F_1=100$N，$F_2=300$N，$F_3=200$N，各力作用线的位置如图所示，试将力系向原点 O 简化。

6.13 如图 6.50 所示的力系中，已知 $F_1=200$N，$F_2=150$N，$F_3=300$N，$F=F'=200$N。求力系向原点 O 的简化结果，并求力系合力的大小及其与原点 O 的距离 d。

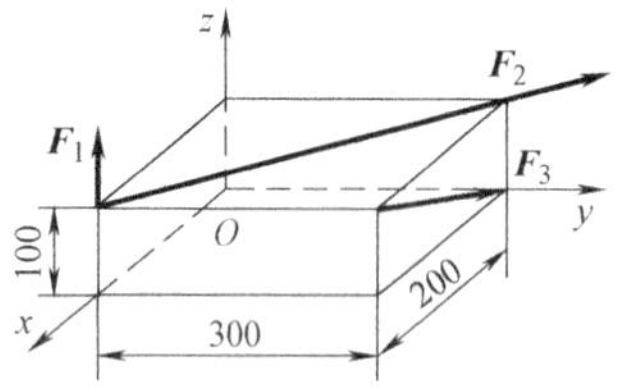

图 6.49 题 6.12 图

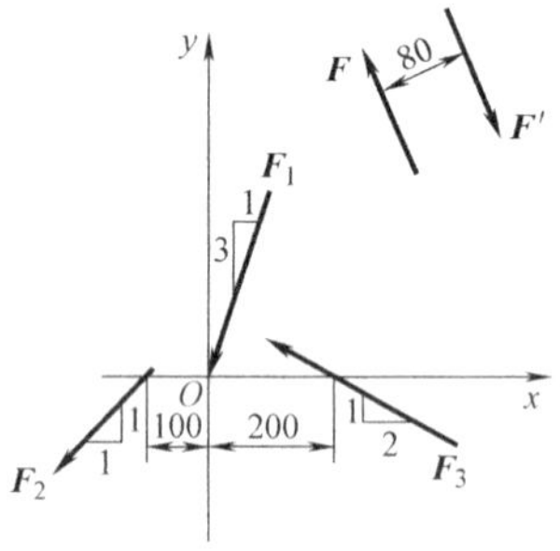

图 6.50 题 6.13 图

6.14 如图 6.51 所示，某桥墩顶部受到两边桥梁传来的铅直力 $F_1=1940$kN，$F_2=800$kN，水平力 $F_3=193$kN，桥墩重量 $W=5280$kN，风力的合力 $F=140$kN。各力作用线位置如图所示。求将这些力向基底截面中心 O 的简化结果；如能简化为一个合力，试求出合力作用线的位置。

6.15 如图 6.52 所示的平面任意力系中，$F_1=40\sqrt{2}$ N，$F_2=80$N，$F_3=40$N，$F_4=110$N，$M=2000$ N·mm。各力作用线位置如图所示，图中尺寸的单位为 mm。求：

（1）力系向 O 点的简化结果；

（2）力系的合力的大小、方向及合力作用线方程。

6.16 如图 6.53 所示的刚架，在其 A、B 两点分别作用 $\boldsymbol{F}_1$、$\boldsymbol{F}_2$ 两力，已知 $F_1=F_2=10$kN。欲以过 C 点的一个力 $\boldsymbol{F}$ 代替 $\boldsymbol{F}_1$ 和 $\boldsymbol{F}_2$，求力 $\boldsymbol{F}$ 的大小、方向及 B、C 间的距离。

6.17 如图 6.54 所示的三轮小车 ABD 上。自重 $W=8$kN，作用在 E 点，载荷 $W_1=10$kN 作用在 C 点。求小车静止时地面对三个车轮的约束力。

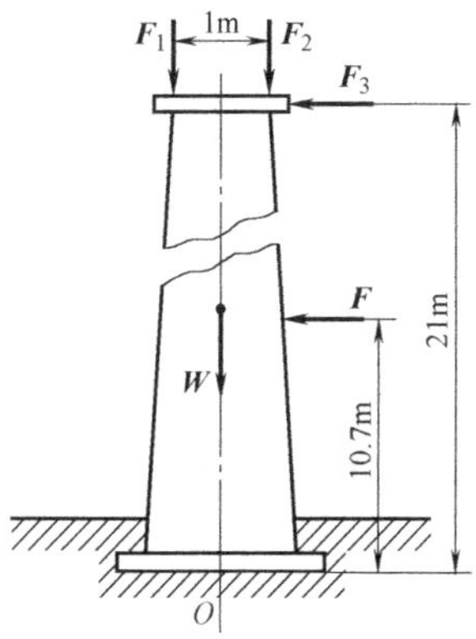

图 6.51　题 6.14 图

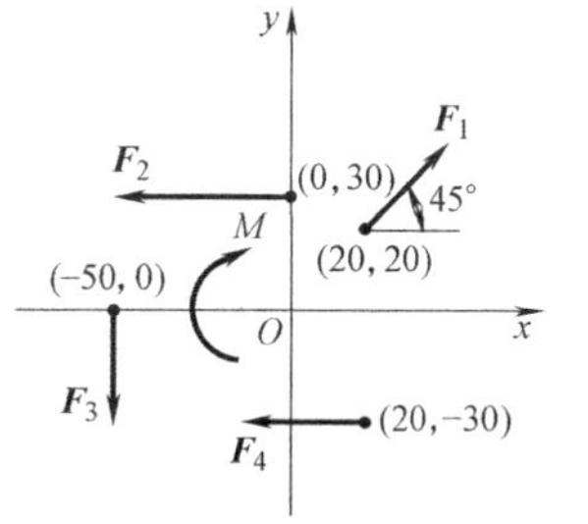

图 6.52　题 6.15 图

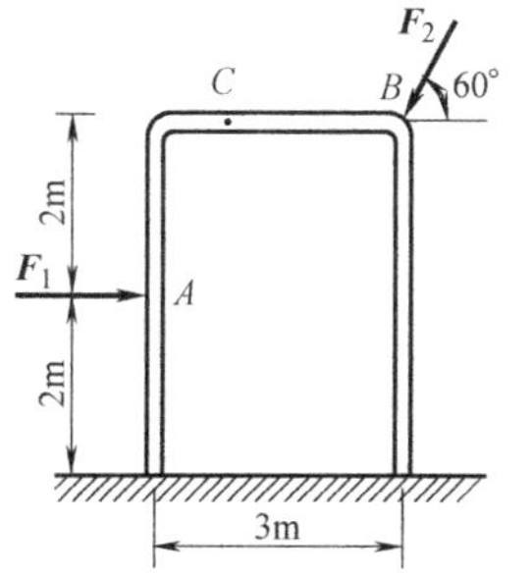

图 6.53　题 6.16 图

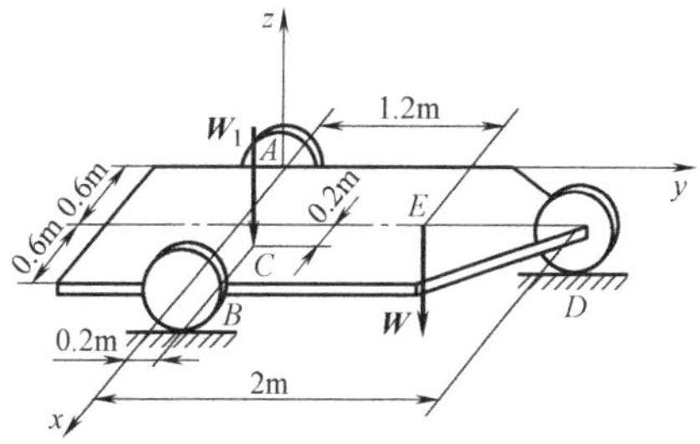

图 6.54　题 6.17 图

6.18　如图 6.55 所示，水平传动轴装有两个带轮 C 和 D，可绕 AB 轴转动。带轮的半径各为 $r_1=200\text{mm}$ 和 $r_2=250\text{mm}$，图中 $a=500\text{mm}$。套在轮 C 上的带是水平的，其拉力为 $F_1=2F_2=5000\text{N}$；套在轮 D 上的带与铅直线夹角为 $\theta=30°$，其拉力为 $F_3=2F_4$。求在平衡状态下，拉力 F_3 和 F_4 的值，并求带拉力所引起的轴承约束力。

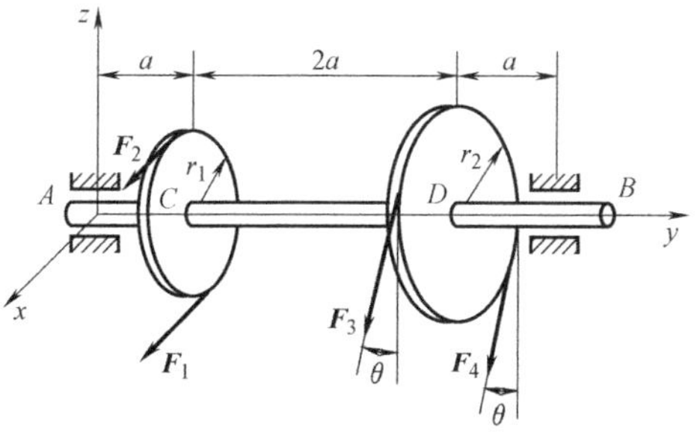

图 6.55　题 6.18 图

6.19　试求如图 6.56 所示梁的支座约束力及中间铰的约束力。已知 $F=50\text{kN}$，$M=30\text{kN}\cdot\text{m}$，$q=20\text{kN/m}$，其他尺寸如图所示。

6.20　试求如图 6.57 所示钢架的支座约束力。已知 $F=50\text{kN}$，$q=20\text{kN/m}$。

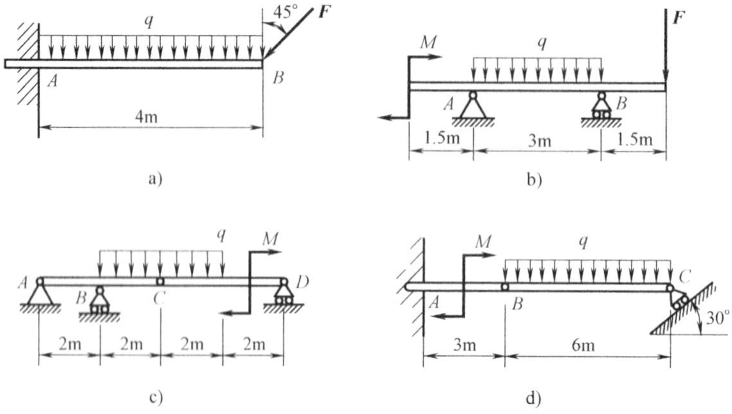

图 6.56 题 6.19 图

6.21 试求如图 6.58 所示刚架的支座约束力。已知 $F=6\sqrt{2}\,\text{kN}$，$q_m=3\text{kN/m}$，$M=10\text{kN}\cdot\text{m}$。

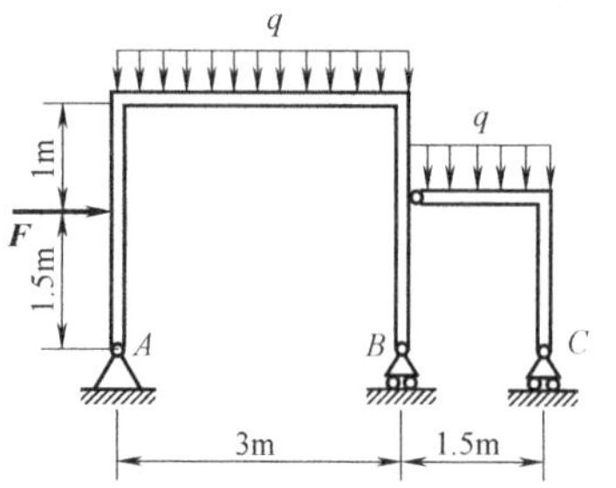

图 6.57 题 6.20 图

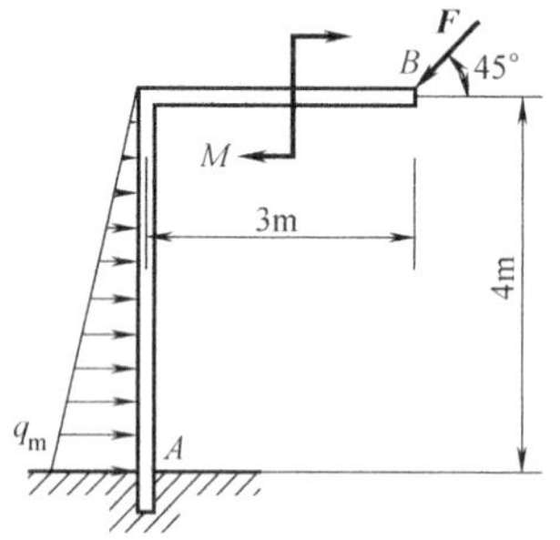

图 6.58 题 6.21 图

6.22 如图 6.59 所示，均质梁 AB 重 500N，绳子 BOC 所能承受的最大拉力为 800N，均布载荷的集度为 $q=2.5\text{kN/m}$，试求均布载荷作用区域的最大允许长度 a 以及此时铰链 A 的约束力。

6.23 图 6.60 所示为汽车操纵杆系统的踏板装置。如工作阻力 $F_R=1700\text{N}$，$a=380\text{mm}$，$b=50\text{mm}$，$\theta=60°$。试求平衡时驾驶员的脚踏力 $\boldsymbol{F}$ 的大小。

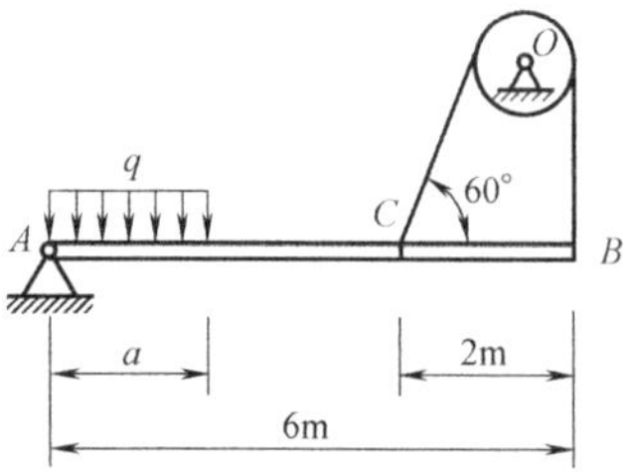

图 6.59 题 6.22 图

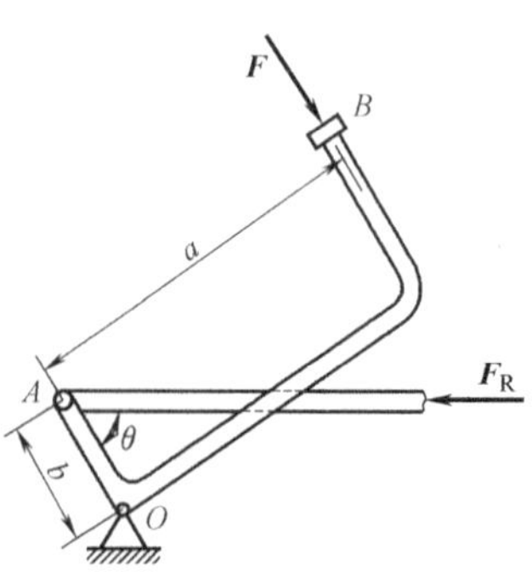

图 6.60 题 6.23 图

6.24 如图 6.61 所示三角架，$F=1000\text{N}$。试求支座 A、B 的约束力。

6.25 如图 6.62 所示，重为 W 的均质球半径为 R，放在墙和 AB 杆之间，杆的 A 端为固定铰链支座，

B 端用水平绳索 BC 拉住，杆长为 l，其与墙的交角为 φ，各处的摩擦及杆重忽略不计。试求绳索的拉力，并问 φ 角为何值时，绳的拉力为最小？

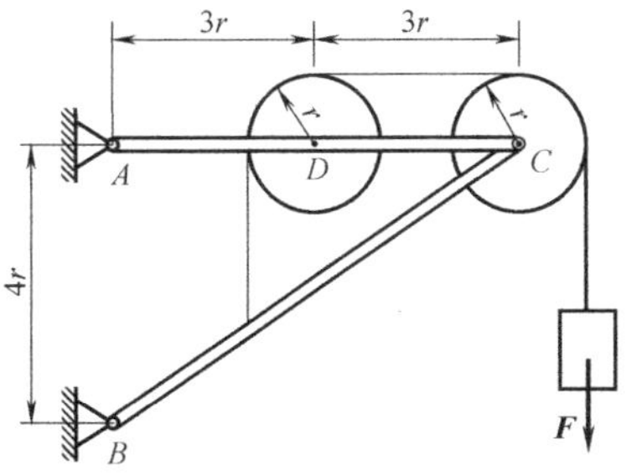

图 6.61　题 6.24 图

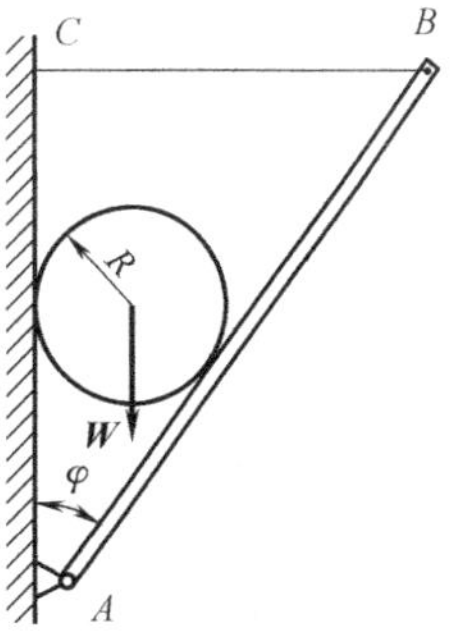

图 6.62　题 6.25 图

6.26　钢筋切断机构如图 6.63 所示，如果在 M 点的切断力为 F，试求 B 点需要多大的水平力 F_H？

6.27　某手动水泵如图 6.64 所示。图示位置处于平衡，作用力 $F=200\text{N}$，图中长度单位为 mm。试求水的阻力 F_Q 及支座 A 的约束力。各构件自重及摩擦力均不计。

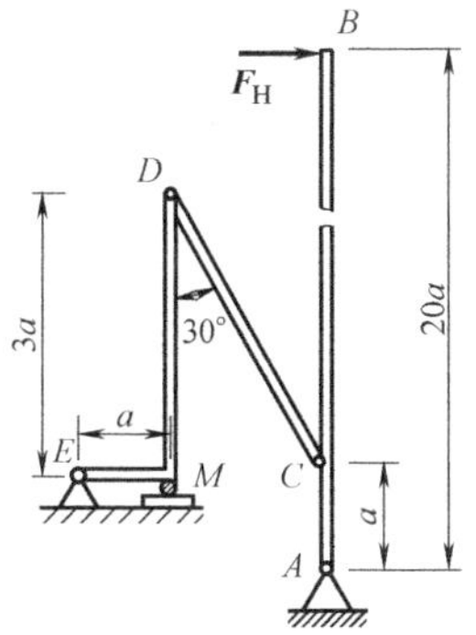

图 6.63　题 6.26 图

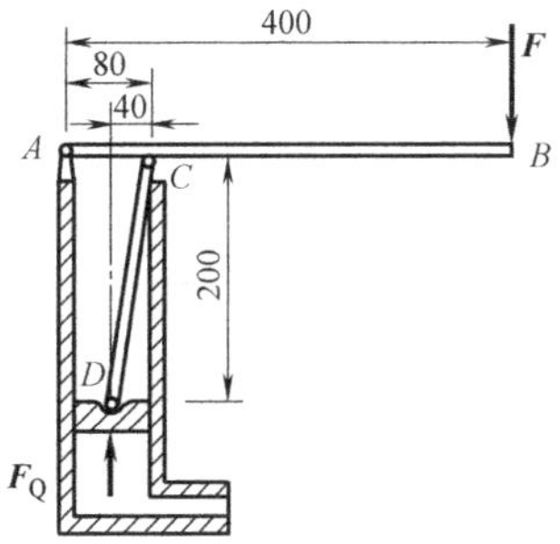

图 6.64　题 6.27 图

6.28　不计图 6.65a、b、c 中各构件的自重，尺寸与载荷分别如图所示。求中间两连杆所受的力。

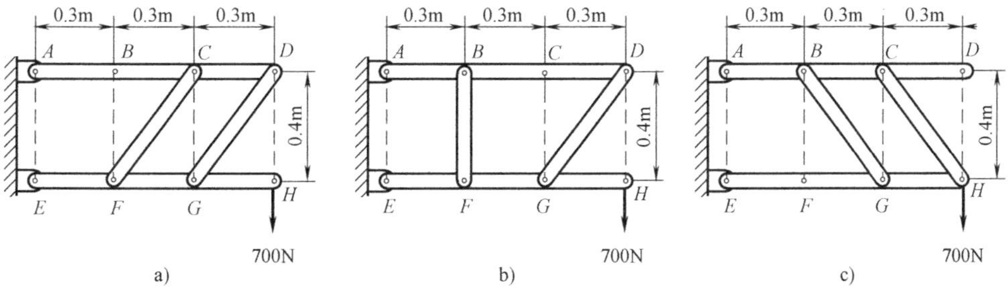

图 6.65　题 6.28 图

6.29　汽车台秤如图 6.66 所示，ACE 为一整体台面，AB 为杠杆，$CD=a$，$AC=OD$。试求平衡砝码的重量 F_Q 与被称汽车重量 W 的关系。

6.30 如图 6.67 所示，物体 M 重 $W=1.2\text{kN}$，由三根杆件 AB、BC 和 CE 组成的构架及滑轮 E 支持。已知 $AD=DB=2\text{m}$，$CD=DE=1.5\text{m}$，杆件和滑轮的自重不计。试求支座 A 和 B 的约束力以及杆件 BC 的受力。

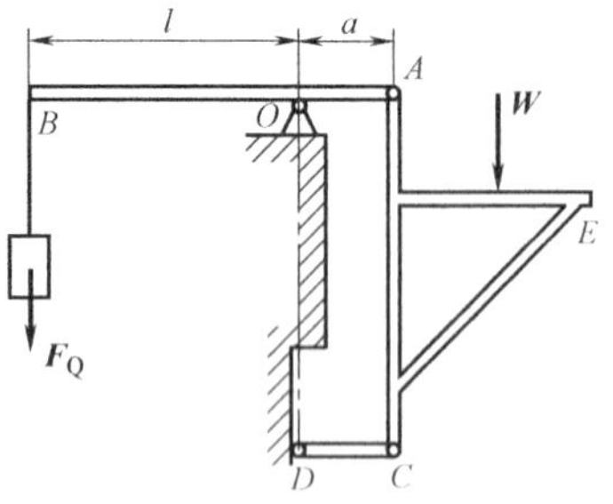

图 6.66 题 6.29 图

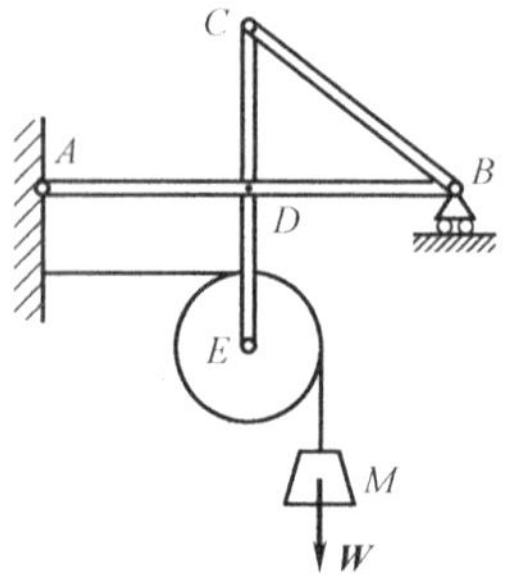

图 6.67 题 6.30 图

6.31 如图 6.68 所示的结构由三根杆件 AB、AC 和 DG 组成，杆 DG 上的销子 E 放在杆 AC 的滑槽内。试求在水平杆 DG 的端点处作用一铅直力 F 时，杆 AB 上的 A、D 和 B 三点的约束力。

6.32 如图 6.69 所示结构由杆件 AC、CD 和 DE 构成，已知 $a=1\text{m}$，$F=500\text{N}$，$M=1000\text{N}\cdot\text{m}$，$q=2000\text{N/m}$。试求支座 A、B 的约束力。

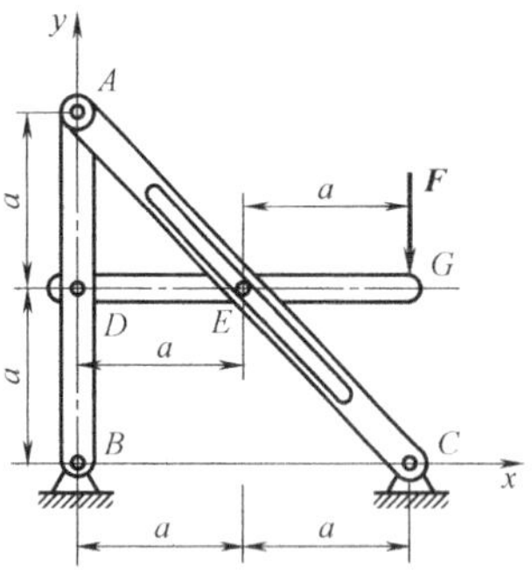

图 6.68 题 6.31 图

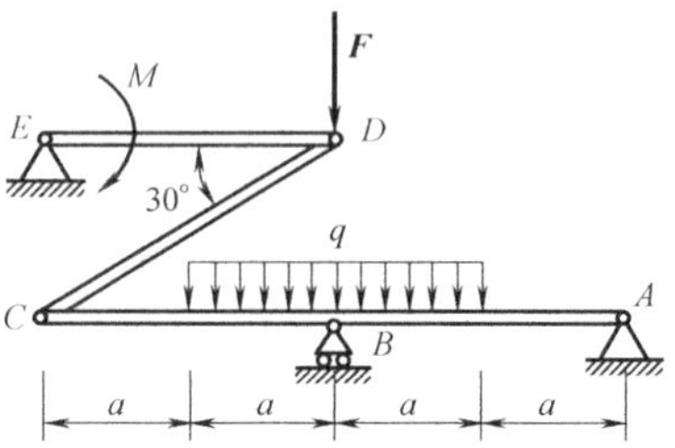

图 6.69 题 6.32 图

6.33 如图 6.70 所示，起重机放于组合梁 ACD 上，C 为中间铰链。重物重 $P=10\text{kN}$，起重机重 $W=50\text{kN}$，其重心位于通过 E 点的铅直线上，梁的自重不计。试求支座 A、B 和 D 的约束力。

6.34 如图 6.71 所示的构架中，各杆单位长度的重量为 300N/m，载荷 $P=10\text{kN}$，A 处为固定端，B、C、D 处为铰链。求固定端 A 处及 B、C 铰链处的约束力。

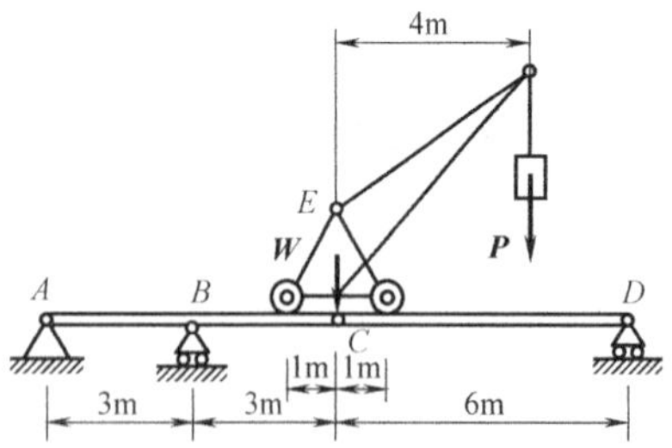

图 6.70 题 6.33 图

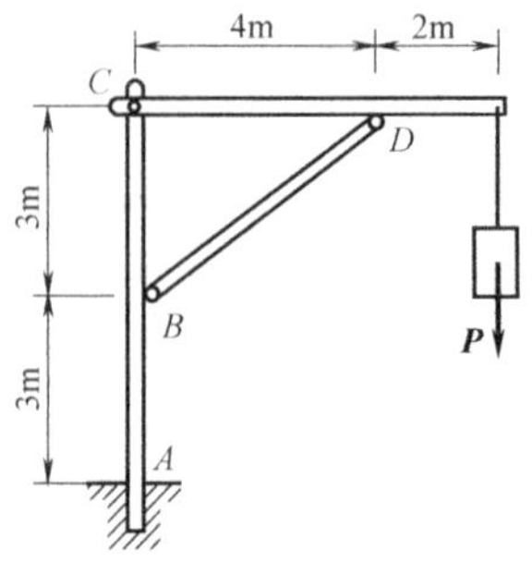

图 6.71 题 6.34 图

6.35　如图 6.72 所示的压榨机，ABO 是手柄，在点 A 处作用力可使点 E 处的托板上升，把物体 H 压榨。$CD=CE$，$OA=1\text{m}$，$OB=0.1\text{m}$。设垂直地作用在手柄上 A 端的力 $F=200\text{N}$，图示位置拉杆 BC 处于水平，$OB\perp BC$，$\angle CDE=\theta=\arctan0.2$。试求此时托板对物体 H 的压力。

6.36　如图 6.73 所示，梯子的两部分 AB 和 AC 在点 A 铰接，又在 D、E 两点用水平绳连接。梯子放在光滑水平面上，重为 W 的人站在梯子一侧，尺寸如图所示。不计梯重，求绳的拉力 F_T。

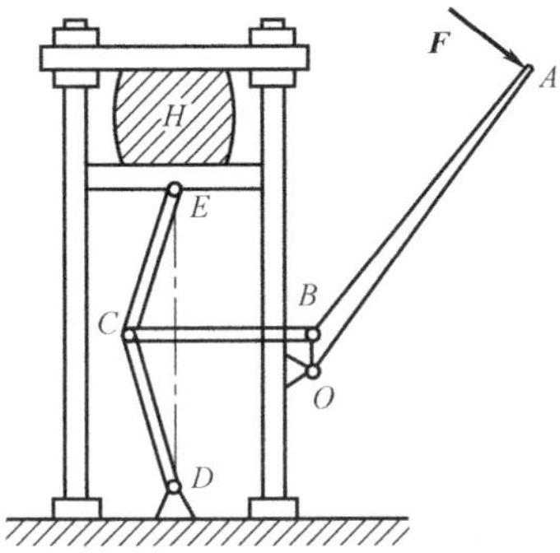

图 6.72　题 6.35 图

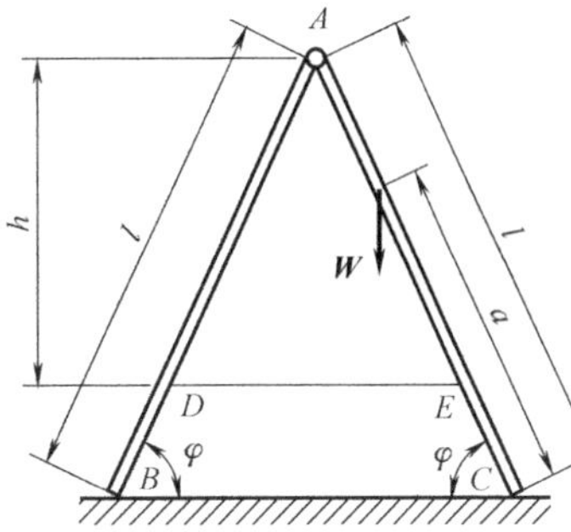

图 6.73　题 6.36 图

6.37　如图 6.74 所示，无底圆柱形空筒放在光滑的水平地面上，内放两个球，设每个球重为 W、半径为 r，圆筒的半径为 R。若不计各接触面的摩擦，不计圆筒的厚度。试求圆筒不致翻倒的最小重量 W_{min}。

6.38　如图 6.75 所示，行动式起重机机身重 $W=500\text{kN}$，其重心在离右轨 1.5m 处。起重机的起重重量 $W_1=250\text{kN}$，突臂伸出右轨 10m。跑车本身重量略去不计，欲使起重机在满载或空载时均不致翻倒，求平衡锤的最小重量 W_2 以及平衡锤到左轨的最大距离 x。

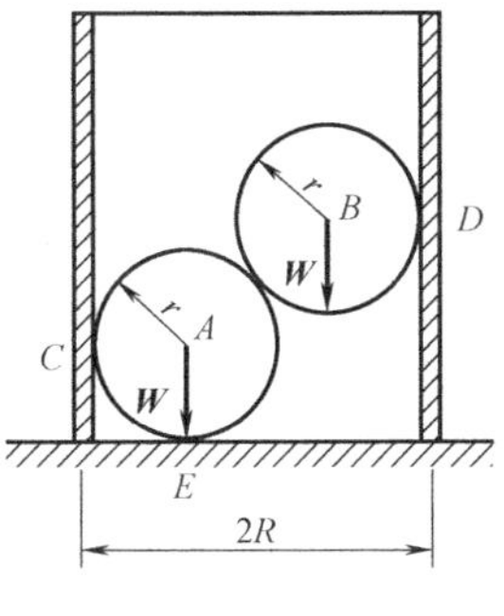

图 6.74　题 6.37 图

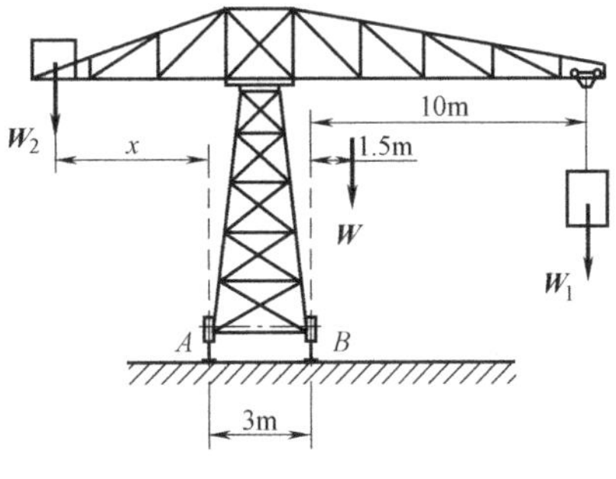

图 6.75　题 6.38 图

6.39　求如图 6.76 所示的桁架中各杆受力。

6.40　平面悬臂桁架所受的载荷如图 6.77 所示。求杆 1、2 和 3 的内力。

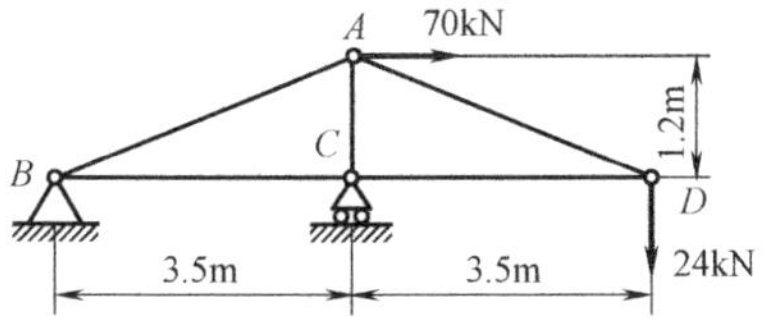

图 6.76　题 6.39 图

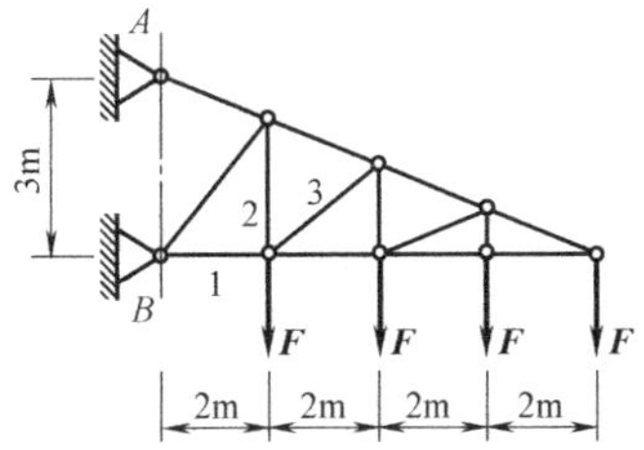

图 6.77　题 6.40 图

6.41 平面桁架的支座和载荷如图 6.78 所示。△*ABC* 为等边三角形，*E*、*G* 为两腰中点，又 *AD* = *DB*。求杆 *CD* 的内力。

6.42 桁架受力如图 6.79 所示，已知 *F* = 10kN，*F'* = *F''* = 20kN。试求桁架 1、2、3 和 4 杆的内力。

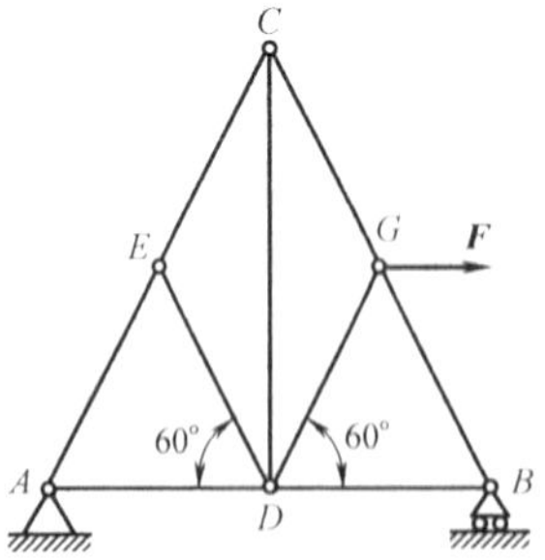

图 6.78 题 6.41 图

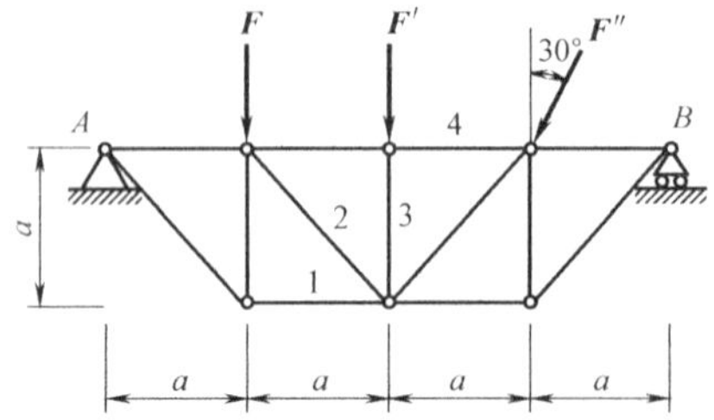

图 6.79 题 6.42 图

6.43 如图 6.80 所示各平面图形，试分别建立适当的较方便的坐标系，并求其形心的坐标（图中单位为 mm）。

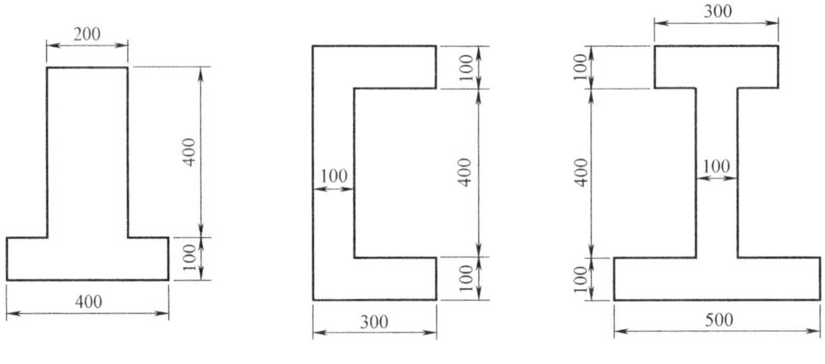

图 6.80 题 6.43 图

6.44 如图 6.81 所示，机床重 50kN，当水平放置时（$\theta = 0°$），秤上读数为 15kN；当 $\theta = 20°$时，秤上读数为 10kN。试确定机床重心的位置。

6.45 求如图 6.82 所示阴影部分的形心位置。

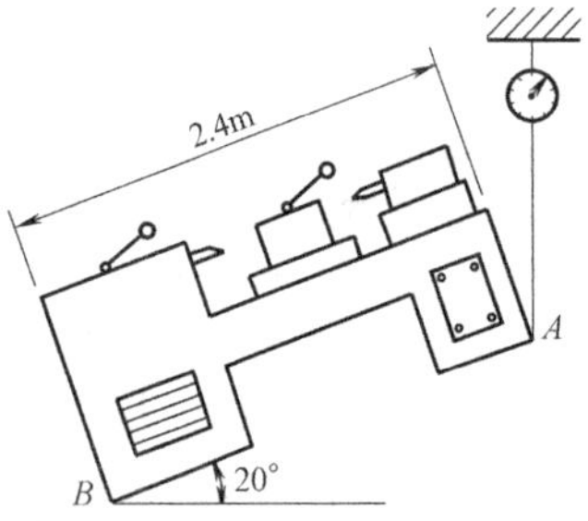

图 6.81 题 6.44 图

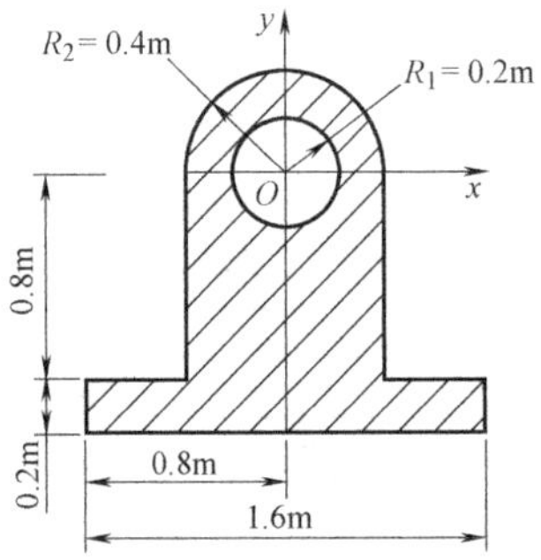

图 6.82 题 6.45 图

6.46　如图 6.83 所示薄板由形状为矩形、三角形和四分之一的圆形的三块等厚薄板组成，尺寸如图所示。求此薄板重心的位置。

6.47　等厚板具有如图 6.84 所示形状。已知 $r_1=1\text{cm}$，$r_2=4\text{cm}$，求它的重心。

6.48　试将如图 6.85 所示梯形板 *ABED* 在点 *E* 挂起，欲使 *AD* 边保持水平，求 *BE*。设 $AD=a$。

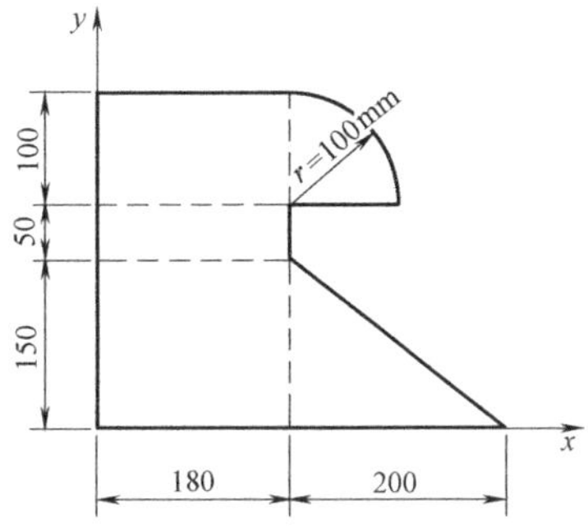

图 6.83　题 6.46 图

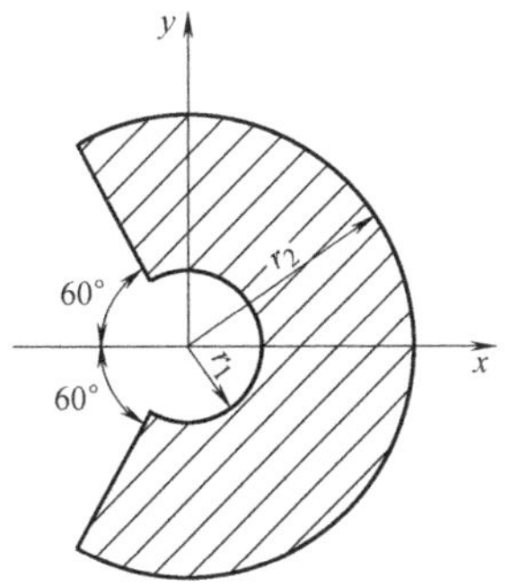

图 6.84　题 6.47 图

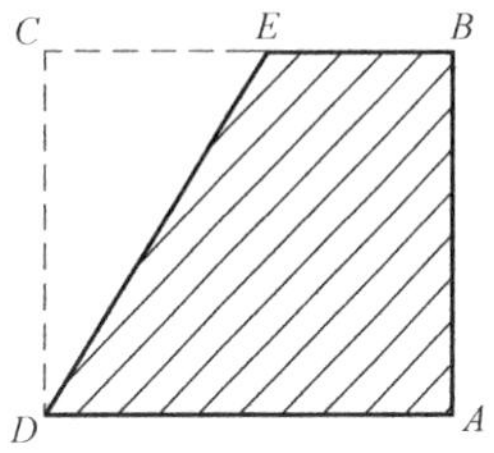

图 6.85　题 6.48 图

6.49　求图 6.86 所示均质混凝土基础的重心位置（图中单位为 m）。

6.50　尖劈顶重装置如图 6.87 所示。尖劈的顶角为 θ，在 *B* 块上受力 $\boldsymbol{F}'$ 的作用。*A* 与 *B* 块间的摩擦因数为 f_s（其他有滚珠处表示光滑）。如不计 *A* 和 *B* 块的重量，试求：

（1）使系统保持平衡的力 *F* 的值；

（2）撤去力 *F* 后，能保证自锁的顶角 θ 的值。

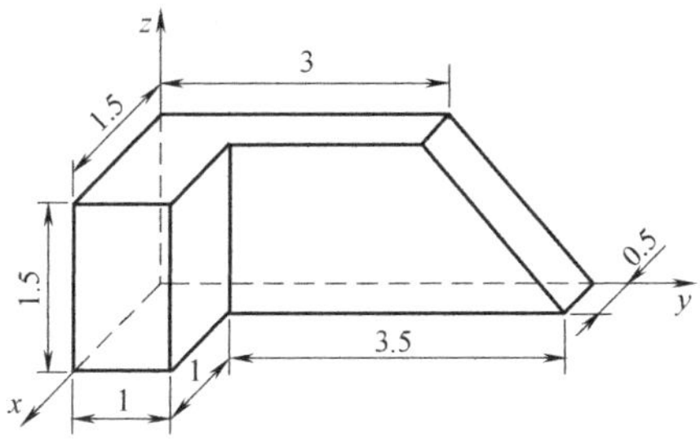

图 6.86　题 6.49 图

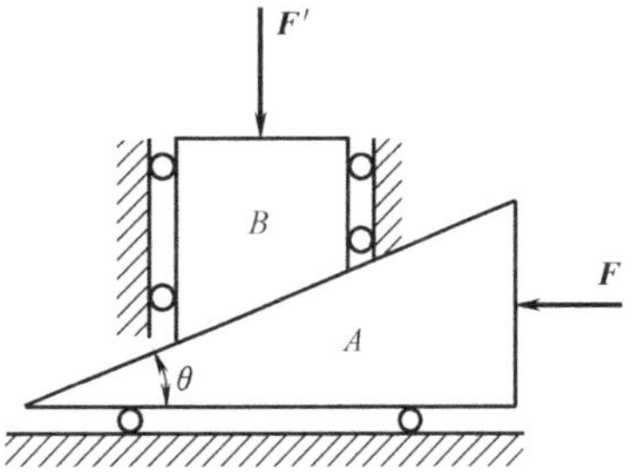

图 6.87　题 6.50 图

6.51　砖夹如图 6.88 所示，曲杆 *AGB* 与 *GCED* 在 *G* 点铰接，尺寸如图所示。设砖重 $W=120\text{N}$，提起砖的力 *F* 作用在砖夹的中心线上，砖夹与砖之间的摩擦因数 $f_s=0.5$，试求距离 *b* 为多大才能把砖夹起。

6.52　如图 6.89 所示，梯子 *AB* 重 W_1，上端靠在光滑的墙上，下端搁在粗糙的地板上。摩擦因数为 f_s。试问当梯子与地面之间的夹角 θ 为何值时，体重为 W_2 的人才能爬到梯子的顶点？

6.53　如图 6.90 所示，鼓轮 *B* 重 500N，放在墙角。已知鼓轮与水平地板间的摩擦因数为 0.25，而铅直墙壁则假定是绝对光滑的。鼓轮上的绳索挂着重物。设半径 $R=20\text{cm}$，$r=10\text{cm}$，求平衡时重物 *A* 的最大重量。

6.54　如图 6.91 所示，*A* 块重 500N，鼓轮 *B* 重 1000N，*A* 块与鼓轮以水平绳连接；在鼓轮外绕以细绳，此绳跨过一光滑的滑轮 *D*，在绳的端点系一重物 *C*。如 *A* 块与平面间的摩擦因数为 0.5，鼓轮与平面间的摩擦因数为 0.2，试求使物体系统平衡时物体 *C* 的重力 *P* 的最大值。

6.55　铁板 *B* 重 $W_1=2\text{kN}$，上压一重 $W_2=5\text{kN}$ 的物体 *A*。铁板与地面之间的摩擦因数为 $f_1=0.2$，铁板

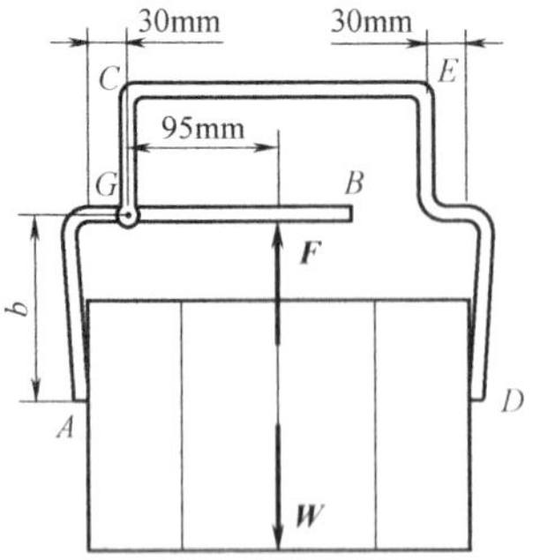

图 6.88　题 6.51 图

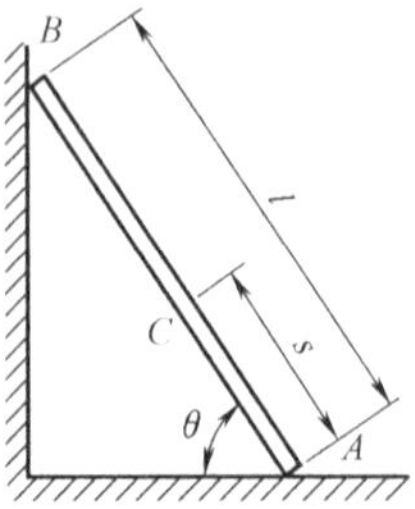

图 6.89　题 6.52 图

与物体 A 之间的摩擦因数为 $f_2=0.25$。求抽出铁板所需水平力 $\boldsymbol{F}$ 的最小值。

6.56　如图 6.93 所示，半圆柱体重为 W，重心 C 到圆心 O 的距离 $a=\dfrac{4R}{3\pi}$，其中 R 为半圆柱体半径。如半圆柱体和水平面之间的静摩擦因数为 f_s，试求半圆柱体被水平力 $\boldsymbol{F}_{\mathrm{H}}$ 拉动时所偏过的角度 θ。

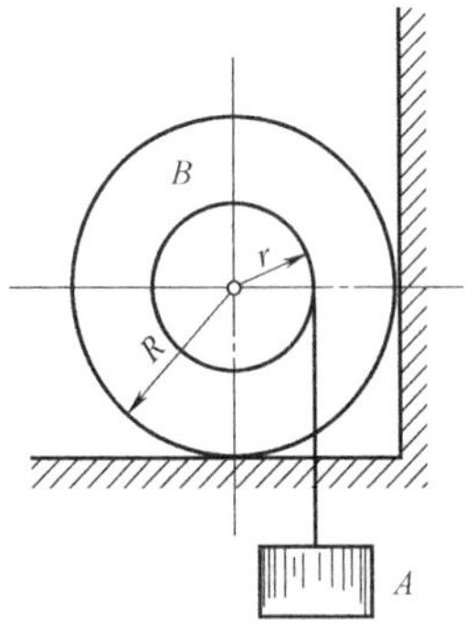

图 6.90　题 6.53 图

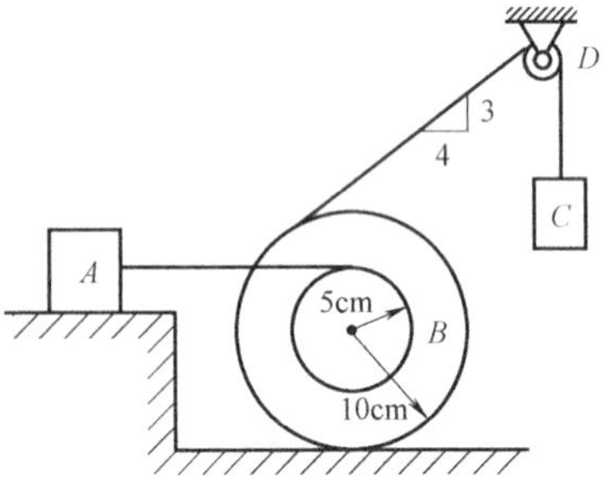

图 6.91　题 6.54 图

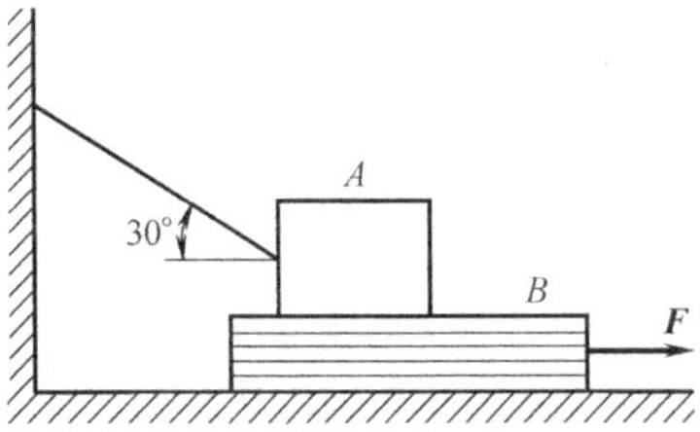

图 6.92　题 6.55 图

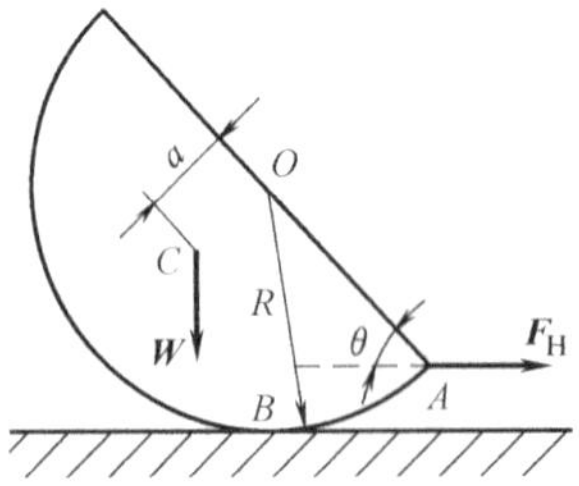

图 6.93　题 6.56 图

第 7 章
质点动力学

质点是物体最简单、也是最基本的模型，是构成复杂物体系统的基础。本章根据动力学基本定律建立质点的动力学基本方程，运用微积分方法，求解单个质点的动力学问题。

7.1 质点的运动微分方程

质点动力学牛顿第二定律建立了质点的加速度与作用在质点上的力之间的关系。当质点受到 n 个力 $\boldsymbol{F}_1$、$\boldsymbol{F}_2$、…、$\boldsymbol{F}_n$ 作用时，常将第二定律写成微分形式，即

$$m\frac{\mathrm{d}^2\boldsymbol{r}}{\mathrm{d}t^2}=\sum_{i=1}^{n}\boldsymbol{F}_i \tag{7.1}$$

式（7.1）就是矢量形式的质点运动微分方程，在具体计算时，需应用它的投影形式。

1. 质点运动微分方程在直角坐标轴上投影

设矢径 $\boldsymbol{r}$ 在直角坐标轴上的投影分别为 x、y、z，力 $\boldsymbol{F}_i$ 在轴上的投影分别为 F_{xi}、F_{yi}、F_{zi}，则式（7.1）在直角坐标轴上的投影式为

$$\left.\begin{aligned} m\frac{\mathrm{d}^2x}{\mathrm{d}t^2}&=\sum F_{xi}\\ m\frac{\mathrm{d}^2y}{\mathrm{d}t^2}&=\sum F_{yi}\\ m\frac{\mathrm{d}^2z}{\mathrm{d}t^2}&=\sum F_{zi}\end{aligned}\right\} \tag{7.2}$$

2. 质点运动微分方程在自然轴上投影

由点的运动学知，点的全加速度 $\boldsymbol{a}$ 在切线与主法线构成的密切面内，点的速度在副法线上的投影等于零，即

$$\boldsymbol{a}=a_{\mathrm{t}}\boldsymbol{\tau}+a_{\mathrm{n}}\boldsymbol{n}$$

$$\boldsymbol{a}_{\mathrm{b}}=\boldsymbol{0}$$

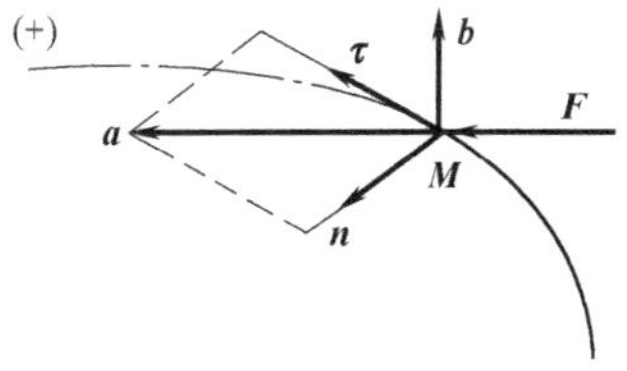

图 7.1

式中，$\boldsymbol{\tau}$和 $\boldsymbol{n}$ 为沿轨迹切线和主法线的单位矢量，如图 7.1 所示。

已知 $a_{\mathrm{t}}=\dfrac{\mathrm{d}v}{\mathrm{d}t}$，$a_{\mathrm{n}}=\dfrac{v^2}{\rho}$，式中，$\rho$ 为轨迹的曲率半径。于是，

质点运动微分方程在自然轴系上的投影式为

$$\left.\begin{aligned} m\frac{\mathrm{d}v}{\mathrm{d}t} &= \sum F_{ti} \\ m\frac{v^2}{\rho} &= \sum F_{ni} \\ 0 &= \sum F_{bi} \end{aligned}\right\} \tag{7.3}$$

式中，F_{ti}、F_{ni}、F_{bi}分别是作用于质点的各力在切线、主法线和副法线上的投影。

式（7.1）为一矢量等式，可向任一轴投影，得到相应的投影式。式（7.2）和式（7.3）是两种常用的质点运动微分方程。

7.2 质点动力学的两类基本问题

质点动力学的问题可分为两类：一是已知点的运动，求作用于质点上的力；二是已知作用于质点上的力，求质点的运动。这就是**质点动力学的两类基本问题**。还有些问题是这两类基本问题的综合。

1. 第一类基本问题

已知质点的运动，求它所受的力。这类问题比较简单，例如已知质点的运动方程，只需求两次导数得到质点的加速度，代入质点的运动微分方程中，便得一相应的代数方程，即可求解。

例 7.1 如图 7.2 所示，质量为 m 的小球 M 在水平面内运动，轨迹为一椭圆，其运动方程为

$$x = a\cos\omega t$$
$$y = b\sin\omega t$$

求作用在小球上的力。

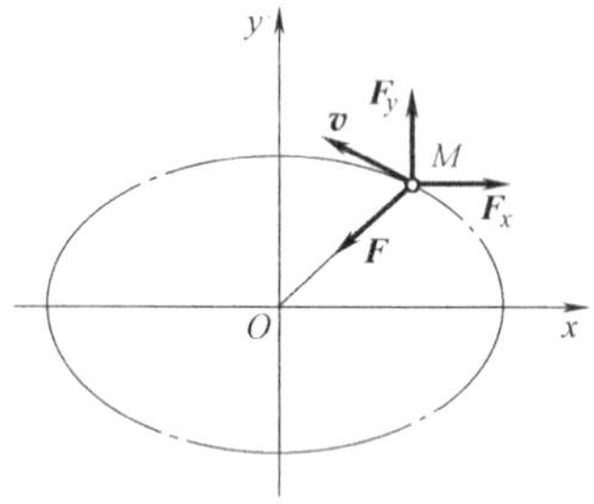

图 7.2 例 7.1 图

解：取小球 M 为研究对象。小球在水平面内的受力未知，现用两正交分量 $\boldsymbol{F}_x$、$\boldsymbol{F}_y$ 表示，如图所示。小球的运动方程已知，对时间求二阶导数可得加速度在坐标轴上的投影为

$$a_x = \ddot{x} = -a\omega^2\cos\omega t$$
$$a_y = \ddot{y} = -b\omega^2\sin\omega t$$

应用直角坐标形式的质点运动微分方程为

$$ma_x = \sum F_x, \quad -ma\omega^2\cos\omega t = F_x$$
$$ma_y = \sum F_y, \quad -mb\omega^2\sin\omega t = F_y$$

得

$$F_x = -m\omega^2 x$$
$$F_y = -m\omega^2 y$$

作用在小球上的力 $\boldsymbol{F}$ 的矢量表达式为

$$\boldsymbol{F}=F_x\boldsymbol{i}+F_y\boldsymbol{j}=-m\omega^2x\boldsymbol{i}-m\omega^2y\boldsymbol{j}=-m\omega^2\boldsymbol{r}$$

式中，$\boldsymbol{r}$ 为小球的矢径。则小球 M 所受的力 $\boldsymbol{F}$ 的大小正比于矢径的模，其方向则与矢径 $\boldsymbol{r}$ 的方向相反。顺便指出，这种作用线始终通过固定点的力称为**有心力**，其固定点称为**力心**。

例 7.2 如图 7.3a 所示，桥式起重机的小车吊着重为 W 的重物 M 沿水平横梁以速度 $\boldsymbol{v}_0$ 匀速运动，绳索长为 l。因故急制动，重物 M 因惯性将继续运动，绕悬挂点 O 摆动。试求绳索的受力及其最大值。

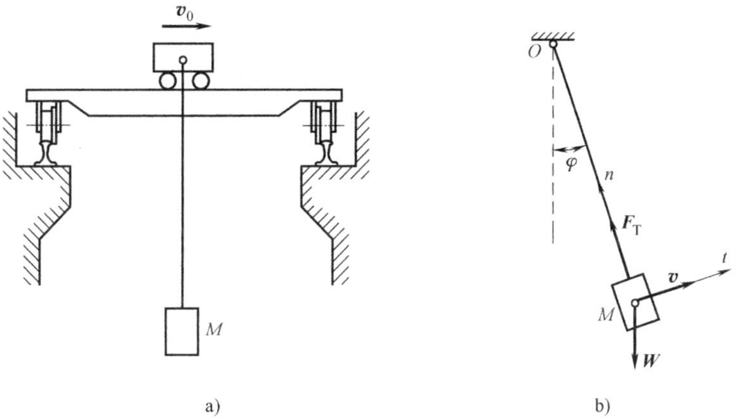

图 7.3 例 7.2 图

解：取偏离铅直线为任意角 φ 时的重物 M 为研究对象。重物 M 受有重力 $\boldsymbol{W}$、绳索的拉力 $\boldsymbol{F}_{\mathrm{T}}$，如图 7.3b 所示。急制动时，小车停止运动，重物 M 绕悬挂点 O 摆动，其切向加速度和法向加速度分别为

$$a_{\mathrm{t}}=\frac{\mathrm{d}v}{\mathrm{d}t},\quad a_{\mathrm{n}}=\frac{v^2}{l}$$

对于自然轴系 Mtn（见图 7.3b）的质点运动微分方程为

$$ma_{\mathrm{t}}=\sum F_{\mathrm{t}},\quad \frac{W}{g}\frac{\mathrm{d}v}{\mathrm{d}t}=-W\sin\varphi \tag{a}$$

$$ma_{\mathrm{n}}=\sum F_{\mathrm{n}},\quad \frac{W}{g}\frac{v^2}{l}=F_{\mathrm{T}}-W\cos\varphi \tag{b}$$

由式（a）得

$$\frac{\mathrm{d}v}{\mathrm{d}t}=-g\sin\varphi$$

又因

$$\frac{\mathrm{d}v}{\mathrm{d}t}=\frac{\mathrm{d}v}{\mathrm{d}\varphi}\frac{\mathrm{d}\varphi}{\mathrm{d}t}=\omega\frac{\mathrm{d}v}{\mathrm{d}\varphi}=\frac{v}{l}\frac{\mathrm{d}v}{\mathrm{d}\varphi}$$

即

$$\frac{v}{l}\frac{\mathrm{d}v}{\mathrm{d}\varphi}=-g\sin\varphi$$

分离变量积分得

$$\int_{v_0}^{v} v\mathrm{d}v = -\int_{0}^{\varphi} lg\sin\varphi\mathrm{d}\varphi$$

解得

$$v^2 = v_0^2 - 2lg(1-\cos\varphi) \tag{c}$$

将式（c）代入式（b），得

$$F_{\mathrm{T}} = W\left(3\cos\varphi - 2 + \frac{v_0^2}{lg}\right)$$

可见，绳索的受力是 φ 角的函数。显然，当 $\varphi=0$，$\cos\varphi=1$ 时，绳索的受力最大，

$$F_{T\max} = W\left(1 + \frac{v_0^2}{lg}\right)$$

当重物随小车匀速运动时，绳索的受力等于重物的重量，急制动时，绳索的受力增大了 $\Delta F_{\mathrm{T}} = W\dfrac{v_0^2}{lg}$。当 l 较小，v_0 较大时，ΔF_{T} 将出现较大值，这对绳索的安全工作不利，必须引起注意。

---

2. 第二类基本问题

已知作用于质点上的力，求它的运动。这类问题比较复杂，需对微分方程进行积分。解这类问题的方法和步骤与第一类问题基本相同。即先分析作用于质点上的力，列出质点的运动微分方程，然后求微分方程的解。积分时，将遇到积分常数问题，因此需要知道运动的初始条件，即 $t=0$ 时质点的坐标和速度。

力是多种多样的，可能是恒力（即大小、方向不变的力），也可能是随时间、位置或速度的变化而改变的力，下面对不同的情况分别举例研究。

例 7.3 如图 7.4 所示，炮弹以初速 $\boldsymbol{v}_0$ 发射，$\boldsymbol{v}_0$ 与水平线的夹角为 φ。若空气阻力不计，求炮弹在重力作用下的运动。

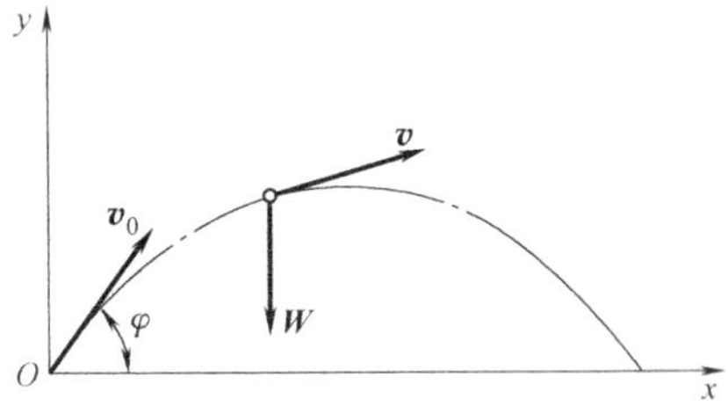

图 7.4　例 7.3 图

解： 视炮弹为运动质点。取质点的初始位置为坐标原点，建立直角坐标系，如图所示，且使 $\boldsymbol{v}_0$ 在 xOy 平面内。质点运动微分方程在直角坐标轴上的投影式为

$$m\frac{\mathrm{d}^2x}{\mathrm{d}t^2} = 0,\quad m\frac{\mathrm{d}^2y}{\mathrm{d}t^2} = -mg$$

消去 m，得

$$\frac{\mathrm{d}^2x}{\mathrm{d}t^2} = 0,\quad \frac{\mathrm{d}^2y}{\mathrm{d}t^2} = -g$$

首先积分第一个运动微分方程，得

$$v_x = \frac{\mathrm{d}y}{\mathrm{d}t} = C_1,\quad x = C_1t + C_2$$

当 $t=0$ 时，$v_x = v_{0x} = v_0\cos\varphi$，$x = x_0 = 0$，代入上式，得

$$C_1 = v_0\cos\varphi,\ C_2 = 0$$

于是得

$$x=v_0t\cos\varphi$$

积分第二个运动微分方程，得

$$v_y=\frac{\mathrm{d}y}{\mathrm{d}t}=-gt+C_3,\quad y=-\frac{1}{2}gt^2+C_3t+C_4$$

当 $t=0$ 时，$v_y=v_{0y}=v_0\sin\varphi$，$y=y_0=0$，代入上式得

$$C_3=v_0\sin\varphi,\quad C_4=0$$

于是得

$$y=v_0t\sin\varphi-\frac{1}{2}gt^2$$

综合以上求解结果，质点的运动方程为

$$x=v_0t\cos\varphi,\quad y=v_0t\sin\varphi-\frac{1}{2}gt^2$$

从后两式中消去时间 t，得质点在铅直面内的轨迹方程为

$$y=x\tan\varphi-\frac{g}{2v_0^2\cos^2\varphi}x^2$$

由解析几何知，这是一条抛物线。

例 7.4 如图 7.5 所示，质量为 m 的质点 M，带有电荷量 e，以初速度 v_0 进入电场强度按 $E=A\cos kt$ 变化的均匀电场中，式中，A、k 为已知常量。初速度方向与电场强度垂直。质点 M 在电场中的受力为 $\boldsymbol{F}=-e\boldsymbol{E}$，不计重力影响。试求质点的运动方程和轨迹。

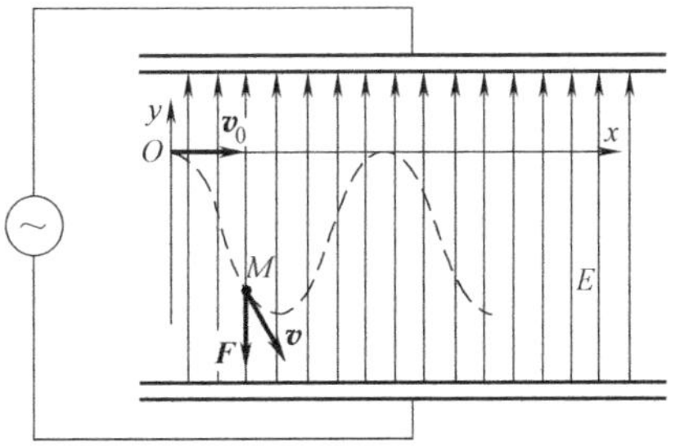

图 7.5 例 7.4 图

解： 取质点 M 为研究对象。质点 M 的受力为 $\boldsymbol{F}=-e\boldsymbol{E}$，负号表示力 $\boldsymbol{F}$ 的方向与电场强度 $\boldsymbol{E}$ 的方向相反，如图所示。质点 M 必在力 $\boldsymbol{F}$ 与初速度 $\boldsymbol{v}_0$ 所确定的平面内运动，以运动的起始点为原点 O，建立坐标系 Oxy，如图所示，其质点的运动微分方程为

$$m\ddot{x}=\sum F_x,\quad m\ddot{x}=0,\quad \ddot{x}=0 \tag{a}$$

$$m\ddot{y}=\sum F_y,\quad m\ddot{y}=-F,\quad \ddot{y}=-\frac{eA}{m}\cos kt \tag{b}$$

当 $t=0$ 时，$x_0=y_0=0$，$\dot{x}_0=v_0$，$\dot{y}_0=0$，对上述两式积分。

由式 (a)，

$$\dot{x}=\dot{x}_0=v_0$$

$$\int_0^x \mathrm{d}x=\int_0^t v_0\mathrm{d}t$$

得

$$x=v_0t \tag{c}$$

由式 (b)

$$\int_0^{\dot{y}} \mathrm{d}\dot{y} = -\frac{eA}{m}\int_0^t \cos kt \cdot \mathrm{d}t$$

$$\dot{y} = -\frac{eA}{mk}\sin kt$$

再积分一次

$$\int_0^y \mathrm{d}y = \int_0^t \left(-\frac{eA}{mk}\sin kt\right)\mathrm{d}t$$

得

$$y = \frac{eA}{mk^2}(\cos kt - 1) \tag{d}$$

由式（c）、式（d）消去时间 t，得其轨迹为

$$y = \frac{eA}{mk^2}\left(\cos\left(\frac{k}{v_0}x\right) - 1\right)$$

则质点 M 的运动轨迹为一余弦曲线。

例 7.5 如图 7.6a 所示，质量为 m 的重物块 M，在静止的液体中缓慢下沉，初速度为零。由实验知，当物块的速度不大时，液体阻力 $\boldsymbol{F}$ 的大小与物块速度的大小成正比，即 $F=cv$（比例系数 c 称为黏滞阻力系数，其数值与液体性质、物体形状等有关）。试求物块在重力和阻力共同作用下运动的速度和运动规律。浮力不计。

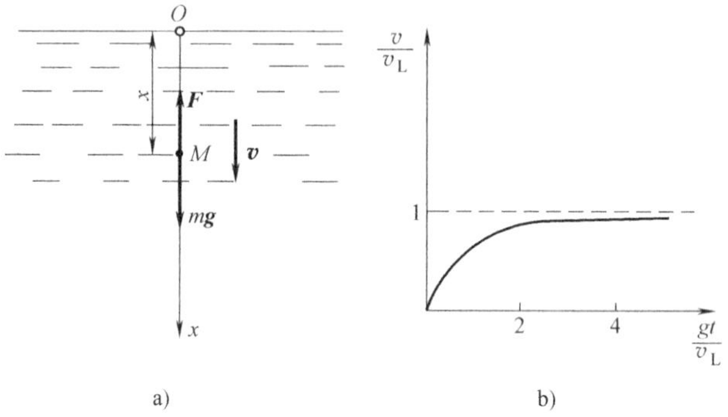

图 7.6 例 7.5 图

解： 取轴 x 向下为正，运动的起始点作为坐标原点 O。作用于质点的力是速度的函数，物块 M 的运动微分方程为

$$m\frac{\mathrm{d}v}{\mathrm{d}t} = mg - cv \tag{a}$$

当 $cv=mg$ 时，式（a）左边加速度变成零，物块将做匀速运动。这时的速度 $\frac{mg}{c}=v_L$ 称为**极限速度**。把式（a）改写为

$$\frac{v_L}{g}\frac{\mathrm{d}v}{\mathrm{d}t} = v_L - v$$

分离变量后得

$$\frac{\mathrm{d}v}{v_{\mathrm{L}}-v}=\frac{g}{v_{\mathrm{L}}}\mathrm{d}t \tag{b}$$

当 $t=0$ 时，$v_0=0$，$x_0=0$，对式（b）积分，有

$$\int_0^v \frac{\mathrm{d}v}{v_{\mathrm{L}}-v}=\int_0^t \frac{g}{v_{\mathrm{L}}}\mathrm{d}t$$

求得

$$\ln\frac{v_{\mathrm{L}}-v}{v_{\mathrm{L}}}=-\frac{g}{v_{\mathrm{L}}}t$$

即

$$v=v_{\mathrm{L}}[1-\mathrm{e}^{-(g/v_{\mathrm{L}})t}] \tag{c}$$

这就是物块的速度随时间而变化的规律。

把 $v=\frac{\mathrm{d}x}{\mathrm{d}t}$代入上式，再取定积分得

$$\int_0^x \mathrm{d}x=\int_0^t v_{\mathrm{L}}(1-\mathrm{e}^{-(g/v_{\mathrm{L}})t})\mathrm{d}t$$

则得物块的运动规律为

$$x=v_{\mathrm{L}}t-\frac{v_{\mathrm{L}}^2}{g}(1-\mathrm{e}^{-(g/v_{\mathrm{L}})t}) \tag{d}$$

由式（c）可见，物块的速度是随时间的增加而增大的，当 $t\to\infty$ 时，$v=v_{\mathrm{L}}=\frac{mg}{c}$。实际上，当 $t=4\frac{v_{\mathrm{L}}}{g}$时，$v=0.982v_{\mathrm{L}}$，已非常接近于极限速度。物块速度随时间变化的情况如图7.6b所示。

本例对选种、选矿等工作具有现实意义。利用极限速度的不同，可以把大小不同的颗粒分离开。

例7.6 如图7.7所示，物块在光滑水平面上与弹簧连接。物块质量为 m，弹簧刚度系数为 k。在弹簧拉长变形量为 a 时，无初速释放物块。求物块的运动规律。

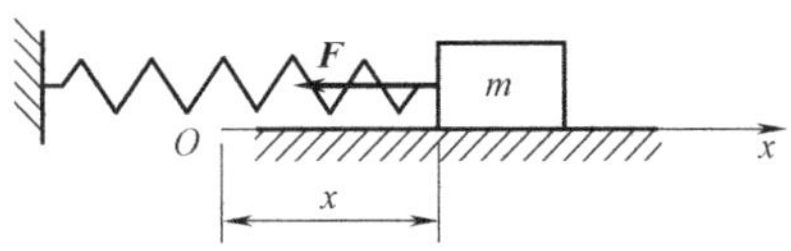

图7.7 例7.6图

解： 以弹簧未变形处为坐标原点 O，物块任意坐标 x 处弹簧变形量为 $|x|$，弹簧力的大小为 $F=k|x|$，并指向 O 点，如图所示。则此物块沿 x 轴的运动微分方程为

$$m\frac{\mathrm{d}^2x}{\mathrm{d}t^2}=F_x=-kx$$

或

$$m\frac{\mathrm{d}^2x}{\mathrm{d}t^2}+kx=0$$

令 $\omega_{\mathrm{n}}^2=k/m$，上式化为自由振动微分方程的标准形式为

$$\frac{d^2x}{dt^2}+\omega_n^2x=0 \tag{a}$$

此微分方程的解可写为

$$x=A\cos(\omega_n t+\theta) \tag{b}$$

式中，A、θ 为积分常数，由运动的初始条件决定。由题意，取 $x=a$ 处的时间为 $t=0$ 且此时有 $\frac{dx}{dt}=0$。代入式（b），有

$$a=A\cos\theta$$

$$0=-\omega_n A\sin\theta$$

由此解出

$$\theta=0,\quad A=a$$

代入式（b），则此物块的运动方程为

$$x=a\cos\omega_n t$$

可见此物块做简谐振动，振动中心为 O 点，振幅为 a，周期 $T=2\pi/\omega_n$。ω_n 称为圆频率，可由其标准形式的运动微分方程（a）直接确定。

7.3 质点相对运动动力学的基本方程

牛顿第二定律只适用于惯性参考系，对于非惯性参考系，质点的运动微分方程具有与式（7.1）不同的形式。

设有一质量为 m 的质点 M，相对于非惯性参考系 $O'x'y'z'$ 运动，如图 7.8 所示。点 M 受有力 $\boldsymbol{F}$ 作用，其相对加速度为 $\boldsymbol{a}_r$，为确定作用力与相对加速度的关系，现选取一惯性参考系 $Oxyz$ 作为定参考系。动参考系 $O'x'y'z'$ 相对于这个定参考系的运动为牵连运动；动点 M 相对于定参考系的运动是绝对运动。在定参考系内，按牛顿第二定律有

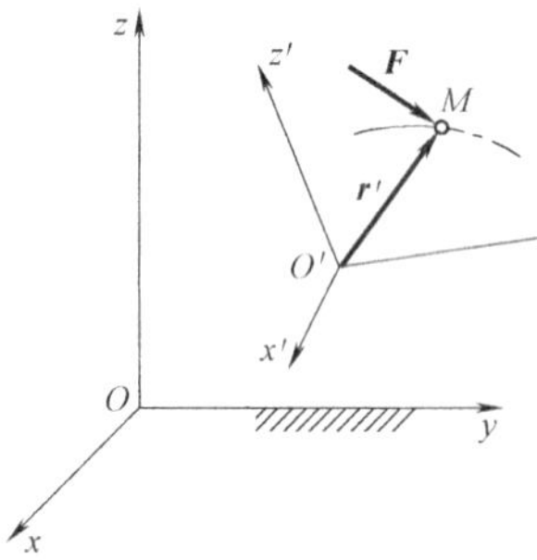

图 7.8

$$m\boldsymbol{a}_a=\boldsymbol{F}$$

式中，$\boldsymbol{a}_a$ 表示质点的绝对加速度；$\boldsymbol{F}$ 为作用在质点上的合力。

从运动学中点的加速度合成定理知

$$\boldsymbol{a}_a=\boldsymbol{a}_r+\boldsymbol{a}_e+\boldsymbol{a}_C$$

式中，$\boldsymbol{a}_e$ 为质点的牵连加速度；$\boldsymbol{a}_C$ 为质点的科氏加速度。将上式代入前式，得

$$m\boldsymbol{a}_r+m\boldsymbol{a}_e+m\boldsymbol{a}_C=\boldsymbol{F}$$

或

$$m\boldsymbol{a}_r=\boldsymbol{F}-m\boldsymbol{a}_e-m\boldsymbol{a}_C \tag{7.4}$$

令

$$\boldsymbol{F}_{Ie}=-m\boldsymbol{a}_e,\quad \boldsymbol{F}_{IC}=-m\boldsymbol{a}_C$$

于是式（7.4）可写成与牛顿第二定律相类似的形式，即

$$m\boldsymbol{a}_r=\boldsymbol{F}+\boldsymbol{F}_{Ie}+\boldsymbol{F}_{IC} \tag{7.5}$$

式（7.5）称为**质点相对运动动力学基本方程**。式中，$\boldsymbol{F}_{Ie}$称为**牵连惯性力**；$\boldsymbol{F}_{IC}$称为**科氏惯性力**，可以理解为在非惯性参考系中对于牛顿第二定律的修正项。$\boldsymbol{F}_{Ie}$和$\boldsymbol{F}_{IC}$都具有力的量纲，且与质点的质量有关，因而称之为惯性力。

式（7.5）可写成微分方程的形式为

$$m\frac{\mathrm{d}^2\boldsymbol{r}'}{\mathrm{d}t^2}=\boldsymbol{F}+\boldsymbol{F}_{Ie}+\boldsymbol{F}_{IC} \tag{7.6}$$

式中，$\boldsymbol{r}'$表示质点 M 在动参考系中的矢径。式（7.6）称为**质点相对运动微分方程**。在应用该方程解题时，应取适当的投影式，例如向直角坐标轴投影或向自然坐标轴投影等。

下面研究几种特殊情况。

1）当动参考系相对于定参考系做平动时，因科氏加速度 $\boldsymbol{a}_C=\boldsymbol{0}$，则科氏惯性力 $\boldsymbol{F}_{IC}=\boldsymbol{0}$。于是相对运动动力学基本方程为

$$m\boldsymbol{a}_r=\boldsymbol{F}+\boldsymbol{F}_{Ie}$$

2）当动参考系相对于定参考系做匀速直线平动时，因为有 $\boldsymbol{a}_C=\boldsymbol{0}$ 和 $\boldsymbol{a}_e=\boldsymbol{0}$，则有 $\boldsymbol{F}_{IC}=\boldsymbol{F}_{Ie}=\boldsymbol{0}$，于是相对运动动力学基本方程与相对于惯性参考系的基本方程形式一样，即

$$m\boldsymbol{a}_r=\boldsymbol{F}$$

上式说明，对这样的参考系，牛顿定律也是适用的。因此所有**相对于惯性参考系做匀速直线平动的参考系都是惯性参考系**。上式中不包含与牵连运动有关的项，这说明，当动参考系做惯性运动时，质点的相对运动不受牵连运动的影响。因此可以说，发生在惯性参考系中的任何力学现象，都无助于发觉该参考系本身的运动情况，以上称为**相对性原理**。

3）当质点相对于动参考系静止时，即 $\boldsymbol{a}_r=\boldsymbol{0}$，$\boldsymbol{v}_r=\boldsymbol{0}$，因此有 $\boldsymbol{F}_{IC}=\boldsymbol{0}$。这样，式（7.5）成为

$$\boldsymbol{F}+\boldsymbol{F}_{Ie}=\boldsymbol{0}$$

上式称为**质点相对静止的平衡方程，即当质点在非惯性参考系中保持相对静止时，作用在质点上的力与质点的牵连惯性力相互平衡**。

4）当质点相对于动参考系做等速直线运动时，有 $\boldsymbol{a}_r=\boldsymbol{0}$。这样，式（7.5）成为

$$\boldsymbol{F}+\boldsymbol{F}_{Ie}+\boldsymbol{F}_{IC}=\boldsymbol{0}$$

上式称为**质点相对平衡方程**。可见在非惯性参考系中，质点相对静止和做等速直线运动时，其平衡条件是不相同的。

例 7.7　如图 7.9 所示，杆 OA 绕轴 O 在水平面内以角速度 ω 匀速转动，质量为 m 的小环 M 套在 OA 杆上，并用长为 a 的绳子系于转轴 O 上。试求：（1）绳子断后小环沿 OA 杆的运动规律。（2）小环 M 与 OA 杆间的作用力。摩擦不计。

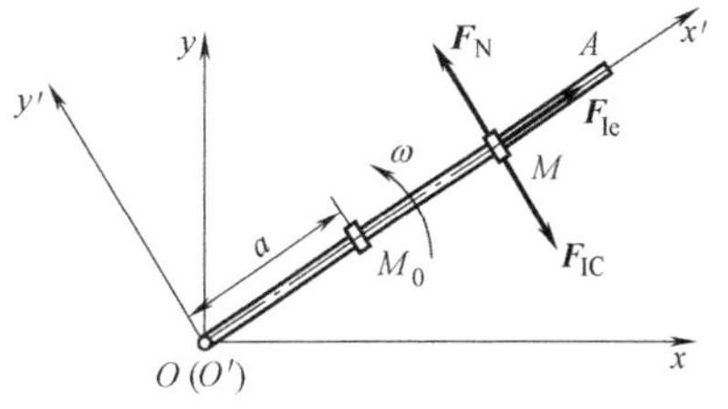

图 7.9　例 7.7 图

解：取环 M 为研究对象。静坐标系 Oxy 建立在地面上，动坐标系 $O'x'y'$建立在杆 OA 上，如图所示。

绳断后，圆环 M 受有杆 OA 的约束力 $\boldsymbol{F}_N$，它沿 OA 杆的运动是相对非惯性系的运动，为建立其相对运动微分方程，需加上牵连惯性力和科氏惯性力，它们的

大小分别为

$$F_{\mathrm{Ie}}=mx'\omega^2$$

$$F_{\mathrm{IC}}=2m\omega\dot{x}'$$

其相对运动微分方程为

$$m\ddot{x}'-mx'\omega^2=0$$

$$F_{\mathrm{N}}-2m\omega\dot{x}'=0$$

即

$$\ddot{x}'-\omega^2x'=0 \tag{a}$$

$$F_{\mathrm{N}}=2m\omega\dot{x}' \tag{b}$$

由微分方程的理论知，式（a）通解为

$$x'=C_1\mathrm{e}^{\omega t}+C_2\mathrm{e}^{-\omega t}$$

代入初始条件 $t=0$ 时，$x'=a$，$\dot{x}'=0$，可解得

$$C_1=C_2=\frac{1}{2}a$$

则小圆环 M 沿 OA 杆的运动规律为

$$x'=\frac{1}{2}a(\mathrm{e}^{\omega t}+\mathrm{e}^{-\omega t}) \tag{c}$$

将式（c）对时间求一阶导数，得

$$\dot{x}'=\frac{1}{2}a\omega(\mathrm{e}^{\omega t}-\mathrm{e}^{-\omega t})$$

代入式（b），得

$$F_{\mathrm{N}}=m\omega^2a(\mathrm{e}^{\omega t}-\mathrm{e}^{-\omega t})$$

例 7.8 如图 7.10 所示，质量为 m 的小球置于过坐标原点的曲线 $y=f(x)$ 的光滑玻璃管中，曲线管以匀角速度 ω 绕 Oy 轴转动。欲使小球可在管中任何位置处于静止，试求其曲线方程及管壁对小球的约束力。

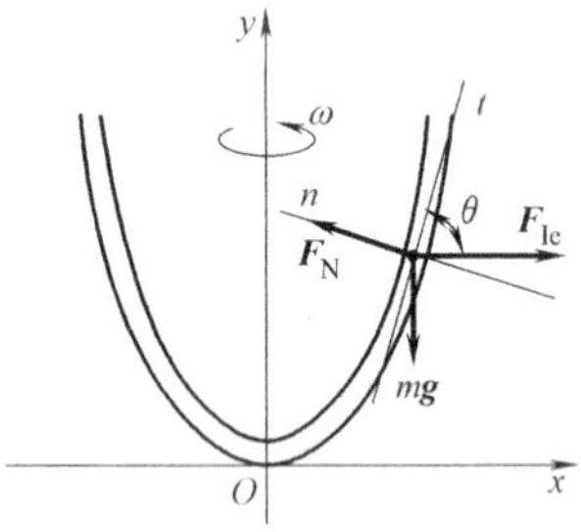

图 7.10 例 7.8 图

解： 以小球为研究对象。建立与曲线固连的动系，由题意可知小球处于相对静止平衡，设小球在点（x，$f(x)$）处静止。

小球受力有主动力 $m\boldsymbol{g}$、约束力 $\boldsymbol{F}_{\mathrm{N}}$ 和牵连惯性力 $\boldsymbol{F}_{\mathrm{Ie}}$，各力方向如图所示，其中，$F_{\mathrm{Ie}}=m\omega^2x$。

设曲线在点（x，$f(x)$）处的斜率为 $\tan\theta$，则由相对运动微分方程在切线 t 上的投影得

$$ma_{\mathrm{t}}=-mg\sin\theta+F_{\mathrm{Ie}}\cos\theta$$

考虑到 $ma_{\mathrm{t}}=0$，并代入 F_{Ie} 的值得

$$0=-mg\sin\theta+m\omega^2x\cos\theta$$

所以有

$$\frac{\mathrm{d}y}{\mathrm{d}x}=\tan\theta=\frac{\omega^2}{g}x$$

考虑到曲线过原点，故得

$$\int_0^y \mathrm{d}y = \int_0^x \frac{\omega^2}{g} x \mathrm{d}x$$

$$y = \frac{\omega^2}{2g} x^2$$

曲线为抛物线。

由相对运动微分方程在法线 n 上的投影得

$$0 = F_{\mathrm{N}} - mg\cos\theta - F_{\mathrm{Ie}}\sin\theta$$

所以

$$F_{\mathrm{N}} = mg\cos\theta + F_{\mathrm{Ie}}\sin\theta$$

因为 $\tan\theta = \frac{\omega^2}{g}x$，所以

$$\cos\theta = \frac{1}{\sqrt{1+(\omega^2 x/g)^2}}$$

$$\sin\theta = \frac{\omega^2 x/g}{\sqrt{1+(\omega^2 x/g)^2}}$$

并考虑到 $F_{\mathrm{Ie}} = m\omega^2 x$，故代入上式并化简可得

$$F_{\mathrm{N}} = mg\sqrt{1+\left(\frac{\omega^2}{g}x\right)^2}$$

可见，约束力 F_{N} 是 x 的函数。

例 7.9　如图 7.11 所示，半径为 r 的大圆环以匀角速度 ω 绕铅直直径转动。质量为 m 的小环 A 在相对于圆环的 $\theta=0$ 处，无初速地向下开始运动。求小环 A 运动到任意 θ 位置时的相对速度以及它受到大圆环的约束力（不计两环之间的摩擦）。

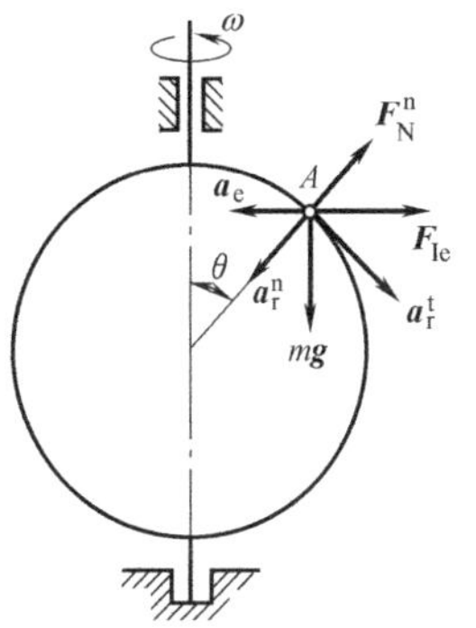

图 7.11　例 7.9 图

解：以小环 A 为研究对象。动参考系与大圆环固连，小环的相对运动为圆周运动，其相对切向加速度 $a_{\mathrm{r}}^{\mathrm{t}} = r\ddot{\theta}$，相对法向加速度为 $a_{\mathrm{r}}^{\mathrm{n}} = r\dot{\theta}^2$，牵连加速度 $a_{\mathrm{e}} = r\omega^2\sin\theta$，科氏加速度 $a_{\mathrm{C}} = 2\omega r\dot{\theta}\cos\theta$（各加速度方向如图所示，其中 a_{C} 的方向垂直纸面背离读者，与大圆环的副法线方向相同）。

小环受重力 $m\boldsymbol{g}$、约束力 $\boldsymbol{F}_{\mathrm{N}}^{\mathrm{n}}$ 和 $\boldsymbol{F}_{\mathrm{N}}^{\mathrm{b}}$（$\boldsymbol{F}_{\mathrm{N}}^{\mathrm{b}}$ 垂直纸面背离读者）作用，惯性力有 $F_{\mathrm{Ie}} = mr\omega^2\sin\theta$，$F_{\mathrm{IC}} = 2m\omega r\dot{\theta}\cos\theta$（方向垂直纸面指向读者）。

将相对运动微分方程写成自然轴系的投影式得

$$ma_{\mathrm{r}}^{\mathrm{t}} = F_{\mathrm{Ie}}^{\mathrm{t}} + F_{\mathrm{IC}}^{\mathrm{t}} + \sum_{i=1}^{n} F_{it}, \quad mr\ddot{\theta} = mr\omega^2\sin\theta\cos\theta + mg\sin\theta \tag{a}$$

$$ma_{\mathrm{r}}^{\mathrm{n}} = F_{\mathrm{Ie}}^{\mathrm{n}} + F_{\mathrm{IC}}^{\mathrm{n}} + \sum_{i=1}^{n} F_{in}, \quad mr\dot{\theta}^2 = -F_{\mathrm{N}}^{\mathrm{n}} - mr\omega^2\sin^2\theta + mg\cos\theta \tag{b}$$

$$0 = F_{\mathrm{Ie}}^{\mathrm{b}} + F_{\mathrm{IC}}^{\mathrm{b}} + \sum_{i=1}^{n} F_{ib}, \quad 0 = -2mr\omega\dot{\theta}\cos\theta + F_{\mathrm{N}}^{\mathrm{b}} \tag{c}$$

解方程，将式（a）变形，得

$$\dot{\theta}\frac{\mathrm{d}\dot{\theta}}{\mathrm{d}\theta}=\frac{g}{r}\sin\theta+\omega^2\sin\theta\cos\theta$$

考虑到 $t=0$ 时，$\theta=\dot{\theta}=0$，得

$$\int_0^{\dot{\theta}}\dot{\theta}\mathrm{d}\dot{\theta}=\int_0^{\theta}\left(\frac{g}{r}\sin\theta+\omega^2\sin\theta\cos\theta\right)\mathrm{d}\theta$$

$$\frac{1}{2}\dot{\theta}^2=\frac{g}{r}(1-\cos\theta)+\frac{\omega^2}{2}\sin^2\theta$$

$$\dot{\theta}^2=\frac{4g}{r}\sin^2\frac{\theta}{2}+\omega^2\sin^2\theta$$

从而得

$$v_{\mathrm{r}}=r\dot{\theta}=\sqrt{4rg\sin^2\frac{\theta}{2}+\omega^2r^2\sin^2\theta}$$

将 $\dot{\theta}$ 的值代入式（b）、式（c），可得

$$F_{\mathrm{N}}^{\mathrm{n}}=mg(3\cos\theta-2)-2mr\omega^2\sin^2\theta$$

$$F_{\mathrm{N}}^{\mathrm{b}}=2m\omega\cos\theta\sqrt{4rg\sin^2\frac{\theta}{2}+\omega^2r^2\sin^2\theta}$$

该题结果说明，惯性力不仅影响小环沿大环滑动的加速度，而且还影响大小环之间的相互作用力。特别是 $F_{\mathrm{N}}^{\mathrm{b}}$ 的值完全由科氏惯性力所产生。由此，可以想到，在地球北半部，当河流由北向南流动时，由于地球的自转，流水和河岸之间也将产生相互作用力。这一力将使河的西岸被河流冲刷的程度高于东岸被冲刷的程度，这已为大量的事实所证实。

本章小结

1. 本章基本要求

1）对质点动力学的基本概念（如惯性、质量等）和动力学基本定律在物理课程的基础上进一步理解其实质。

2）深刻理解力和加速度的关系，能正确地建立质点的运动微分方程，掌握质点动力学第一类基本问题的解法。

3）掌握质点动力学第二类基本问题的解法，特别是当作用力分别为常力、时间函数、位置函数和速度函数时，质点运动微分方程的积分求解方法。对运动的初始条件的力学意义及其在确定质点运动中的作用有清晰的认识，并会根据题目的已知条件正确提出运动的初始条件。

4）对质点进行合成运动分析的基础上，较熟练附加相应的牵连惯性力和科氏惯性力，正确建立质点相对运动微分方程，会求解非惯性参考系中的质点动力学问题。

2. 本章重点

1）建立质点的运动微分方程。

2）求解质点动力学的两类基本问题。

3. 本章难点

1) 在质点动力学第二类问题中，根据题目所要求的问题对质点的运动微分方程进行变量交换后再积分的方法。

2) 求解质点在非惯性参考系中的相对运动规律。正确分析由惯性力引起的附加动约束力。

4. 学习建议

1) 在复习物理课程有关内容的基础上，进一步理解动力学各定律的实质，了解古典力学的适用范围。

2) 复习和运用静力学中的合力投影定理与点的运动学知识，学习如何建立不同形式的质点运动微分方程。

3) 注意区分质点动力学的两类基本问题及其解题特点，归纳动力学问题的解题步骤。

4) 研究非惯性坐标系的质点动力学问题时，首先要对动点的合成运动进行正确的加速度分析和计算，从而准确建立动力学方程并求解。

习 题

7.1 试分析下列各种说法是否正确？为什么？

(1) 质点的运动方向一定是作用于该质点上的合力的方向。

(2) 质点的速度越大，该质点所受的力也就越大。

(3) 当已知质点的质量和所受的力时，该质点的运动规律便完全确定了。

7.2 如图7.12所示，两根细绳的一端系住一质量为1kg的小球M。已知小球以匀速$v=2.5\text{m/s}$在水平面做圆周运动，圆的半径$r=0.5\text{m}$，试求两绳的张力。

7.3 如图7.13所示，在曲柄滑道机构中，活塞和活塞杆质量共为50 kg。曲柄OA长0.3 m，绕O轴做匀速转动，转速$n=120\text{r/min}$。求当曲柄在$\varphi=0°$和$\varphi=90°$时，作用在构件BDC上总的水平力。

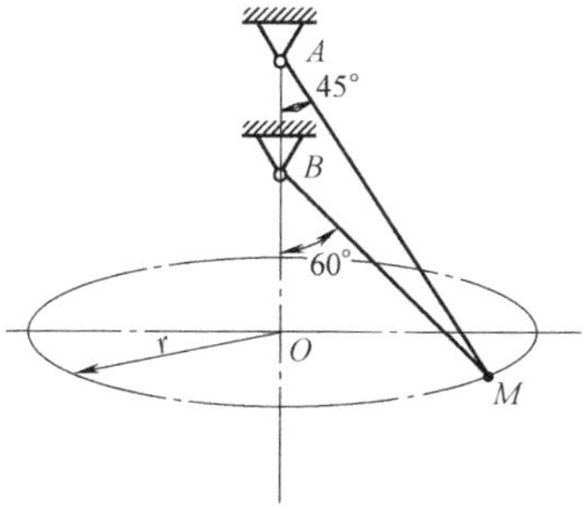

图7.12 题7.2图

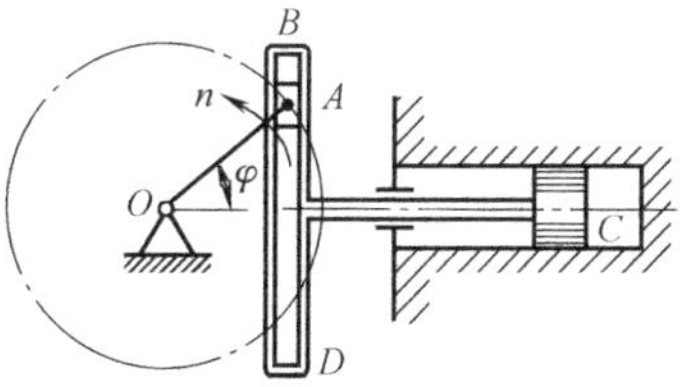

图7.13 题7.3图

7.4 如图7.14所示，半径为R、偏心距$OC=e$的偏心轮，以角速度ω绕O轴匀速转动，并推动导板沿铅直轨道运动。导板顶部放一物块M，其质量为m。运动开始时，OC位于水平向右的位置。试求：

(1) 物块M对导板的最大压力。

(2) 使物块M不脱离导板的最大角速度ω_{max}。

7.5 如图7.15所示，套管A的质量为m，受绳子牵引沿铅直杆向上滑动。绳子的另一段绕过离杆距离为l的定滑轮B而缠在鼓轮D上。鼓轮匀速转动，其轮缘各点的速度为v_0，求绳子拉力F_T与距离x之间的关系。定滑轮的外径较小，可视为一个点。

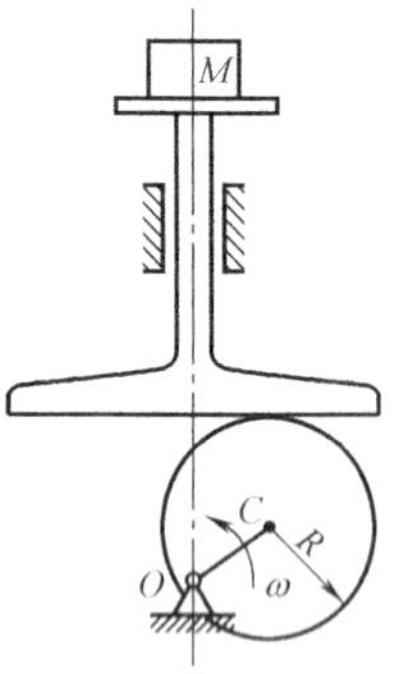

图 7.14　题 7.4 图

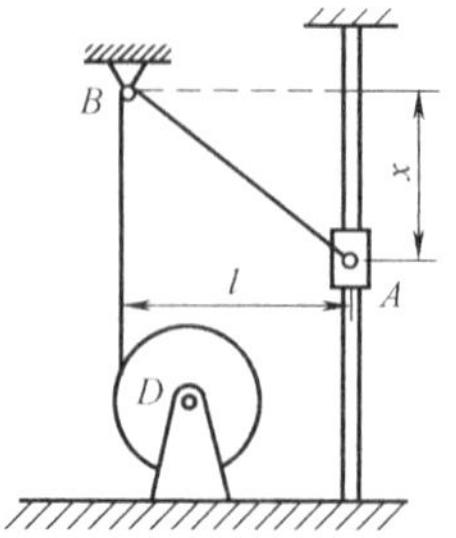

图 7.15　题 7.5 图

7.6　如图 7.16 所示，球磨机滚筒半径为 R，绕通过中心的水平轴匀速转动，桶内铁球由筒壁上的凸棱带着上升。为使铁球获得粉碎矿石的能量，铁球应在 $\varphi=\varphi_0$ 时脱离筒壁，求滚筒每分钟的转数 n。

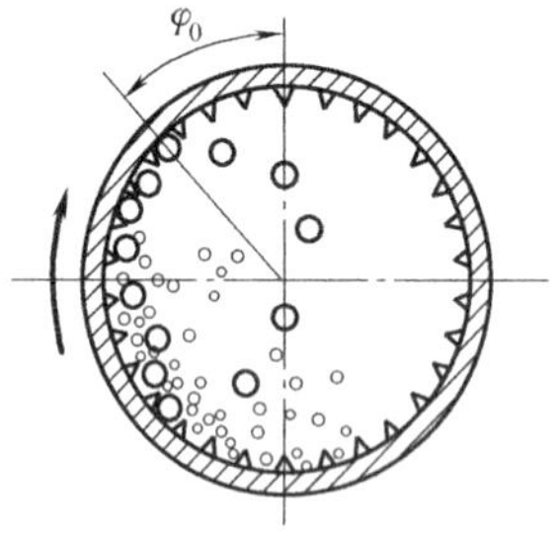

图 7.16　题 7.6 图

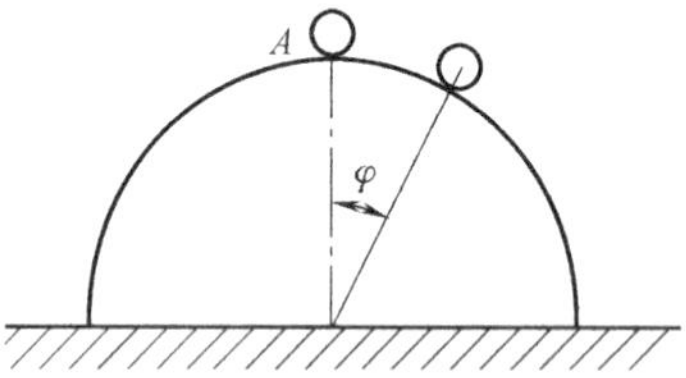

图 7.17　题 7.7 图

7.7　如图 7.17 所示，小球从固定的光滑半圆柱顶端 A 无初速地下滑。求小球脱离半圆柱时的位置角 φ。

7.8　如图 7.18 所示，重为 W 的物块放在以加速度 $\boldsymbol{a}$ 向右运动的斜面上，物块与斜面间的摩擦因数为 f。试求：

（1）a 为何值时，物块将向下滑。

（2）a 为何值时，物块将开始向上滑。

7.9　如图 7.19 所示，一个平底雪橇滑雪者的总质量 $m=90\text{kg}$，沿光滑斜坡下滑，斜坡的方程 $y=0.08x^2$。已知 $x=10\text{m}$ 时，其速度 $v=5\text{m/s}$。试求此瞬时雪橇的切向加速度和对斜坡的压力。不计雪橇和滑雪者尺寸的影响。

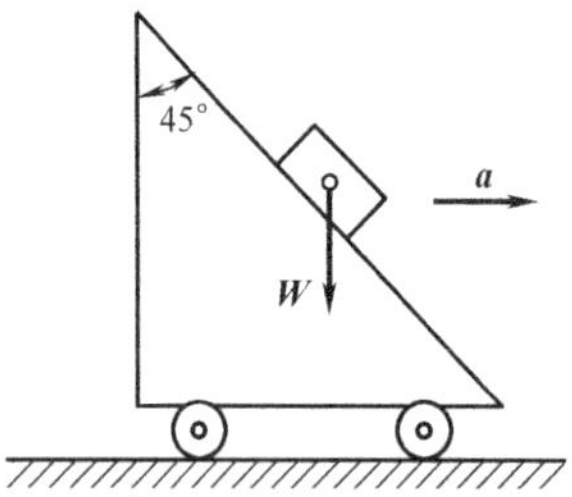

图 7.18　题 7.8 图

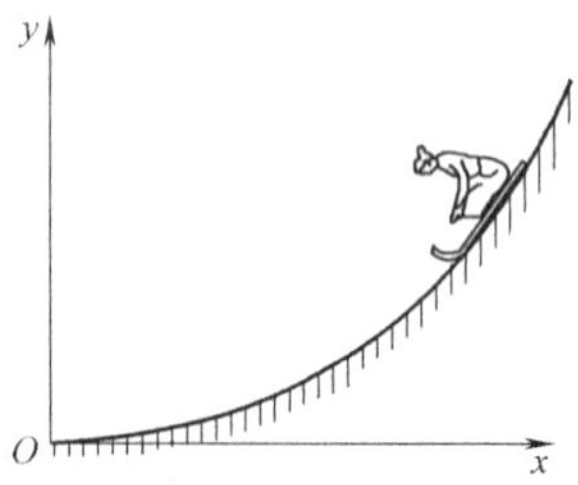

图 7.19　题 7.9 图

7.10　电车驾驶员借逐渐开启变阻器以增加电车发动机的动力，使拉力 F 的大小由零开始与时间成正比地增加，每秒增加 1200N。试根据下列数据求电车的运动规律：车重 $W=98\text{kN}$，静摩擦阻力 $F_s=2000\text{N}$，电车的初速 $v_0=0$。

7.11　如图 7.20 所示，质点 M 的质量为 m，始终受到中心 O 的吸引力。引力与质点到中心 O 的距离成正比，$\boldsymbol{F}=-k\boldsymbol{r}$，其中 k 为正值常数，开始时质点位于 A 点，初速度为 $\boldsymbol{v}_0$，方向垂直于 OA，设 $OA=a$。求质点的运动方程及轨迹方程。

7.12　如图 7.21 所示，质量为 m 的质点 M 沿圆上的弦运动。此质点受一指向圆心 O 的吸引力作用，吸引力大小与质点到点 O 距离成反比，比例常数为 k。开始时，质点处于位置 M_0，初速为零。已知圆的半径为 R，点 O 到弦的垂直距离为 h，求质点经过弦中点 O_1 时的速度。

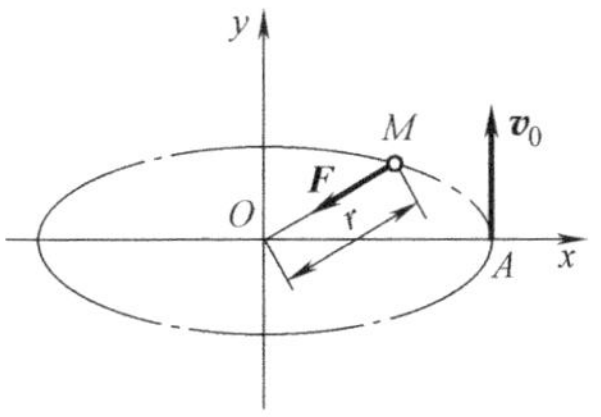

图 7.20　题 7.11 图

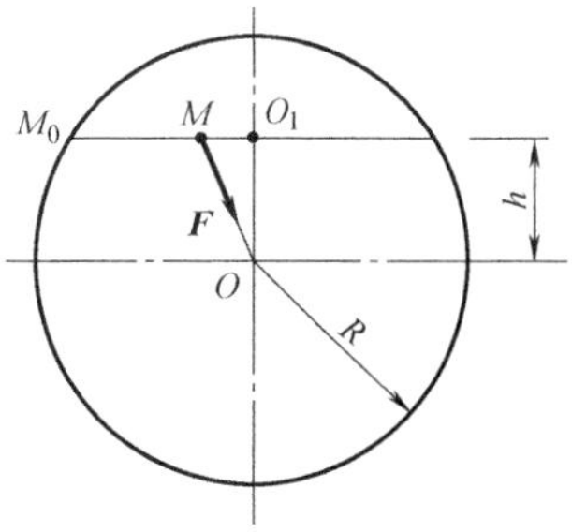

图 7.21　题 7.12 图

7.13　如图 7.22 所示，弹性线系于点 A 并穿过一固定的光滑小环 O，线的另一端系一质量为 m（kg）的小球 M。线未被拉长时其长度 $l=OA$，将线拉长单位长度需加力 k^2m（N）。今沿 AB 方向将线拉长，使其长度增加一倍，并给小球 M 与 AB 垂直的初速 $\boldsymbol{v}_0$。设小球重力不计，线的拉力与线的伸长成正比，小球在铅直面 xOy 内运动。求小球的运动方程和轨迹。

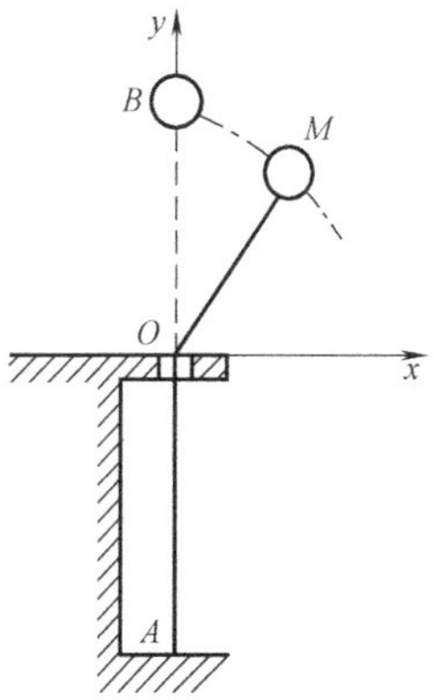

图 7.22　题 7.13 图

*7.14　物体以初速度 $\boldsymbol{v}_0$、仰角为 θ 抛出，所受空气阻力为 $\boldsymbol{F}=-km\boldsymbol{v}$，式中，$k$ 为常量；m 和 $\boldsymbol{v}$ 分别为物体的质量和速度。求物体的运动规律。

7.15　不前进的潜水艇重为 W，受到较小的沉力 $\boldsymbol{F}$（重力与浮力之差）向水底下沉。在沉力不大时，水的阻力可视为与下沉速度的一次方成正比，并等于 kAv，式中，k 为比例常数；A 为潜艇的水平投影面积；v 为下沉速度。如当 $t=0$ 时，$v=0$。求下沉速度和在时间 T 内潜艇下沉的路程 s。

*7.16　如图 7.23 所示，物体自高度 h 处以速度 $\boldsymbol{v}_0$ 水平抛出。空气阻力可视为与速度的一次方成正比，即 $\boldsymbol{F}=-km\boldsymbol{v}$，式中，$m$ 为物体的质量；$\boldsymbol{v}$ 为物体的速度；k 为常系数。求物体的运动方程和轨迹。

7.17　如图 7.24 所示，光滑直管 AB 长 l，在水平面以匀角速 ω 绕铅直轴 Oz 转动，另有一小球在管内做相对运动。初瞬时，小球在 B 端，相对速度为 $\boldsymbol{v}_{r0}$，指向固定端 A。问 v_{r0} 应为多少，小球恰能达到 A 端？

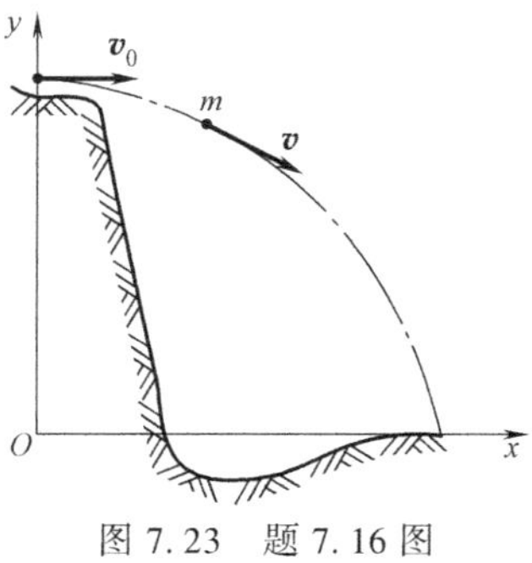

图 7.23　题 7.16 图

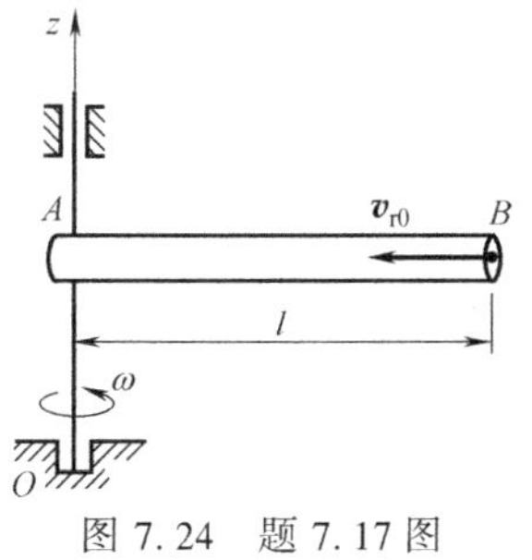

图 7.24　题 7.17 图

7.18　如图 7.25 所示，物块 A 用细绳悬挂于圆筒内壁。圆筒内壁的半径为 $r=0.5$m，设物块与筒壁间的摩擦因数 $f=0.15$。试问圆筒以多大的角速度 ω 绕铅直轴转动时，把细绳剪断后，物块方能在筒壁上不下落？

7.19　如图 7.26 所示，一重物 M 放在粗糙的水平平台上，平台绕铅直轴以匀角速度 ω 转动，重物与平台间摩擦因数为f。试求重物能在平台上保持相对静止时的位置。

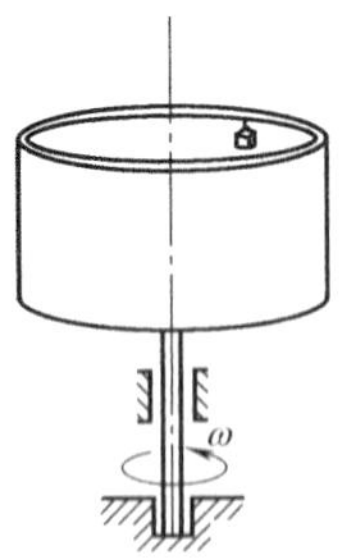

图 7.25　题 7.18 图

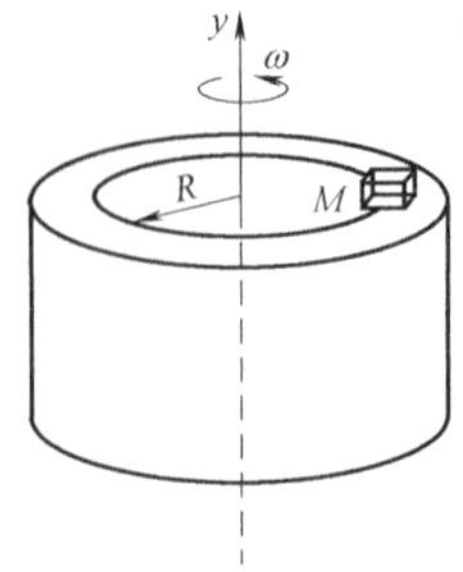

图 7.26　题 7.19 图

*7.20　如图 7.27 所示，水平圆盘绕 O 轴转动，转动角速度 ω 为常量。在圆盘上沿某直径有一滑槽，一重 W 的质点 M 在槽内运动。如质点在开始时离轴心的距离为 a，且无初速度。求质点的相对运动方程和槽的水平约束力。

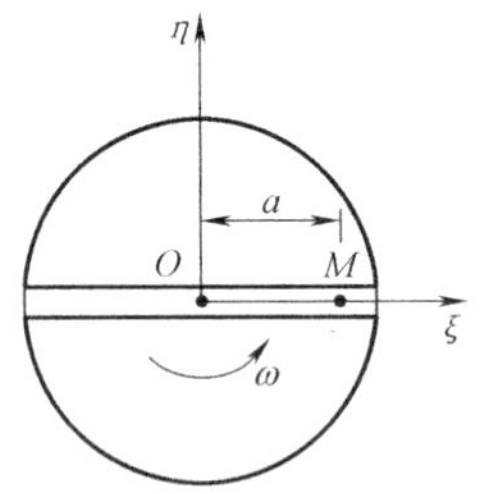

图 7.27　题 7.20 图

第8章 动量定理

对于质点系，可以逐一列出各质点的运动微分方程，但很难联立求解。我们换一种研究方法，即将质点系作为一个整体来研究它的运动特征量与作用于其上的力系之间的关系，它们之间所遵循的规律称为**动力学普遍定理**。动力学普遍定理包括动量定理、动量矩定理和动能定理，本章首先介绍动量定理。

8.1 质点系的动量

质点的质量与其速度的乘积称为**质点的动量**，记为 $m\boldsymbol{v}$。动量是矢量，其方向与质点的速度方向相同，大小等于质点的质量与其速度大小的乘积。在国际单位制中，动量的单位为千克米每秒（kg · m/s）。

质点的动量是用来度量质点机械运动强弱的物理量。质点与质点之间相互作用时，它们之间进行的机械运动的传递可以用动量来描述。例如，枪弹穿透目标的能力不仅与它的质量有关，还与它的速度有关。子弹的质量虽小，但由于它的速度较大，所以能穿透钢板。而正在停靠码头的船，速度虽小，但由于它的质量很大，所以它对码头会产生很大的撞击力。

考察由 n 个质点组成的质点系，设第 i 个质点的质量为 m_i，相对固定点 O 的矢径为 $\boldsymbol{r}_i$，其速度为$\boldsymbol{v}_i=\dfrac{\mathrm{d}\boldsymbol{r}_i}{\mathrm{d}t}$，质点系中各质点质量与其速度的乘积的矢量和称为**质点系的动量**，用 $\boldsymbol{p}$ 表示，即

$$\boldsymbol{p}=\sum_{i=1}^{n} m_i\boldsymbol{v}_i \tag{8.1}$$

质点系的动量是描述质点系整体运动的一个特征量。

由质心 C 的矢径公式（6.29）有

$$\sum_{i=1}^{n} m_i\boldsymbol{r}_i=m\boldsymbol{r}_C$$

将上式两端对时间 t 求一阶导数，得到质点系动量的另一种表达形式

$$\boldsymbol{p}=\sum_{i=1}^{n} m_i\boldsymbol{v}_i=m\boldsymbol{v}_C \tag{8.2}$$

式中，m 为质点系的总质量；$\boldsymbol{v}_C=\dfrac{\mathrm{d}\boldsymbol{r}_C}{\mathrm{d}t}$为其质心速度。式（8.2）表明：**质点系的动量也可以**

用质点系的总质量与其质心速度的乘积表示。这相当于将质点系的总质量集中于质心的一个质点的动量。因此，质点系的动量可视为描述质心运动的一个特征量。

若一个质点系由多个刚体组成，则该质点系的动量可写为

$$\boldsymbol{p}=\sum_{i=1}^{n}\boldsymbol{p}_i=\sum_{i=1}^{n}m_i\boldsymbol{v}_{Ci} \tag{8.3}$$

式中，$\boldsymbol{p}_i$、m_i、$\boldsymbol{v}_{Ci}$分别为第 i 个刚体的动量、质量和质心速度。对于刚体和刚体系的动量，采用式（8.2）、式（8.3）计算是非常方便的。

例 8.1 如图 8.1 所示，杆 OA 以匀角速度 ω 绕 O 轴转动，通过杆 BC 带动滚子 B 沿水平面做纯滚动，同时带动滑块 C 在铅直轨道内运动。杆 OA、BC、滚子 B 及滑块 C 的质量分别为 m、$2m$、$2m$、$2m$，$OA=AB=AC=r$。试求此系统在图示瞬时（$\theta=45°$）的动量 $\boldsymbol{p}$。

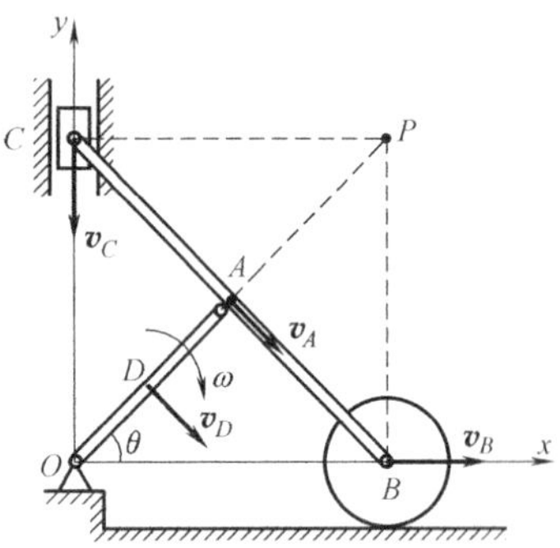

图 8.1　例 8.1 图

解：设杆 OA、BC、滚子 B 及滑块 C 的质心速度分别为 $\boldsymbol{v}_D$、$\boldsymbol{v}_A$、$\boldsymbol{v}_B$、$\boldsymbol{v}_C$，方向如图所示，大小分别为

$$v_D=\frac{r}{2}\omega,\quad v_A=r\omega$$

$$v_B=\sqrt{2}r\omega,\quad v_C=\sqrt{2}r\omega$$

建立如图所示坐标系，可得

$$p_x=mv_D\cos45°+2mv_A\cos45°+2mv_B=\frac{13\sqrt{2}}{4}mr\omega$$

$$p_y=-mv_D\cos45°-2mv_A\cos45°-2mv_C=-\frac{13\sqrt{2}}{4}mr\omega$$

故

$$p=\sqrt{p_x^2+p_y^2}=\frac{13}{2}mr\omega=6.5mr\omega$$

$\boldsymbol{p}$ 与 x、y 轴正向之间的夹角分别为

$$\angle(\boldsymbol{p},\boldsymbol{i})=\arccos\frac{p_x}{p}=\arccos\frac{\sqrt{2}}{2}=-45°$$

$$\angle(\boldsymbol{p},\boldsymbol{j})=\arccos\frac{p_y}{p}=\arccos\left(-\frac{\sqrt{2}}{2}\right)=-135°$$

8.2 质点系的动量定理

1. 质点系的动量定理

质点系由 n 个质点组成，设第 i 个质点的质量为 m_i，作用于该质点上的力可分为质点系以外的物体对其施加的力 $\boldsymbol{F}_i^{(e)}$（称为外力）和质点系内其他质点对其施加的力 $\boldsymbol{F}_i^{(i)}$（称为内力），则由牛顿第二定律得第 i 个质点的运动微分方程为

$$\frac{\mathrm{d}}{\mathrm{d}t}(m_i \boldsymbol{v}_i) = m_i \frac{\mathrm{d}\boldsymbol{v}_i}{\mathrm{d}t} = \boldsymbol{F}_i^{(\mathrm{e})} + \boldsymbol{F}_i^{(\mathrm{i})} \quad (i = 1, 2, \cdots, n)$$

将上述 n 个方程相加，得

$$\sum_{i=1}^{n} \frac{\mathrm{d}}{\mathrm{d}t}(m_i \boldsymbol{v}_i) = \frac{\mathrm{d}}{\mathrm{d}t}\sum_{i=1}^{n}(m_i \boldsymbol{v}_i) = \sum_{i=1}^{n}\boldsymbol{F}_i^{(\mathrm{e})} + \sum_{i=1}^{n}\boldsymbol{F}_i^{(\mathrm{i})}$$

根据牛顿第三定律，质点系中内力总是成对出现，且大小相等、方向相反，因此上式等号右端第二项恒等于零，于是有

$$\frac{\mathrm{d}\boldsymbol{p}}{\mathrm{d}t} = \sum_{i=1}^{n}\boldsymbol{F}_i^{(\mathrm{e})} = \boldsymbol{F}_{\mathrm{R}}^{(\mathrm{e})} \tag{8.4}$$

式中，$\boldsymbol{p} = \Sigma m_i \boldsymbol{v}_i$ 为质点系的动量；$\boldsymbol{F}_{\mathrm{R}}^{(\mathrm{e})} = \sum_{i=1}^{n}\boldsymbol{F}_i^{(\mathrm{e})}$ 为作用于质点系的外力系的主矢。式（8.4）就是**质点系的动量定理，即质点系的动量 $\boldsymbol{p}$ 对时间 t 的一阶导数等于作用在该质点系上外力的矢量和（或外力系的主矢）**。

将式（8.4）向直角坐标系 $Oxyz$ 的各轴上投影，得到动量定理的投影形式

$$\left.\begin{aligned} \frac{\mathrm{d}}{\mathrm{d}t}p_x &= \sum_{i=1}^{n} F_{ix}^{(\mathrm{e})} \\ \frac{\mathrm{d}}{\mathrm{d}t}p_y &= \sum_{i=1}^{n} F_{iy}^{(\mathrm{e})} \\ \frac{\mathrm{d}}{\mathrm{d}t}p_z &= \sum_{i=1}^{n} F_{iz}^{(\mathrm{e})} \end{aligned}\right\} \tag{8.5}$$

对式（8.4）两边在时间 t_1 至 t_2 上积分，得到**动量定理的积分形式**

$$\boldsymbol{p}_2 - \boldsymbol{p}_1 = \int_{t_1}^{t_2}\sum_{i=1}^{n}\boldsymbol{F}_i^{(\mathrm{e})} \cdot \mathrm{d}t = \int_{t_1}^{t_2}\boldsymbol{F}_{\mathrm{R}}^{(\mathrm{e})}\,\mathrm{d}t \tag{8.6}$$

式中，$\boldsymbol{p}_1$、$\boldsymbol{p}_2$ 分别为在 t_1、t_2 时刻质点系的动量。

2. 质点系动量守恒定律

在工程实际中往往会遇到这样两种特殊情况：作用于质点系的外力系的主矢恒为零，或外力系主矢在某一坐标轴（例如 x 轴）上的投影恒为零。这时，由式（8.4）和式（8.5）可得

$$\boldsymbol{p} = \boldsymbol{p}_0 = \text{常矢量}$$

或

$$p_x = p_{0x} = \text{常量}$$

以上结论称为**质点系动量守恒定律**。

质点系动量定理和质点系动量守恒定律的数学表达式或条件陈述中，均只考虑外力，而与内力无关。因此为了书写方便，在不致误解的情况下，可以把外力的上标（e）省去。

质点系动量定理说明，质点系的内力不能改变质点系的动量。要使质点系的总动量发生改变，只能依靠外力的作用。例如，汽车作为一个质点系，发动机的作用力是内力。处于冰面上的汽车，由于路面难于产生摩擦力，无论发动机的功率多大，也难使静止的汽车向前行驶。同样，也不能依靠发动机使已经具有一定速度的汽车减小其动量而停下来。因此，无论是要使汽车加速，还是减速，都离不开地面的摩擦力。

质点系的内力虽不能改变质点系的动量，但是可改变质点系中各质点的动量，只不过内力使一部分质点增加动量的同时，也必然使另一部分质点减少相同方向的等值动量。例如，炮筒内炸药爆炸的压力，一方面使炮弹获得一向前的动量，同时也使炮筒失去同样大小的动量，而向后退，这就是炮筒的“后坐”现象。内力的作用对质点系来说，使得质点系内部各质点之间实现了动量的相互传递和交换。

例 8.2 图 8.2 所示为水流流经变截面弯管的示意图。设流体是不可压缩的，流动是稳定的。求流体对管壁的作用力。

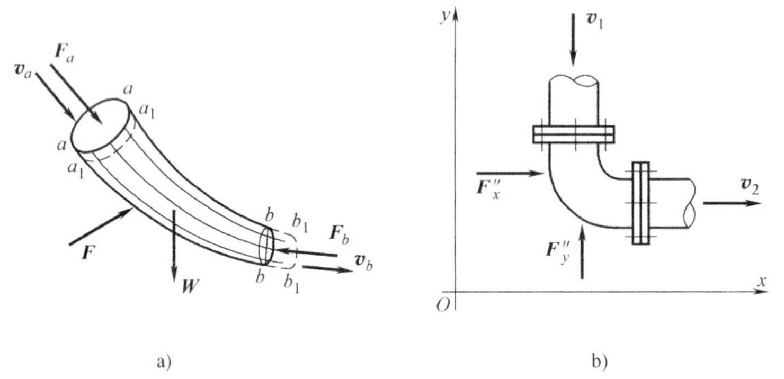

图 8.2 例 8.2 图

解：从管中取出两个截面 aa 与 bb 之间的流体作为所研究的质点系。设想经过无限小的时间间隔 dt，这一部分流体流到两个截面 a_1a_1 与 b_1b_1 之间。令 q_v 为流体在单位时间内流过截面的体积流量，ρ 为密度，则质点系在时间 dt 内流过截面的质量为

$$\mathrm{d}m=q_v\rho\mathrm{d}t$$

在时间间隔 dt 内质点系动量的变化为

$$\boldsymbol{p}-\boldsymbol{p}_0=\boldsymbol{p}_{a_1b_1}-\boldsymbol{p}_{ab}=(\boldsymbol{p}_{bb_1}+\boldsymbol{p}'_{a_1b})-(\boldsymbol{p}_{a_1b}+\boldsymbol{p}_{aa_1})$$

因为管内流动是稳定的，有 $\boldsymbol{p}_{a_1b}=\boldsymbol{p}'_{a_1b}$，于是

$$\boldsymbol{p}-\boldsymbol{p}_0=\boldsymbol{p}_{bb_1}-\boldsymbol{p}_{aa_1}$$

dt 为极小，可认为在截面 aa 与 a_1a_1 之间各质点的速度相同，截面 bb 与 b_1b_1 之间各质点的速度相同，于是得

$$\boldsymbol{p}-\boldsymbol{p}_0=q_v\rho\mathrm{d}t(\boldsymbol{v}_b-\boldsymbol{v}_a)$$

作用于质点系上的外力有：均匀分布于体积 $aabb$ 内的重力 $\boldsymbol{W}$；管壁对于此质点系的作用力 $\boldsymbol{F}$；以及两截面 aa 和 bb 上受到的相邻流体的压力 $\boldsymbol{F}_a$ 和 $\boldsymbol{F}_b$。

将动量定理应用于所研究的质点系，则有

$$q_v\rho\mathrm{d}t(\boldsymbol{v}_b-\boldsymbol{v}_a)=(\boldsymbol{W}+\boldsymbol{F}_a+\boldsymbol{F}_b+\boldsymbol{F})\mathrm{d}t$$

消去时间 dt，得

$$q_v\rho(\boldsymbol{v}_b-\boldsymbol{v}_a)=\boldsymbol{W}+\boldsymbol{F}_a+\boldsymbol{F}_b+\boldsymbol{F}$$

若将管壁对于流体的约束力 $\boldsymbol{F}$ 分为两部分：$\boldsymbol{F}'$ 为与外力 $\boldsymbol{W}$、$\boldsymbol{F}_a$ 和 $\boldsymbol{F}_b$ 相平衡的管壁静约束力，$\boldsymbol{F}''$ 为由于流体的动量发生变化而产生的附加动约束力。则 $\boldsymbol{F}'$ 满足平衡方程

$$\boldsymbol{W}+\boldsymbol{F}_a+\boldsymbol{F}_b+\boldsymbol{F}'=\boldsymbol{0}$$

附加动约束力由下式确定：

$$\boldsymbol{F}''=q_v\rho(\boldsymbol{v}_b-\boldsymbol{v}_a)$$

设截面 aa 和 bb 的面积分别为 S_a 和 S_b，则由不可压缩流体的连续性定律知

$$q_v=S_av_a=S_bv_b$$

因此，只要知道流速和曲管的尺寸，即可求得附加动约束力。流体对管壁的附加动作用力大小等于此附加动约束力，但方向相反。

在应用前面的公式时应取投影形式。

水平放置的等截面直角弯管如图 8.2b 所示。当流体被迫改变流动方向时，对管壁施加有附加的作用力，它的大小等于管壁对流体作用的附加动约束力，即

$$F''_x=q_v\rho(v_2-0)=\rho S_2v_2^2$$

$$F''_y=q_v\rho(0+v_1)=\rho S_1v_1^2$$

由此可见，当流速很高和管子截面积很大时，附加动约束力很大，在管子的弯头处应该安装支座。

例 8.3　如图 8.3 所示，物块 A 可沿光滑水平面自由滑动，其质量为 m_A，小球 B 的质量为 m_B，以细杆与物块铰接。设杆长为 l，质量不计，初始时系统静止，并有初始摆角 φ_0；释放后，细杆近似以 $\varphi=\varphi_0\cos kt$ 规律摆动（k 为已知常数）。求物块 A 的最大速度。

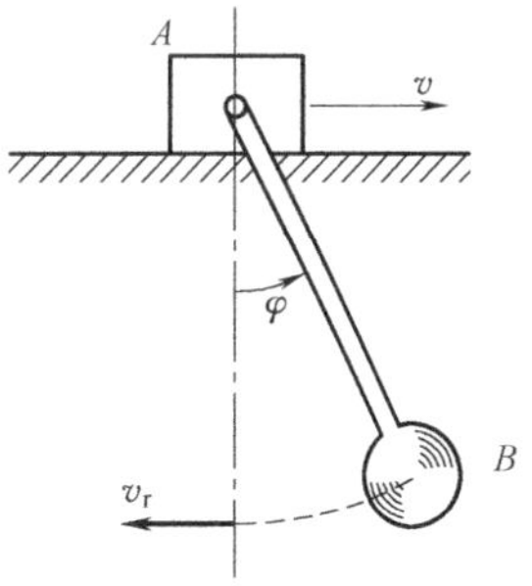

图 8.3　例 8.3 图

解：取物块与小球为研究对象。重力及水平面的约束力均为铅直方向。此系统水平方向不受外力作用，则沿水平方向动量守恒。

细杆的角速度为 $\omega=\dot{\varphi}=-k\varphi_0\sin kt$，当 $\sin kt=1$ 时，其绝对值最大，此时应有 $\cos kt=0$，即 $\varphi=0$。由此，当细杆处于垂直位置时小球相对于物块有最大的水平速度，其值为

$$v_r=l\omega_{\max}=k\varphi_0l$$

当此速度$\boldsymbol{v}_r$向左时，物块应有向右的绝对速度，设为$\boldsymbol{v}$，而小球向左的绝对速度的大小为$v_a=v_r-v$。根据动量守恒定律，有

$$m_Av-m_B(v_r-v)=0$$

物块的速度为

$$v=\frac{m_Bv_r}{m_A+m_B}=\frac{km_B\varphi_0l}{m_A+m_B}$$

当 $\sin kt=-1$ 时，也有 $\varphi=0$。此时小球相对于物块有向右的最大速度 $k\varphi_0l$，可求得物块有向左的最大速度$\dfrac{km_B\varphi_0l}{m_A+m_B}$。

8.3　质心运动定理

1. 质心运动定理

将式（8.2）代入式（8.4）中，得

$$\frac{d\boldsymbol{p}}{dt}=\frac{d(m\boldsymbol{v}_C)}{dt}=\sum_{i=1}^{n}\boldsymbol{F}_i=\boldsymbol{F}_R$$

对于质量不变的质点系，上式可改写为

$$m\frac{d\boldsymbol{v}_C}{dt}=\sum_{i=1}^{n}\boldsymbol{F}_i=\boldsymbol{F}_R$$

或写成

$$m\boldsymbol{a}_C=\sum_{i=1}^{n}\boldsymbol{F}_i=\boldsymbol{F}_R \tag{8.7}$$

式中，$\boldsymbol{a}_C=\frac{d\boldsymbol{v}_C}{dt}$为质点系质心的加速度。式（8.7）表明：**质点系的质量与其质心加速度的乘积等于作用于质点系外力的矢量和（或外力系的主矢），**这个结论称为**质心运动定理**。

形式上，质心运动定理与质点的动力学基本方程 $m\boldsymbol{a}=\sum\boldsymbol{F}$ 完全相同。它是研究质心运动规律的基本定理。它表明：质点系质心的运动可以视为一个质点的运动，该质点集中了质点系的全部质量及其所受的外力。

质心运动定理在直角坐标轴上的投影式为

$$\left.\begin{aligned}ma_{Cx}&=\sum F_x\\ma_{Cy}&=\sum F_y\\ma_{Cz}&=\sum F_z\end{aligned}\right\} \tag{8.8}$$

质心运动定理在自然坐标轴上的投影式为

$$\left.\begin{aligned}m\frac{v_C^2}{\rho}&=\sum F_n\\m\frac{dv_C}{dt}&=\sum F_t\\0&=\sum F_b\end{aligned}\right\} \tag{8.9}$$

对于质量不变的刚体系，由式（8.3）与式（8.4），可得到刚体系的质心运动定理为

$$\sum m_i\boldsymbol{a}_{Ci}=\sum\boldsymbol{F}_i=\boldsymbol{F}_R \tag{8.10}$$

式中，m_i、$\boldsymbol{a}_{Ci}$分别为第 i 个刚体的质量和其质心加速度。刚体系质心运动定理在直角坐标轴上的投影式为

$$\left.\begin{aligned}\sum m_ia_{Cix}&=\sum F_x\\\sum m_ia_{Ciy}&=\sum F_y\\\sum m_ia_{Ciz}&=\sum F_z\end{aligned}\right\} \tag{8.11}$$

2. 质心运动守恒定律

下面讨论质心运动的几种特殊情况。

1）当外力系的主矢 $\boldsymbol{F}_R=\sum\boldsymbol{F}_i\equiv\boldsymbol{0}$ 时，

$$\boldsymbol{v}_C=\text{常矢量} \tag{8.12}$$

即质心做惯性运动。

2）当外力系的主矢 $\boldsymbol{F}_{\mathrm{R}}=\sum \boldsymbol{F}_i \equiv \mathbf{0}$，且 $t=0$ 时，$\boldsymbol{v}_C=\mathbf{0}$，则有

$$\boldsymbol{v}_C \equiv \mathbf{0}$$

则质心相对于定点的矢径

$$\boldsymbol{r}_C=\text{常矢量} \tag{8.13}$$

即质心在惯性空间保持静止。

对于由若干刚体组成的质点系，设各刚体的质心同时产生有限位移 $\Delta \boldsymbol{r}_{Ci}$，则由质心公式及上述性质（$\boldsymbol{r}_C=$常矢量）得

$$\frac{\sum m_i \boldsymbol{r}_{Ci}}{m}=\frac{\sum m_i(\boldsymbol{r}_{Ci}+\Delta \boldsymbol{r}_{Ci})}{m}$$

于是有

$$\sum m_i \Delta \boldsymbol{r}_{Ci}=\mathbf{0} \tag{8.14}$$

3）当外力主矢在某定轴，如 x 轴上的投影 $F_{\mathrm{R}x} \equiv 0$，则有

$$v_{Cx}=\text{常量} \tag{8.15}$$

即质心速度在该轴上的投影保持不变。

4）当外力主矢在某定轴，如 x 轴上的投影 $F_{\mathrm{R}x} \equiv 0$，且 $t=0$ 时，$v_{Cx}=0$，则有

$$v_{Cx} \equiv 0$$

即质心速度在 x 轴上的投影恒为零，则质心相对于定轴 x 的坐标

$$x_C=\text{常值} \tag{8.16}$$

对于由若干刚体组成的质点系，设各刚体的质心同时产生一个 Δx_{Ci} 的有限位移增量，则由质心公式及上述性质（$x_C=$常值），得

$$\frac{\sum m_i x_{Ci}}{m}=\frac{\sum m_i(x_{Ci}+\Delta x_{Ci})}{m}$$

于是有

$$\sum m_i \Delta x_{Ci}=0 \tag{8.17}$$

上述各种特殊情况的结论统称为**质心运动守恒定律**。

应该注意的是质心的各种守恒运动是在一定条件下实现的。因此在利用它们来求解实际问题时，必须先分析所研究的问题是否满足相应的条件。

例 8.4　如图 8.4 所示，电动机的外壳固定在水平基础上，定子重 $\boldsymbol{W}_1$，转子重 $\boldsymbol{W}_2$。转子的轴通过定子的质心 O_1，但由于制造误差，转子的质心 O_2 到 O_1 的距离为 e。已知转子匀速转动，角速度为 ω。（1）求基础的支座约束力。（2）若电动机没有螺栓固定，各处摩擦不计，初始时电动机静止。试求转子以匀角速度 ω 转动时电动机的运动规律。

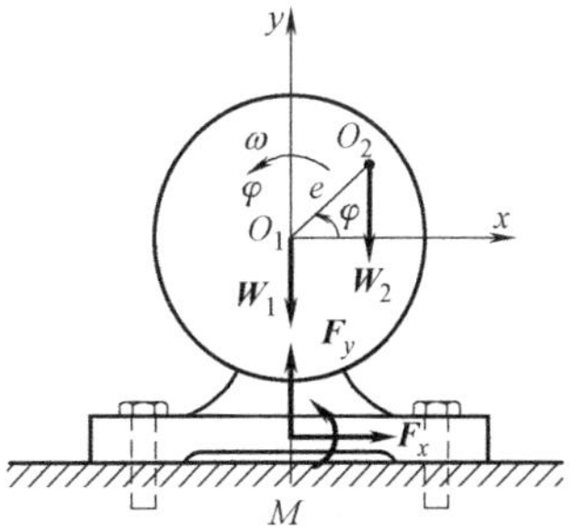

图 8.4　例 8.4 图

解：（1）取电动机外壳与转子组成的质点系为研究对象。这样可不考虑转子转动的内力；外力有定子和转子的自重 $\boldsymbol{W}_1$、$\boldsymbol{W}_2$，基础的约束力 $\boldsymbol{F}_x$、$\boldsymbol{F}_y$ 和约束力偶 M。转子质心 O_2

的加速度为 $e\omega^2$，方向始终指向转轴 O_1。

由刚体系的质心运动定理，得

$$\frac{W_2}{g}(-e\omega^2\cos\omega t)=F_x$$

$$\frac{W_2}{g}(-e\omega^2\sin\omega t)=F_y-W_1-W_2$$

求解上式，得

$$F_x=-\frac{W_2}{g}e\omega^2\cos\omega t$$

$$F_y=W_1+W_2-\frac{W_2}{g}e\omega^2\sin\omega t$$

当电动机不转时，基础上只有向上的约束力 $\boldsymbol{W}_1+\boldsymbol{W}_2$，称为**静约束力**；电动机转动时的约束力称为**动约束力**。动约束力与静约束力的差值是由于系统运动产生的，称为**附加动约束力**。此例题中，由于转子偏心而引起的 x 方向的附加动约束力 $-\frac{W_2}{g}e\omega^2\cos\omega t$ 和 y 方向的附加动约束力 $-\frac{W_2}{g}e\omega^2\sin\omega t$ 均为谐变力，将会引起电动机和基础振动。

关于基础的约束力偶 M，需利用第 9 章将要学到的动量矩定理进行求解。

(2) 若电动机没有螺栓固定，地面对电动机仅有法向约束力 $\boldsymbol{F}_N$。电动机在水平方向没有受到外力作用，且初始静止，因此系统质心的坐标 x_C 保持不变。

当转子转过角度 φ 时，定子应向左移动，设移动的距离为 s，则由式 (8.17) 得

$$-m_1s+m_2(e\sin\varphi-s)=0$$

求解上式，得

$$s=\frac{m_2}{m_1+m_2}e\sin\varphi$$

由此可见，当转子偏心的电动机未用螺栓固定时，将在水平面上做往复运动。

例 8.5 如图 8.5 所示，在静止的小船上，一人自船头走到船尾，设人的质量为 m_2，船的质量为 m_1。船长为 l，水的阻力不计。求船的位移。

解： 取人与船组成的质点系为研究对象。因不计水的阻力，故外力在水平轴上的投影等于零，又因初始系统静止，因此质心在水平轴上的坐标保持不变。设人走到船尾时船向右移动了距离 s，则由式 (8.17)，得

$$m_1s+m_2(s-l)=0$$

求解上式，得

$$s=\frac{m_2l}{m_1+m_2}$$

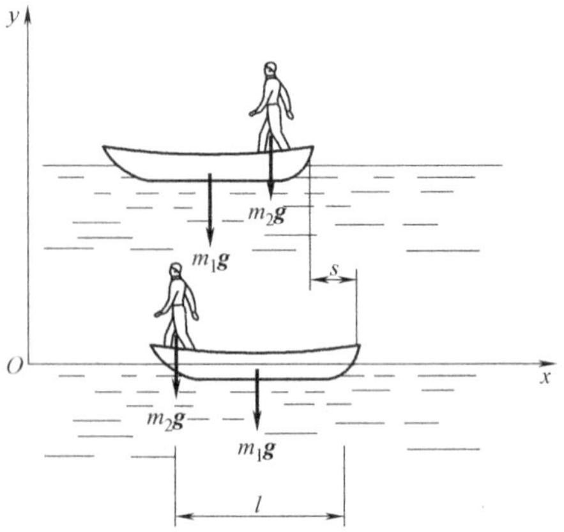

图 8.5　例 8.5 图

例 8.6　质量为 m_1 的矩形板可在光滑平面上运动，板上有一半径为 R 的圆形凹槽，一质量为 m 的质点以相对速度 $\boldsymbol{v}_r$ 沿凹槽匀速运动。初始时，板静止，质点位于圆形凹槽的最右端（$\theta=0°$）。试求质点运动到图示位置时，（1）板的速度、加速度；（2）板的运动规律；（3）地面的约束力。

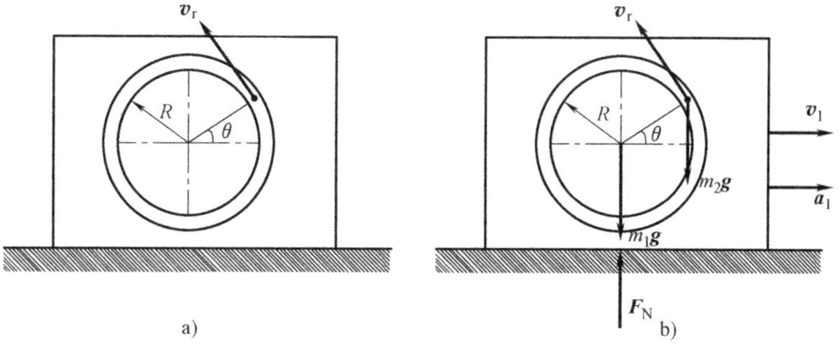

图 8.6　例 8.6 图

解： 取板和质点组成的质点系为研究对象。受力如图 8.6b 所示。

（1）应用动量守恒定律求板的速度、加速度

板做直线平动，设其速度为 $\boldsymbol{v}_1$，质点的绝对速度为 $\boldsymbol{v}_2=\boldsymbol{v}_1+\boldsymbol{v}_r$，则系统的动量为

$$\begin{aligned}\boldsymbol{p}&=m_1\boldsymbol{v}_1+m_2\boldsymbol{v}_2=m_1\boldsymbol{v}_1+m_2(\boldsymbol{v}_1+\boldsymbol{v}_r)\\&=[m_1v_1+m_2(v_1-v_r\sin\theta)]\boldsymbol{i}+(m_2v_r\cos\theta)\boldsymbol{j}\end{aligned}$$

由于 $\sum F_x\equiv 0$，故质点系在水平方向动量守恒，即

$$p_x=m_1v_1+m_2(v_1-v_r\sin\theta)=p_{x0}$$

根据初始条件，$t=0$ 时，$v_1=0$，$\theta=0$，所以 $p_{x0}=0$，由此可求得板的速度为

$$v_1=\frac{m_2v_r\sin\theta}{m_1+m_2}$$

将上式对时间求一次导数，得到板的加速度

$$a_1=\frac{\mathrm{d}v_1}{\mathrm{d}t}=\frac{m_2v_r\cos\theta}{m_1+m_2}\dot{\theta}$$

而 $\dot{\theta}=v_r/R$，代入上式得

$$a_1=\frac{m_2v_r^2\cos\theta}{(m_1+m_2)R}$$

（2）应用质心运动守恒定律求板的运动方程

设当质点运动到图示位置时，板向右运动了 x。则由式（8.17）得

$$m_1x+m_2[x-R(1-\cos\theta)]=0$$

从而解得

$$x=\frac{m_2R(1-\cos\theta)}{m_1+m_2}$$

（3）应用动量定理中 y 方向的投影式，有

$$\frac{\mathrm{d}}{\mathrm{d}t}p_y=\sum_{i=1}^{n}F_{iy}$$

即 $\frac{\mathrm{d}}{\mathrm{d}t}(m_2 v_r \cos\theta) = F_N - m_1 g - m_2 g$

由上式解得

$$F_N = m_1 g + m_2 g + m_2 v_r(-\sin\theta)\dot{\theta} = m_1 g + m_2 g - \frac{m_2 v_r^2 \sin\theta}{R}$$

综合以上各例可知，运用动量定理、质心运动定理解题的步骤如下：

1）明确所研究的质点系，并分析质点系所受的外力，包括全部主动力和约束力。

2）根据外力情况确定动量或质心运动是否守恒。

3）如果外力主矢（或外力主矢在某轴上投影）恒等于零，且在初始时质点系静止，则可应用动量守恒定律求解质点的速度或刚体质心的速度；应用质心运动守恒定律求解质点的位移或刚体质心的位移。

4）如果外力主矢不等于零，可应用动量定理或质心运动定理求解未知力。

5）在外力已知的条件下，欲求质心的运动规律，与求质点的运动规律相同。

本章小结

1. 本章基本要求

1）在深入理解质点系的质心、动量等概念的基础上，熟练地计算质点系（包括刚体、刚体系）的动量。

2）能熟练地应用质点系的动量定理、质心运动定理求未知的约束力和系统中某些物体（或其质心）的运动。

3）能熟练地应用质点系的动量守恒定律和质心运动守恒定律求系统中某些物体（或其质心）的运动。

2. 本章重点

1）质点系（包括刚体、刚体系）的动量。

2）质点系动量定理、质点系动量守恒定律及其应用。

3）质心运动定理、质心运动守恒定律及其应用。

3. 本章难点

1）对复杂的质点系（包括刚体系）进行正确的受力分析和运动分析，应用质点系动量定理和质心运动定理求解复杂的质点系动力学问题。

2）动量定理在流体管道动力学中的应用。

4. 学习建议

1）掌握动量定理、质心运动定理的特点和适用场合，明确相关守恒定律的条件，明确矢量表达式与其投影式的关系。

2）注意在动量计算及动量定理、质心运动定理以及其相应的守恒定律中的运动量均为绝对运动量。

3）内力不影响质点系动量的变化及质心的运动，但可改变质点系内某些质点（或刚体质心）的运动。采用动量定理、质心运动定理及其相应的守恒定律求运动或未知的外力时一般选取整体作为研究对象。

习　题

8.1　试求如图 8.7 所示各系统的动量。

(1) 非均质圆盘重为 $\boldsymbol{W}$，质心 C 距转轴 O 的距离 $OC=e$，以角速度 ω 绕 O 轴转动，如图 8.7a 所示。

(2) 设带轮及胶带都是均质的，分别重 $\boldsymbol{W}_1$、$\boldsymbol{W}_2$ 和 $\boldsymbol{W}$，如图 8.7b 所示。

(3) 重为 $\boldsymbol{W}$ 的均质 L 形细杆，如图 8.7c 所示。

(4) 重为 $\boldsymbol{W}_1$ 的平板放在重为 $\boldsymbol{W}_2$ 且完全相同的两个均质轮上，平板的速度为 $\boldsymbol{v}$，各接触处没有相对滑动，如图 8.7d 所示。

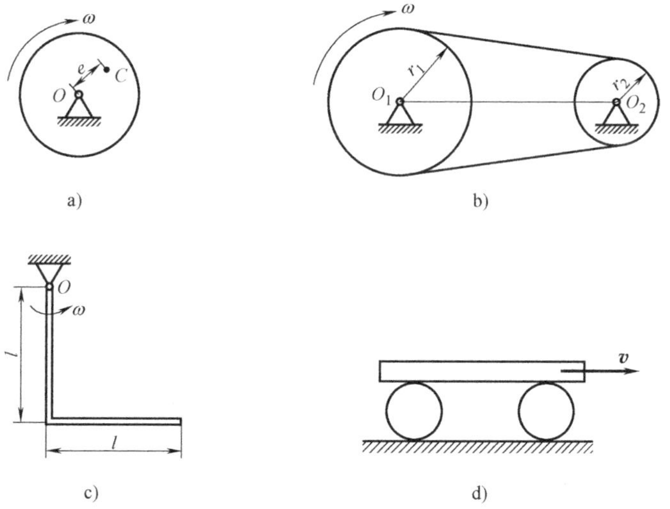

图 8.7　题 8.1 图

8.2　如图 8.8 所示，椭圆规尺 AB 的质量为 $2m_1$，曲柄 OC 的质量为 m_1，滑块 A、B 的质量均为 m_2。$OC=AC=BC=l$，规尺及曲柄为均质杆，曲柄以等角速度 ω 绕 O 轴转动。求 $\varphi=30°$瞬时系统的动量。

8.3　如图 8.9 所示，车辆的质量为 100kg，在光滑的直线轨道上以 $v_0=1\text{m/s}$ 的速度匀速运动。今有一质量为 50kg 的人从高处跳到车上，其速度为 2m/s，与水平成 60°角。以后，该人又从车上向后跳下。他跳离车子时相对于车子的速度为 1m/s，方向与水平成 30°角。求人跳离车子后的车速 v'。

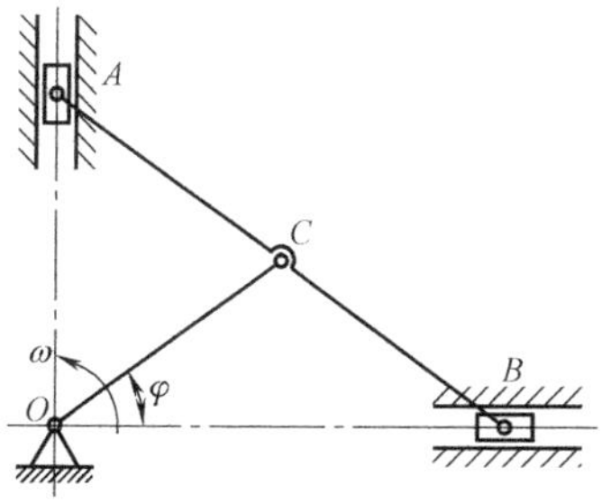

图 8.8　题 8.2 图

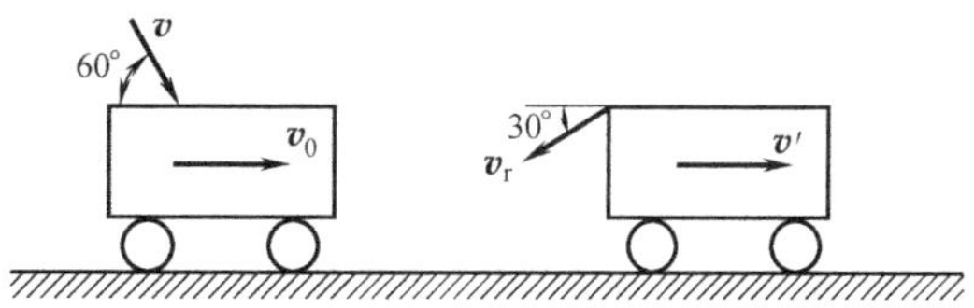

图 8.9　题 8.3 图

8.4　如图 8.10 所示，压实土壤的振动器，由两个相同的偏心块和机座组成。机座重 $\boldsymbol{W}_1$，每个偏心块重 $\boldsymbol{W}_2$，偏心距为 e，两偏心块以相同的匀角速 ω 向相反方向转动，转动时两偏心块的位置对称于中心线。试求振动器在如图所示位置时对土壤的压力。

8.5 施工中广泛采用喷枪浇注混凝土衬砌。如图 8.11 所示，设喷枪口的直径 $D=80\text{mm}$，喷射速度 $v_1=50\text{m/s}$，混凝土的单位体积的重量 $\gamma=21.6\text{kN/m}^3$。试求喷浆由于其动量变化而作用于铅直壁面的压力。

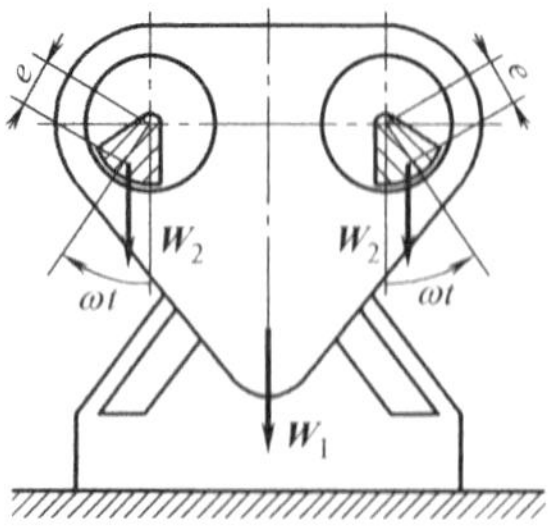

图 8.10 题 8.4 图

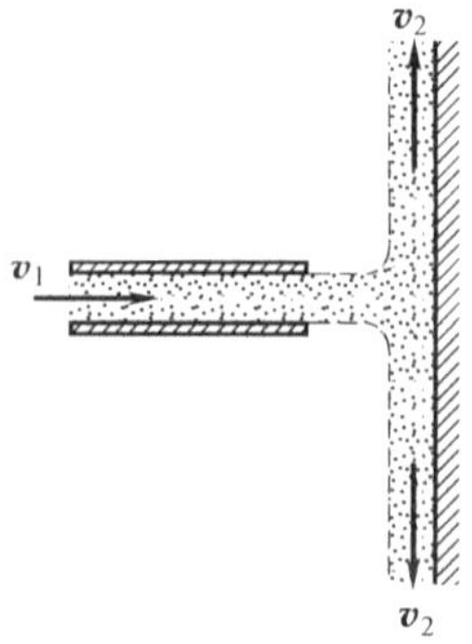

图 8.11 题 8.5 图

8.6 如图 8.12 所示，直径 $d=300\text{mm}$ 的管道有一个 135°的弯头，流经管道的水的密度 $\rho=1000\text{kg/m}^3$，流量 $q=0.57\text{m}^3/\text{s}$。试求弯头处的附加动约束力。

8.7 如图 8.13 所示，均质杆 AB 长为 l，直立在光滑的水平面上。求它从铅直位置无初速地倒下时端点 A 的轨迹。

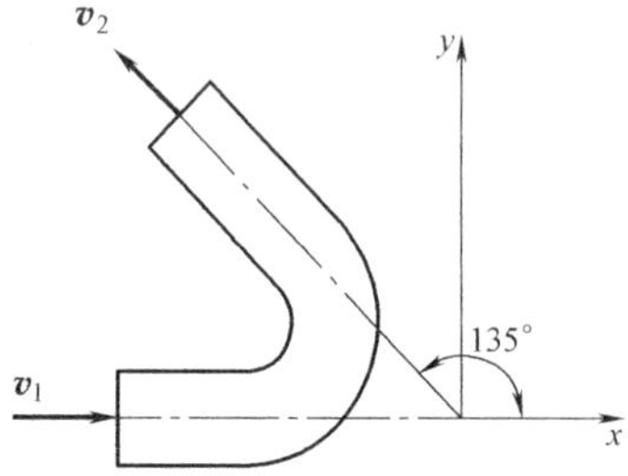

图 8.12 题 8.6 图

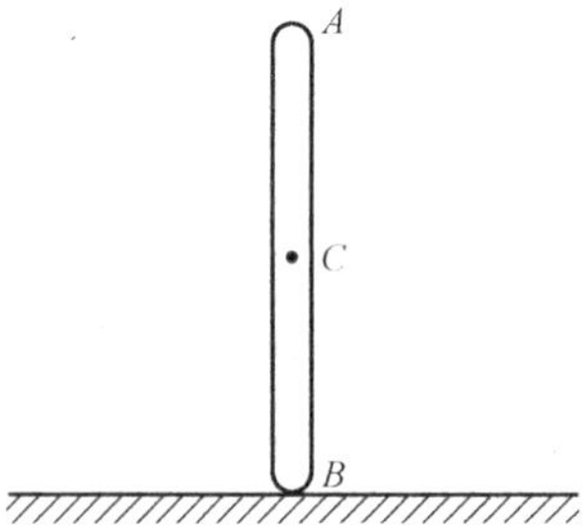

图 8.13 题 8.7 图

8.8 如图 8.14 所示，两均质杆 AC 和 BC 的质量分别为 m_1 和 m_2，长度相等，在 C 点用铰链连接，两杆立于铅直平面内。设地面光滑，两杆在图示位置无初速倒向地面。问：当 $m_1=m_2$ 和 $m_1=2m_2$ 时，点 C 的运动轨迹是否相同？

8.9 如图 8.15 所示，质量为 M 的平板放于倾角为 θ 的光滑斜面上，现有一质量为 m 的人（可视为质点）自平板的上端沿平板向下跑动。欲使平板保持静止，试问人的加速度应为多大？

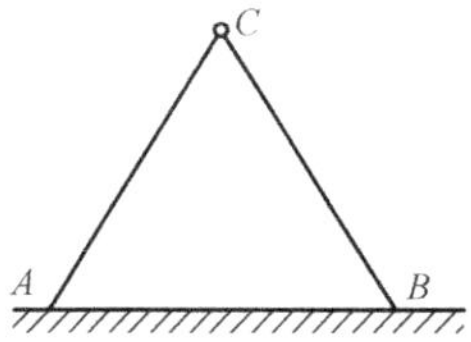

图 8.14 题 8.8 图

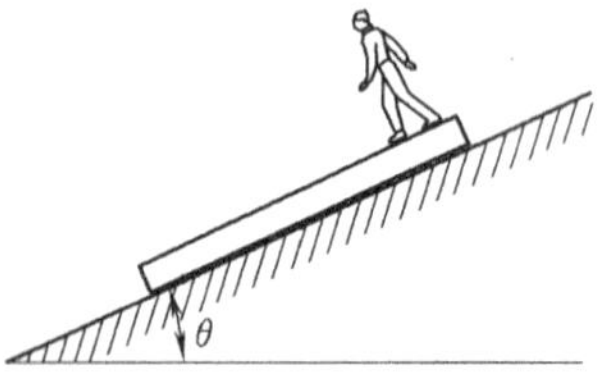

图 8.15 题 8.9 图

8.10 如图 8.16 所示，浮动式起重机吊起质量 $m_1=2000\text{kg}$ 的重物 M，起重机质量 $m_2=20000\text{kg}$，杆长 $OA=8\text{m}$，开始时系统静止，水的阻力和杆的质量不计。试求起重杆 OA 从与铅直线成 60°角转到 30°角的位置时，起重机的水平位移。

8.11 如图 8.17 所示，质量为 m、半径为 $2R$ 的薄壁圆筒置于光滑的水平面上，在其光滑内壁放一质量为 m、半径为 R 的均质圆柱体，初始时二者静止且质心在同一水平线上。如将圆柱无初速地释放，当圆柱最后停止在圆筒底部时，求圆筒的位移。

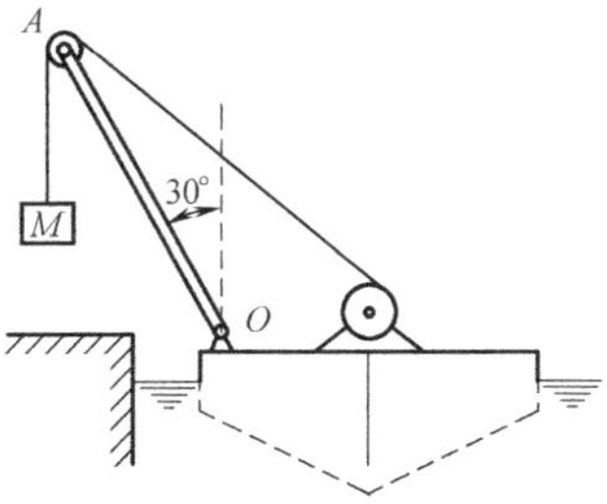

图 8.16　题 8.10 图

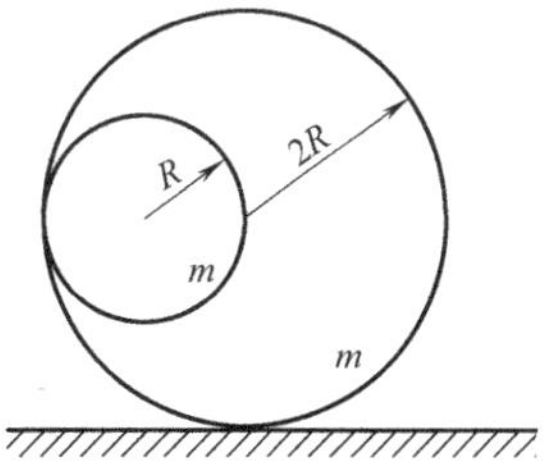

图 8.17　题 8.11 图

8.12　如图 8.18 所示，质量 $m=100\text{kg}$ 的四角截头锥 $ABCD$ 放于光滑水平面上，质量分别为 $m_1=20\text{kg}$，$m_2=15\text{kg}$ 和 $m_3=10\text{kg}$ 的三个物块，由一条绕过截头锥的两个滑轮的绳子相连接。求：

（1）物块 m_1 下降 1m 时，截头锥的水平位移。

（2）若在 A 处放一木桩，求三个物块运动时，木桩所受的水平力。各接触面均为光滑的，两滑轮的质量不计。

8.13　如图 8.19 所示，重为 $\boldsymbol{W}$、长为 $2l$ 的均质杆 OA 绕定轴 O 转动，设在如图所示瞬时的角速度为 ω，角加速度为 α，求此时轴承 O 对杆的约束力。

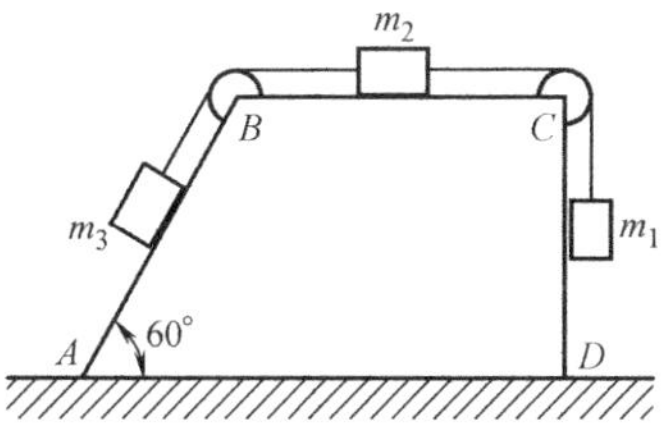

图 8.18　题 8.12 图

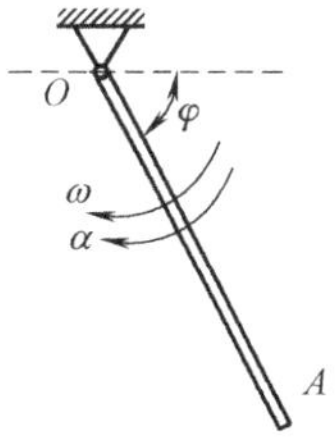

图 8.19　题 8.13 图

8.14　如图 8.20 所示的曲柄滑杆机构中，曲柄以等角速度 ω 绕 O 轴转动。开始时，曲柄 OA 水平向右。已知：曲柄重 $\boldsymbol{W}_1$，滑块 A 重 $\boldsymbol{W}_2$，滑杆 BD 重 $\boldsymbol{W}_3$；曲柄的重心在 OA 的中点，$OA=l$；滑杆的重心在点 G，而 $BG=\dfrac{l}{2}$。求：

（1）系统质心的运动方程。

（2）作用在点 O 的最大水平力。

8.15　如图 8.21 所示的机构中，杆 AB 长 l，一端焊接一小球 A，可在铅直平面内以匀角速度 ω 绕滑块 B 上的点 O 转动，滑块 B 可在水平光滑槽内运动。具有刚度系数为 k 的弹簧一端与滑块 B 相连接，另一端固定。设小球 A 的质量为 m_1，滑块 B 的质量为 m_2，杆 AB 的重量不计。在初瞬时，$\varphi=0$，弹簧恰为自然长度。求滑块的运动微分方程。

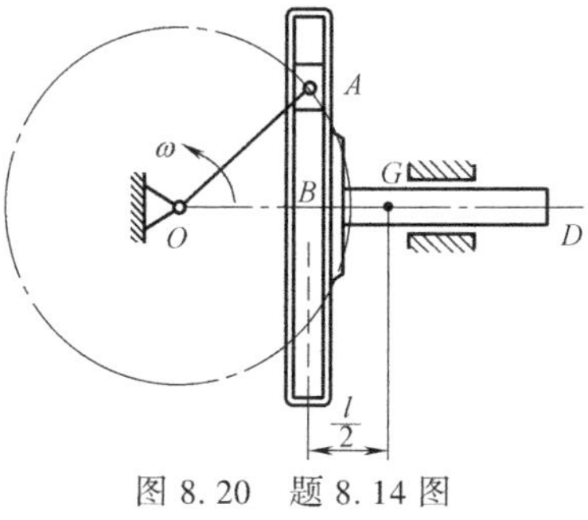

图 8.20　题 8.14 图

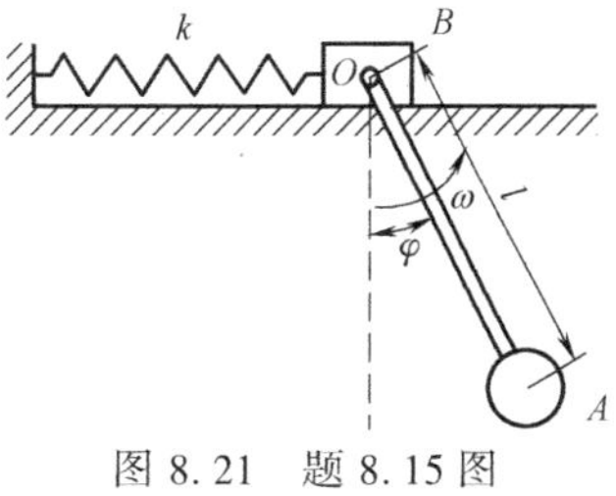

图 8.21　题 8.15 图

8.16 如图 8.22 所示，曲柄连杆机构安装在平台上，平台放在光滑的基础上。曲柄 OA 重 $\boldsymbol{W}_1$，以匀角速度 ω 绕 O 轴转动。连杆 AB 重 $\boldsymbol{W}_2$，连杆和曲柄都是均质的。平台重 $\boldsymbol{W}_3$，滑块 B 的重量不计，$OA=AB=l$。若 $t=0$ 时，$\varphi=0$，且平台的初速度为零。求平台的水平运动规律和基础对平台的约束力。

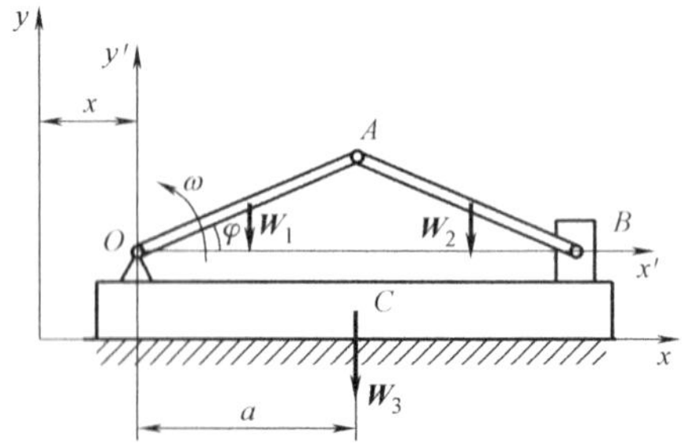

图 8.22 题 8.16 图

第9章 动量矩定理

动量定理、质心运动定理从整体上说明了质点系动量的改变或质点系质心运动与外力主矢之间的关系。作用在质点系上的外力向某点简化，除主矢外，还有主矩，而动量定理不能反映外力系对某点的主矩对质点系运动的影响。为此，本章引入动量矩定理。动量矩定理建立了质点系对某点的动量矩与作用于其上的外力系对同一点主矩之间的关系。同时建立刚体绕定轴的转动微分方程以及平面运动刚体的运动微分方程。

9.1 质点系的动量矩

1. 质点系的动量矩

考察由 n 个质点组成的质点系，设第 i 个质点某瞬时的动量为 $m_i\boldsymbol{v}_i$，该质点相对点 O 的矢径为 $\boldsymbol{r}_i$，各质点动量对点 O 之矩的矢量和定义为质点系对点 O 的动量矩，用 $\boldsymbol{L}_O$ 表示，即

$$\boldsymbol{L}_O=\sum_{i=1}^{n}\boldsymbol{r}_i\times m_i\boldsymbol{v}_i=\sum_{i=1}^{n}\boldsymbol{M}_O(m_i\boldsymbol{v}_i) \tag{9.1}$$

质点系的动量矩也是量度质点系整体运动的一个基本量，在国际单位制中动量矩的单位为千克二次方米每秒（$\mathrm{kg\cdot m^2/s}$）。质点系对点的动量矩是一个矢量，其与矩心 O 的选择有关。

质点系对某轴 z 的动量矩等于各质点动量对同一轴 z 之矩的代数和，用 L_z 表示，即

$$L_z=\sum_{i=1}^{n}M_z(m_i\boldsymbol{v}_i) \tag{9.2}$$

质点系对于点 O 的动量矩与对于 z 轴的动量矩二者之间的关系，可仿照力对点之矩与力对轴之矩的关系建立，**即质点系对点 O 的动量矩矢在通过该点的 z 轴上的投影等于质点系对 z 轴的动量矩，即**

$$[\boldsymbol{L}_O]_z=L_z=\sum_{i=1}^{n}M_z(m_i\boldsymbol{v}_i) \tag{9.3}$$

刚体可以看成无穷多个质点组成的质点系，而在描述刚体运动（如平面运动）时常常采用基点法，因此我们需要讨论质点系对任意两点 O 和 A 的动量矩 $\boldsymbol{L}_O$ 和 $\boldsymbol{L}_A$ 之间的关系。

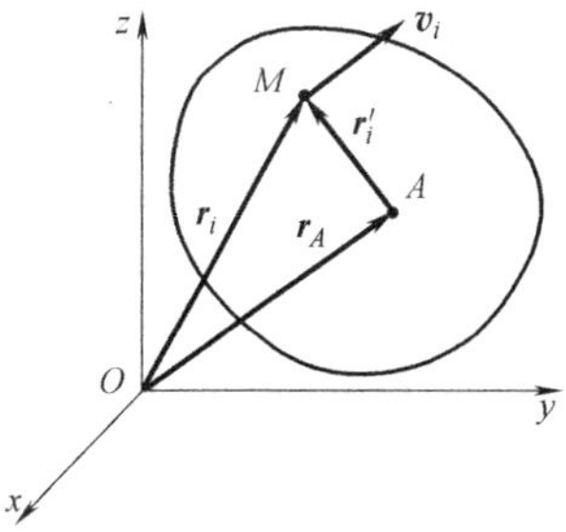

图 9.1

如图 9.1 所示，刚体中质量为 m_i 的质点 M 相对点 O 的矢径为 $\boldsymbol{r}_i$，相对点 A 的矢径为 $\boldsymbol{r}_i'$，而点 A 相对于点 O 的矢径为

$\boldsymbol{r}_A$，显见

$$\boldsymbol{r}_i=\boldsymbol{r}_A+\boldsymbol{r}'_i \tag{9.4}$$

将上式代入式（9.1）可得

$$\boldsymbol{L}_O=\sum_{i=1}^{n}\boldsymbol{r}_i\times m_i\boldsymbol{v}_i=\sum_{i=1}^{n}\boldsymbol{r}'_i\times m_i\boldsymbol{v}_i+\boldsymbol{r}_A\times\sum_{i=1}^{n}m_i\boldsymbol{v}_i$$

上式等号右边第一项为质点系对点 A 的动量矩 $\boldsymbol{L}_A$，参考式（8.2），上式可写为

$$\boldsymbol{L}_O=\boldsymbol{L}_A+\boldsymbol{r}_A\times m\boldsymbol{v}_C \tag{9.5}$$

即质点系对某点 O 的动量矩等于质点系对任意点 A 的动量矩与质点系的动量集中于点 A 时对点 O 之矩的矢量和。如果将点 A 取为质点系质心 C，上式则变为

$$\boldsymbol{L}_O=\boldsymbol{L}_C+\boldsymbol{r}_C\times m\boldsymbol{v}_C \tag{9.6}$$

即质点系对某点 O 的动量矩等于质点系对质心 C 的动量矩与质点系的动量（位于质心）对点 O 之矩的矢量和。

设 O 为固定点，分别以定点 O 为原点建立定参考系 $Oxyz$，以质心 C 为原点建立平动参考系 $Cx'y'z'$，如图 9.2 所示。

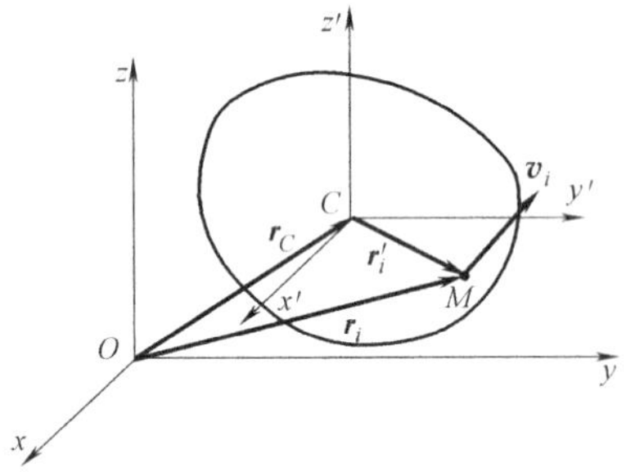

图 9.2

质点系对质心 C 的动量矩为

$$\boldsymbol{L}_C=\sum_{i=1}^{n}\boldsymbol{r}'_i\times m_i\boldsymbol{v}_i \tag{9.7}$$

式中，$\boldsymbol{r}'_i$ 为质点 M 相对质心 C 的矢径；$m_i\boldsymbol{v}_i$ 为质点 M 的绝对动量。为了将它们转换到同一参考系下，代入点的速度合成定理 $\boldsymbol{v}_i=\boldsymbol{v}_C+\boldsymbol{v}_{ri}$，则

$$\boldsymbol{L}_C=\sum_{i=1}^{n}\boldsymbol{r}'_i\times m_i(\boldsymbol{v}_C+\boldsymbol{v}_{ri})=\sum_{i=1}^{n}m_i\boldsymbol{r}'_i\times\boldsymbol{v}_C+\sum_{i=1}^{n}\boldsymbol{r}'_i\times m_i\boldsymbol{v}_{ri}$$

由质心的矢径公式知

$$\sum_{i=1}^{n}m_i\boldsymbol{r}'_i=m\boldsymbol{r}'_C$$

而质心 C 在质心平动参考系 $Cx'y'z'$ 中的矢径 $\boldsymbol{r}'_C=\boldsymbol{0}$，于是有

$$\boldsymbol{L}_C=\sum_{i=1}^{n}\boldsymbol{r}'_i\times m_i\boldsymbol{v}_{ri}=\boldsymbol{L}_C^{\mathrm{r}} \tag{9.8}$$

式中，$\boldsymbol{L}_C$ 称为质点系对质心的**绝对动量矩**；$\boldsymbol{L}_C^{\mathrm{r}}$ 称为质点系对质心的**相对动量矩**。式（9.8）表明，**当动系为固接于质心的平动参考系时，质点系对质心的绝对动量矩等于质点系对质心的相对动量矩。**有时应用式（9.8）计算刚体对质心的动量矩更为方便。

2. 刚体运动时的动量矩计算

（1）平动刚体的动量矩

刚体平动时，相对于质心的动量矩 $\boldsymbol{L}_C=\sum_{i=1}^{n}m_i\boldsymbol{r}'_i\times\boldsymbol{v}_i=\sum_{i=1}^{n}m_i\boldsymbol{r}'_i\times\boldsymbol{v}_C=m\boldsymbol{r}'_C\times\boldsymbol{v}_C=\boldsymbol{0}$，由式（9.6）得

$$\boldsymbol{L}_O=\boldsymbol{r}_C\times m\boldsymbol{v}_C \tag{9.9}$$

即平动刚体对任一点 O 的动量矩等于质点系的动量（位于质心）对该点 O 之矩。换言之，

可将刚体全部质量集中于质心，作为一个质点计算其动量矩。

（2）定轴转动刚体对转轴的动量矩

设刚体以角速度 ω 绕固定轴 z 转动，取刚体内任一质点 M_i，其质量为 m_i 它至转轴的距离为 r_i，速度为 $\boldsymbol{v}_i$，如图 9.3 所示。由式（9.2）可得

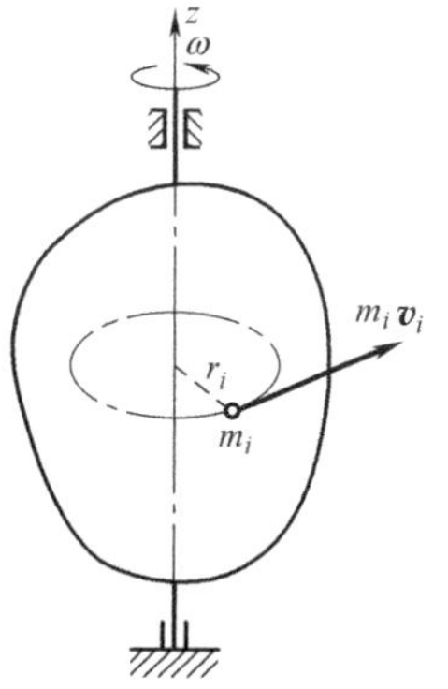

图 9.3

$$L_z=\sum_{i=1}^{n}M_z(m_i\boldsymbol{v}_i)=\sum_{i=1}^{n}m_iv_i\cdot r_i=\sum_{i=1}^{n}m_i\omega r_i\cdot r_i=\omega\sum_{i=1}^{n}m_ir_i^2$$

令

$$J_z=\sum_{i=1}^{n}m_ir_i^2 \tag{9.10}$$

代入后得

$$L_z=J_z\omega \tag{9.11}$$

式中，J_z 称为**刚体对 z 轴的转动惯量**，式（9.11）表明：**定轴转动刚体对其转轴的动量矩等于刚体对其转轴的转动惯量与转动角速度的乘积。**

（3）平面运动刚体对质心轴的动量矩

刚体做平面运动，在质心建立平动参考系 $Cx'y'z'$，其中 Cz'垂直于刚体运动平面，由式（9.8）及式（9.11）得刚体对质心轴 Cz'的动量矩为

$$L_C=L_C^{\mathrm{r}}=J_C\omega \tag{9.12}$$

式中，J_C 为**刚体对质心轴（过质心且与运动平面垂直的轴 Cz'）的转动惯量。**

（4）平面运动刚体对速度瞬心轴的动量矩

对于平面运动刚体，在运动的任一瞬时，若以速度瞬心作为基点，其上各点的速度分布与绕定轴转动刚体上各点的速度分布相似，因而可仿照定轴转动刚体动量矩的推导方法，得到平面运动刚体对其瞬心轴（过速度瞬心 P，且与运动平面垂直的轴）的动量矩

$$L_P=J_P\omega \tag{9.13}$$

式中，J_P 为**刚体对速度瞬心轴（过速度瞬心且与运动平面垂直的轴）的转动惯量。**

3. 刚体转动惯量的计算

（1）转动惯量

刚体对转轴 z 的转动惯量是量度刚体转动惯性的物理量。式（9.10）中，m_i 为刚体内各质点的质量；r_i 为各质点到转轴的距离。可见转动惯量不仅与刚体的质量大小有关，还与质量对于转轴的分布状况有关。显然，当质量分布在离转轴较远的地方时，刚体就具有较大的转动惯量，反之较近时则具有较小的转动惯量。如机器上的飞轮，边缘比较厚实，如图 9.4 所示，目的就是为了增加它的转动惯量，以使机器运转平稳。而仪表中的指针做得比较轻细，目的是减小转动惯量使它转动灵敏，以提高仪器的精度。

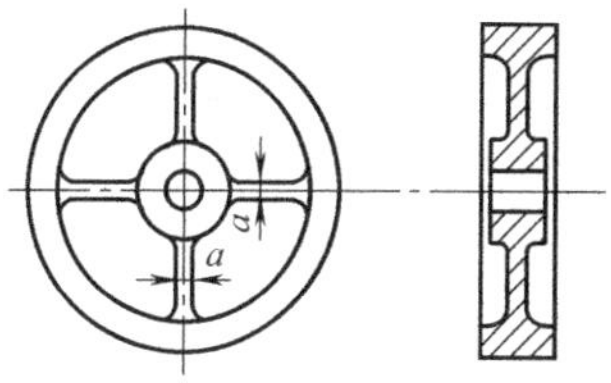

图 9.4

因为转动惯量是质量与长度平方的乘积，所以它总是正值的标量。在国际单位制中，转动惯量的单位为千克二次方米（$\mathrm{kg\cdot m^2}$）。

工程实际中常将刚体的转动惯量 J_z 表示为刚体质量 m 与某一长度 ρ_z 的平方的乘积，即

$$J_z = m\rho_z^2 \tag{9.14}$$

式中，ρ_z 为刚体对 z 轴的**回转半径**（或**惯性半径**），单位为 m 或 cm。显然

$$\rho_z = \sqrt{\frac{J_z}{m}} \tag{9.15}$$

式（9.14）表明，如果把刚体的质量全部集中在与 z 轴相距为 ρ_z 的点上，则此集中质量对 z 轴的转动惯量等于原刚体的转动惯量。

对于形状简单、质量连续分布的均质刚体，其转动惯量可直接利用积分法计算，即

$$J_z = \int_{(m)} r^2 \mathrm{d}m \tag{9.16}$$

式中，记号（m）表示积分遍及整个刚体。

简单几何形状或几何形状已标准化的零件的惯性半径，可在机械工程手册中查阅。附录 D 中列出了一些常见均质物体的转动惯量及惯性半径。

当物体由几个几何形状简单的物体组成时，计算整体的转动惯量可先分别计算每一部分的转动惯量，然后再合起来。如果物体有空心的部分，可把这部分质量视为负值处理。对于形状复杂或非均质物体的转动惯量计算较为麻烦，一般采用实验方法求得。

（2）平行移轴定理

如图 9.3 所示的定轴转动刚体，令其转轴 z 通过点 O，轴 z_C 通过刚体质心 C 且与转轴平行，即 $z_C /\!/ z$，设两轴间的距离为 d。由式（9.6）和式（9.12）可得

$$L_z = L_{z_C} + d \cdot mv_C = J_{z_C}\omega + mv_C d \tag{9.17}$$

对于定轴转动，$v_C = \omega d$，参考式（9.11），式（9.17）可写成

$$L_z = (J_{z_C} + md^2)\omega = J_z\omega$$

比较等式两端有

$$J_z = J_{z_C} + md^2 \tag{9.18}$$

即**刚体对于任一轴的转动惯量等于刚体对于通过质心，且与该轴平行的轴的转动惯量加上刚体的质量与两轴间距离平方的乘积**，这就是**刚体转动惯量的平行轴定理**。

例 9.1 如图 9.5 所示钟摆。均质细杆 OA 长为 l、质量为 m_1，空心圆盘的内、外半径分别为 r 和 R，质量为 m_2。试求钟摆对通过悬挂点 O 的水平轴的转动惯量。

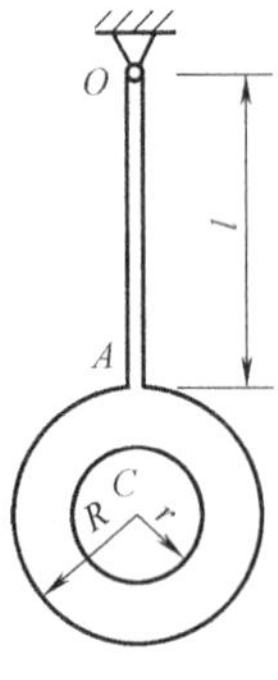

图 9.5 例 9.1 图

解：将钟摆看成由细杆 OA 和空心圆盘 C 组成。它们对 O 轴的转动惯量分别为

$$J_{O1} = \frac{1}{3}m_1 l^2$$

$$J_{OC} = \frac{1}{2}m_2(R^2 + r^2) + m_2(R + l)^2$$

则整个钟摆对 O 轴的转动惯量为

$$J_O = J_{O1} + J_{OC} = \frac{1}{3}m_1 l^2 + m_2\left(\frac{1}{2}(R^2 + r^2) + (R + l)^2\right)$$

9.2 质点系的动量矩定理

1. 质点系的动量矩定理

设图 9.1 中 O 为固定点，$Oxyz$ 为定参考系，点 A 为参考系中任意动点，其绝对速度为$\boldsymbol{v}_A$。

设质点系内有 n 个质点，第 i 个质点的质量为 m_i，其相对点 O 的矢径为 $\boldsymbol{r}_i$，相对点 A 的矢径为 $\boldsymbol{r}'_i$，绝对速度为$\boldsymbol{v}_i$，将质点系对点 A 的动量矩 $\boldsymbol{L}_A=\sum\limits_{i=1}^{n}\boldsymbol{r}'_i\times m_i\boldsymbol{v}_i$对时间求一阶导数，得

$$\frac{\mathrm{d}\boldsymbol{L}_A}{\mathrm{d}t}=\sum_{i=1}^{n}\frac{\mathrm{d}\boldsymbol{r}'_i}{\mathrm{d}t}\times m_i\boldsymbol{v}_i+\sum_{i=1}^{n}\boldsymbol{r}'_i\times m_i\boldsymbol{a}_i \tag{9.19}$$

将式（9.4）等号两端对时间 t 求一阶导数，得

$$\frac{\mathrm{d}\boldsymbol{r}'_i}{\mathrm{d}t}=\boldsymbol{v}_i-\boldsymbol{v}_A$$

代入式（9.19）等号右边第一项，并考虑到$\boldsymbol{v}_i\times\boldsymbol{v}_i=\boldsymbol{0}$，$m\boldsymbol{v}_C=\sum\limits_{i=1}^{n}m_i\boldsymbol{v}_i$，可得

$$\sum_{i=1}^{n}\frac{\mathrm{d}\boldsymbol{r}'_i}{\mathrm{d}t}\times m_i\boldsymbol{v}_i=-\boldsymbol{v}_A\times m\boldsymbol{v}_C=m\boldsymbol{v}_C\times\boldsymbol{v}_A$$

将作用于质点上的力分为内力 $\boldsymbol{F}_i^{(\mathrm{i})}$ 和外力 $\boldsymbol{F}_i^{(\mathrm{e})}$，由牛顿第二定律，得

$$m_i\boldsymbol{a}_i=\boldsymbol{F}_i^{(\mathrm{i})}+\boldsymbol{F}_i^{(\mathrm{e})}$$

并考虑到质点系中内力总是成对出现，且大小相等、方向相反，因此内力系对任意点的主矩为零，即 $\boldsymbol{M}_A^{(\mathrm{i})}=\sum\limits_{i=1}^{n}\boldsymbol{r}'_i\times\boldsymbol{F}_i^{(\mathrm{i})}\equiv\boldsymbol{0}$，于是式（9.19）等号右边第二项简化结果为作用于质点系的外力系对点 A 的主矩，即

$$\boldsymbol{M}_A^{(\mathrm{e})}=\sum_{i=1}^{n}\boldsymbol{r}'_i\times\boldsymbol{F}_i^{(\mathrm{e})} \tag{9.20}$$

于是，式（9.19）可简化为

$$\frac{\mathrm{d}\boldsymbol{L}_A}{\mathrm{d}t}=\boldsymbol{M}_A^{(\mathrm{e})}+m\boldsymbol{v}_C\times\boldsymbol{v}_A \tag{9.21}$$

即**质点系对任意动点 A 的动量矩对时间的一阶导数等于作用于质点系的外力系对该点的主矩与质点系动量同点 A 速度矢量积的矢量和**。这就是**质点系的动量矩定理**。

质点系动量矩的改变仅与外力有关，与内力无关。为书写方便，在不致误解的情况下，可以把外力的上标（e）省去。

若将质点系对定点 O 的动量矩 $\boldsymbol{L}_O$ 对时间求一阶导数，因$\boldsymbol{v}_O=\boldsymbol{0}$，由式（9.21）可得

$$\frac{\mathrm{d}\boldsymbol{L}_O}{\mathrm{d}t}=\boldsymbol{M}_O=\sum_{i=1}^{n}\boldsymbol{M}_O(\boldsymbol{F}_i) \tag{9.22}$$

这就是**质点系对定点的动量矩定理，即质点系对于某定点的动量矩对于时间的一阶导数等于作用于质点系的外力对同一点的矩的矢量和**（或**外力系对点 O 的主矩**）。

在具体应用时，常取其在直角坐标轴上的投影式

$$\left.\begin{aligned}\frac{\mathrm{d}}{\mathrm{d}t}L_x=\sum M_x(\boldsymbol{F}_i)\\ \frac{\mathrm{d}}{\mathrm{d}t}L_y=\sum M_y(\boldsymbol{F}_i)\\ \frac{\mathrm{d}}{\mathrm{d}t}L_z=\sum M_z(\boldsymbol{F}_i)\end{aligned}\right\}\tag{9.23}$$

即**质点系对于某定轴的动量矩对于时间的一阶导数等于作用于质点系的外力对同一轴之矩的代数和**。

如果动点 A 取在质点系的质心 C 上，有 $m\boldsymbol{v}_C\times\boldsymbol{v}_C=\boldsymbol{0}$，式（9.21）可简化为

$$\frac{\mathrm{d}\boldsymbol{L}_C}{\mathrm{d}t}=\boldsymbol{M}_C\tag{9.24}$$

即**质点系对质心的动量矩对时间的一阶导数等于作用于质点系的外力系对质心的主矩**。这就是**质点系对质心的动量矩定理**。该定理在形式上与质点系对于定点的动量矩定理完全一样。

对于平面运动刚体，若动点 A 取在不同瞬时的速度瞬心点 P 上，式（9.21）可写为

$$\frac{\mathrm{d}\boldsymbol{L}_P}{\mathrm{d}t}=\boldsymbol{M}_P+m\boldsymbol{v}_C\times\boldsymbol{v}_P\tag{9.25a}$$

若平面运动刚体具有质量对称平面，且作用在刚体上的外力系可简化为质心运动平面内的一平面力系 $\boldsymbol{F}_1$、$\boldsymbol{F}_2$、$\boldsymbol{F}_3$、…、$\boldsymbol{F}_n$，则式（9.25a）可写为代数式

$$\frac{\mathrm{d}L_P}{\mathrm{d}t}=M_P+mv_Cv_P\sin\varphi\tag{9.25b}$$

式中，φ 为某瞬时质心运动方向与瞬心点移动方向的夹角。

由式（9.13）得

$$\frac{\mathrm{d}L_P}{\mathrm{d}t}=\frac{\mathrm{d}}{\mathrm{d}t}(J_P\omega)=\frac{\mathrm{d}J_P}{\mathrm{d}t}\omega+J_P\alpha$$

由 $J_P=J_C+md^2$，d 为刚体速度瞬心轴与其质心轴的垂直距离，J_C 为常量，因而仅有 d 为常量，即速度瞬心到其质心的距离保持不变时，才有 J_P 为常量，即 $\frac{\mathrm{d}J_P}{\mathrm{d}t}=0$，且可以证明，此时有 $\boldsymbol{v}_C/\!/\boldsymbol{v}_P$（即 $\varphi=0$），从而式（9.25b）简化为

$$J_P\alpha=M_P\tag{9.26}$$

2. 质点系动量矩守恒定律

由质点系的动量矩定理可知：质点系的内力不能改变质点系的动量矩，只有作用于质点系的外力才能使质点系的动量矩发生变化。

由式（9.22）和式（9.23）可知，**当作用于质点系的外力系对于某定点（或定轴）的主矩（或力矩的代数和）等于零时，质点系对该点（或该轴）的动量矩保持不变**。这就是质点系的**动量矩守恒定律**。

由式（9.24）可知，**当作用于质点系的外力系对质心的主矩为零时，质点系对质心的动量矩守恒**。

在动力学问题中，动量矩守恒定律常用来求转动刚体的角速度。

例 9.2　如图 9.6 所示，半径为 r、重为 $\boldsymbol{W}$ 的滑轮可绕定轴 O 转动，在滑轮上绕一柔软的绳子，其两端各系一重为 $\boldsymbol{W}_A$ 和 $\boldsymbol{W}_B$ 的重物 A 和 B，且 $W_A>W_B$。设滑轮的质量均匀分布在圆周上（即将滑轮视为圆环），求此两重物的加速度和滑轮的角加速度。

解：取滑轮及两重物为研究对象。设重物速度大小为 v，即 $v_A=v_B=v$，则质点系对于转轴 O 的动量矩为

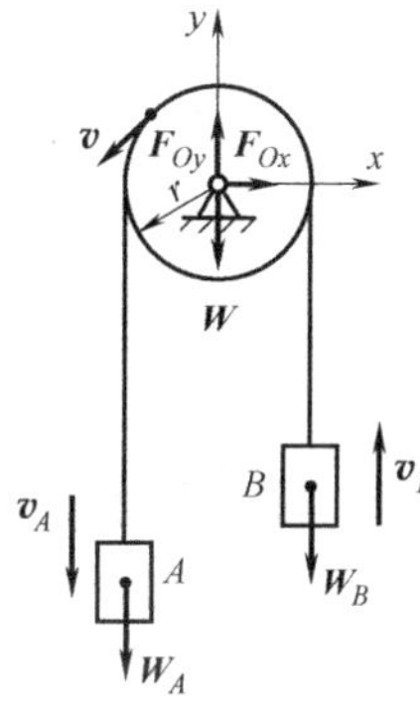

图 9.6　例 9.2 图

$$L_O=\frac{W_A}{g}vr+\frac{W_B}{g}vr+J_O\omega$$

而 $J_O=\dfrac{W}{g}r^2$，$\omega=\dfrac{v}{r}$，代入上式后，则得

$$L_O=\frac{vr}{g}(W+W_A+W_B)$$

作用于质点系的外力有重力 $\boldsymbol{W}$、$\boldsymbol{W}_A$、$\boldsymbol{W}_B$ 和轴承约束力 $\boldsymbol{F}_{Ox}$、$\boldsymbol{F}_{Oy}$，则所有外力对于转轴 O 之矩的代数和为

$$\sum M_O(\boldsymbol{F})=(W_A-W_B)r$$

由质点系的动量矩定理得

$$\frac{r}{g}(W+W_A+W_B)\frac{\mathrm{d}v}{\mathrm{d}t}=r(W_A-W_B)$$

于是两重物 A 和 B 的加速度为

$$a=\frac{\mathrm{d}v}{\mathrm{d}t}=\frac{W_A-W_B}{W+W_A+W_B}g$$

而滑轮的角加速度为

$$\alpha=\frac{a}{r}=\frac{W_A-W_B}{W+W_A+W_B}\frac{g}{r}$$

例 9.3　如图 9.7a 所示，水平杆 AB 长为 $2a$，可绕铅直轴 z 转动，其两端各用铰链与长为 l 的杆 AC 及 BD 相连，杆端各连接重为 W 的小球 C 和 D。起初两小球用细线相连，使杆 AC 与 BD 均为铅直，系统绕 z 轴的角速度为 ω_0。如某瞬时此细线拉断后，杆 AC 与 BD 各与铅直线成 θ 角，如图 9.7b 所示。不计各杆重量，求这时系统的角速度。

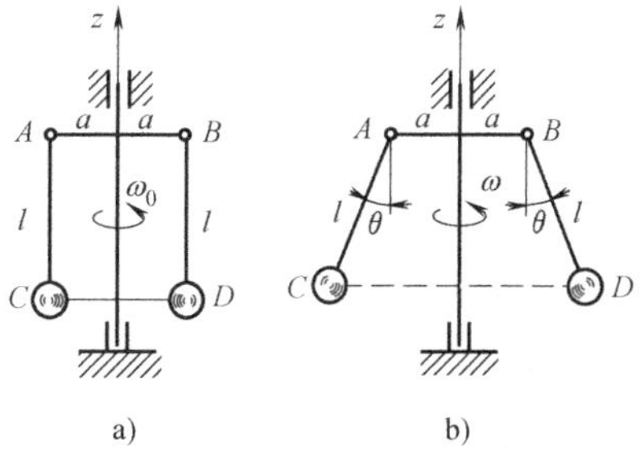

图 9.7　例 9.3 图

解：取整个系统为研究对象。系统所受外力有两小球的重力及轴承的约束力，这些力对 z 轴之矩都等于零。所以系统对 z 轴的动量矩守恒。

开始时系统的动量矩为

$$L_{z1}=2\left(\frac{W}{g}a\omega_0\right)a=2\frac{W}{g}a^2\omega_0$$

细线拉断后的动量矩为

$$L_{z2}=2\frac{W}{g}(a+l\sin\theta)^2\omega$$

由 $L_{z1}=L_{z2}$，有

$$2\frac{W}{g}a^2\omega_0=2\frac{W}{g}(a+l\sin\theta)^2\omega$$

由此求出细线拉断后的角速度为

$$\omega=\frac{a^2}{(a+l\sin\theta)^2}\omega_0$$

9.3 刚体绕定轴的转动微分方程

现在把质点系的动量矩定理应用于刚体绕定轴转动的情形。

设刚体在主动力 $\boldsymbol{F}_1$、$\boldsymbol{F}_2$、…、$\boldsymbol{F}_n$ 作用下绕固定轴 z 转动，如图 9.8 所示，其角速度为 ω，角加速度为 α，刚体对于 z 轴的转动惯量为 J_z，则刚体对于 z 轴的动量矩为 $J_z\omega$。

若不计轴承摩擦，轴承约束力对 z 轴的力矩恒为零，根据质点系动量矩定理，有

$$\frac{\mathrm{d}}{\mathrm{d}t}(J_z\omega)=\sum_{i=1}^{n}M_z(\boldsymbol{F}_i)$$

或

$$J_z\frac{\mathrm{d}\omega}{\mathrm{d}t}=\sum_{i=1}^{n}M_z(\boldsymbol{F}_i) \tag{9.27}$$

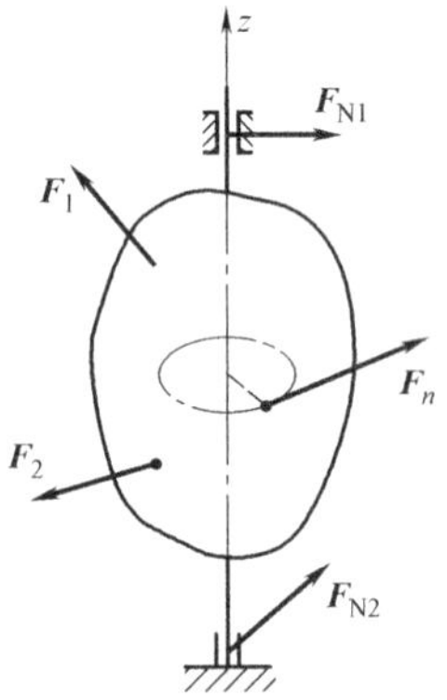

图 9.8

上式也可写成

$$J_z\alpha=J_z\frac{\mathrm{d}^2\varphi}{\mathrm{d}t^2}=\sum_{i=1}^{n}M_z(\boldsymbol{F}_i) \tag{9.28}$$

以上各式均称为**刚体绕定轴的转动微分方程，即定轴转动刚体对其转轴的转动惯量与角加速度的乘积等于作用于刚体的主动力对该轴的矩的代数和。**

由以上各式可知：

1）如果作用于刚体的主动力对转轴的矩的代数和不等于零，则刚体的转动状态一定发生变化。由于约束力对 z 轴的力矩为零，所以方程中只需考虑主动力的矩。

2）如果作用于刚体的主动力对转轴的矩的代数和等于零，则刚体做匀速转动；如果主动力对转轴的矩的代数和为恒量，则刚体做匀变速转动。

3）在一定时间间隔内，当主动力对转轴的矩一定时，刚体的转动惯量越大，其转动状态变化越小；转动惯量越小，其转动状态变化越大。因此，转动惯量是量度刚体转动惯性的

物理量。

刚体的转动微分方程可以解决刚体绕定轴转动的两类动力学问题：

1）已知刚体的转动规律，求作用于刚体的主动力。

2）已知作用于刚体的主动力，求刚体的转动规律。

例 9.4　如图 9.9a 所示均质细杆 OA 和 EC 的质量分别为 $m_1=50\text{kg}$ 和 $m_2=100\text{mg}$，在点 A 焊接起来，$OA\perp CE$，$OA=AC=AE=l=1\text{m}$。若将此结构在图示位置由静止状态释放，不计铰链摩擦，试求该瞬时铰链 O 的约束力。

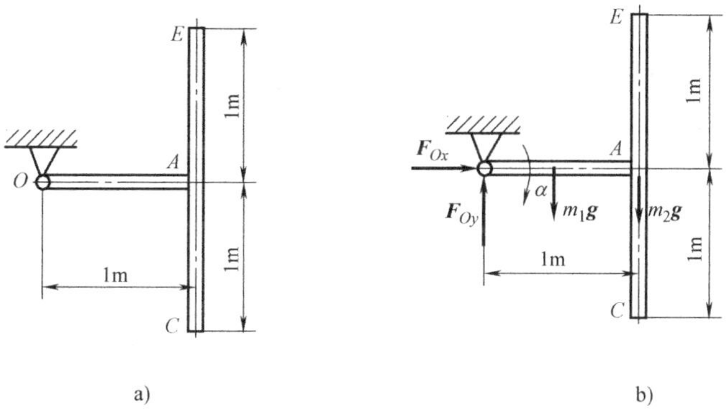

图 9.9　例 9.4 图

解：取整体为研究对象，受力如图 9.9b 所示。由式（9.28）得

$$J_O\alpha=m_1g\cdot\frac{l}{2}+m_2g\cdot l$$

其中，

$$J_O=\frac{1}{3}m_1l^2+\frac{1}{12}m_2(2l)^2+m_2l^2=\frac{1}{3}(m_1+4m_2)l^2$$

所以

$$\alpha=\frac{3(m_1+2m_2)}{2(m_1+4m_2)}\cdot\frac{g}{l}$$

在释放瞬时，$\omega=0$，因而有

$$a_{C1}^{\text{n}}=a_{C2}^{\text{n}}=0$$

$$a_{C1}=a_{C1}^{\text{t}}=\frac{l}{2}\alpha,\ a_{C2}=a_{C2}^{\text{t}}=l\alpha$$

由刚体系的质心运动定理，得

$$0=F_{Ox}$$

$$m_1a_{C1}^{t}+m_2a_{C2}^{t}=-F_{Oy}+m_1g+m_2g$$

所以铰链 O 的约束力为

$$F_{Ox}=0$$

$$F_{Oy}=(m_1+m_2)g-\frac{l}{2}(m_1+2m_2)\alpha$$

$$=(m_1+m_2)g-\frac{3(m_1+2m_2)^2}{4(m_1+4m_2)}g$$

$$=449.2\text{N}$$

例 9.5 如图 9.10 所示，飞轮由直流电动机带动，电动机从静止开始起动，其转动力矩与角速度的函数关系为

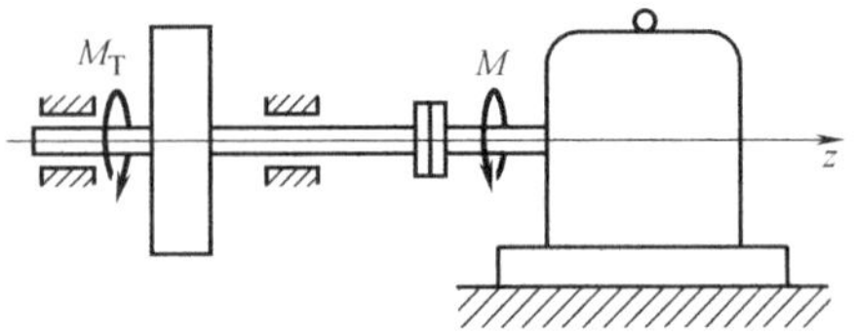

图 9.10 例 9.5 图

$$M=M_0\left(1-\frac{\omega}{\omega_1}\right)$$

式中，M_0是电动机起动时（$\omega=0$）的力矩；ω_1是空转（$M=0$）时的角速度。设电动机转子及飞轮对转轴 z 总的转动惯量为 J_z，总的阻力矩 M_T为常量。试求起动后飞轮角速度随时间的变化规律。

解： 取电动机转子和飞轮等转动部件为研究对象。除各部件的重力和轴承的约束力（以上各力对转轴 z 的力矩均等于零，图中未画出）外，还有主动力矩 M、阻力矩 M_T。

飞轮在电动机的带动下二者绕同一轴 z 转动。应用定轴转动微分方程求解。由式(9.27)得

$$J_z\frac{d\omega}{dt}=M-M_T$$

代入 $M=M_0\left(1-\frac{\omega}{\omega_1}\right)$，得

$$J_z\frac{d\omega}{dt}=(M_0-M_T)-\frac{M_0}{\omega_1}\omega$$

式中，正、负号的规定，以实际转向为正，则 M 应取正号，M_T应取负号。为计算方便，令

$$m=\frac{M_0-M_T}{J_z},\quad n=\frac{M_0}{J_z\omega_1}$$

则上式可写为

$$\frac{d\omega}{dt}=m-n\omega$$

等式两端同乘以 n，分离变量作定积分，并注意到 $t=0$ 时，$\omega=0$，有

$$\int_0^{\omega}\frac{n\mathrm{d}\omega}{m-n\omega}=\int_0^t n\mathrm{d}t$$

得

$$-\ln\frac{m-n\omega}{m}=nt$$

即

$$\frac{m-n\omega}{m}=\mathrm{e}^{-nt}$$

由此解得

$$\omega=\frac{m}{n}(1-\mathrm{e}^{-nt})=\left(1-\frac{M_T}{M_0}\right)\omega_1(1-\mathrm{e}^{-\frac{M_0}{J_z\omega_1}t})$$

可见，经过较长时间后，$-\frac{M_0}{J_z\omega_1}t\ll 1$，此项可略去，则角速度趋于常量，其值为

$$\omega=\left(1-\frac{M_T}{M_0}\right)\omega_1$$

例 9.6　如图 9.11a 所示传动轴，设 Ⅰ 轴和 Ⅱ 轴的转动惯量分别为 J_1 和 J_2，两轴的传动比 $i_{12}=\frac{R_2}{R_1}$，式中，R_1、R_2 为两齿轮的半径。今在 Ⅰ 轴上作用一力矩 M_1，求 Ⅰ 轴的角加速度。轴承中的摩擦力矩可忽略不计。

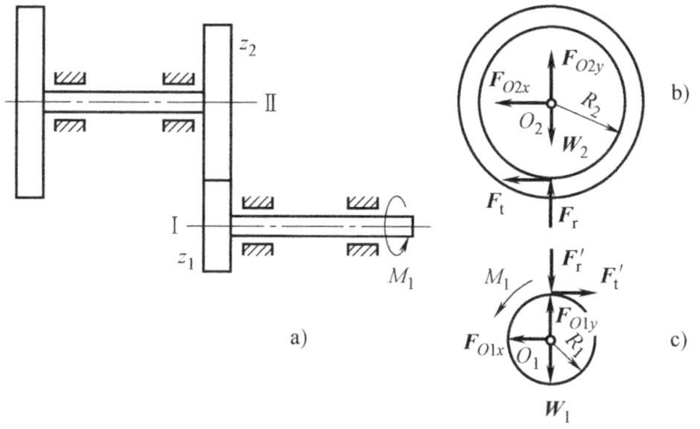

图 9.11　例 9.6 图

解： 此题是多轴系统。分别选取 Ⅰ 轴和 Ⅱ 轴（包括轴上的齿轮和飞轮）为研究对象。Ⅰ 轴与 Ⅱ 轴的受力图如图 9.11b、c 所示。

Ⅰ 轴与 Ⅱ 轴均是定轴转动，由式（9.28）

对 Ⅰ 轴

$$J_1\alpha_1=M_1-F_t'R_1 \tag{a}$$

对 Ⅱ 轴

$$J_2\alpha_2=F_tR_2 \tag{b}$$

由式（b）得

$$F_t=\frac{J_2\alpha_2}{R_2}$$

$F_t'=F_t$，代入式（a）得

$$J_1\alpha_1=M_1-\frac{R_1}{R_2}J_2\alpha_2 \tag{c}$$

又

$$i_{12}=\frac{\omega_1}{\omega_2}=\frac{R_2}{R_1}$$

故

$$\frac{R_1}{R_2}=\frac{1}{i_{12}} \tag{d}$$

又 $\qquad \dfrac{\alpha_2}{\alpha_1}=\dfrac{R_1}{R_2}=\dfrac{1}{i_{12}}$（这可由 $R_1\omega_1=R_2\omega_2$ 对 t 求导即得）

故

$$\alpha_2=\frac{1}{i_{12}}\alpha_1 \tag{e}$$

将式（d）、式（e）代入式（c），得

$$J_1\alpha_1=M_1-\frac{1}{i_{12}^2}J_2\alpha_1$$

故

$$M_1=\left(J_1+\frac{1}{i_{12}^2}J_2\right)\alpha_1$$

即

$$\alpha_1=\frac{M_1}{J_1+\dfrac{1}{i_{12}^2}J_2}$$

例 9.7 如图 9.12 所示，物理摆的质量为 m，C 为其质心，摆对悬挂点的转动惯量为 J_O。求微小摆动的周期。

解： 设 φ 角以逆时针转向为正。当 φ 角为正时，重力对 O 点之矩为负。由此，摆的转动微分方程为

$$J_O\frac{\mathrm{d}^2\varphi}{\mathrm{d}t^2}=-mga\sin\varphi$$

根据题意，刚体做微小摆动，有 $\sin\varphi\approx\varphi$，于是转动微分方程可写为

$$J_O\frac{\mathrm{d}^2\varphi}{\mathrm{d}t^2}=-mga\varphi$$

或

$$\frac{\mathrm{d}^2\varphi}{\mathrm{d}t^2}+\frac{mga}{J_O}\varphi=0$$

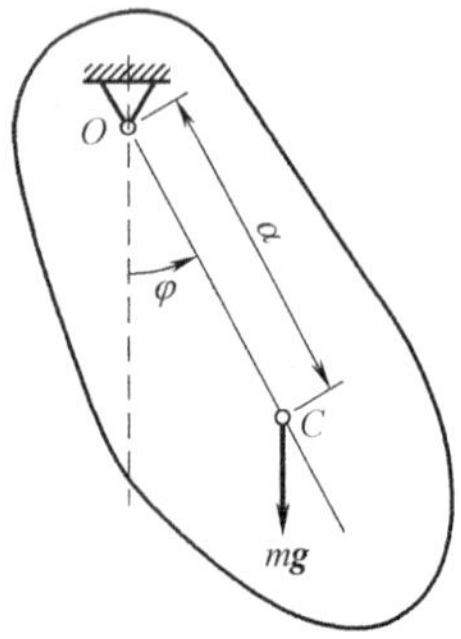

图 9.12 例 9.7 图

此方程的通解为

$$\varphi=\varphi_0\sin\left(\sqrt{\frac{mga}{J_O}}t+\theta\right)$$

式中，φ_0 称为**角振幅**；θ 是**初相位**，它们都可由运动初始条件确定。

摆动周期为

$$T=2\pi\sqrt{\frac{J_O}{mga}}$$

工程中常用上式，通过测定零件（如曲柄、连杆等）的摆动周期，以计算其转动惯量。若测得周期 T，则

$$J_O=\frac{mga}{4\pi^2}T^2$$

9.4 刚体的平面运动微分方程

在平面运动刚体的运动分析中，一般将刚体的平面运动分解为随同基点的平动和绕基点的转动，刚体的运动情况完全可由基点的运动和绕基点的转动来描述。在运动学里，基点可任意选取。在动力学研究中，必须将刚体的运动和它所受的力联系起来。质心运动定理建立了刚体的质心运动与外力系主矢之间的关系；而相对于质心的动量矩定理建立了刚体绕质心的转动与外力系对质心主矩之间的关系。因此，在动力学中选取质心作为基点常常更为合理与方便。

对于具有质量对称平面的平面运动刚体，若作用在刚体上的外力系可简化为质心运动平面内的一平面力系 $\boldsymbol{F}_1$、$\boldsymbol{F}_2$、$\boldsymbol{F}_3$、…、$\boldsymbol{F}_n$，则应用质心运动定理和相对于质心的动量矩定理，可得到

$$\left.\begin{aligned} m\boldsymbol{a}_C &= \sum_{i=1}^{n}\boldsymbol{F}_i \\ \frac{\mathrm{d}}{\mathrm{d}t}J_C\omega = J_C\alpha &= \sum_{i=1}^{n}M_C(\boldsymbol{F}_i)\end{aligned}\right\} \tag{9.29}$$

式中，m 为刚体质量；$\boldsymbol{a}_C$ 为质心加速度；$\alpha=\frac{\mathrm{d}\omega}{\mathrm{d}t}$为刚体角加速度。将式（9.29）中第一式向两正交坐标轴上投影，得刚体的平面运动微分方程为

$$\left.\begin{aligned} m\frac{\mathrm{d}^2x_C}{\mathrm{d}t^2} &= \sum F_x \\ m\frac{\mathrm{d}^2y_C}{\mathrm{d}t^2} &= \sum F_y \\ J_C\frac{\mathrm{d}^2\varphi}{\mathrm{d}t^2} &= \sum M_C(\boldsymbol{F})\end{aligned}\right\} \tag{9.30}$$

式（9.30）中的三个独立方程恰好等于平面运动的自由度数（三个），它可以用来求解

动力学的两大类问题。但是在工程实际中，许多系统是由多个平面运动刚体组成的，未知量相应增加很多，除对每个刚体分别应用这三个动力学方程之外，还要根据具体的约束条件寻找运动和力的补充方程才能求解。

例 9.8 如图 9.13 所示，均质圆轮半径为 r，重为 $\boldsymbol{W}$，沿倾角为 θ 的粗糙斜面向下做纯滚动。试求质心 C 的加速度。如已知斜面的静摩擦因数为 f_s，问倾角 θ 应为多少才能确保圆轮不滑动？

解： 取圆轮为研究对象。圆轮做平面运动，其轮心 C 做直线运动。建立如图所示坐标系，由运动学知

$$\frac{\mathrm{d}^2 y_C}{\mathrm{d}t^2}=0, \quad \frac{\mathrm{d}^2 x_C}{\mathrm{d}t^2}=r\frac{\mathrm{d}^2\varphi}{\mathrm{d}t^2}=a_C$$

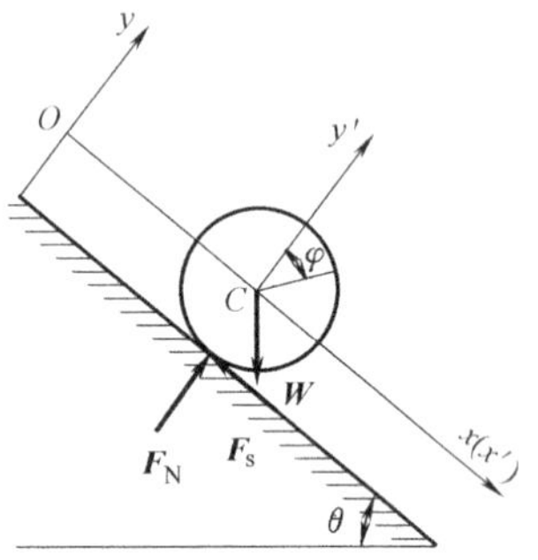

图 9.13 例 9.8

圆轮所受的力有主动力 $\boldsymbol{W}$、斜面法向约束力 $\boldsymbol{F}_{\mathrm{N}}$、静摩擦力 $\boldsymbol{F}_{\mathrm{s}}$，方向如图所示。圆轮对中心轴的转动惯量为

$$J_C=\frac{W}{2g}r^2$$

由平面运动微分方程得

$$\left.\begin{aligned}&\frac{W}{g}a_C=W\sin\theta-F_{\mathrm{s}}\\&0=F_{\mathrm{N}}-W\cos\theta\\&\left(\frac{W}{2g}r^2\right)\frac{a_C}{r}=F_{\mathrm{s}}r\end{aligned}\right\}$$

解方程得

$$\left.\begin{aligned}&a_C=\frac{2}{3}g\sin\theta\\&F_{\mathrm{N}}=W\cos\theta\\&F_{\mathrm{s}}=\frac{1}{3}W\sin\theta\end{aligned}\right\}$$

根据摩擦力性质知，圆轮不产生滑动的条件应为 $F_{\mathrm{s}}\leqslant f_{\mathrm{s}}F_{\mathrm{N}}$，即

$$\frac{1}{3}W\sin\theta\leqslant f_{\mathrm{s}}W\cos\theta$$

于是知，当

$$\theta\leqslant\arctan 3f_{\mathrm{s}}$$

圆轮才不至于滑动。

该题第一问采用平面运动刚体对速度瞬心轴的动量矩定理式（9.26）求解更为简单。

圆轮对瞬心轴的转动惯量为

$$J_P=J_C+mr^2=\frac{3W}{2g}r^2$$

刚体对瞬心轴的动量矩为

$$L_P = J_P\omega = \frac{3W}{2g}r^2\omega$$

代入式（9.26），得

$$\frac{3W}{2g}r^2\alpha = \frac{W}{g}\sin\theta \cdot r$$

从而得

$$\alpha = \frac{2}{3r}g\sin\theta$$

而

$$a_C = r\alpha = \frac{2}{3}g\sin\theta$$

但需要注意的是，这种方法仅限于质心到瞬心的距离始终保持不变的平面运动情况（前面对此已做了证明），除此之外，一般无法得到简化的公式，因而应用式（9.26）时必须谨慎。

例 9.9　如图 9.14 所示，均质圆轮半径为 r，质量为 m，受到轻微扰动后在半径为 R 的弧面上往复滚动。设弧面粗糙，圆轮做纯滚动。求质心 C 的运动规律。

解： 取圆轮为研究对象。圆轮做平面运动，受有重力 $m\boldsymbol{g}$、法向约束力 $\boldsymbol{F}_N$ 和静摩擦力 $\boldsymbol{F}_s$ 的作用。

设 θ 角以逆时针转向为正，质心 C 的弧坐标正向如图所示，而圆轮以顺时针转向为正，如图所示瞬时刚体平面运动微分方程向自然轴上的投影式为

$$ma_C^t = F_s - mg\sin\theta \qquad (a)$$

$$m\frac{v_C^2}{R-r} = F_N - mg\cos\theta \qquad (b)$$

$$J_C\alpha = -F_s r \qquad (c)$$

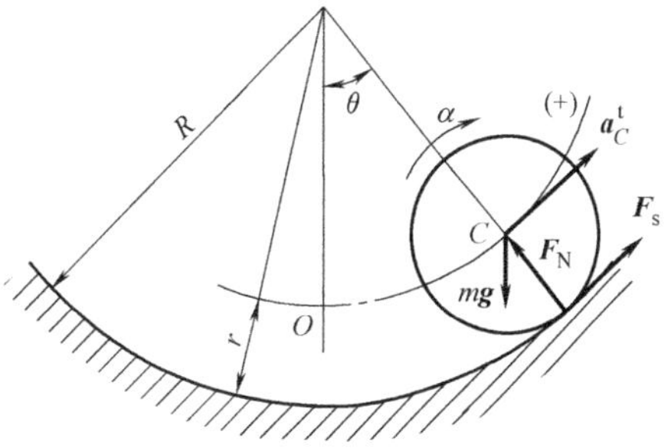

图 9.14　例 9.9 图

由运动学圆轮只滚不滑的条件可得角加速度的大小为

$$\alpha = \frac{a_C^t}{r} \qquad (d)$$

取 s 为质心的弧坐标，由图有

$$s = (R-r)\theta$$

注意到 $a_C^t = \frac{d^2 s}{dt^2}$，$J_C = \frac{1}{2}mr^2$，当 θ 很小时，$\sin\theta \approx \theta$，联立式（a）、式（c）、式（d）得

$$\frac{3}{2}\frac{d^2 s}{dt^2} + \frac{g}{R-r}s = 0$$

令 $\omega_n^2 = \frac{2g}{3(R-r)}$，则上式成为

$$\frac{\mathrm{d}^2 s}{\mathrm{d}t^2}+\omega_{\mathrm{n}}^2 s=0$$

此方程的解为

$$s=s_0\sin(\omega_{\mathrm{n}}t+\beta)$$

式中，s_0 和 β 为两个常数，由运动起始条件确定。如 $t=0$ 时，$s=0$，初速度为 v_0，于是

$$0=s_0\sin\beta,\quad v_0=s_0\omega_{\mathrm{n}}\cos\beta$$

解得

$$\sin\beta=0,\beta=0°,s_0=\frac{v_0}{\omega_{\mathrm{n}}}=v_0\sqrt{\frac{3(R-r)}{2g}}$$

最后得

$$s=v_0\sqrt{\frac{3(R-r)}{2g}}\sin\left(\sqrt{\frac{2}{3}\frac{g}{R-r}}t\right)$$

这就是质心运动方程。

由式（b）可求得圆轮在滚动时对地面的压力 F'_{N} 为

$$F'_{\mathrm{N}}=F_{\mathrm{N}}=m\frac{v_C^2}{R-r}+mg\cos\theta$$

式中右端第一项为附加动压力，

$$v_C=\frac{\mathrm{d}s}{\mathrm{d}t}=v_0\cos\left(\sqrt{\frac{2}{3}\frac{g}{R-r}}t\right)$$

本章小结

1. 本章基本要求

1）清晰理解并熟练计算质点系（包括刚体、刚体系）的动量矩，以及刚体对某轴的转动惯量。

2）熟练地应用质点系对定点的动量矩定理（包括相应的守恒定律）求解动力学问题；了解质点系对任意动点及质心的动量矩定理。

3）熟练应用定轴转动刚体的运动微分方程、刚体平面运动微分方程求解刚体的动力学两类问题，以及已知某些运动量和力求解另一些运动量和力。

2. 本章重点

1）质点系（包括刚体、刚体系）动量矩的计算，刚体对某轴转动惯量的计算。

2）质点系对定点（或定轴）的动量矩定理及其应用。

3）刚体绕定轴转动的微分方程、刚体做平面运动的微分方程及其应用。

3. 本章难点

1）质点系（包括刚体、刚体系）对某点（或轴）的动量矩的计算。

2）相对于质心的动量矩定理，刚体平面运动微分方程的应用。

3）建立复杂的运动学补充方程。

4. 学习建议

1）注意质点系对定点（或定轴）的动量矩计算中所用到的速度、角速度一般为绝对速度、绝对角速度。而在相对质心的动量矩计算中，矩心为质心，速度或角速度是相对质心的速度或角速度。

2）动量矩的概念比较抽象，学习时可从力矩的概念和计算方法类比得出，可加深对动量矩概念的理解。

3）应用动量矩定理时，一般选取固定点或固定轴、质心点或质心轴为矩心或矩轴，形式上比较简单。而对于任意的动点或动轴而言，动量矩定理不具有上述简单形式。虽然对某些特殊动点（例如速度瞬心）仍具有简单形式，但应用时必须谨慎。

4）应用动量矩定理、刚体绕定轴转动的微分方程和刚体做平面运动的微分方程解题时，等号两边的符号规定必须一致。

5）应用质点系动量矩定理求解时一般选取整体作为研究对象，但对于由多个刚体组成的刚体系，一般分别选取各刚体作为研究对象；对于多轴传动系统，一般分别取各轴及其上的附加物体作为研究对象，然后联立求解。

习　题

9.1　圆盘以 ω 的角速度绕 O 轴转动，质量为 m 的小球 M 可沿圆盘的径向凹槽运动，图9.15所示瞬时小球以相对于圆盘的速度 $\boldsymbol{v}_r$ 运动到 $OM=s$ 处；求小球对 O 点的动量矩。

9.2　如图9.16所示，质量为 m 的偏心轮在水平面上做平面运动。轮子轴心为 O，质心为 C，$OC=e$，轮子半径为 R，对轴心 O 的转动惯量为 J_O，A、C、O 三点都在铅直线上，问：

（1）当轮子只滚不滑时，若 $\boldsymbol{v}_O$ 已知，求轮子的动量和对 A 点（水平面上的固定点）的动量矩。

（2）当轮子又滚又滑时，若 $\boldsymbol{v}_O$、ω 已知，求轮子的动量和对 A 点的动量矩。

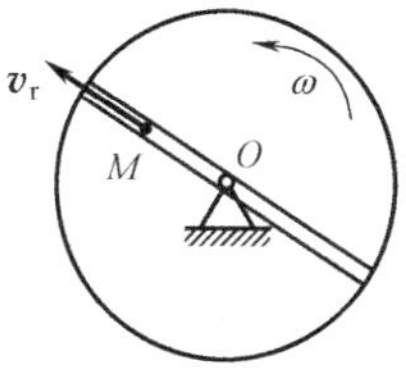

图9.15　题9.1图

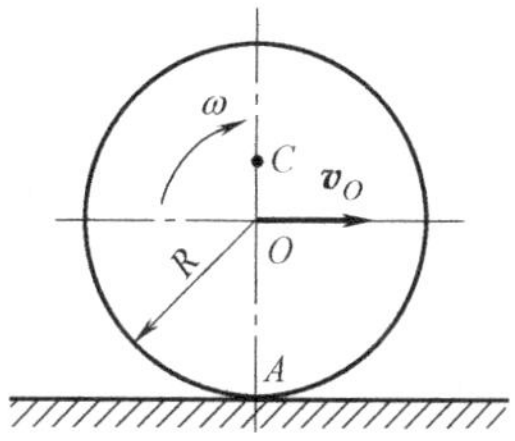

图9.16　题9.2图

9.3　如图9.17所示，重量为 $\boldsymbol{W}$ 的曲柄以匀角速度 ω 绕 O 轴转动，通过连杆 AB 带动滑块 A 与 B 分别在垂直的和水平的滑道中运动。连杆重 $2\boldsymbol{W}$，滑块各重 $\boldsymbol{W}$。$OC=AC=BC=l$。求系统在如图所示位置时对 O 点的动量矩。

9.4　图9.18所示系统中，已知鼓轮以 ω 的角速度绕 O 轴转动，其大、小半径分别为 R、r，对 O 轴的转动惯量为 J_O；物块 A、B 的质量分别为 m_A 和 m_B；试求系统对 O 轴的动量矩。

9.5　如图9.19所示，质量为 M 的均质L形细杆。试求对 O 轴的转动惯量 J_O。

9.6　如图9.20所示，半径为 R、质量为 m 的均质薄圆盘。试求 J_x 和 J_{x1}。

9.7　两个质量分别为 $m_1=40\text{kg}$，$m_2=120\text{kg}$ 的小球，固连在质量略去不计的细直杆的两端，杆长20cm，小球可视为质点，试问对通过杆上一点且垂直于杆的转轴来说，转轴在什么位置使得系统的转动惯量最小？

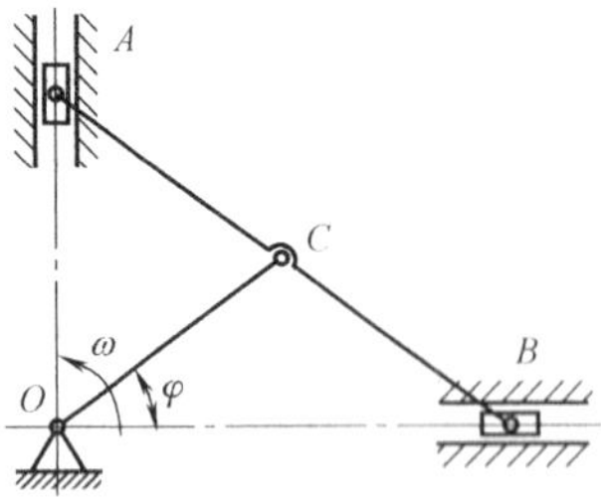

图 9.17 题 9.3 图

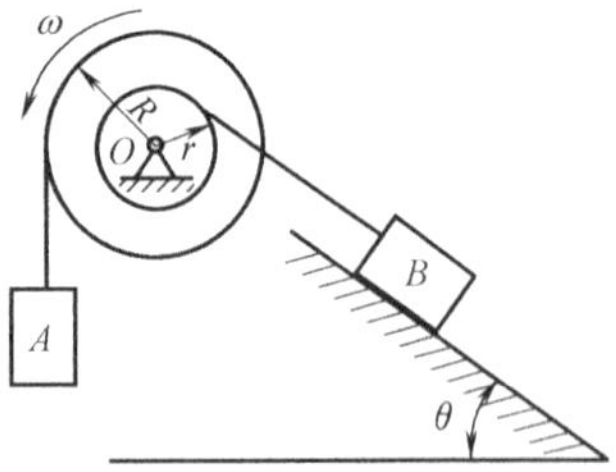

图 9.18 题 9.4 图

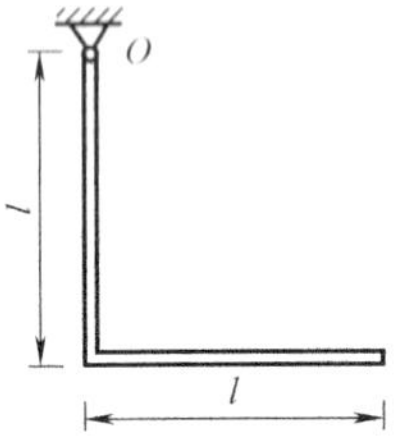

图 9.19 题 9.5 图

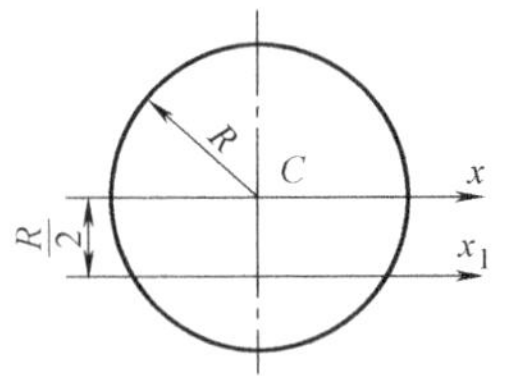

图 9.20 题 9.6 图

9.8 如图 9.21 所示飞轮的 $d_1 = 40\text{mm}$，$d_2 = 100\text{mm}$，$d_3 = 400\text{mm}$，$d_4 = 480\text{mm}$，$t_1 = 20\text{mm}$，$t_2 = 60\text{mm}$，$a = 20\text{mm}$，飞轮的密度 $\rho = 7800\text{kg/m}^3$。求飞轮对 z 轴的转动惯量 J_z。

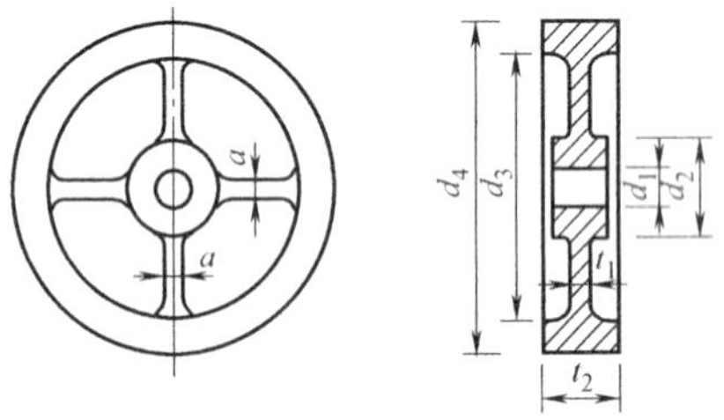

图 9.21 题 9.8 图

9.9 试求如图 9.22a、b、c、d、e、f 所示的各均质物体（质量均为 m）对 O（或 z）轴的动量矩。

9.10 如图 9.23 所示的均质 L 形细钢杆，平行于 y 轴的 AB 段的质量为 m_1，长为 l_1，平行于 z 轴的 BC 段的质量为 m_2，长为 l_2，钢杆以角速度 ω 绕 z 轴转动。试求 L 形杆对 z 轴的动量矩。

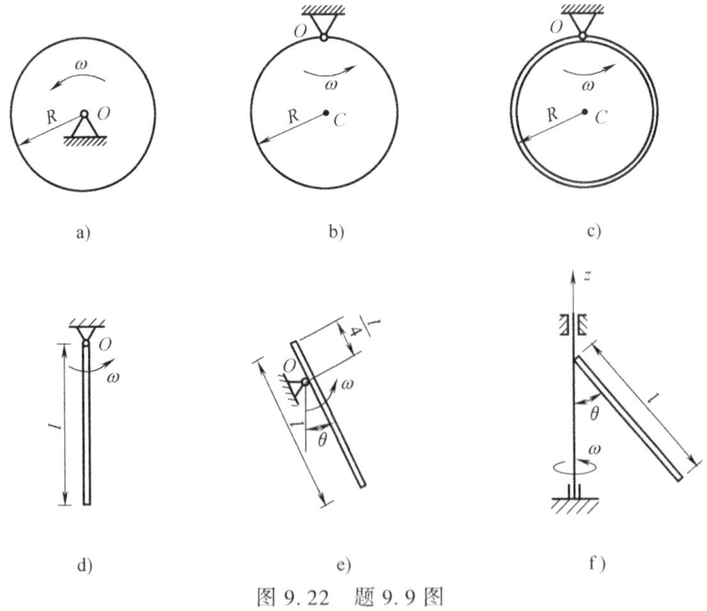

图 9.22 题 9.9 图

9.11　试求如图 9.24 所示各系统对 O 轴的动量矩。已知 $\theta=30°$，角速度为 ω。

（1）长为 l、质量为 m_1 的均质杆 OA 与半径为 R、质量为 m_2 的均质圆盘固连。

（2）若上一问中，均质杆与均质圆盘在 A 点（圆心）铰接。提示：圆盘做平动。

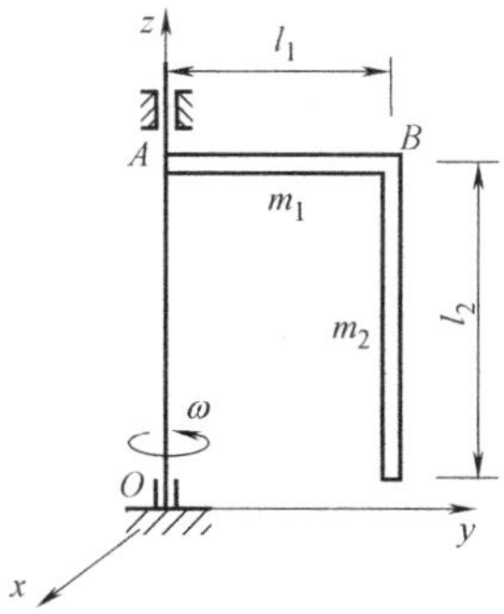

图 9.23　题 9.10 图

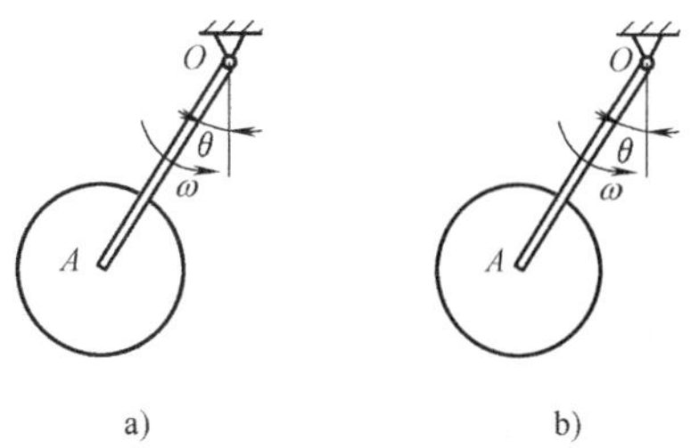

图 9.24　题 9.11 图

9.12　如图 9.25 所示，高炉运送矿石用的卷扬机。已知鼓轮的半径为 R，重为 $\boldsymbol{W}_1$，在铅直平面内绕水平的定轴 O 转动。小车和矿石总重量为 $\boldsymbol{W}_2$，作用在鼓轮上的力矩为 M，轨道的倾角为 φ。设绳的重量和各处的摩擦均忽略不计。鼓轮对中心轴 O 的转动惯量为 J。求小车的加速度 $\boldsymbol{a}$。

9.13　如图 9.26 所示，质量为 m 的小球 M 系在细绳上，细绳的另一端穿过光滑水平面上的小孔 O。令小球以速度 $\boldsymbol{v}_0$ 在水平面上沿半径为 r 的圆周做匀速运动。如将细绳下拉，使圆周半径缩小为 $\frac{r}{2}$。试求此时小球的速度 $\boldsymbol{v}$ 和细绳的拉力 $\boldsymbol{F}_T$。

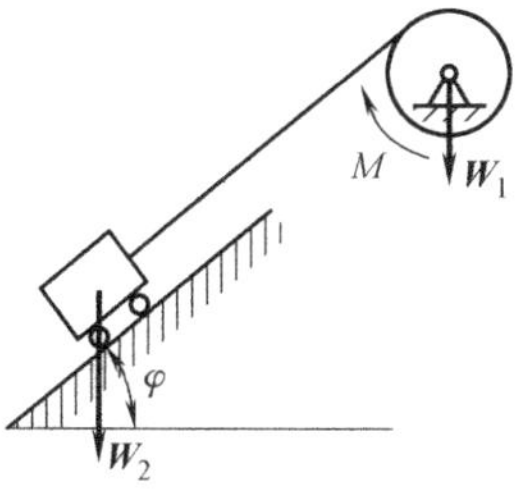

图 9.25　题 9.12 图

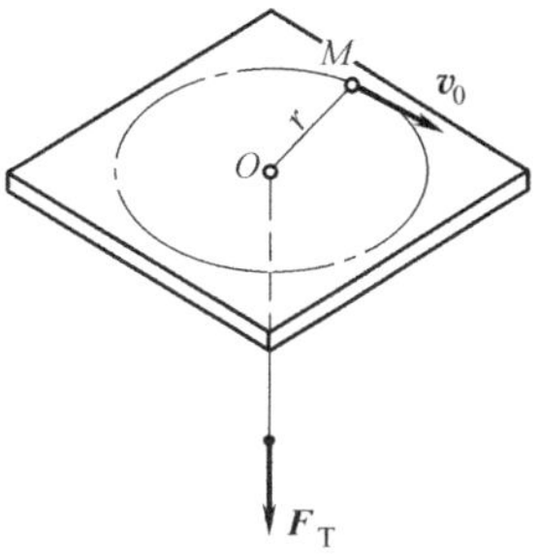

图 9.26　题 9.13 图

9.14　如图 9.27 所示，质量为 15kg 的空心套管绕铅直轴转动。管内放一质量为 10kg 的小球，用细绳与转轴连接。绳长 200mm，细绳能承受的最大拉力为 8N。问套管角速度多大恰可将细绳拉断？细绳拉断后，小球滑至管端时，套管的角速度是多少？套管的转动惯量按均质杆计算。

9.15　如图 9.28 所示，水平圆盘绕 z 轴的转动惯量为 J，质量为 m 的质点 M，在盘上做半径为 r 的匀速圆周运动，相对速度为 $\boldsymbol{v}_0$，M 点对圆盘的相对位置为 φ。轴承摩擦不计。当 M 点运动到 M_0 圆盘的角速度为零时，求圆盘角速度 ω 与 φ 角的关系。

9.16　如图 9.29 所示，质量为 m 的杆 AB，可在质量也是 m 的管 CD 内自由滑动，管 CD 可绕铅直轴 z 转动。杆 AB 和管 CD 的长度相等，均可看作均质杆。当杆全部在管内时（两者质心重合），系统的角速度为 ω_0。不计摩擦。试求当杆 AB 的质心运动到管 CD 的 C 端时，系统的角速度。

9.17　如图 9.30 所示，系统中不可伸长绳子的一端吊一重物 A，另一端绕过定滑轮 O 作用一力 $\boldsymbol{F}$。绳子质量不计，且绳子与滑轮间保持无滑动。试分析滑轮两边绳子的张力 $\boldsymbol{F}_{T1}$、$\boldsymbol{F}_{T2}$ 在哪些情况下相等。

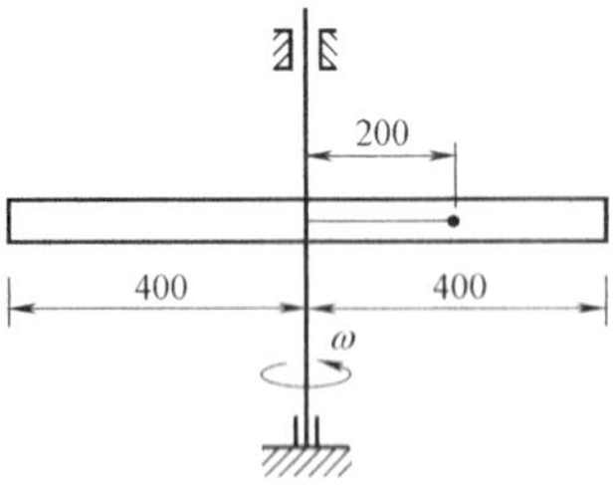

图 9.27　题 9.14 图

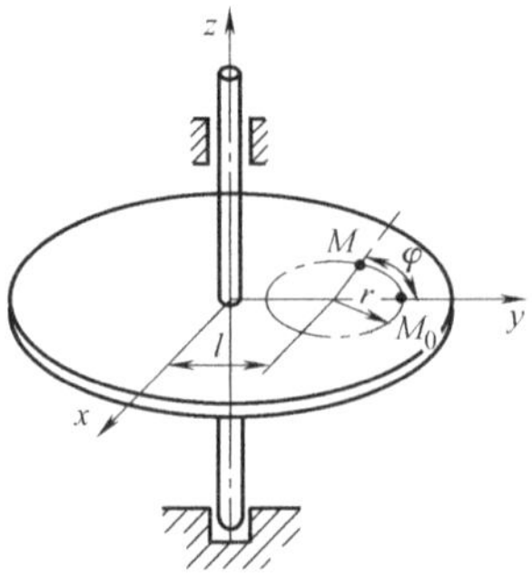

图 9.28　题 9.15 图

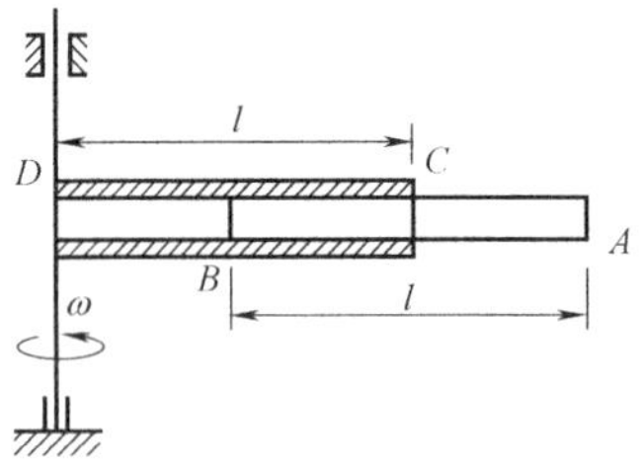

图 9.29　题 9.16 图

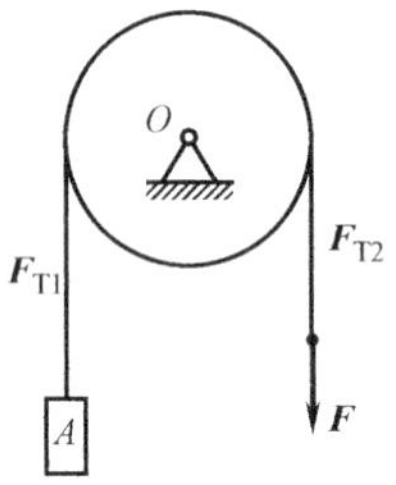

图 9.30　题 9.17 图

9.18　如图 9.31 所示，半径分别为 $R=0.4\text{m}$ 和 $r=0.2\text{m}$ 的两个滑轮固结在一起，总质量 $m_1=90\text{kg}$，可绕 O 轴自由转动，其对 O 轴的回转半径 $\rho=0.3\text{m}$，缠在滑轮上的两条绳子各挂一质量 $m_2=20\text{kg}$ 的相同重物。A、B 轴承处的摩擦和绳子质量均不计。试求重物 A 的加速度。

9.19　如图 9.32 所示，卷扬机、转子 C 和滑轮 O 的半径分别为 r 和 R，对转轴的转动惯量分别为 J_2 和 J_1。物体 A 重为 $\boldsymbol{W}$，在转子 C 上作用一常力矩 M。试求物体 A 上升的加速度。

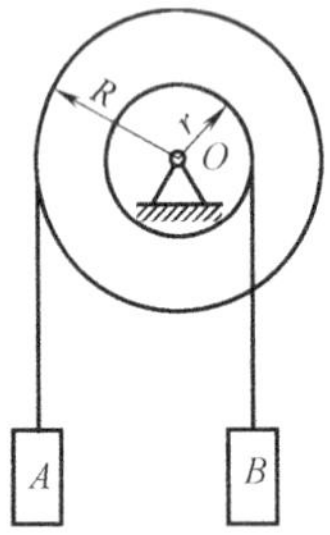

图 9.31　题 9.18 图

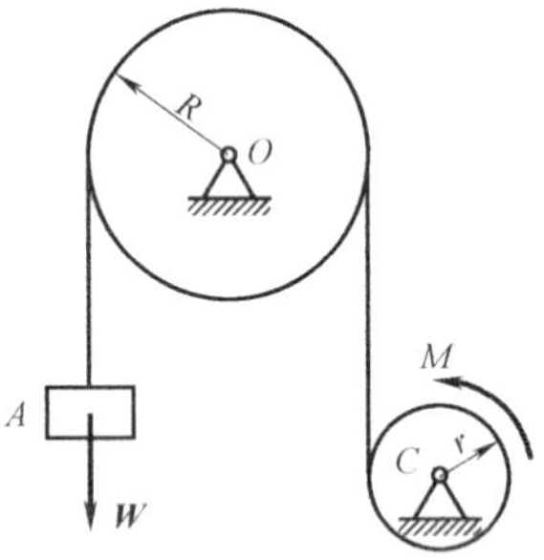

图 9.32　题 9.19 图

9.20　如图 9.33 所示，为了求得半径 $R=500\text{mm}$ 的飞轮 A 对于通过其重心的轴的转动惯量，在飞轮上缠一细绳，绳的末端系一重 $W_1=80\text{N}$ 的重锤，重锤自高度 $h=2\text{m}$ 处落下，测得落下的时间 $T_1=16\text{s}$。为了要消去轴承摩擦的影响，再用重 $W_2=40\text{N}$ 的重锤作第二次试验。这一重锤自同一高度落下的时间 $T_2=25\text{s}$。假定摩擦力矩是一常量，且与重锤的重量无关。试计算飞轮的转动惯量 J。

9.21　如图 9.34 所示，均质刚杆可绕水平轴 O 转动，杆的质量为 M，长度为 l。杆的一端固连质量为 m 的小球，另一端则与刚度系数为 k 的铅直弹簧相连接。当杆在水平位置时系统处于平衡。求此时系统绕固定轴 O 的微小振动的周期。

9.22　如图 9.35 所示，圆环的内缘支在刃口上，环的内半径为 1.1m，其微振动周期 $T=2.93\text{s}$。求环对于质心轴的回转半径 ρ_C。

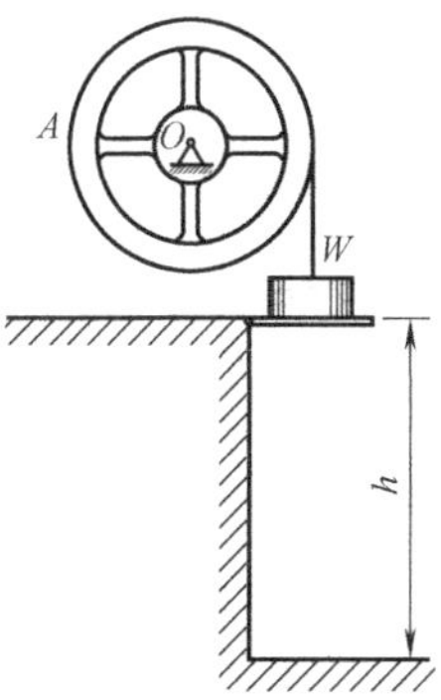

图 9.33　题 9.20 图

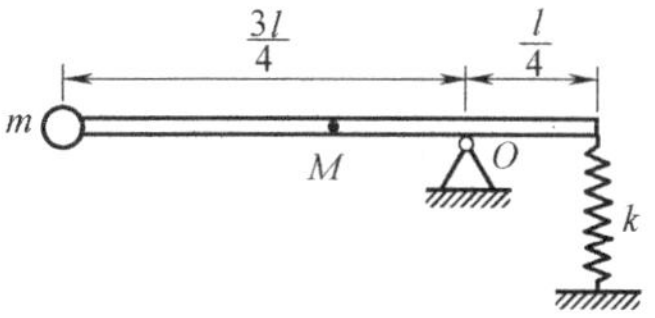

图 9.34　题 9.21 图

9.23　为了求得连杆的转动惯量，用一细圆杆穿过十字头销 A 处的衬套管，并使连杆绕这细杆的水平轴线摆动，如图 9.36a、b 所示。摆动 100 次所用的时间为 100s。另外，如图 9.36c 所示，为了求得连杆重心到悬挂轴的距离 $AC=d$，将连杆水平放置，在点 A 处用杆悬挂，点 B 放置于台秤上，台秤的读数 $F=490\text{N}$。已知连杆质量为 80kg，A 与 B 间的距离 $l=1\text{m}$，十字头销的半径 $r=40\text{mm}$。试求连杆对于通过质心 C 并垂直于图面的轴的转动惯量 J_C。

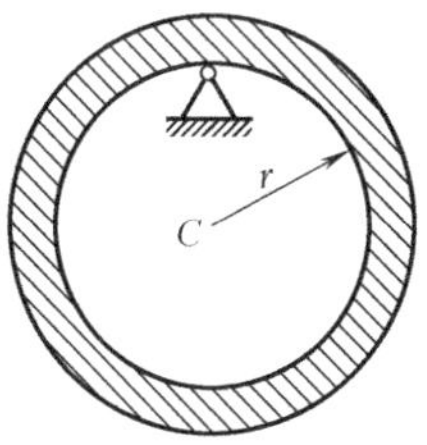

图 9.35　题 9.22 图

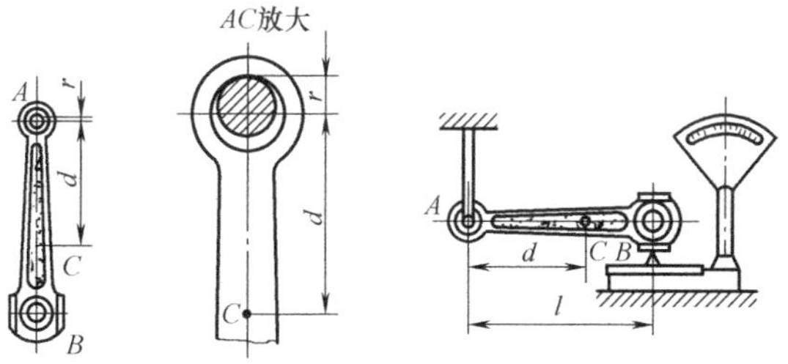

a)　b)　c)

图 9.36　题 9.23 图

9.24　如图 9.37a 所示，质量为 m、半径为 r 的细圆环；如图 9.37b 所示，质量为 m、半径为 r 的均质薄圆盘。它们都在铅直平面内。当 OC 连线（C 为质心）水平时由静止释放。试求该瞬时它们的角加速度和各自光滑轴承的约束力。

9.25　如图 9.38 所示，通风机的风扇转动部分对于转轴 O 的转动惯量为 J，以初角速度 ω_0 转动，空气阻力矩 $M=a\omega$，式中，a 为比例系数。问经过多少时间角速度减小为初角速度的一半，在此时间内共转了多少转？

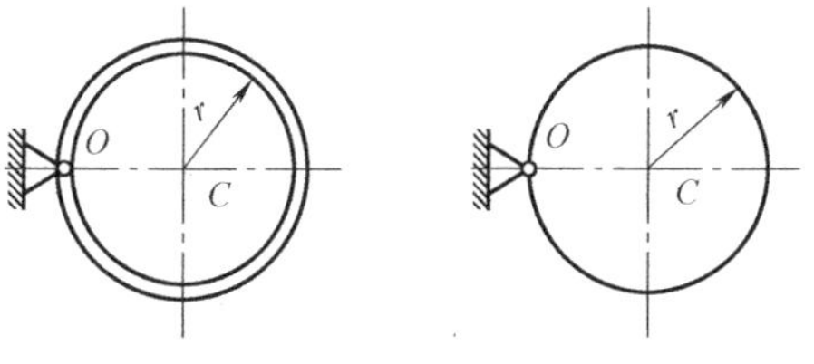

a)　b)

图 9.37　题 9.24 图

图 9.38　题 9.25 图

9.26　如图 9.39 所示，均质圆盘重为 $\boldsymbol{W}$，半径为 r，以角速度 ω 绕水平轴转动。今在制动杆的一端施加铅直力 $\boldsymbol{F}$，以使圆盘停止转动，设圆盘与摩擦块之间的动摩擦因数为 f，轴承的摩擦及闸块的厚度不计。问圆盘转动多少转之后才停止转动？

9.27　如图 9.40 所示带传动装置。轮Ⅰ上作用一力矩 M，两轮的转动惯量分别为 J_1 和 J_2，半径分别为 r 和 R，不计轴承摩擦。试求轮Ⅰ和轮Ⅱ的角加速度。

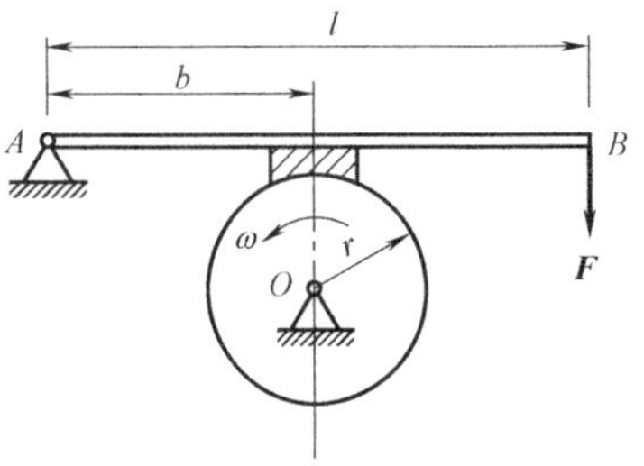

图 9.39　题 9.26 图

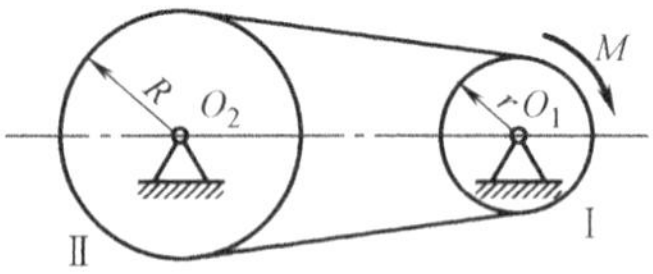

图 9.40　题 9.27 图

9.28　如图 9.41 所示的传动系统中，J_1、J_2为轮Ⅰ、轮Ⅱ的转动惯量，若以整体为质点系，则由质点动量矩定理求得轮Ⅰ的角加速度为 $\alpha_1=\dfrac{M_1}{J_1+J_2}$，对吗？

9.29　如图 9.42 所示点绞车，提升一重为 $\boldsymbol{W}$ 的重物，在其主动轴上作用一不变的力矩 M。已知主动轴和从动轴的转动惯量分别为 J_1、J_2，传动比 $i=\dfrac{z_2}{z_1}$，吊索缠绕在鼓轮上，鼓轮半径为 R，轴承的摩擦不计。试求重物的加速度。

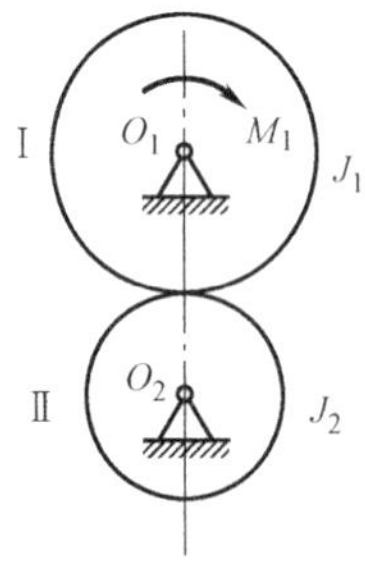

图 9.41　题 9.28 图

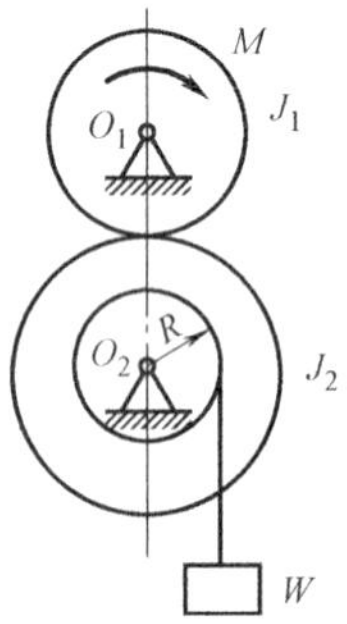

图 9.42　题 9.29 图

9.30　如图 9.43 所示，均质圆轮 A 重 $\boldsymbol{W}_1$，半径为 r_1，以角速度 ω 绕 OA 杆的 A 端转动，此时将轮放置在重为 $\boldsymbol{W}_2$，半径为 r_2的均质圆轮 B 上。B 轮原为静止，但可绕其几何轴自由转动，放置后 A 轮的重量由 B 轮支承。略去轴承的摩擦与 OA 杆的重量，并设两轮的动摩擦因数为 f。问自 A 轮放于 B 轮上到两轮之间没有相对滑动为止，经过了多少时间？

9.31　如图 9.44 所示均质杆 AB 长为 l，重为 $\boldsymbol{W}_1$，B 端固结一重为 $\boldsymbol{W}_2$的小球，杆的 D 处与铅垂悬挂的弹簧相连以使杆保持水平位置。已知弹簧的刚度系数为 k，给小球以微小的初位移 δ_0，然后自由释放，试求杆 AB 的运动规律。

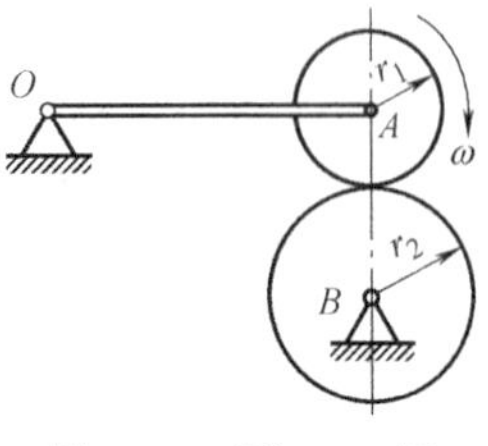

图 9.43　题 9.30 图

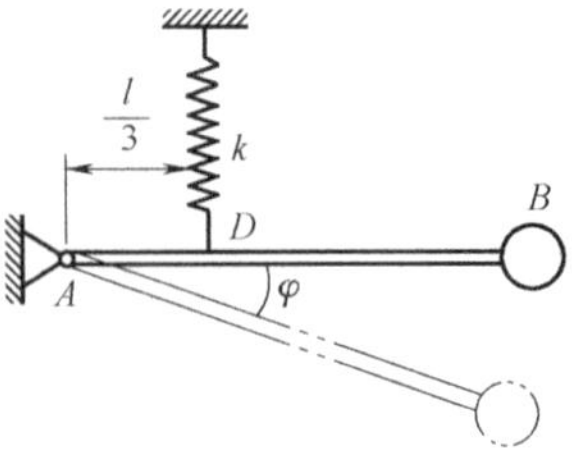

图 9.44　题 9.31 图

9.32　如图 9.45 所示，摆由半径 $R=150\text{mm}$、质量 $m_1=20\text{kg}$ 的球和长 $l=400\text{mm}$、质量 $m_2=5\text{kg}$ 的细直杆组成。试求当绳索 AB 切断的瞬时轴承 O 的约束力。

9.33 如图9.46所示，半径为R的均质圆轮沿直线轨道滚动，除重力外不受其他主动力作用。若轮心初速度为v_0，轮子初角速度为ω_0，滚动摩阻不计。试讨论下列三种情况下轮子的运动规律及其所受摩擦力的方向（只做定性分析）。

（1）$v_0=R\omega_0$；（2）$v_0>R\omega_0$；（3）$v_0<R\omega_0$。

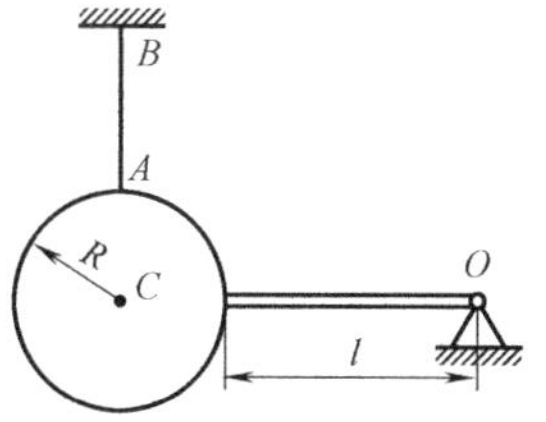

图9.45 题9.32图

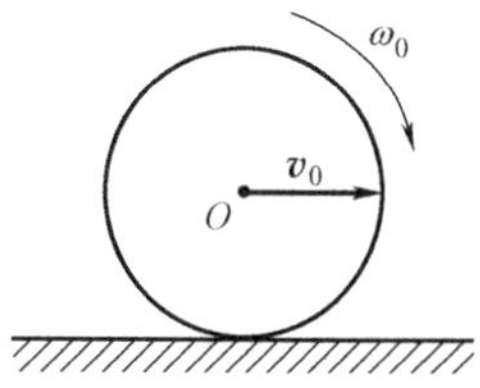

图9.46 题9.33图

9.34 如图9.47a、b所示，一均质鼓轮，由绕在轮轴上的绳拉动。已知轴的半径$r=40\text{mm}$，轮半径$R=80\text{mm}$，总重9.8N，对过轮心垂直于轮平面的质心轴的惯性半径$\rho_C=60\text{mm}$，拉力$F=5\text{N}$，轮与地面的摩擦因数$f_s=0.2$。试分别求（a）、（b）两种情况下圆轮的角加速度及轮心的加速度。

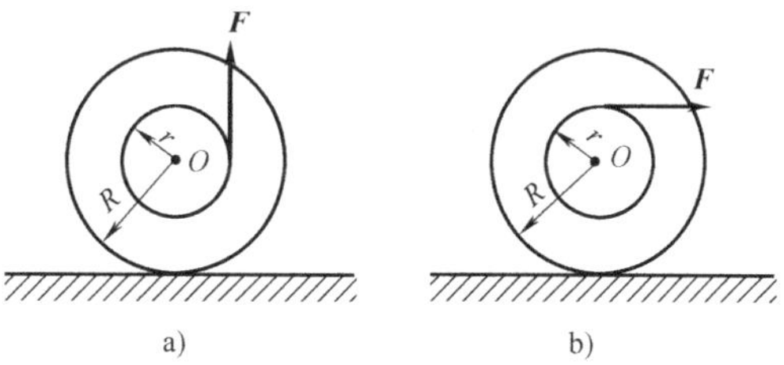

图9.47 题9.34图

9.35 质量为m的均质圆盘，平放在光滑的水平面上。若受力情况分别如图9.48所示，$R=2r$，试问圆盘各做何种运动？又若开始时圆盘静止，在力的作用下，试问哪一个移动得最快？哪一个转动得最快？

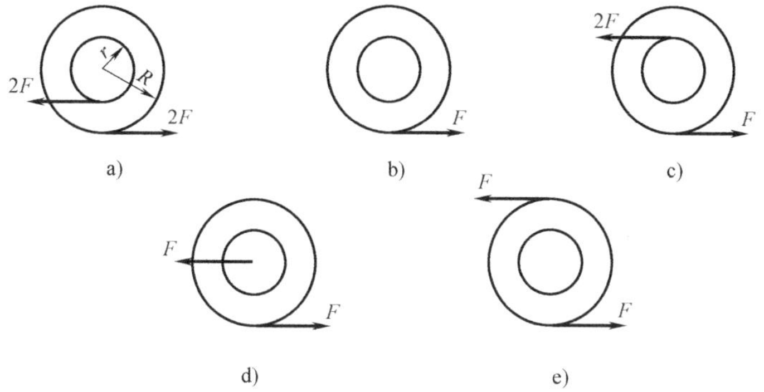

图9.48 题9.35图

9.36 半径为r、质量为m的均质圆轮沿水平直线做纯滚动，如图9.49所示。设轮的惯性半径为ρ，作用在圆轮上有一不变力偶矩M，试求轮心的加速度。若轮对地面的静滑动摩擦因数为f，问力偶矩M满足什么条件不至于使圆轮滑动？

9.37 均质圆柱体A的质量为m，在轮的外缘上缠以细绳，绳的一端B固定，如图9.50所示。当BC铅垂时圆柱下降，设初始轮心的速度为零，试求轮心下降为h时，轮心的加速度和绳的拉力。

9.38 如图9.51所示，均质圆柱体的质量为m，半径为r，放在倾角为60°的斜面上，一细绳绕在圆柱体上，绳的另一端固定于A点，绳的引出部分与斜面平行，圆柱体与斜面间的摩擦因数为$f=\dfrac{1}{3}$。试求圆柱体的质心C沿斜面下落的加速度。

9.39 如图9.52所示，长方形板的质量$m=90\text{kg}$，由两根等长、不计重量的杆AB和CD悬挂，$AC=BD$。系统在$\varphi=60°$时由静止释放。试求此瞬时A和C处的约束力以及质心E的加速度。

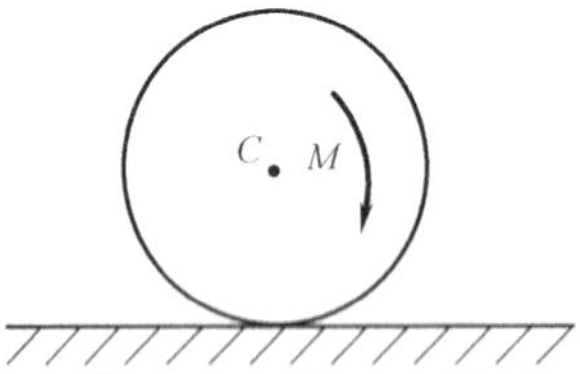

图 9.49　题 9.36 图

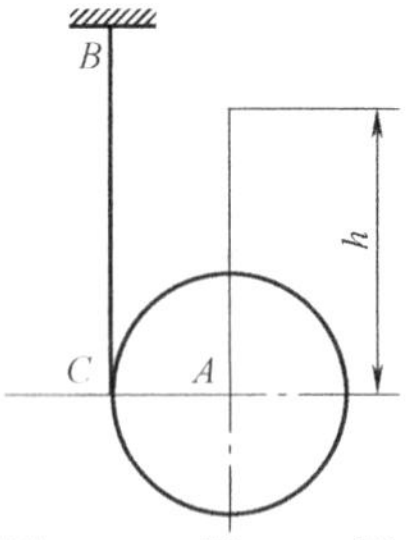

图 9.50　题 9.37 图

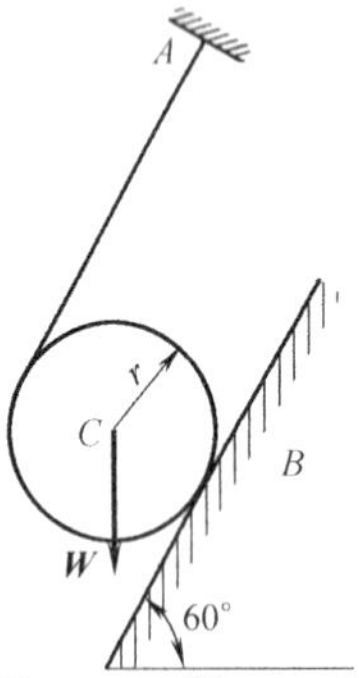

图 9.51　题 9.38 图

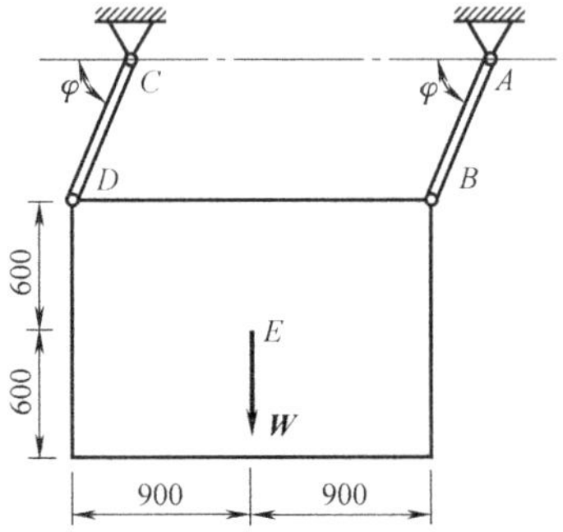

图 9.52　题 9.39 图

9.40　如图 9.53 所示，重物 A 重 $\boldsymbol{W}_1$，系在绳子上，绳子跨过固定滑轮 D 并绕在鼓轮 B 上，由于重物下降带动了轮 C，使它沿水平轨道滚动而不滑动，设鼓轮半径为 r，轮子 C 的半径为 R，两者固连在一起，总重为 $\boldsymbol{W}_2$，对于其水平轴 O 的回转半径为 ρ。试求重物 A 的加速度。

9.41　如图 9.54 所示，半径 $R=0.6\text{m}$、质量 $m_1=50\text{kg}$ 的均质圆柱体，其周缘上开有窄槽，以便绕绳子把圆柱体吊起，缠绕在圆柱体上的绳子悬挂着质量为 $m_2=80\text{kg}$ 的重物。槽底的半径为 $r=0.3\text{mm}$，它对圆柱体转动惯量的影响可忽略不计。试求重物的加速度。

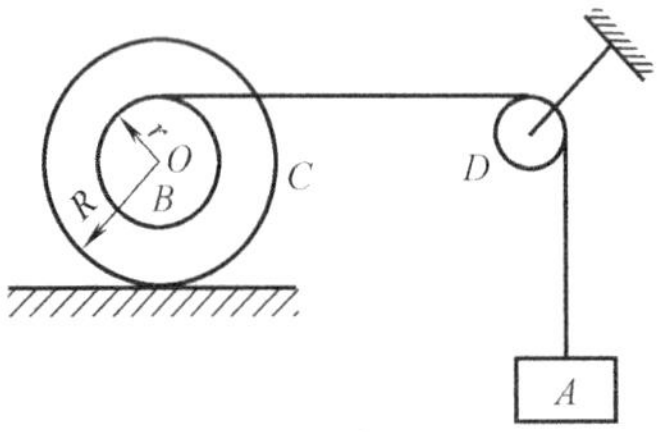

图 9.53　题 9.40 图

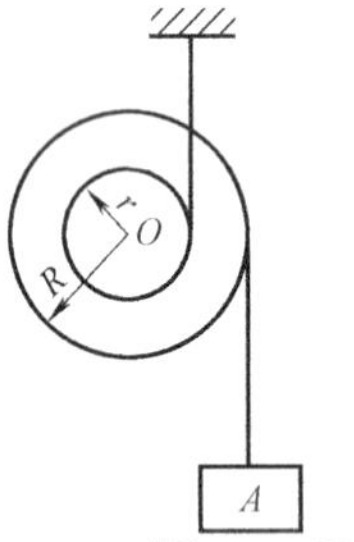

图 9.54　题 9.41 图

9.42　如图 9.55 所示，平板质量为 m_1，受水平力 $\boldsymbol{F}$ 的作用沿水平面运动，板与水平面间的动摩擦因数为 f，平板上放一质量为 m_2 的均质圆柱，它对平板只滚动而不滑动。试求平板的加速度。

9.43　图 9.56 所示均质细长杆 AB，质量为 m，长度为 l，在铅垂位置由静止释放，借 A 端的小滑轮沿倾斜角为 θ 的轨道滑下。不计摩擦和小滑轮的质量，试求刚释放时点 A 的加速度。

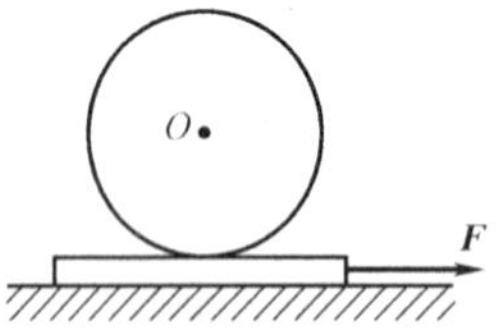

图 9.55　题 9.42 图

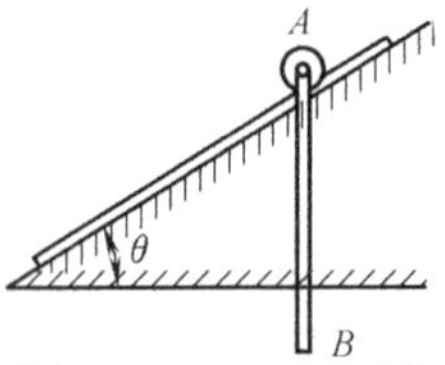

图 9.56　题 9.43 图

第10章 动能定理

动能定理建立了质点、质点系在运动过程中动能的改变与力的功之间的关系。不同于动量定理与动量矩定理，动能定理是从能量角度分析质点、质点系的动力学问题，有时更为方便有效。同时它还可以建立机械运动与其他形式运动之间的联系，更具有普遍意义。

10.1 动能

1. 质点系的动能

考察由 n 个质点组成的质点系，设第 i 个质点的质量为 m_i，速度为$\boldsymbol{v}_i$，则**质点系的动能定义为**

$$T = \sum_{i=1}^{n} \frac{1}{2} m_i v_i^2 \tag{10.1}$$

质点系的动能也是描述质点系整体运动的一个特征量。动能是正标量，它只取决于各质点的质量和速度的大小，而与速度的方向无关。在国际单位制中，动能的单位为焦［耳］(J)。

$$1\text{J} = 1\text{N} \cdot \text{m} = 1\text{kg} \cdot \text{m}^2/\text{s}^2$$

2. 刚体的动能

刚体可以看成无穷多个质点组成的质点系，按照其不同的运动形式，式（10.1）还可以写成不同的具体表达式。

（1）刚体平动时的动能

刚体平动时，在任一瞬时，其上各质点的速度相同，可用质心速度$\boldsymbol{v}_C$表示这个共同速度，则刚体的动能为

$$T = \sum_{i=1}^{n} \frac{1}{2} m_i v_i^2 = \sum_{i=1}^{n} \frac{1}{2} m_i v_C^2 = \frac{1}{2}\left(\sum_{i=1}^{n} m_i\right) v_C^2 = \frac{1}{2} m v_C^2 \tag{10.2}$$

式中，$m = \sum m_i$ 是刚体的质量，这表明，**平动刚体的动能相当于将刚体全部质量集中于质心的一个质点的动能。**

（2）刚体绕定轴转动时的动能

设刚体绕定轴转动的角速度为 ω，如图 10.1 所示，则距转轴为 r_i 处的质点 m_i 的速度大小为

$$v_i = r_i \omega$$

于是绕定轴转动刚体的动能为

$$T = \sum_{i=1}^{n} \frac{1}{2}m_i v_i^2 = \sum_{i=1}^{n} \frac{1}{2}m_i (r_i\omega)^2 = \frac{1}{2}\left(\sum_{i=1}^{n} m_i r_i^2\right)\omega^2$$

式中，$J_z = \sum m_i r_i^2$ 为刚体对 z 轴的转动惯量，则

$$T=\frac{1}{2}J_z\omega^2 \tag{10.3}$$

即**定轴转动刚体的动能等于刚体对转轴的转动惯量与刚体转动角速度平方的乘积的一半**。

(3) 刚体做平面运动时的动能

设刚体在某一瞬时以角速度 ω 绕瞬时轴（通过速度瞬心 P，且与运动平面垂直的轴）转动，如图 10.2 所示。与刚体绕定轴转动时的动能计算一样，平面运动刚体的动能为

$$T=\frac{1}{2}J_P\omega^2 \tag{10.4}$$

式中，J_P 是刚体对瞬时轴的转动惯量。因为在不同瞬时，平面运动刚体瞬心位置不同，因此，直接用上式计算平面运动刚体的动能有时是不方便的。若刚体对过质心且与瞬时轴平行的轴（质心轴）的转动惯量为 J_C，根据转动惯量的平行轴定理得

$$J_P = J_C + m\rho_C^2$$

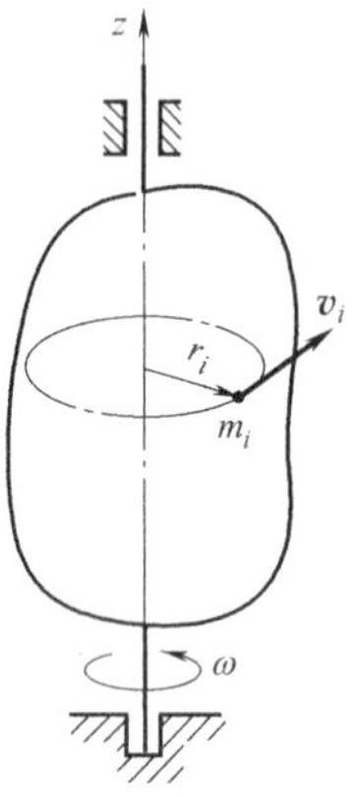

图 10.1

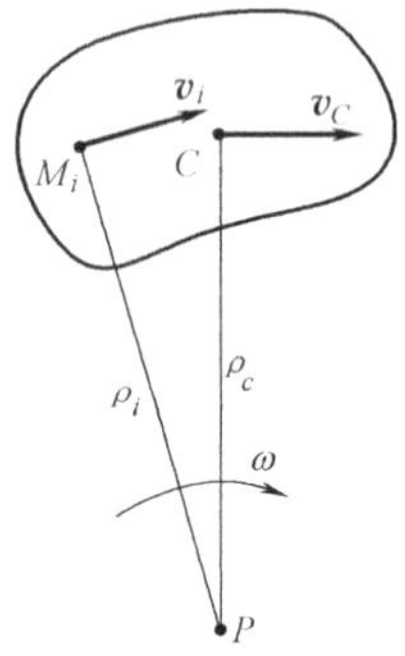

图 10.2

于是式（10.4）可以表示为

$$T=\frac{1}{2}(J_C+m\rho_C^2)\omega^2=\frac{1}{2}J_C\omega^2+\frac{1}{2}m(\rho_C\omega)^2$$

因为 $\rho_C\omega = v_C$，于是得

$$T=\frac{1}{2}mv_C^2+\frac{1}{2}J_C\omega^2 \tag{10.5}$$

即把刚体的平面运动分解为随在质心建立的平动参考系的平移和绕质心轴的转动，则**平面运动刚体的动能等于刚体随质心平移的动能与刚体绕质心轴转动的动能之和**。

例 10.1 如图 10.3 所示行星轮系，定齿轮半径为 r_1，动齿轮半径为 r_2，质量为 m_2。曲柄 OA 的质量为 m_3，转动角速度为 ω。齿轮为均质圆盘，曲柄为长为 (r_1+r_2) 的均质细杆。试求系统的动能。

解：定齿轮固定不动，故其动能 $T_1=0$。动齿轮做平面运动，质心 A 的速度为

$$v_A=(r_1+r_2)\omega$$

角速度为

$$\omega_A=\frac{v_A}{r_2}=\frac{r_1+r_2}{r_2}\omega$$

所以动齿轮的动能为

$$T_2=\frac{1}{2}m_2v_A^2+\frac{1}{2}J_A\omega_A^2=\frac{3}{4}m_2(r_1+r_2)^2\omega^2$$

曲柄 OA 做定轴转动，其动能为

$$T_3=\frac{1}{2}J_O\omega^2=\frac{1}{6}m_3(r_1+r_2)^2\omega^2$$

所以系统的动能为

$$T=T_1+T_2+T_3=\frac{1}{12}(2m_3+9m_2)(r_1+r_2)^2\omega^2$$

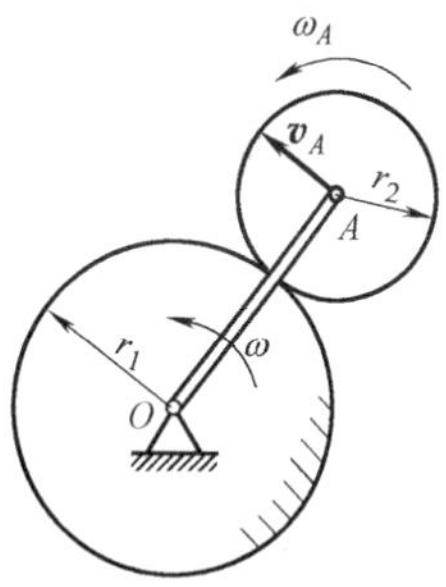

图 10.3　例 10.1 图

10.2 力的功

1. 力的功的概念

(1) 常力在直线位移上所做的功

设质点 M 在大小和方向都不变的力 $\boldsymbol{F}$ 作用下，沿直线走过一段路程 s，力 $\boldsymbol{F}$ 在这段路程内所累积的作用效应可用力的功来度量，以 W 记之，并定义为

$$W=\boldsymbol{F}\cdot\boldsymbol{s}=Fs\cos\theta \tag{10.6}$$

式中，θ 为力 $\boldsymbol{F}$ 与直线位移方向之间的夹角。功是代数量，国际单位为焦［耳］(J)。

(2) 变力在曲线位移上所做的功

设质点 M 在任意变力 $\boldsymbol{F}$ 作用下沿曲线运动，如图 10.4 所示，力 $\boldsymbol{F}$ 在无限小位移 $\mathrm{d}\boldsymbol{r}$ 上可视为常力，经过的一小段弧长 $\mathrm{d}s$ 可视为直线，$\mathrm{d}\boldsymbol{r}$ 可视为沿点 M 的切线。力在无限小位移上所做的功称为**元功**，以 δW 表示。于是有

$$\delta W=\boldsymbol{F}\cdot\mathrm{d}\boldsymbol{r}=F\cos\theta\mathrm{d}s \tag{10.7}$$

力在有限路程 M_1M_2 上所做的功为力在此路程上元功的定积分，即

$$W_{12}=\int_{M_1}^{M_2}\boldsymbol{F}\cdot\mathrm{d}\boldsymbol{r}=\int_{M_1}^{M_2}F\cos\theta\mathrm{d}s \tag{10.8}$$

显然，当力始终与质点位移垂直时，该力不做功。

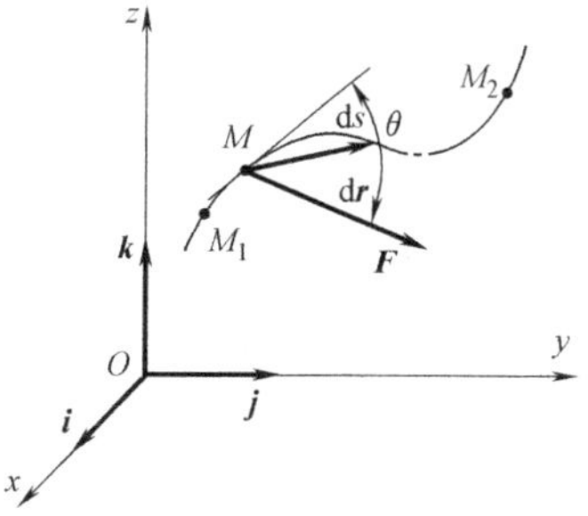

图 10.4

若取固结于地面的直角坐标系为质点运动的参考系，$\boldsymbol{i}$、$\boldsymbol{j}$、$\boldsymbol{k}$ 为三坐标轴的单位矢量，则

$$\boldsymbol{F}=F_x\boldsymbol{i}+F_y\boldsymbol{j}+F_z\boldsymbol{k}$$
$$\mathrm{d}\boldsymbol{r}=\mathrm{d}x\boldsymbol{i}+\mathrm{d}y\boldsymbol{j}+\mathrm{d}z\boldsymbol{k}$$

将以上两式代入式 (10.8)，并展开点积，得到作用力在质点从 M_1 到 M_2 的运动过程中所做

的功的**解析表达式**

$$W_{12} = \int_{M_1}^{M_2} (F_x \mathrm{d}x + F_y \mathrm{d}y + F_z \mathrm{d}z) \tag{10.9}$$

2. 常见力的功

(1) 重力的功

设质点沿轨迹由 M_1 运动到 M_2，如图 10.5 所示。其重力 $\boldsymbol{W}=m\boldsymbol{g}$ 在直角坐标轴上的投影为

$$F_x=0, \quad F_y=0, \quad F_z=-mg$$

应用式 (10.9)，得到重力所做的功为

$$W_{12} = \int_{z_1}^{z_2} (-mg)\mathrm{d}z = mg(z_1 - z_2) \tag{10.10}$$

可见重力做的功仅与质点运动开始与终了位置的高度差 (z_1-z_2) 有关，而与其运动轨迹的形状无关。重心下降，重力做正功；重心上移，重力做负功。

对于质点系，设第 i 个质点的质量为 m_i，运动始末的高度差为 $(z_{i1}-z_{i2})$，则全部质点重力做功之和为

$$W_{12} = \sum_{i=1}^{n} m_i g(z_{i1} - z_{i2})$$

引入质心坐标公式

$$mz_C = \sum_{i=1}^{n} m_i z_i$$

由此可得

$$W_{12}=mg(z_{C1}-z_{C2}) \tag{10.11}$$

式中，m 为质点系的总质量；$(z_{C1}-z_{C2})$ 为质点系质心运动始末位置的高度差。显然，质点系重力做的功仍与质心的运动轨迹形状无关。

(2) 弹性力的功

设质点受到弹性力的作用，质点 A 的轨迹为图 10.6 所示的曲线 A_1A_2。在弹簧的弹性极限内，弹性力的大小与其变形量 δ 成正比，即

$$F=k\delta$$

方向总是指向自然位置（即弹簧未变形时的位置）。比例系数 k 称为弹簧的**刚度系数**。在国际单位制中，k 的单位为牛[顿]每米（N/m）或牛[顿]每毫米（N/mm）。

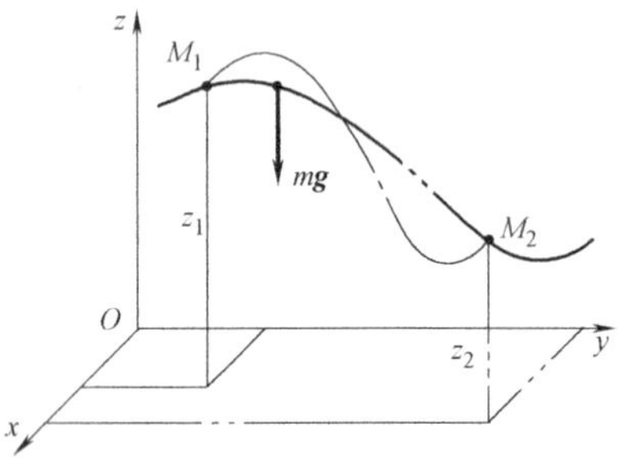

图 10.5

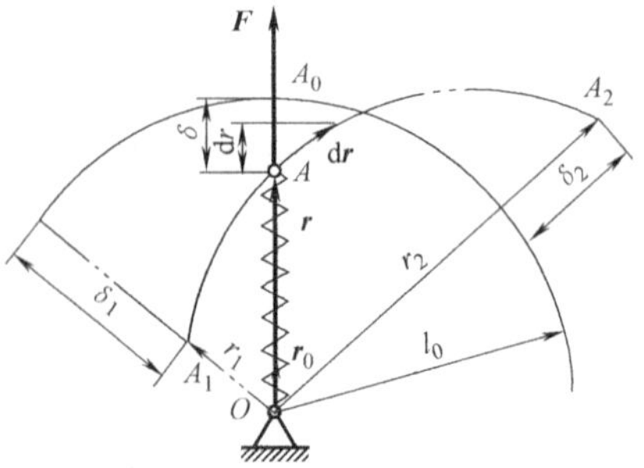

图 10.6

以点 O 为原点，设点 A 的矢径为 $\boldsymbol{r}$，其长度为 r。令沿矢径方向的单位矢量为 $\boldsymbol{r}_0$，弹簧的自然长度为 l_0，则弹性力为

$$\boldsymbol{F}=-k(r-l_0)\boldsymbol{r}_0$$

当弹簧伸长时，$r>l_0$，力 $\boldsymbol{F}$ 与 $\boldsymbol{r}_0$ 的方向相反；当弹簧被压缩时，$r<l_0$，力 $\boldsymbol{F}$ 与 $\boldsymbol{r}_0$ 的方向相同。应用式（10.8），质点 A 由 A_1 到 A_2 时，弹性力做的功为

$$W_{12}=\int_{A_1}^{A_2}\boldsymbol{F}\cdot\mathrm{d}\boldsymbol{r}=\int_{A_1}^{A_2}-k(r-l_0)\boldsymbol{r}_0\cdot\mathrm{d}\boldsymbol{r}$$

因为

$$\boldsymbol{r}_0\cdot\mathrm{d}\boldsymbol{r}=\frac{\boldsymbol{r}}{r}\cdot\mathrm{d}\boldsymbol{r}=\frac{1}{2r}\mathrm{d}(\boldsymbol{r}\cdot\boldsymbol{r})=\frac{1}{2r}\mathrm{d}(r^2)=\mathrm{d}r$$

于是

$$W_{12}=\int_{r_1}^{r_2}-k(r-l_0)\mathrm{d}r=\frac{k}{2}[(r_1-l_0)^2-(r_2-l_0)^2]$$

或

$$W_{12}=\frac{k}{2}(\delta_1^2-\delta_2^2) \tag{10.12}$$

式中，δ_1、δ_2 分别为质点在起点和终点处弹簧的变形量。由式（10.12）可知，弹性力所做的功只决定于弹簧在起始和终了位置的变形量，而与质点的运动路径无关。当 $\delta_1>\delta_2$ 时，弹性力做正功；当 $\delta_1<\delta_2$ 时，弹性力做负功。

（3）定轴转动刚体上的作用力的功

设力 $\boldsymbol{F}$ 与其作用点 A 的轨迹曲线的切线之间的夹角为 θ，如图 10.7 所示，则力 $\boldsymbol{F}$ 在切线上的投影为

$$F_{\mathrm{t}}=F\cos\theta$$

当刚体绕定轴转动时，转角 φ 与弧长 s 的关系为

$$\mathrm{d}s=R\mathrm{d}\varphi$$

式中，R 为力作用点 A 到转轴的垂直距离。力 $\boldsymbol{F}$ 所做的元功为

$$\delta W=\boldsymbol{F}\cdot\mathrm{d}\boldsymbol{r}=F_{\mathrm{t}}\mathrm{d}s=F_{\mathrm{t}}R\mathrm{d}\varphi$$

而

$$F_{\mathrm{t}}R=M_z(\boldsymbol{F})=M_z$$

于是

$$\delta W=M_z\mathrm{d}\varphi$$

力 $\boldsymbol{F}$ 在刚体从角 φ_1 到 φ_2 的转动过程中做的功为

$$W_{12}=\int_{\varphi_1}^{\varphi_2}M_z\mathrm{d}\varphi \tag{10.13}$$

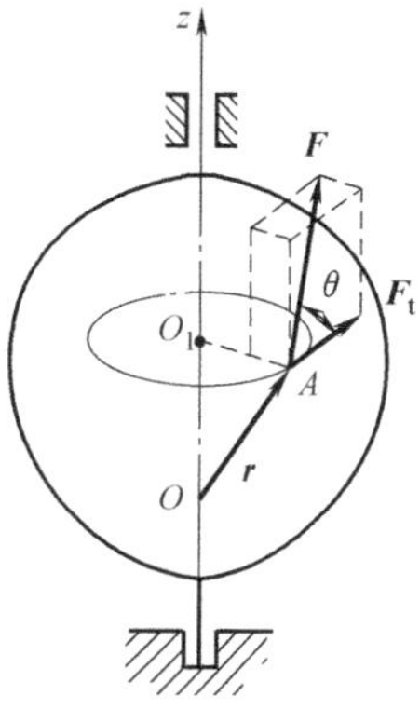

图 10.7

如果作用在刚体上的是力偶，则力偶所做的功仍可用上式计算，这时，M_z 为力偶矩矢 $\boldsymbol{M}$ 在 z 轴上的投影。

（4）质点系内力的功

如图 10.8 所示，A、B 两质点间有相互作用的内力 $\boldsymbol{F}_A$ 和 $\boldsymbol{F}_B$，$\boldsymbol{F}_A=-\boldsymbol{F}_B$，两点对固定点 O 的矢径分别为 $\boldsymbol{r}_A$ 和 $\boldsymbol{r}_B$，$\boldsymbol{F}_A$ 和 $\boldsymbol{F}_B$ 的元功之和为

$$\delta W=\boldsymbol{F}_A\cdot \mathrm{d}\boldsymbol{r}_A+\boldsymbol{F}_B\cdot \mathrm{d}\boldsymbol{r}_B=\boldsymbol{F}_A\cdot \mathrm{d}\boldsymbol{r}_A-\boldsymbol{F}_A\cdot \mathrm{d}\boldsymbol{r}_B=\boldsymbol{F}_A\cdot \mathrm{d}(\boldsymbol{r}_A-\boldsymbol{r}_B)$$

因 $\boldsymbol{r}_A+\boldsymbol{r}_{AB}=\boldsymbol{r}_B$，所以 $\mathrm{d}(\boldsymbol{r}_A-\boldsymbol{r}_B)=-\mathrm{d}\boldsymbol{r}_{AB}$，则有

$$\delta W=-F_A\mathrm{d}r_{AB} \tag{10.14}$$

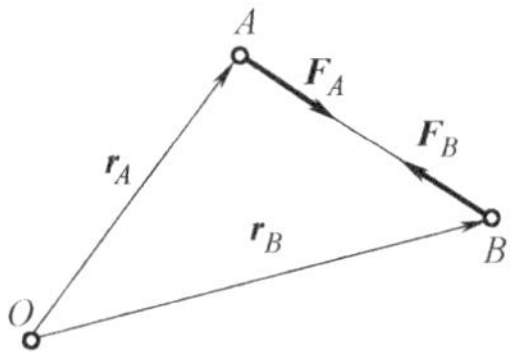

图 10.8

式（10.14）说明，当质点系内质点间的距离 AB 可变化时，内力的元功之和不为零。如汽车发动机气缸内膨胀的气体对活塞和气缸的作用力都是内力，内力功的和不为零，内力功使汽车的动能增加。

如果两质点间的距离不变，例如刚体内或刚性杆连接的两点，其内力的元功之和为零，因此刚体所有内力所做的功之和恒等于零。

（5）约束力的功

约束力做功等于零的约束称为**理想约束**。常见的理想约束有：

1）光滑面约束和活动铰链支座。如图 10.9a 所示，其约束力垂直于作用点的位移，因此约束力不做功。

2）固定铰链支座和轴承约束。由于约束力的方向恒与位移的方向垂直，所以约束力做的功为零。

3）刚性连接的约束。如图 10.9b 所示的刚性二力杆，这种约束和刚体的内力一样，其元功之和恒等于零。

4）连接两个刚体的铰。如图 10.9c 所示，两个刚体相互间的约束力，大小相等、方向相反，即 $\boldsymbol{F}'=-\boldsymbol{F}$，两力在 O 点的微小位移 $\mathrm{d}\boldsymbol{r}$ 上的元功之和等于零，即

$$\sum\delta W=\boldsymbol{F}\cdot \mathrm{d}\boldsymbol{r}+\boldsymbol{F}'\cdot \mathrm{d}\boldsymbol{r}=0$$

5）不可伸长的绳索约束。如图 10.9d 所示，绳索两端的约束力 $\boldsymbol{F}_1$ 和 $\boldsymbol{F}_2$ 大小相等，即 $F_1=F_2$，由于绳索不可伸长，所以 A、B 两点的微小位移 $\mathrm{d}\boldsymbol{r}_1$ 和 $\mathrm{d}\boldsymbol{r}_2$ 在绳索中心线上的投影必相等，即 $\mathrm{d}r_1\cos\varphi_1=\mathrm{d}r_2\cos\varphi_2$，因此不可伸长的绳索的约束力的元功之和等于零，即

$$\sum\delta W=\boldsymbol{F}_1\cdot \mathrm{d}\boldsymbol{r}_1+\boldsymbol{F}_2\cdot \mathrm{d}\boldsymbol{r}_2=F_1\mathrm{d}r_1\cos\varphi_1-F_2\mathrm{d}r_2\cos\varphi_2=0$$

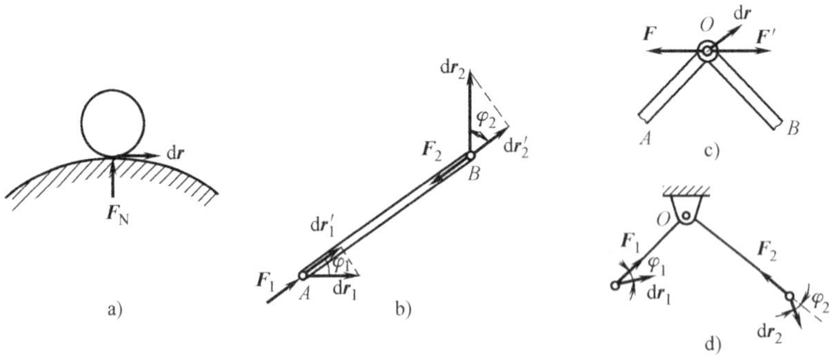

图 10.9

一般情况下，滑动摩擦力与物体相对位移反向，摩擦力做负功，不是理想约束。但当轮子在固定面上做纯滚动时，接触点为瞬心，滑动摩擦力作用点没动，此时滑动摩擦力也不做功。因此，不计滚动摩阻时，纯滚动的接触点也是理想约束。

质点系的内力做功之和并不一定等于零，因此在计算力的功时，将作用力分为外力和内力并不方便，在理想约束情形下，若将作用力分为主动力与约束力，可使功的计算得到简

化。若约束是非理想的，如需要考虑摩擦力的功，在此情形下可将摩擦力当作主动力看待。

10.3 动能定理

设质点系由 n 个质点组成，设第 i 个质点的质量为 m_i，速度为$\boldsymbol{v}_i$，作用于其上的力为 $\boldsymbol{F}_i$，由牛顿第二定律得

$$m_i \frac{\mathrm{d}\boldsymbol{v}_i}{\mathrm{d}t}=\boldsymbol{F}_i$$

等号两边同时点乘 $\mathrm{d}\boldsymbol{r}_i$，得

$$m_i \frac{\mathrm{d}\boldsymbol{v}_i}{\mathrm{d}t}\cdot \mathrm{d}\boldsymbol{r}_i=\boldsymbol{F}_i\cdot \mathrm{d}\boldsymbol{r}_i$$

因$\boldsymbol{v}_i=\mathrm{d}\boldsymbol{r}_i/\mathrm{d}t$，$m_i\boldsymbol{v}_i\cdot \mathrm{d}\boldsymbol{v}_i=\mathrm{d}\left(\frac{1}{2}m_i v_i^2\right)$，$\boldsymbol{F}_i\cdot \mathrm{d}\boldsymbol{r}_i=\delta W_i$，于是得

$$\mathrm{d}\left(\frac{1}{2}m_i {v_i}^2\right)=\delta W_i \quad (i=1,2,\cdots,n)$$

将上式对所有质点求和，得

$$\mathrm{d}\left(\sum_{i=1}^{n}\frac{1}{2}m_i v_i^2\right)=\mathrm{d}\left(\sum_{i=1}^{n}\frac{1}{2}m_i v_i^2\right)=\sum\delta W_i$$

式中，$T=\sum_{i=1}^{n}\frac{1}{2}m_i v_i^2$ 是质点系的动能，于是上式可写成

$$\mathrm{d}T=\sum\delta W_i \tag{10.15}$$

式（10.15）为质点系动能定理的微分形式，即**质点系动能的微分（或增量）等于作用于质点系全部力所做的元功之和**。

对上式积分，得

$$T_2-T_1=\sum W_i \tag{10.16}$$

式中，T_1 和 T_2 分别为质点系在某一段运动过程的起点和终点的动能。式（10.16）为质点系动能定理的积分形式，即**质点系在某一运动过程中始末动能的改变量等于作用于质点系的全部力在这段过程中所做功的和**。

注意：内力虽然不能改变质点系的动量和动量矩，但可能改变能量；外力能改变质点系的动量和动量矩，但不一定能改变其能量。例如，在汽车的发动机中，气缸内气体的爆炸力是内力，它不能改变汽车的动量和质心的运动，但能使汽车的动能增加。而地面对汽车后轮胎的向前的滑动摩擦力是汽车行驶的直接牵引力，它使得汽车的动量增加，但它不做功，不能改变汽车的动能。

由于理想约束不做功，在利用动能定理求解时，一般不分外力与内力做功，而是分为理想约束系统和非理想约束系统。

例 10.2 如图 10.10 所示，质量为 m 的物块，自高度 h 处自由落下，落到有弹簧支撑的板上。弹簧的刚度系数为 k，不计弹簧和板的质量。求弹簧的最大压缩量。

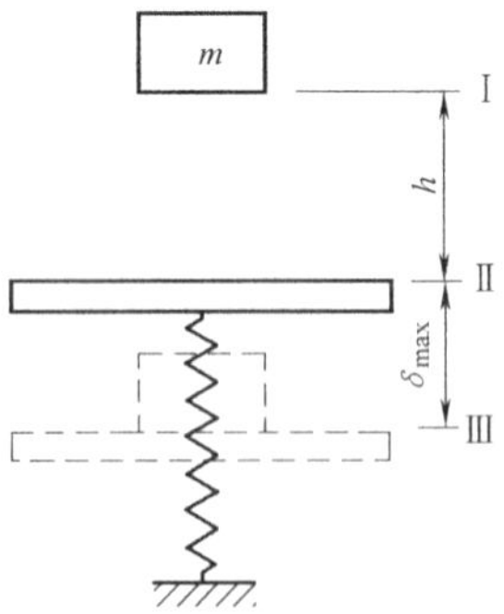

图 10.10　例 10.2 图

解：整个运动过程分为两个阶段。

(1) 重物由位置Ⅰ落到板上。在这一过程中，重物做自由落体运动，只有重力做功，应用动能定理，有

$$\frac{1}{2}mv_1^2-0=mgh$$

求得

$$v_1=\sqrt{2gh}$$

(2) 物块继续向下运动，弹簧被压缩，物块速度逐渐减小，当速度等于零时，弹簧被压缩到最大值 δ_{max}。在这一过程中，重力和弹性力均做功。应用动能定理，有

$$0-\frac{1}{2}mv_1^2=mg\delta_{max}+\frac{1}{2}k(0-\delta_{max}^2)$$

解得

$$\delta_{max}=\frac{mg}{k}\pm\frac{1}{k}\sqrt{m^2g^2+2kmgh}$$

由于弹簧的变形量必定是正值，因此取正号，即

$$\delta_{max}=\frac{mg}{k}+\frac{1}{k}\sqrt{m^2g^2+2kmgh}$$

上述两个阶段，也可以合在一起考虑，即对质点从开始下落至弹簧压缩到最大值的整个过程应用动能定理，在这一过程的始末位置的动能都等于零。在这一过程中，重力做的功为 $mg(h+\delta_{max})$，弹性力做的功为$\frac{1}{2}k(0-\delta_{max}^2)$，应用动能定理，有

$$0-0=mg(h+\delta_{max})-\frac{1}{2}k\delta_{max}^2$$

求解上式所得结果与前面相同。

上式说明，在物块从位置Ⅰ到位置Ⅲ的运动过程中，重力做正功，弹性力做负功，恰好抵消，因此物块运动始末位置的动能是相同的。显然，物块在运动过程中动能是变化的，但在应用动能定理时不必考虑始末位置之间动能是如何变化的。

例 10.3　如图 10.11 所示卷扬机。鼓轮在常力偶 M 作用下将圆柱体沿斜面上拉。已知鼓轮的半径为 R_1，质量为 m_1，质量分布在轮缘上；圆柱体的半径为 R_2，质量为 m_2，质量均匀分布。设斜面的倾角为 θ，圆柱体沿斜面只滚不滑。系统从静止开始运动。求：(1) 圆柱体中心 C 的速度与其路程之间的关系；(2) 圆柱体中心 C 的加速度。

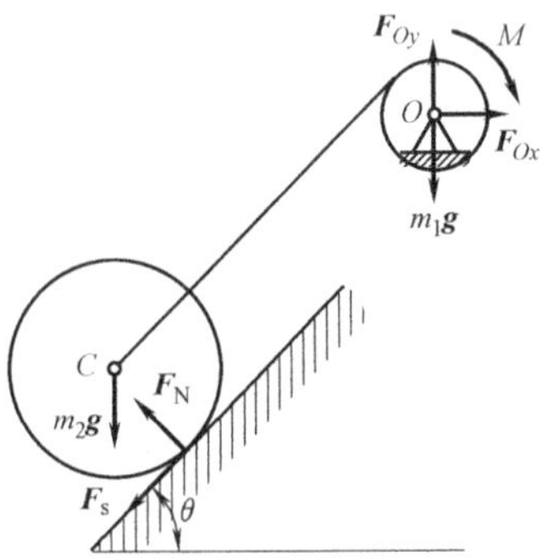

图 10.11　例 10.3 图

解：(1) 以鼓轮和圆柱体组成的整个系统作为分析对象。

分析系统的受力并计算力做的功：主动力有重力 $m_1\boldsymbol{g}$ 和 $m_2\boldsymbol{g}$ 以及主动力偶 M；固定铰支座 O 的约束力 $\boldsymbol{F}_{Ox}$、$\boldsymbol{F}_{Oy}$ 以及斜面对圆柱体的法向约束力 $\boldsymbol{F}_N$ 和静摩擦力 $\boldsymbol{F}_s$。

固定铰支座 O 为理想约束。因圆柱体沿斜面做纯滚动，法向约束力 $\boldsymbol{F}_{\mathrm{N}}$ 与静摩擦力 $\boldsymbol{F}_{\mathrm{s}}$ 也不做功。因此所分析的系统为具有理想约束的一个自由度系统。主动力所做的功为

$$W_{12}=M\varphi-m_2g\cdot\sin\theta\cdot s$$

质点系动能计算如下

$$T_0=0$$

$$T=\frac{1}{2}J_O\omega_1^2+\frac{1}{2}J_C\omega_2^2+\frac{1}{2}m_2v_C^2$$

式中，J_O、J_C 分别为鼓轮对中心轴 O、圆柱体对质心轴 C 的转动惯量，有

$$J_O=m_1R_1^2,\quad J_C=\frac{1}{2}m_2R_2^2$$

ω_1、ω_2 分别为鼓轮和圆柱体的角速度，有如下关系：

$$\omega_1=\frac{v_C}{R_1},\quad \omega_2=\frac{v_C}{R_2}$$

代入后得

$$T=\frac{1}{4}(2m_1+3m_2)v_C^2$$

应用质点系动能定理

$$T-T_0=\sum W$$

注意到 $\varphi=\dfrac{s}{R_1}$，有

$$\frac{1}{4}(2m_1+3m_2)v_C^2-0=\left(M\frac{1}{R_1}-m_2g\cdot\sin\theta\right)s \tag{a}$$

所以

$$v_C=2\sqrt{\frac{(M-m_2gR_1\sin\theta)s}{R_1(2m_1+3m_2)}}$$

（2）对式（a）等号两端关于时间 t 求导数，可得

$$\frac{1}{2}(2m_1+3m_2)v_C\frac{\mathrm{d}v_C}{\mathrm{d}t}=\left(M\frac{1}{R_1}-m_2g\cdot\sin\theta\right)\frac{\mathrm{d}s}{\mathrm{d}t} \tag{b}$$

注意到 $a_C=\dfrac{\mathrm{d}v_C}{\mathrm{d}t}$，$v_C=\dfrac{\mathrm{d}s}{\mathrm{d}t}$，代入式（b）可得到

$$a_C=\frac{2(M-m_2gR_1\sin\theta)}{R_1(2m_1+3m_2)}$$

综合以上各例，总结应用动能定理解题的步骤如下：

1）明确分析对象，一般以整个系统为研究对象。

2）分析系统的受力，区分主动力与约束力，在理想约束情况下约束力不做功。

3）分析系统的运动，计算系统在任意位置的动能或在起始和终了位置的动能。

4）应用动能定理建立系统的动力学方程，求解未知量。

5）对问题的进一步分析与讨论。

10.4 功率·功率方程·机械效率

1. 功率

力在单位时间内所做的功称为力的功率。以 P 表示，则

$$P=\frac{\delta W}{\mathrm{d}t} \tag{10.17}$$

如果已知力 $\boldsymbol{F}$，其作用点的运动速度为$\boldsymbol{v}$，则力 $\boldsymbol{F}$ 的功率可表示为

$$P=\frac{\boldsymbol{F}\cdot \mathrm{d}\boldsymbol{r}}{\mathrm{d}t}=\boldsymbol{F}\cdot\boldsymbol{v}=F_t v \tag{10.18}$$

式中，F_t 为力 $\boldsymbol{F}$ 在速度方向上的投影。由此可见，**力的功率等于力在速度方向上的投影与其速度大小的乘积**。

如果力是作用于定轴转动刚体上的，则力的功率为

$$P=\frac{\delta W}{\mathrm{d}t}=M_z\frac{\mathrm{d}\varphi}{\mathrm{d}t}=M_z\omega \tag{10.19}$$

式中，M_z 为力对刚体转轴之矩；ω 为刚体的转动角速度。由式（10.19）可见，**作用于定轴转动刚体上力的功率等于该力对转轴的矩与刚体转动角速度的乘积**。

式（10.18）和式（10.19）说明，当功率一定时，速度（或角速度）越大，其作用力（或力对轴之矩）就越小；反之，速度（或角速度）越小，其作用力（或力对轴之矩）就越大。这就是所谓“得之于力、失之于速度”的力学黄金定律。汽车爬坡时，为了获得较大的力，在发动机功率一定的情况下，必须降低运行速度。

功率的单位是焦[耳]每秒（J/s），国际单位制中称为瓦[特]（W），即

$$1\mathrm{W}=1\mathrm{J/s}=1\mathrm{N}\cdot\mathrm{m/s}=1\mathrm{kg}\cdot\mathrm{m^2/s^3}$$

2. 功率方程

将式（10.15）两端同除以 $\mathrm{d}t$，得

$$\frac{\mathrm{d}T}{\mathrm{d}t}=\sum\frac{\delta W_i}{\mathrm{d}t}=\sum P_i \tag{10.20}$$

式（10.20）称为系统的**功率方程**，它表明：**系统的动能对时间的一阶导数等于作用于系统上所有力的功率的代数和**。

功率方程可用来研究机械系统（例如机器）运转中能量的变化与转化问题。一般机器在工作时，必须输入一定的功率。如机床在接通电源后，电磁力对电动机转子做正功，使转子转动，同时使电能转化为动能，而电磁力的功率则被称为**输入功率**。转子转动后，通过传动机构传递输入功率，在功率传递的过程中，由于机构的零件与零件之间存在摩擦，摩擦力做负功，使一部分动能转化为热能，因而损失部分功率，这部分功率取负值称为**无用功率或损耗功率**。机床加工工件时的切削阻力，也会消耗能量，即做负功，这是机床加工工件时必须付出的功率称为**有用功率或输出功率**。

每部机器的功率都可分为上述三部分。在一般情况下，式（10.20）可写成

$$\frac{\mathrm{d}T}{\mathrm{d}t}=P_{输入}-P_{有用}-P_{无用} \tag{10.21}$$

或

$$P_{输入}=P_{有用}+P_{无用}+\frac{dT}{dt} \tag{10.22}$$

式（10.22）亦称为机器的功率方程，它表明，对机器的输入功率消耗于三部分：克服有用阻力、无用阻力以及使机器加速运转。

当机器起动或加速运动时，$\frac{dT}{dt}>0$，故要求 $P_{输入}>P_{有用}+P_{无用}$；当机器停车或负荷突然增加时，机器做减速运动，$\frac{dT}{dt}<0$，此时 $P_{输入}<P_{有用}+P_{无用}$；当机器匀速运转时，$\frac{dT}{dt}=0$，$P_{输入}=P_{有用}+P_{无用}$。

3. 机械效率

一般机器在工作时都需要从外界输入功率，同时由于一些机械能转化为热能、声能等，都将损耗一部分功率。在工程中，把有效功率（包括克服有用阻力的功率和使系统动能改变的功率）与输入功率的比值称为机器的**机械效率**，用 η 表示，即

$$\eta=\frac{P_{有效}}{P_{输入}}\times100\% \tag{10.23}$$

机械效率说明机械对于输入能量的有效利用程度，是评价机械质量的指标之一。它与机械的传动方式、制造精度与工作条件有关，一般情况下 $\eta<1$。

对于有 n 级传动的系统，总效率等于各级效率的连乘积，即

$$\eta=\eta_1\cdot\eta_2\cdot\cdots\cdot\eta_n \tag{10.24}$$

例 10.4　某车床工件直径为 d(mm)，转速为 n(r/min)，切削力为 F(N)。已知车床的机械效率为 η，试求车床电动机的功率。

解：取车床和工件为研究对象。

切削力损耗的功率为有用功率，且

$$P_{有用}=M_z\omega=F\frac{d}{2}\times10^{-3}\times\frac{2\pi n}{60}=\frac{F}{6}\pi dn\times10^{-4}(\mathrm{W})$$

车床稳定运转时，有$\frac{dT}{dt}=0$，有效功率等于有用功率，即

$$P_{有效}=P_{有用}=\frac{F}{6}\pi dn\times10^{-4}(\mathrm{W})$$

于是由式（10.23）得电动机的输入功率

$$P_{输入}=\frac{P_{有效}}{\eta}=\frac{F}{6\eta}\pi dn\times10^{-4}(\mathrm{W})$$

例 10.5　如图 10.12 所示带式输送机，已知胶带的速度 $v=1.26\mathrm{m/s}$，输送量 $q_m=455\mathrm{t/h}$，输送高度 $h=40\mathrm{m}$，机械效率 $\eta=68\%$。求电动机的功率。

解：取胶带上被输送的物料为研究对象。

在 dt 时间间隔内有质量为 $dm=\frac{q_m\times1000}{3600}dt(\mathrm{kg})$ 的物料被提升到高度 $h=40m$ 处，故有

用功率为

$$P_{有用}=\frac{q_m\times1000}{3600}gh$$

同时又有同样多的物料补充到胶带上，而且它们的速度由零变为 v，因此系统动能的变化为

$$\frac{\mathrm{d}T}{\mathrm{d}t}=\frac{1}{2}\frac{q_m\times1000}{3600}v^2$$

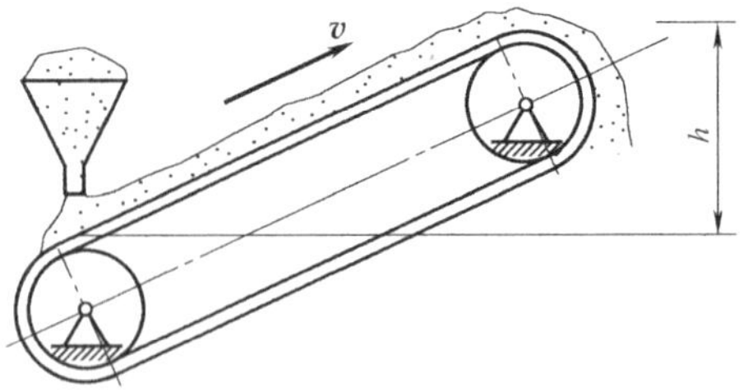

图 10.12　例 10.5 图

设电动机的功率为 P，由于机械效率 $\eta=0.68$，所以有效功率为

$$P_{有效}=\eta P=P_{有用}+\frac{\mathrm{d}T}{\mathrm{d}t}=\frac{q_m\times1000}{3600}gh+\frac{1}{2}\frac{q_m\times1000}{3600}v^2$$

解得电动机的功率为

$$P=\frac{1}{\eta}\frac{1000q_m}{3600}\left(\frac{v^2}{2}+gh\right)=\frac{1}{0.68}\frac{1000\times455}{3600}\left(\frac{1.26^2}{2}+9.8\times40\right)$$
$$=73\times10^3\,\mathrm{W}=73\mathrm{kW}$$

可根据算出的功率选择所需的电动机。

10.5 势力场 · 势能 · 机械能守恒定律

1. 有势力和势力场

质点在某种力的作用下，于某一确定的空间内运动时，如果这种力所做的功只与质点的起止位置有关，而与质点运动的路径无关，则这种力称为**有势力**或**保守力**。具有这种性质的空间称为**势力场**或**保守力场**。例如，质点在地球表面附近运动时，重力的功只与质点的起止位置的高度差有关，而与其运动路径无关。因此，重力为有势力，而地球表面附近的空间则称为重力的势力场。

2. 势能和势能函数

在势力场中，质点从某一位置 M 运动到任选的点 M_0，有势力所做的功称为质点在点 M 相对于点 M_0 的势能。以 V 表示，即

$$V=\int_M^{M_0}\boldsymbol{F}\cdot\mathrm{d}\boldsymbol{r}=\int_M^{M_0}(F_x\mathrm{d}x+F_y\mathrm{d}y+F_z\mathrm{d}z) \tag{10.25}$$

设点 M_0 的势能等于零，称为**零势能点**。在势力场中，势能的大小是相对于零势能点而言的。而零势能点 M_0 可以任意选取，在势力场中同一位置的势能相对于不同的零势能点一般有不同的数值。因而，在研究同一问题的过程中，为了比较某势力场中质点在不同位置时所具有的势能，必须在该势力场中取同一点作为零势能点。

势能与力的功具有相同的量纲和单位。

现在计算几种常见的势能。

(1) 重力的势能

在重力场中，取坐标系 $Oxyz$，如图 10.13 所示。重力 $\boldsymbol{F}=m\boldsymbol{g}$ 在各轴上的投影为

$$\left.\begin{aligned}F_x&=0\\F_y&=0\\F_z&=-mg\end{aligned}\right\}$$

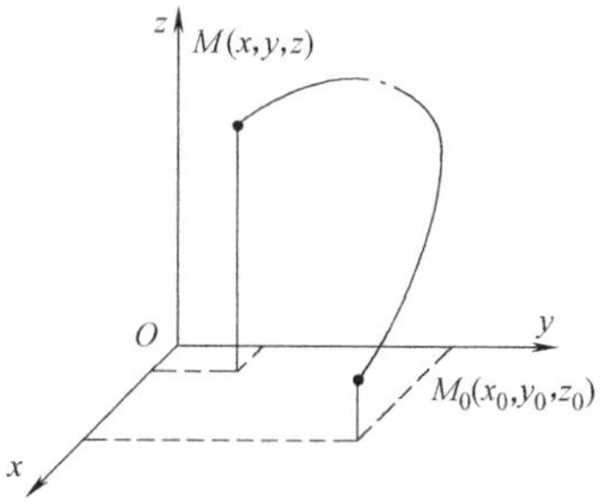

图 10.13

取点 M_0 为零势能点，则 M 点的势能为

$$V=\int_z^{z_0}(-mg)\,\mathrm{d}z=mg(z-z_0) \tag{10.26}$$

为了计算方便，取零势能点的位置 $z_0=0$，上式可写为

$$V=mgz \tag{10.27}$$

对于质点系或刚体

$$V=mgz_C \tag{10.28}$$

式中，m 是系统总质量；z_C 是质心的坐标。

（2）弹性力的势能

设弹簧的一端固定，另一端与一质点相连，如图 10.14 所示。弹簧的刚度系数为 k。取点 M_0 为零势能点，则质点的势能为

$$V=\int_M^{M_0}\boldsymbol{F}\cdot\mathrm{d}\boldsymbol{r}=\frac{1}{2}k(\delta^2-\delta_0^2) \tag{10.29}$$

式中，δ 和 δ_0 分别为弹簧端点在 M 和 M_0 时弹簧的变形量。如果取弹簧的自然位置为零势能点，有 $\delta_0=0$，于是得

$$V=\frac{1}{2}k\delta^2 \tag{10.30}$$

（3）万有引力的势能

设质量为 m_1 的质点受质量为 m_2 的质点的万有引力 $\boldsymbol{F}$ 作用，如图 10.15 所示。取点 M_0 为零势能点，则质点在点 M 的势能为

$$V=\int_M^{M_0}\boldsymbol{F}\cdot\mathrm{d}\boldsymbol{r}=\int_r^{r_0}\left(-\frac{fm_1m_2}{r^2}\right)\mathrm{d}r=fm_1m_2\left(\frac{1}{r_0}-\frac{1}{r}\right) \tag{10.31}$$

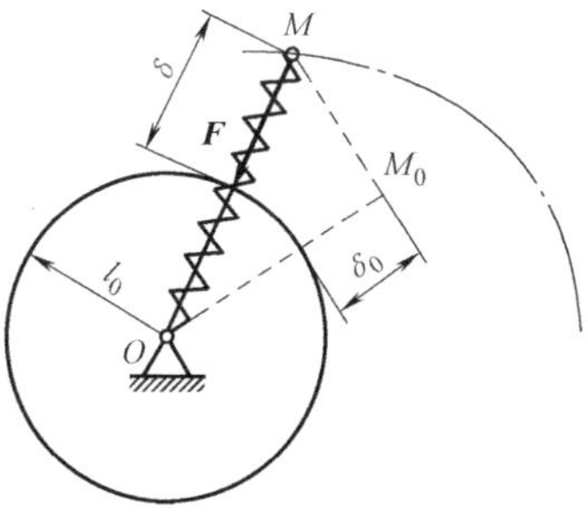

图 10.14

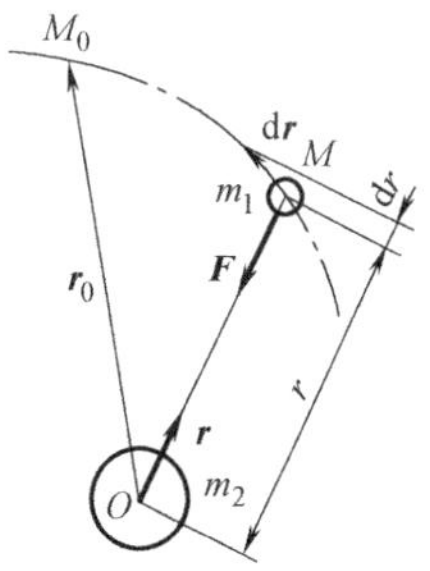

图 10.15

如零势能点选在无穷远处，即 $r_0=\infty$，得

$$V=-\frac{fm_1m_2}{r} \tag{10.32}$$

由上面的讨论可以看出，质点或质点系的势能仅与质点或质心的位置有关，在一般情形下，质点或质点系的势能只是质点或质心坐标的单值连续函数，这个函数称为**势能函数**，可

表示为

$$V=V(x,y,z) \tag{10.33}$$

势能函数相等的各点所组成的曲面称为**等势面**，表示为

$$V=V(x,y,z)=C$$

如重力场的等势面是不同高度的水平面；弹性力场的等势面是以弹簧固定端为中心的球面；地球引力场的等势面是以地心为中心的不同半径的同心球面。

当 $C=0$ 时的等势面称为**零等势面**，若选零等势面为势能的基面（零势面），则某一位置的势能等于势能函数在该位置的函数值。例如在重力场中，一般选水平面为零势面；在弹性力场中选弹簧自由长度，初变形为零处为零势能位置；万有引力场中选无穷远处为零势能位置。

3. 势力的功和势能的关系

设质点系在势力场中运动，各质点从位置 M_1 运动到 M_2，如图 10.16 所示，有势力做的功为 W_{12}；如取势力场中点 M_0为质点系势能的零势能点，且质点系分别从位置 M_1、M_2运动至 M_0时，有势力所做的功分别记为 W_{10}、W_{20}。显然由有势力做的功与路径无关的性质有

$$W_{10}=W_{12}+W_{20}$$

或

$$W_{12}=W_{10}-W_{20}$$

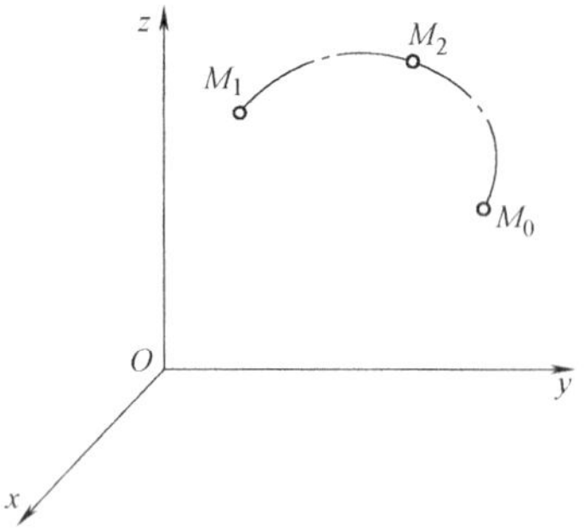

图 10.16

又由于点 M_0为零势能点，故 W_{10}、W_{20}分别为 M_1、M_2位置的势能 V_1、V_2，于是

$$W_{12}=V_1-V_2 \tag{10.34}$$

这表明：**质点系在势力场中运动时，有势力所做的功等于质点系在运动过程的起止位置的势能差，即等于质点系在运动过程中势能的减少值。**

4. 机械能守恒定律

质点系在某瞬时的动能与势能的代数和称为**机械能**。设质点系在运动过程中的初始和终了瞬时的动能分别为 T_1和 T_2，所受力在这个过程中所做的功为 W_{12}，根据动能定理有

$$T_2-T_1=W_{12}$$

如系统运动中，只有有势力做功，而有势力的功可用势能计算，即

$$T_2-T_1=W_{12}=V_1-V_2$$

移项后得

$$T_1+V_1=T_2+V_2 \tag{10.35}$$

上式就是机械能守恒的数学表达式，即**质点系仅在有势力作用下运动时，其机械能保持不变**。这样的质点系称为**保守系统**。

如果质点系同时有有势力和非有势力做功，则该质点系称为**非保守系统**。非保守系统的机械能是不守恒的。设非有势力在质点系运动过程中所做的功为 W'_{12}，由动能定理得

$$T_2-T_1=V_1-V_2+W'_{12}$$

或

$$(T_2+V_2)-(T_1+V_1)=W'_{12} \tag{10.36}$$

式（10.36）给出了非保守系统机械能的改变与非有势力做功之间的关系。即**机械能的**

改变量等于非有势力所做的功。当质点系受到摩擦阻力等力作用时，W'_{12}为负功，质点系在运动中机械能减小称为**机械能耗散**；当质点系受到非保守的主动力作用时，如果 W'_{12}为正功，则质点系在运动中机械能增加，这时外界对系统输入了能量。从广义的能量观点来看，无论什么系统，总能量是不变的，在质点系的运动过程中，机械能的增或减，只说明了在这个过程中机械能与其他形式的能量（如热能、电能等）发生了相互的转化而已。

利用机械能守恒定律，可以更方便地解决很多保守系统的动力学问题。下面举例说明。

例 10.6　试用机械能守恒定律解例 10.2。

解：选如图 10.10 所示中位置Ⅰ作为运动的初始位置，位置Ⅲ作为运动的终了位置，则系统的动能

$$T_1=0,\quad T_2=0$$

势能的零位可任意选，这里不妨取弹簧未变形时的位置作为弹性力势能的零位，取终了位置Ⅲ作为重力势能的零位。于是初始位置与终了位置的势能分别为

$$V_1=mg(h+\delta_{\max}),\quad V_2=\frac{1}{2}k\delta_{\max}^2$$

根据机械能守恒定律

$$T_1+V_1=T_2+V_2$$

将上述各值代入后得

$$mg(h+\delta_{\max})=\frac{1}{2}k\delta_{\max}^2$$

与例 10.2 中所得结果完全相同。

例 10.7　如图 10.17 所示，摆的质量为 m，点 C 为其质心，O 端为固定铰支，在点 D 处用弹簧悬挂，可在铅直平面内摆动。设摆对水平轴 O 的转动惯量为 J_O，弹簧的刚度系数为 k；摆杆在水平位置处平衡。设 $OD=CD=b$。求摆从水平位置处以角速度 ω_0 摆下时，摆的角速度与 φ 角的关系。

解：取摆为研究对象。作用于摆的力有弹性力 $\boldsymbol{F}$、重力 $m\boldsymbol{g}$ 和支座约束力 $\boldsymbol{F}_{Ox}$、$\boldsymbol{F}_{Oy}$。前两力为保守力，固定铰支座为理想约束，因此后两力不做功，摆的机械能守恒。

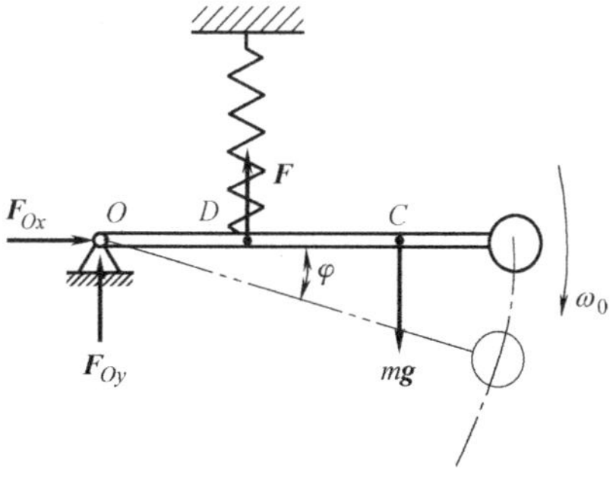

图 10.17　例 10.7 图

取水平位置为摆的零势能位置，此时系统的机械能为

$$T_1+V_1=\frac{1}{2}J_O\omega_0^2+0=\frac{1}{2}J_O\omega_0^2$$

当摆摆过微小角度 φ 时，设此时摆的角速度为 ω，则系统的动能为

$$T_2=\frac{1}{2}J_O\omega^2$$

而系统的势能为

$$V_2=\frac{k}{2}(b\varphi)^2$$

根据机械能守恒定律 $T_1+V_1=T_2+V_2$，得

$$\frac{1}{2}J_O\omega_0^2=\frac{1}{2}J_O\omega^2+\frac{k}{2}(b\varphi)^2$$

解此方程得摆杆的角速度为

$$\omega=\sqrt{(\omega_0^2-kb^2\varphi^2)/J_O}$$

例 10.8 计算第二宇宙速度。

解： 第二宇宙速度是使宇宙飞船脱离地球引力场，从地面发射所需的最小速度。

取宇宙飞船为研究的质点。设飞船质量为 m_1，地球质量为 m_2。飞船仅受地球引力的作用，在引力场内运动时机械能守恒。取离地球无限远处为零势能点，设在地球表面附近飞船的速度为$\boldsymbol{v}_1$，此后某一时刻的速度为$\boldsymbol{v}_2$，根据机械能守恒定律有

$$\frac{1}{2}m_1v_1^2-\frac{fm_1m_2}{r_1}=\frac{1}{2}m_1v_2^2-\frac{fm_1m_2}{r_2}$$

欲使宇宙飞船脱离地球引力场飞向太空，应在 $r_2\to\infty$ 时 $v_2=0$，又有 $r_1=R=6370\text{km}$（地球半径），代入上式，可求得第二宇宙速度为

$$v_1=\sqrt{\frac{2fm_2}{R}}$$

在地球表面，地球引力等于重力，即

$$m_1g=\frac{fm_1m_2}{R^2},\quad fm_2=gR^2$$

代入上式可解得

$$v_1=\sqrt{2Rg}=11.2\text{km/s}$$

10.6 普遍定理的综合应用举例

质点和质点系的普遍定理包括动量定理、动量矩定理和动能定理。这些定理分为两类：动量定理和动量矩定理属于一类，动能定理属于另一类，前者是矢量形式，后者是标量形式；两者都用于研究机械运动，而后者还可用于研究机械运动与其他运动形式有能量转化的问题。

质心运动定理与动量定理一样也是矢量形式，常用来分析质点系受力与质心运动的关系；它与相对于质心的动量矩定理联合，共同描述了质点系机械运动的总体情况；特别是联合用于刚体，可建立起刚体运动的基本方程，如平面运动微分方程。应用动量定理或动量矩定理时，质点系的内力不能改变系统的动量和动量矩，只需考虑质点系所受的外力。

动能定理是标量形式，在很多实际问题中约束力又不做功，因而应用动能定理分析系统的速度变化是比较方便的。但应注意，在有些情况下质点系的内力做的功并不等于零，应用时要具体分析质点系内力做功问题。

基本定理提供了解决动力学问题的一般方法，而在求解比较复杂的问题时，往往需要根据各定理的特点，联合运用。

例 10.9 如图 10.18a 所示，均质细杆长为 l、质量为 m，静止直立于光滑水平面上。当杆受微小干扰而倒下时，如图 10.18b 所示，求杆刚刚达到地面时的角速度和地面对它的约束力。

解：以细杆为研究对象。由于地面光滑，杆沿水平方向不受力，倒下过程中杆的质心将铅直下落。设某瞬时杆与水平面成一角度 θ，如图 10.18a 所示。P 为杆的瞬心。由运动学可知，杆的角速度为

$$\omega=\frac{v_C}{CP}=\frac{2v_C}{l\cos\theta}$$

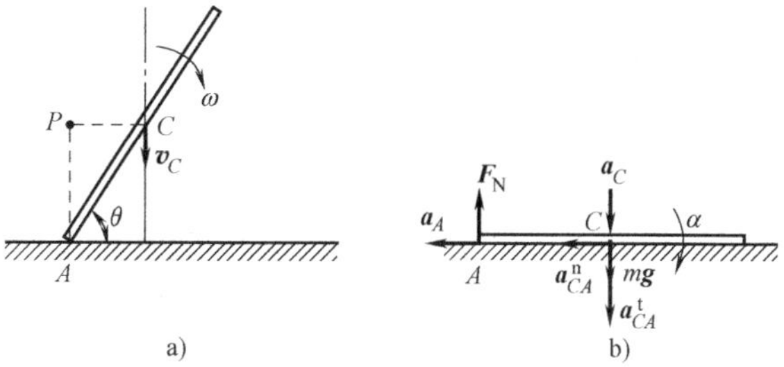

图 10.18 例 10.9 图

此时杆的动能为

$$T=\frac{1}{2}mv_C{}^2+\frac{1}{2}J_C\omega^2=\frac{1}{2}m\left(1+\frac{1}{3\cos^2\theta}\right)v_C{}^2$$

初始动能为零，在此过程中只有重力做功，由动能定理，得

$$\frac{1}{2}m\left(1+\frac{1}{3\cos^2\theta}\right)v_C{}^2-0=mg\frac{l}{2}(1-\sin\theta)$$

当 $\theta=0°$ 时解出

$$v_C=\frac{1}{2}\sqrt{3gl},\quad \omega=\sqrt{\frac{3g}{l}}$$

杆刚刚到达地面时的受力及加速度如图 10.18b 所示，由刚体平面运动微分方程得

$$mg-F_N=ma_C \tag{a}$$

$$F_N\frac{l}{2}=J_C\alpha=\frac{1}{12}ml^2\alpha \tag{b}$$

点 A 的加速度 $\boldsymbol{a}_A$ 为水平方向，由质心守恒，$\boldsymbol{a}_C$ 应为铅直，由运动学知

$$\boldsymbol{a}_C=\boldsymbol{a}_A+\boldsymbol{a}_{CA}^{n}+\boldsymbol{a}_{CA}^{t}$$

将上式沿铅直方向投影，得

$$a_C=a_{CA}^{t}=\frac{l\alpha}{2} \tag{c}$$

联立式（a）、式（b）及式（c），解得

$$F_N=\frac{mg}{4}$$

例 10.10 如图 10.19 所示，弹簧两端各系一重物 A 和 B，平放于光滑的水平面上，其中 A 物重 $\boldsymbol{W}_A$，B 物重 $\boldsymbol{W}_B$。弹簧的原长 l_0，刚度系数为 k。先将弹簧拉长到 l 然后无初速地释放，当弹簧回到原长时，求 A 和 B 两物体的速度各为多少？

解：取系统为研究对象。受力和运动分析如图所示。设弹簧恢复至原长时 A 和 B 两物

体的速度分别为$\boldsymbol{v}_A$、$\boldsymbol{v}_B$，则系统的动能为

$$T_1=0,\quad T_2=\frac{W_A}{2g}v_A^2+\frac{W_B}{2g}v_B^2$$

在该过程中，所有力做的功为

$$W_{12}=\frac{k}{2}[(l-l_0)^2-0^2]=\frac{k}{2}(l-l_0)^2$$

根据动能定理，$T_2-T_1=W_{12}$，得

$$\frac{W_A}{2g}v_A^2+\frac{W_B}{2g}v_B^2=\frac{k}{2}(l-l_0)^2$$

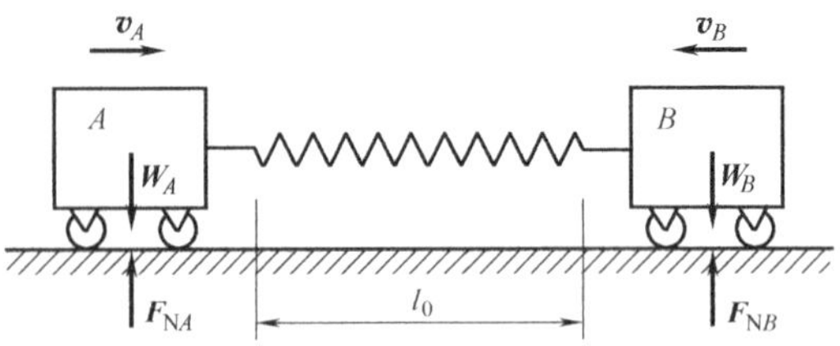

图 10.19　例 10.10 图

即

$$W_Av_A^2+W_Bv_B^2=gk(l-l_0)^2 \tag{a}$$

由于在水平方向无外力作用，所以在该方向上系统的动量守恒。根据动量守恒定律，有

$$0=\frac{W_A}{g}v_A-\frac{W_B}{g}v_B$$

即

$$W_Av_A-W_Bv_B=0 \tag{b}$$

联立求解式（a）、式（b）即得

$$v_A=(l-l_0)\sqrt{\frac{kgW_B}{W_A(W_A+W_B)}}$$

$$v_B=(l-l_0)\sqrt{\frac{kgW_A}{W_B(W_A+W_B)}}$$

例 10.11　如图 10.20a 所示，重为 $\boldsymbol{W}_A$、半径为 R 的均质轮 O 沿倾角为 φ 的固定斜面做纯滚动，在轮心铰接一重为 $\boldsymbol{W}_B$ 的均质细杆 OA，细杆保持水平。初始时系统静止，忽略杆两端 A、O 处的摩擦。试求：

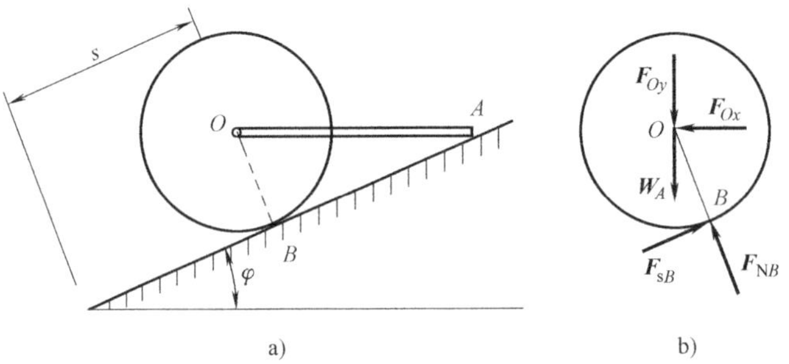

图 10.20　例 10.11 图

（1）轮的中心 O 的速度、加速度与经过的路程 s 的关系。

（2）B 处的摩擦力。

解：（1）以整个系统为研究对象。显然，OA 杆做平动，均质轮做平面运动。

初始时系统处于静止，设轮心 O 经过路程 s 时的速度为$\boldsymbol{v}_O$，则系统的动能为

$$T_1=0$$

$$T_2=\frac{1}{2}\frac{W_A}{g}v_O^2+\frac{1}{2}J_O\omega^2+\frac{1}{2}\frac{W_B}{g}v_O^2$$

在该过程中，所有力所做的功为

$$W_{12}=(W_A+W_B)s\cdot\sin\varphi$$

根据动能定理，$T_2-T_1=W_{12}$，得

$$\left(\frac{1}{2}\frac{W_A}{g}v_O^2+\frac{1}{2}J_O\omega^2+\frac{1}{2}\frac{W_B}{g}v_O^2\right)-0=(W_A+W_B)s\cdot\sin\varphi \tag{a}$$

而

$$\omega=\frac{v_O}{R},\quad J_O=\frac{1}{2}\frac{W_A}{g}R^2$$

代入式（a）并简化后有

$$\frac{1}{4g}(3W_A+2W_B)v_O^2=(W_A+W_B)s\cdot\sin\varphi \tag{b}$$

求解式（b）得

$$v_O=2\sqrt{\frac{(W_A+W_B)gs\cdot\sin\varphi}{3W_A+2W_B}}$$

对式（b）等号两端关于时间 t 求导数，并消去 v_O，得轮心 O 的加速度为

$$a_O=\frac{2(W_A+W_B)\sin\varphi}{3W_A+2W_B}g=\text{常量}$$

（2）取轮 O 为研究对象。受力分析如图 10.20b 所示，由刚体平面运动微分方程，得

$$J_O\alpha=F_{sB}\cdot R$$

而 $J_O=\frac{W_A}{2g}R^2$，$\alpha=\frac{a_O}{R}$，所以

$$F_{sB}=\frac{W_A}{2g}a_O=\frac{W_A(W_A+W_B)\sin\varphi}{3W_A+2W_B}$$

本章小结

1. 本章基本要求

1）深刻理解功和质点系动能等概念，并能熟练、正确地计算各种力的功和质点系的动能。

2）熟练掌握平动刚体、定轴转动刚体和平面运动刚体的动能。

3）熟练地应用动能定理和机械能守恒定律求解动力学问题。

4）能综合应用动量定理、动量矩定理和动能定理解决较复杂的动力学问题。

2. 本章重点

1）力的功和质点系（包括刚体和刚体系）动能的计算。

2）质点系动能定理及其应用。

3）动力学普遍定理的综合运用问题。

3. 本章难点

1）变力的功和内力的功的计算。

2）复杂质点系（包括刚体系）动能的计算。

3）动力学普遍定理的综合运用。

4. 学习建议

1）熟知力的功的一般形式，反复练习重力的功、弹性力的功和力矩的功的计算，清楚了解圆轮在固定平面上做纯滚动时摩擦力为什么不做功。

2）熟练计算刚体系统的动能，同时注意动能表达式中的速度（角速度）一定要用绝对速度（绝对角速度）。

3）运用动能定理求解时，通常取整个系统为研究对象，所列方程不包含理想约束的未知约束力，便于求解。

4）熟知动量定理、动量矩定理与动能定理的异同点。通过练习，明确各定理适合求解的问题以及解题特点。对于非守恒的系统，求运动量（如速度、加速度等），一般用动能定理；求约束力一般用动量定理或质心运动定理；求约束力偶一般用动量矩定理；对于转动问题宜用刚体定轴转动微分方程。

习　题

10.1　斜面倾角 $\theta=30°$，今将一质量为 $m=2000\text{kg}$ 的重物沿斜面向上移动 10m，设滑动摩擦因数 $f=0.1$。试求所消耗的功。

10.2　如图 10.21 所示，弹簧的原长 $l_0=100\text{mm}$，刚度系数 $k=4900\text{N/m}$，一端固定在半径 $R=100\text{mm}$ 的圆周上的 O 点，点 C 点为圆心，$AC\perp OB$。试求弹簧的另一端 A 沿圆弧运动到 B 时，弹性力所做的功。

10.3　如图 10.22 所示，质量为 $m=5\text{kg}$ 的重物系于弹簧上，沿半径 $R=20\text{cm}$ 的光滑圆环自 A 点静止滑下，弹簧的原长 $OA=20\text{cm}$。欲使重物在 B 点对圆环的压力等于零，求弹簧的刚度系数。

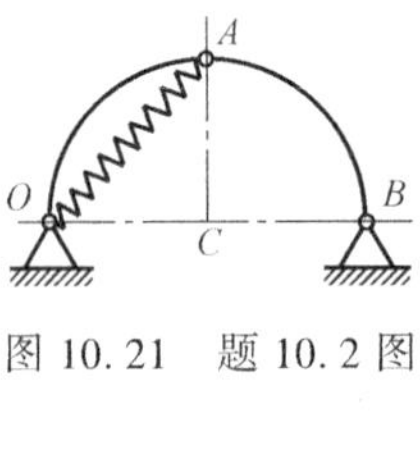

图 10.21　题 10.2 图

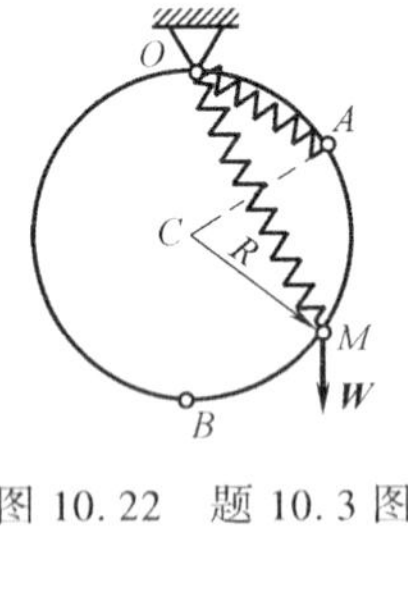

图 10.22　题 10.3 图

10.4　如图 10.23 所示，重量为 $\boldsymbol{W}$ 的鼓轮沿水平面做纯滚动，拉力 $\boldsymbol{F}$ 与水平面成 θ 角，轮子与水平面之间的静摩擦因数为 f_s，滚动摩阻系数为 δ。求轮心 C 移动距离为 s 的过程中力所做的功。

10.5　如图 10.24 所示，物块的质量为 20kg，与斜面间的摩擦因数为 0.1，用跨过滑轮的绳子与弹簧相连，弹簧刚度系数 $k=100\text{N/m}$，求物块自位置 B 运动到位置 A 时，作用在系统上的重力、弹性力和摩擦力各做了多少功，物块在 B 位置时弹簧无变形，OB 线铅直。

10.6　如图 10.25 所示，各均质物体的质量均为 m，图 10.25a、b、c 所示为绕固定轴 O 转动，角速度为 ω，图 10.25d 所示为半径为 R 的圆盘在水平面上做纯滚动，质心速度为 $\boldsymbol{v}$。试分别计算它们的动能。

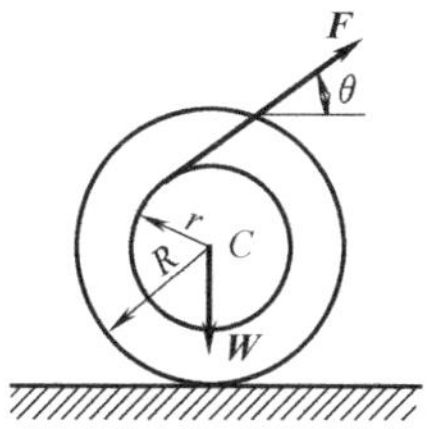

图 10.23　题 10.4 图

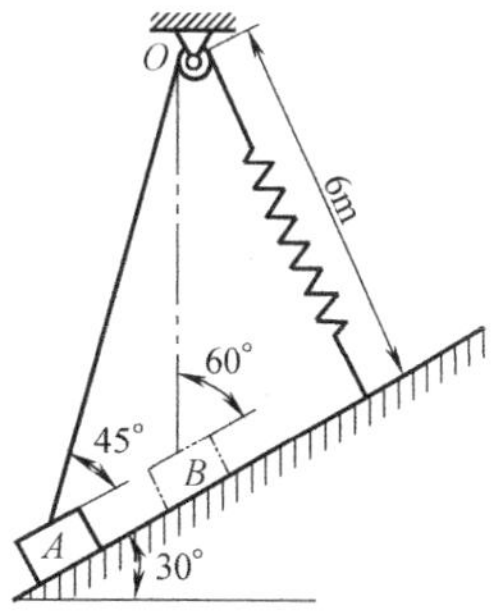

图 10.24　题 10.5 图

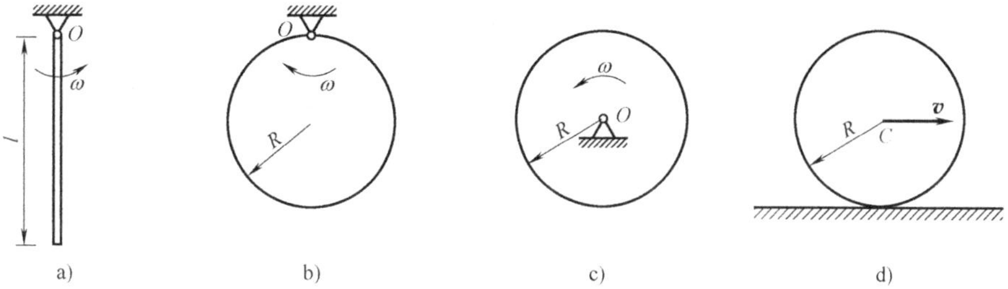

图 10.25　题 10.6 题

10.7　如图 10.26 所示，物块 A 和 B 的重量分别为 $\boldsymbol{W}_A$、$\boldsymbol{W}_B$，且 $\boldsymbol{W}_A>\boldsymbol{W}_B$，滑轮重量为 $\boldsymbol{W}$，半径为 R，可视为均质圆盘，不计绳索质量。求物块 A 以速度 v 下降时，整个系统的动能。

10.8　如图 10.27 所示一平板车，车身质量为 m_1，每个车轮质量为 m_2、半径为 r，可视为均质圆盘，已知车身速度为$\boldsymbol{v}$，车轮沿水平面做纯滚动。求系统的动能。

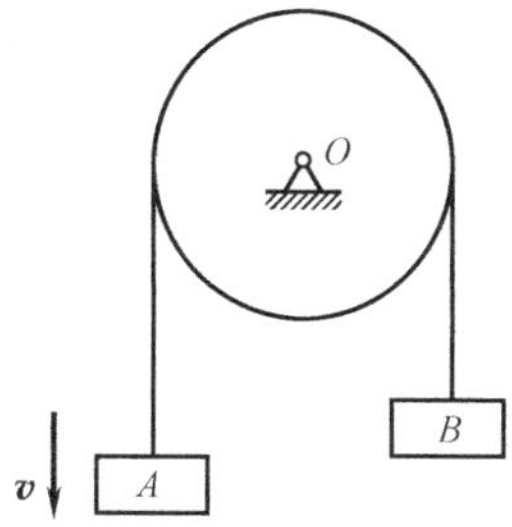

图 10.26　题 10.7 图

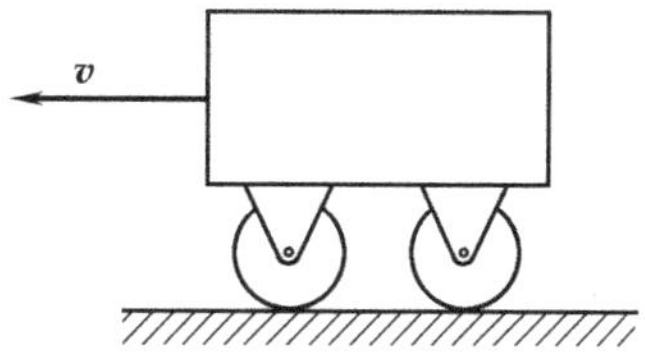

图 10.27　题 10.8 图

10.9　如图 10.28 所示一坦克，履带重量为 $\boldsymbol{W}_1$，每个车轮的重量均为 $\boldsymbol{W}_2$，半径为 R，可视为均质圆盘，两轮之间的距离为 πR。设坦克前进速度为 v，求系统的动能。

10.10　如图 10.29 所示，长为 l、重量为 $\boldsymbol{W}$ 的均质杆 OA 以球铰链 O 固定，并以等角速度 $\boldsymbol{\omega}$ 绕铅直线转动。如果杆与铅直线的交角为 θ 保持不变。求杆的动能。

10.11　如图 10.30 所示，质量为 m_1 的滑块以匀速$\boldsymbol{v}$ 沿水平直线运动，滑块上的 O 点悬挂一单摆，摆

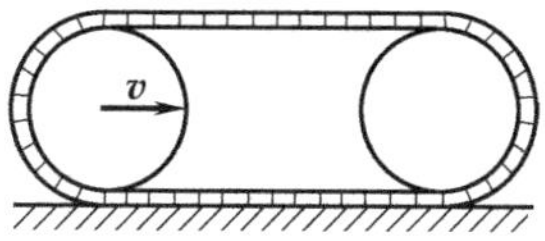

图 10.28　题 10.9 图

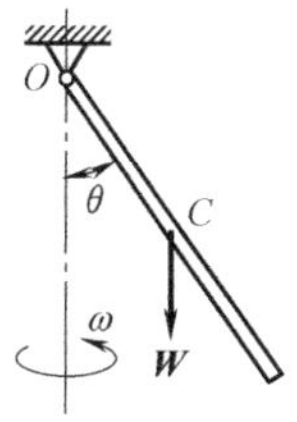

图 10.29　题 10.10 图

长为 l，摆锤质量为 m_2，已知单摆的摆动方程 $\varphi=\varphi(t)$。试写出滑块与单摆所组成的质点系的动能表达式。

10.12　如图 10.31 所示，行星轮机构平放在水平面内，齿轮 Ⅰ 固定不动，曲柄 OA 以匀角速度 ω 绕 O 轴转动，曲柄重 $\boldsymbol{W}_1$，每个齿轮重 $\boldsymbol{W}_2$，半径为 r，设齿轮与曲柄是均质的。求机构的动能。

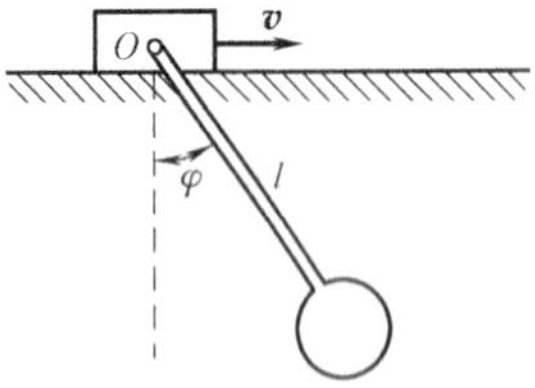

图 10.30　题 10.11 图

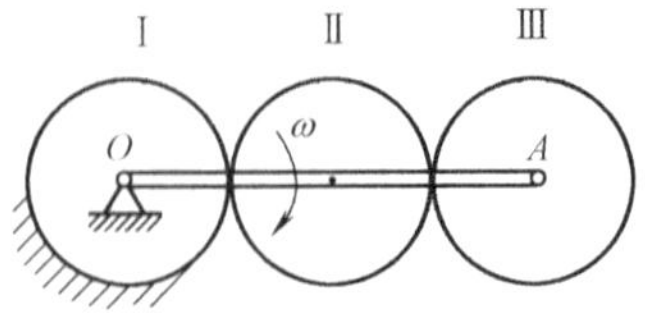

图 10.31　题 10.12 图

10.13　如图 10.32 所示，尺寸不计的小球 M 自高度 h_1 处无初速地落下，在底部经过 $\frac{1}{6}$ 圆周 BCD，然后从位置 D 做自由运动，不计摩擦。要使小球以水平速度击中高度为 h_2 的靶 E，求释放小球应有的高度 h_1，并求击中靶时的速度。

10.14　如图 10.33 所示，鼓轮质量为 $m=10\text{kg}$，对 O 轴的回转半径 $\rho=30\text{cm}$，半径 $R=40\text{cm}$，$r=20\text{cm}$，两绳下端悬挂物块的质量分别为 $m_A=9\text{kg}$，$m_B=12\text{kg}$。系统由静止开始，求鼓轮经过一转时的角速度和角加速度。

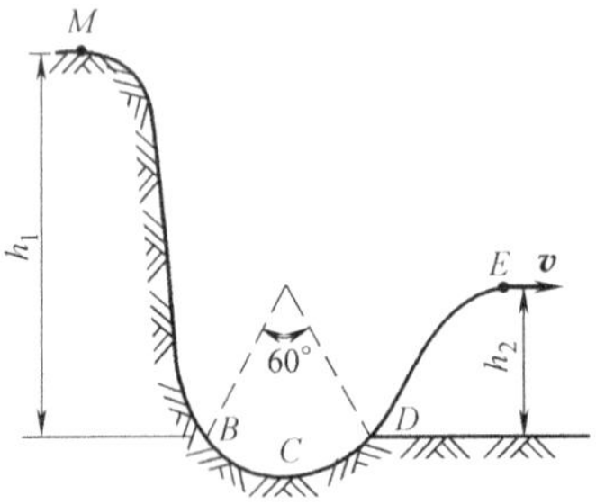

图 10.32　题 10.13 图

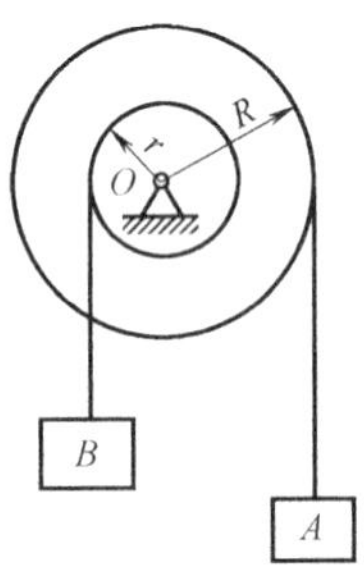

图 10.33　题 10.14 图

10.15　如图 10.34 所示带输送机，物体 A 重为 $\boldsymbol{W}_1$，轮 B 和 C 各重 $\boldsymbol{W}_2$，半径均为 R，可视为均质圆柱，今在轮 C 上作用一常值转矩 M，使系统由静止而运动。若不计传送带和支承托辊的质量，求重物 A 移动距离 s 时的速度和加速度。

10.16　如图 10.35 所示，行星轮系机构放置在水平面内，动齿轮 Ⅱ 的半径为 r，重为 $\boldsymbol{W}_1$，可视为均质圆盘，曲柄 OA 重为 $\boldsymbol{W}_2$，可视为均质杆，定齿轮 Ⅰ 的半径为 R。今在曲柄上作用一常值力偶矩 M，求曲柄由静止开始转过 φ 角时的角速度及角加速度。

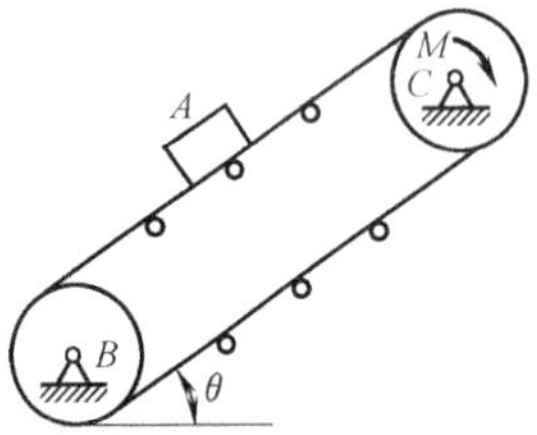

图 10.34　题 10.15 图

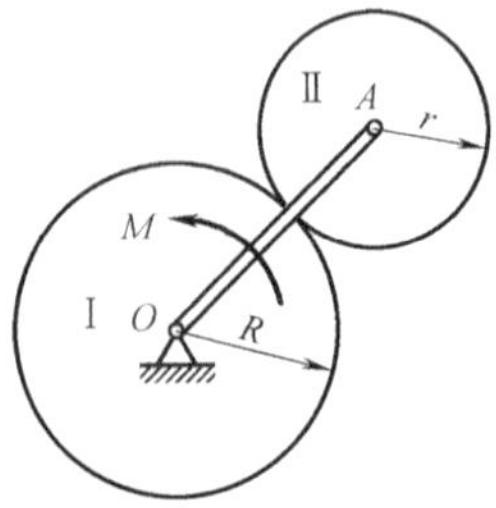

图 10.35　题 10.16 图

10.17　如图 10.36 所示，有一飞轮，轴的直径为 6cm，沿与水平面成 15°角的轨道滚下。开始时静止，如果在 6s 内轮心 C 滚下了 3m，试求飞轮对轮心的回转半径 ρ_C。

10.18　如图10.37所示，均质细杆AB长为l、质量为m_1，B端靠在光滑铅直面上，A端用铰链与圆柱的中心相连，圆柱质量为m_2，半径为r，放在粗糙的地面上。由如图所示静止位置（$\theta=45°$）在杆AB的重力作用下开始做纯滚动，求A点在初瞬时的加速度。

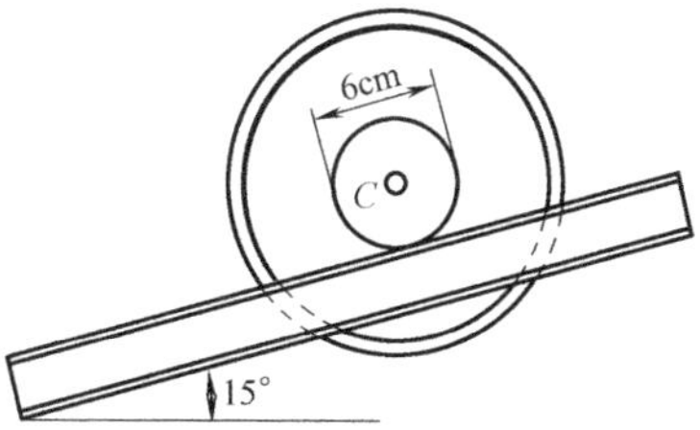

图10.36　题10.17图

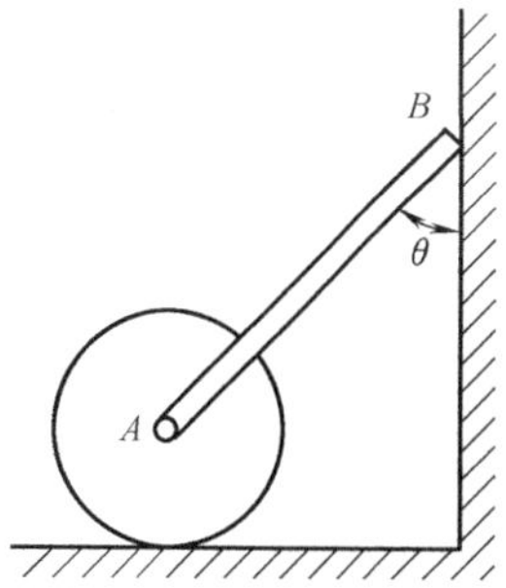

图10.37　题10.18图

10.19　如图10.38所示，两均质杆AB和BC，质量均为m，长为l，在B点由光滑铰链相连接，A、C端放置在光滑水平面上，杆系在铅直平面内。由如图所示位置静止开始运动，求铰链B落到地面上时的速度。

10.20　如图10.39所示，直角形均质杆，可绕水平轴O在铅直平面内内自由转动，两段长度分别为$OA=l_1$，$OB=l_2$，$l_1>l_2$。现将OA段自水平位置无初速度释放，求当OA转至铅直位置时A端的速度。

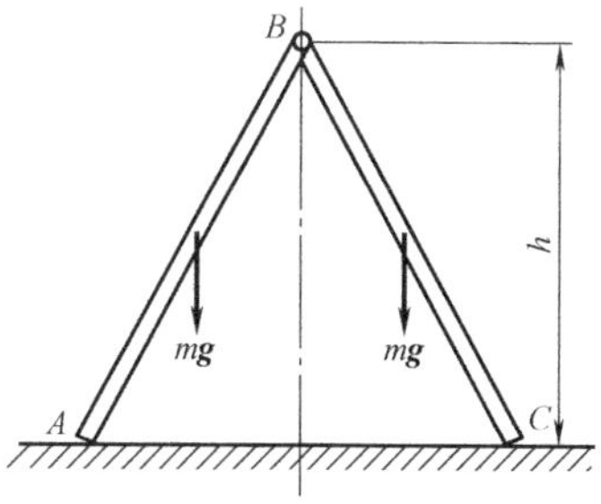

图10.38　题10.19图

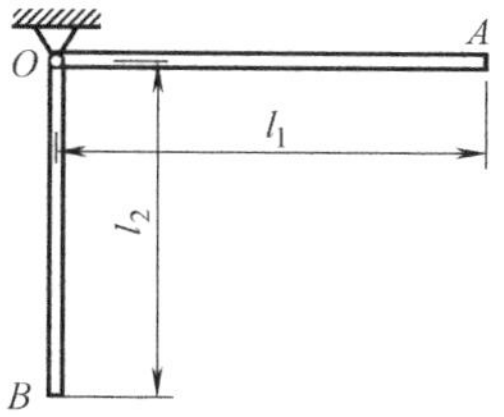

图10.39　题10.20图

10.21　如图10.40所示，绳子的一端连接滚子C，另一端跨过定滑轮B与质量为m_1的物块A连接，滚子C和滑轮均可视为均质圆盘，质量均为m_2，半径为r，系统由静止开始，滚子做纯滚动，绳子的质量和各处摩擦均不计。试求物块A下降距离为h时的速度和加速度。

10.22　如图10.41所示，均质圆盘的半径为R，质量为$4m$，在盘的边缘上固接一根径向均质杆AB，杆的长度为$2R$，质量为$\frac{1}{4}m$，在杆的末端又装一尺寸不计、质量为m的小球。现将直杆由水平位置静止释放，设圆盘沿水平轨道做纯滚动，试求当直杆达到铅直位置时小球的速度。

10.23　某龙门刨床工作行程的长度为4m，时间为8s，切削力为47kN，工作台与工件质量共15000kg，

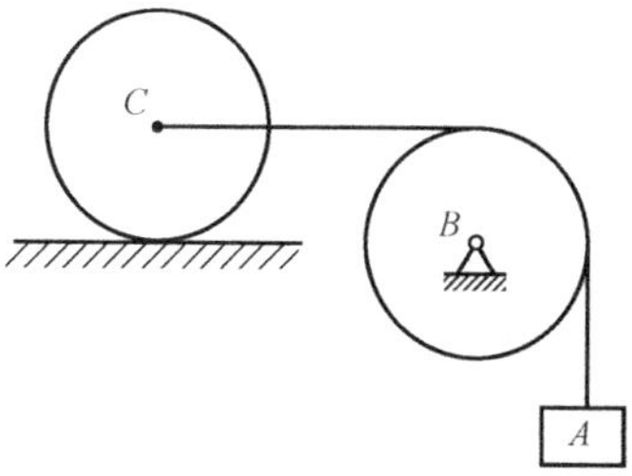

图10.40　题10.21图

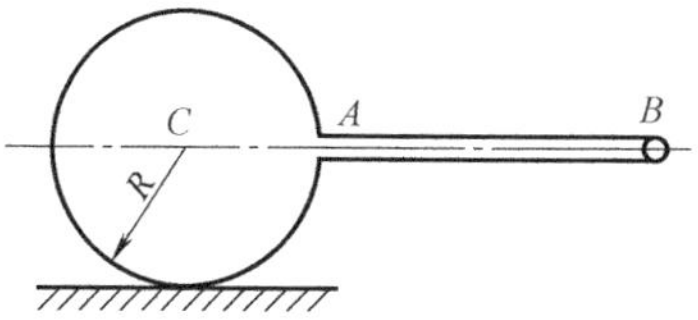

图10.41　题10.22图

工作台与导轨间的摩擦因数 $f=0.1$，传动效率为 78%，工作台匀速运动。求工作台输入的功率。

10.24　如图 10.42 所示，测量机器功率用的测功器由胶带 $ACDB$ 和杠杆 BH 组成，胶带的两边 AC 和 BD 是铅直的，并套住被测机器的带轮 E 的下半部，而杠杆则以刀口搁在支点 O 上，借升高或降低支点 O 可以改变胶带的张力，同时变更轮和胶带间的摩擦力，杠杆上挂一质量 $m=3\text{kg}$ 的重锤 P，当力臂 $l=50\text{cm}$ 时，杠杆 BH 可处于水平的平衡位置，机器带轮的转速 $n=240\text{r/min}$。求机器的功率。

10.25　如图 10.43 所示，均质 T 形杆 OA 段与 BC 段的质量均为 m，长均为 l，且 $BA=AC$，可绕水平轴 O 自由转动，如将 OA 在水平位置静止释放。试求：

（1）初瞬时轴承 O 的约束力。

（2）当 OA 转到铅直位置时的角速度。

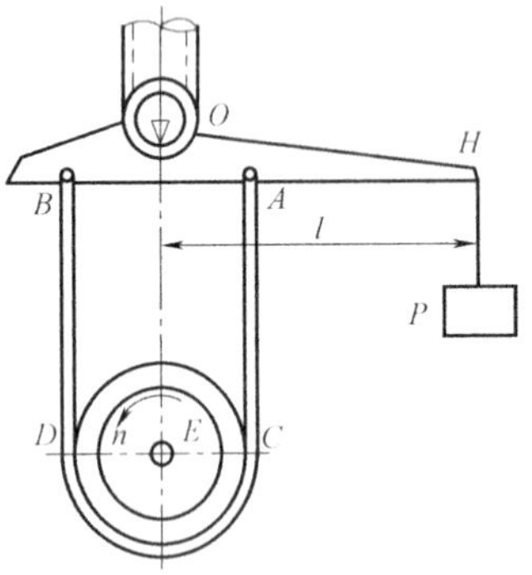

图 10.42　题 10.24 图

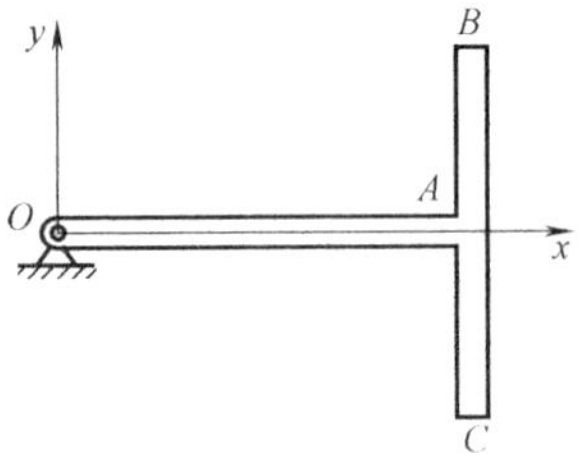

图 10.43　题 10.25 图

10.26　如图 10.44 所示，均质杆 OA 长为 0.6m，质量为 5kg，可绕水平轴 O 转动，当 $\theta=90°$时，OA 杆的角速度 $\omega_0=10\text{rad/s}$。当杆转至 $\theta=0°$时，A 端受弹簧作用角速度变为零，此时弹簧被压缩 0.1m。试求：

（1）弹簧的刚度系数 k。

（2）$\theta=0°$时轴承 O 的约束力。

10.27　如图 10.45 所示，均质杆长为 $2l$，A 端沿光滑水平面滑动，杆在铅直平面内运动。杆在铅直位置处于静止状态，受微小扰动开始运动。求杆的质心 C 的速度，并将其表示为 h 的函数。

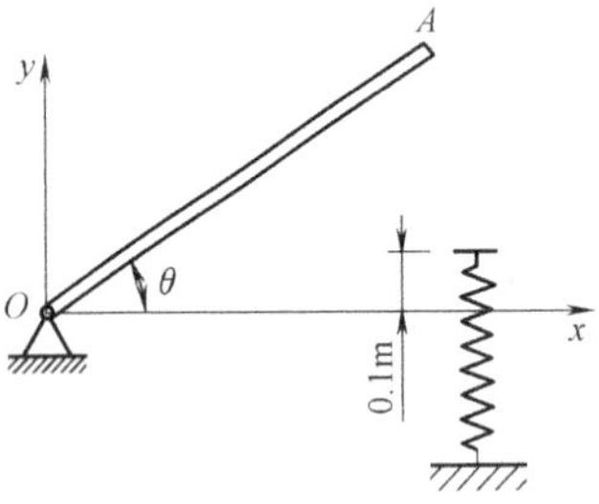

图 10.44　题 10.26 图

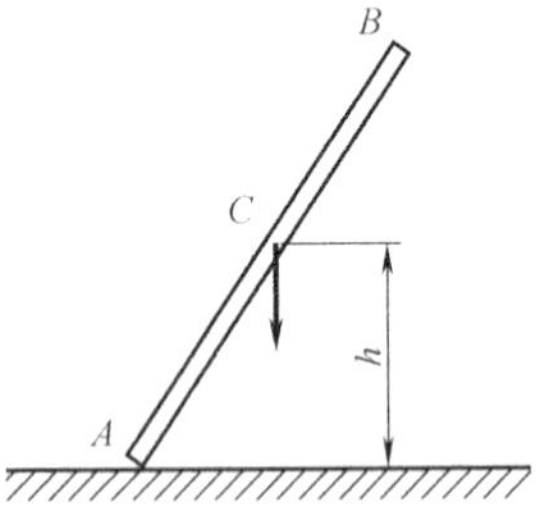

图 10.45　题 10.27 图

10.28　如图 10.46 所示，均质杆 AB，长为 l，放在铅直面内与水平面成角 φ_0，杆的 A 端靠在光滑的铅直墙上，B 端放在光滑的水平面上，然后杆由静止状态倒下。试求：

（1）杆的角速度和角加速度。

（2）当杆脱离墙壁时，杆与水平面所成的角 φ_1 为多少。

10.29　如图 10.47 所示，均质圆盘和滑块的质量均为 m，圆盘半径为 r，杆 OA 平行于斜面，质量不计，斜面倾角为 θ，物块与斜面间的摩擦因数均为 f。圆盘在斜面上做纯滚动。求滑块的加速度和杆的内力。

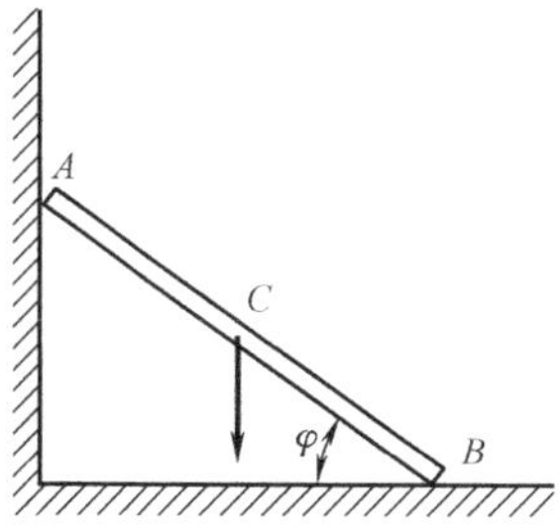

图 10.46　题 10.28 图

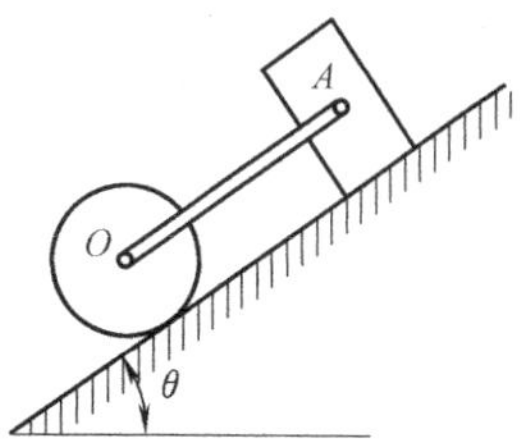

图 10.47　题 10.29 图

10.30　如图 10.48 所示，均质杆 AB 重为 39.2N，两端悬挂在两根平行绳上，杆处在水平位置，设其中一根绳突然断裂。求此瞬时另一根绳的张力。

10.31　如图 10.49 所示，物块 A 重为 $\boldsymbol{W}_1$，沿楔块 D 的斜面下滑，同时借绕过滑轮 C 的绳子使重量为 $\boldsymbol{W}_2$ 的物块 B 上升，斜面与水平面成角 θ，滑轮及绳子质量不计，各处均为光滑。求地板突出部分 E 对楔块的水平压力。

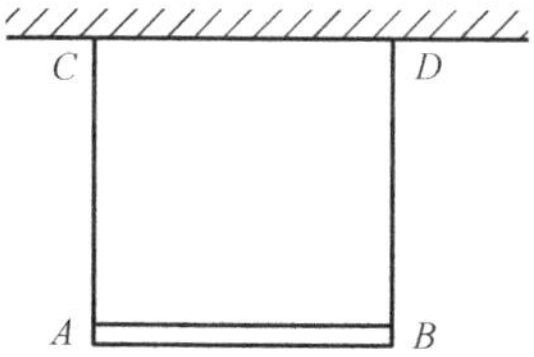

图 10.48　题 10.30 图

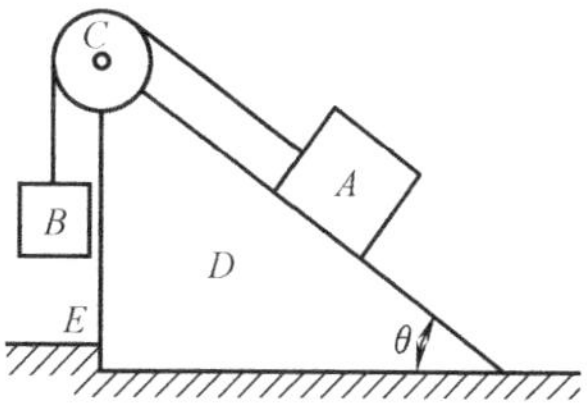

图 10.49　题 10.31 图

10.32　如图 10.50 所示，轮 A 和 B 可视为均质圆盘，半径均为 R，重量均为 $\boldsymbol{W}_1$，两轮的绳索中间连着重量为 $\boldsymbol{W}_2$ 的物块 C，各处摩擦均不计，今在 A 轮上作用一不变的力矩 M。求轮 A 与物块之间绳索的张力。

10.33　如图 10.51 所示，沿斜面做纯滚动的圆柱体 O_1 和鼓轮 O 均为均质物体，半径均为 R，圆柱体重为 $\boldsymbol{W}_1$，鼓轮重为 $\boldsymbol{W}_2$，绳子质量不计，粗糙斜面的倾角为 θ，只计滑动摩擦，在鼓轮上作用一常值力偶矩 M。试求：

（1）鼓轮的角加速度。

（2）轴承 O 的水平约束力。

10.34　如图 10.52 所示，两个相同的滑轮，半径均为 R，重量均为 $\boldsymbol{W}$，用绳缠绕连接，两滑轮可视为均质圆盘。如果动滑轮由静止落下，求其质心的速度 v 与下落距离 h 的关系。

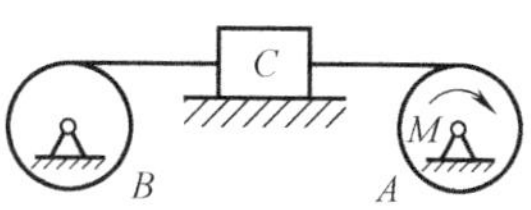

图 10.50　题 10.32 图

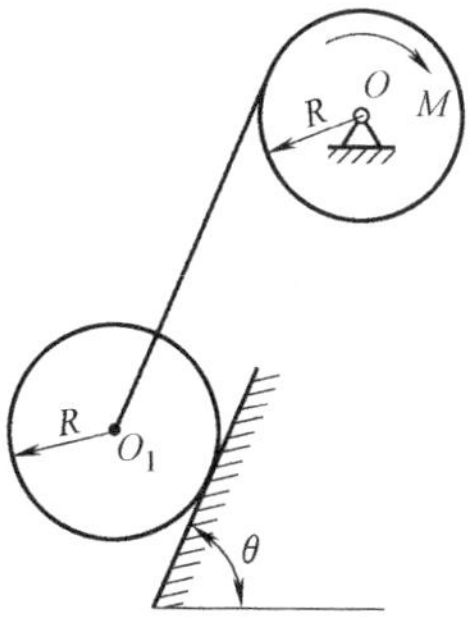

图 10.51　题 10.33 图

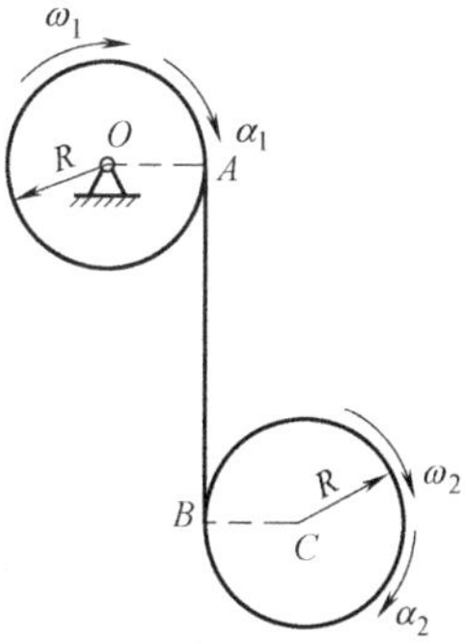

图 10.52　题 10.34 图

10.35　如图 10.53 所示系统中，轮子的质量 $m_1=100\text{kg}$，对质心的回转半径 $\rho=0.25\text{m}$，$r=0.2\text{m}$，$R=0.5\text{m}$，重物 E 的质量 $m_2=20\text{kg}$，弹簧的刚度系数 $k=60\text{N/m}$，如果将重物由静止释放的同时，在轮子上作用一顺时针的力偶 $M=20\text{N}\cdot\text{m}$，使轮子的内轮毂沿水平轨道做纯滚动。试求重物下降 0.4m 时轮子的角速度，重物开始释放时弹簧无变形。

10.36　如图 10.54 所示圆环以匀角速度 ω 绕铅直轴 AC 自由转动，此圆环半径为 R，对轴 AC 的转动惯量为 J_O，在圆环中的点 A 放一质量为 m 的小球，设有微小干扰小球离开点 A，圆环中的摩擦忽略不计。试求当小球到达点 B 和 C 时，圆环的角速度和小球的速度。

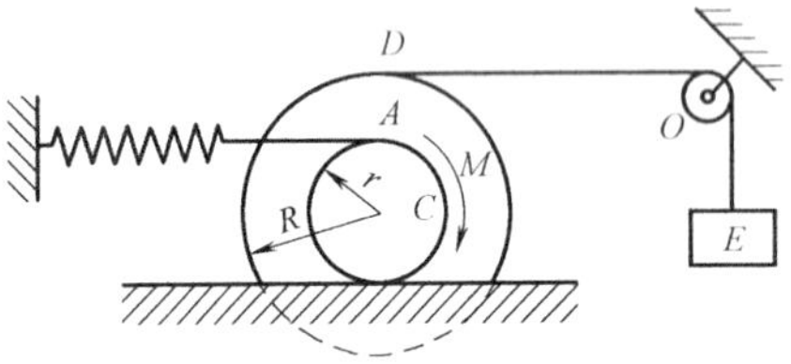

图 10.53　题 10.35 图

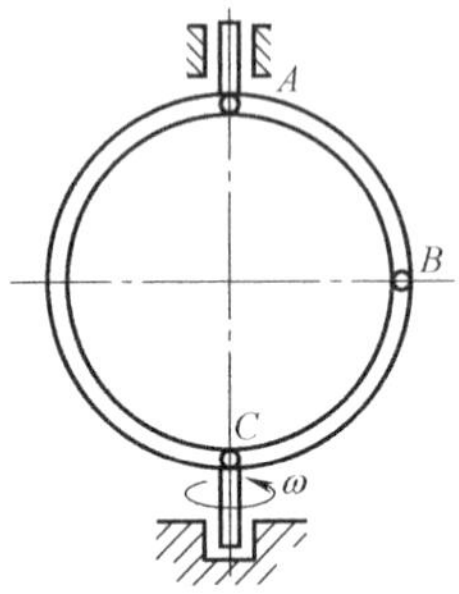

图 10.54　题 10.36 图

10.37　如图 10.55 所示系统中，鼓轮 O 重为 $\boldsymbol{W}_1$，对转轴 O 的回转半径为 ρ_O，动滑轮 C 被缠绕在鼓轮上的绳子悬挂着，半径为$\frac{1}{2}(R-r)$，质量不计。重为 $\boldsymbol{W}_2$的重物 A 悬挂于动滑轮的轮心 C 上。试求：

（1）重物 A 的加速度。

（2）动滑轮两边绳子的张力。

（3）轴承 O 的约束力。

10.38　如图 10.56 所示，长为 l、质量为 m 的均质杆 AB 用铰链 A 和销钉 D 将其与圆盘沿径向相连。$OA=\frac{l}{4}$，圆盘绕水平轴 O 在铅直面内以顺时针的匀角速度 ω 转动，当杆 AB 转至水平向左时，将销钉 D 突然撤去，因而杆 AB 可绕铰链 A 自由转动。试求撤去销钉瞬时 AB 杆的角加速度和铰链 A 的约束力。

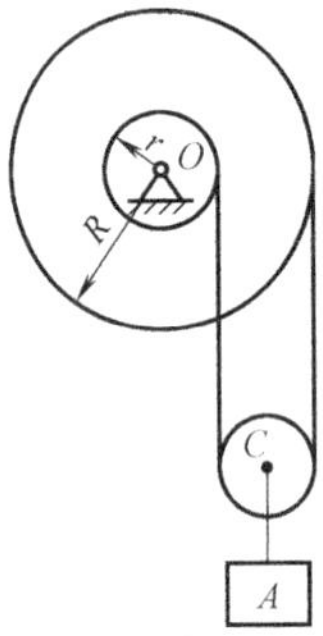

图 10.55　题 10.37 图

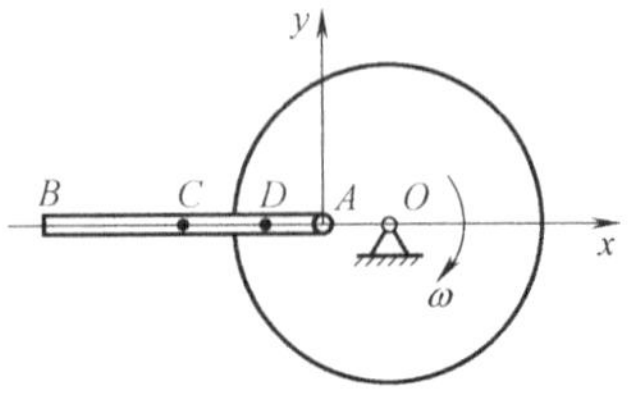

图 10.56　题 10.38 图

第11章 达朗贝尔原理

达朗贝尔原理是在引入惯性力的基础上，将动力学问题在形式上转化为静力学问题，即用静力学中研究平衡问题的方法来研究动力学问题，为动力学的研究提供了一种新的普遍方法，这种方法又称为**动静法**。

11.1 惯性力·质点的达朗贝尔原理

设一质点的质量为 m，加速度为 $\boldsymbol{a}$，在主动力 $\boldsymbol{F}$ 和约束力 $\boldsymbol{F}_N$ 的作用下，沿曲线运动，如图 11.1 所示。根据牛顿第二定律有

$$m\boldsymbol{a}=\boldsymbol{F}+\boldsymbol{F}_N$$

上式可改写成

$$\boldsymbol{F}+\boldsymbol{F}_N+(-m\boldsymbol{a})=\boldsymbol{0}$$

引入记号

$$\boldsymbol{F}_I=-m\boldsymbol{a} \tag{11.1}$$

则有

$$\boldsymbol{F}+\boldsymbol{F}_N+\boldsymbol{F}_I=\boldsymbol{0} \tag{11.2}$$

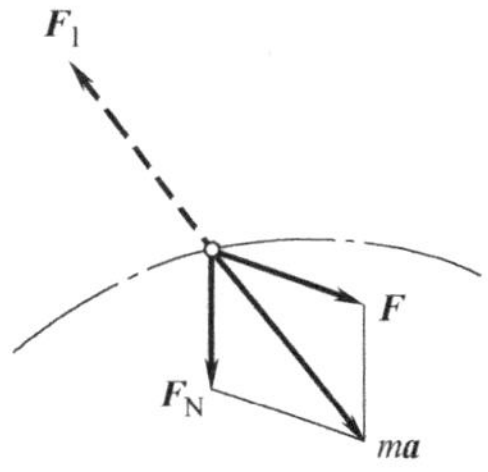

图 11.1

此处 $\boldsymbol{F}_I$ 具有力的量纲，可以将其假想为一个作用于质点上的力，它的大小等于质点的质量和加速度的乘积，方向与质点加速度 $\boldsymbol{a}$ 的方向相反。这个虚加的力与**质点的质量有关**，因而称为**质点的惯性力**。引入惯性力后，式（11.2）变成一个形式上的平衡方程，即：在质点运动的任一瞬时，**如果在其上除作用有真实的主动力和约束力外，再假想地加上惯性力，则这些力在形式上组成一平衡力系**。这就是**质点的达朗贝尔原理**。

应当强调的是，惯性力 $\boldsymbol{F}_I$ 是为了借用静力学的方法求解动力学问题而假设的力，它并不是作用于质点上的实际意义上的力，质点也并非真正处于平衡状态。

质点的达朗贝尔原理表明：如果在运动着的质点上加上假想的惯性力，则质点形式上处于平衡，从而可将动力学问题转化成静力学问题。在式（11.2）中，求解惯性力 $\boldsymbol{F}_I$ 就是求解运动；求解 $\boldsymbol{F}_N$ 就是求解未知的约束力。式（11.2）反映的仍然是实际受力与运动之间的动力学关系。在已知运动求约束力的问题中，动静法往往十分方便。

例 11.1 如图 11.2 所示，单摆摆长为 l，摆锤质量为 m。求单摆的运动规律及绳的约束力。

解：取摆锤为研究对象。作用于摆锤上的力有重力 $\boldsymbol{W}$，绳子的拉力 $\boldsymbol{F}_{\mathrm{T}}$；质点做圆周运动，加速度包含两个分量：切向加速度 $a_{\mathrm{t}}=l\ddot{\theta}$，法向加速度 $a_{\mathrm{n}}=l\dot{\theta}^2$。因而惯性力也包含两部分：切向惯性力 $F_{\mathrm{I}}^{\mathrm{t}}=ml\ddot{\theta}$和法向惯性力 $F_{\mathrm{I}}^{\mathrm{n}}=ml\dot{\theta}^2$，方向分别与加速度 $\boldsymbol{a}_{\mathrm{t}}$ 和 $\boldsymbol{a}_{\mathrm{n}}$ 的方向相反。

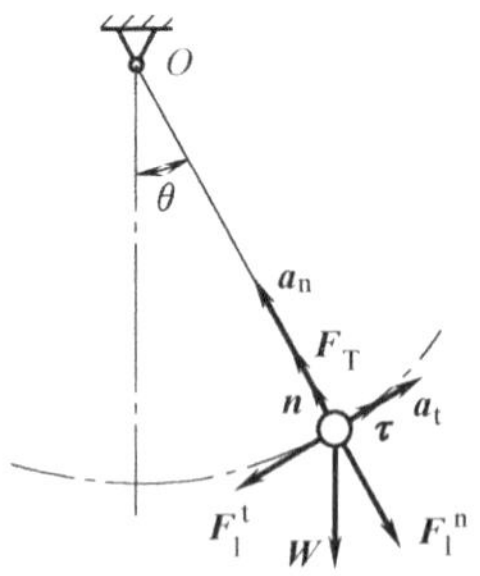

图 11.2　例 11.1 图

根据达朗贝尔原理，这四个力在形式上组成一平面汇交平衡力系，因而有

$$\boldsymbol{W}+\boldsymbol{F}_{\mathrm{T}}+\boldsymbol{F}_{\mathrm{I}}^{\mathrm{n}}+\boldsymbol{F}_{\mathrm{I}}^{\mathrm{t}}=\boldsymbol{0}$$

取上式在自然轴上的投影形式，有

$$\sum F_{\mathrm{t}}=0,\quad -F_{\mathrm{I}}^{\mathrm{t}}-mg\sin\theta=0$$

$$\sum F_{\mathrm{n}}=0,\quad F_{\mathrm{T}}-F_{\mathrm{I}}^{\mathrm{n}}-mg\cos\theta=0$$

解得单摆的运动微分方程为

$$\ddot{\theta}+\frac{g}{l}\sin\theta=0$$

绳子的约束力为

$$F_{\mathrm{T}}=mg\cos\theta+ml\dot{\theta}^2$$

上式表明，绳的约束力包含两部分：静约束力及动约束力，后者是由离心惯性力引起的。因此，使用达朗贝尔原理，有时可以方便地解释动约束力。

11.2 质点系的达朗贝尔原理

设质点系由 n 个质点组成，从其内取第 i 个质点，设其质量为 m_i，加速度为 $\boldsymbol{a}_i$，作用于此质点上的力可分为外力 $\boldsymbol{F}_i^{(\mathrm{e})}$ 和内力 $\boldsymbol{F}_i^{(\mathrm{i})}$。对此质点假想地加上它的惯性力 $\boldsymbol{F}_{\mathrm{I}i}=-m_i\boldsymbol{a}_i$。由质点的达朗贝尔原理，有

$$\boldsymbol{F}_i^{(\mathrm{e})}+\boldsymbol{F}_i^{(\mathrm{i})}+\boldsymbol{F}_{\mathrm{I}i}=\boldsymbol{0}\quad(i=1,2,\cdots,n)\tag{11.3}$$

对每个质点都假想地加上各自的惯性力，因作用于每个质点上的力与惯性力在形式上组成平衡力系，因此作用于质点系的所有外力、内力与惯性力在形式上必然也组成平衡力系。根据空间任意力系的平衡条件，力系的主矢和对任意点的主矩分别等于零，得

$$\left.\begin{aligned}&\sum\boldsymbol{F}_i^{(\mathrm{e})}+\sum\boldsymbol{F}_i^{(\mathrm{i})}+\sum\boldsymbol{F}_{\mathrm{I}i}=\boldsymbol{0}\\&\sum\boldsymbol{M}_O(\boldsymbol{F}_i^{(\mathrm{e})})+\sum\boldsymbol{M}_O(\boldsymbol{F}_i^{(\mathrm{i})})+\sum\boldsymbol{M}_O(\boldsymbol{F}_{\mathrm{I}i})=\boldsymbol{0}\end{aligned}\right\}$$

根据牛顿第三定律，质点系的内力总是成对出现，并且彼此等值反向，因此有 $\sum\boldsymbol{F}_i^{(\mathrm{i})}\equiv\boldsymbol{0}$ 和 $\sum\boldsymbol{M}_O(\boldsymbol{F}_i^{(\mathrm{i})})\equiv\boldsymbol{0}$，于是得

$$\left.\begin{aligned}&\sum\boldsymbol{F}_i^{(\mathrm{e})}+\sum\boldsymbol{F}_{\mathrm{I}i}=\boldsymbol{0}\\&\sum\boldsymbol{M}_O(\boldsymbol{F}_i^{(\mathrm{e})})+\sum\boldsymbol{M}_O(\boldsymbol{F}_{\mathrm{I}i})=\boldsymbol{0}\end{aligned}\right\}\tag{11.4}$$

即在运动的任一瞬时，**如果对质点系中每个质点都假想地加上各自的惯性力，则质点系的所有外力和所有质点的惯性力在形式上组成平衡力系**，这就是**质点系的达朗贝尔原理**。

根据质点系（刚体或刚体系）的受力特征和运动形式，式（11.4）可采用适当的投影

形式。

例 11.2　如图 11.3a 所示，半径为 R、质量为 m 的飞轮，以匀角速 ω 转动。设轮缘较薄，且质量均匀分布于轮缘，轮辐质量不计。试求轮缘中由于旋转而引起的张力。

解： 所求轮缘张力为整个飞轮的内力，须取一部分轮缘为研究对象方能显出。可取$\frac{1}{2}$轮缘为研究对象，如图 11.3b 所示。其受力有两截面的张力 $\boldsymbol{F}_{TA}$、$\boldsymbol{F}_{TB}$，由对称性，显然 $F_{TA}=F_{TB}=F_T$。任一微小弧段 $Rd\theta$ 的惯性力大小为

$$dF_I=\frac{m}{2\pi R}Rd\theta\cdot R\omega^2=\frac{Rm\omega^2}{2\pi}\cdot d\theta$$

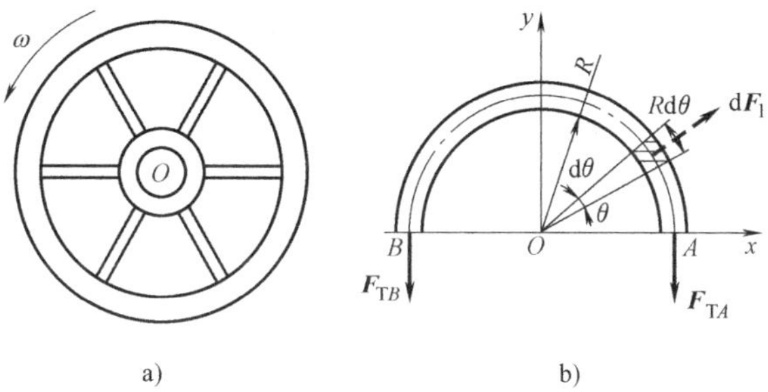

图 11.3　例 11.2 图

将所有力向 y 轴方向投影，由质点系的达朗贝尔原理，得

$$\Sigma F_y=0,\quad \int dF_I\sin\theta-2F_T=0$$

解得

$$F_T=\frac{1}{2}\int_0^{\pi}\frac{Rm\omega^2}{2\pi}\sin\theta d\theta=\frac{Rm\omega^2}{2\pi}$$

由于轮缘质量均匀分布，任一截面张力都相同。

11.3 刚体惯性力系的简化

应用达朗贝尔原理求解刚体动力学问题时，需要对刚体内每个质点加上其惯性力，这些惯性力组成一惯性力系。如果用静力学中力系简化的方法先将刚体的惯性力系加以简化，再用于解题就方便得多。下面分别对刚体做平动、绕定轴转动和平面运动时的惯性力系进行简化。

1. 刚体做平动的情况

刚体做平动时，任一瞬时刚体内各质点具有相同的加速度 $\boldsymbol{a}_i=\boldsymbol{a}_C$，因此刚体内任一质点的惯性力为

$$\boldsymbol{F}_{Ii}=-m_i\boldsymbol{a}_C\quad(i=1,2,\cdots,n)$$

各质点惯性力组成一同向平行力系，如图 11.4a 所示，将其向质心简化，如图 11.4b 所示，

得惯性力系的主矢为

$$\boldsymbol{F}_{\mathrm{IR}}=\sum \boldsymbol{F}_{\mathrm{I}i}=\sum(-m_i\boldsymbol{a}_C)=-m\boldsymbol{a}_C \tag{11.5}$$

对质心 C 的主矩为

$$\boldsymbol{M}_{\mathrm{I}C}=\sum \boldsymbol{r}_i\times(-m_i\boldsymbol{a}_C)=-(\sum m_i\boldsymbol{r}_i)\times\boldsymbol{a}_C=-m\boldsymbol{r}_C\times\boldsymbol{a}_C$$

式中，$\boldsymbol{r}_C$ 为质心 C 对简化中心 C 的矢径，显然 $\boldsymbol{r}_C=\boldsymbol{0}$，于是惯性力系对质心 C 的主矩 $\boldsymbol{M}_{\mathrm{I}C}=\boldsymbol{0}$。

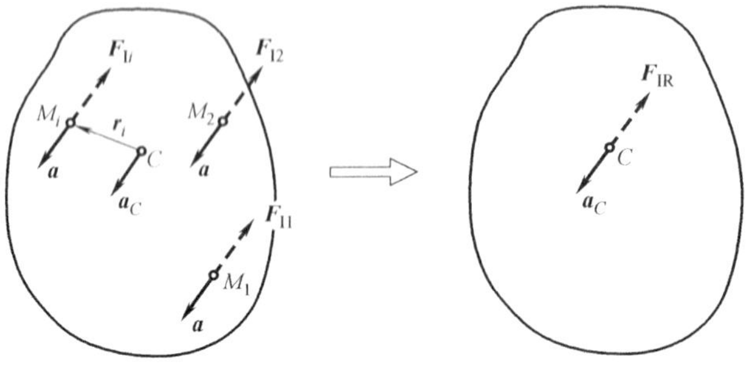

图 11.4

因此，**平动刚体的惯性力系可简化为通过质心的一个合力，其大小等于刚体的质量与加速度的乘积，方向与加速度的方向相反。**

2. 刚体绕定轴转动的情况

这里仅讨论具有质量对称平面并且转轴垂直于该对称平面的刚体，如图 11.5a 所示，这是工程实际中常遇到的情况。这时，刚体的惯性力系可简化为质量对称平面内的平面力系，如图 11.5b 所示，将此平面惯性力系向转轴与对称平面的交点 O 简化，如图 11.5c 所示，得一力 $\boldsymbol{F}_{\mathrm{IR}}$ 及一力偶 $\boldsymbol{M}_{\mathrm{I}O}$，而

$$\boldsymbol{F}_{\mathrm{IR}}=\sum \boldsymbol{F}_{\mathrm{I}i}=\sum(-m_i\boldsymbol{a}_i)=-\sum m_i\frac{\mathrm{d}^2\boldsymbol{r}_i}{\mathrm{d}t^2}$$

$$=-\frac{\mathrm{d}^2}{\mathrm{d}t^2}\sum m_i\boldsymbol{r}_i=-\frac{\mathrm{d}^2}{\mathrm{d}t^2}(m\boldsymbol{r}_C)=-m\boldsymbol{a}_C$$

即惯性力系的主矢为

$$\boldsymbol{F}_{\mathrm{IR}}=-m\boldsymbol{a}_C=-m(\boldsymbol{a}_C^{\mathrm{t}}+\boldsymbol{a}_C^{\mathrm{n}})$$

而惯性力系对 O 点的主矩为

$$M_{\mathrm{I}O}=\sum M_O(\boldsymbol{F}_{\mathrm{I}i})$$

将各点的惯性力分解为切向惯性力及法向惯性力，其中法向惯性力通过简化中心 O，则有 $\sum M_O(\boldsymbol{F}_{\mathrm{I}i}^{\mathrm{n}})=0$，故有

$$M_{\mathrm{I}O}=\sum M_O(\boldsymbol{F}_{\mathrm{I}i}^{\mathrm{t}})=-\sum m_ir_i\alpha r_i=-(\sum m_i\boldsymbol{r}_i^2)\alpha=-J_O\alpha$$

式中，$J_O=\sum m_ir_i^2$ 为刚体对转轴 z 的转动惯量；负号表示惯性力偶 $M_{\mathrm{I}O}$ 的转向与角加速度 α 的转向相反。

将上述结果写在一起

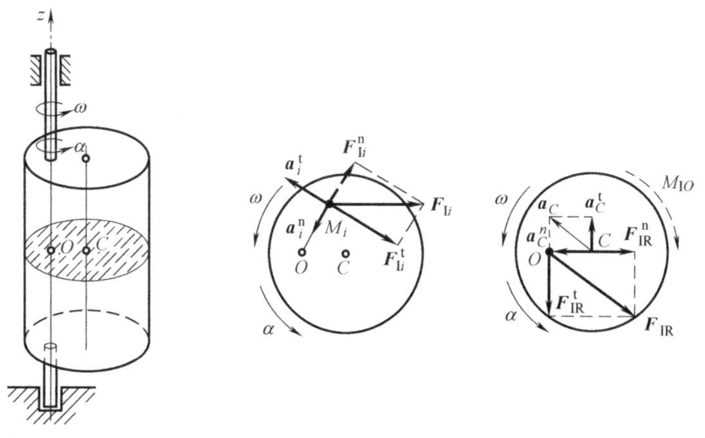

图 11.5

$$
\left.\begin{aligned}
\boldsymbol{F}_{\mathrm{IR}} &= -m\boldsymbol{a}_C \\
M_{\mathrm{I}O} &= -J_O\alpha
\end{aligned}\right\} \tag{11.6}
$$

于是得到结论：**当刚体有质量对称平面且绕垂直于该对称平面的定轴转动时，惯性力系可简化为该对称平面内的一个力和一个力偶。这个力大小等于刚体质量与质心加速度的乘积，方向与质心加速度的方向相反，作用线通过转轴；这个力偶的矩等于刚体转动惯量与角加速度的乘积，转向与角加速度相反。**

若转轴恰好通过刚体的质心，因 $a_C=0$，惯性力系向 O 点简化时只得到一个力偶 $M_{\mathrm{I}O}=-J_O\alpha$。

3. 刚体做平面运动的情况

这里仅讨论具有质量对称平面的刚体，其质心必在对称平面内，且刚体的惯性力系可简化为对称平面内的一平面力系，如图 11.6 所示。

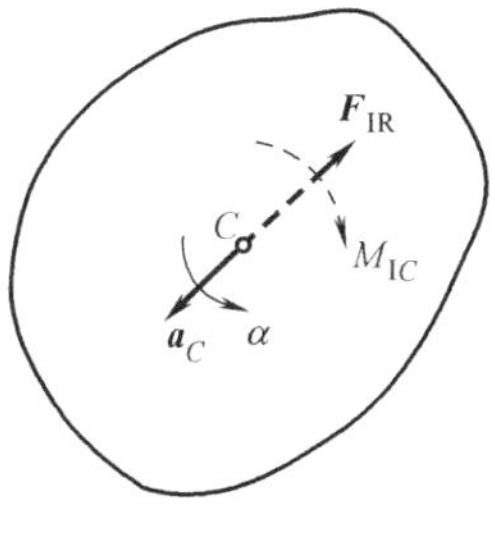

图 11.6

将刚体的平面运动分解为随质心的平动和绕质心的转动。设某瞬时质心的加速度为 $\boldsymbol{a}_C$，刚体的角速度为 ω，角加速度为 α。由上面的结果知，刚体随质心平动的惯性力系可简化为通过质心的一个力 $\boldsymbol{F}_{\mathrm{IR}}$，绕质心转动的惯性力系可简化为一个力偶 $M_{\mathrm{I}C}$。它们分别为

$$
\left.\begin{aligned}
\boldsymbol{F}_{\mathrm{IR}} &= -m\boldsymbol{a}_C \\
M_{\mathrm{I}C} &= -J_C\alpha
\end{aligned}\right\} \tag{11.7}
$$

式中，J_C 是刚体对过质心且与质量对称平面垂直的轴（质心轴 C）的转动惯量；负号表示惯性力偶的转向与角加速度 α 的转向相反。

于是得到结论：**有质量对称平面的刚体，平行于该平面运动时，刚体的惯性力系可简化为质量对称平面内的一个力和一个力偶。这个力通过质心，其大小等于刚体质量与质心加速度的乘积，方向与质心加速度方向相反；这个力偶的矩等于刚体对通过质心且垂直于对称平**

面的轴的转动惯量与角加速度的乘积，其转向与角加速度的转向相反。

应用达朗贝尔原理求解刚体或刚体系统的动力学问题时，一般是首先分析系统中各刚体的运动形式，并分别虚加上相应的惯性力系的主矢和主矩，然后就像求解静力学平衡问题那样，根据需要取整体或任一部分为研究对象，并分析其实际受力，最后列平衡方程求解。在对各刚体虚加惯性力时要特别注意，其主矢一定要虚加到简化中心上。下面举例说明其应用。

例 11.3 如图 11.7 所示，汽车连同货物的总质量为 $m=5500\text{kg}$，其质心离前、后轮的水平距离 $c=2.6\text{m}$，$b=1.4\text{m}$，离地面的高度 $h=2\text{m}$。汽车紧急制动时，前、后轮停止转动，沿路面滑行。设轮胎与路面间的动滑动摩擦因数 $f=0.6$。求汽车所获得的加速度值 a，以及地面对前、后轮的法向约束力 F_{NA}、F_{NB}。

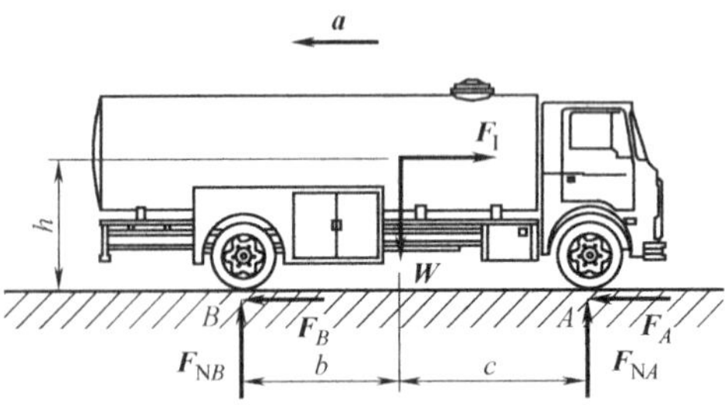

图 11.7　例 11.3 图

解： 取汽车连同货物为研究对象。外力有重力 $\boldsymbol{W}=m\boldsymbol{g}$，地面对前、后轮的法向约束力 $\boldsymbol{F}_{NA}$、$\boldsymbol{F}_{NB}$，以及动摩擦力 $\boldsymbol{F}_A$、$\boldsymbol{F}_B$。

略去车内机器和车轮的相对运动，则汽车连同货物可看作平动刚体。设其加速度方向向后，大小为 a。在其质心上虚加惯性力 $\boldsymbol{F}_I$，方向向前，大小为

$$F_I=ma \tag{a}$$

各外力与惯性力在形式上组成平衡力系，根据达朗贝尔原理可列出平衡方程为

$$\sum F_x=0,\qquad -F_A-F_B+F_I=0 \tag{b}$$

$$\sum F_y=0,\qquad F_{NA}+F_{NB}-mg=0 \tag{c}$$

$$\sum M_A(\boldsymbol{F})=0,\qquad -F_{NB}(b+c)-F_Ih+mgc=0 \tag{d}$$

由摩擦条件，列出补充方程为

$$\left.\begin{aligned}F_A&=fF_{NA}\\F_B&=fF_{NB}\end{aligned}\right\} \tag{e}$$

将式（a）、式（e）代入式（b）、式（c），联立方程解得

$$a=fg=5.88\text{m/s}^2$$

将以上结果代入式（d），解得

$$F_{NB}=mg\frac{c-fh}{b+c}=18.87\text{kN}$$

再将以上结果代入式（c），得

$$F_{NA}=mg\frac{b+fh}{b+c}=35.04\text{kN}$$

讨论： 若汽车静止和匀速前进，则根据平衡条件可解得前、后轮的法向约束力大小分别为 $F_{NA}=mgb/(b+c)$ 和 $F_{NB}=mgc/(b+c)$。由此可见，制动时前轮约束力增大而后轮约束力减小。对于这一现象，可解释为制动时“惯性力有使汽车向前翻转的趋势，从而使前轮约束力增大而后轮约束力减小”。当小轿车紧急制动时，可以明显地看到车头下沉、车尾上抬

的现象。如果尺寸布置不当，汽车在紧急制动时有可能绕前轮翻转。为使汽车不致倾覆，应保证地面对后轮的法向约束力 $F_{NB}=mg\dfrac{c-fh}{b+c}\geqslant 0$，即使

$$c/h\geqslant f$$

若以上条件不能满足，汽车后轮就要离开地面，可能造成翻车。

例 11.4　如图 11.8 所示，均质细杆 AB 长为 l，质量为 m，可绕 O 轴在铅直面内转动，$OA=\dfrac{1}{3}l$，在 B 端用一细线悬挂，使其在水平位置保持静止。若将细线突然剪断，试求细绳剪断瞬时杆 AB 的角加速度和转轴 O 的约束力。

解：取杆 AB 为研究对象，外力有重力 $m\boldsymbol{g}$、转轴 O 的约束力 $\boldsymbol{F}_{Ox}$ 和 $\boldsymbol{F}_{Oy}$。

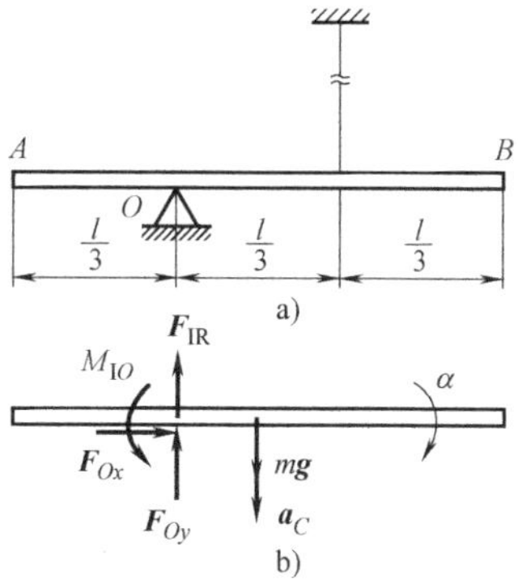

图 11.8　例 11.4 图

绳子剪断后，杆 AB 做定轴转动。剪断瞬时的角速度 $\omega=0$，角加速度 $\alpha\neq 0$，所以质心加速度为

$$a_C=a_t=OC\cdot\alpha=\left(\frac{1}{2}l-\frac{1}{3}l\right)\alpha=\frac{1}{6}l\alpha$$

杆 AB 对转轴的转动惯量为

$$J_O=J_C+m\left(\frac{1}{2}l-\frac{1}{3}l\right)^2=\frac{1}{9}ml^2$$

在轴 O 上虚加惯性力、惯性力偶为

$$F_{IR}=ma_C=\frac{1}{6}ml\alpha$$

$$M_{IO}=J_O\alpha=\frac{1}{9}ml^2\alpha$$

各外力与惯性力在形式上组成平衡力系，根据达朗贝尔原理列出平衡方程并求解，得

$$\sum F_x=0,\quad F_{Ox}=0$$

$$\sum M_O(\boldsymbol{F})=0,\quad M_{IO}-\frac{1}{6}mgl=0$$

$$\alpha=\frac{3g}{2l}$$

$$\sum F_y=0,\quad F_{Oy}+F_{IR}-mg=0$$

$$F_{Oy}=\frac{3}{4}mg$$

例 11.5　如图 11.9 所示，均质圆盘半径为 r，质量为 m，在重力作用下沿倾角为 θ 的斜面向下做纯滚动。求圆盘下降的加速度及斜面的摩擦力。

解：取圆盘为研究对象。外力有圆盘的重力 $m\boldsymbol{g}$、斜面的法向约束力 $\boldsymbol{F}_N$ 及摩擦力 $\boldsymbol{F}_s$。

圆盘做平面运动，建立如图所示的 Oxy 坐标系。质心加速度为 $\boldsymbol{a}_C$，角加速度为 $\alpha=\dfrac{a_C}{r}$。

在圆盘质心上加惯性力为

$$F_I=ma_C,\quad M_I=J_C\alpha=\frac{1}{2}mra_C$$

各外力与惯性力在形式上组成平衡力系，根据达朗贝尔原理列出平衡方程并求解

$$\sum M_A(\boldsymbol{F})=0,\quad F_1 r+M_1-mgr\sin\theta=0$$

$$a_C=\frac{2}{3}g\sin\theta$$

$$\sum F_x=0,\quad mg\sin\theta-F_1-F_s=0$$

$$F_s=\frac{1}{3}mg\sin\theta$$

$$\sum F_y=0,\quad F_N-mg\cos\theta=0$$

$$F_N=mg\cos\theta$$

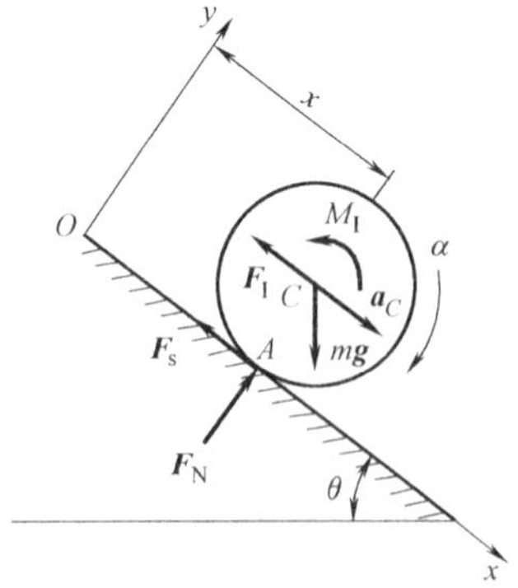

图 11.9　例 11.5 图

例 11-6　如图 11.10 所示，均质杆 AB，长为 l，重为 $\boldsymbol{W}_1$，其 A 端固定，B 端与一重为 $\boldsymbol{W}$、半径为 r 的均质圆轮铰接。在轮上作用一个矩为 M 的力偶，借助于绳索提升重为 $\boldsymbol{W}_2$ 的重物 D。试求固定端 A 的约束力。

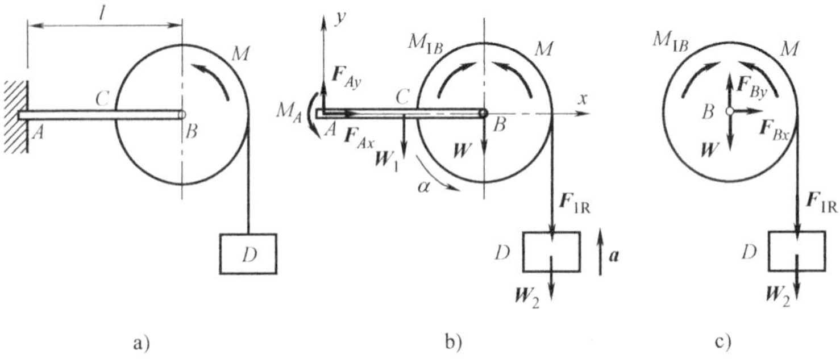

图 11.10　例 11.6 图

解： 取圆轮、梁和重物组成的整体系统为研究对象，如图 11.10b 所示。作用在系统上的真实力有力偶 M，重力 $\boldsymbol{W}_1$、$\boldsymbol{W}$、$\boldsymbol{W}_2$ 以及固定端 A 对梁的约束力 $\boldsymbol{F}_{Ax}$、$\boldsymbol{F}_{Ay}$ 和约束力偶 M_A。

在系统中，梁 AB 处于静止，而重物 D 以加速度 $\boldsymbol{a}$ 向上平动，圆轮以角加速度 α 绕水平轴 B 做定轴转动。在重物 D 的质心沿 $\boldsymbol{a}$ 的反向虚加惯性力 $\boldsymbol{F}_{IR}$，在圆轮 B 上沿 α 的反向虚加惯性力偶 M_{IB}。

作用系统上的各外力与惯性力在形式上组成平衡力系，根据达朗贝尔原理列出平衡方程

$$\sum F_x=0,\qquad F_{Ax}=0 \tag{a}$$

$$\sum F_y=0,\qquad F_{Ay}-W_1-W-W_2-F_{IR}=0 \tag{b}$$

$$\sum M_A(\boldsymbol{F})=0,\quad M_A-W_1\cdot\frac{l}{2}-W\cdot l+M-M_{IB}-(W_2+F_{IR})\cdot(l+r)=0 \tag{c}$$

然后取圆轮、绳和重物为研究对象，受力如图 11.10c 所示。根据达朗贝尔原理有

$$\sum M_B(\boldsymbol{F})=0,\quad M-M_{IB}-(W_2+F_{IR})r=0 \tag{d}$$

其中 $F_{IR}=\dfrac{W_2}{g}a$，$M_{IB}=J_B\alpha=\dfrac{Wr^2}{2g}\alpha$，还有运动学关系

$$a=r\alpha \tag{e}$$

由式（d）和式（e）得

$$a=\frac{2(M-rW_2)}{(W+2W_2)r}g$$

代入式（a）~式（c），得固定端 A 的约束力和约束力偶分别为

$$F_{Ax}=0$$

$$F_{Ay}=W_1+W+W_2+\frac{2(M-rW_2)}{(W+2W_2)r}W_2$$

$$M_A=l\left(\frac{W_1}{2}+W\right)-M+\frac{(l+r)(rG+2M)W_2+(M-rW_2)Wr}{(W+2W_2)r}$$

11.4 绕定轴转动刚体的轴承动约束力

在工程实际中，转子绕定轴高速转动时，常常使轴承承受巨大的附加动约束力，以致损坏机器零件或引起剧烈的振动。因此，研究出现附加动约束力的原因和避免出现附加动约束力的条件，具有实际意义。

我们先分析一般情况下定轴转动刚体的惯性力系的简化。一般刚体绕定轴转动时，其中任一质点的惯性力为 $F_{Ii}=-m_i\boldsymbol{a}_i$，如图 11.11 所示，全部惯性力组成空间力系。将此空间惯性力系向转轴上任一点 O 简化，得一个力和一个力偶。这个力等于惯性力系的主矢 $\boldsymbol{F}_I$；这个力偶的矩等于惯性力系对 O 点的主矩 $\boldsymbol{M}_{IO}$。即

$$\boldsymbol{F}_I=\sum\boldsymbol{F}_{Ii}=-\sum m_i\boldsymbol{a}_i$$

$$\boldsymbol{M}_{IO}=\sum\boldsymbol{M}_O(\boldsymbol{F}_{Ii})$$

如前所述，此惯性力系的主矢为

$$\boldsymbol{F}_I=-m\boldsymbol{a}_C \tag{11.8}$$

由于定轴转动刚体内各点的加速度皆与转轴垂直，因而 $\boldsymbol{F}_I$ 垂直于转轴。

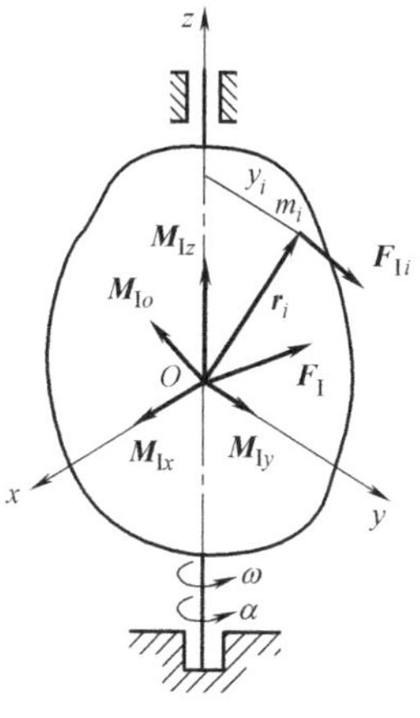

图 11.11

以简化中心 O 为坐标原点，建立直角坐标系 $Oxyz$ 如图 11.11 所示。$\boldsymbol{i}$、$\boldsymbol{j}$、$\boldsymbol{k}$ 为直角坐标轴 x、y、z 的单位矢量。

为求惯性力系对 O 点的主矩，现将 i 点的速度 $\boldsymbol{v}_i$ 和加速度 $\boldsymbol{a}_i$ 写成矢量积的形式为

$$\boldsymbol{v}_i=\boldsymbol{\omega}\times\boldsymbol{r}_i$$

$$\boldsymbol{a}_i=\boldsymbol{\alpha}\times\boldsymbol{r}_i+\boldsymbol{\omega}\times(\boldsymbol{\omega}\times\boldsymbol{r}_i)$$

式中，$\boldsymbol{r}_i$ 为 i 点矢径；$\boldsymbol{\omega}$、$\boldsymbol{\alpha}$ 为沿 z 轴的角速度和角加速度矢量。因此

$$\boldsymbol{M}_{IO}=\sum\boldsymbol{M}_O(\boldsymbol{F}_{Ii})=-\sum\boldsymbol{r}_i\times m_i\boldsymbol{a}_i$$

$$= -\sum m_i \boldsymbol{r}_i \times (\boldsymbol{\alpha} \times \boldsymbol{r}_i) - \sum m_i \boldsymbol{r}_i \times [\boldsymbol{\omega} \times (\boldsymbol{\omega} \times \boldsymbol{r}_i)] \quad \text{(a)}$$

质点 i 的矢径 $\boldsymbol{r}_i$、角速度矢 $\boldsymbol{\omega}$ 和角加速度矢 $\boldsymbol{\alpha}$ 可写为

$$\boldsymbol{r}_i = x_i \boldsymbol{i} + y_i \boldsymbol{j} + z_i \boldsymbol{k}$$

$$\boldsymbol{\omega} = \omega \boldsymbol{k}, \quad \boldsymbol{\alpha} = \alpha \boldsymbol{k}$$

则

$$\boldsymbol{\alpha} \times \boldsymbol{r}_i = \begin{vmatrix} \boldsymbol{i} & \boldsymbol{j} & \boldsymbol{k} \\ 0 & 0 & \alpha \\ x_i & y_i & z_i \end{vmatrix} = \alpha(-y_i \boldsymbol{i} + x_i \boldsymbol{j})$$

$$\boldsymbol{r}_i \times (\boldsymbol{\alpha} \times \boldsymbol{r}_i) = \alpha \begin{vmatrix} \boldsymbol{i} & \boldsymbol{j} & \boldsymbol{k} \\ x_i & y_i & z_i \\ -y_i & x_i & 0 \end{vmatrix} = \alpha[-x_i z_i \boldsymbol{i} - y_i z_i \boldsymbol{j} + (x_i^2 + y_i^2) \boldsymbol{k}]$$

$$\boldsymbol{\omega} \times \boldsymbol{r}_i = \begin{vmatrix} \boldsymbol{i} & \boldsymbol{j} & \boldsymbol{k} \\ 0 & 0 & \omega \\ x_i & y_i & z_i \end{vmatrix} = \omega(-y_i \boldsymbol{i} + x_i \boldsymbol{j})$$

$$\boldsymbol{\omega} \times (\boldsymbol{\omega} \times \boldsymbol{r}_i) = \omega \begin{vmatrix} \boldsymbol{i} & \boldsymbol{j} & \boldsymbol{k} \\ 0 & 0 & \omega \\ -y_i & x_i & 0 \end{vmatrix} = -\omega^2 (x_i \boldsymbol{i} + y_i \boldsymbol{j})$$

$$\boldsymbol{r}_i \times [\boldsymbol{\omega} \times (\boldsymbol{\omega} \times \boldsymbol{r}_i)] = -\omega^2 \begin{vmatrix} \boldsymbol{i} & \boldsymbol{j} & \boldsymbol{k} \\ x_i & y_i & z_i \\ x_i & y_i & 0 \end{vmatrix} = \omega^2 (y_i z_i \boldsymbol{i} - x_i z_i \boldsymbol{j})$$

将以上各简化结果代入式（a），得

$$\begin{aligned} \boldsymbol{M}_{1O} &= -\sum m_i \boldsymbol{r}_i \times (\alpha \times \boldsymbol{r}_i) - \sum m_i \boldsymbol{r}_i \times [\omega \times (\omega \times \boldsymbol{r}_i)] \\ &= \alpha [\sum m_i x_i z_i \boldsymbol{i} + \sum m_i y_i z_i \boldsymbol{j} - \sum m_i ((x_i^2 + y_i^2) \boldsymbol{k})] - \omega^2 (\sum m_i y_i z_i \boldsymbol{i} - \sum m_i x_i z_i \boldsymbol{j}) \\ &= (\alpha \sum m_i x_i z_i - \omega^2 \sum m_i y_i z_i) \boldsymbol{i} + (\alpha \sum m_i y_i z_i + \omega^2 \sum m_i x_i z_i) \boldsymbol{j} - \alpha \sum m_i ((x_i^2 + y_i^2) \boldsymbol{k} \end{aligned}$$

式中，$J_z = \sum m_i r_i^2 = \sum m_i (x_i^2 + y_i^2)$ 为刚体对 z 轴的**转动惯量**，而

$$\left.\begin{aligned} J_{xz} &= \sum m_i x_i z_i \\ J_{yz} &= \sum m_i y_i z_i \end{aligned}\right\} \quad (11.9)$$

定义为刚体对 z 轴的**离心转动惯量或惯性积**。因而，惯性力系对 O 点的主矩为

$$\boldsymbol{M}_{1O} = (J_{xz} \alpha - J_{yz} \omega^2) \boldsymbol{i} + (J_{yz} \alpha + J_{xz} \omega^2) \boldsymbol{j} - J_z \alpha \boldsymbol{k} \quad (11.10)$$

式（11.10）给出了一般情况下，定轴转动刚体惯性力系向转轴上任一点 O 简化的惯性力偶矩矢表达式。式中，最后一项为惯性力系对转轴 z 的矩，即

$$M_{1z} = -J_z \alpha$$

而惯性力系对固结于刚体并垂直于转轴 z 的 x、y 两轴的矩分别为

$$\left.\begin{aligned} M_{1x} &= J_{xz} \alpha - J_{yz} \omega^2 \\ M_{1y} &= J_{yz} \alpha + J_{xz} \omega^2 \end{aligned}\right\} \quad (11.11)$$

如果刚体具有质量对称平面并且该平面与转轴 z 垂直，则惯性力系简化为在对称平面内

的平面力系。在该平面内取坐标轴 x 和 y，则有

$$J_{xz}=0,\quad J_{yz}=0$$

于是有

$$M_{\mathrm{I}x}=M_{\mathrm{I}y}=0$$

$$M_{\mathrm{I}O}=M_{\mathrm{I}z}=-J_z\alpha$$

$$\boldsymbol{F}_{\mathrm{I}}=-m\boldsymbol{a}_C$$

此结论与式（11.6）相同。

为求转动刚体支座约束力，将此刚体的主动力系也向 O 点简化，得一力 $\boldsymbol{F}_{\mathrm{R}}$ 和一力偶 $\boldsymbol{M}_O$，加上轴承约束力和惯性力系简化结果，如图 11.12 所示。

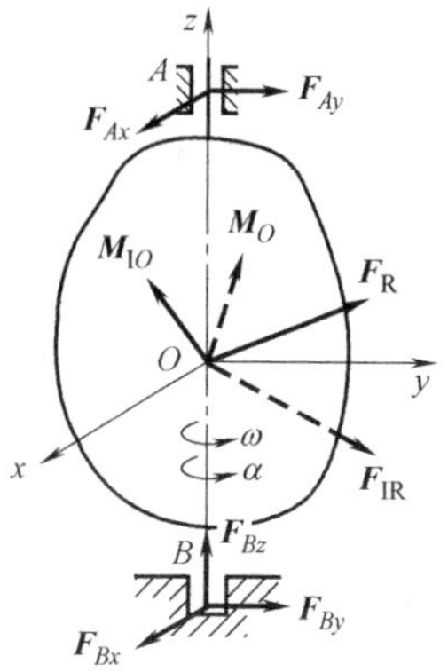

图 11.12

根据达朗贝尔原理，可列出下列六个方程

$$F_{Ax}+F_{Bx}+F_{\mathrm{R}x}+F_{\mathrm{I}x}=0$$

$$F_{Ay}+F_{By}+F_{\mathrm{R}y}+F_{\mathrm{I}y}=0$$

$$F_{Bz}+F_{\mathrm{R}z}=0$$

$$F_{By}\cdot OB-F_{Ay}\cdot OA+M_x+M_{\mathrm{I}x}=0$$

$$-F_{Bx}\cdot OB+F_{Ax}\cdot OA+M_y+M_{\mathrm{I}y}=0$$

$$M_z+M_{\mathrm{I}z}=0$$

由前五个方程解得轴承约束力为

$$\left.\begin{aligned}
F_{Ax}&=-\frac{1}{AB}[(M_y+F_{\mathrm{R}x}\cdot OB)+(M_{\mathrm{I}y}+F_{\mathrm{I}x}\cdot OB)]\\
F_{Ay}&=\frac{1}{AB}[(M_x-F_{\mathrm{R}y}\cdot OB)+(M_{\mathrm{I}x}-F_{\mathrm{I}y}\cdot OB)]\\
F_{Bx}&=\frac{1}{AB}[(M_y-F_{\mathrm{R}x}\cdot OA)+(M_{\mathrm{I}y}-F_{\mathrm{I}x}\cdot OA)]\\
F_{By}&=-\frac{1}{AB}[(M_x+F_{\mathrm{R}y}\cdot OA)+(M_{\mathrm{I}x}+F_{\mathrm{I}y}\cdot OA)]\\
F_{Bz}&=-F_{\mathrm{R}z}
\end{aligned}\right\}\tag{11.12}$$

由上式可知，由于惯性力系分布在垂直于转轴的各平面内，推力轴承沿 z 轴的约束力 $\boldsymbol{F}_{Bz}$与惯性力无关。与 z 轴垂直的轴承约束力 $\boldsymbol{F}_{Ax}$、$\boldsymbol{F}_{Ay}$、$\boldsymbol{F}_{Bx}$和 $\boldsymbol{F}_{By}$由两部分组成：①由主动力引起的静约束力。②由惯性力引起的附加动约束力。

要使附加动约束力等于零，必须有

$$M_{\mathrm{I}x}=M_{\mathrm{I}y}=0$$

$$F_{\mathrm{I}x}=F_{\mathrm{I}y}=0$$

即轴承附加动约束力等于零的条件是：惯性力系主矢等于零，惯性力系对 x 轴和 y 轴的矩等于零。即

$$\boldsymbol{F}_{\mathrm{I}}=-m\boldsymbol{a}_C=\boldsymbol{0}$$

$$M_{\mathrm{I}x}=J_{xz}\alpha-J_{yz}\omega^2=0$$

$$M_{\mathrm{I}y}=J_{yz}\alpha+J_{xz}\omega^2=0$$

由此可见，要使惯性力系主矢等于零，必须有 $a_C=0$，即转轴必须通过质心；刚体转动时，一般 $\omega\neq0$，$\alpha\neq0$，要使惯性力系对 x 轴和 y 轴的矩等于零，必须有 $J_{xz}=J_{yz}=0$，即刚体对于转轴的惯性积等于零。

于是得出结论：**刚体绕定轴转动时，避免出现轴承附加动约束力的条件是：转轴通过刚体的质心，刚体对转轴的惯性积等于零。**

如果刚体对于通过某点的某轴 z 的惯性积 J_{xz} 和 J_{yz} 等于零，则称此轴为该点的**惯性主轴**。可以证明通过刚体上任一点，都有三个互相垂直的惯性主轴。通过质心的惯性主轴称为**中心惯性主轴**。于是上述结论也可叙述如下：**避免出现轴承附加动约束力的条件是：刚体的转轴应为刚体的中心惯性主轴。**

设刚体的转轴通过质心，且刚体除重力外，没有受到其他主动力的作用，则刚体可以**在任意位置静止不动**，这种现象称为**静平衡**。当刚体的转轴通过质心且为惯性主轴时，刚体转动时不出现轴承附加动约束力，这种现象称为**动平衡**。能够静平衡的转子，不一定能实现动平衡。

事实上，由于转子材料的不均匀和制造误差、安装误差等，都可能使转子的转轴偏离中心惯性主轴。为了确保机器运行安全可靠，避免出现轴承动约束力，对于高速转动的刚体首先要保证静平衡，还要在专门的试验机上进行动平衡试验，根据试验数据，在刚体的适当位置附加质量或去掉一些质量，使其达到动平衡。

例 11.7 如图 11.13a 所示，涡轮轮盘由于轴孔不正，装在轴上时，轴与轮盘面的垂线 $O\zeta$ 成交角 $\gamma=1°$。已知轮盘质量 $m=20\text{kg}$，半径 $R=200\text{mm}$，厚度 $h=20\text{mm}$，重心 O 在转轴上。设轮盘为均质圆盘，它到两端轴承的距离 $OA=OB=0.5\text{m}$，轴做匀速转动，$n=12000\text{r/min}$。求轴承的附加动约束力。

解： 取固接于涡轮轮盘上的坐标系 $Oxyz$ 如图所示，以轮盘和轴为研究对象。

作用于研究对象的主动力有通过重心 O 的重力，约束力有 $\boldsymbol{F}_{Ax}$、$\boldsymbol{F}_{Ay}$、$\boldsymbol{F}_{Bx}$ 和 $\boldsymbol{F}_{By}$。

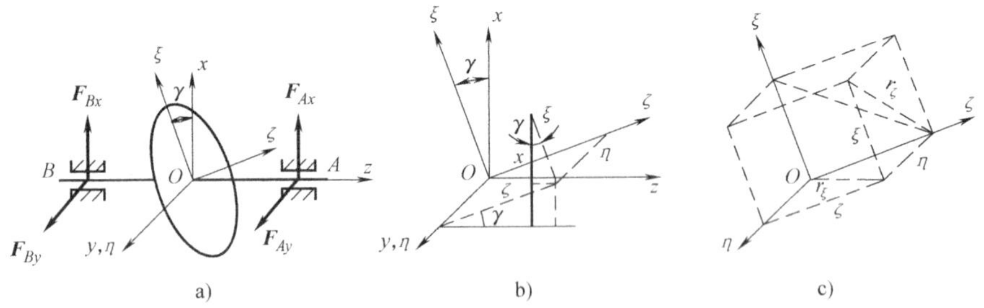

图 11.13 例 11.7 图

在圆盘上加惯性力，向中心点 O 简化结果为

$$F_1=ma_C=0$$

$$M_{1x}=-J_{yz}\omega^2$$

$$M_{1y}=J_{xz}\omega^2$$

因为圆盘上各点的 y 坐标对于 z 轴是对称的，因此有

$$J_{yz}=\sum m_i y_i z_i=0$$

为计算 J_{xz}，作出圆盘的中心惯性主轴 $O\zeta$ 以及与之垂直的轴 $O\xi$、$O\eta$，并设在如图所示瞬时 η 轴与 y 轴重合。由图 11.13b 可见

$$x=\xi\cos\gamma+\zeta\sin\gamma$$

$$y=-\xi\sin\gamma+\zeta\cos\gamma$$

$$\begin{aligned}J_{xz}&=\sum m_i xz=\sum m_i(\xi\cos\gamma+\zeta\sin\gamma)(-\xi\sin\gamma+\zeta\cos\gamma)\\&=\sin\gamma\cos\gamma\cdot\sum m_i(\zeta^2-\xi^2)+(\cos^2\gamma-\sin^2\gamma)\cdot\sum m_i\xi\zeta\end{aligned}$$

因 ξ 轴是轮盘的对称轴，有 $\sum m_i\xi\zeta=0$。又因

$$\sum m_i(\zeta^2-\xi^2)=\sum m_i(\zeta^2+\eta^2)-\sum m_i(\xi^2+\eta^2)$$

或

$$\sum m_i(\zeta^2-\xi^2)=\sum m_i r_\xi^2-\sum m_i r_\zeta^2$$

式中，r_ξ 和 r_ζ 分别是质点 m_i 到 ξ 和 ζ 轴的垂直距离。如图 11.13c 所示。由转动惯量定义有

$$\sum m_i r_\xi^2=J_\xi$$

$$\sum m_i r_\zeta^2=J_\zeta$$

即 J_ξ 和 J_ζ 分别是圆盘对 ξ 轴和 ζ 轴的转动惯量。由附录 C 有

$$J_\zeta=\frac{1}{2}mR^2$$

$$J_\xi=\frac{1}{12}m(3R^2+h^2)$$

于是

$$J_{xz}=\sin\gamma\cos\gamma\cdot(J_\xi-J_\zeta)=\frac{J_\xi-J_\zeta}{2}\sin2\gamma=\frac{m}{24}(h^2-3R^2)\sin2\gamma$$

当 $\gamma=1°$时，$\sin2\gamma\approx2\gamma$（$\gamma$ 单位为 rad），于是

$$J_{xz}=\frac{m\gamma}{12}(h^2-3R^2)=-0.003478\text{kg}\cdot\text{m}^2$$

根据式（11.12）求得轴承附加动约束力为

$$F_{Ax}=-\frac{1}{AB}M_{\text{I}y}=-\frac{J_{xz}}{AB}\omega^2=5493\text{N}$$

$$F_{Ay}=\frac{1}{AB}M_{\text{I}x}=\frac{J_{yz}}{AB}\omega^2=0$$

$$F_{Bx}=\frac{1}{AB}M_{\text{I}y}=\frac{J_{xz}}{AB}\omega^2=-5493\text{N}$$

$$F_{By}=-\frac{1}{AB}M_{\text{I}x}=0$$

此例轴承静约束力只有 98 N，可见附加动约束力远比静约束力大。

注意：由于这里的坐标系 $Oxyz$ 是固连于涡轮轴的。因而，上面求得的附加动约束力是

随着轴的转动而不断改变方向的。

本章小结

1. 本章基本要求

1）正确理解惯性力的概念，掌握惯性力系的简化方法。

2）熟记刚体做平动、定轴转动和平面运动时惯性力系的简化结果，正确添加刚体的惯性力和惯性力偶矩。

3）深刻理解达朗贝尔原理的实质，并能熟练地应用达朗贝尔原理（动静法）求解动力学问题。

4）了解惯性积、惯性矩、静平衡和动平衡的概念。

2. 本章重点

1）惯性力的概念，刚体惯性力系的简化结果。

2）达朗贝尔原理及应用。

3. 本章难点

1）通过系统惯性力系的简化，正确施加惯性力。

2）惯性积和惯性主轴的概念。

4. 学习建议

1）正确标志惯性力主矢，正确计算惯性力偶矩。将惯性力系向哪一点简化，就应按该点计算惯性力偶矩，并把惯性力主矢画在该点上（通过简化中心）；在画图时，对惯性力（矩），应按照质心加速度和刚体角加速度的相反方向画出惯性力（矩），列方程时只需代入惯性力、惯性力矩的大小。而不需要再加“-”号。

2）如果质点或刚体质心的加速度用两个（或三个）分量来表示，则质点的惯性力或刚体惯性力系的主矢也可相应地用两个（或三个）分量来表示。

3）动静法只适于惯性参考系，惯性力与惯性力偶的计算中均应代入绝对运动量。

4）对于单自由度系统的综合性动力学问题（既要求解运动又要求解未知力），宜先用动能定理求解运动，解出速度、加速度及角速度、角加速度后，再用动静法求解未知力。

习题

11.1 如图 11.14 所示，由相互铰接的水平臂连成的传送带，将圆柱形零件从一高度传送到另一高度。设零件与臂之间的摩擦因数 $f=0.2$。问：

（1）降落加速度 a 为多大时，零件不致在水平臂上滑动？

（2）h/d 比值等于多少时，零件在滑动之前先倾倒？

11.2 图 11.15 所示为一凸轮导板机构。偏心圆盘圆心为 C，半径为 R，偏心距 $CO=e$，绕 O 轴以匀角速度 ω 转动。当导板 AB 在最低位置时，弹簧的压缩量为 a，导板重为 $\boldsymbol{W}$。要使导板在运动过程中始终不离开偏心轮，求弹簧刚度系数 k。

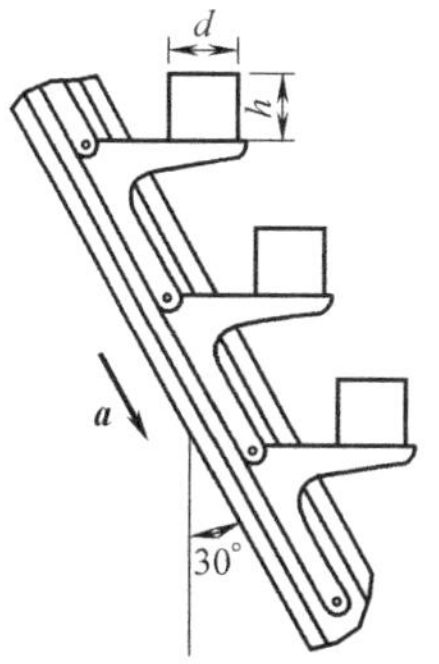

图 11.14　题 11.1 图

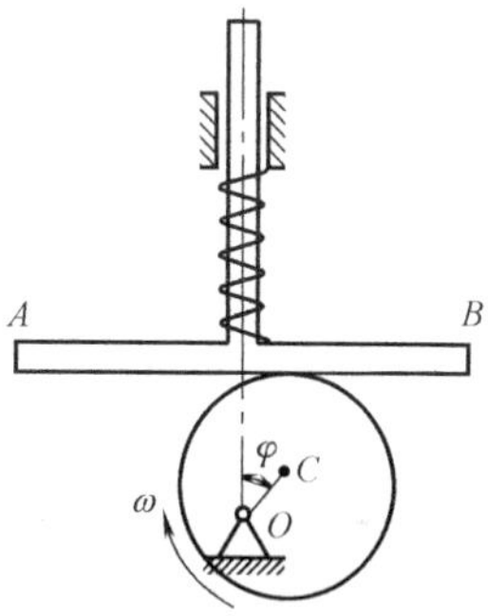

图 11.15　题 11.2 图

11.3　两重物 E 和 B 分别重 $W_1 = 20\text{kN}$ 和 $W_2 = 8\text{kN}$，连接如图 11.16 所示。并由电动机 A 拖动，如电动机上的绳子张力为 3kN，不计滑轮重。求重物 E 的加速度和绳 FD 的张力。

11.4　如图 11.17 所示，汽车重 $\boldsymbol{W}$，以加速度 $\boldsymbol{a}$ 做水平直线运动。汽车重心离地面的高度为 h，汽车前、后轴到通过重心垂线的距离分别等于 c 和 b。求其前、后轮的正压力及汽车的加速度多大时方能使前后轮的压力相等。

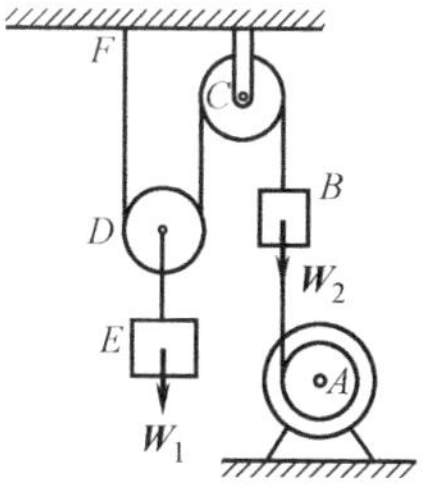

图 11.16　题 11.3 图

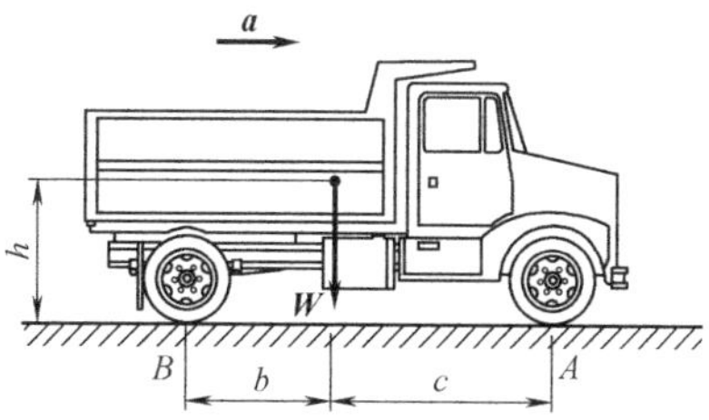

图 11.17　题 11.4 图

11.5　在运载器中，常用如图 11.18 所示的装置测量它的加速度，当重物在平衡位置时，两根弹簧都没有发生变形，将此装置固结在运载器上，运载器以某一加速度运行时，重物由惯性而产生相对位移，因而每个弹簧发生变形 δ；设两个弹簧的刚度系数均为 k，重物的质量为 m。求运载器的加速度。

11.6　如图 11.19 所示，矩形块质量 $m_1 = 100\text{kg}$，置于平台车上。车质量 $m_2 = 50\text{kg}$，此车沿光滑的水平面运动。车和矩形块在一起由质量为 m_3 的物体牵引，使之做加速运动。设物块与车之间的摩擦力足够阻止相对滑动。求能够使车加速运动的质量 m_3 的最大值，以及此时车的加速度的大小。

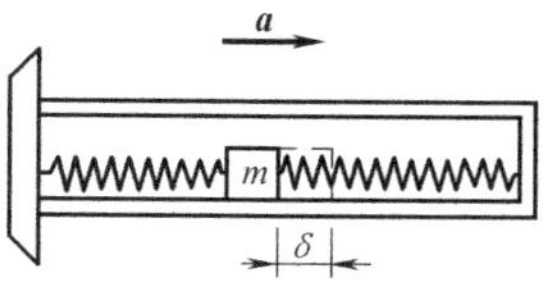

图 11.18　题 11.5 图

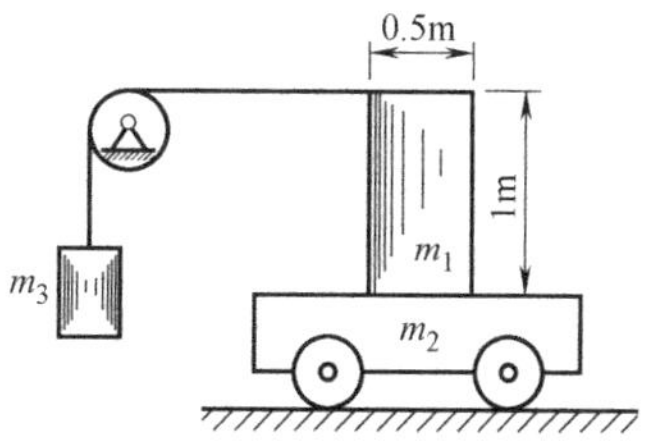

图 11.19　题 11.6 图

11.7　如图 11.20 所示，调速器由两个重量均为 $\boldsymbol{W}_1$ 的均质圆盘构成，圆盘偏心地铰接于距转动轴为 a 的 A、B 两点，调速器以等角速度 ω 绕铅直轴转动，圆盘中心到挂点的距离为 l。调速器外壳重 $\boldsymbol{W}_2$，并放在两个圆盘上。如不计摩擦，求角速度 ω 与圆盘离铅直线的偏角 φ 之间的关系。

11.8　图 11.21 所示为转速表的简化模型。长度为 $2l$ 的细杆 CD 在中点与转轴 AB 铰接，两者之间以盘簧相连。杆的两端各有一重量为 **W** 的小球固连。当转轴的角速度 $\omega=0$ 时，杆与转轴的夹角 $\varphi=\varphi_0$，这时盘簧没有变形。盘簧的回复力矩 M 与转角 φ 的关系为 $M=k(\varphi-\varphi_0)$，k 为盘簧的刚度系数。不计杆和盘簧的质量。试求角速度 ω 与角 φ 之间的关系。

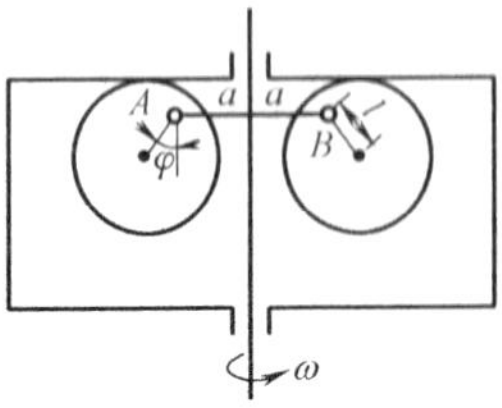

图 11.20　题 11.7 图

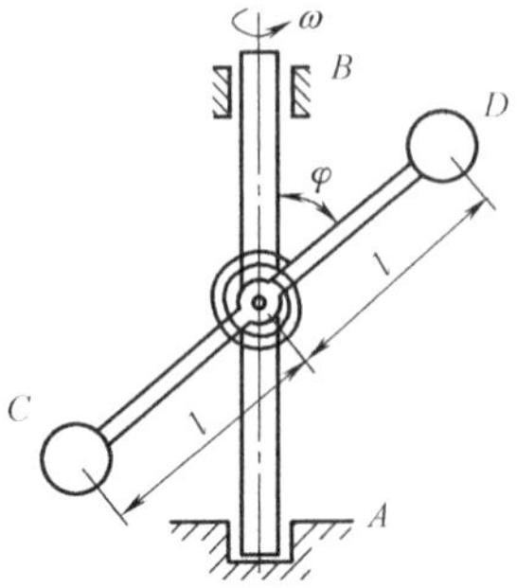

图 11.21　题 11.8 图

11.9　如图 11.22 所示，一等截面均质杆 OA 长为 l，重为 **W**，在水平面内以匀角速度 ω 绕铅直轴 O 转动。试求在距转动轴 h 处断面上的轴向力，并分析哪个截面上的轴向力最大。

11.10　如图 11.23 所示，均质杆 AB 长为 l，重为 **W**，以等角速度 ω 绕 z 轴转动。求杆与铅直线的交角 β 及铰链 A 的约束力。

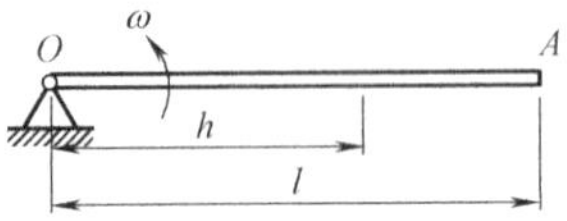

图 11.22　题 11.9 图

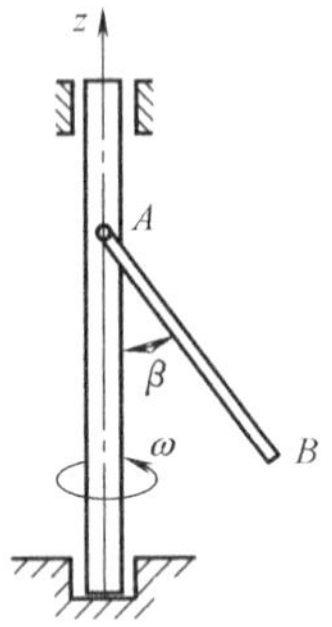

图 11.23　题 11.10 图

11.11　如图 11.24 所示，长方形均质平板长 200mm，宽 150mm，质量为 27kg，悬挂于两个销钉 A 和 B 上。如果突然撤去销钉 B，试求在该瞬时平板的角加速度和销钉 A 的约束力。

11.12　如图 11.25 所示，曲柄 OA 重为 $\boldsymbol{W}_1$，长为 R，以匀角速度 ω 绕水平轴 O 逆时针方向转动。由曲柄的 A 端推动水平板 B，使重为 $\boldsymbol{W}_2$ 的滑杆 CD 沿铅直方向运动，不计摩擦。求当曲柄与水平方向的夹角 $\varphi=30°$ 时的力矩 M 及轴承 O 的约束力。

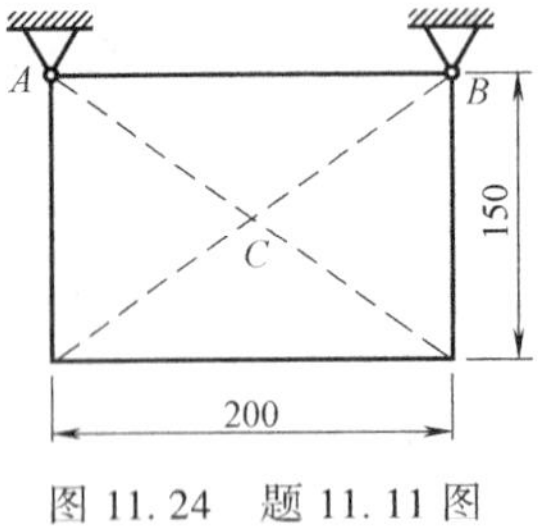

图 11.24　题 11.11 图

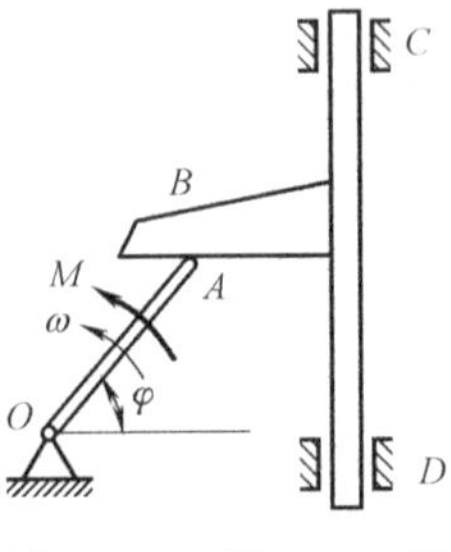

图 11.25　题 11.12 图

11.13　如图 11.26 所示，圆轮重 $\boldsymbol{W}$ 、半径为 R，沿水平面做纯滚动，不计滚阻。试问在下列两种情况下，轮心的加速度及接触面的摩擦力是否相等？

（1）在轮上作用一矩为 M 的顺时针方向的力偶。

（2）在轮心上作用一水平向右、大小 $F=M/R$ 的力。

11.14　如图 11.27 所示，绕线轮重 $\boldsymbol{W}$ 、半径为 R 及 r，对质心 C 的转动惯量为 J_C，在与水平成 θ 角的常力 $\boldsymbol{F}_{\mathrm{T}}$的作用下做纯滚动，不计滚阻，求：

（1）轮心的加速度，并分析运动。

（2）纯滚动的条件。

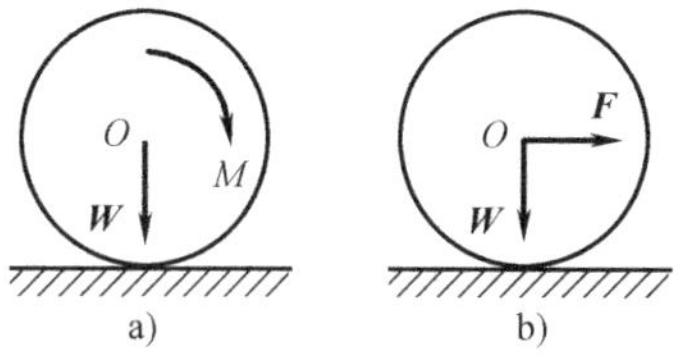

图 11.26　题 11.13 图

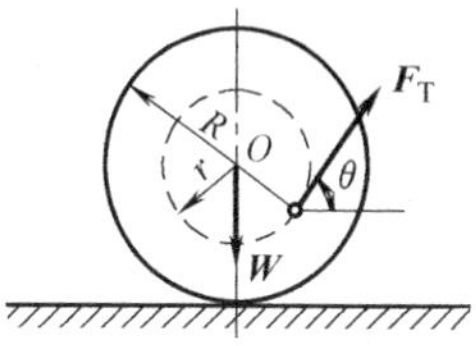

图 11.27　题 11.14 图

11.15　如图 11.28 所示，均质板重 $\boldsymbol{W}$，放在两个均质圆柱滚子上，滚子各重$\frac{W}{2}$，其半径均为 r。如在板上作用一水平力 $\boldsymbol{F}$，设滚子无滑动。求板的加速度。

11.16　如图 11.29 所示，圆柱滚子重 $W_1=200\mathrm{N}$，被绳拉住沿水平面做纯滚动，此绳跨过滑轮 B 系在物块 A 上，其重量 $W_2=100\mathrm{N}$。求滚子中心 C 的加速度。

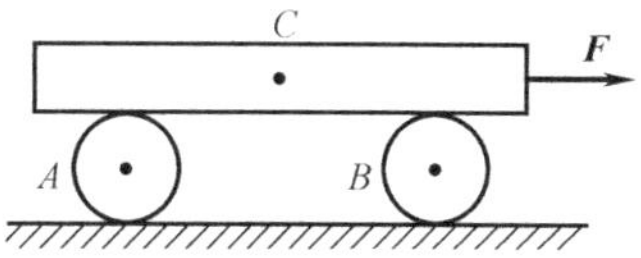

图 11.28　题 11.15 图

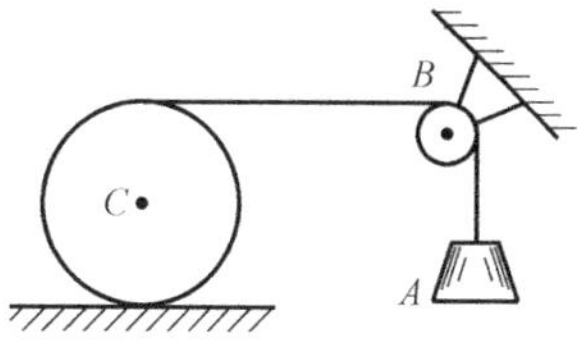

图 11.29　题 11.16 图

11.17　如图 11-30 所示，长为 l、质量为 m 的均质杆 AB，其上端 A 与一滑块铰接，滑块可沿光滑水平导槽运动。滑块的质量不计。试求 AB 杆在图示位置从静止释放时，其初瞬时的角加速度和 A 处的约束力。

11.18　如图 11.31 所示，半径 $R=0.6\mathrm{m}$、质量 $m_1=50\mathrm{kg}$ 的均质圆盘可绕水平轴 O 自由转动。长 $l=1.2\mathrm{m}$、质量 $m_2=18\mathrm{kg}$ 的均质杆 AB 的 A 端与圆盘的边缘铰接。将系统在如图所示位置（O、A、B 三点在同一水平线上）从静止释放，试求初瞬时圆盘及 AB 杆的角加速度。

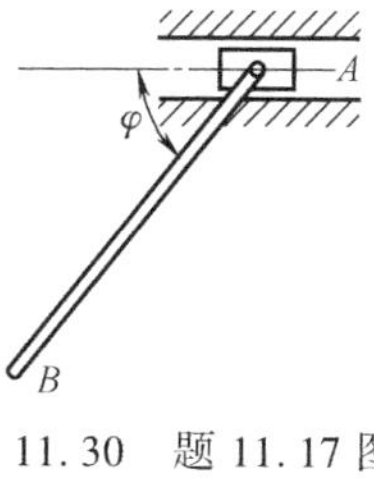

图 11.30　题 11.17 图

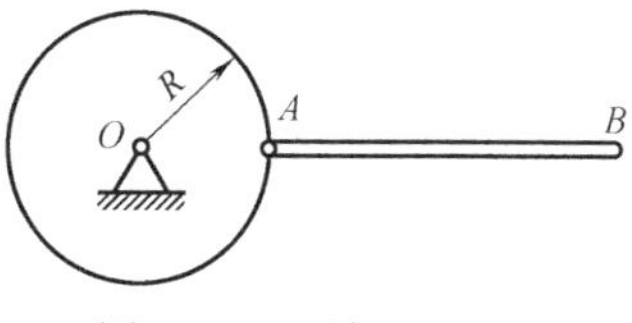

图 11.31　题 11.18 图

*11.19　如图 11.32 所示，在以角速度为 ω 做匀速转动的转轴上，固结着两个质量均为 m 的小球 A 和 B。试求图示各系统中惯性力系向 O 点简化的结果，并指出哪个是静平衡的，哪个是动平衡的。

*11.20　如图 11.33 所示，磨刀砂轮 Ⅰ 质量 $m_1=1\mathrm{kg}$，其偏心距 $e_1=0.5\mathrm{mm}$，小砂轮 Ⅱ 质量 $m_2=$

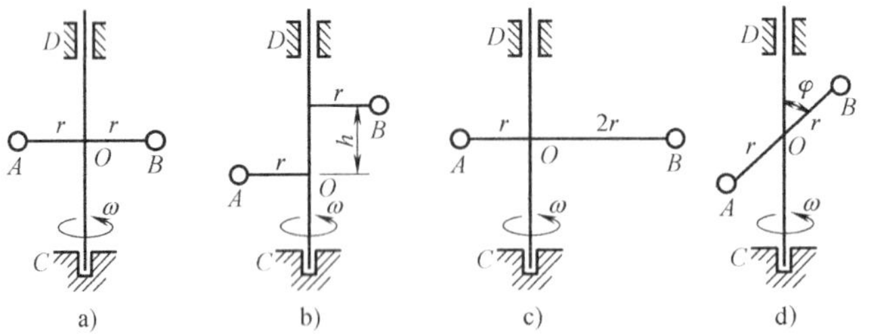

图 11.32　题 11.19 图

0.5kg，其偏心距 $e_2 = 1\text{mm}$。电动机转子Ⅲ质量 $m_3 = 8\text{kg}$，无偏心，带动砂轮旋转，转速 $n = 3000\text{r/min}$。求转动时轴承 A、B 的附加动约束力。

*11.21　如图 11.34 所示，一偏心轮固结在水平轴 AB 上，轮重 $W = 196\text{N}$，半径 $r = 0.25\text{m}$，偏心距 $OC = 0.125\text{m}$，在如图所示位置时一水平力 $F_T = 10\text{N}$ 作用于轮的上缘，角速度 $\omega = 4\text{rad/s}$，不计轴承摩擦及轴重，求角加速度 α 及轴承 A、B 处的约束力。

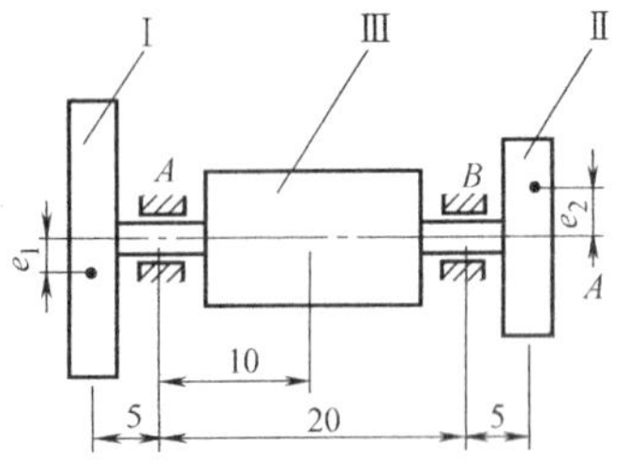

图 11.33　题 11.20 图

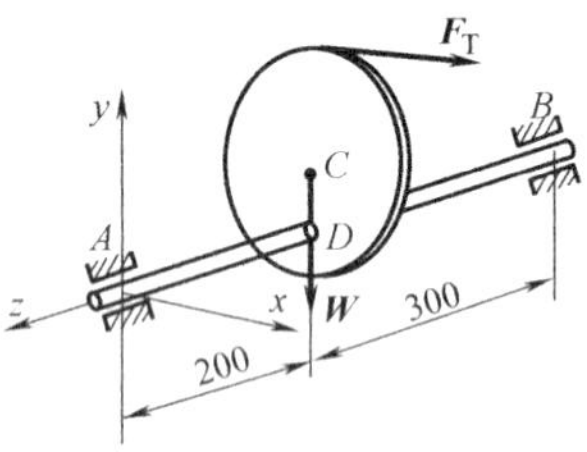

图 11.34　题 11.21 图

*11.22　如图 11.35 所示，圆盘 A、B、C 的质量均为 12kg，固结在轴上，盘 A 的质心 G 距轴 $e_A = 5\text{mm}$，盘 B 和 C 的质心在轴上。今若将 1kg 的平衡质量分别放在盘 B 和 C 上，问应如何放置可使物体达到动平衡？

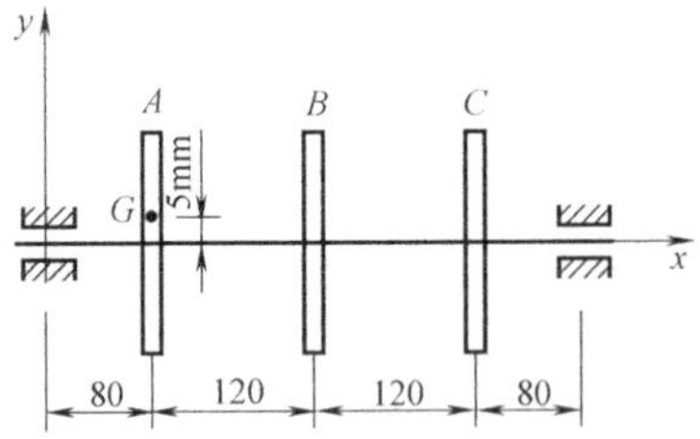

图 11.35　题 11.22 图

第 12 章
虚位移原理及动力学普遍方程

在第 6 章力系的简化与平衡中，我们研究了用平衡方程求解力系平衡的问题。对某些复杂系统的平衡问题，则必须分别取研究对象，求解联立的平衡方程，这将十分烦琐。平衡方程组中会出现多个未知的约束力，而多数约束力并不需要求出，则需逐一消去，给运算带来很大麻烦。

虚位移原理是应用功的概念求解系统平衡问题的一种方法。在所列方程中将不出现约束力，方程数目大量减少，使运算过程简化。在达朗贝尔原理与虚位移原理结合的基础上，导出了质点系动力学普遍方程。由于不考虑理想约束的约束力，对解决非自由质点系的动力学问题带来很大方便。

12.1 约束·自由度和广义坐标

1. 约束和约束方程

在第 5 章刚体动力学基本概念中，把对非自由体的某些位移起限制作用的周围物体定义为约束，本章给出约束更普遍、更确切的定义：事先给定的限制非自由体运动的条件称为**约束**，而表示这种条件的数学表达式称之为**约束方程**。如图 12.1a 所示单摆，其中质点 M 可绕固定点 O 在平面 xOy 内摆动，摆长为 l。这时，摆杆对质点运动限制的条件是：质点 M 必须在以点 O 为圆心、以 l 为半径的圆周上运动。若以 x、y 表示质点的坐标，则这个条件可以写为

$$x^2+y^2=l^2 \tag{12.1}$$

式（12.1）表示的约束条件即为约束方程。

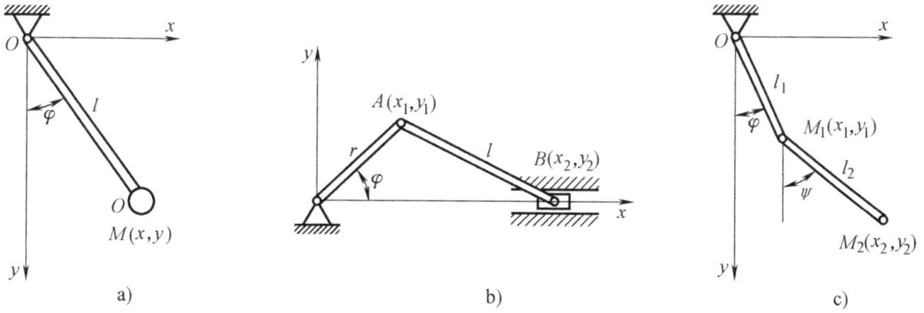

图 12.1

又如图 12.1b 所示的曲柄连杆机构，它所受到的运动有三个限制条件：A 至 O 点的距离保持不变；A、B 两点之间的距离保持不变；B 点只能沿水平滑道滑动。这三个限制条件可分别用下列三个约束方程表示为

$$x_1^2+y_1^2=r^2$$

$$(x_2-x_1)^2+(y_2-y_1)^2=l^2$$

$$y_2=0$$

而如图 12.1c 所示双摆在 xOy 平面内运动的限制条件为：M_1 与 O 点之间的距离及 M_1 与 M_2 之间的距离都保持不变。因此约束方程为

$$x_1^2+y_1^2=l_1^2$$

$$(x_2-x_1)^2+(y_2-y_1)^2=l_2^2$$

2. 定常约束和非定常约束

在研究静力学问题时，约束条件不随时间变化，即约束方程不显含时间 t，此类约束称为**定常约束**。在研究质点系的动力学问题时，还会遇到这样一些约束，即限制质点运动的条件是按某一规律随着时间的改变而改变的，约束方程中除含有质点的坐标变量外，还显含时间参数 t，这类约束称为**非定常约束**。

例如，当质点 M 被限制在运动斜面上运动时，如图 12.2 所示，如果已知斜面以匀速 $\boldsymbol{v}_e$ 在固定水平面上运动，对于如图所示坐标系则有约束方程为

$$y-(x-v_e t)\tan\varphi=0$$

可以看出，质点在运动平面内的位置，对于某一确定的时间 t，只需一个独立参变量即可表示，自由度数为 1。设质点距斜面最低点 A 的距离 s 为广义坐标，则有

$$x=v_e t+s\cos\varphi,\quad y=s\sin\varphi$$

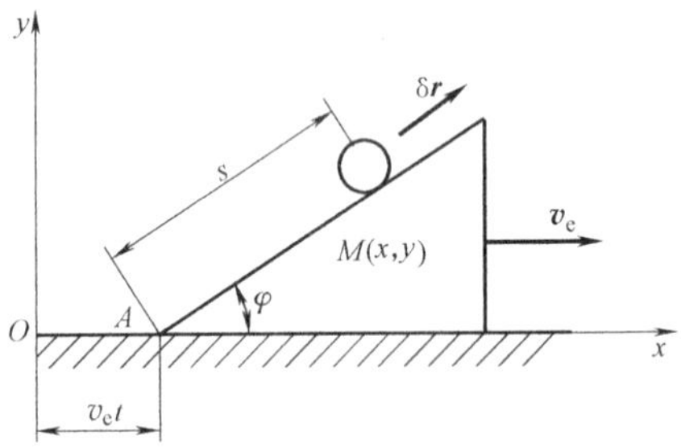

图 12.2

推广到一般情况，当质点系具有非定常的几何约束时，如果系统的自由度为 N，则各质点的直角坐标可表示为它的 N 个广义坐标和时间的函数，而与广义坐标对时间的导数无关。即

$$\left.\begin{aligned}x_i&=x_i(q_1,q_2,\cdots,q_N,t)\\y_i&=y_i(q_1,q_2,\cdots,q_N,t)\\z_i&=z_i(q_1,q_2,\cdots,q_N,t)\end{aligned}\right\}\tag{12.2}$$

或写成矢量式为

$$\boldsymbol{r}_i=\boldsymbol{r}_i(q_1,q_2,\cdots,q_N,t)\tag{12.3}$$

3. 自由度和广义坐标

设有由两个质点 M_1 和 M_2 所组成的质点系，用长为 l 的直杆将这两个质点连接起来，使两点间的距离保持不变，如图 12.3 所示，这个质点系受到了一个约束，其约束方程为

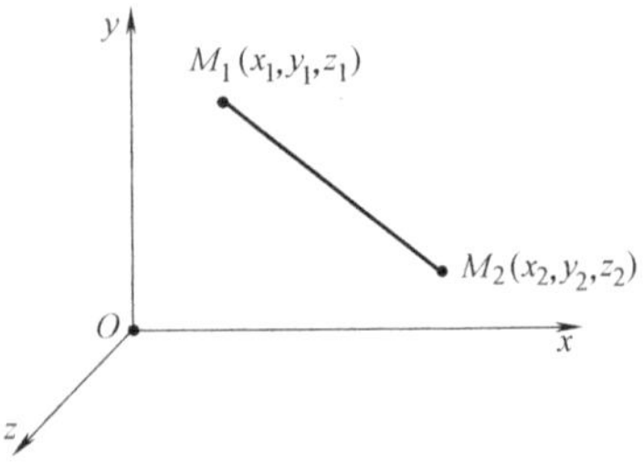

图 12.3

$$(x_2-x_1)^2+(y_2-y_1)^2+(z_2-z_1)^2=l^2$$

由于这个约束的存在，使得六个坐标 x_1、y_1、z_1、x_2、y_2、z_2 之中，有五个坐标可以自由地取任何数值，这样，质点系的自由度数为 5。

当上述已受约束的两质点若再限制在 xOy 平面内运动，并用长为 r 的刚杆将 M_1 点与原点 O 连接起来，同时又使 M_2 点仅能沿 x 轴移动，这样就构成了曲柄连杆机构，如图 12.1b 所示，这时质点系共受到五个约束，其约束方程为

$$z_1=0,\quad z_2=0,\quad y_2=0$$

$$x_1^2+y_1^2=r^2,\quad (x_2-x_1)^2+y_1^2=l^2$$

因此这六个坐标中只有一个坐标可以自由地取任何数值，也就是说这质点系的自由度数为 1。

一般地说，具有 n 个质点的质点系，如果受有 s 个约束，则其自由度数是

$$N=3n-s \tag{12.4}$$

在工程实际中所遇到的质点系常常是质点和约束的数目比较多，而自由度数比较少，因此质点系的位置若用 $3n$ 个直角坐标和 s 个约束方程来表示很不方便。但是我们适当地选择 N 个独立参变量表示质点系的位置就比较方便，用这种方式来表示质点系位置的独立参变量称为质点系的**广义坐标**。

在上述的曲柄连杆机构中，我们已知可用六个直角坐标和五个约束方程来表示质点系的位置。若用广义坐标表示，只用一个独立参变量即可决定质点系的位置。选取曲柄与 x 轴所成的角 φ 为广义坐标，则两质点 A 和 B 的位置即可完全决定，以方程表示为

$$x_1=r\cos\varphi,\quad y_1=r\sin\varphi,\quad z_1=0$$

$$x_2=r\cos\varphi+\sqrt{l^2-r^2\sin^2\varphi},\quad y_2=0,\quad z_2=0$$

再以图 12.1c 所示的双摆为例说明广义坐标的应用。设双摆只能在铅直面 xOy 内运动。可以看出，这个质点系自由度数为 2，如选取 φ 和 ψ 为质点系的广义坐标，摆锤 M_1 和 M_2 的坐标可以用广义坐标表示为

$$x_1=l_1\sin\varphi,\quad y_1=l_1\cos\varphi,\quad z_1=0$$

$$x_2=l_1\sin\varphi+l_2\sin\psi,\quad y_2=l_1\cos\varphi+l_2\cos\psi,\quad z_2=0$$

在一般情形下，设有由 n 个质点所组成的质点系受有 s 个约束，若以 q_1、q_2、…、q_N 表示广义坐标，则质点系内任一质点 M_i 的直角坐标（x_i，y_i，z_i）都可以表示为广义坐标的函数

$$\left.\begin{aligned} x_i&=x_i(q_1,q_2,\cdots,q_N)\\ y_i&=y_i(q_1,q_2,\cdots,q_N)\\ z_i&=z_i(q_1,q_2,\cdots,q_N)\end{aligned}\right\}(i=1,2,\cdots,n;\ N=1,2,\cdots,3n-s) \tag{12.5}$$

12.2 虚位移 · 虚功和理想约束

1. 虚位移

我们已知道，任何约束都限制着质点系内各质点运动的自由，这就是说只容许质点系有某些位移，而不容许有其他的位移。某瞬时，**质点系为所有约束所容许的无限小位移称为质**

点系的虚位移或可能位移。如图 12.4 所示的曲柄连杆机构，曲柄 OA 绕 O 轴转动的微小角度 $\delta\varphi$，以及连杆上一点 A 和滑块 B 的位移 $\delta \boldsymbol{r}_A$、$\delta \boldsymbol{r}_B$ 都是虚位移。

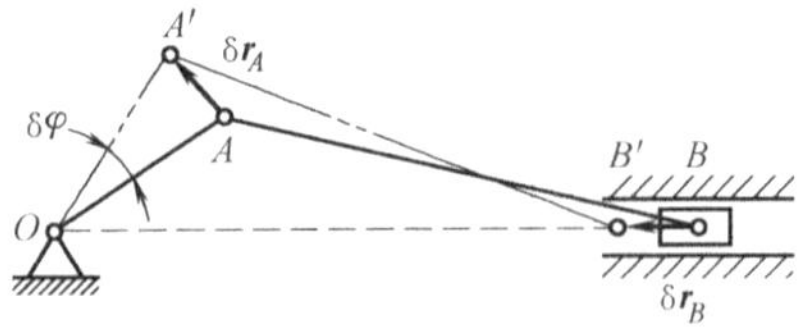

图 12.4

虚位移是一个很重要的概念，它与实位移有着本质的区别，因此必须清楚如下几点。

1）虚位移是在不破坏系统约束条件的情况下可能产生的任何位移。因此，虚位移具有任意性，而实位移具有确定的方向，是唯一的。当约束条件不随时间变化时，约束的性质与时间无关，此时实位移属于虚位移之列。

2）对虚位移的唯一限制是符合质点系在给定瞬时（或位置）的约束条件，为此，虚位移必须是无限小的。尽管实位移也必须是约束所容许的位移，但是实位移是在一段相应的时间内发生的。为了区别于实位移，虚位移用变分符号表示，如 $\delta \boldsymbol{r}$、$\delta\varphi$、δx、δy、δz、δs 等。

3）虚位移纯粹是一个几何概念，它仅与约束特征有关，与作用力和初始条件等均无关系。而实位移与约束特征、作用力和初始条件均有关。

类似于多元函数求微分的方法，可将式（12.5）进行变分运算，如对其中第一式求变分，得

$$\delta x_i = \frac{\partial x_i}{\partial q_1}\delta q_1 + \frac{\partial x_i}{\partial q_2}\delta q_2 + \cdots + \frac{\partial x_i}{\partial q_N}\delta q_N$$

上式建立了质点坐标的变分与其广义坐标的变分之间的关系，即质点在直角坐标中的虚位移与广义坐标中虚位移之间的关系。

对于式（12.5）中各式都进行同样的变分运算，得

$$\left.\begin{aligned} \delta x_i &= \sum_{k=1}^{N} \frac{\partial x_i}{\partial q_k}\delta q_k \\ \delta y_i &= \sum_{k=1}^{N} \frac{\partial y_i}{\partial q_k}\delta q_k \\ \delta z_i &= \sum_{k=1}^{N} \frac{\partial z_i}{\partial q_k}\delta q_k \end{aligned}\right\}(i = 1,2,\cdots,n) \tag{12.6}$$

式中，δq_k 称为**广义虚位移**。上式表明，质点系的虚位移都可以用质点系的广义虚位移表示。

2. 虚功

设质点系中任一质点 M_i 上给定的虚位移为 $\delta \boldsymbol{r}_i$，则作用在该质点上的力 $\boldsymbol{F}_i$ 在其虚位移上所做的功称为**虚功**，用 δW_i 表示，则质点系所有外力所做虚功为

$$\delta W = \sum_i \boldsymbol{F}_i \cdot \delta \boldsymbol{r}_i \tag{12.7}$$

必须指出，虚位移只是假想的，而不是真实发生的，因而虚功也是假想的。由于虚位移不能积分，因此虚功仅有元功的形式。

3. 理想约束

明确虚位移和虚功的意义之后，现在我们来说明理想约束这个概念。若作用在质点 M_i

上的约束力 F_{Ni}在任意虚位移 $\delta \boldsymbol{r}_i$ 上所做的虚功之和恒等于零，即

$$\sum_i \delta W_i = \sum_i \boldsymbol{F}_{Ni} \cdot \delta \boldsymbol{r}_i = 0 \tag{12.8}$$

则此约束称为**理想约束**。

一般来说，凡是没有摩擦的约束都属于这类约束。关于理想约束的实例，我们已在 10.2 节中叙述过了，这里不再重复。

12.3 虚位移原理及应用

虚位移原理是分析力学的基础，应用这个原理处理非自由质点系的静力学问题非常方便。这个原理可表述如下：

具有理想约束的质点系在给定位置处于平衡的充分必要条件是所有作用于质点系的主动力在该位置的任何虚位移中所做的虚功之和等于零。表示为

$$\sum \delta W_F = \sum \boldsymbol{F}_i \cdot \delta \boldsymbol{r}_i = 0 \tag{12.9}$$

式中，$\boldsymbol{F}_i$ 表示作用于质点系中各个质点上的主动力。或表示为解析形式

$$\sum (F_{xi}\delta x_i + F_{yi}\delta y_i + F_{zi}\delta z_i) = 0 \tag{12.10}$$

式中，F_{xi}、F_{yi}、F_{zi}为作用于质点 M_i 上的主动力 $\boldsymbol{F}_i$ 在直角坐标轴上的投影。

由式（12.9）和式（12.10）可知，该平衡方程不含不做功的未知约束力，可以直接得到主动力之间的关系。

现在我们先证明这条件对于质点系的平衡是必要的，然后证明这个条件对于质点系的平衡也是充分的。

1. 必要性的证明

证明原理的必要性就是要证明如果具有理想约束的质点系在给定位置处于平衡，则作用于质点系上的主动力在该位置的任何虚位移中所做虚功之和等于零。

由于质点系处于平衡状态，则系中每个质点也处于平衡。设 M_i 为系中某个质点，$\boldsymbol{F}_i$ 为作用其上的主动力的合力，$\boldsymbol{F}_{Ni}$为其中约束力的合力，如图 12.5 所示，则有

$$\boldsymbol{F}_i + \boldsymbol{F}_{Ni} = \boldsymbol{0}$$

再令 $\delta \boldsymbol{r}_i$ 为质点 M_i 的任一虚位移，则力 $\boldsymbol{F}_i$、$\boldsymbol{F}_{Ni}$所做的虚功的和为

$$(\boldsymbol{F}_i + \boldsymbol{F}_{Ni}) \cdot \delta \boldsymbol{r}_i = 0$$

对质点系有

$$\sum \boldsymbol{F}_i \cdot \delta \boldsymbol{r}_i + \sum \boldsymbol{F}_{Ni} \cdot \delta \boldsymbol{r}_i = 0$$

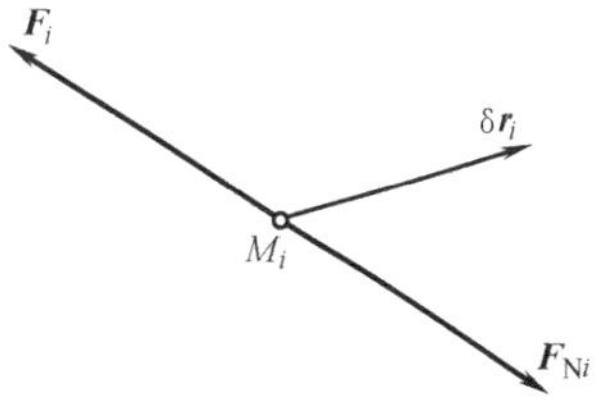

图 12.5

又因质点系具有理想约束，则有

$$\sum \boldsymbol{F}_{Ni} \cdot \delta \boldsymbol{r}_i = 0$$

于是得

$$\sum \boldsymbol{F}_i \cdot \delta \boldsymbol{r}_i = 0$$

原理的必要性证毕。

2. 充分性的证明

设作用于质点系所有的主动力在虚位移中所做元功之和等于零，即

$$\sum \boldsymbol{F}_i \cdot \delta \boldsymbol{r}_i = 0$$

现在需要证明该质点系处于平衡状态。

我们用反证法来证明这个问题。设质点系在所有力的作用下不能平衡，其中某些质点由静止进入运动状态，则作用于这些质点内任一质点 M_i 上的主动力 $\boldsymbol{F}_i$ 和约束力 $\boldsymbol{F}_{Ni}$ 必有一合力 $\boldsymbol{F}_{Ri}$，如图 12.6 所示。这个质点在合力 $\boldsymbol{F}_{Ri}$ 的作用下得到一微小的实位移 $d\boldsymbol{r}_i$，方向与 $\boldsymbol{F}_{Ri}$ 相同，在定常约束的情形下，实位移属于虚位移之列，仍可以 $\delta \boldsymbol{r}_i$ 表示，在此情形下合力 $\boldsymbol{F}_{Ri}$ 所做的功为

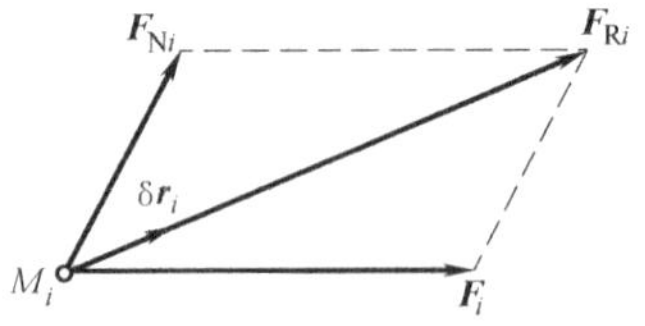

图 12.6

$$(\boldsymbol{F}_i + \boldsymbol{F}_{Ni}) \cdot \delta \boldsymbol{r}_i = \boldsymbol{F}_{Ri} \cdot \delta \boldsymbol{r}_i > 0$$

对于质点系内每一可动的质点都可写出这样一个不等式，而对于仍然保持静止的质点则上式的不等号变为等号。然后将所有各式相加，即得

$$\sum (\boldsymbol{F}_i + \boldsymbol{F}_{Ni}) \cdot \delta \boldsymbol{r}_i > 0$$

由于理想约束的性质得知所有约束力在虚位移中所做的元功之和等于零，即

$$\sum \boldsymbol{F}_{Ni} \cdot \delta \boldsymbol{r}_i = 0$$

于是我们得到以下的不等式

$$\sum \boldsymbol{F}_i \cdot \delta \boldsymbol{r}_i > 0$$

这个结果与我们所设的条件即作用于质点系上所有的主动力的元功之和等于零相矛盾。矛盾产生的原因是由于假定质点系不平衡所引起的，这就说明质点系不可能由静止进入运动状态，而必然保持平衡。这就是充分条件的证明。

例 12.1 如图 12.7 所示，在螺旋压榨机的手柄 AB 上作用一在水平面内的力偶 $(\boldsymbol{F}, \boldsymbol{F}')$，其力偶矩等于 $2Fl$。设螺杆的螺距为 h，求平衡时作用于被压榨物体上的压力。

解：研究以手柄、螺杆和压板组成的平衡系统。若忽略螺杆和螺母间的摩擦，则约束是理想的。

作用于平衡系统上的主动力为：作用于手柄上的力偶 $(\boldsymbol{F}, \boldsymbol{F}')$，被压物体对压板的约束力 $\boldsymbol{F}_N$。

给系统以虚位移，将手柄按顺时针转向转过极小角 $\delta\varphi$，于是螺杆和压板得到向下位移 δz。

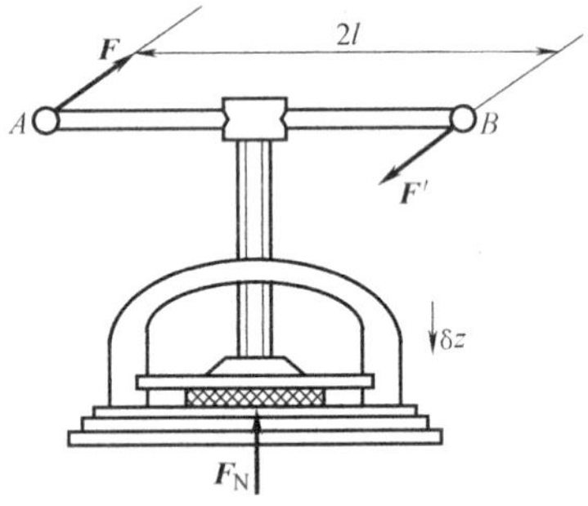

图 12.7 例 12.1 图

计算所有主动力在虚位移中所做虚功的和，列出虚功方程为

$$\sum \delta W_F = -F_N \cdot \delta z + 2Fl \cdot \delta\varphi = 0$$

由机构的传动关系知，对于单头螺纹，手柄 AB 转一周，螺杆上升或下降一个螺距，故有

$$\frac{\delta\varphi}{2\pi} = \frac{\delta z}{h}, \quad 即 \quad \delta z = \frac{h}{2\pi}\delta\varphi$$

将上述虚位移 δz 与 $\delta\varphi$ 的关系式代入虚功方程中，得

$$\sum \delta W_F = \left(2Fl - \frac{F_N h}{2\pi}\right)\delta\varphi = 0$$

因 $\delta\varphi$ 是任意的，故

$$2Fl-\frac{F_{\mathrm{N}}h}{2\pi}=0$$

解得

$$F_{\mathrm{N}}=\frac{4\pi l}{h}F$$

所求的压力与约束力 $\boldsymbol{F}_{\mathrm{N}}$ 的大小相等、方向相反。

例 12.2 钢筋切断机如图 12.8 所示，如果在 M 点的切断力为 $\boldsymbol{F}$，试求 B 点需要多大的水平力 $\boldsymbol{F}_{\mathrm{H}}$。

解： 设 B 点、C 点、D 点和 M 点的虚位移分别为 $\delta\boldsymbol{r}_B$、$\delta\boldsymbol{r}_C$、$\delta\boldsymbol{r}_D$ 和 $\delta\boldsymbol{r}_M$，约束为理想约束，由虚位移原理，切断机上两主动力 $\boldsymbol{F}$ 和 $\boldsymbol{F}_{\mathrm{H}}$所做虚功有如下关系：

$$F\delta r_M-F_{\mathrm{H}}\delta r_B=0 \tag{a}$$

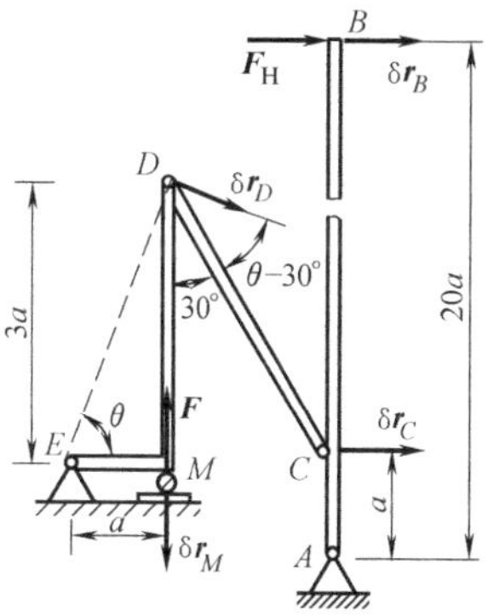

图 12.8 例 12.2 图

由此得到

$$F_{\mathrm{H}}=\frac{\delta r_M}{\delta r_B}F \tag{b}$$

在绕 A 点转动的 AB 杆上，显见

$$\delta r_B=20\delta r_C \tag{c}$$

在绕 E 点转动的直角折杆 EMD 上，

$$\delta r_D=\frac{ED}{EM}\delta r_M=\frac{\sqrt{10}\,a}{a}\delta r_M=\sqrt{10}\,\delta r_M \tag{d}$$

由约束条件，D、C 两点间距不变，则虚位移 δr_D 和 δr_C 在 DC 的连线上投影相等，即

$$\delta r_D\cos(\theta-30°)=\delta r_C\cos 60°$$

或

$$\delta r_D(\cos\theta\cos 30°+\sin\theta\sin 30°)=\delta r_C\cos 60° \tag{e}$$

由三角函数公式可得

$$\sin\theta=\frac{3}{\sqrt{10}},\quad \cos\theta=\frac{1}{\sqrt{10}}$$

代入式（e）并简化整理可得

$$\delta r_C=\frac{\sqrt{3}+3}{\sqrt{10}}\delta r_D \tag{f}$$

联立式（c）、式（d）和式（f）可得

$$\delta r_B=20(3+\sqrt{3})\,\delta r_M \tag{g}$$

将式（g）代入式（b）得切断机上水平力 $\boldsymbol{F}_{\mathrm{H}}$的表达式为

$$F_{\mathrm{H}}=\frac{F}{20(3+\sqrt{3})}$$

例 12.3 如图 12.9 所示的双摆中，摆锤 M_1、M_2 各重 $\boldsymbol{P}_1$ 及 $\boldsymbol{P}_2$，摆杆各长 a 及 b；设在 M_2 上加一水平力 $\boldsymbol{F}_{\mathrm{H}}$ 以维持平衡，不计摆杆重量。求摆杆与铅直线所成的角 φ 及 ψ。

解：前面已分析过这是一个具有两个自由度的系统，取角 φ 及 ψ 为广义坐标，则对应的广义虚位移为 $\delta\varphi$ 及 $\delta\psi$。作用于该系统的主动力为 $\boldsymbol{P}_1$、$\boldsymbol{P}_2$ 及 $\boldsymbol{F}_{\mathrm{H}}$。由虚位移原理，按式(12.10)得

$$\sum\delta W_{Fi}=\sum(F_{xi}\delta x_i+F_{yi}\delta y_i)=0,\quad \boldsymbol{P}_1\delta y_1+\boldsymbol{P}_2\delta y_2+F_{\mathrm{H}}\delta x_2=0$$

由图可知

$$y_1=a\cos\varphi$$
$$x_2=a\sin\varphi+b\sin\psi$$
$$y_2=a\cos\varphi+b\cos\psi$$

因此虚位移为

$$\delta y_1=-a\sin\varphi\delta\varphi$$
$$\delta x_2=a\cos\varphi\delta\varphi+b\cos\psi\delta\psi$$
$$\delta y_2=-a\sin\varphi\delta\varphi-b\sin\psi\delta\psi$$

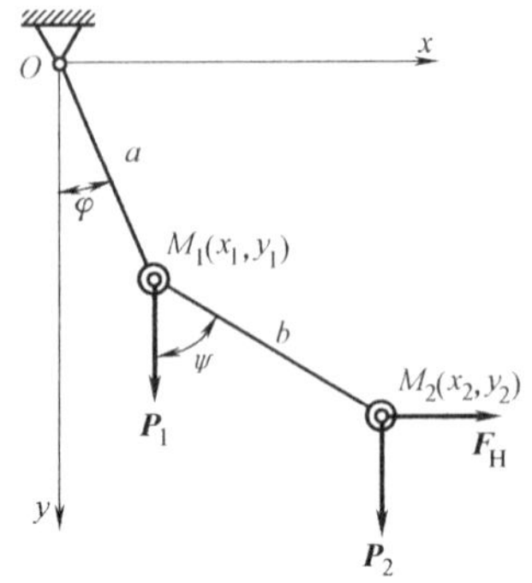

图 12.9 例 12.3 图

代入上式得

$$(-P_1a\sin\varphi-P_2a\sin\varphi+F_{\mathrm{H}}a\cos\varphi)\delta\varphi+(-P_2b\sin\psi+F_{\mathrm{H}}b\cos\psi)\delta\psi=0$$

因为 $\delta\varphi$ 和 $\delta\psi$ 是彼此独立变量的变分，欲使上式的关系成立，$\delta\varphi$ 与 $\delta\psi$ 前的系数都必须等于零，于是有

$$-P_1a\sin\varphi-P_2a\sin\varphi+F_{\mathrm{H}}a\cos\varphi=0$$
$$-P_2b\sin\psi+F_{\mathrm{H}}b\cos\psi=0$$

由此两式解得

$$\tan\varphi=\frac{F_{\mathrm{H}}}{P_1+P_2},\quad \tan\psi=\frac{F_{\mathrm{H}}}{P_2}$$

例 12.4 组合梁 $ABCDEF$ 作用的载荷及尺寸如图 12.10 所示。求支座 A 的约束力。

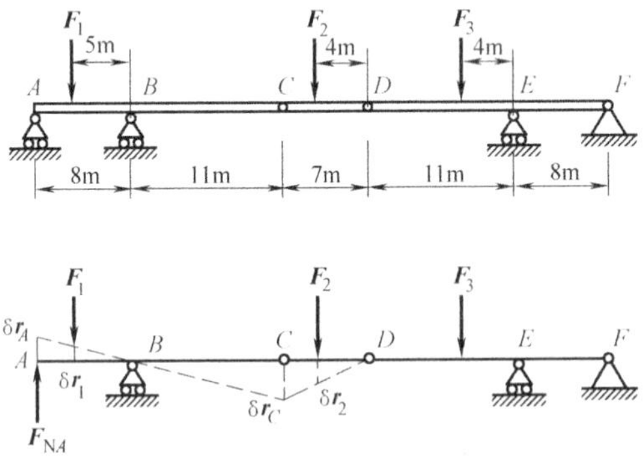

图 12.10 例 12.4 图

解：为了求解支座 A 的约束力，首先将支座 A 的约束除去而代之以约束力 $\boldsymbol{F}_{\mathrm{N}A}$，并把它当作主动力，再使组合梁发生虚位移如图所示。于是由虚位移原理得到

$$\sum\delta W_F=0,\quad F_{\mathrm{N}A}\delta r_A-F_1\delta r_1+F_2\delta r_2+F_3\cdot 0=0$$

由此求得

$$F_{NA}=F_1\frac{\delta r_1}{\delta r_A}-F_2\frac{\delta r_2}{\delta r_A}$$

由相似三角形得到

$$\frac{\delta r_1}{\delta r_A}=\frac{5}{8},\quad \frac{\delta r_2}{\delta r_A}=\frac{\delta r_2}{\delta r_C}\cdot\frac{\delta r_C}{\delta r_A}=\frac{4}{7}\times\frac{11}{8}=\frac{11}{14}$$

将此值代入后得

$$F_{NA}=\frac{5}{8}F_1-\frac{11}{14}F_2$$

12.4 动力学普遍方程

根据质点系达朗贝尔原理，每一瞬时作用于质点系每个质点上的主动力、约束力及其惯性力组成平衡力系。若在该瞬时给予每个质点以任意的虚位移，并求各力虚功的总和，则可导出一个方程组，称为**动力学普遍方程**。下面推导这个方程。

设有 n 个质点组成的非自由质点系，则根据质点系的达朗贝尔原理，有

$$\boldsymbol{F}_i+\boldsymbol{F}_{Ni}+\boldsymbol{F}_{Ii}=0\ (i=1,2,\cdots,n)$$

又设 $\delta\boldsymbol{r}_i$ 为第 i 个质点的虚位移，应用虚位移原理，有

$$(\boldsymbol{F}_i+\boldsymbol{F}_{Ni}+\boldsymbol{F}_{Ii})\cdot\delta\boldsymbol{r}_i=0\ (i=1,2,\cdots,n)$$

再将以上 n 个式子求和，有

$$\sum(\boldsymbol{F}_i+\boldsymbol{F}_{Ni}+\boldsymbol{F}_{Ii})\cdot\delta\boldsymbol{r}_i=0$$

若质点系具有理想约束，则

$$\sum\boldsymbol{F}_{Ni}\cdot\delta\boldsymbol{r}_i=0$$

于是有

$$\sum(\boldsymbol{F}_i+\boldsymbol{F}_{Ii})\cdot\delta\boldsymbol{r}_i=0$$

或省去下标，有

$$\sum(\boldsymbol{F}-m\ddot{\boldsymbol{r}})\cdot\delta\boldsymbol{r}=0 \tag{12.11}$$

这就是**动力学普遍方程，即具有理想约束的质点系，在运动的任一瞬时，作用于各个质点上的主动力及其惯性力在该瞬时的任何虚位移上所做虚功之和等于零。**

将式（12.11）写成解析形式，有

$$\sum[(F_x-m\ddot{x})\delta x+(F_y-m\ddot{y})\delta y+(F_z-m\ddot{z})\delta z]=0 \tag{12.12}$$

动力学普遍方程中不包含约束力，特别适合于求解复杂的非自由质点系动力学问题。

例 12.5 如图 12.11 所示升降机的简图。重物 A 的重量为 W_A，平衡锤 B 的重量为 W_B。带轮 C 和 D 均重 W，半径为 r，并可视为均质圆柱。设电动机作用于轮 C 的转矩为 M，带重量不计，并且与带轮之间无相对滑动。求重物 A 的加速度。

解： 取两个带轮、带、重物 A 及平衡锤 B 组成的系统为研究对象。

设重物 A 的加速度为 $\boldsymbol{a}_A$，则平衡锤 B 的加速度为 $a_B=a_A$，两轮的角加速度相等为 α。

重物 A 和平衡锤 B 的惯性力分别为

$$F_{1A}=\frac{W_A}{g}a_A(\text{向下})$$

$$F_{1B}=\frac{W_B}{g}a_A(\text{向上})$$

C、D 轮的惯性主矩为

$$L_C=L_D=\frac{1}{2}\frac{W}{g}r^2\cdot\alpha(\text{逆时针})$$

将上列惯性力加在相应的物体上，再给 A 和 B 以虚位移 δs，则 C 和 D 轮相应的虚位移为 $\delta\varphi=\frac{\delta s}{r}$。

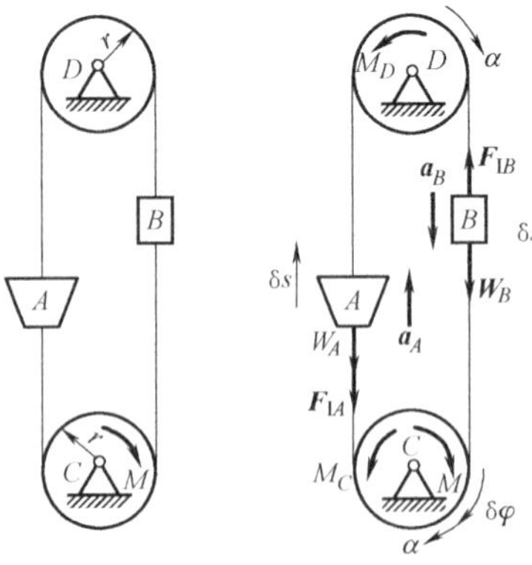

图 12.11　例 12.5 图

写出系统主动力（包括重物 A 和平衡锤 B 的重力 $\boldsymbol{W}_A$ 和 $\boldsymbol{W}_B$、轮 C 上的转矩 M）和惯性力的虚功，则由动力学普遍方程，有

$$-W_A\delta s-F_{1A}\delta s+W_B\delta s-F_{1B}\delta s+M\delta\varphi-\frac{1}{2}\frac{W}{g}r^2\cdot\alpha\delta\varphi-\frac{1}{2}\frac{W}{g}r^2\cdot\alpha\delta\varphi=0$$

考虑到 $\alpha=\frac{a_A}{r}$，$\delta\varphi=\frac{\delta s}{r}$，并将前面求出的 F_{1A}、F_{1B}代入上式，解得

$$a_A=\frac{M+(W_B-W_A)r}{(W_A+W_B+W)r}g$$

本 章 小 结

1. 本章基本要求

1）掌握约束、约束方程、虚位移、广义坐标、理想约束等概念。

2）熟练地应用虚位移原理写出质点系的虚功方程，建立相应虚位移之间的关系，求出所需的未知量。

3）了解动力学普遍方程，学会利用动力学普遍方程求解较为复杂的问题。

2. 本章重点

1）虚位移的概念与计算。

2）虚位移的原理及其应用。

3）动力学普遍方程及其应用。

3. 本章难点

1）确定质点系一组协调的虚位移，并建立相关虚位移之间的关系。

2）利用动力学普遍方程求解较为复杂的问题。

4. 学习建议

1）虚位移的概念比较难理解，应通过与实位移比较异同帮助理解，重点关注虚位移的“给定瞬时”“满足约束”和“任意无限小位移”三个关键点，并注意虚位移与运动时间、初始条件和作用力是无关的。

2）建立虚位移之间的关系是应用虚位移原理解题的关键。有两种方法可以建立虚位移之间的关系。①几何法：根据约束的几何关系，可采用运动学分析微小实位移或速度的方法求各虚位移之间的关系，如：平移刚体上各点的虚位移相等；定轴转动刚体上各点的虚位移与该点到转轴的距离成正比；平面运动刚体可用速度投影法、速度瞬心法和基点法建立刚体上各点虚位移之间的关系（见例 12.1 和例 12.2）。②解析法：把做虚功的主动力作用点的固定直角坐标（x，y，z）表示为某些独立参数变量（广义坐标）的函数或写出有关约束方程，然后进行变分运算，得到各点虚位移的投影（δx，δy，δz），最后将具有正负号的力的投影和坐标的变分直接代入虚功方程求解，此过程不需要画虚位移图（见例 12.3）。

3）应用虚位移原理求解质点系平衡问题的优点是虚功方程中不反映理想约束的所有约束力。若要求约束力，只需解除该约束，把相应的约束力看作主动力，并适当选取一组协调虚位移，使在虚功方程中包括该约束力做虚功的项，从而求出该约束力（见例 12.4）。

4）动力学普遍方程是由达朗贝尔原理和虚位移原理结合而成的，应用其解题应做好两个方面的工作：①正确地虚加质点系的惯性力；②给系统一组或几组协调的虚位移并建立虚位移之间的关系。

习　题

12.1　如图 12.12 所示，在曲柄压榨机的销钉 B 上作用水平力 $\boldsymbol{F}$，此力位于平面 ABC 内。作用线平分 $\angle ABC$。设 $AB=BC$，$\angle ABC=2\varphi$，各处摩擦及杆重不计。求对物体的压力。

12.2　如图 12.13 所示，在压缩机的手轮上作用一力偶，其矩为 M。手轮轴的两端各有螺距为 h 但方向相反的螺纹。螺纹上各套有一个螺母 A 和 B，这两个螺母分别与长为 a 的杆相铰接，四杆形成菱形框。此菱形框的顶点 D 固定不动，而点 C 连接在压缩机的水平板上。求当菱形框的顶角等于 2φ 时，压缩机对被压缩物体的压力。

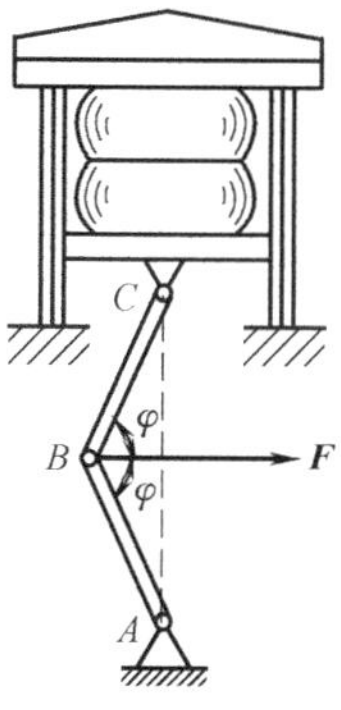

图 12.12　题 12.1 图

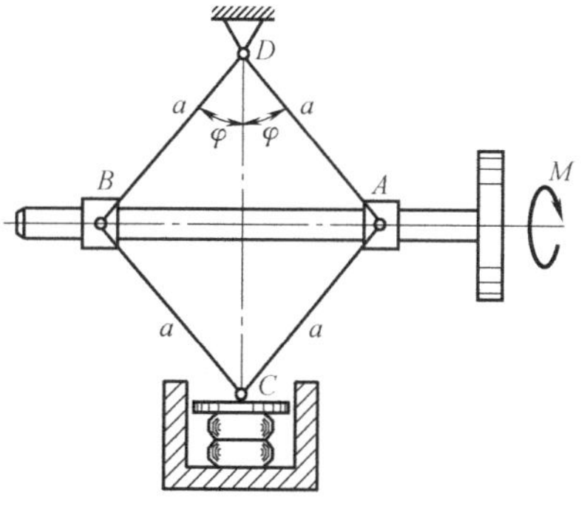

图 12.13　题 12.2 图

12.3　在图 12.14 所示曲柄连杆机构中，设有水平主动力 $\boldsymbol{F}$ 作用于滑块 B 上，在曲柄销 A 上作用了阻力 $\boldsymbol{F}_{阻}$，方向垂直于 OA，求曲柄连杆机构的平衡条件（即两主动力比值）。

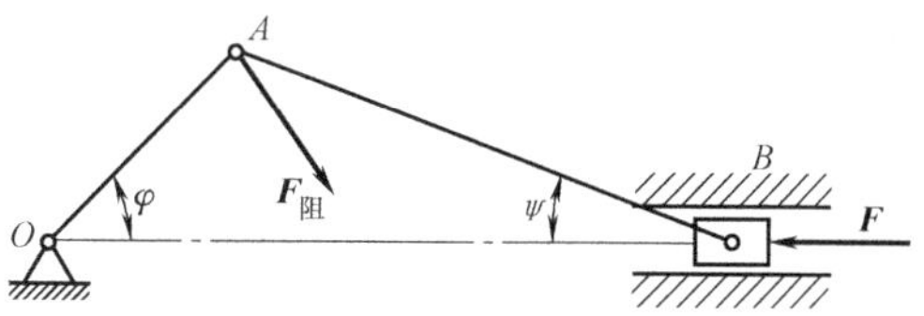

图 12.14　题 12.3 图

12.4　图 12.15 所示为一夹紧装置的简图。设缸体内的压强为 p，活塞直径为 d，杆重忽略不计，尺寸如图所示。试求作用在工件 A 上的压力 $\boldsymbol{F}$ 的大小。

12.5 如图 12.16 所示，远距离操纵用的夹钳为对称的结构。当操纵杆向右移动时，两块夹板就会合拢将物体夹住。已知操纵杆的拉力为 $\boldsymbol{F}$，在如图所示位置两夹板正好相互平行。求被夹物体所受的压力 F_N。

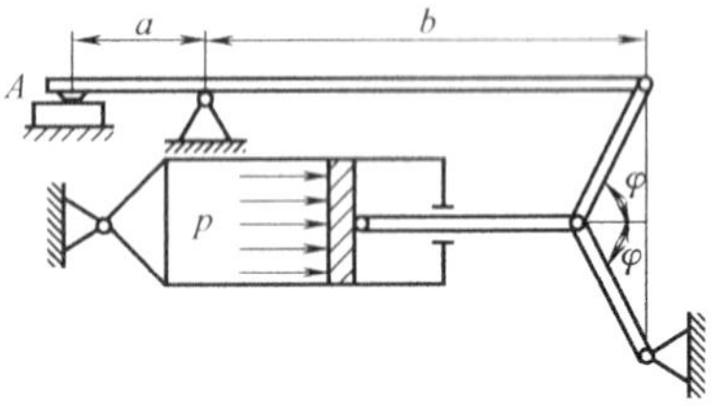

图 12.15 题 12.4 图

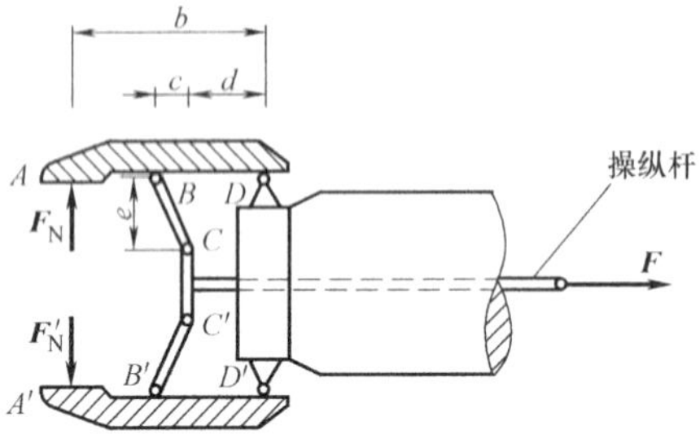

图 12.16 题 12.5 图

12.6 如图 12.17 所示机构中，当曲柄 OC 绕 O 轴摆动时，滑块 A 沿曲柄滑动，从而带动杆 AB 在铅直导槽 K 内移动。已知 $OC=a$，$OK=l$，在点 B 沿 BA 作用一力 $\boldsymbol{F}_1$，而在点 C 垂直于曲柄作用一力 $\boldsymbol{F}_2$。求机构平衡时 $\boldsymbol{F}_1$ 与 $\boldsymbol{F}_2$ 的关系。

12.7 如图 12.18 所示机构中，曲柄 OA 上作用一力偶，其矩为 M，另在滑块 D 上作用水平力 $\boldsymbol{F}$。机构尺寸如图所示。求当机构平衡时，力 $\boldsymbol{F}$ 与力偶矩 M 的关系。

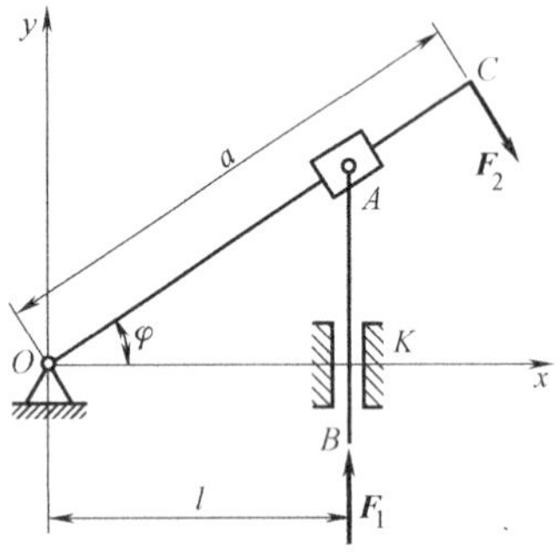

图 12.17 题 12.6 图

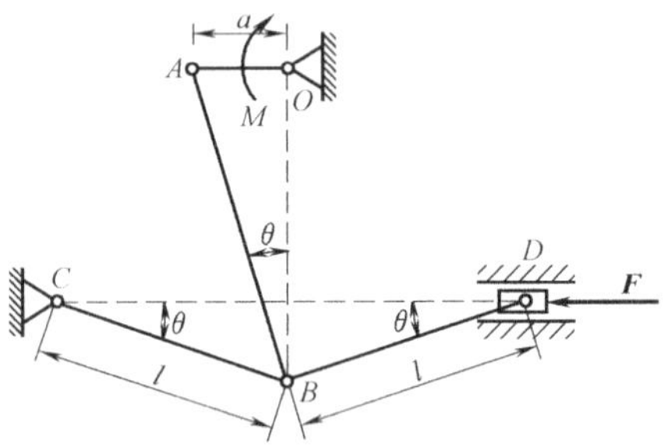

图 12.18 题 12.7 图

12.8 如图 12.19 所示，借滑轮机构将两物体 A 和 B 悬挂。如绳和滑轮重量不计，当两物体平衡时，求重量 W_A 与 W_B 的关系。

12.9 如图 12.20 所示，滑套 D 套在光滑直杆 AB 上，并带动杆 CD 在铅直滑道上滑动。已知 $\varphi=0°$时弹簧等于原长，弹簧刚度系数为 5kN/m。求在任意位置（φ 角）平衡时，应加多大的力偶矩 M。

12.10 如图 12.21 所示，两等长杆 AB 与 BC 在点 B 用铰链连接，又在杆的 D、E 两点连一弹簧，弹簧的刚度系数为 k，当距离 AC 等于 a 时，弹簧内拉力为零，如果在 C 点作用一水平力 $\boldsymbol{F}$，杆系处于平衡，设 $AB=l$，$BD=BE=b$，杆重不计。求距离 AC 的值。

12.11 如图 12.22 所示台秤中，$AB:AC=1:3$。问比例 $A'C':A'D'$为何值时，使称出的重量与物体安放在秤台上的位置无关？又求秤锤与被称物体的重量比 $W_1:W$。

12.12 已知 $F_1=F_2=200$N，图中长度单位为 mm。试求如图 12.23 所示机构平衡时力 $\boldsymbol{F}$ 的大小。

12.13 已知砝码重 $W'=200$N，图中长度单位为 cm。试求如图 12.24 所示台秤平衡时被称重物的重量 W。

12.14 已知 $AD=BD=6$m，$CD=3$m，在节点 D 的载荷为 $\boldsymbol{F}$。用虚位移原理求如图 12.25 所示桁架中杆 3 的内力。

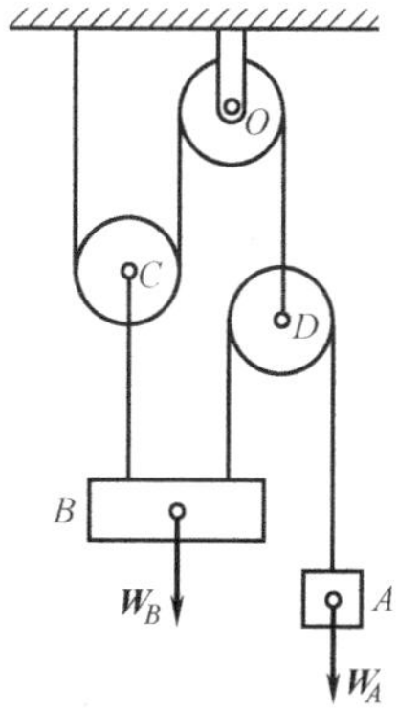

图 12.19　题 12.8 图

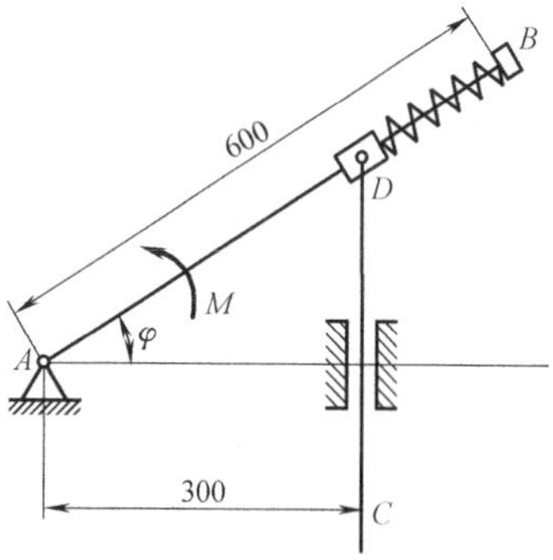

图 12.20　题 12.9 图

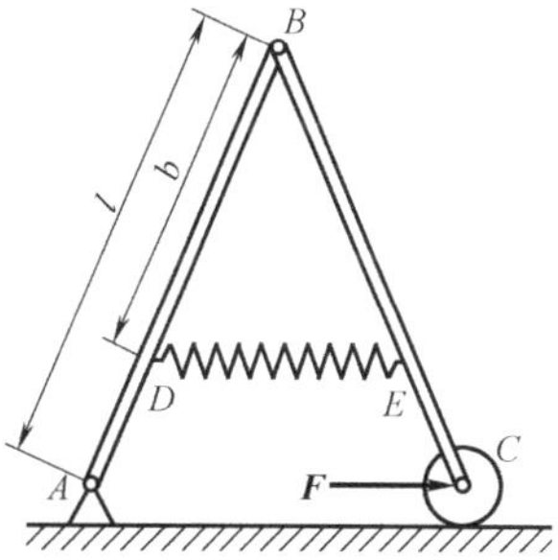

图 12.21　题 12.10 图

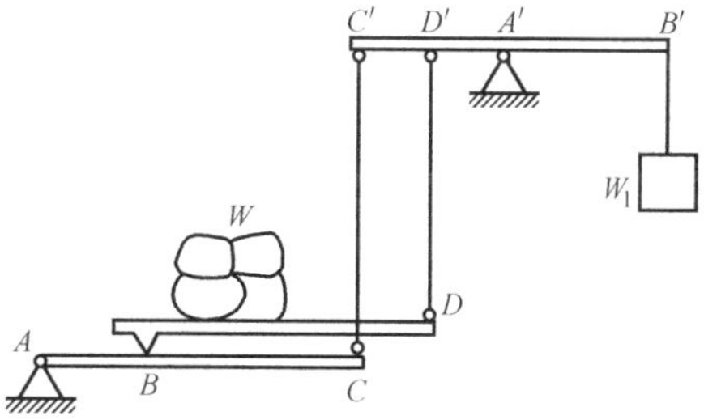

图 12.22　题 12.11 图

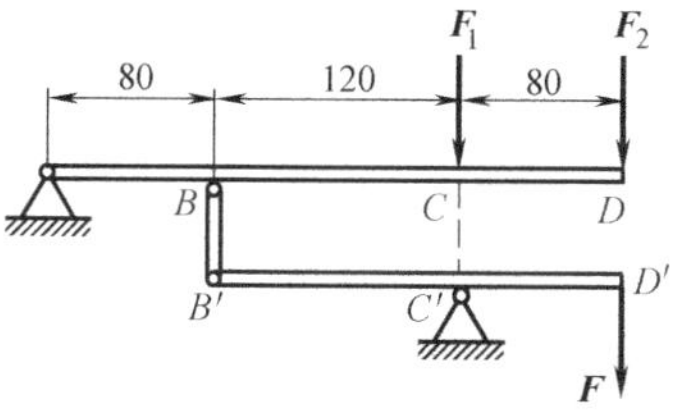

图 12.23　题 12.12 图

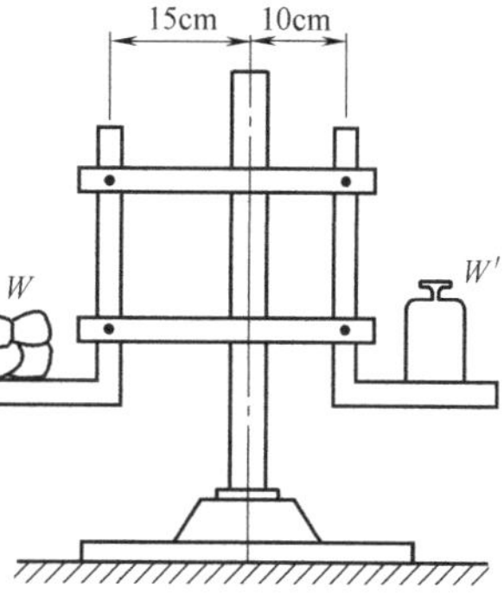

图 12.24　题 12.13 图

12.15　组合梁由铰链 C 连接 AC 和 CE 而成，载荷分布如图 12.26 所示。已知跨度 $l=8\text{m}$，$F=4900\text{N}$，均布力 $q=2450\text{N/m}$，力偶矩 $M=4900\text{N}\cdot\text{m}$。求支座约束力。

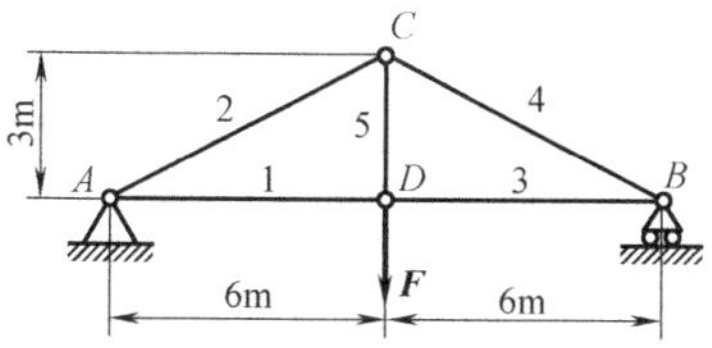

图 12.25　题 12.14 图

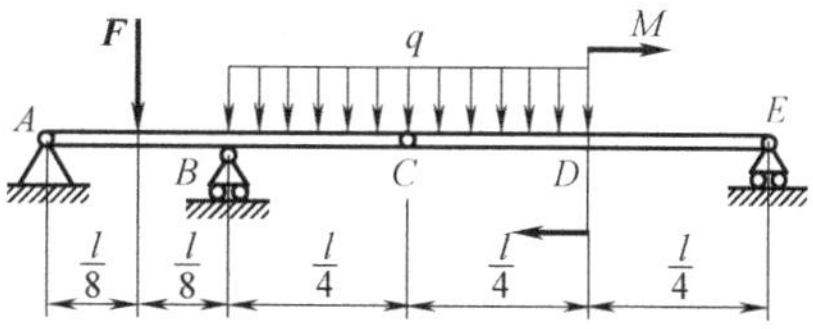

图 12.26　题 12.15 图

12.16　如图 12.27 所示，两小车重 W_1 和 W_2，系在细绳的两端，分别放在倾角为 θ 和 β 的斜面上。绳子绕过定滑轮与一动滑轮相连，动滑轮的轴上挂一重物 W。如摩擦以及滑轮与绳索的重量忽略不计，试求平衡时 W_1 和 W_2 的值。

12.17　如图 12.28 所示，在鼓轮 Ⅰ 和 Ⅱ 上分别作用力矩 M_1 和 M_2。物体 A 重 W_A，其与斜面的摩擦因数为 f，斜面的倾角为 φ，鼓轮的半径分别为 r_1 和 r_2，动滑轮 B 重 W_B。试求物系平衡时，M_1 和 M_2 应满足的条件。忽略轴的摩擦（$f<\tan\varphi$）。

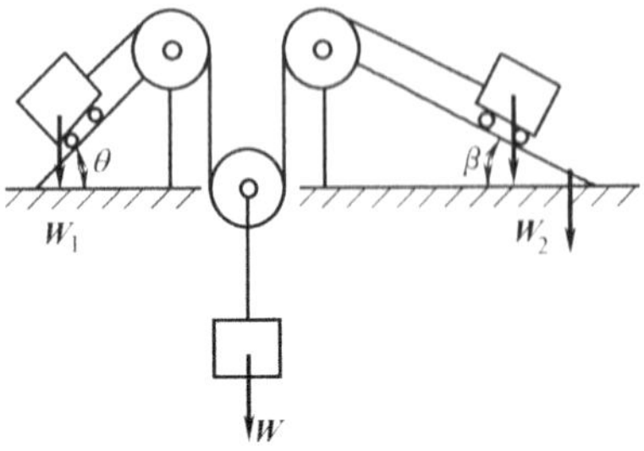

图 12.27　题 12.16 图

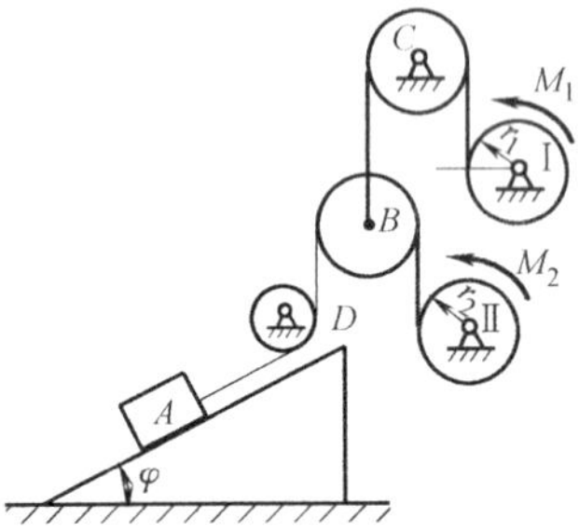

图 12.28　题 12.17 图

12.18　如图 12.29 所示，三棱柱 A 沿三棱柱 B 的光滑斜面滑动，A 和 B 各重 W_A 和 W_B，三棱柱 B 的斜面与水平面成 φ 角。如开始时物系静止，摩擦略去不计。试求运动时三棱柱 B 的加速度。

12.19　如图 12.30 所示，物系由定滑轮 A、动滑轮 B 以及三个用不可伸长的绳挂起的重物 M_1、M_2 和 M_3 所组成。各重物的质量分别为 m_1、m_2 和 m_3，且 $m_1<(m_2+m_3)$，滑轮的质量不计，各重物的初速度均为零。求质量 m_1、m_2 和 m_3 应具有何种关系，重物 M_1 方能下降，并求维持重物 M_1 的绳子张力。

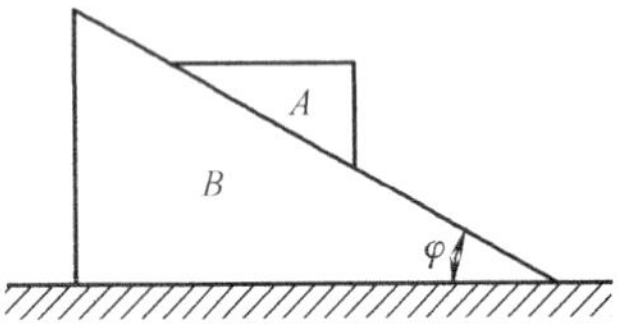

图 12.29　题 12.18 图

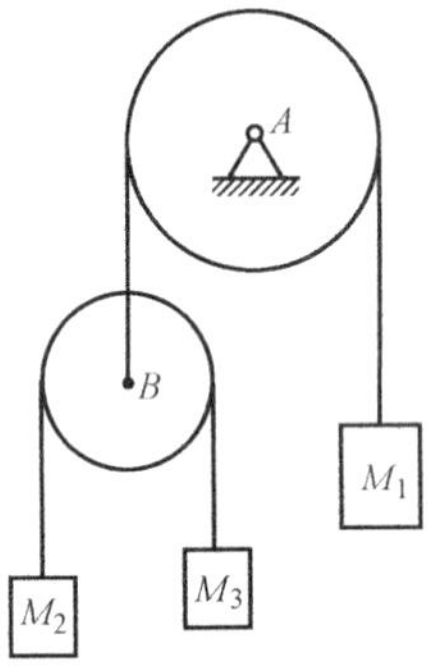

图 12.30　题 12.19 图

12.20　如图 12.31 所示，绞盘 C 的半径为 R，转动惯量为 J，作用在其上的力矩为 M。在滑轮组上悬挂重物 A 和 B，其质量各为 m_1 和 m_2，定滑轮和动滑轮的半径均为 R。忽略滑轮的质量和摩擦，求绞盘的角加速度。

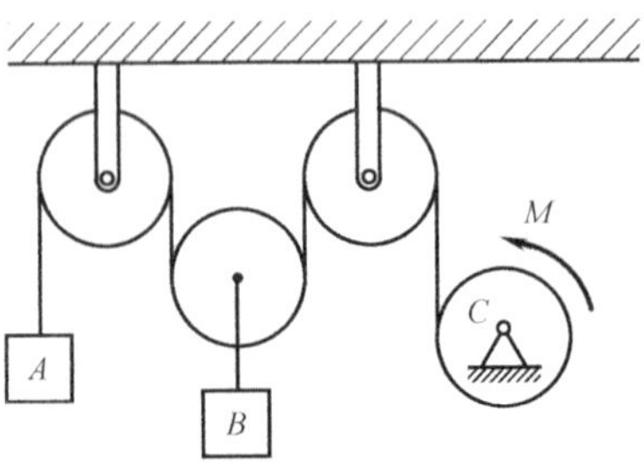

图 12.31　题 12.20 图

第 13 章 机械振动基础

机械振动是一种特殊形式的运动。在这种运动过程中，机械或结构系统在其平衡位置附近做往复运动。机械振动是工程中常见的重要现象，如钟的摆动、汽车的颠簸、混凝土的振动捣实以及地震等。

许多振动会给我们带来危害，如振动引起的噪声会影响人们的健康；车辆、船舶、飞机等载人工具的振动，会使人感到不适；机床的振动会影响加工精度；结构的振动会引起建筑物的破坏等。但是，振动又被广泛地应用于工程中，例如钟摆的振动、振动送料、振动打桩以及各种测振仪、振动台等。我们研究机械振动基本理论的目的，在于掌握振动的基本规律，以便有效利用振动有利的方面，防止和减少其不利的方面。

实际的振动系统复杂而又多样，研究时必须建立力学模型，以便利用数学工具进行分析，抓住基本的规律。例如安装在悬臂梁上的电动机，如图 13.1a 所示，当它沿垂直方向振动时，如果梁的质量远小于电动机的质量，可将梁的质量略去不计，即把它看成无质量的弹性梁。这样，这个振动系统就可用图 13.1b 所示的质量-弹簧系统来代替。由于此系统仅有一个自由度，故称为单自由度系统。后面的研究表明，无论何种形式的单自由度振动系统，其运动微分方程的形成都是相同的，因此，后面我们就把如图 13.1b 所示的一类质量-弹簧系统作为单自由度振动系统的力学模型。

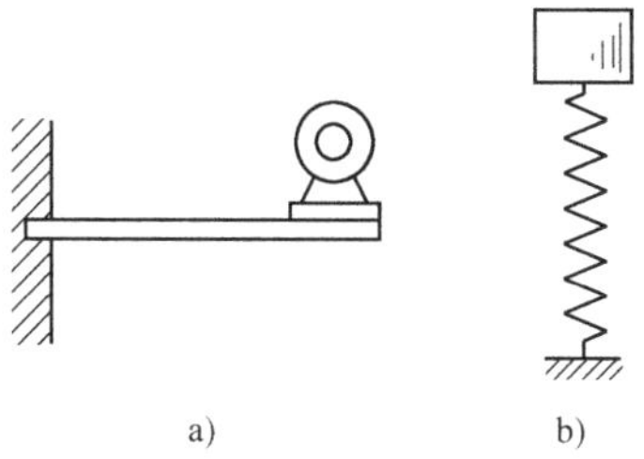

图 13.1

13.1 单自由度系统的自由振动

1. 自由振动微分方程

如图 13.2 所示质量-弹簧单自由度系统中，设质量为 m，弹簧原长为 l_0，刚度系数为 k。为分析其运动规律，先列出其运动微分方程。

取重物平衡位置为坐标原点 O，x 轴铅直向下。重物在平衡位置时，在重力 $\boldsymbol{P}=m\boldsymbol{g}$ 的作用下，弹簧的变形量 δ_{st} 称为**静变形**。由平衡条件得知，重物所受的重力与弹簧的拉力大小相等而方向相反，即

$$P=k\delta_{st} \tag{13.1}$$

而重物在任意位置 x 处弹簧力 $\boldsymbol{F}$ 在 x 轴上的投影为

$$F_x=-k\delta=-k(\delta_{st}+x)$$

其运动微分方程为

$$m\frac{d^2x}{dt^2}=P-k(\delta_{st}+x)$$

将式（13.1）代入上式有

$$m\frac{d^2x}{dt^2}=-kx \tag{13.2}$$

上式表明，物体偏离平衡位置于坐标 x 处，将受到与偏离距离成正比、与偏离方向相反的合力，称此力为**恢复力**。仅在恢复力作用下维持的振动称为**无阻尼自由振动**。

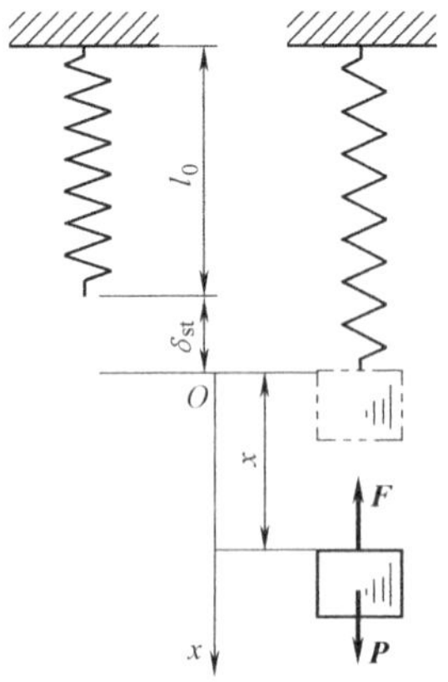

图 13.2

将式（13.2）各项除以 m，并令 $\frac{k}{m}=\omega_n^2$，则式（13.2）可写为

$$\frac{d^2x}{dt^2}+\omega_n^2x=0 \tag{13.3}$$

上式为**无阻尼自由振动微分方程的标准形式**，它是一个二阶齐次常系数线性微分方程。其解具有如下形式：

$$x=e^{rt}$$

式中，r 为特定常数。将上式代入微分方程（13.3）后，消去公因子 e^{rt}，得特征方程为

$$r^2+\omega_n^2=0$$

特征方程的两个根为

$$r_1=+i\omega_n,\quad r_2=-i\omega_n$$

式中，$i=\sqrt{-1}$；r_1 和 r_2 为两个共轭虚根。由数学理论，微分方程（13.3）的通解为

$$x=C_1\cos\omega_nt+C_2\sin\omega_nt \tag{13.4}$$

式中，C_1 和 C_2 为积分常数，由运动的初始条件确定。

令

$$A=\sqrt{C_1^2+C_2^2},\quad \tan\theta=\frac{C_1}{C_2}$$

则式（13.4）可改写为

$$x=A\sin(\omega_nt+\theta) \tag{13.5}$$

上式表示，单自由度系统在线性恢复力作用下的自由振动是在平衡位置（称振动中心）附近做简谐振动。其运动曲线如图 13.3 所示。

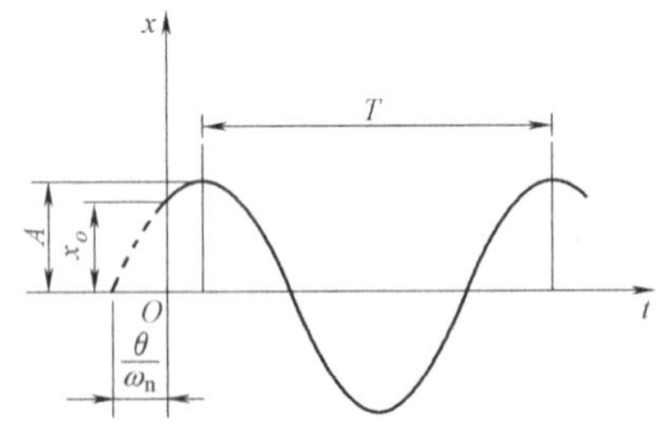

图 13.3

2. 无阻尼自由振动的特点

(1) 固有频率

无阻尼自由振动是简谐振动，是一种周期振动，任何瞬时 t，其运动规律 $x(t)$ 总可以写为

$$x(t)=x(t+T)$$

式中，T 为常数，称为周期，单位为 s。这种振动经过时间 T 后又重复原来的运动。

由式（13.5），正弦函数的周期为 2π，即

$$[\omega_n(t+T)+\theta]-(\omega_n t+\theta)=2\pi$$

由此得自由振动的周期为

$$T=\frac{2\pi}{\omega_n} \tag{13.6}$$

周期的倒数，即每秒振动的次数称为**振动频率**，用 f 表示，即

$$f=\frac{1}{T}$$

其单位为 1/秒（1/s）或赫兹（Hz）。

由式（13.6）可得

$$\omega_n=2\pi f=\sqrt{\frac{k}{m}} \tag{13.7}$$

可见，ω_n 代表 2πs 内的振动次数，称为**圆频率**，其单位和角速度的单位相同，为弧度每秒（rad/s）。

上式表明，自由振动的圆频率 ω_n 只与表征系统本身特性的质量 m 和弹簧刚度系数 k 有关，而与运动的初始条件无关，它是振动系统的固有特性，所以称 ω_n 为**固有圆频率**（一般也称为**固有频率**）。固有频率是振动理论中的重要概念，它反映了振动系统的动力学特性，计算系统的固有频率是研究振动问题的重要课题之一。

由式（13.1）得

$$k=\frac{P}{\delta_{st}}=\frac{mg}{\delta_{st}}$$

代入式（13.7）中得

$$\omega_n=\sqrt{\frac{g}{\delta_{st}}} \tag{13.8}$$

上式表明：对上述振动系统，只要知道重力作用下的静变形，就可以求得系统的固有频率。显见，弹簧在重力作用下的静变形越大，则系统的固有频率越低；反之，则系统的固有频率越高。

（2）振幅与初相位

在简谐振动表达式（13.5）中，A 表示偏离平衡位置的最大位移称为**振幅**。$(\omega_n t+\theta)$ 称为**相位**（或**相位角**），相位决定了质点在某瞬时 t 的位置，它具有角度的量纲，而 θ 称为**初相位**，它决定了质点运动的起始位置。

振幅 A 和初相位 θ 可以由运动的初始条件确定。设 $t=0$ 时，$x=x_0$，$v_x=v_0$。为求 A 和 θ，将式（13.5）两端对时间 t 求一阶导数，得到物块的速度为

$$v_x=\frac{dx}{dt}=A\omega_n\cos(\omega_n t+\theta) \tag{13.9}$$

将初始条件代入式（13.5）和式（13.9）可得

$$x_0=A\sin\theta,\quad v_0=A\omega_n\cos\theta$$

由此求出

$$\left.\begin{aligned} A &= \sqrt{x_0^2+\frac{v_0^2}{\omega_n^2}} \\ \tan\theta &= \frac{\omega_n x_0}{v_0} \end{aligned}\right\} \tag{13.10}$$

从上式可见，自由振动的振幅和初相位都与初始条件有关。

例 13.1 如图 13.4 所示，质量 $m=0.5\text{kg}$ 的物块，沿光滑斜面无初速滑下。当物块下落高度 $h=0.1\text{m}$ 时撞到无质量弹簧上并与弹簧不再分离。弹簧刚度系数 $k=0.8\text{kN/m}$，倾角 $\beta=30°$。求系统振动的固有频率和振幅，并给出物块的运动方程。

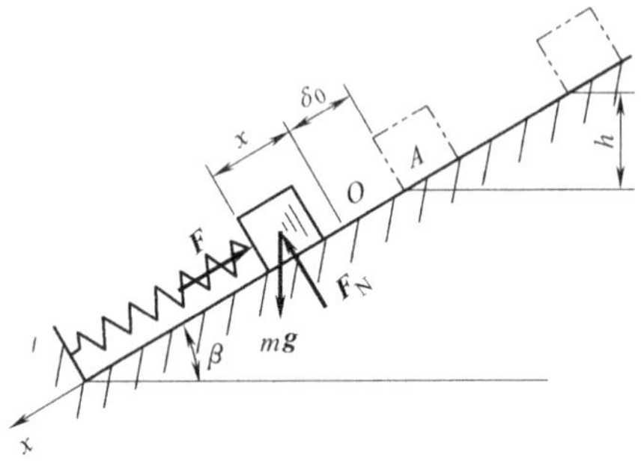

图 13.4　例 13.1 图

解： 物块在弹簧的自然位置 A 处碰上弹簧。若物块平衡时，由于斜面的影响，弹簧应有变形量。

$$\delta_0=\frac{mg\sin\beta}{k} \tag{a}$$

以物块平衡位置 O 为原点，取 x 轴如图所示。物块在任意位置 x 处受重力 $\boldsymbol{mg}$、斜面约束力 $\boldsymbol{F}_N$ 和弹性力 $\boldsymbol{F}$ 作用，物块沿 x 轴的运动微分方程为

$$m\frac{\mathrm{d}^2x}{\mathrm{d}t^2}=mg\sin\beta-k(\delta_0+x)$$

将式（a）代入上式，得

$$m\frac{\mathrm{d}^2x}{\mathrm{d}t^2}=-kx$$

上式与式（13.2）完全相同，表明斜面倾角 β 与物块运动微分方程无关。由式（13.5），此系统的通解为

$$x=A\sin(\omega_n t+\theta) \tag{b}$$

式中，固有频率 ω_n 为

$$\omega_n=\sqrt{\frac{k}{m}}=\sqrt{\frac{0.8\times1000}{0.5}}\text{rad/s}=40\text{rad/s}$$

显见，固有频率与斜面倾角 β 无关。

当物块碰上弹簧时，取时间 $t=0$ 作为振动的起点，此时物块的坐标即为初位移

$$x_0=-\delta_0=-\frac{0.5\times9.8\times\sin 30°}{0.8\times1000}\text{m}=-3.06\times10^{-3}\text{m}$$

物块碰上弹簧时，初始速度为

$$v_0=\sqrt{2gh}=\sqrt{2\times9.8\times0.1}\text{m/s}=1.4\text{m/s}$$

代入式（13.10），得振幅及初相位为

$$A=\sqrt{x_0^2+\frac{v_0^2}{\omega_n^2}}=0.0351\text{m}=35.1\text{mm}$$

$$\theta=\arctan\frac{\omega_n x_0}{v_0}=-0.087\text{rad}$$

则此物块的运动方程为

$$x=35.1\sin(40t-0.087)$$

例 13.2　试求下列两种情况下系统的固有频率。(1) 两根刚度系数分别为 k_1 和 k_2 的弹簧并联，悬挂物体的质量为 m，如图 13.5a 所示；(2) 上述两根弹簧串联，如图 13.5b 所示。

解：(1) 两弹簧并联情况。

设在物体重力作用下，两根弹簧的静变形相等皆为 δ_{st}，物体保持在水平位置，两根弹簧的拉力不相等，设分别为 F_1 和 F_2，于是有

$$F_1=k_1\delta_{st},\quad F_2=k_2\delta_{st}$$

$$mg=F_1+F_2=(k_1+k_2)\delta_{st}$$

$$\delta_{st}=\frac{mg}{k_1+k_2}$$

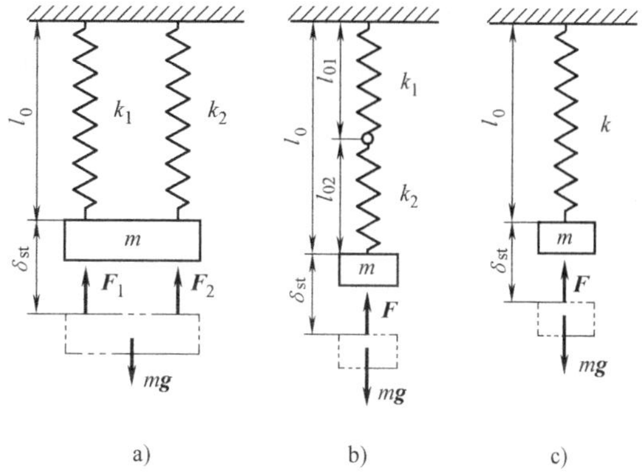

图 13.5　例 13.2 图

若以另一根刚度系数为 k 的弹簧代替两根并联弹簧，如图 13.5c 所示，并使两种情况系统的固有频相同，则两种情况下弹簧的静变形应相等，即有

$$\delta_{st}=\frac{mg}{k}$$

比较以上两式，可得

$$k=k_1+k_2$$

k 称为两根并联弹簧的**当量刚度系数**。因而系统的固有频率为

$$\omega_n=\sqrt{\frac{k}{m}}=\sqrt{\frac{k_1+k_2}{m}}$$

(2) 两弹簧串联的情况。

此时两弹簧的拉力相等，都等于物体的重力 mg，两弹簧的静变形不等，设分别为 δ_{st1} 和 δ_{st2}，于是有

$$mg=k_1\delta_{st1},\quad mg=k_2\delta_{st2}$$

串联弹簧的静变形等于两根弹簧的静变形之和，即

$$\delta_{st}=\delta_{st1}+\delta_{st2}=mg\left(\frac{1}{k_1}+\frac{1}{k_2}\right)$$

设两串联弹簧的当量刚度系数为 k，则有

$$\delta_{st}=\frac{mg}{k}$$

比较以上两式得

$$\frac{1}{k}=\frac{1}{k_1}+\frac{1}{k_2}$$

$$k=\frac{k_1 k_2}{k_1+k_2}$$

于是系统的固有频率为

$$\omega_n=\sqrt{\frac{k}{m}}=\sqrt{\frac{k_1 k_2}{m(k_1+k_2)}}$$

例 13.3 图 13.6 所示为一摆振系统，杆重不计，球质量为 m，摆对轴 O 的转动惯量为 J，弹簧刚度系数为 k，杆于水平位置平衡，尺寸如图所示。求此系统微小振动的运动微分方程及振动频率。

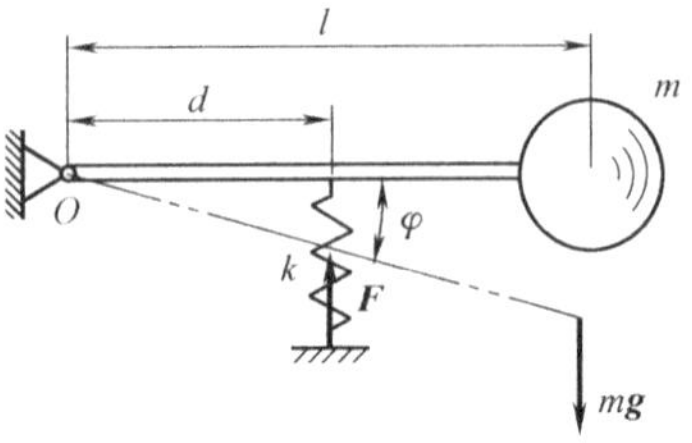

图 13.6 例 13.3 图

解：摆于水平平衡处，弹簧已有压缩量 δ_0。由平衡方程 $\sum M_O(\boldsymbol{F}_i)=0$，有

$$mgl=k\delta_0 d \tag{a}$$

以平衡位置为原点，摆在任一小角度 φ 处，弹簧压缩量为 $\delta_0+\varphi d$。摆绕轴 O 的转动微分方程为

$$J\frac{d^2\varphi}{dt^2}=mgl-k(\delta_0+\varphi d)\cdot d$$

将式（a）代入上式，得

$$J\frac{d^2\varphi}{dt^2}=-kd^2\varphi$$

上式移项，可化为标准形式的无阻尼自由振动微分方程

$$\frac{d^2\varphi}{dt^2}+\frac{kd^2}{J}\varphi=0 \tag{b}$$

则此摆振系统的固有频率为

$$\omega_n=d\sqrt{\frac{k}{J}}$$

13.2 单自由度系统的有阻尼自由振动

1. 阻尼

13.1 节所研究的自由振动中，我们略去了运动的阻力。因此振动过程中机械能守恒，系统保持持久的等幅振动。但实际上系统振动时不可避免地有阻力存在，因而在一定时间内振动的能量将不断消耗，使振幅不断缩小而停止。

振动过程中的阻力习惯上称为**阻尼**。产生阻尼的原因很多，例如在介质中振动时的介质阻尼、由于结构变形而产生的内阻尼和由于接触面的摩擦而产生的干摩擦阻尼等。当振动速度不大时，由于介质黏性引起的阻力近似地与速度的一次方成正比，这样的阻尼称为**黏性阻**

尼。设振动质点的运动速度为$\boldsymbol{v}$，则黏性阻尼的阻力$\boldsymbol{F}_c$可以表示为

$$\boldsymbol{F}_c = -c\boldsymbol{v} \tag{13.11}$$

式中，比例常数 c 称为**黏性阻尼系数**（简称**阻尼系数**）；负号表示阻力与速度方向相反。

有阻尼的单自由度振动系统的力学模型，如图 13.7 所示，其振动系统可以简化成由惯性元件 m、弹性元件 k 和阻尼元件 c 组成的系统。

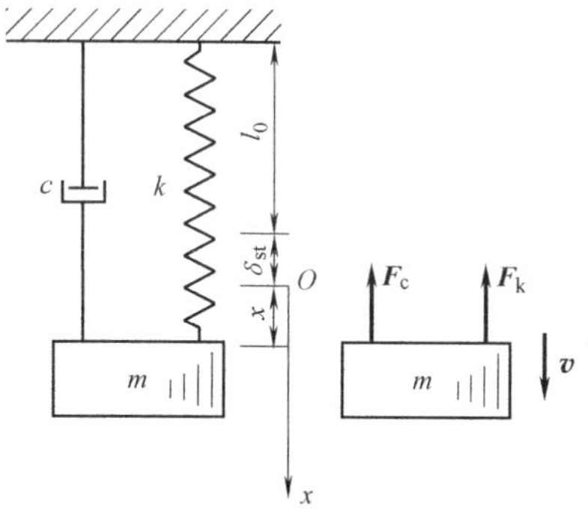

图 13.7

2. 振动微分方程

现建立如图 13.7 所示系统的自由振动微分方程。如前所述，以平衡位置为坐标原点，物块的运动微分方程为

$$m\frac{d^2x}{dt^2} = mg + F_k + F_c$$

式中，

$$F_k = -k(\delta_{st} + x),\quad F_c = -cv = -c\frac{dx}{dt}$$

代入上式得

$$m\frac{d^2x}{dt^2} = mg - k(\delta_{st} + x) - c\frac{dx}{dt}$$

考虑到 $mg = k\delta_{st}$，并令

$$\omega_n^2 = \frac{k}{m},\quad n = \frac{c}{2m} \tag{13.12}$$

则方程可化为

$$\frac{d^2x}{dt^2} + 2n\frac{dx}{dt} + \omega_n^2 x = 0 \tag{13.13}$$

上式即为有阻尼自由振动微分方程的标准形式，它也是一个二阶齐次常系数线性微分方程，其解具有如下形式：

$$x = e^{rt}$$

将上式代入微分方程（13.13）中，并消去公因子 e^{rt}，得到特征方程为

$$r^2 + 2nr + \omega_n^2 = 0$$

该方程的两个根为

$$r_1 = -n + \sqrt{n^2 - \omega_n^2}$$

$$r_2 = -n - \sqrt{n^2 - \omega_n^2}$$

因此，方程（13.13）的通解为

$$x = C_1 e^{r_1 t} + C_2 e^{r_2 t}$$

上述解中，特征根为实数或复数时，运动规律有很大的不同，因此下面按 $n<\omega_n$、$n>\omega_n$ 和 $n=\omega_n$ 在三种不同情形分别进行讨论。

3. 小阻尼情形

当时 $n<\omega_n$，阻尼系数 $c<2\sqrt{mk}$，这时阻尼较小，称为小阻尼情形，特征方程的两个根

为共轭复数，即

$$r_1=-n+\mathrm{i}\sqrt{\omega_n^2-n^2}$$

$$r_2=-n-\mathrm{i}\sqrt{\omega_n^2-n^2}$$

式中，$\mathrm{i}=\sqrt{-1}$。此时振动微分方程的解为

$$x=\mathrm{e}^{-nt}\left(C_1\mathrm{e}^{\mathrm{i}\sqrt{\omega_n^2-n^2}t}+C_2\mathrm{e}^{-\mathrm{i}\sqrt{\omega_n^2-n^2}t}\right)$$

或写为

$$x=A\mathrm{e}^{-nt}\sin\left(\sqrt{\omega_n^2-n^2}\,t+\theta\right) \tag{13.14}$$

式中，A 和 θ 为两个积分常数，由运动的初始条件确定。设在初瞬时 $t=0$，质点的坐标为 $x=x_0$，速度 $v=v_0$，代入上式解得

$$A=\sqrt{x_0^2+\frac{(v_0+nx_0)^2}{\omega_n^2-n^2}} \tag{13.15}$$

$$\tan\theta=\frac{x_0\sqrt{\omega_n^2-n^2}}{v_0+nx_0} \tag{13.16}$$

根据式（13.14）可将小阻尼对自由振动的影响归纳如下：

1）系统不再做等幅简谐振动。严格地说，系统的运动也不是周期运动（因为不能重复前面的状态）。

2）由于解中含有 $\sin\left(\sqrt{\omega_n^2-n^2}+\theta\right)$ 因子，振体将周期性地通过平衡位置，因此运动仍具有往复性；又由于解中含有 e^{-nt}因子，振体偏离平衡位置的最大值将随时间减小，最后趋近于零。这种运动称为**衰减振动**，其运动曲线如图 13.8 所示。

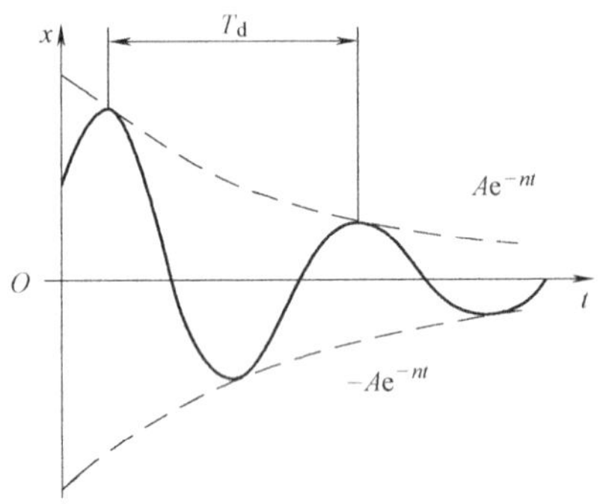

图 13.8

3）若将振体从一个最大偏离位置到下一个同向最大偏离位置所需的时间称为衰减的周期，并以 T_d 表示，则有

$$T_d=\frac{2\pi}{\sqrt{\omega_n^2-n^2}}>T=\frac{2\pi}{\omega_n} \tag{13.17}$$

即衰减振动的周期大于相应的自由振动的周期。但是，由于 n 一般很小，故可近似地认为 $T_d=T$。

4）衰减振动的振幅为振体偏离平衡位置的最大值，可近似地认为它等于 $A\mathrm{e}^{-nt}$。经过一个周期 T_d 后，振体偏离平衡位置的最大值为 $A\mathrm{e}^{-n(t+T_d)}$，从而，这两个最大偏离之比即振幅之比为

$$\eta=\frac{A\mathrm{e}^{-nt}}{A\mathrm{e}^{-n(t+T_d)}}=\mathrm{e}^{nT_d} \tag{13.18}$$

式中，η 称为**减缩因数**。e^{nT_d} 为常数，并大于 1。由此可知，衰减振动的振幅按几何级数规律迅速地减小。

对式（13.18）的两端取自然对数得

$$\delta = \ln\eta = nT_d \tag{13.19}$$

式中，δ 称为**对数减缩**。

4. 临界阻尼和大阻尼情形

当 $n=\omega_n$ 时，称为**临界阻尼**情形。这时系统的阻尼系数用 c_{cr} 表示，c_{cr} 称为**临界阻尼系数**。由式（13.12）可得

$$c_{cr} = 2\sqrt{mk} \tag{13.20}$$

在临界阻尼情形下，特征方程的根为两个相等的实根，即

$$r_1 = r_2 = -n$$

因此，振动微分方程的解为

$$x = e^{-nt}(C_1 + C_2 t) \tag{13.21}$$

式中，C_1 和 C_2 为两个积分常数，由运动的初始条件确定。

式（13.21）表明：此时物体的运动是随时间的增长而无限地趋向平衡位置，因此运动已不具有振动的特点。

当 $n>\omega_n$ 时，称为**大阻尼**情形。在这种情形下，特征方程的根为两个不等的实根，即

$$r_1 = -n + \sqrt{n^2 - \omega_n^2}$$

$$r_2 = -n - \sqrt{n^2 - \omega_n^2}$$

因此振动微分方程的解为

$$x = e^{-nt}\left(C_1 e^{\sqrt{n^2-\omega_n^2}\,t} + C_2 e^{-\sqrt{n^2-\omega_n^2}\,t}\right) \tag{13.22}$$

式中，C_1 和 C_2 为积分常数，由运动的初始条件确定。式（13.22）表明：大阻尼对自由振动的影响是使运动变为非周期运动，并随着时间增大，振体的运动非往复地趋于平衡位置，其运动曲线如图 13.9 所示。其中，Ⅰ：$\dot{x}_0>0$；Ⅱ：$\dot{x}_0<0$，$|\dot{x}_0|$较小；Ⅲ：$\dot{x}_0<0$，$|\dot{x}_0|$较大。

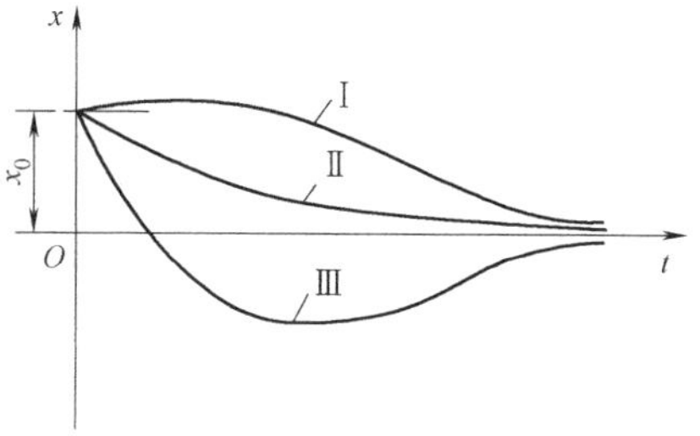

图 13.9

例 13.4　如图 13.10 所示，质量为 m 的重物悬挂在弹簧上。若测得系统在空气中的振动频率为 f_1，在液体中的振动频率为 f_2。试求液体的阻尼系数 c。

解：振体在空气中做自由振动（不计空气阻尼），因此有

$$f_1 = \frac{\omega_n}{2\pi} \tag{a}$$

在液体中振体做衰减运动，因此有

$$f_2 = \frac{1}{2\pi}\sqrt{\omega_n^2 - n^2} \tag{b}$$

联立式（a）、式（b）解得

$$n = 2\pi\sqrt{f_1^2 - f_2^2}$$

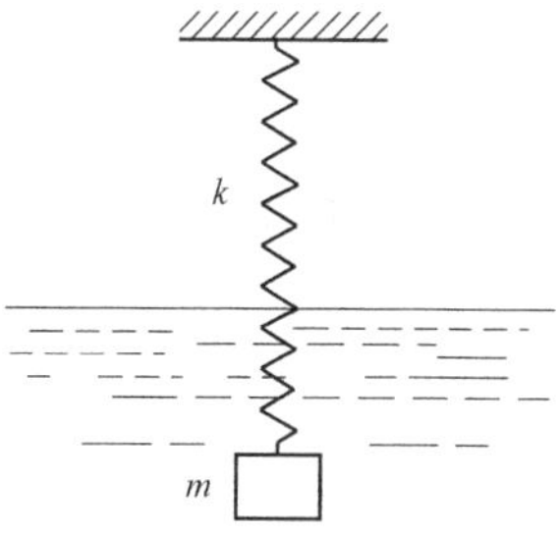

图 13.10　例 13.4 图

$$c=2nm=4\pi m\sqrt{f_1^2-f_2^2}$$

例 13.5 如图 13.7 所示质量-弹簧阻尼系统，其物块质量为 0.05kg，弹簧刚度系数 $k=2000\text{N/m}$。使系统发生自由振动，测得其相邻两个振幅之比 $A_i/A_{i+1}=100/98$。求系统的临界阻尼系数和阻尼系数。

解：由式（13.20）可得系统的临界阻尼系数为

$$c_{cr}=2\sqrt{mk}=2\sqrt{0.05\times2000}\ \text{N}\cdot\text{s/m}=20\text{N}\cdot\text{s/m}$$

由式（13.19）可得对数缩减为

$$\delta=\ln\frac{A_i}{A_{i+1}}=\ln\frac{100}{98}=0.0202$$

由式（13.17）和式（13.19）可得

$$\delta=nT_d=\frac{2\pi n}{\sqrt{\omega_n^2-n^2}}\approx\frac{2\pi n}{\omega_n}=\frac{2\pi\dfrac{c}{2m}}{\sqrt{\dfrac{k}{m}}}=\frac{\pi c}{\sqrt{mk}}$$

则系统阻尼系数为

$$c=\frac{\delta\sqrt{mk}}{\pi}=\frac{0.0202\sqrt{0.05\times2000}}{\pi}\text{N}\cdot\text{s/m}=0.0643\text{N}\cdot\text{s/m}$$

13.3 单自由度系统的强迫振动

工程中的自由振动都会由于阻尼的存在而逐渐衰减，最后完全停止。但实际上又存在大量不衰减的持续振动，这是由于外界有能量输入以补充阻尼的消耗。在外加激振力作用下的振动称为**受迫振动**。激振力随时间的变化可能是周期的，也可能是非周期的，还可能是随机的。我们仅讨论简谐激振力作用下的强迫振动，这是最简单、也是最基本的受迫振动，它是研究更复杂激振力作用下的受迫振动的基础。简谐激振力可表示为

$$F=H\sin\omega t \tag{13.23}$$

式中，H 为激振力的幅值；ω 为激振力的角频率。它们都是定值。

1. 受迫振动微分方程及其解

如图 13.11 所示，具有黏性阻尼的质量-弹簧系统，其上作用着简谐干扰力 $\boldsymbol{F}$。

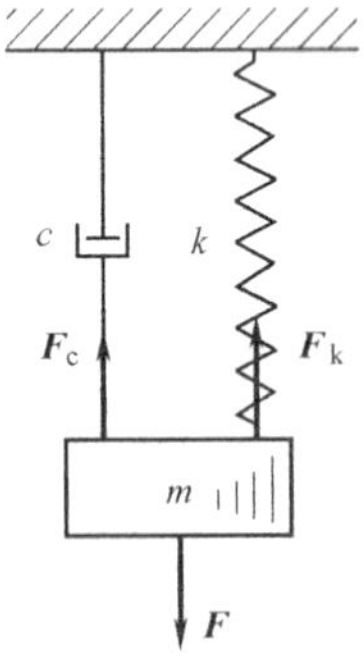

图 13.11

以静平衡位置 O 为原点，建立向下为正的 x 轴。考虑到重力与弹簧静变形所产生的弹性力相平衡，重物 m 的运动微分方程为

$$m\frac{d^2x}{dt^2}=-kx-c\frac{dx}{dt}+H\sin\omega t$$

令 $n=\dfrac{c}{2m}$，$\omega_n^2=\dfrac{k}{m}$，$h=\dfrac{H}{m}$，代入上式可得

$$\frac{d^2x}{dt^2}+2n\frac{dx}{dt}+\omega_n^2x=h\sin\omega t \tag{13.24}$$

这是具有黏性阻尼的单自由度系统强迫振动微分方程的标准形式，它是一个二阶常系数线性非齐次的微分方程，其解由两部分组成

$$x=x_1+x_2$$

式中，x_1 为对应于式（13.24）的齐次方程的通解，这在 13.2 节已进行了讨论，在小阻尼（$n<\omega_n$）的情形下，就是式（13.14），即

$$x_1=Ae^{-nt}\sin(\sqrt{\omega_n^2-n^2}\,t+\theta) \tag{13.25}$$

这是衰减振动；x_2 为方程（13.24）的一个特解，称为强迫振动，设它具有下面的形式：

$$x_2=B\sin(\omega t-\varepsilon) \tag{13.26}$$

式中，B 为受迫振动的振幅；ε 表示受迫振动与激振力之间的相位差，均为待定常数。

将式（13.26）代入式（13.24）可得

$$-B\omega^2\sin(\omega t-\varepsilon)+2nB\omega\cos(\omega t-\varepsilon)+\omega_n^2B\sin(\omega t-\varepsilon)=h\sin\omega t$$

将上式等号右端改写为

$$h\sin\omega t=h\sin[(\omega t-\varepsilon)+\varepsilon]=h\cos\varepsilon\sin(\omega t-\varepsilon)+h\sin\varepsilon\cos(\omega t-\varepsilon)$$

这样前式可整理为

$$[B(\omega_n^2-\omega^2)-h\cos\varepsilon]\sin(\omega t-\varepsilon)+(2nB\omega-h\sin\varepsilon)\cos(\omega t-\varepsilon)=0$$

对任意瞬时 t，上式都必须是恒等式，则有

$$B(\omega_n^2-\omega^2)-h\cos\varepsilon=0$$

$$2nB\omega-h\sin\varepsilon=0$$

由此可求得振幅 B 和相位差 ε 分别为

$$B=\frac{h}{\sqrt{(\omega_n^2-\omega^2)^2+4n^2\omega^2}} \tag{13.27}$$

$$\tan\varepsilon=\frac{2n\omega}{\omega_n^2-\omega^2} \tag{13.28}$$

于是方程（13.24）的通解为

$$x=Ae^{-nt}\sin(\sqrt{\omega_n^2-\omega^2}\,t+\theta)+B\sin(\omega t-\varepsilon) \tag{13.29}$$

由式（13.29）可知：有阻尼受迫振动由两部分合成，第一部分是衰减振动，如图 13.12a 所示；第二部分是受迫振动，如图 13.12b 所示。其中衰减振动部分经过一定时间后，很快衰减并逐渐消失，这段过程称为**瞬态过程**。一般来说，瞬态过程是短暂的，以后系统基本上按第二部分受迫振动的规律进行振动，仅剩下受迫振动的过程称为**稳态过程**，如图 13.12c 所示。

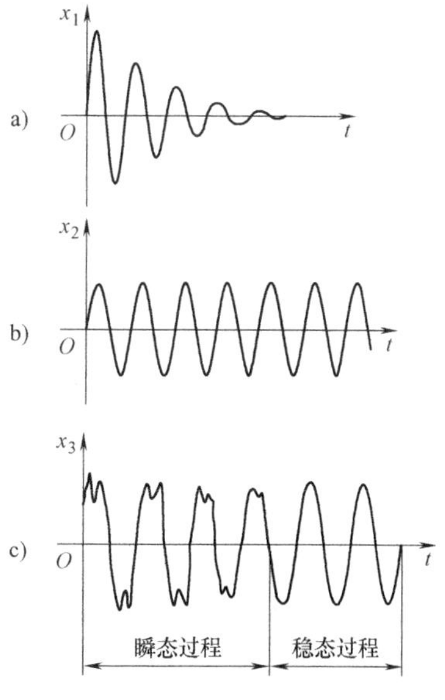

图 13.12

我们仅讨论稳态过程的振动。由式（13.26）可知：在简谐激振力作用下的受迫振动是简谐振动，振动频率等于激振力的频率 ω；其相位较激振力落后一个相位角 ε；振幅 B 和相位差 ε 只与系统本身的固有参数

(质量 m、刚度系数 k、阻尼 c) 和激振力的幅值、频率有关，而与初始条件无关。

2. 振幅的变化规律

研究受迫振动的振幅大小具有重要的现实意义，振幅过大会影响机构、仪器的正常工作，严重时会造成构件的破坏，因此在实际工程中必须控制振幅，使其在允许的范围内。为此，我们将各个参数对振幅的影响简要分析如下。

将式（13.27）改写为

$$B=\frac{h/\omega_n^2}{\sqrt{\left[1-\left(\frac{\omega}{\omega_n}\right)^2\right]^2+4\left(\frac{n}{\omega_n}\right)^2\left(\frac{\omega}{\omega_n}\right)^2}}=\frac{B_0}{\sqrt{(1-\lambda^2)^2+4\zeta^2\lambda^2}}$$

式中，$B_0=\frac{h}{\omega_n^2}=\frac{H/m}{k/m}=\frac{H}{k}$，是弹簧在激振力幅值 H 静止地作用下所引起的静变形；$\lambda=\frac{\omega}{\omega_n}$为频率比；$\zeta=\frac{n}{\omega_n}$为阻尼比。

令 $\beta=\frac{B}{B_0}$，β 称为振幅的**放大因子**，则由上式得

$$\beta=\frac{B}{B_0}=\frac{1}{\sqrt{(1-\lambda^2)^2+4\zeta^2\lambda^2}} \tag{13.30}$$

可见，振幅的放大因子的大小只与频率比 λ 和阻尼比 ζ 有关。以 ζ 为参变量可绘制一系列的 β-λ 曲线，这些曲线称为**幅频响应曲线**，如图 13.13 所示。由图可知

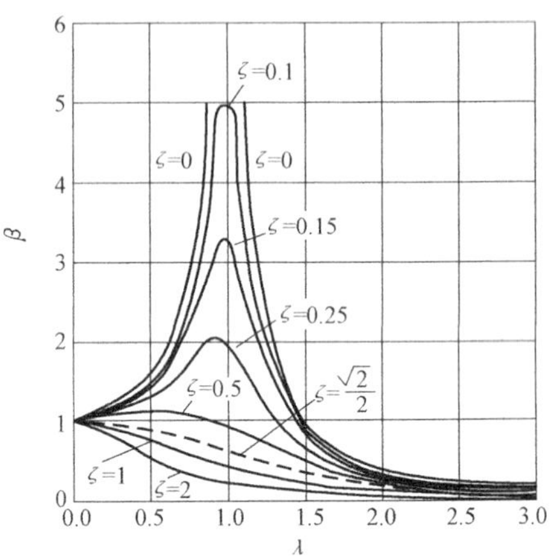

图 13.13

1）低频区。即当 $\lambda=\frac{\omega}{\omega_n}\ll1$ 时，$\beta\approx1$，即 $B\approx B_0$。受迫振动的振幅近似等于弹簧在激振力幅值静止地作用下所引起的静变形。

2）高频区。即当 $\lambda=\frac{\omega}{\omega_n}\gg1$ 时，$\beta\to0$，即 $B\to0$，当激振力的频率相对于系统的固有频率很高时，物体由于本身的惯性几乎来不及振动，因而振幅趋近于零。

3）共振区。这是工程中最关心的问题，即 β 在什么情形下达到最大值。为此，在式（13.30）中，令$\frac{d\beta}{d\lambda}=0$，求得 $\lambda=\sqrt{1-2\zeta^2}$时，放大因子 β 达到最大值

$$\beta_{max}=\frac{1}{2\zeta\sqrt{1-\zeta^2}}$$

振幅为最大时的频率 $\omega=\omega_n\sqrt{1-2\zeta^2}$ 称为**共振频率**。但是，在一般情形下，阻尼比 ζ 较小（例如 $\zeta=0.05\sim0.20$），则可近似取 $\omega=\omega_n$ 为共振频率，即当激振力的频率等于系统的固有频时，系统发生共振，共振时的 β_{max} 为

$$\beta_{max} \approx \frac{1}{2\zeta} \tag{13.31}$$

4）阻尼对振幅的影响。由图 13.13 可知，当 $\lambda \ll 1$ 或 $\lambda \gg 1$ 时，阻尼对振幅的影响很小；在共振附近的一定范围内，阻尼对振幅有较大的影响，随着阻尼的增加，振幅明显地下降。

例 13.6　如图 13.14 所示，AB 杆为无重刚杆，A 端铰支，距 A 端为 l 处有一质量为 m 的质点，距 A 端为 $2l$ 处有一阻尼系数为 c 的阻尼器，端点 B 处有一刚度系数为 k 的弹簧支撑，并作用一简谐干扰力 $F=F_0\sin\omega t$。刚杆在水平位置平衡，试列出系统的振动微分方程，并求系统的固有频率 ω_n，以及当激振力频率 ω 等于 ω_n 时质点的振幅。

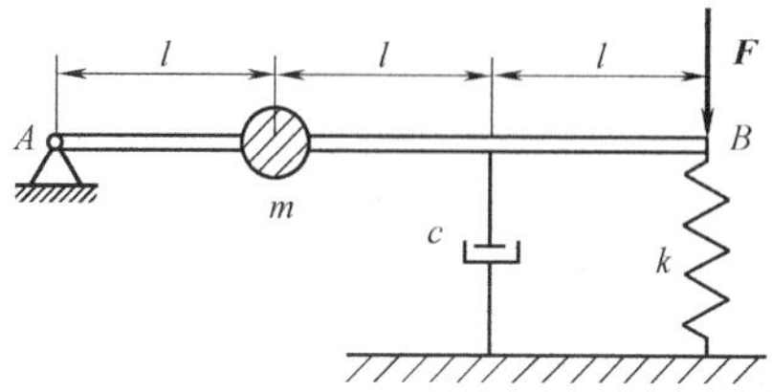

图 13.14　例 13.6 图

解：设刚杆在振动时的摆角为 θ，由刚体转动微分方程可建立系统的振动微分方程为

$$ml^2\ddot{\theta} = -4cl^2\dot{\theta} - 9kl^2\theta + 3F_0 l\sin\omega t$$

整理后得

$$\ddot{\theta} + \frac{4c}{m}\dot{\theta} + \frac{9k}{m}\theta = \frac{3F_0}{ml}\sin\omega t$$

从上式可得

$$\omega_n = \sqrt{\frac{9k}{m}}, \quad n = \frac{2c}{m}, \quad h = \frac{3F_0}{ml}$$

ω_n 即为系统的固有频率，当 $\omega=\omega_n$ 时，其振幅可由式（13.31）求出

$$b = \frac{h/\omega_n^2}{2\zeta} = \frac{h}{2n\omega_n} = \frac{3F_0}{4c\omega_n l} = \frac{F_0}{4cl}\sqrt{\frac{m}{k}}$$

这时质点的振幅为

$$B = lb = \frac{F_0}{4c}\sqrt{\frac{m}{k}}$$

13.4 隔振

由于存在产生激振力的来源，在工程实际中，振动现象是不可避免的。对这些不可避免的振动，我们可采取各种方法进行隔离或减弱。将振源与需要防振的物体之间用弹性元件和阻尼元件进行隔离，这种措施称为**隔振**。使物体的振动减弱的措施称为**减振**。我们主要研究隔振。隔振分为主动隔振和被动隔振两类，下面将分别进行讨论。

1. 主动隔振

主动隔振是将振源与支持振源的基础隔离开来。如图 13.15 所示，电动机为一振源，在电动机与基础之间用橡胶块隔离开来，以减弱通过基础传到周围物体上去的振动。

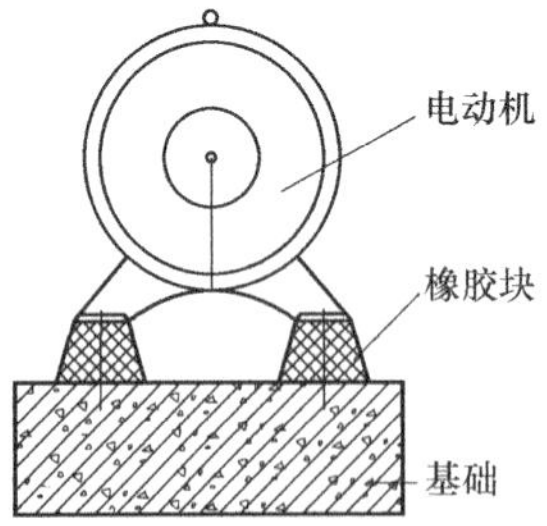

图 13.15

图 13.16 所示为主动隔振的简化模型。由振源产生的激振力 $F(t)=H\sin\omega t$ 作用在质量为 m 的物块上，为防止激振力直接由地基传出去，在物块 m 与地基之间用刚度系数为 k 的弹簧和阻尼系数为 c 的阻尼元件进行隔离。

由 13.3 节关于有阻尼受迫振动的理论知，物块的振幅为

$$B=\frac{h}{\sqrt{(\omega_n^2-\omega^2)^2+4n^2\omega^2}}=\frac{B_0}{\sqrt{(1-\lambda^2)^2+4\zeta^2\lambda^2}}$$

物块振动时传递到地基上的力由两部分合成，一部分是由于弹簧变形而作用于基础上的力为

$$F_k=kx=kB\sin(\omega t-\varepsilon)$$

另一部分是通过阻尼元件作用于基础上的力为

$$F_c=c\dot{x}=cB\omega\cos(\omega t-\varepsilon)$$

这两部分相位差为 π/2，而频率相同，其合力的幅值为

$$F_{N\max}=\sqrt{F_{k\max}^2+F_{c\max}^2}=\sqrt{(kB)^2+(cB\omega)^2}$$

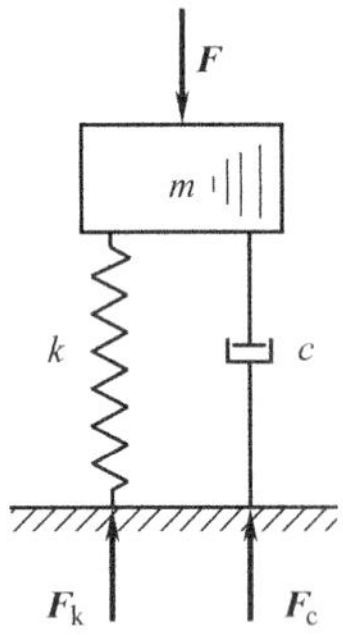

图 13.16

或改写为

$$F_{N\max}=kB\sqrt{1+4\zeta^2\lambda^2}$$

$F_{N\max}$是振动时传递给基础的力的最大值，它与激振力的力幅 H 之比为

$$\eta=\frac{F_{N\max}}{H}=\sqrt{\frac{1+4\zeta^2\lambda^2}{(1-\lambda^2)^2+4\zeta^2\lambda^2}} \tag{13.32}$$

式中，η 称为**力的传递率**。上式表明，力的传递率与阻尼和激振频率有关。图 13.17 所示是在不同阻尼情形下，传递率 η 与频率比 λ 之间的关系曲线。

由传递率 η 的定义知，只有当 $\eta<1$ 时，隔振才有意义。又从图 13.17 中看到，只有当频率比 $\lambda>\sqrt{2}$时，即 $\omega>\sqrt{2}\,\omega_n$ 时，有 $\eta<1$，才能达到隔振的目的，为了达到较好的隔振效果，要求系统的固有频率 ω_n 越小越好。为了降低固有频率，必须选用刚度小的弹簧作为隔振弹簧。至于阻尼的作用，当 $\lambda>\sqrt{2}$时，阻尼越大反而使振幅越大，所以加大阻尼却使隔振效果降低。但是阻尼太小，机器在越过共振区时将产生很大的振动，因此在采取隔振措施时，要选择恰当的阻尼。

2. 被动隔振

被动隔振是将需要防振的物体与振源隔离开。例如，安装在飞机上的仪表和电子设备随着机身的振动而振动，影响了工作精度，若在机身和仪表盘之间配置隔振器，可以降低仪表和电子设备的振动。

图 13.18 所示为一被动隔振的简化模型。物块表示被隔振的物体。其质量为 m，弹簧和阻尼器表示隔振元件。设弹簧的刚度系数为 k，阻尼器的阻尼系数为 c。外界传来的振动就是地基的振动。地基的振动为简谐振动，即

$$x_1=a\sin\omega t$$

由于地基振动将引起搁置在其上物体的振动，这种激振称为位移激振。设物块的振动位移为 x，则作用在物块上的弹簧力为 $-k(x-x_1)$，阻尼力为 $-c(\dot{x}-\dot{x}_1)$，质点运动微分方程为

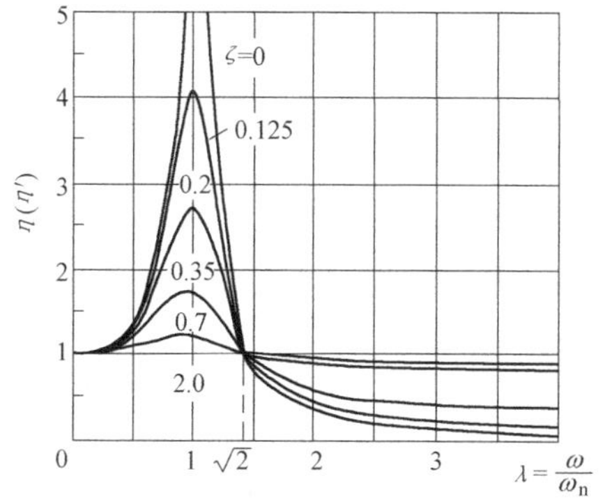

图 13.17

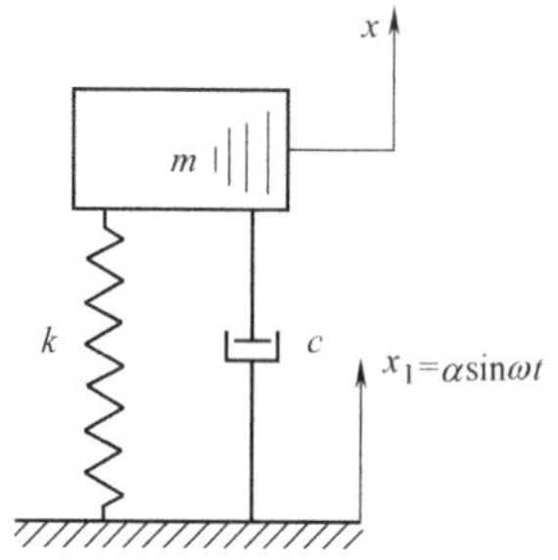

图 13.18

$$m\ddot{x}=-k(x-x_1)-c(\dot{x}-\dot{x}_1)$$

整理得

$$m\ddot{x}+c\dot{x}+kx=kx_1+c\dot{x}_1$$

将 x_1 的表达式代入得

$$m\ddot{x}+c\dot{x}+kx=ka\sin\omega t+c\omega a\cos\omega t$$

将上式右端两个同频率的谐振动合成后得

$$m\ddot{x}+kx+c\dot{x}=H\sin(\omega t+\theta) \tag{13.33}$$

式中，

$$H=a\sqrt{k^2+c^2\omega^2},\quad \theta=\arctan\frac{c\omega}{k}$$

设上述方程的特解（稳态振动）为

$$x=B\sin(\omega t-\varepsilon)$$

将上式代入方程（13.33）中

$$B=a\sqrt{\frac{1+4\zeta^2\lambda^2}{(1-\lambda^2)^2+4\zeta^2\lambda^2}} \tag{13.34}$$

写成无量纲形式为

$$\eta'=\frac{B}{a}=\sqrt{\frac{1+4\zeta^2\lambda^2}{(1-\lambda^2)^2+4\zeta^2\lambda^2}} \tag{13.35}$$

式中，η'是振动物体的位移与地基激振位移之比，称为**位移传递率**。注意式（13.35）与式（13.32）完全相同，所以，位移传递率曲线与力的传递率曲线（见图 13.17）相同。这样，在被动隔振问题中，对隔振元件的要求与主动隔振一样，既要使隔振弹簧的刚度系数尽量小，以使得系统的固有频率 ω_n 远小于激振频率（至少要使 $\omega>\sqrt{2}\omega_n$），同时也要有适当的阻尼。

例 13.7　图 13.19 为汽车在波形路面行走的力学模型。路面的波形可用公式 $y_1=a\sin\frac{2\pi}{L}x$ 表示，式中，幅度 $a=2.5\text{cm}$，波长 $L=5\text{m}$。汽车的质量为 $m=3000\text{kg}$，弹簧的刚度系数为

$k=294\text{kN/m}$。忽略阻尼，求汽车以速度 $v=45\text{km/h}$ 匀速前进时，车体的垂直振幅和汽车的临界速度。

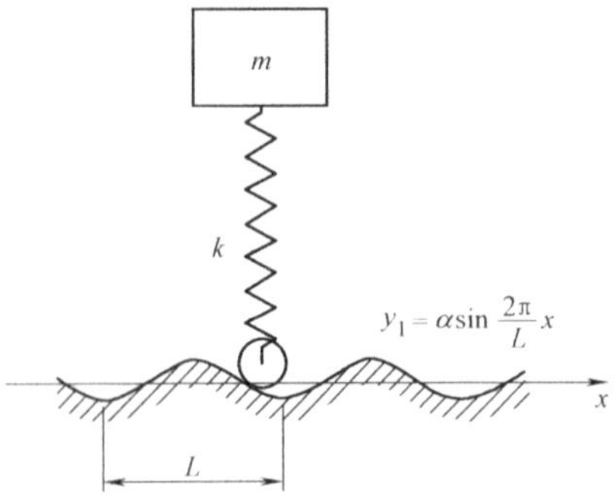

图 13.19　例 13.7 图

解：因汽车匀速行驶，则行驶位移为

$$x=v\cdot t$$

若以汽车起始位置为坐标原点，则路面波形方程可写为

$$y_1=a\sin\frac{2\pi}{L}x=a\sin\frac{2\pi v}{L}\cdot t$$

令 $\omega=\dfrac{2\pi v}{L}$，则

$$y_1=a\sin\omega t$$

式中，ω 相当于位移激振频率，将速度 $v=45\text{km/h}=12.5\text{m/s}$ 代入，求得

$$\omega=\frac{2\pi v}{L}=\frac{2\pi\times12.5}{5}\text{rad/s}=5\pi\text{rad/s}$$

系统的固有频率为

$$\omega_n=\sqrt{\frac{k}{m}}=\sqrt{\frac{294\times10^3}{3000}}\text{rad/s}=9.9\text{rad/s}$$

激振频率与固有频率的频率比为

$$\lambda=\frac{\omega}{\omega_n}=\frac{5\pi}{9.9}=1.59$$

由式（13.35）求得位移传递率为

$$\eta'=\frac{B}{a}=\sqrt{\frac{1}{(1-\lambda^2)^2}}=0.66$$

因此振幅为

$$B=\eta'\cdot a=(0.66\times2.5)\text{cm}=1.65\text{cm}$$

当 $\omega=\omega_n$ 时，系统发生共振，有

$$\omega=\frac{2\pi v_{cr}}{L}=\omega_n$$

解得临界速度为

$$v_{cr}=\frac{L\omega_n}{2\pi}=\frac{5\times9.9}{2\pi}\text{m/s}=7.88\text{m/s}=28.37\text{km/h}$$

本 章 小 结

1. 本章基本要求

1）正确应用动力学基本理论建立单自由度系统的运动微分方程，并简化为相应的标准形式。

2）熟练计算振动系统的固有频率和振幅等基本振动参数。

3）掌握自由振动和受迫振动的特征。正确理解相频曲线、共振和临界转速的概念。

4）明确阻尼对自由振动和受迫振动振幅的影响。

5）了解隔振的概念。

2. 本章重点

1）单自由度系统的自由振动。

2）固有频率的计算方法。

3）单自由度系统的受迫振动和共振概念。

3. 本章难点

有阻尼的自由振动和受迫振动。

4. 学习建议

1）本章内容概念多、公式多，应着重掌握各种类型振动的特点及其基本振动参数的确定。对公式不要死记硬背，应在理解的基础上巧记。

2）建立振动微分方程时，应以物体的静平衡位置为坐标原点，把物体放在任意位置进行受力分析和运动分析，建立物体的运动微分方程并简化为相应的振动的标准形式，然后可直接代入相关的公式求振动参数和确定振动规律，不需要每题重新求解微分方程。如果选静平衡位置以外其他位置为坐标原点，仍然可以求解，但会导致微分方程和求解过程变得复杂。

3）无论物体在哪个位置、朝哪个方向运动，作用在物体上的恢复力总是 $F=-kx$，阻尼力总是 $F_d=-c\dot{x}$，振动方向上的常力只影响振动中心的位置，不影响振动规律。

4）受迫振动中的共振是工程中重要的概念，它在激振力频率与系统固有频率接近时发生，所以计算振动系统的固有频率或临界转速具有重要意义。

习　题

13.1　如图13.20所示，两个弹簧的刚度系数分别为 k_1 和 k_2。物块的质量为 m。求各系统在静平衡位置附近做微振动的固有频率。

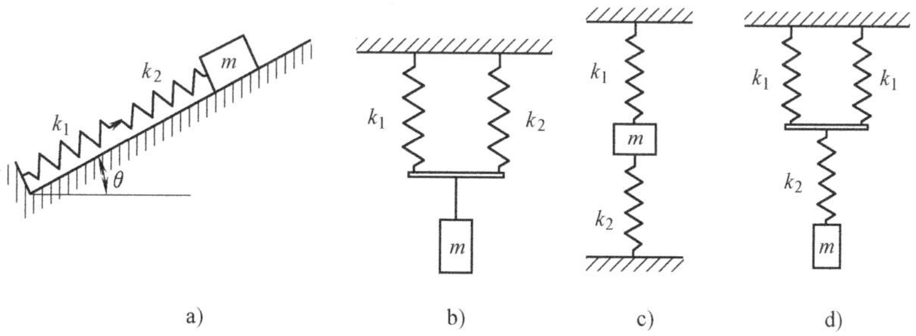

图13.20　题13.1图

13.2　一质量为 m、刚度系数为 k_1 的质量-弹簧系统，其固有频率为 ω_n。现将另一个弹簧与上述弹簧串联，测得系统的周期为 $4\pi/\omega_n$。试求这另一个弹簧的刚度系数 k_2。

13.3　如图13.21a所示，长为 l_0 的弹簧与质量为 m 的物块所组成的系统，测得其周期为0.46s。今将弹簧的两端固定，把物块放于弹簧的中点，如图13.21b所示。试求它的周期。

13.4　如图13.22所示，一盘悬挂在弹簧上。当盘上放质量为 m_1 的物体时，做微幅振动，测得振动周

期为 T_1。如盘上换一质量为 m_2 的物体时，测得振动周期为 T_2。求弹簧的刚度系数 k。

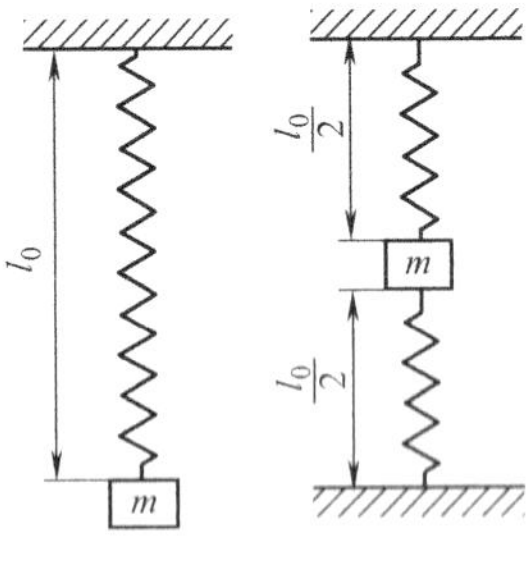

图 13.21　题 13.3 图

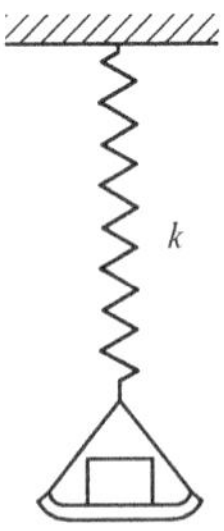

图 13.22　题 13.4 图

13.5　如图 13.23 所示，重 $W=2\text{kN}$ 的重物在吊索上以等速度 $v=5\text{m/s}$ 下降。下降过程中，由于吊索嵌入滑轮的夹子内，吊索的上端突然被夹住。吊索的刚度系数 $k=4\text{kN/cm}$。如不计吊索重量，求此后重物振动时吊索中的最大张力。

13.6　图 13.24 所示为质量-弹簧系统。弹簧的静伸长为 δ_{st}，现将重物 M 从静平衡位置 O 向下拉到 $2\delta_{st}$ 处，然后无初速地释放。试求重物 M 的运动规律。

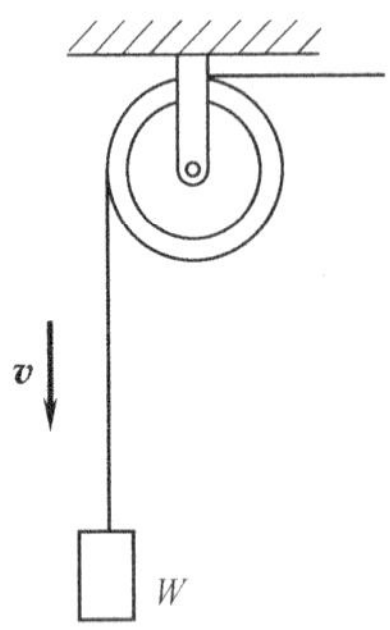

图 13.23　题 13.5 图

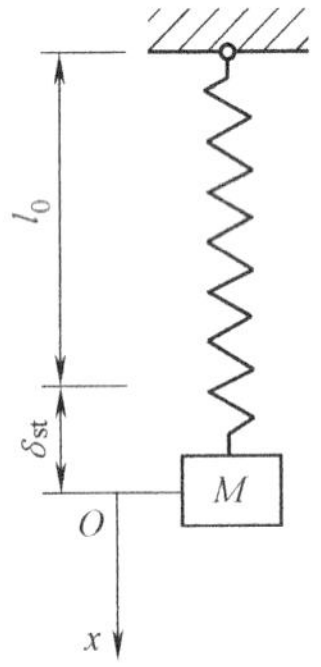

图 13.24　题 13.6 图

13.7　在荷重 W 的作用下，梁中部的静挠度为 0.2cm。不计梁的质量，求在下列两种情形下重物的运动方程以及梁的最大挠度：

(1) 重物 W 放在未弯曲时的梁上释放，其初速为零，如图 13.25a 所示。

(2) 重物 W 初速为零，从 10cm 高度落到梁上，如图 13.25b 所示。

13.8　如图 13.26 所示，套筒 M 系在水平光滑杆上一端固定的弹簧上，可沿杆滑动。如将套筒拉离其平衡位置 75 mm 后无初速地释放。试求套筒的速度和加速度的最大值。

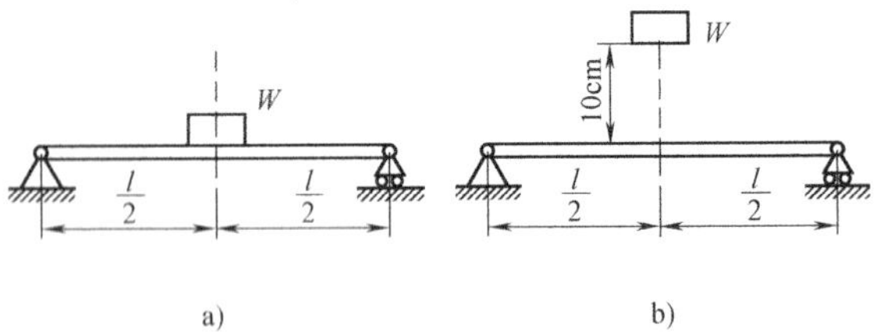

图 13.25　题 13.7 图

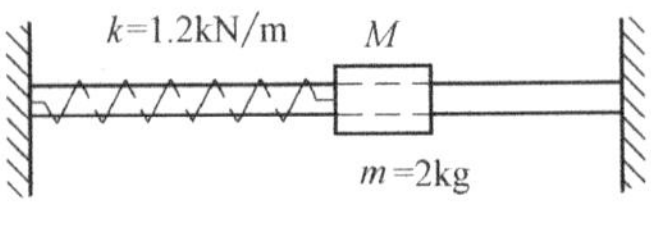

图 13.26　题 13.8 图

13.9 如图 13.27 所示，质量 $m_1 = 10\text{kg}$ 的物块 A 悬挂于不可伸长的绳子上，绳子绕过均质滑轮与固定弹簧相连，弹簧的刚度系数 $k = 200\text{N/m}$。滑轮的半径 $r = 0.15\text{m}$，质量 $m_2 = 5\text{kg}$。求该系统的自由振动频率。

13.10 如图 13.28 所示，均质杆 AB，质量为 M，长为 $4l$。B 端刚性连接一质量为 m 的物体，其大小不计。杆 AB 在 O 处为铰支，两弹簧刚度系数均为 k，约束如图所示。求系统的固有频率。

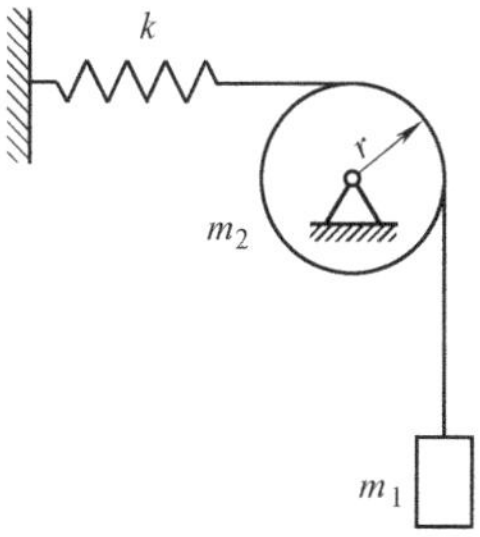

图 13.27 题 13.9 图

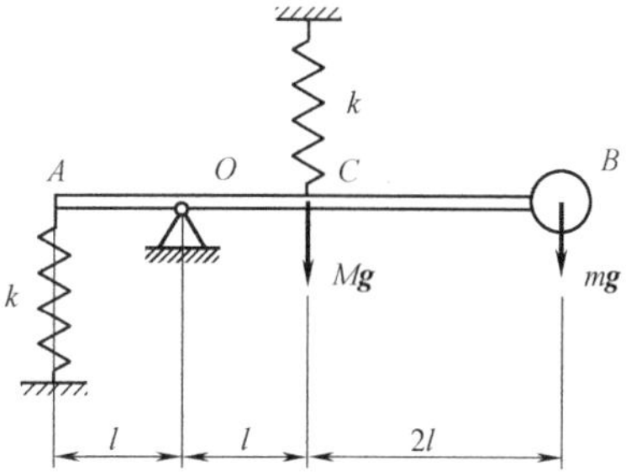

图 13.28 题 13.10 图

13.11 如图 13.29 所示，均质细杆 $OA = l$，重 W，均质圆盘 D 焊于杆 OA 的中点 B，圆盘重 W_1，半径为 R，杆 OA 的一端铰支，一端挂在弹簧 AE 上，弹簧刚度系数为 k，质量不计。静平衡时 OA 处于水平位置。求系统微幅振动的周期。

13.12 如图 13.30 所示，半径为 r、质量为 m 的均质圆柱的中心 C 系一刚度系数为 k 的弹簧，圆柱沿水平面做往复纯滚动。试求系统的固有频率。

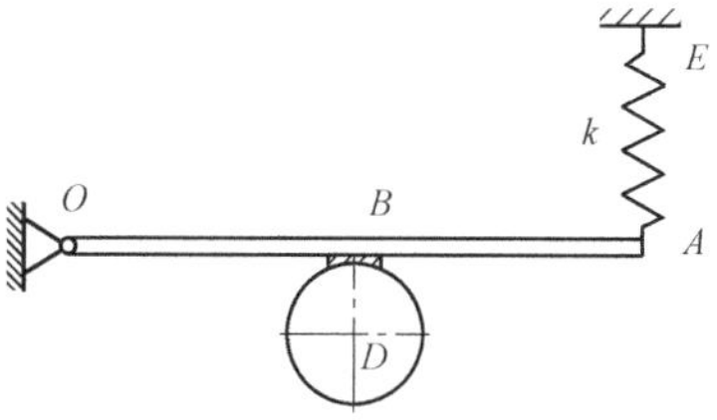

图 13.29 题 13.11 图

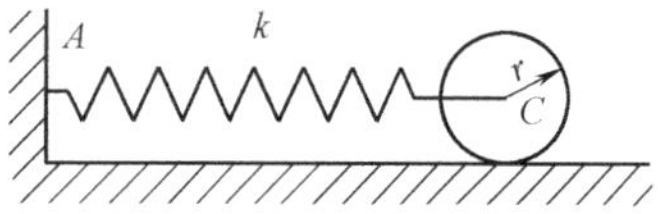

图 13.30 题 13.12 图

13.13 如图 13.31 所示，重为 W 的均质杆水平地放在两个半径相同的轮上，两轮的中心在同一水平线上，距离为 $2a$。两轮以相反的方向但是相同的角速度各绕其中心轴转动。杆借助与轮接触点摩擦的牵带而运动，此摩擦力与杆对轮的压力成正比，摩擦因数为 f。如将杆的重心 C 推离其对称位置点 O，然后释放。证明重心 C 的运动为谐振动，并求其周期。

13.14 如图 13.32 所示，手表摆轮的转动惯量 $J = 2.23\times10^{-9}\text{kg}\cdot\text{m}^2$，游丝的刚度系数 $k = 3.16\times10^{-6}\text{N}\cdot\text{m/rad}$。求摆轮-游丝系统的固有频率。

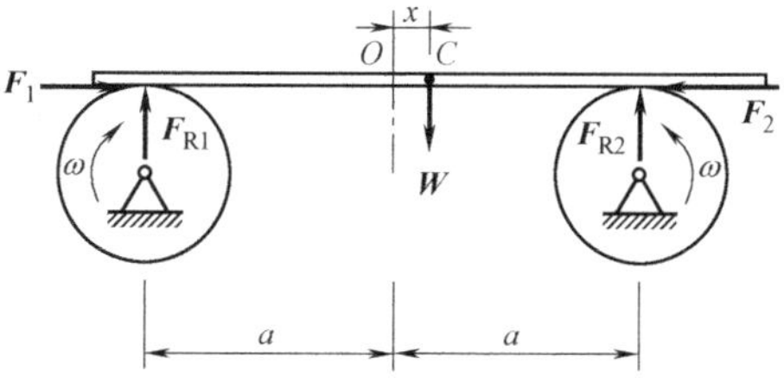

图 13.31 题 13.13 图

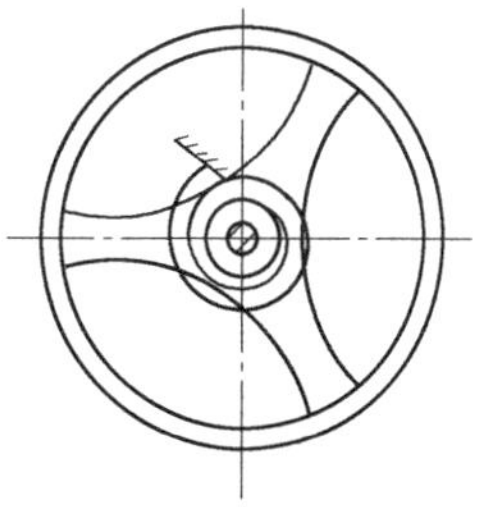

图 13.32 题 13.14 图

13.15 一振动系统具有线性阻尼，已知 $m = 20\text{kg}$，$k = 6\text{kN/m}$，$c = 50\text{N}\cdot\text{s/m}$。求衰减振动的周期和对数减幅因数。

13.16 用以下方法测定液体的阻尼系数：在弹簧上悬一薄板 A，如图 13.33 所示。测定它在空气中的自由振动周期为 T_1，然后将薄板放在欲测阻尼系数的液体中，令其振动，测定周期为 T_2。液体与薄板间的阻力等于 $2Scv$，其 $2S$ 是薄板的表面积，v 为其速度，而 c 为阻尼系数。如薄板重 W，薄板与空气间的阻力略去不计，试根据实验测得的数据为 T_1 与 T_2，求阻力系数 c。

13.17 汽车的质量为 $m=2450\text{kg}$，压在四个车轮的弹簧上，可使每个弹簧的压缩量 $\delta_{st}=15\text{cm}$，为了减小振动，每个弹簧都装一个减振器，结果使汽车上、下振幅迅速减小，经两次振动后，振幅减到原来的 1/10，即 $A_1/A_3=10$。试求：

（1）振幅减缩因数 η 和对数减缩 δ。

（2）$n=\dfrac{c}{2m}$ 和衰减振动周期 T_d。

（3）如果要求汽车不振动，即要求减振器有临界阻尼，求临界阻尼系数 c_{cr}。

13.18 如图 13.34 所示减振系统，已知 $k_1=k_2=87.5\text{N/cm}$，$m=22.7\text{kg}$，$c=3.5\text{N}\cdot\text{s/cm}$，系统开始静止。在给振动体一个冲击以后，它就开始以初速度 $v_0=12.7\text{cm/s}$ 沿 x 轴正向运动。试求系统衰减振动的周期 T_d、对数减缩 δ 和物体离开平衡位置的最大距离。

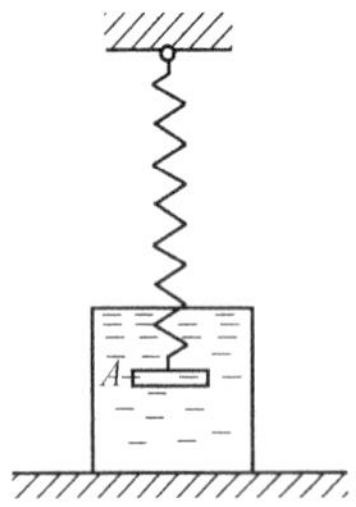

图 13.33 题 13.16 图

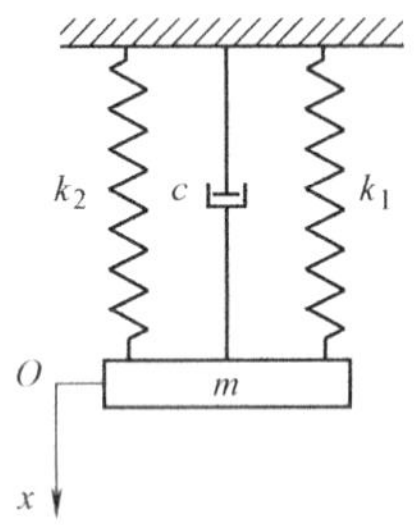

图 13.34 题 13.18 图

13.19 弹簧上悬挂质量 $m=6\text{kg}$ 的物体，物体无阻尼自由振动的周期 $T=0.4\pi\text{s}$，而在线性阻尼时的自由振动的周期 $T_d=0.5\pi\text{s}$。设开始时弹簧从平衡位置拉长 4cm，而物体被自由释放，求重物的运动规律，并求当速度等于 1cm/s 时的阻力。

13.20 车厢载有货物，其车架弹簧的静压缩 $\delta_{st}=5\text{cm}$，每根钢轨的长度 $L=12\text{m}$，每当车轮行驶到轨道接头处都受到冲击，因而当车厢速度达到某一数值时，将发生激烈颠簸，这一速度称为临界速度。求此临界速度。

13.21 一台重 1.6kN 的电动机用四个刚度系数 $k=1.5\text{kN/cm}$ 的弹簧支持，只能在铅直方向运动。转子的相当不平衡重为 3N，其相当偏心距 $e=1.5\text{m}$。分别就 $n=0$ 及 $n=0.2k\omega_n$ 两种情况。求：

（1）发生共振的角速度。

（2）转速为 1200r/min 时的振幅。

13.22 图 13.35 所示为蒸汽机的示功计。活塞 B 由弹簧 D 支撑住，并能在圆筒 A 中活动，活塞与杆 BC 相连，在杆上连接画针 C。设蒸汽对活塞的压强依下式变化：$p=40+30\sin\dfrac{2\pi}{T}t$，式中 p 以 N/cm^2 计；而 T 则为卷筒每转一周所需秒数。设卷筒每秒转 3 转，示功计的活塞面积 $S=4\text{cm}^2$，示功计活动部分（活塞和杆）重量 $W=10\text{N}$，弹簧每压缩 1cm 需力 30N。求画针 C 做受迫振动的振幅。

13.23 如图 13.36 所示，物体 M 悬挂在弹簧 AB 上。弹簧的上端做铅直直线简谐振动，其振幅为 a，圆频率为 ω，即 $O_1C=a\sin\omega t$（cm）。已知物体 M 重 4N，弹簧在 0.4N 力作用下伸长 1cm，$a=2\text{cm}$，$\omega=7\text{rad/s}$。求受迫振动的规律。

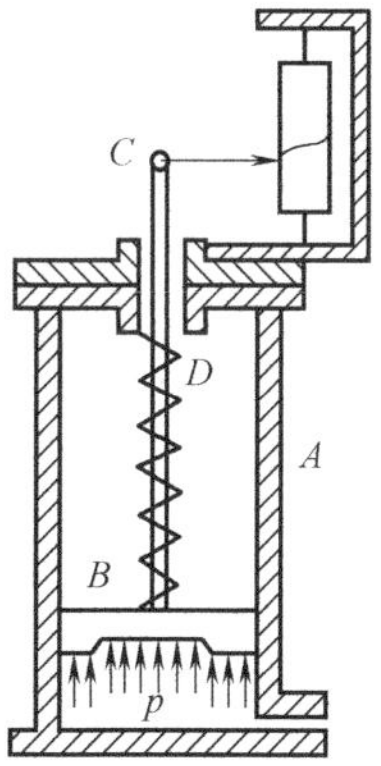

图 13.35 题 13.22 图

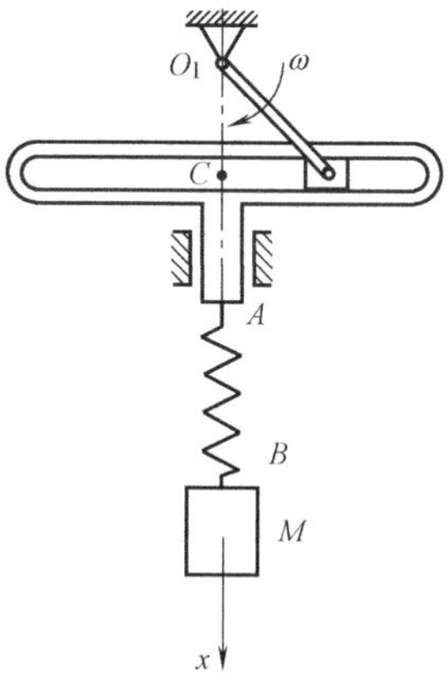

图 13.36 题 13.23 图

13.24 如图 13.37 所示两个振动系统，其质量为 M，弹簧刚度系数为 k，阻尼系数为 c。设干扰位移 $x_1 = a\sin\omega t$。推导它们的受迫振动公式。

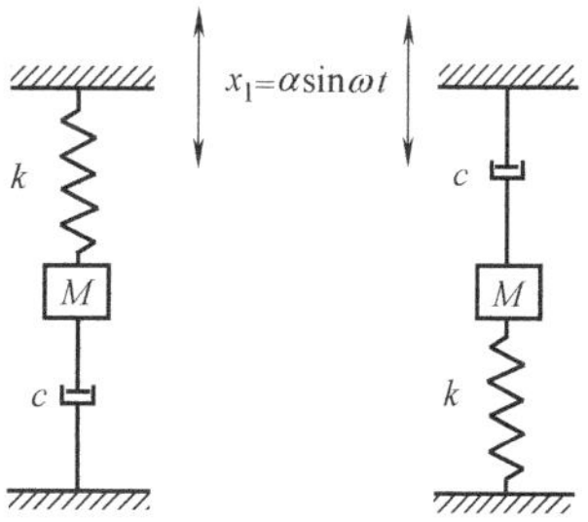

图 13.37 题 13.24 图

13.25 质量 $m = 0.4\text{kg}$ 的重物悬挂在刚度系数 $k = 0.4\text{N/cm}$ 的弹簧上，并受到线性阻力和正弦干扰力的作用。已知干扰力的幅值 $H = 2N$，对数减缩 $\delta = nT_{\text{d}} = 1.59$。求共振周期与振幅。

13.26 精密仪器在使用时，要避免地面振动的干扰。为了隔振，如图 13.38 所示在 A、B 两端下边安装八个弹簧（每边四个并联而成），A、B 两点到重心 C 的距离相等。已知地面振动规律为 $y_1 = 0.1\sin 10\pi t$（cm），仪器重 8kN，容许振动的振幅为 0.01cm。求每根弹簧应有的刚度系数。

13.27 电动机转速 $n = 1800\text{r/min}$，重 $W = 1\text{kN}$，今将此电动机安装在如图 13.39 所示的隔振装置上。欲使传到地基的干扰力达到不安装隔振装置的 $\frac{1}{10}$。求隔振装置弹簧的刚度系数。

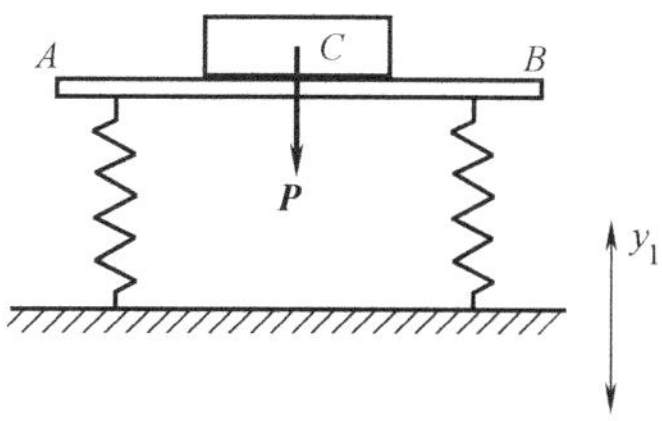

图 13.38 题 13.26 图

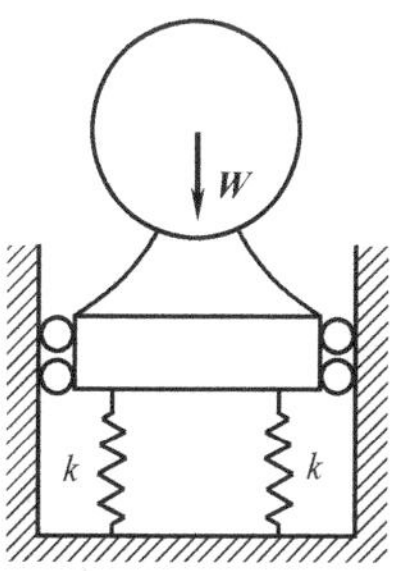

图 13.39 题 13.27 图

附录

附录 A 矢量分析

1. 矢量的定义

既有大小又有方向的量称为**矢量**，例如力、速度、加速度。一般来说，在物理和力学中称作矢量，而在数学中常称为**向量**。矢量是数学、物理学和工程科学等多个自然科学中的基本概念，是指一个同时具有大小和方向的几何对象，因此常常以有指向的线段$\overrightarrow{OA}$表示（见图 A.1）。O 称为起点，A 称为终点，线段 OA 的长度称为所给矢量的**模**，记作$|\overrightarrow{OA}|$。矢量也常用黑斜体表示（如：$\boldsymbol{a}$、$\boldsymbol{b}$、$\boldsymbol{r}$）。模为 1 的矢量称为**单位矢量**，模为 0 的矢量称为**零矢量**，记为 $\mathbf{0}$。

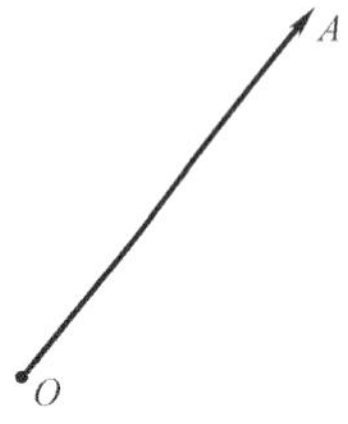

图 A.1

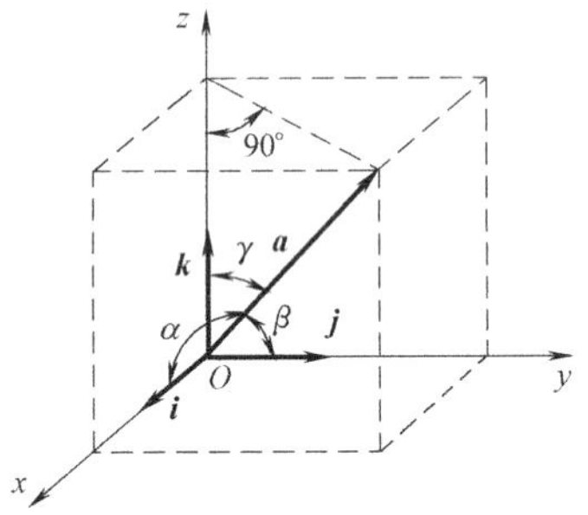

图 A.2

2. 矢量的坐标

设在空间给定了直角坐标系 $Oxyz$（见图 A.2），分别以 $\boldsymbol{i}$、$\boldsymbol{j}$、$\boldsymbol{k}$ 记为 Ox、Oy、Oz 轴正方向上的单位矢量，称为**坐标单位矢量或基本矢量**，简称**基矢量**。给定矢量 $\boldsymbol{a}$，矢量 $\boldsymbol{a}$ 与直角坐标系的三个坐标轴的夹角 α、β 和 γ 称为矢量的方向角，则 $\cos\alpha$、$\cos\beta$ 和 $\cos\gamma$ 称为矢量 $\boldsymbol{a}$ 的**方向余弦**，矢量 $\boldsymbol{a}$ 在坐标中上的投影称为矢量 $\boldsymbol{a}$ 的**坐标**，记为 a_x、a_y、a_z。矢量 $\boldsymbol{a}$ 的坐标形式为

$$\boldsymbol{a}=a_x\boldsymbol{i}+a_y\boldsymbol{j}+a_z\boldsymbol{k} \tag{A.1}$$

式中，$a_x\boldsymbol{i}$、$a_y\boldsymbol{j}$、$a_z\boldsymbol{k}$ 分别称为矢量 $\boldsymbol{a}$ 在基矢量上的**分矢量**，或简称**分量**。

矢量 $\boldsymbol{a}$ 的模和方向余弦可以由该矢量的坐标得到，即

$$|\boldsymbol{a}| = a = \sqrt{a_x^2 + a_y^2 + a_z^2} \tag{A.2}$$

$$\cos\alpha = \frac{a_x}{a}, \quad \cos\beta = \frac{a_y}{a}, \quad \cos\gamma = \frac{a_z}{a} \tag{A.3}$$

其中方向余弦满足关系式：

$$\cos^2\alpha + \cos^2\beta + \cos^2\gamma = 1 \tag{A.4}$$

3. 矢量的运算

(1) 矢量的加法运算

给定矢量 $\boldsymbol{a}$ 和 $\boldsymbol{b}$，将其平移并使其起点重合，设此点为 O 点，以 $\boldsymbol{a}$、$\boldsymbol{b}$ 为边做平行四边形，由 O 点做出的对角线就是合矢量 $\boldsymbol{a}+\boldsymbol{b}$。这样把矢量相加的方法称为**平行四边形法则**（见图 A. 3a）。也可以将两矢量的首尾相接，由起点到终点的矢量即为合矢量 $\boldsymbol{a}+\boldsymbol{b}$，此方法称为**三角形法则**（见图 A. 3b、c）。

在直角坐标系中，矢量和的代数运算式为

$$\boldsymbol{c} = \boldsymbol{a}+\boldsymbol{b} = (a_x+b_x)\boldsymbol{i}+(a_y+b_y)\boldsymbol{j}+(a_z+b_z)\boldsymbol{k} \tag{A.5}$$

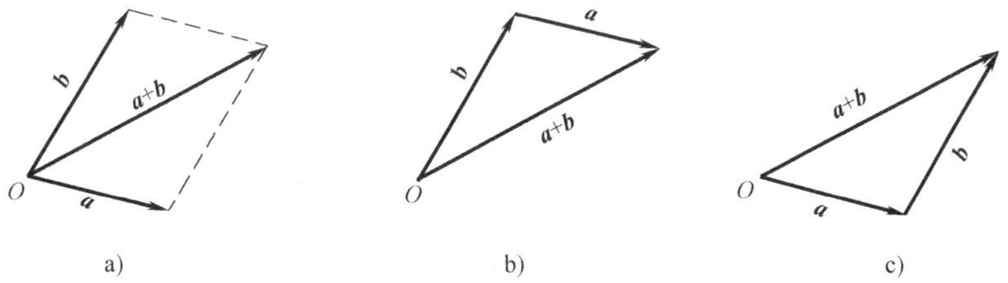

图 A. 3

(2) 矢量的数乘运算

标量 λ 与矢量 $\boldsymbol{a}$ 的乘积称为**数乘**，记为 $\lambda\boldsymbol{a}$。

$$\boldsymbol{c} = \lambda\boldsymbol{a} = \lambda a_x\boldsymbol{i}+\lambda a_y\boldsymbol{j}+\lambda a_z\boldsymbol{k} \tag{A.6}$$

矢量 $\boldsymbol{a}$ 也可以表示成其模 a 和其单位矢量 $\boldsymbol{e}$ 的数乘形式，即

$$\boldsymbol{a} = a\boldsymbol{e} \tag{A.7}$$

(3) 矢量的标量积

矢量 $\boldsymbol{a}$ 和 $\boldsymbol{b}$ 的模 a 和 b 与它们的夹角余弦的乘积 $ab\cos\theta$ 称为矢量 $\boldsymbol{a}$ 和 $\boldsymbol{b}$ 的**标量积**（也称**数量积**、**点积**或**内积**），记作

$$c = \boldsymbol{a}\cdot\boldsymbol{b} = ab\cos\theta \quad (0\leqslant\theta\leqslant\pi) \tag{A.8}$$

矢量的标量积的代数运算式为

$$c = \boldsymbol{a}\cdot\boldsymbol{b} = a_xb_x+a_yb_y+a_zb_z \tag{A.9}$$

非零矢量 $\boldsymbol{a}$ 和 $\boldsymbol{b}$ 垂直的充分必要条件是 $\boldsymbol{a}\cdot\boldsymbol{b}=0$。

(4) 矢量的矢量积

矢量 $\boldsymbol{a}$ 和 $\boldsymbol{b}$ 的矢量积（或称外积、叉积）$\boldsymbol{a}\times\boldsymbol{b}$ 定义为下述矢量：其模为 $|\boldsymbol{a}\times\boldsymbol{b}| = ab\sin\theta$，其方向垂直于 $\boldsymbol{a}$ 和 $\boldsymbol{b}$ 所在平面，指向按右手螺旋法则确定。

非零矢量 $\boldsymbol{a}$ 和 $\boldsymbol{b}$ 平行（$\boldsymbol{a}/\!/\boldsymbol{b}$ ）的充分必要条件是 $\boldsymbol{a}\times\boldsymbol{b}=\boldsymbol{0}$。矢量积的代数运算式为

$$\boldsymbol{c}=\boldsymbol{a}\times\boldsymbol{b}=\begin{vmatrix}\boldsymbol{i} & \boldsymbol{j} & \boldsymbol{k}\\ a_x & a_y & a_z\\ b_x & b_y & b_z\end{vmatrix}$$

$$=(a_yb_z-a_zb_y)\boldsymbol{i}+(a_zb_x-a_xb_z)\boldsymbol{j}+(a_xb_y-a_yb_x)\boldsymbol{k} \qquad (\text{A}.10)$$

4. 矢量函数的导数与微分

(1) 矢量函数

设 I 是实数轴上的区间，如果对于每个自变量 $t\in I$，都有一个矢量 $\boldsymbol{a}(t)$ 与之对应，则称 $\boldsymbol{a}(t)$ 为 I 上的一个**矢量函数**，I 称为此函数的定义域。取直角坐标系 $Oxyz$，则矢量函数可表示为

$$\boldsymbol{a}(t)=a_x(t)\boldsymbol{i}+a_y(t)\boldsymbol{j}+a_z(t)\boldsymbol{k} \qquad (\text{A}.11)$$

式中，$a_x(t)$、$a_y(t)$、$a_z(t)$ 称为 $\boldsymbol{a}(t)$ 的**分量函数**，简称**分量**。

若把矢量的起点取在原点，当自变量 t 变化时，矢量的终点 M 在空间描出一条曲线，称为矢量函数的**矢端曲线**（见图 A.4），其参数方程为

$$x=a_x(t),\quad y=a_y(t),\quad z=a_z(t) \qquad (\text{A}.12)$$

(2) 矢量函数的导数与微分

若极限

$$\lim_{\Delta t\to 0}\frac{\Delta\boldsymbol{a}(t)}{\Delta t}=\lim_{\Delta t\to 0}\frac{\boldsymbol{a}(t+\Delta t)-\boldsymbol{a}(t)}{\Delta t} \qquad (\text{A}.13)$$

存在，则称此极限为矢量函数 $\boldsymbol{a}(t)$ 的导数，记作 $\boldsymbol{a}'(t)$、$\dfrac{\mathrm{d}\boldsymbol{a}(t)}{\mathrm{d}t}$ 或 $\dot{\boldsymbol{a}}(t)$。$\boldsymbol{a}'(t)\mathrm{d}t$ 称为矢量函数 $\boldsymbol{a}(t)$ 的微分。

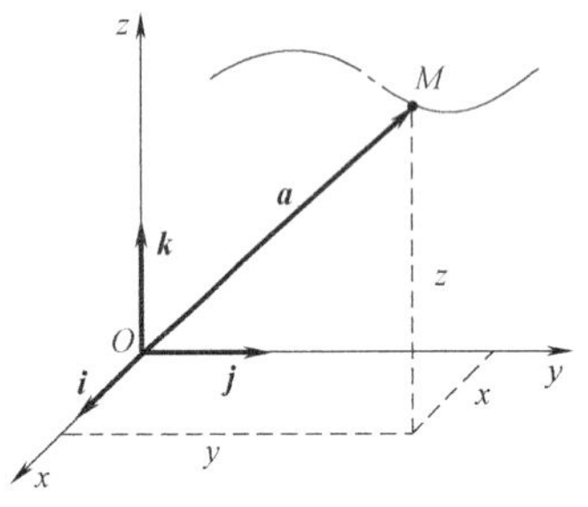

图 A.4

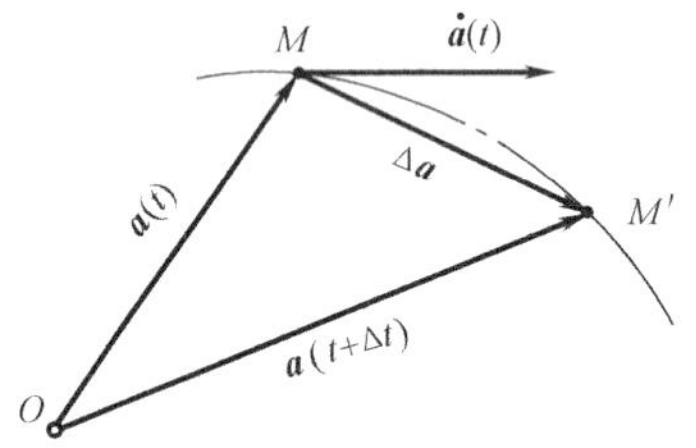

图 A.5

矢量函数导数 $\dot{\boldsymbol{a}}(t)$ 的方向沿着矢量函数 $\boldsymbol{a}(t)$ 的矢端曲线的切线方向，且指向曲线上随 t 增加的方向（见图 A.5）。

矢量函数导数 $\dot{\boldsymbol{a}}(t)$ 的解析表达式为

$$\dot{\boldsymbol{a}}(t)=\dot{a}_x(t)\boldsymbol{i}+\dot{a}_y(t)\boldsymbol{j}+\dot{a}_z(t)\boldsymbol{k} \qquad (\text{A}.14)$$

矢量函数具有以下求导法则：

$$\frac{\mathrm{d}\boldsymbol{c}}{\mathrm{d}t}=\boldsymbol{0}\quad(\boldsymbol{c}\text{ 为常矢量}) \qquad (\text{A}.15)$$

$$\frac{\mathrm{d}}{\mathrm{d}t}(k\boldsymbol{a})=k\frac{\mathrm{d}\boldsymbol{a}}{\mathrm{d}t}\quad(k\text{ 为常数})\tag{A.16}$$

$$\frac{\mathrm{d}}{\mathrm{d}t}(\boldsymbol{a}+\boldsymbol{b})=\frac{\mathrm{d}\boldsymbol{a}}{\mathrm{d}t}+\frac{\mathrm{d}\boldsymbol{b}}{\mathrm{d}t}\tag{A.17}$$

$$\frac{\mathrm{d}}{\mathrm{d}t}(\boldsymbol{a}\cdot\boldsymbol{b})=\frac{\mathrm{d}\boldsymbol{a}}{\mathrm{d}t}\cdot\boldsymbol{b}+\boldsymbol{a}\cdot\frac{\mathrm{d}\boldsymbol{b}}{\mathrm{d}t}\tag{A.18}$$

$$\frac{\mathrm{d}}{\mathrm{d}t}(\boldsymbol{a}\times\boldsymbol{b})=\frac{\mathrm{d}\boldsymbol{a}}{\mathrm{d}t}\times\boldsymbol{b}+\boldsymbol{a}\times\frac{\mathrm{d}\boldsymbol{b}}{\mathrm{d}t}\tag{A.19}$$

$$\frac{\mathrm{d}}{\mathrm{d}t}\boldsymbol{a}(\varphi(t))=\frac{\mathrm{d}\boldsymbol{a}}{\mathrm{d}\varphi}\frac{\mathrm{d}\varphi}{\mathrm{d}t}\quad(\varphi\text{ 是 }t\text{ 的标量函数})\tag{A.20}$$

设 $\boldsymbol{e}=\boldsymbol{e}(t)$ 为单位矢量，则有

$$\boldsymbol{e}\cdot\boldsymbol{e}=1\tag{A.21}$$

对上式两边求导，得

$$\dot{\boldsymbol{e}}\cdot\boldsymbol{e}+\boldsymbol{e}\cdot\dot{\boldsymbol{e}}=0$$

根据点积运算的可交换性，上式可改写为

$$2\dot{\boldsymbol{e}}\cdot\boldsymbol{e}=0\tag{A.22}$$

因此单位矢量 $\boldsymbol{e}$ 的导数 $\dot{\boldsymbol{e}}$ 与其自身垂直。

根据求导法则，由式（A.7），矢量函数 $\boldsymbol{a}(t)$ 的导数为

$$\dot{\boldsymbol{a}}=\dot{a}\boldsymbol{e}+a\dot{\boldsymbol{e}}\tag{A.23}$$

由上式可见，矢量 $\boldsymbol{a}$ 的变化由两部分构成：大小变化，其方向沿自身部分；方向变化，其方向沿着垂直于自身部分。如果矢量 $\boldsymbol{a}$ 的大小不变，则它的导数将始终与其自身垂直。如果矢量 $\boldsymbol{a}$ 的方向不变，则它的导数将始终沿着其自身的方向。

附录 B 力系分类及其平衡方程

力系		力系的组成	各力的分布	平衡方程	
				数目	平衡方程
空间	任意力系	力、力偶	各力、力偶在空间任意分布	6	(6.17)
	平行力系	力、力偶	各力皆平行于 z 轴：$\sum F_x\equiv\sum F_y\equiv 0$，$\sum M_z\equiv 0$	3	$\left.\begin{array}{l}\sum F_z=0\\ \sum M_x(\boldsymbol{F})=0\\ \sum M_y(\boldsymbol{F})=0\end{array}\right\}$ (6.18)
	汇交力系	力	各力作用线皆汇交于点 O：$\sum M_O\equiv 0$	3	$\left.\begin{array}{l}\sum F_x=0\\ \sum F_y=0\\ \sum F_z=0\end{array}\right\}$ (6.5)
	力偶系	力偶	各力偶在空间任意分布：$F'_R\equiv 0$	3	$\left.\begin{array}{l}\sum M_x=0\\ \sum M_y=0\\ \sum M_z=0\end{array}\right\}$ (6.12)

（续）

力系		力系的组成	各力的分布	平衡方程	
				数目	平衡方程
平面	任意力系	力、力偶	各力、力偶在同一平面内（如 xOy 平面）任意分布： $\sum F_z \equiv 0$ $\sum M_x \equiv \sum M_y \equiv 0$	3	$\left.\begin{array}{l}\sum F_x = 0\\ \sum F_y = 0\\ \sum M_O(\boldsymbol{F}) = 0\end{array}\right\}$ (6.19)
	平行力系	力、力偶	各力、力偶在同一平面（如 xOy 平面）内，且各力皆平行于 y 轴： $\sum F_x \equiv \sum F_z \equiv 0$ $\sum M_x \equiv \sum M_y \equiv 0$	2	$\left.\begin{array}{l}\sum F_y = 0\\ \sum M_O(\boldsymbol{F}) = 0\end{array}\right\}$ (6.22)
	汇交力系	力	各力、力偶在同一平面（如 xOy 平面）内，且各力作用线皆汇交于点 O： $\sum M_O \equiv 0$ $\sum F_z \equiv 0$	2	$\left.\begin{array}{l}\sum F_x = 0\\ \sum F_y = 0\end{array}\right\}$
	力偶系	力偶	各力、力偶在同一平面（如 xOy 平面）内： $F'_R \equiv 0$ $\sum M_x \equiv \sum M_y \equiv 0$	1	$\sum M(\boldsymbol{F}) = 0$

附录 C 简单形体重心表

<table>
<tr><th>图形</th><th>重心位置</th><th>图形</th><th>重心位置</th></tr>
<tr><td>三角形
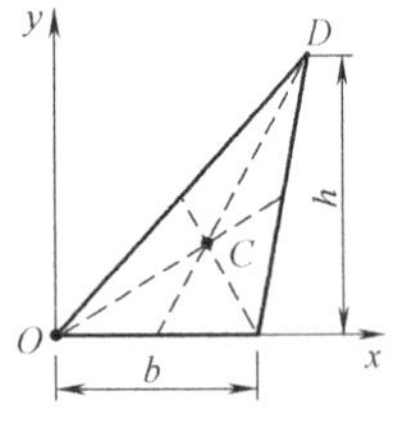
</td><td>在中线的交点
$y_C = \frac{1}{3}h$</td><td>梯形
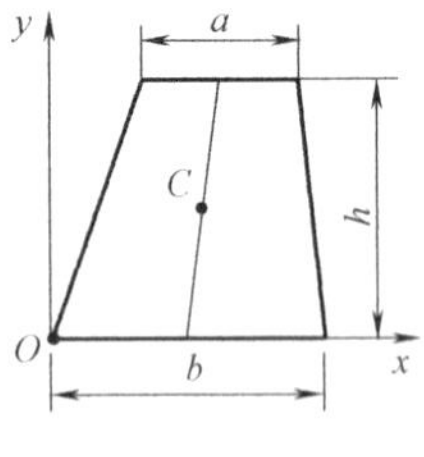
</td><td>$y_C = \frac{h(2a+b)}{3(a+b)}$</td></tr>
<tr><td>圆弧
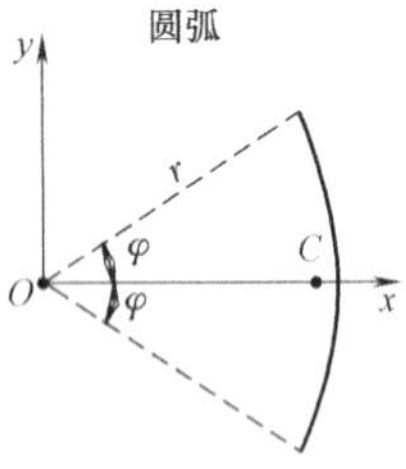
</td><td>$x_C = \frac{r\sin\varphi}{\varphi}$
对于半圆
$x_C = \frac{2r}{\pi}$</td><td>弓形
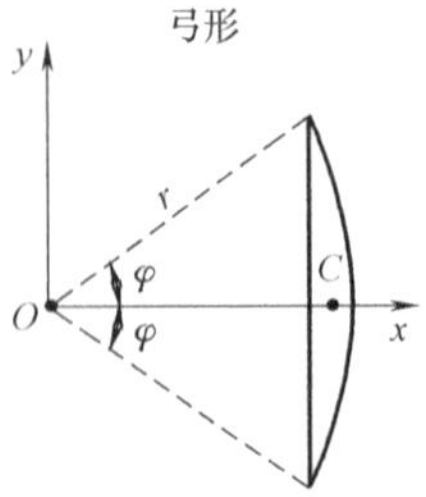
</td><td>$x_C = \frac{2}{3}\frac{r^3\sin^3\varphi}{A}$
面积 $A = \frac{r^3(2\varphi - \sin 2\varphi)}{2}$</td></tr>
</table>

（续）

图形	重心位置	图形	重心位置
扇形 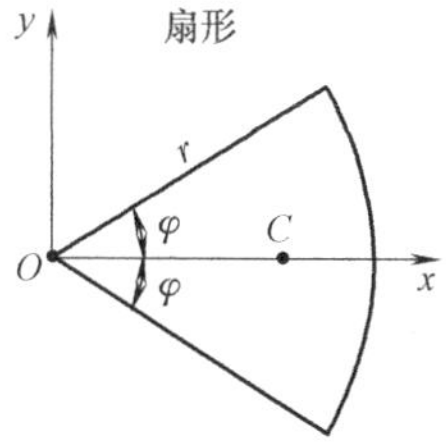	$x_C=\frac{2}{3}\frac{r\sin\varphi}{\varphi}$ 对于半圆 $x_C=\frac{4r}{3\pi}$	部分圆环 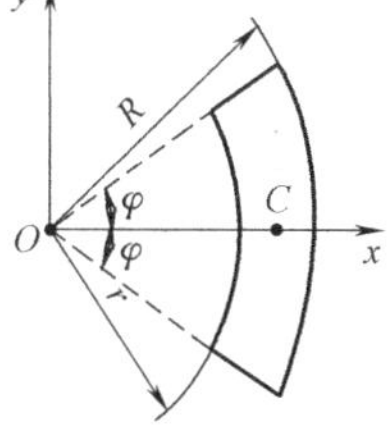	$x_C=\frac{2}{3}\frac{R^3-r^3}{R^2-r^2}\frac{\sin\varphi}{\varphi}$
二次抛物线面 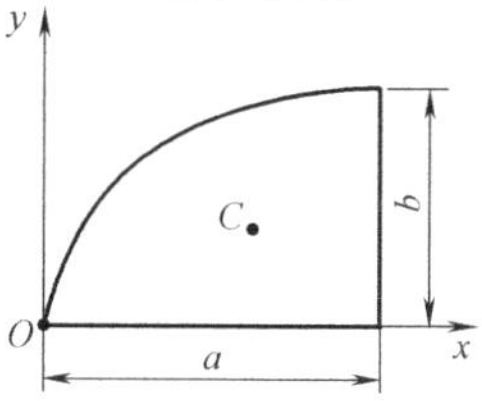	$x_C=\frac{5}{8}a$ $y_C=\frac{2}{5}b$	二次抛物线面 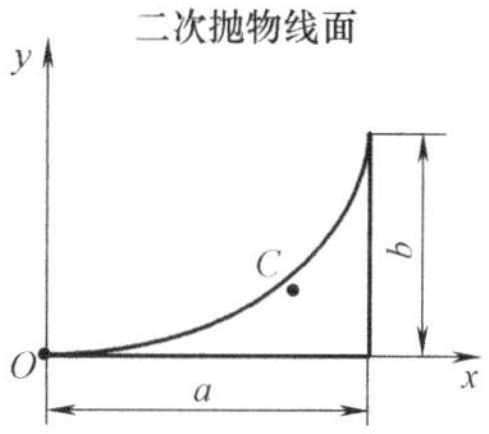	$x_C=\frac{3}{4}a$ $y_C=\frac{3}{10}b$
半圆球体 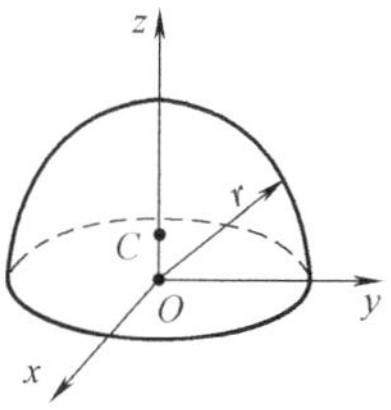	$z_C=\frac{3}{8}r$	正圆锥体 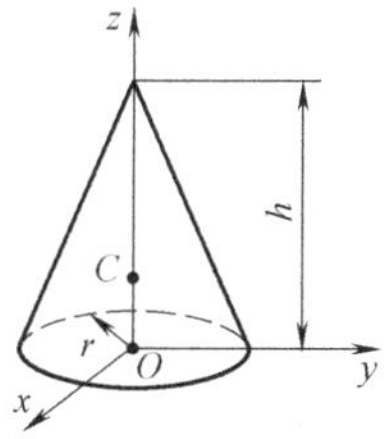	$z_C=\frac{1}{4}h$

附录 D 均质物体的转动惯量

物体的形状	简图	转动惯量	惯性半径
细直杆	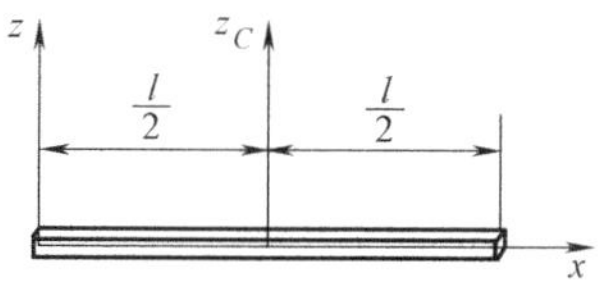	$J_{zC}=\frac{m}{12}l^2$ $J_z=\frac{m}{3}l^2$	$\rho_{zC}=\frac{l}{2\sqrt{3}}=0.289l$ $\rho_z=\frac{l}{\sqrt{3}}=0.577l$
薄壁圆筒	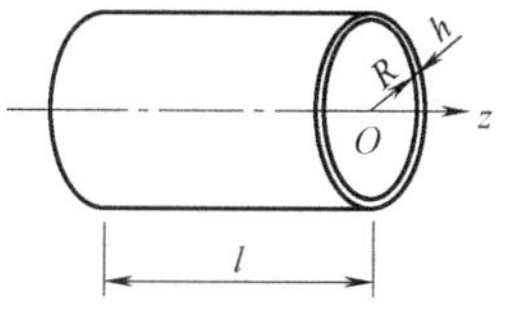	$J_z=mR^2$	$\rho_z=R$

（续）

物体的形状	简图	转动惯量	惯性半径
圆柱	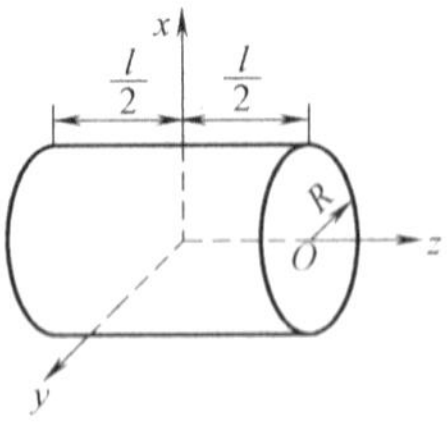	$J_z=\frac{1}{2}mR^2$ $J_x=J_y=\frac{m}{12}(3R^2+l^2)$	$\rho_z=\frac{R}{\sqrt{2}}=0.707R$ $\rho_x=\rho_y=\sqrt{\frac{1}{12}(3R^2+l^2)}$
空心圆柱	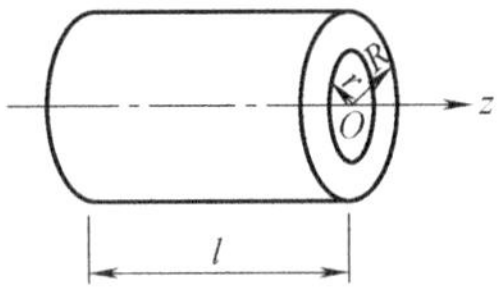	$J_z=\frac{m}{2}(R^2+r^2)$	$\rho_z=\sqrt{\frac{1}{2}(R^2+r^2)}$
薄壁空心球	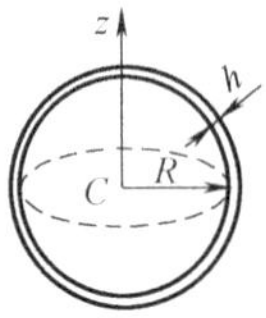	$J_z=\frac{2}{3}mR^2$	$\rho_z=\sqrt{\frac{2}{3}}R=0.816R$
实心球	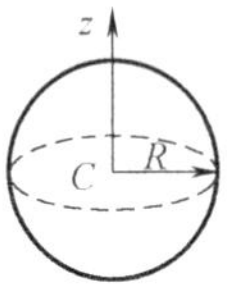	$J_z=\frac{2}{5}mR^2$	$\rho_z=\sqrt{\frac{2}{5}}R=0.632R$
立方体	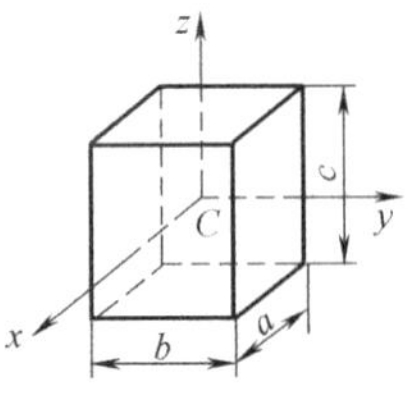	$J_z=\frac{m}{12}(a^2+b^2)$ $J_y=\frac{m}{12}(a^2+c^2)$ $J_x=\frac{m}{12}(b^2+c^2)$	$\rho_z=\sqrt{\frac{1}{12}(a^2+b^2)}$ $\rho_y=\sqrt{\frac{1}{12}(a^2+c^2)}$ $\rho_x=\sqrt{\frac{1}{12}(b^2+c^2)}$
矩形薄板	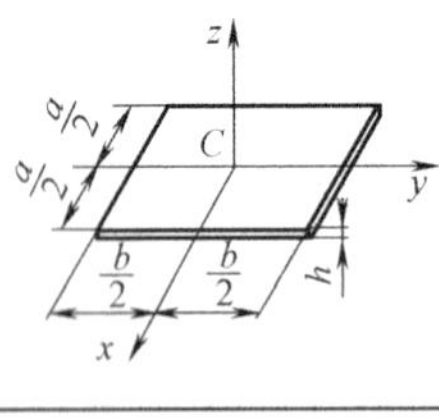	$J_z=\frac{m}{12}(a^2+b^2)$ $J_y=\frac{m}{12}a^2$ $J_x=\frac{m}{12}b^2$	$\rho_z=\sqrt{\frac{1}{12}(a^2+b^2)}$ $\rho_y=0.289a$ $\rho_x=0.289b$

附录E 部分习题参考答案

第1章

1.6 （1）半直线 $3x-4y=0$（$x\leqslant 2$，$y\leqslant 1.5$）

（2）$s=5t-2.5t^2$

（3）见下表

t/s	1	2
位移	2.5	0
路程	2.5	5
速度	0	−5
加速度	−5	−5

1.7 椭圆：$\dfrac{(x_A-a)^2}{(b+l)^2}+\dfrac{y_A^2}{l^2}=1$

1.8 $x_D=12\cos 2t$，$y_D=36\sin 2t$；椭圆：$\dfrac{x^2}{12^2}+\dfrac{y^2}{36^2}=1$；$\boldsymbol{v}_D=-12\sqrt{2}\boldsymbol{i}+36\sqrt{2}\boldsymbol{j}$；$\boldsymbol{a}_D=-24\sqrt{2}\boldsymbol{i}-72\sqrt{2}\boldsymbol{j}$

1.9 $x_C=\dfrac{al}{\sqrt{l^2+u^2t^2}}$，$y_C=\dfrac{aut}{\sqrt{l^2+u^2t^2}}$；$v_C=\dfrac{au}{2l}$

1.10 $x=r\cos\omega t+l\sin\dfrac{\omega t}{2}$，$y=r\sin\omega t-l\cos\dfrac{\omega t}{2}$

$$\boldsymbol{v}=-\omega\left(r\sin\omega t-\frac{l}{2}\cos\frac{\omega t}{2}\right)\boldsymbol{i}+\omega\left(r\cos\omega t+\frac{l}{2}\sin\frac{\omega t}{2}\right)\boldsymbol{j}$$

$$\boldsymbol{a}=-\omega^2\left(r\cos\omega t+\frac{l}{4}\sin\frac{\omega t}{2}\right)\boldsymbol{i}-\omega^2\left(r\sin\omega t-\frac{l}{4}\cos\frac{\omega t}{2}\right)\boldsymbol{j}$$

1.11 $x=R\cos 2\omega t$，$y=R\sin 2\omega t$

$\boldsymbol{v}=-(2R\omega\sin 2\omega t)\boldsymbol{i}+(2R\omega\cos 2\omega t)\boldsymbol{j}$

$\boldsymbol{a}=-4\omega^2x\boldsymbol{i}-4\omega^2y\boldsymbol{j}=-4\omega^2(x\boldsymbol{i}+y\boldsymbol{j})$

$s=2R\omega t$；$v=2R\omega$；$a=4R\omega^2$

1.12 $x=24\sin\dfrac{\pi}{8}t$，$y=24\cos\dfrac{\pi}{8}t$

$$\boldsymbol{v}=\left(3\pi\cos\frac{\pi}{8}t\right)\boldsymbol{i}-\left(3\pi\sin\frac{\pi}{8}t\right)\boldsymbol{j}$$

$$\boldsymbol{a}=-\left(\frac{3}{8}\pi^2\sin\frac{\pi}{8}t\right)\boldsymbol{i}-\left(\frac{3}{8}\pi^2\cos\frac{\pi}{8}t\right)\boldsymbol{j}$$

1.13 2.5m

1.14 提示：$v^2-v_0^2=2a_t s$

1.15 $\rho=5\text{m}$；$a_t=5\sqrt{3}\,\text{m/s}^2$

1.16　$v_M=\dfrac{bhv}{(y-h)^2}$；$a_M=\dfrac{2bhv^2}{(y-h)^3}$

1.17　$v_M=v\sqrt{1+\dfrac{p}{2x}}$；$a_M=-\dfrac{v^2}{4x}\sqrt{\dfrac{2p}{x}}$

第2章

2.3　$\omega=5\cos^2\varphi$(rad/s)；$\alpha=-50\cos^3\varphi\sin\varphi$(rad/s^2)

2.4　$v=0.8$m/s；$a=3.22$m/s^2

2.5　$v=995$cm/s；轨迹是半径为25cm的圆

2.6　$\omega=20t$(rad/s)；$\alpha=20$(rad/s^2)；$a=10\sqrt{1+400t^4}$(m/s^2)

2.7　$a_n=5$m/s^2

2.8　$v=168$cm/s，$a_{AB}=a_{CD}=0$，$a_{AD}=3300$cm/s^2，$a_{BC}=1320$cm/s^2

2.9　(1)$\alpha=\dfrac{50\pi}{d^2}$(rad/s^2)；(2)$a=592.2$m/s^2

2.10　$v_2=4$mm/s

*2.11　$\alpha=\dfrac{av^2}{2\pi r^3}$(rad/s^2)

*2.12　$\alpha_B=\dfrac{a(r_A^2+r_B^2)}{2\pi r_B^3}\omega_A^2$

第3章

3.5　a)$\omega=1.5$rad/s；b)$\omega=2$rad/s

3.6　$v_r=10.06$cm/s；方向偏向铅垂线的右侧41°48′

3.7　$\omega_1=2.67$rad/s

3.8　$v_A=\dfrac{lau}{x^2+a^2}$

3.9　$v_C=\dfrac{au}{2L}$

3.10　$v=100$cm/s；$a=3464$cm/s^2

3.11　$v=0.141$m/s，方向向上；$a=0.49$m/s^2，方向向上

3.12　$v=17.3$cm/s，方向向上；$a=5$cm/s^2，方向向下

3.13　$a=74.6$cm/s^2

3.14　$v=\dfrac{\sqrt{3}}{2}e\omega$，方向向上；$a=\dfrac{1}{2}e\omega^2$，方向向下

3.15　$v=57.7$mm/s，方向向上；$a=0$

3.16　(1)$v=b\omega\csc^2\varphi$，向左；$a=2b\omega^2\cot\varphi\csc^2\varphi$，向右

(2)$v=b\omega\csc^2\varphi$，向左；$a=b(2\omega^2\cot\varphi-\alpha)\csc^2\varphi$，向右

3.17　(1) $v=v_0\dfrac{\sin^2\varphi_0}{\sin^2\varphi}$；(2) $\alpha=\dfrac{v^2}{b^2}\sin2\varphi\ \sin^2\varphi$

3.18　$a_1=\dfrac{u^2}{r}-r\omega^2+2\omega u$；$a_2=\sqrt{\left(r\omega^2+\dfrac{u^2}{r}+2\omega u\right)^2+4r^2\omega^4}$

3.19　$a_1=\dfrac{u^2}{r}-r\omega^2$；$a_3=3r\omega^2+\dfrac{u^2}{r}$；$a_2=a_4=\sqrt{\dfrac{u^4}{r^2}+4\omega^2u^2+4r^2\omega^4}$

3.20　$v_M=17.3\text{cm/s}$，向右；$a_M=35\text{cm/s}^2$，向右

3.21　$v_M=2R\omega$；$a_M=4R\omega^2$，指向圆心

3.22　$a_x=-400\text{mm/s}^2$；$a_y=-800\text{mm/s}^2$

3.23　$v=591\text{mm/s}$；$a=11293\text{mm/s}^2$

3.24　$v=82.5\text{cm/s}$，$a=345\text{cm/s}^2$；$v_1=60\text{cm/s}$，$a_1=363\text{cm/s}^2$

3.25　$\varphi=22.6°$

3.26　$v=\dfrac{1}{\sin\varphi}\sqrt{v_1^2+v_2^2-2v_1v_2\cos\varphi}$

3.27　$\omega_2=\dfrac{1}{4}\omega$（顺时针）；$\alpha_2=\dfrac{5\sqrt{3}}{48}\omega^2$（顺时针）

3.28　$v=0.325\text{m/s}$，向左；$a=0.657\text{m/s}^2$，向左

第4章

4.1　$x_C=r\cos\omega_0t$，$y_C=r\sin\omega_0t$；$\varphi=\omega_0t$

4.2　$x_A=(R+r)\cos\dfrac{\alpha t^2}{2}$，$y_A=(R+r)\sin\dfrac{\alpha t^2}{2}$；$\varphi_A=\dfrac{R+r}{2r}\alpha t^2$

4.3　$x_A=0$，$y_A=\dfrac{1}{3}gt^2$；$\varphi=\dfrac{g}{3r}t^2$

4.4　$\omega=\dfrac{v\sin^2\theta}{R\cos\theta}$

4.5　$\omega=\dfrac{v_1-v_2}{2r}$；$v_O=\dfrac{v_1+v_2}{2}$

4.6　$\omega_{AB}=1.07\text{rad/s}$；$v_D=25.35\text{cm/s}$

4.7　$\omega_{OD}=17.32\text{rad/s}$，$\omega_{DE}=5.77\text{rad/s}$

4.8　$\omega_{EF}=1.33\text{rad/s}$；$v_F=46.19\text{cm/s}$

4.10　$\omega_{OB}=3.75\text{rad/s}$，$\omega_1=6\text{rad/s}$

4.11　当 $\beta=0°$ 时，$v_B=v_C=2v_A$；当 $\beta=90°$ 时，$v_B=v_A=\dfrac{\sqrt{2}}{2}v_C$

4.12　$v_{ED}=r\omega$；$a_{ED}=\dfrac{\sqrt{3}}{2}r\omega^2$

4.13　$v=1.15a\omega_O$

4.14　$v_{CD}=11.55\text{cm/s}$

4.15 $v_{AB}=v\tan\varphi$；$v_r=v\tan\varphi\tan\frac{\varphi}{2}$

4.16 $\omega_{O_1C}=6.19\text{rad/s}$

4.17 $v_F=v_G=39.6\text{cm/s}$

4.18 $\omega_{AB}=2\text{rad/s}$；$\alpha_{AB}=16\text{rad/s}^2$；$a_B=565\text{cm/s}^2$

4.19 $\omega=2.24\text{rad/s}$；$\alpha=8.66\text{rad/s}^2$

4.20 $a_C=10.75\text{cm/s}^2$

4.21 $\omega=0.346\text{rad/s}$；$\alpha=0.0693\text{rad/s}^2$

4.22 $\omega_B=3.62\text{rad/s}$；$\alpha_B=2.2\text{rad/s}^2$

4.23 $v_C=\frac{3}{2}r\omega_O$；$a_C=\frac{\sqrt{3}}{12}r\omega_O^2$

4.24 $a_C=2r\omega_0^2$

4.25 $\omega_{O_1A}=0.2\text{rad/s}$；$\alpha_{O_1A}=0.046\text{rad/s}^2$

4.26 $\omega_{AB}=\omega$，逆时针；$\alpha_{AB}=3\sqrt{3}\omega^2$，逆时针

4.27 $v_a=0.4\text{m/s}$，向左；$a_a=-0.1584\text{m/s}^2$，向右；$v_r=0.2\text{m/s}$，沿杆 O_1C 向下；$a_r=0.1393\text{m/s}^2$，沿杆 O_1C 向上

4.28 $v_B=2\text{m/s}$，$v_C=2.828\text{m/s}$；$a_B=8\text{m/s}^2$，$a_C=11.3\text{m/s}^2$

4.29 $v_M=0.098\text{m/s}$；$a_M=0.013\text{m/s}^2$

4.30 $v_M=\sqrt{10}R\omega_0$；$a_M=R\sqrt{10(\alpha_0^2+\omega_0^4)-12\omega_0^2\alpha_0}$

4.31 $\omega_1=2\omega_0\left(1+\frac{r_2}{r_1}\right)$；$\omega_4=\omega_0\frac{(r_1+r_2)(r_2+r_3)}{r_2(r_1+r_2-r_3)}$

4.32 $i_{4H}=\frac{1}{11}$

第5章

5.1 $F_H=F_V=0.791F$

5.2 $M=11$（逆时针）

5.3 $F_x=169\text{N}$，$F_y=507.1\text{N}$，$F_z=845.2\text{N}$，$M_z=-101.4\text{N}\cdot\text{m}$

5.4 $F=283.02\text{N}$，$M_y(\boldsymbol{F})=-31.80\text{N}\cdot\text{m}$

5.5 $\boldsymbol{F}=4(12\boldsymbol{i}-16\boldsymbol{j}+15\boldsymbol{k})(\text{N})$

$M_x(\boldsymbol{F})=16.68\text{N}\cdot\text{m}$，$M_y(\boldsymbol{F})=5.76\text{N}\cdot\text{m}$，$M_z(\boldsymbol{F})=-7.20\text{N}\cdot\text{m}$

$M_{CD}(\boldsymbol{F})=-15.36\text{N}\cdot\text{m}$，$M_{BC}(F)=9.216\text{N}\cdot\text{m}$

$\boldsymbol{M}_D(\boldsymbol{F})=16.68\boldsymbol{i}+15.36\boldsymbol{j}+3.04\boldsymbol{k}(\text{N}\cdot\text{m})$

5.6 $M=Fa\sin\varphi\sin\theta$

5.7 $M_x=\frac{1}{4}F(h-3r)$，$M_y=\frac{\sqrt{3}}{4}F(h+r)$，$M_z=-\frac{Fr}{2}$

第6章

6.1 $F_R=161.2N$，$\angle(\boldsymbol{F}_R,\boldsymbol{F}_1)=29°44'$

6.2 $F_{BA}=7.321kN$(压)，$F_{BC}=27.32kN$(压)

6.3 $F_{OA}=-1414N$(压)，$F_{OB}=F_{OC}=707N$(拉)

6.4 $M=60N\cdot m$

6.5 $F=\dfrac{M}{a}\cot 2\theta$

6.6 $M_x=0$，$M_y=3.6kN\cdot m$，$M_z=7.71kN\cdot m$

6.7 $F_A=F_B=200N$

6.8 $M=4.5kN\cdot m$

6.9 $M=247.1N\cdot m$(逆时针)

6.10 $F_{Ax}=-1.5N$，$F_{Az}=2.5N$；$F_{Bx}=1.5N$，$F_{Bz}=-2.5N$

6.11 力螺旋，$F_R=200N$，平行于 z 轴向下，$M=200N\cdot m$

6.12 $F_{Rx}=-345.3N$，$\boldsymbol{F}_{Ry}=249.6N$，$F_{Rz}=10.56N$

$M_x=-51.79N\cdot m$，$M_y=-36.64N\cdot m$，$M_z=-103.6N\cdot m$

6.13 $F'_R=466.5N$，$M_O=21.44N\cdot m$

$F_R=466.5N$，$d=45.96mm$

6.14 $F'_R=8027kN$，$M_O=6121kN\cdot m$

$F_R=8027kN$，$\angle(\boldsymbol{F}_R,\ \boldsymbol{i})=267.6°$，$x=-0.763m$(在 O 点以左)

6.15 (1) $F'_R=150N$，$M_O=900N\cdot mm$

(2) $F_R=150N$，$y=-6mm$

6.16 $F=10kN$，$\angle(\boldsymbol{F},\ \overline{CB})=60°$，$BC=2.31m$

6.17 $F_A=4.433kN$，$F_B=7.77kN$，$F_D=5.8kN$

6.18 $F_3=4000N$，$F_4=2000N$

$F_{Ax}=-6375N$，$F_{Az}=1299N$

$F_{Bx}=-4125N$，$F_{Bz}=3897N$

6.19 (a) $F_{Ax}=35.36kN$，$F_{Ay}=115.36kN$，$M_A=301.4kN\cdot m$

(b) $F_{Ax}=0$，$F_{Ay}=-5kN$，$F_{By}=115kN$

(c) $F_A=-42.5kN$，$F_B=105kN$，$F_C=22.5kN$，$F_D=17.5kN$

(d) $F_{NC}=69.28kN$，$F_{Bx}=-34.64kN$，$F_{By}=60kN$

$F_{Ax}=34.64kN$，$F_{Ay}=60kN$，$M_A=210kN\cdot m$

6.20 $F_{Ax}=-50kN$，$F_{Ay}=5kN$，$F_{NB}=70kN$，$F_{NC}=15kN$

6.21 $F_{Ax}=0$，$F_{Ay}=6kN$，$M_A=12kN\cdot m$

6.22 $a=2.20m$，$F_{Ax}=-400N$，$F_{Ay}=4507N$

6.23 $F=193.7kN$

6.24 $F_{Ax}=-F_{Bx}=-1750N$，$F_{Ay}=F_{By}=500N$

6.25 $F_T=\dfrac{WR}{2l\sin^2\dfrac{\varphi}{2}\cos\varphi}$；当 $\varphi=60°$时，$F_{T,\min}=\dfrac{4WR}{l}$

6.26 $F_H=\dfrac{F}{20(3+\sqrt{3})}$

6.27 $F_Q=1\text{kN}$，$F_{Ax}=-200\text{N}$，$F_{Ay}=-800\text{N}$

6.28 (a) $F_{CF}=7.875\text{kN}$(压)，$F_{DG}=5.25\text{kN}$(拉)

(b) $F_{BF}=6.3\text{kN}$(拉)，$F_{DG}=2.625\text{kN}$(压)

(c) $F_{BG}=5.25\text{kN}$(拉)，$F_{CH}=2.625\text{kN}$(压)

6.29 $W=\dfrac{l}{a}F_Q$

6.30 $F_{Ax}=1.2\text{kN}$，$F_{Ay}=0.15\text{kN}$，$F_{BC}=-1.5\text{kN}$

6.31 $F_{Ax}=F_{Ay}=F_{Bx}=-F_{Dy}=-F$，$F_{By}=0$，$F_{Dx}=2F$

6.32 $F_{Ax}=1.732\text{kN}$，$F_{Ay}=-1\text{kN}$，$F_{NB}=6\text{kN}$

6.33 $F_{Ax}=0$，$F_{Ay}=-48.3\text{kN}$，$F_{NB}=100\text{kN}$，$F_{ND}=8.33\text{kN}$

6.34 $F_{Ax}=0$，$F_{Ay}=15.1\text{kN}$，$M_A=68.4\text{kN}\cdot\text{m}$

$F_{Bx}=-22.8\text{kN}$，$F_{By}=-17.85\text{kN}$

$F_{Cx}=22.8\text{kN}$，$F_{Cy}=4.55\text{kN}$

6.35 $F_N=5\text{kN}$

6.36 $F_T=\dfrac{Wa\cos\varphi}{2h}$

6.37 $W_{\min}=2\left(1-\dfrac{r}{R}\right)W$

6.38 $W_2=333.33\text{kN}$；$x=6.75\text{m}$

6.39 $F_{AB}=148\text{kN}$(拉)，$F_{AC}=72\text{kN}$(压)，$F_{AD}=74\text{kN}$(拉)

$F_{BC}=F_{CD}=70\text{kN}$(压)

6.40 $F_1=-5.33F$(压)，$F_2=2F$(拉)，$F_3=-1.67F$(压)

6.41 $F_N=-0.866F$(压)

6.42 $F_1=21.83\text{kN}$(拉)，$F_2=16.73\text{kN}$(拉)

$F_3=-20\text{kN}$(压)，$F_4=-43.66\text{kN}$(压)

6.44 离 B 端 0.72 m，重心离底面高度为 0.659 m。

6.45 $x_C=0$，$y_C=-462\text{mm}$

6.46 $x_C=135\text{mm}$，$y_C=140\text{mm}$

6.47 $x_C=1.16\text{cm}$，$y_C=0$

6.48 $BE=0.366a$

6.49 $x_C=0.51\text{m}$，$y_C=1.41\text{m}$，$z_C=0.72\text{m}$

6.50 (1) $F'\tan(\theta-\varphi_m)\leqslant F\leqslant F'\tan(\theta+\varphi_m)$，$\tan\varphi_m=f$

(2) $\theta\leqslant\varphi_m$

6.51 $b\leqslant 110\ \text{mm}$

6.52 $\tan\theta \geqslant \dfrac{W_1+2W_2}{2f(W_1+W_2)}$

6.53 $P=500\text{N}$

6.54 $P=208\text{N}$

6.55 $F_{\min}=2.366\text{kN}$

6.56 $\theta=\arcsin\left(\dfrac{3\pi f_s}{4+3\pi f_s}\right)$

第7章

7.2 $F_{TA}=8.64\text{N}$，$F_{TB}=7.38\text{N}$

7.3 （1）当 $\varphi=0°$时，$F=2369\text{N}$，向左；（2）当 $\varphi=90°$时，$F=0$

7.4 （1）$F_{N,\max}=m(g+e\omega^2)$；（2）$\omega_{\max}=\sqrt{\dfrac{g}{e}}$

7.5 $F_T=m\left(g+\dfrac{l^2v_0^2}{x^3}\right)\sqrt{1+\left(\dfrac{l}{x}\right)^2}$

7.6 $n=\dfrac{30}{\pi}\sqrt{\dfrac{g}{R}\cos\varphi_0}$

7.7 $\varphi=48.2°$

7.8 （1）$a=\dfrac{1-f}{1+f}g$；（2）$a=\dfrac{1+f}{1-f}g$

7.9 $a_t=8.31\text{m/s}$；$F_N=521\text{N}$

7.10 $s=0.02\left(t-\dfrac{5}{3}\right)^3$（m）

7.11 $x=a\cos\sqrt{\dfrac{k}{m}}\,t$，$y=v_0\sqrt{\dfrac{m}{k}}\sin\sqrt{\dfrac{k}{m}}t$，$\dfrac{x^2}{a^2}+\dfrac{k}{m}\dfrac{y^2}{v_0^2}=1$

7.12 $v=\sqrt{\dfrac{2k}{m}\ln\dfrac{R}{h}}$

7.13 $x=\dfrac{v_0}{k}\sin kt$，$y=l\cos kt$，$\dfrac{k^2x^2}{v_0^2}+\dfrac{y^2}{l^2}=1$

*7.14 $x=\dfrac{v_0}{k}(1-e^{-kt})\cos\theta$，$y=-\dfrac{g}{k}t+\dfrac{1}{k}\left(\dfrac{g}{k}+v_0\sin\theta\right)(1-e^{-kt})$

7.15 $v=\dfrac{W}{kA}(1-e^{-\frac{kAg}{F}t})$，$s=\dfrac{W}{kA}\left[T-\dfrac{F}{kAg}(1-e^{-\frac{kAg}{F}T})\right]$

*7.16 $x=\dfrac{v_0}{k}(1-e^{-kt})$，$y=h-\dfrac{g}{k}t+\dfrac{g}{k^2}(1-e^{-kt})$，轨迹：$y=h-\dfrac{g}{k^2}\ln\dfrac{v_0}{v_0-kx}+\dfrac{gx}{kv_0}$

7.17 $v_{r0}=\omega l$

7.18 $\omega=11.43\text{rad/s}$

7.19 $R \leqslant \dfrac{fg}{\omega^2}$

*7.20 $\xi = a\mathrm{ch}(\omega t)$，$F_N = 2\dfrac{W}{g}\omega^2 a\mathrm{sh}(\omega t)$

第8章

8.1 （1）$p = \dfrac{W}{g}e\omega$；（2）$p = 0$；（3）$p = \dfrac{3W}{4g}l\omega$；（4）$p = \dfrac{W_1 + W_2}{g}v$

8.2 $p = \dfrac{5m_1 + 4m_2}{4}l\omega(-\boldsymbol{i} + \sqrt{3}\boldsymbol{j})$

8.3 $v' = 1.29\text{m/s}$

8.4 $F_N = W_1 + 2W_2 + \dfrac{2W_2}{g}e\omega^2\cos\omega t$

8.5 $F_N = 27.7\text{kN}$

8.6 $F_x = -7842.8\text{N}$，$F_y = 3248.6\text{N}$

8.7 椭圆 $4x^2 + y^2 = l^2$

8.8 两种情况点 C 的运动轨迹不相同

8.9 $a = \dfrac{M + m}{m}g\sin\theta$

8.10 向左移动 0.266m

8.11 圆筒中心向左的位移为$\dfrac{R}{2}$

8.12 （1）138mm；（2）49.4N

8.13 $F_{Ox} = -\dfrac{W}{g}l(\omega^2\cos\varphi + \alpha\sin\varphi)$；$F_{Oy} = W + \dfrac{W}{g}l(\omega^2\sin\varphi - \alpha\cos\varphi)$

8.14 （1）$x_C = \dfrac{W_1 + 2W_2}{2(W_1 + W_2 + W_3)}l\cos\omega t + \dfrac{W_3 l}{2(W_1 + W_2 + W_3)}(1 + 2\cos\omega t)$

$y_C = \dfrac{W_1 + 2W_2}{2(W_1 + W_2 + W_3)}l\sin\omega t$

（2）$F_{max} = \dfrac{W_1 + 2W_2 + 2W_3}{2g}l\omega^2$

8.15 $\ddot{x} + \dfrac{k}{m_1 + m_2}x = \dfrac{m_1 l\omega^2}{m_1 + m_2}\sin\omega t$

8.16 $x = \dfrac{W_1 + 3W_2}{2(W_1 + W_2 + W_3)}l(1 - \cos\omega t)$

$F_y = W_1 + W_2 + W_3 - \dfrac{W_1 + W_2}{2g}l\omega^2\sin\omega t$

第9章

9.1 $L_O = m\omega s^2$

9.2 (1) $p=mv_O\left(1+\frac{e}{R}\right)$, $L_A=mv_O\frac{(R+e)^2}{R}+(J_O-me^2)\frac{v_O}{R}$

(2) $p=m(v_O+e\omega)$, $L_A=m(R+e)v_O+(J_O+mRe)\omega$

9.3 $L_O=\frac{5W}{3g}l^2\omega$

9.4 $L_O=(J_O+m_AR^2+m_Br^2)\omega$

9.5 $J_O=\frac{5}{6}Ml^2$

9.6 $J_x=\frac{1}{4}mR^2$, $J_{x1}=\frac{1}{2}mR^2$

9.7 转轴在距质量为40kg的小球15cm处时系统的转动惯量最小

9.8 $J_z=1.300\text{kg}\cdot\text{m}^2$

9.9 (a) $J_O=\frac{1}{2}mR^2\omega$; (b) $J_O=\frac{3}{2}mR^2\omega$; (c) $J_O=2mR^2\omega$

(d) $J_O=\frac{1}{3}ml^2\omega$; (e) $J_O=\frac{7}{48}ml^2\omega$; (f) $J_z=\frac{1}{3}ml^2\omega\sin\theta$

9.10 $L_z=\left(\frac{m_1}{3}+m_2\right)l_1^{\ 2}\omega$

9.11 (1) $L_O=\left[\frac{1}{3}(m_1+3m_2)l^2+\frac{1}{2}m_2R^2\right]\omega$

(2) $L_O=\frac{1}{3}(m_1+3m_2)l^2\omega$

9.12 $a=\frac{M-W_2R\sin\varphi}{Jg+W_2R^2}Rg$

9.13 $v=2v_0$, $F_T=\frac{8mv_0^2}{r}$

9.14 $\omega=2\text{rad/s}$; $\omega'=1\text{rad/s}$

9.15 $\alpha=\frac{mlv_0(1-\cos\varphi)}{J+m(r^2+l^2+2rl\cos\varphi)}$

9.16 $\omega=\frac{8}{17}\omega_0$

9.18 $a_A=1.296\text{m/s}^2$

9.19 $a_A=\frac{(M-Wr)R^2rg}{(J_1r^2+J_2R^2)g+WR^2r^2}$

9.20 $J=1081\text{kg}\cdot\text{m}^2$

9.21 $T=2\pi\sqrt{\frac{7M+27m}{3k}}$

9.22 $\rho_C=1.06m$

9.23 $J_C = 17.45\text{kg}\cdot\text{m}^2$

9.24 (a) $\alpha = \dfrac{g}{2r}$，$F_{Ox} = 0$，$F_{Oy} = \dfrac{mg}{2}$

(b) $\alpha = \dfrac{2g}{3r}$，$F_{Ox} = 0$，$F_{Oy} = \dfrac{mg}{3}$

9.25 $t = \dfrac{J}{a}\ln 2$，$n = \dfrac{J\omega_0}{4\pi a}$

9.26 $n = \dfrac{Wrb\omega^2}{8\pi gfFl}$

9.27 $\alpha_1 = \dfrac{MR^2}{J_1R^2 + J_2r^2}$，$\alpha_2 = \dfrac{MRr}{J_1R^2 + J_2r^2}$

9.29 $\alpha = \dfrac{(Mi - WR)Rg}{(J_1i^2 + J_2)g + WR^2}$

9.30 $t = \dfrac{r_1\omega}{2fg(1 + W_1/W_2)}$

9.31 $\varphi = \dfrac{\delta_0}{l}\cos\sqrt{\dfrac{kg}{l(W_1 + 3W_2)}}t$

9.32 $F_{Ox} = 0$，$F_{Oy} = 27.8\text{N}$

9.34 (a) $a_0 = 0.96\text{m/s}^2$，向左；(b) $a_0 = 4.8\text{m/s}^2$，向右

9.36 $a_C = \dfrac{Mr}{m(\rho^2 + r^2)}$，　$M \leqslant fmg\dfrac{r^2 + \rho^2}{r}$

9.37 $a_A = \dfrac{2}{3}g, F_T = \dfrac{1}{3}mg$

9.38 $a_C = 3.48\text{m/s}^2$

9.39 $F_A = 529\text{N}$，$F_C = 235\text{N}$，$a_E = a_D^t = 4.9\text{m/s}^2$

9.40 $a_A = \dfrac{W_1(R + r)^2g}{W_1(R + r)^2 + W_2(\rho^2 + R^2)}$

9.41 $a = 1.278\text{m/s}^2$

9.42 $a = \dfrac{F - f(m_1 + m_2)g}{m_1 + m_2/3}$

9.43 $a_A = \dfrac{4\sin\theta}{1 + 3\sin^2\theta}$

第10章

10.1 $W = 114.97\text{kN}\cdot\text{m}$

10.2 $W_{AB} = 20.3\text{J}$

10.3 $k = 4.9\text{N/cm}$

10.4 $W = Fs\left(\cos\theta + \dfrac{r}{R}\right) - \delta(W - F\sin\theta)\dfrac{s}{R}$

10.5　$W_{重}=249\text{N}\cdot\text{m}$，$W_{弹}=-121\text{N}\cdot\text{m}$，$W_{摩}=-29\text{N}\cdot\text{m}$

10.6　a) $T=\frac{1}{6}ml^2\omega^2$　b) $T=mR^2\omega^2$

c) $T=\frac{1}{4}mR^2\omega^2$　d) $T=\frac{3}{4}mv^2$

10.7　$T=\frac{v^2}{4g}(2W_A+2W_B+W)$

10.8　$T=\frac{v^2}{2}(m_1+3m_2)$

10.9　$T=\frac{v^2}{2g}(2W_1+3W_2)$

10.10　$T=\frac{W}{6g}l^2\omega^2\sin^2\theta$

10.11　$T=\frac{1}{2}(m_1+m_2)v^2+\frac{1}{2}m_2l^2\dot{\varphi}^2+m_2vl\dot{\varphi}\cos\varphi$

10.12　$T=\frac{r^2\omega^2}{3g}(8W_1+33W_2)$

10.13　$h_1=4h_2$，$v=\sqrt{6gh_2}$

10.14　$\omega=7.24\text{rad/s}$，$\alpha=4.17\text{rad/s}^2$

10.15　$v=\sqrt{\frac{M/R-W_1\sin\theta}{W_1+W_2}2gs}$，$a=\frac{M/R-W_1\sin\theta}{W_1+W_2}g$

10.16　$\omega=\frac{2}{R+r}\sqrt{\frac{3Mg}{9W_1+2W_2}\varphi}$，$\alpha=\frac{6Mg}{(R+r)^2(9W_1+2W_2)}$

10.17　$\rho_C=11.3\text{cm}$

10.18　$a_A=\frac{3m_1}{4m_1+9m_2}g$

10.19　$v=\sqrt{3gh}$

10.20　$v_A=l_1\sqrt{\frac{3g(l_1-l_2)}{l_1^2-l_1l_2+l_2^2}}$

10.21　$v=\sqrt{\frac{2m_1gh}{m_1+2m_2}}$，$a=\frac{m_1g}{m_1+2m_2}$

10.22　$v=\sqrt{\frac{84Rg}{31}}$

10.23　$P=39.6\text{kW}$

10.24　$P=0.369\text{kW}$

10.25　(1) $F_{Ox}=0$，$F_{Oy}=\frac{7}{17}mg$；(2) $\omega=6\sqrt{\frac{g}{17l}}$

10.26　(1) $k=8.94\text{kN/m}$；(2) $F_{Ox}=0$，$F_{Oy}=459\text{N}$

10.27 $v_C=\sqrt{\dfrac{6g(l-h)(l^2-h^2)}{4l^2-3h^2}}$

10.28 (1) $\omega=\sqrt{\dfrac{3g}{l}(\sin\varphi_0-\sin\varphi)}$；(2) $\alpha=-\dfrac{3g}{2l}\cos\varphi$；(3) $\varphi_1=\arcsin\left(\dfrac{2}{3}\sin\varphi_0\right)$

10.29 $a=\dfrac{2}{5}(2\sin\theta-f\cos\theta)g$，$F_T=\dfrac{1}{5}(3f\cos\theta-\sin\theta)mg$

10.30 $F_T=9.8N$

10.31 $F_N=\dfrac{W_1\sin\theta-W_2}{W_1+W_2}W_1\cos\theta$

10.32 $F_T=\dfrac{M(W_1+2W_2)}{2R(W_1+W_2)}$

10.33 (1) $\alpha=\dfrac{2(M-W_1R\sin\theta)g}{R^2(3W_1+W_2)}$；(2) $F_x=\dfrac{W_1}{R(3W_1+W_2)}\left(3M\cos\theta+\dfrac{W_2R}{2}\sin2\theta\right)$

10.34 $v_C=\sqrt{\dfrac{8}{5}gh}$

10.35 $\omega=2.97rad/s$

10.36 $\omega_1=\dfrac{J\omega}{J+mR^2}$，$\omega_2=\omega$，$v_B=\sqrt{\dfrac{2mgR-J\omega^2\left(\dfrac{J^2}{(J+mR^2)^2}-1\right)}{m}}$，$v_C=2\sqrt{gR}$

10.37 (1) $a=\dfrac{(R+r)^2W_2g}{4\rho_O{}^2W_1+(R+r)^2W_2}$；(2) $F_T=\dfrac{W_2}{2}\left(1-\dfrac{a}{g}\right)$

(3) $F_{Ox}=0$，$F_{Oy}=W_1+W_2\left(1-\dfrac{a}{g}\right)$

10.38 $\alpha=\dfrac{3g}{2l}$，$F_{Ax}=\dfrac{3}{4}ml\omega^2$，$F_{Ay}=\dfrac{1}{4}mg$

第11章

11.1 (1) $a\leqslant2.92m/s^2$，(2) $\dfrac{h}{d}\geqslant5$ 时先倾倒

11.2 $k\geqslant\dfrac{W(e\omega^2-g)}{(2e+a)g}$

11.3 $a_E=37.7cm/s^2$，$F_T=10.38kN$

11.4 $F_{NA}=\dfrac{bg-ha}{(b+c)g}W$，$F_{NB}=\dfrac{cg+ha}{(b+c)g}W$；当 $a=\dfrac{b-c}{2h}g$ 时，$F_{NA}=F_{NB}$

11.5 $a=\dfrac{2k\delta}{m}$

11.6 $m_3=50kg$，$a=2.45m/s^2$

11.7 $\omega^2=\dfrac{2W_1+W_2}{2W_1(a+l\sin\varphi)}g\tan\varphi$

11.8 $\omega=\sqrt{\dfrac{k(\varphi-\varphi_0)}{Wl^2\sin2\varphi}g}$

11.9 $F_N=\dfrac{l^2-h^2}{2l}\cdot\dfrac{W}{g}\omega^2$

11.10 $\beta=\arccos\left(\dfrac{3g}{2l\omega^2}\right)$，$F_{RA}=\dfrac{Wl\omega^2}{2g}\sqrt{1+\dfrac{7g^2}{4l^2\omega^4}}$

11.11 $\alpha=47\text{rad/s}^2$，$F_{Ax}=-95.34\text{N}$，$F_{Ay}=137.72\text{N}$

11.12 $M=\dfrac{\sqrt{3}}{4}(W_1+2W_2)R-\dfrac{\sqrt{3}}{4}\dfrac{W_2}{g}R^2\omega^2$

$F_{Ox}=-\dfrac{\sqrt{3}}{4}\dfrac{W_1}{g}R\omega^2$，$F_{Oy}=W_1+W_2-\dfrac{W_1+2W_2}{4g}R\omega^2$

11.14 (1) $a_C=\dfrac{F_TR(R\cos\theta-r)}{J_Cg+WR^2}g$；(2) $f\geqslant\dfrac{F_T(WRr+J_Cg\cos\theta)}{(W-F_T\sin\theta)(J_Cg+WR^2)}$

11.15 $a=\dfrac{8}{11}\dfrac{F}{W}g$

11.16 $a=2.8\text{m/s}^2$

11.17 $\alpha=\dfrac{6g\cos\varphi}{l(3\cos^2\varphi+1)}$，$F_N=\dfrac{mg}{3\cos^2\varphi+1}$

11.18 $\alpha_{盘}=2.49\text{rad/s}^2$(顺时针)，$\alpha_{AB}=10.38\text{rad/s}^2$(顺时针)

*11.20 $F_{NA}=-F_{NB}=74\text{N}$

*11.21 $\alpha=4\text{rad/s}^2$，$F_{Ax}=0$，$F_{Ay}=93.6N$，$F_{Bx}=0$，$F_{By}=62.4\text{N}$

*11.22 B 轮偏心距 $e_B=12\text{cm}$，C 轮偏心距 $e_C=6\text{cm}$；三质心共面，且轮 B 的质心与 G 点分居轴的两侧，轮 C 的质心与 G 点位于轴的同侧。

第 12 章

12.1 $F_N=\dfrac{F}{2}\tan\varphi$

12.2 $F_N=\dfrac{M\pi}{h}\cot\varphi$

12.3 $\dfrac{F}{F_{阻}}=\dfrac{\cos\psi}{\sin(\varphi+\psi)}$

12.4 $F=\dfrac{p\pi bd^2}{8a}\tan\varphi$

12.5 $F_N=\dfrac{e(c+d)}{2bc}F$

12.6 $F_2=\dfrac{F_1l}{a\cos^2\varphi}$

12.7 $F=\dfrac{M}{a}\cot2\theta$

12.8 $W_B=5W_A$

12.9 $M=450\dfrac{(1-\cos\varphi)\sin\varphi}{\cos^3\varphi}$ (N·m)

12.10 $AC=a+\dfrac{l^2F}{kb^2}$

12.11 $A'C':A'D'=3:1$；$W_1:W=A'D':A'B'$

12.12 $F=1800\text{N}$

12.13 $W=\dfrac{400}{3}\text{N}$

12.14 $F_3=F$

12.15 $F_{NA}=-2450\text{N}$，$F_{NB}=14700\text{N}$，$F_{NE}=2450\text{N}$

12.16 $W_1=\dfrac{W}{2\sin\theta}$，$W_2=\dfrac{W}{2\sin\beta}$

12.17 $r_1[W_B+2W_A(\sin\varphi-f\cos\varphi)]\leqslant M_1\leqslant r_1[W_B+2W_A(\sin\varphi+f\cos\varphi)]$

$W_Ar_2(\sin\varphi-f\cos\varphi)\leqslant M_2\leqslant W_Ar_2(\sin\varphi+f\cos\varphi)$

12.18 $a_B=-\dfrac{W_A\sin2\varphi}{2(W_B+W_A\sin^2\varphi)}g$

12.19 $m_1>\dfrac{4m_2m_3}{m_2+m_3}$；$F_T=\dfrac{8m_1m_2m_3}{m_1(m_2+m_3)+4m_2m_3}g$

12.20 $\alpha=\dfrac{M(m_2+4m_1)-3gRm_1m_2}{J(m_2+4m_1)+R^2m_1m_2}$

第 13 章

13.2 $k_2=\dfrac{1}{3}k_1$

13.3 0.23s

13.4 $k=\dfrac{4\pi^2(m_1-m_2)}{g(T_1^2-T_2^2)}$

13.5 $F_T=47.2\text{kN}$

13.6 $x=2\delta_{st}\cos\sqrt{\dfrac{g}{\delta_{st}}}t$

13.7 (1) $y=0.2\sin\left(70t-\dfrac{\pi}{2}\right)\text{cm}$，$y_{max}=0.4\text{cm}$

(2) $y=2.01\sin(70t-\arctan0.1)\text{cm}$，$y_{max}=2.21\text{cm}$

13.8 $v_{max}=1.837\text{m/s}$；$a_{max}=45.0\ \text{m/s}^2$

13.9 $\omega_n=4\text{rad/s}$

13.10 $\omega_n=\sqrt{\dfrac{6k}{7M+27m}}$

13.11 $T=2\pi\sqrt{\frac{1}{12kg}\left[4W+3W_1+18W_1\left(\frac{R}{l}\right)^2\right]}$

13.12 $\omega_n=\sqrt{\frac{2k}{3m}}$

13.13 $T=2\pi\sqrt{\frac{a}{fg}}$

13.14 $f=6\text{Hz}$

13.15 $T_d=0.634\text{s}$，$\delta=0.455$

13.16 $c=\frac{2\pi W}{gST_1T_2}\sqrt{T_2^2-T_1^2}$

13.17 (1) $\eta=3.162$，$\delta=1.151$

(2) $n=1.889\text{s}^{-1}$，$T_d=0.799\text{s}$

(3) $c_{cr}=3960\text{N}\cdot\text{s/cm}$

13.18 $T_d=0.235\text{s}$，$\delta=1.81$，$x_{max}=0.476\text{cm}$

13.19 $x=5e^{-3t}\left(\sin4t+\arctan\frac{4}{3}\right)\text{cm}$，$F_{阻}=0.36\text{N}$

13.20 $v_{cr}=26.74\text{m/s}$

13.21 (1) 当 $n=0$ 时，$\omega=60.6\text{rad/s}$，$B=3.66\times10^{-4}\text{cm}$

(2) 当 $n=0.2\omega_n$ 时，$\omega=58.14\text{rad/s}$，$B=3.57\times10^{-4}\text{cm}$

13.22 4.6cm

13.23 $x=4\sin7t$

13.24 (a) $x=\frac{a}{\sqrt{(1-\lambda^2)^2+(2\zeta\lambda)^2}}\sin(\omega t-\varphi)$，$\varphi=\arctan\frac{2\zeta\lambda}{1-\lambda^2}$

(b) $x=\frac{c\omega a/k}{\sqrt{(1-\lambda^2)^2+(2\zeta\lambda)^2}}\cos(\omega t-\varphi)$

13.25 $T=0.67\text{s}$，$B=10.2\text{cm}$

13.26 $k=91.55\text{N/cm}$

13.27 $k=3295\text{N/cm}$

参考文献

[1] 冯维明. 理论力学 [M]. 北京：国防工业出版社，2005.
[2] 李俊峰. 理论力学 [M]. 2版. 北京：清华大学出版社，2010.
[3] 哈尔滨工业大学理论力学教研室. 理论力学（Ⅰ）[M]. 8版. 北京：高等教育出版社，2016.
[4] 哈尔滨工业大学理论力学教研室. 理论力学（Ⅱ）[M]. 8版. 北京：高等教育出版社，2016.
[5] 梅凤祥. 理论力学 [M]. 北京：高等教育出版社，2012.
[6] 洪嘉振. 理论力学 [M]. 4版. 北京：高等教育出版社，2015.
[7] 蔡泰信，和兴锁. 理论力学教与学 [M]. 北京：高等教育出版社，2007.
[8] 冯维明. 工程力学 [M]. 2版. 北京：国防工业出版社，2016.
[9] K马格努斯，H H缪勒. 工程力学基础 [M]. 张维，等译. 北京：北京理工大学出版社，2001.